주관 국립수산물품질관리원
시행 한국산업인력공단

개정판

수산물품질관리사
1차시험 종합예상문제

(재)한국산업교육원 해양수산연구회

◆ 최근 2021년 제7회 기출문제 수록과 7년간의 기출경향까지 한 번에 파악
◆ 출제 가능한 이론과 문제들을 알기 쉽게 정리
◆ 다양한 적중예상문제를 구성하였고, 상세한 해설을 곁들였다.
◆ 국가공무원(해양수산직 9급) 채용시 만점의 3% 가산점이 부여
◆ 수산물에 관한 최근 개정된 법령을 반영

독자와 함께 하는 ekoin
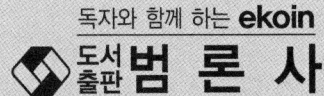
도서출판 범론사

머리말

　웰빙 바람이 불고 있는 가운데 사람들은 보다 안전하고 깨끗한 친환경 식품을 먹기를 갈망하고 있다. 그러다보니 좀 더 안전하고 고품질의 수산물에 대한 수요가 증가하게 되면서 수산물의 유통에도 전문가가 절실하게 필요하게 되었다. 이러한 시대의 흐름과 맥을 같이한 수산물품질관리사는 수산물 등급 판정뿐만 아니라 생산과 수확 후 품질관리, 규격출하 유도 등을 통한 유통개선 등의 업무도 담당하고 있다. 따라서 수산물의 유통이 존재하는 대형 할인점이나 기관들은 수산물품질관리사를 두도록 하고 있다. 수산물의 품질관리에 관한 소비자의 요구가 높아 향후 안전한 수산물이 생산단계에서 소비단계까지 유통될 수 있도록 정부 차원의 많은 지원이 이루어지고 있다.

　이에 따라 수산물의 원산지 표시를 비롯한 포장수산물의 표시사항을 정확하게 준수하도록 지도하고, 우수 수산물에 대한 등급을 판정하는 업무를 수행하는 수산물품질관리사의 역할도 증대되고 있다.

　본 교재는 해양수산부 자료를 바탕으로 기존의 연구 및 교육 자료를 충분히 활용하여 어려운 용어를 쉽게 풀이하도록 보다 단기에 소화할 수 있게 하였으며, 2022년 수산물품질관리사 1차 필기시험 합격을 대비하기 위한 종합문제집으로 다년간의 기출문제뿐만 아니라 최근 2021년도 기출문제를 수록하고 자격시험의 출제예상과 기출문제, 개정법령을 반영하여 집필하여서 수산물품질관리사 자격시험에 응시하고자 하는 수험생들에게 보다 정확하고 적중도를 높여 합격에 보탬이 되고자 하였다.

　이 책의 특징을 보면
　첫째, 최근 2021년 제7회 기출문제와 최근 7년간의 기출문제를 수록하여 최근의 출제
　　　　경향을 파악할 수 있도록 하였다.
　둘째, 출제 가능한 이론과 문제들을 알기 쉽게 정리하여 수험에 만전을 기하도록 하였다.
　셋째, 다양한 적중예상문제를 구성하였고, 상세한 해설을 곁들였다.

넷째, 국가공무원(해양수산직 9급) 채용시 만점의 3% 가산점이 부여된다.

다섯째, 수산물에 관한 최근 개정된 법령을 반영하여 다양한 이론들을 다년간의 기출문제를 통한 반복학습으로 단기간에 효율적인 학습이 가능하고 2022년도 기출경향까지 한 번에 파악이 가능도록 하였다.

본 교재를 읽는 모든 이들이 고통에서 벗어나 완전한 평화와 행복에 이르길 기원한다.

2022년 1월
해양수산연구회 편

차 례

제 1 과목 수산일반

제 ❶ 편 수산업의 개요
제1장 수산업과 우리의 생활 ·· 15
제2장 수산업의 현황과 발달 ·· 19
제3장 수산업의 전망 ·· 24
✪ 기출 및 예상문제 ·· 28

제 ❷ 편 수산자원
제1장 해양의 이용과 수산자원 ··· 35
제2장 수산자원학 ·· 40
제3장 수산생물의 종류와 자원조사 ·· 45
✪ 기출 및 예상문제 ·· 61

제 ❸ 편 어 업
제1장 어 장 ··· 72
제2장 어구·어법 ··· 81
제3장 어업기기와 주요 어업 ·· 89
제4장 어획물 처리 ·· 98
✪ 기출 및 예상문제 ·· 101

제 ❹ 편 선박운항
제1장 배 ·· 111
제2장 어선의 종류 및 구조, 선박의 설비 ····························· 112
제3장 선용품, 어선의 조종과 해상 교통안전 ························ 119
✪ 기출 및 예상문제 ·· 125

제 ❺ 편 수산양식

- 제1장 수산양식의 개념과 방법, 양식장 환경 ·················· 127
- 제2장 종묘생산, 영양과 사료 ······································· 133
- 제3장 양식생물 질병, 축양과 운반, 주요 종의 양식 ········· 138
- 제4장 주요 종의 양식 ·· 146
- ✪ 기출 및 예상문제 ··· 154

제 ❻ 편 수산업의 관리제도

- 제1장 수산업의 국내 관리제도 ····································· 168
- 제2장 수산업의 관리제도 ·· 169
- 제3장 수산업의 국제관리제도 ······································· 175
- ✪ 기출 및 예상문제 ··· 179

제 2 과목 | 수산물유통론

제 ❶ 편 수산물 유통의 기초

- 제1장 수산물 유통의 의의 ··· 189
- 제2장 유통기능 ··· 194
- ✪ 기출 및 예상문제 ··· 199

제 ❷ 편 수산물 유통기구와 경로 및 조직과 구조

- 제1장 수산물 유통기구 ··· 206
- 제2장 수산물 유통경로 ··· 209
- 제3장 수산물 유통조직 ··· 216
- 제4장 주요 수산물의 유통구조 ····································· 222
- ✪ 기출 및 예상문제 ··· 230

제 ❸ 편 수산물 유통정보

- 제1장 수산물 유통정보의 이해 ····································· 249

제2장 수산물 유통정보의 종류와 요건 및 의사결정요인 ·················· 252
　　✪ 기출 및 예상문제 ·· 255

제 ❹ 편 수산물 거래와 표시
　　제1장 수산물 전자상거래 ·· 261
　　제2장 소매시장 거래와 시장 외 거래 ··· 264
　　제3장 공동판매와 공동계산제 ··· 267
　　제4장 선물거래 ··· 269
　　제5장 표 시 ··· 272
　　✪ 기출 및 예상문제 ·· 275

제 ❺ 편 수산물 시장경제
　　제1장 수산물 수요 ··· 284
　　제2장 수산물 공급 ··· 286
　　제3장 수산물 수요·공급의 가격탄력성 ······································· 288
　　제4장 수산물가격과 수산물시장 ·· 290
　　제5장 수산물 유통마진과 비용 ·· 292
　　✪ 기출 및 예상문제 ·· 294

제 ❻ 편 수산물 마케팅 전략
　　제1장 수산물 마케팅 일반 ··· 302
　　제2장 소비자행동 ·· 306
　　제3장 수산물 마케팅 전략 ··· 307
　　제4장 포장과 상표(브랜드) 및 광고 ··· 309
　　✪ 기출 및 예상문제 ·· 311

제 ❼ 편 수산물 무역과 유통정책 및 제도(법규)
　　제1장 수산물 무역 ··· 319
　　제2장 수산물 유통정책과 제도(법규) ·· 322
　　✪ 기출 및 예상문제 ·· 330

제 3 과목　수확후품질관리론

제 ❶ 편　서 설
　제1장 의 의 ··· 341
　제2장 수산물의 유통 ·· 342
　제3장 수확 후 품질관리기술 ··· 346
　✪ 기출 및 예상문제 ··· 351

제 ❷ 편　수 확
　제1장 성숙도 ·· 354
　제2장 수 확 ··· 355
　제3장 수확 후 생리 ·· 357
　✪ 기출 및 예상문제 ··· 371

제 ❸ 편　품질구성과 평가
　제1장 품질구성요소 ·· 377
　제2장 품질평가 일반 ·· 383
　제3장 수산물검사・감정의 표준계측 및 감정방법 ········· 384
　제4장 수산물 검사 검역 시스템 ···································· 386
　✪ 기출 및 예상문제 ··· 395

제 ❹ 편　수확 후 처리
　제1장 세 척 ··· 397
　제2장 반감기 ·· 403
　✪ 기출 및 예상문제 ··· 404

제 ❺ 편　저 장
　제1장 저장의 의의와 기능 ·· 413
　제2장 상온저장 ··· 414
　제3장 저온저장 ··· 415
　제4장 CA저장 ··· 420

제5장 MA저장 ··· 425
제6장 콜드체인시스템 ·· 427
✪ 기출 및 예상문제 ·· 429

제 ❻ 편 선별과 포장

제1장 표준규격 ··· 440
제2장 품질규격 ··· 441
제3장 선 별 ·· 441
제4장 포 장 ·· 442
✪ 기출 및 예상문제 ·· 449

제 ❼ 편 안정성

제1장 생리장해 ··· 460
제2장 기계적 장해 ·· 462
제3장 병리적 장해 ·· 462
제4장 해면양식어류 질병 원인과 대책 ·· 463
제5장 수산물 품질관리와 안전성 ··· 469
제6장 품질인증제도(수산물 및 수산특산물) ····································· 472
제7장 위해요소중점관리기준 ··· 475
　　　(HACCP : Hazard Analysis and Critical Control Point)
제8장 수산물이력추적관리제도 ··· 476
제9장 수산물 안전성조사업무 처리요령 ·· 479
✪ 기출 및 예상문제 ·· 483

제 ❽ 편 수산가공과 위생

제1장 수산가공과 위생 ··· 496
제2장 주요 수산 가공품 ··· 502
제3장 기타 수산 가공품 ··· 507
제4장 수산가공 기계 ·· 516
✪ 기출 및 예상문제 ·· 523

제 4 과목　수산물품질관리 관계법규

제 ❶ 편　농수산물 품질관리법

제1장 총 칙 ·· 539
제2장 농수산물의 표준규격 및 품질관리 ······························· 542
제3장 지리적표시 ··· 554
제4장 농수산물 등의 검사 및 검정 ······································· 569
제5장 보 칙 ·· 577
제6장 벌 칙 ·· 583
✪ 기출 및 예상문제 ·· 586

제 ❷ 편　농수산물의 원산지표시에 관한 법률

제1장 총 칙 ·· 609
제2장 원산지 표시 등 ··· 610
제3장 보 칙 ·· 615
제4장 벌 칙 ·· 616
✪ 기출 및 예상문제 ·· 619

제 ❸ 편　농수산물유통 및 가격안정에 관한 법률

제1장 총 칙 ·· 630
제2장 농수산물의 생산조정 및 출하조절 ······························· 632
제3장 농수산물도매시장 ··· 640
제4장 농수산물공판장 및 민영농수산물도매시장 등 ············· 655
제5장 농산물가격안정기금 ··· 660
제6장 농수산물 유통기구의 정비 등 ····································· 663
제7장 보 칙 ·· 671
제8장 벌 칙 ·· 676
✪ 기출 및 예상문제 ·· 679

제 ❹ 편 친환경농어업 육성 및 유기식품 등의 관리·지원에 관한 법률

제1장 총 칙 ·· 695
제2장 친환경농어업·유기식품등·무농약농산물·무농약원료가공식품
      및 무항생제수산물등의 육성·지원 ································ 697
제3장 유기식품등의 인증 및 관리 ·· 702
제4장 무농약농산물·무농약원료가공식품 및 무항생제수산물등의 인증
      ·· 712
제5장 유기농어업자재의 공시 ··· 713
제6장 보 칙 ·· 723
제7장 벌칙 등 ··· 726
✪ 기출 및 예상문제 ·· 730

제 ❺ 편 수산물 유통의 관리 및 지원에 관한 법률

제1장 총 칙 ·· 737
제2장 수산물유통발전계획 등 ··· 738
제3장 수산물산지위판장 ··· 741
제4장 수산물의 이력추적관리 ··· 750
제5장 수산물의 품질 및 위생 관리 ······································· 754
제6장 수산물 수급관리 ·· 755
제7장 수산물 유통 기반의 조성 등 ······································ 758
제8장 보 칙 ·· 763
제9장 벌 칙 ·· 764
✪ 기출 및 예상문제 ·· 767

수산일반

제1편	수산업의 개요
제2편	수산자원
제3편	어 업
제4편	선박운항
제5편	수산양식
제6편	수산업의 관리제도

제1편 수산업의 개요

제1장 수산업과 우리의 생활

[제1절] 수산업(fisheries)

1. 의 의
① 물 속에 살고 있는 생물을 채취·어획하거나 양식하는 것을 비롯하여 수산물을 가공하는 일체의 산업을 말한다.
② 경제적 이익을 목적으로 물속의 동식물을 잡거나 길러서 인류가 이용할 수 있도록 제공하는 산업으로 수산물을 생산, 처리, 가공하는 과정을 산업화한 것을 말한다.
③ 수산업은 종합적 산업으로 수산업은 1, 2, 3차 산업 모두를 대상으로 하는 넓은 직업의 세계가 펼쳐지는 종합적 산업이다.

2. 대 상

(1) 수산업의 대상

수산업의 대상이 되는 수산자원에는 각종 어패류를 비롯하여 김·미역·다시마·톳·우뭇가사리 등의 해조류와 고래·물개 등의 포유류를 통칭하는 해수류가 있다. 그밖에 수산자원으로 직접 이용되지는 못하지만 유용한 수산생물의 먹이가 되거나 유기물을 합성하는 등 서식환경을 조성해주는 각종 플랑크톤·세균·속씨식물 등이 간접적으로 수산업에 영향을 미친다.

(2) 수산업의 구분

산업은 수산물을 생산하는 업태에 따라 어업·양식업·수산가공업의 3가지로 구분된다.
① 어업과 양식업은 유용 동식물을 생산하는 1차 산업으로서, 어업은 천연의 수산물을 채취·어획하는 것이고, 양식업은 수산자원의 번식과 성장을 인위적으로 조정하고 증식시키는 수중농업이다.
② 수산가공업은 수산물을 원료로 이용하여 저장·가공하는 2차 산업이다.
③ 수산물을 판매하는 유통산업은 3차산업에 속한다.

3. 비중

세계인구가 급격하게 증가하고 농업생산이 한계점에 도달함에 따라 어패류는 고급 단백질식품으로 그 중요성이 높아지고 있다. 한국의 경우 국민경제상 수산업이 차지하는 비중은 종사자수나 어가소득 면에서는 다소 낮지만, 국민의 단백질식량 공급면에서는 그 비중이 매우 높다.

4. 수산물

수산물은 어·패류나 해조류 등과 같이 바다, 강, 못 등 물속에서 나는 산물을 말한다.

[제2절] 분류

구 분	수산업법	일반적	넓은 의미
1차 산업	어업(어업, 양식업)	어업, 양식업	어업, 양식업
2차 산업	수산 가공업	수산 가공업	수산물 가공업, 어구 제조업, 냉동·냉장업, 조선업
3차 산업	어획물 운반업	수산물 유통업	어획물 운반업, 어획물 판매업

(1) 수산업법 (수산물 유통업은 포함되지 않는다.)
① 어업 : 자연에 있는 수산 생물을 포획, 채취하는 생산활동을 말한다.
② 양식업 : 수산 동식물을 길러서 수확하는 생산 활동으로 어업과 양식업은 종합적이고 응용적인 산업의 성격을 지니고 있다.
③ 수산 가공업 : 복합적 2차 산업으로 수확한 수산물을 제품으로 가공하는 산업(어묵, 통조림)을 말한다.
④ 수산물 유통업 : 수산물을 생산지에서 최종 소비지까지의 유통 단계와 과정을 말한다.

(2) 업종간의 구분

어업, 양식업, 수산 가공업이 각각의 산업적 특성에 따라 거의 거의 독립적으로 이루어지는 경우가 많았으나 최근에는 업종간의 구분이 되지 않는 경우가 많아졌다.

(3) 복합 경영

우리나라의 수산업은 관련업이 상호 필요에 따라 동시에 이루어지는 복합경영으로 생산경비를 줄여 경쟁력을 높이고 있다.

(4) 수산업의 3요인

경영적 요인, 자연적 요인, 시장적 요인

(5) 수산경영 4요인

① **자연적 요인** : 수산자원, 어장 등을 말한다.
② **인적 요인** : 경영관리, 해상작업, 육상가공 등을 드는 노동력을 말한다.
③ **기술적 요인** : 정보지식, 어획기술, 판매 노하우 등을 말한다.
④ **물적 요인** : 어선, 어구, 기계설비 등 어획에 필요한 자원을 말한다.

(6) 수산물의 수요를 인위적으로 조절할 필요가 생기게 된 원인

① 우리의 생활수준 향상
② 수산식품의 수요가 급격히 늘어났다.
③ 건강식품 및 기능성 식품이 각광을 받고 있기 때문이다.
④ 최근에는 수산물의 유통단계와 과정이 매우 중요하게 되었다.

(7) 기능성 식품

① **식품의 1차 기능** : 생명 유지에 필요한 영양분을 공급해주는 것이 1차 기능을 가진 식품을 기능성 식품이라 한다.
② **식품의 2차 기능** : 맛, 향, 색 등 감각에 관계하는 것이 2차 기능을 가진 식품을 기능성 식품이라 한다.
③ **식품의 3차 기능** : 생체 조절기능인 노화억제, 질병방지와 회복 등에 관여 하는 것이 3차 기능을 가진 식품을 기능성 식품이라 한다.

[제3절] 수산업의 중요성

① 국가적 기간산업으로 국민에게 식량의 공급과 동시에 단백질을 제공하는 역할
② 최근 경제가 발전하고 식생활 수준의 향상으로 동물성 단백질의 섭취가 급증하고 있는데, 여기에는 수산물의 기여도가 높다.
③ 미래의 식량 확보 문제도 미개발된 수산 자원과 이용도가 높은 수산물에서 해결이 가능할 것이다.
④ 국제식량농업기구(FAO) 한국 협회의 단백질 섭취 권장량 : 성인 1인당 1일 단백질 섭취량은 75~90g이며 이 중 1/3은 동물성 단백질 섭취 권장(30g 정도)
⑤ 바다는 미래 산업의 터전으로 인류의 마지막 남은 보고라고 할 만큼 주목을 받고 있다.

[제4절] 수산업의 특성 (수산 생물자원을 중심으로)

(1) 관리에 문제로 이동성으로 주인이 불명확하다.

(2) 자율 갱신성으로 관리만 잘하면 계속 생산이 가능하다.

(3) 생산 활동의 장소가 물이기 때문에 기상 등의 영향을 많이 받는다.

(4) 수산생물은 이동하기 때문에 관리가 어렵다.

(5) 해양 환경과 살아가는 조건에 따라 생산 시기와 생산량이 일정하지 않다. 따라서 수산물의 관리를 위한 기술이 필요하다.

(6) 다양한 수산경영

수산물의 특성 때문에 선도유지를 위해 선상에서 가공·판매하는 시스템을 이용하고 있으며, 상품적 특성과 생산성을 높이기 위해 기상, 수산가공 기술 및 활어운송 기술(콜드체인) 등 관련정보를 정확히 분석함으로써 다양한 수산경영 형태로 발전하고 있다.

(7) 관련기술

수산품의 상품적 특성과 생산성을 높이기 위해 관련된 기술들은 기상정보, 수산가공기술, 활어 운송기술 등이 있다.

(8) 수산업의 특징

① 활동 무대가 주로 해상이다.
② 대상 생물자원이 물속에 존재하므로 보이지 않는다.
③ 대부분이 정착하지 않고 이동성을 가진다.
④ 계속 생산이 가능하다. (자율 갱신성)
⑤ 생산물의 부패와 변질이 쉽다.
⑥ 위험성, 투기성, 불연속성 때문에 계획적인 생산이 쉽지 않다.
⑦ 생산품을 규격화, 제품화하기 어렵다.

제 2 장 수산업의 현황과 발달

[제1절] 수산업의 현황

1. 개 요

1946년 한국의 수산업인구는 약 40만 명(총인구의 2.1%)이었으나, 매년 증가하여 1967년에는 약 3.9배가 증가한 147만 명(총인구의 5.1%)이 되었으나 2018년 11만 7,000여명으로 줄었다. 2020년 어가소득은 5,300여만원으로 어가소득은 어업소득, 어업외소득, 이전소득, 비경상소득으로 구성된다. 어선척수는 2000년 6만 8,629척에서 2018년 4만 1,119척으로 2만 7,510척이 감소하였다.

2. 어업 생산

생산량은 1960년경까지는 미약했으나, 제1차 경제개발계획에 의해 대형어선이 도입되고 원양어업이 본격적으로 시작되었다. 현재는 원양어업의 어획고가 감소되고 있으나, 새로운 어로기술의 개발 및 기존어장을 확보함과 동시에 새로운 어장을 개척하고 있다.

3. 양식업의 생산

과거에는 김 양식 외에는 보잘 것 없었으나 굴·미역·다시마 등의 양식법이 발달하였고 최근에는 어류양식도 내수면과 바다에서 크게 발전되고 있다.

4. 수산가공품 생산

과거에는 주로 건제품·염장품·젓갈 등 보존을 위한 가공에 불과했으나, 오늘날에는 저장을 위한 냉동품 외에 통조림·조미가공품·해조류가공품·연제품 등의 보다 고차원적인 가공품을 생산하고 있다.

5. 수산물 수출

품목별 수산물 수출실적을 보면 원양산 어류가 29%, 활선어 20%, 나머지는 냉동품·통조림·해조염식품 등의 순이다.

[제2절] 우리나라 수산업의 현황

1. 국가 경제와 수산업

① 1962년 경제개발 초기에는 수산품이 국가 전체 수출액의 약 22%를 차지하였다.

② 수산업과 관련산업
　㉠ 생산장비의 현대화에 필요한 조선, 기계공업, 전자기기공업
　㉡ 어망의 원료가 되는 화학공업
　㉢ 수산물 제조 및 유통에 따르는 제빙업, 제관업과 제염업, 수리업, 통신사업, 복지후생
③ 우리나라 수산업의 발전 단계 : 1966년 수산청이 발족되어 수산 행정이 일원화 되었다.

시 기	주요 내용
1960년대	어업 구조의 개선, 원양 어업의 시작
1970년대	양식업과 근해 어장의 개발, 원양 어업의 약진으로 수산업의 도약기
1980년대	석유 파동 및 연안국 어업 규제로 수산업 성장의 둔화기
1990년대	연안 어업국 간의 협정 및 국제 수산 기구 신설, 국제적 영향의 고려시기

　㉠ 1990년대 - 국제적 영향을 고려(신해양질서 개편 ⇒ 연안 어업국 간의 협정 + 국제수산기구창설 ⇒ 어업규제증가)
　㉡ 한일어업협정 : 1999년 발효
　㉢ 한중어업협정 : 2001년 발효
④ 우리나라가 가입한 수산기구 : FAO 수산위원회(1965 COFI), 대서양 참치보존 위원회(1970 ICCAT), 북태평양 해양 과학기구(1995 PICES), OECD 수산위(1996) 등에 가입하였다.

2. 자연적 입지 조건

① 북태평양에 위치, 반도국 해안선의 총 연장은 14533(남한 11542)km 우리나라가 관할하는 바다 넓이는 447000km^{2}로서 육지면적의 4.5배가 된다. 섬이 4198개(남한 3153개)이다.
② 쓰시마 난류+리만해류(한류)+북한한류
③ 우리나라 연근해 ⇒ 한류성 난류성 수산자원이 풍부[어류(+담수어류) 약900종 / 연체동물 약100종 / 갑각류 약300종 / 해조류 약400종]
④ 우리나라 주변 해양에 가장 많은 영향을 끼치는 해류는 쿠로시오 해류로서 필리핀 만다오 섬 부근에서 발생하며 이 일부가 쓰시마 난류가 된다. 쓰시마 난류는 유속은 0.5~1.5노트 정도, 겨울에는 강하고, 여름에는 약한 경향이 있다.
　㉠ 3면이 바다 : 수산업이 발달하기 좋은 입지조건
　㉡ 한류와 난류가 만나 수산자원의 종류가 다양하고 풍부하다.
　㉢ 한류 : 리만 한류, 북한 한류
　㉣ 난류 : 쓰시마 난류, 동한 난류

동해	황해(서해)	남해
• 해저 급경사, 평균 수심 : 약 1700m, 깊은 곳 약 4000m • 동한 난류와 북한 한류가 만나 조경을 이루어 어족 풍부 • 동해 고유수 존재, 그 위에 동한 난류 흐름 동해의 하층에는 수온이 1℃ 내외, 염분이 34.0 ~ 34.1‰ (퍼밀)인 동해 고유수(저염수, 저온)가 있고 그 위에는 따뜻한 해류인 동한 난류가 위층을 흘러간다.	• 조석 간만의 차가 심하고, 간석지 발달 • 평균 수심 44m, 최고 103m, 염분 33‰ 이하 • 강한 조류로 상·하층수 혼합 왕성 → 조석 전선 형성 • 계절에 따라 수온과 염분의 차 큼. 겨울에는 수온이 표면과 해저가 거의 같이 낮아지고, 여름에는 표면 수온이 24~25℃로 높아지지만, 서해 중부의 해저에는 겨울철에 형성된 6~7℃의 냉수가 그대로 남아 있어서 냉수성 어류의 분포에 영향을 끼친다.	• 동해와 서해의 중간적 해양 특성 • 여름철 표면 수온 30℃ 까지, 겨울에는 연안을 제외하고 10℃ 이하로 내려가지 않음 • 겨울 : 난류성 어족의 월동장 • 봄, 여름 : 난류성 어족 산란장 • 수산생물의 종류 다양, 자원 풍부

⑤ **조석 전선** : 조류가 강한 황해와 같은 곳은 여름철에 표면 수온이 상승하고, 하층은 냉수가 그대로 존재 → 이러한 연안역에 강한 조류에 의한 저층 난류가 발생되면 상·하층수 혼합 → 연안역은 외해 쪽보다 수온이 낮고, 외해 쪽은 연안 쪽보다 수온이 높게 됨. 이처럼 조류에 의해서 연안수와 외해수 사이에 뚜렷한 수온차가 생기게 되어 전선을 형성하게 되는데, 이러한 현상을 조석 전선이라 한다.

3. 수산물 생산량

① 어업
  ㉠ 연안어업 : 생산량이 가장 많으나, 어업인구 어선 등을 감안하면 생산규모는 작음
  ㉡ 근해어업 : 생산규모 크고 양산체제로 되어 있어 생산량 매년 증가
  ㉢ 원양어업 : 1957년 인도양 시험조업/다랑어 주낙어업이 시작 → 1966년 대서양 트롤어업이 시작 → 1970년대 두 차례 석유파동 → 최근엔 연안국의 200 해리 경제수역설정과 연안국간의 어업협정으로 생산량 감소
② 양식업 : 김양식 → 굴, 미역, 다시마 → 어류양식(내수면과 천해에서 발전)
③ 수산가공업
  ㉠ 건제품, 염장품, 젓갈 등 보존식품형식 가공(냉동품) → 통조림, 조미 가공품, 연제품 등 부가가치가는 가공품으로 전환
  ㉡ 2001을 기준으로 수산물 수출 대상 국가 중에서 일본으로 수출하는 금액이 총 수출액의 약 72% 차지
  ㉢ 어류 중에서는 다랑어가 약 20%를 차지한다. 앞으로는 수산물의 수출량보다는 수입량이 증가할 것으로 보인다.

4. 수출과 수입

① 2000년 기준 수입수산품 : 조기, 명태, 대구, 오징어
  우리나라 어업별 생산 추이 : 연근해 > 양식 > 원양 > 내수면
② 2001년 기준 수입수산품 : 조기, 꽁치, 명태, 오징어
③ 수산물 생산량
  ㉠ 3면이 바다로 둘러싸여 있어 수산업을 하기에 좋은 조건 갖춤
  ㉡ 수산물 생산량은 연간 300백만 톤을 상회하고 있으나, 최근에는 감소 추세
④ 수산물 수출과 수입
  ㉠ 국내 소비의 계속적인 증가로 수출량의 감소
  ㉡ 수산물 수요의 증가로 수산물 수입이 급증
  ㉢ 대표적인 수산물 수입국 : 중국, 러시아, 미국, 일본 순
  ㉣ 중국에 대한 수입 의존도 점점 증가

[제3절] 세계 수산업의 현황

1. 세계주요어장

세계의 주요 조경어장은 북태평양의 오야시오와 쿠로시오가 만나는 북태평양어장, 북대서양의 걸프스트림과 레브라도해류가 만나는 뉴펀들랜드어장, 북동대서양의 대서양해류와 북극한류가 만나는 북해어장, 남극양의 아남극수와 아열대수가 만나는 남극양어장이 있다.

① **북해어장** : 노르웨이와 영국 제도 사이에 있는 대서양 북동부의 수심이 얕은 부속해를 말한다. 대표적 어획물은 대구를 비롯하여 청어·전갱이·적어류(볼락어류) 등의 주요어류와 갑각류·굴 등이다.
② **대서양 북서부어장(뉴펀들랜드어장)** : 캐나다의 뉴펀들랜드, 래브라도 반도, 노바스코샤 반도 및 미국의 메인 주, 뉴잉글랜드 지방 일대의 북아메리카 동해안 해역의 어장을 말한다. 주로 대구류·청어류를 어획하고, 가자미류·고등어류·적어류 등과 오징어류·새우류·굴·가리비 등의 생산이 많다. 특히 트롤 어장으로 적합하다.
③ **태평양북부어장** : 중국, 연해주, 쿠릴 열도, 캐나다, 미국의 태평양 북부구역으로 이루어진 매우 넓은 해역으로, 세계 최대의 어장이다. 명태·대구류, 청어·정어리류, 적어류, 전갱이류, 연어류, 다랑어류(참치), 넙치·가자미류 등의 어류와 새우·게 등의 갑각류 및 굴·대합 등의 조개류, 그리고 해조류의 생산이 많다.

2. 세계 주요 어장

북해 어장	대서양 북동부 해역으로 일찍부터 고도로 개발, 주변에 좋은 소비지가 있어 어장으로 좋은 위치, 대표적 어획물 : 대구, 청어, 전갱이, 적어류, 갑각류, 진주담치, 굴 등
대서양 북서부 어장 (미국 고양이 입 부근)	북아메리카 동해안 해역의 어장, 해안선의 굴곡이 심하고, 퇴와 여울이 많으며, 멕시코 만류와 래브라도 한류가 만남, 대표적 어획물 : 대구류, 청어류, 가자미류, 고등어류, 오징어류, 새우류, 굴, 가리비 등 트롤 어장으로 적합 – 원양 어업 성행
태평양 북부 어장	매우 넓은 해역의 세계 최대의 어장, 늦게 개발 되었으나 급격히 어획량이 증가함. 최근 명태, 꽁치 등의 어획 쿼터제가 실시되고 있다. 한국, 중국, 연해주, 쿠릴열도, 캐나다 등의 해역이다. 대표적 어획물 : 명태, 대구류, 청어, 정어리류, 적어류, 전갱이류, 연어, 다랑어, 넙치, 가자미류, 게, 새우, 굴, 대합, 해조류 등 최근 명태대상 트롤 어업은 감선 및 생산량 감소 불가피. 입어료와 쿼터량을 할당 받음

[제4절] 수산업의 발달

1. 어업의 발달

원시 수렵 시대	체포 어업 시대	자원 관리형 어업 시대
• 가족과 부족의 생존을 위한 행위 • 많은 유적의 발견은 수산생물 이용의 증거	• 집단생활(강, 해안) • 이윤을 목적으로 한 어로 : 어업 시대 • 신라 : 어량의 발달, 고구려 – 포경업	• 자원량을 유지할 수 있도록 관리 1970년대부터 시작 • 인공 종묘생산의 방류 • 인공어초 설치 : 산란장, 성육장 조성, • 종묘 배양장 설치가 시작

2. 자원체포어업시대 → 자원관리형어업시대

자원관리형 어업 : 해역의 자연 조건과 대상 생물의 생태를 파악하여 지속적이고 안정적인 어업을 영위하면서 수익을 최대로 유지하려는 어업 형태이다.

3. 양식업의 발달

수산업은 어업, 양식업, 수산물가공업, 제염(천일제염) 등으로 나눌 수 있다. 남해안은 다도해로 파랑의 영향을 적게 받고 연중 난류의 영향을 받아 수온이 높아 양식업이 발달해 있다.

① 이집트 : B.C 1,800년경 마에리스 왕이 못을 만들어 22종의 어류양식

② 중국 : B.C 500년경 못을 만들어 잉어 양식, 양어경에 기록 남음
③ 고구려 대무신왕 11년(서기28년) : 잉어양식 → 관상용
④ 고대 로마 시대 : 어류양식 후 판매, 굴의 수하식 양식 모습이 그림에 남음
⑤ 15세기 프랑스의 동 팽송 : 송어 인공 부화 성공
⑥ 1757년 오스트리아의 야코비 : 송어의 인공란을 하천에서 부화
⑦ 19세기 후반 수산 생물의 활발한 양식 활동 시작됨 : 유럽의 여러 나라, 미국, 캐나다 : 국립 양어장 설치 → 양어, 자원조성

4. 우리나라의 양식 역사

① 약 600년 전 광양만 : 김 양식, 투석에 의한 굴 양식도
② 1960년대 수하식 굴 양식의 시작으로 크게 발전 : 양식 대상종의 다양화

5. 수산 가공업의 발달

① 원시시대 : 건제품(가장 원시적) 개발, 그 후 염장, 훈제, 젓갈 등 가공
② 1804년 프랑스 아페르 : 병조림 개발 오늘날과 같은 통조림은 영국의 피터 듀란드가 개발함.
③ 1873년 암모니아 냉동기 개발로 수산물 장기 저장 가능 → 수산물 가공기술의 발달에 가장 획기적인 혁신
④ 최근 : 제품의 다양화, 품질의 고도 발달

제 3 장 수산업의 전망

[제1절] 우리나라 수산업의 전망

1. 개 요

수산자원은 고갈·한정되어 있으나 수산물의 수요는 계속 증가할 것이므로, 적절한 자원 관리에 의해 어업생산의 증대를 도모해야 함과 동시에 양식에 의한 수산물 공급의 확대를 꾀해야 할 것이다. 한편 연안국가들의 200해리 경제수역 설정으로 인한 원양어장의 축소에서 오는 수산물 생산고의 감축을 메우기 위해서는

① 기르는 어업에 주력하여 연안어업자원의 조성을 꾀하고 양식에 의한 생산을 증대시켜야 한다.
② 기존 어장 확보 및 공동이익을 위한 연안국가와의 협력을 유지해야 한다.
③ 원양어업을 계속하기 위한 입어권 확보와 경영개선이 이루어져야 한다.

④ 새로운 어장의 탐사 및 새 어장의 개척을 서둘러야 한다.
⑤ 이용하지 못하던 어류의 새로운 이용방법을 개발해야 한다.
⑥ 국민의 체위향상을 위한 동물성 단백질의 공급과 수출산업으로서의 역할을 담당해야 하며, 인류전체의 생존문제와 직결된 해양오염 방지에 노력해야 할 것이다.

2. 세계 수산업의 전망

(1) 제2차 세계대전 직후, 미국의 대륙붕 선언으로 해양분할시대에 들어갔으며, 1977년에는 강대국의 200해리 경제수역 설정으로 해양질서가 격변했다. 따라서 한국과 같은 원양어업국이 연안국의 경제수역 내에서 수산자원을 이용하자면 연안국과 협력하지 않으면 불가능하게 되었다.

(2) 수산물은 어류가 전체의 90%를 차지하며, 청어류·대구류가 가장 많고, 전갱이류·적어류·고등어류·다랑어류·새우류·오징어류·가자미류·조개류 순이다. 어류는 해산어와 담수어의 비율이 85 : 15 정도이며, 해산어는 태평양구역이 50%, 대서양구역이 40%이다. 담수어는 아시아 지역의 내수면에서 70%가 생산되고 있다. 지역별로 보면 아시아가 총어획량의 약 반을 차지하고, 그 다음은 유럽, 러시아, 남아메리카, 북아메리카, 아프리카, 오세아니아 순서이다.
① 19세기 들어와 영해는 3해리 인정
  ㉠ 1945년 미국의 대륙붕 선언으로 해양 분할의 시대가 시작되었다.
  ㉡ 1960년대까지 공해이용자유시대(1960년대 자국 영해 20해리)외는 공해였다.
② 최근 연안국의 200해리 배타적 경제수역 설정으로 해양분할시대 : 연안국 부근에서의 어업은 불가능하고 다른 나라의 200해리 배타적 경제 수역 내에서 어업을 하기 위해 입어료 지불로 부분적 조업 가능
③ 수산물의 중요성 증가 및 해양 자원 확보를 위한 경쟁 심화
④ 식량 문제의 평화적 해결을 위하여 세계 각국은 공동의 노력 필요
※ 한·일 어업 협정 : 1999년 1월 12일, 한·중 어업 협정 : 2001년 6월 30일에 발효

(3) 배타적 경제수역 (exclusive economic zone : EEZ)
① 개요 : 대륙붕은 해안선에서 완만한 경사를 따라 수심 200m까지의 해저지형을 말한다. 전 세계에 분포하는 대륙붕 평균수심은 약 128m, 폭 약 75km, 경사 약 0.1°이다.
② 요약 : 배타적 경제수역 선포로 국제어업은 생산 위주에서 관리통제로 전환되었다.
  ㉠ 영해 기선으로부터 200해리까지의 수역, 유엔 해양법 협약에서 처음 도입
  ㉡ 경제 수역 내의 자원 : 주권적 권리의 행사
  ㉢ 인공 섬, 시설물 설치 이용, 해양 과학 조사, 해양 환경 보전 : 관할권의 행사
  ㉣ 외국 선박의 자유 항해는 보장

ⓜ 우리나라의 배타적 경제수역 선포 : 1996년

(4) 수산자원의 조성 방법
① 인공 어초의 투입
② 인공 수정란 방류
③ 인공 종묘의 방류

(5) 정부의 수산업 진흥을 위한 중점 시책
① 인공 어초 설치, 인공 종묘 방류 등에 의한 자원 조성
② 어선의 대형화와 어항 시설의 확충 및 영어 자금 지원의 확대
③ 양식업의 개발과 새로운 어장 개척
④ 원양 어획물의 가공·공급의 확대 및 수산가공품의 품질 고급화
⑤ 해외 어업협력 강화와 새 해양 질서에 대처한 외교 강화
⑥ 어업 경영의 합리화
⑦ 수산물의 안정적 공급과 수출 시장의 다변화
⑧ 수출 시장의 다변화
⑨ 원양 어업의 지속적 육성
⑩ 어민 후계자 육성

[제2절] 한국의 어장

1. 동 해

① 넓이가 약 100만km^2이고, 연안에서 대략 10해리 이상 나가면 수심이 200m 이상으로 깊어지고 해저는 급경사를 이룬다.
② 수심은 가장 깊은 곳이 약 4,000m, 평균수심은 1,400m에 이른다.
③ 동해의 하층에는 수온 1℃ 이하, 염분 34‰의 동해 고유수(하층 수온 0.1~0.3℃)가 존재하고, 해류는 이 고유수의 위층을 흘러간다. 북상하는 난류는 겨울에는 강원도 중부지방에서 우선회하며, 울릉도를 거쳐 일본 연안류와 합치지만, 계절에 따라 세력이 강할 때에는 함경북도까지 북상한다.
④ 난류의 수온은 항상 10℃ 이상이고 염분은 34.5‰ 이상이다. 동해에는 난류를 따라 이동하는 고등어·꽁치·방어·삼치·상어 등과 한류를 따라 이동하는 대구·명태·도루묵 등의 어류를 비롯해 왕게·털게·철모새우 등의 갑각류, 그리고 오징어·문어·소라·전복 등의 연체류, 미역·다시마 등의 해조류와 고래 등의 포유류가 있다.

2. 서 해

① 조수간만의 차가 심하다.
② 평균수심 44m, 최대수심 103m이다.
③ 전체가 대륙붕으로 이루어져 있으며, 간석지가 발달하여 양식업이 활발하다.
④ 염분은 33‰ 이하로 낮고, 계절에 따라 수온과 염분의 변화가 심하다.
⑤ 수온은 겨울에는 표면과 해저가 거의 같이 낮아져 조업이 이루어지지 않으며, 여름에는 표면 수온은 높아져도 서해 중부의 해저에는 6~7℃의 저층 냉수괴가 남아 있어서 서해 냉수성 어류가 분포한다.
⑥ 조기·민어·고등어·강달이·삼치·준치·홍어 등의 어류와 바지락·대합·전복·굴·오징어 등의 연체류 및 새우·젓새우·꽃게 등의 갑각류가 있다.

3. 남 해

① 한국 최대의 어장으로 평균수심 100m 내외의 대륙붕으로 되어 있다.
② 여름철에 난류 세력이 강해지면 표면 수온은 30℃까지 높아지고, 연안을 제외하고는 겨울에도 10℃ 이하로 내려가는 일은 거의 없어 어로활동이 안정되어 있다. 염분은 쿠로시오의 주류보다 낮고 서해보다는 높다.
③ 겨울에도 난류성 어족의 월동장이 되고, 봄과 여름에는 산란장이 된다.
④ 겨울에는 한류성 어족인 대구의 산란장이 되기도 한다. 멸치·고등어·전갱이·삼치·방어·갈치·쥐치·붕장어·도미·숭어 등의 난류성 어류와 대구·돌묵상어 등의 한류성 어류, 굴·바지락·소라·전복·대합·문어, 해삼·성게 등의 극피동물, 김·미역·우뭇가사리 등의 해조류가 많다.

제1편 기출 및 예상문제

01 다음 수산업에 관한 설명으로 옳지 않은 것은?
① 물 속에 살고 있는 생물을 채취·어획하거나 양식하는 것을 말한다.
② 경제적 이익을 목적으로 물속의 동식물을 잡거나 길러서 인류가 이용할 수 있도록 제공하는 산업이다.
③ 수산업은 종합적 산업으로 수산업은 1차 산업만을 대상으로 하는 산업이다.
④ 수산물을 가공하는 일체의 산업을 말한다.

 수산업은 종합적 산업으로 수산업은 1, 2, 3차 산업 모두를 대상으로 하는 넓은 직업의 세계가 펼쳐지는 종합적 산업이다.

02 수산업을 구분한 것으로 옳지 않은 것은?
① 포획업　　　　　　　　② 어업
③ 양식업　　　　　　　　④ 수산가공업

 수산업은 수산물을 생산하는 업태에 따라 어업·양식업·수산가공업의 3가지로 구분된다.

03 수산물의 수요를 인위적으로 조절할 필요가 생기게 된 원인이 아닌 것은?
① 생활수준 향상
② 어획량의 증가
③ 수산식품 수요의 증가
④ 건강식품 및 기능성 식품 수요증가

 어획량이 감소하면 수산물의 수요를 인위적으로 조절할 필요가 생기게 된다.

정답　01. ③　02. ①　03. ②

04 자원 관리형 어업과 관련된 내용으로 옳지 않은 것은? 2020년 기출
① 대상 생물의 생태를 파악한다.
② 지속가능한 어업을 영위한다.
③ 어선 및 어구의 규모와 수를 증가시킨다.
④ 자원을 합리적으로 이용한다.

 자원관리형 어업 : 해역의 자연 조건과 대상 생물의 생태를 파악하여 지속적이고 안정적인 어업을 영위하면서 수익을 최대로 유지하려는 어업 형태이다.

05 수산생물자원의 특성으로 옳지 않은 것은?
① 수산생물은 이동하기 때문에 관리가 어렵다.
② 생산 활동의 장소가 물이기 때문에 기상 등의 영향을 많이 받는다.
③ 자율 갱신성으로 관리만 잘하면 계속 생산이 가능하다.
④ 생물의 이동성으로 주인이 명확하다.

 수산생물자원은 이동성으로 주인이 불명확하다.

06 수산업의 특징으로 옳지 않은 것은?
① 생산품을 규격화, 제품화가 쉽다.
② 활동 무대가 주로 해상이다.
③ 계속 생산이 가능하다.
④ 생산물의 부패와 변질이 쉽다.

 수산업은 생산품을 규격화, 제품화하기 어렵다.

07 수산업의 산업적 특성으로 옳지 않은 것은? 2021년 기출
① 생산의 확실성
② 생산물의 강부패성
③ 노동 및 자본의 비유동성
④ 수산자원 및 어장의 공유재산적 성격

 수산업은 생산이 확실하지 않다.

08 우리나라 수산업이 자연적 입지조건으로 옳지 않은 것은?
① 3면이 바다이어서 수산업이 발달하기 좋은 입지조건이다.
② 한류와 난류가 만나 수산자원의 종류가 다양하고 풍부하다.
③ 서해는 평균수심이 1,700m 정도로 깊은 편이다.
④ 남해에는 난류성 어족의 산란장이다.

 동해는 평균수심이 1,700m 정도로 깊은 편이고, 서해는 조석 간만의 차가 심하고 간석지가 발달되어 있다.

09 노르웨이와 영국 제도 사이에 있는 대서양 북동부의 수심이 얕은 부속해의 어장은?
① 뉴펀들랜드어장   ② 북해어장
③ 태평양북부어장   ④ 남극양어장

 북해어장 : 노르웨이와 영국 제도 사이에 있는 대서양 북동부의 수심이 얕은 부속해를 말한다. 대표적 어획물은 대구를 비롯하여 청어, 전갱이, 적어류(볼락어류) 등의 주요어류와 갑각류·굴 등이다.

10 우리나라에서 가장 먼저 시작한 양식 어류는?
① 미꾸라지   ② 붕어
③ 잉어   ④ 송어

 고구려 대무신왕 11년(서기28년)에 관상용으로 잉어양식을 하였다.

11 우리나라에서 가장 오래된 양식 역사를 가지며 사료를 하루에 여러 번 나누어 주는 어류는?   2020년 기출
① 잉어   ② 넙치
③ 참돔   ④ 방어

 고구려 대무신왕 11년(서기28년) - 잉어양식 → 관상용

정답 08. ③ 09. ② 10. ③ 11. ①

12 배타적 경제수역에 관한 설명으로 옳지 않은 것은?
① 영해 기선으로부터 200해리까지의 수역이다.
② 유엔 해양법 협약에서 처음 도입하였다.
③ 배타적 경제수역 내에서 관할권을 행사할 수 있다.
④ 배타적 경제수역 내에서는 인공섬을 설치할 수 없다.

 배타적 경제수역 내에서는 인공 섬의 설치, 시설물 설치이용, 해양과학조사, 해양환경보전 등의 관할권을 행사할 수 있다.

13 수산업에 속하는 산업은?
① 바닷물을 증발시켜 소금을 생산한다.
② 해저 유전을 굴착하여 원유를 생산한다.
③ 방파제를 축조하여 어선의 안전을 막는다.
④ 양식 미역을 채취하여 염장 미역을 가공한다.

 양식 미역을 채취하여 염장 미역을 가공하는 것은 수산업에 속하는 산업이다.

14 다음 내용은 수산업의 종류이다. 제1차 산업에 속하는 것만을 모두 고른 것은?

| ㉠ 어업 | ㉡ 양식업 |
| ㉢ 수산 가공업 | ㉣ 수산물 유통업 |

① ㉠, ㉡　　　　　　② ㉠, ㉢
③ ㉡, ㉢　　　　　　④ ㉡, ㉣

 제1차 산업에 속하는 것은 어업, 양식업이다.

구분	수산업법	일반적	넓은 의미
1차 산업	어업(어업, 양식업)	어업, 양식업	어업, 양식업
2차 산업	수산 가공업	수산 가공업	수산물 가공업, 어구 제조업, 냉동·냉장업, 조선업
3차 산업	어획물 운반업	수산물 유통업	어획물 운반업, 어획물 판매업

정답 12. ④　13. ④　14. ①

15 수산업의 특성에 대한 설명으로 옳지 않는 것은?
① 계획적인 생산이 쉽지 않다.
② 생산물의 부패, 변질이 쉽다.
③ 생산품을 규격화, 제품화하기 어렵다.
④ 대상 생물이 일정한 장소에만 있어 관리가 편하다.

 대상 생물이 일정한 장소에만 있어 관리가 편하다는 수산업의 특성이 아니다.
수산업의 특징
1. 활동 무대가 주로 해상이다.
2. 대상 생물자원이 물 속에 존재하므로 보이지 않는다.
3. 대부분이 정착하지 않고 이동성을 가진다.
4. 계속 생산이 가능하다.(자율 갱신성)
5. 생산물의 부패와 변질이 쉽다.
6. 위험성, 투기성, 불연속성 때문에 계획적인 생산이 쉽지 않다.
7. 생산품을 규격화, 제품화하기 어렵다.

16 수산업 진흥을 위한 정부의 중점시책과 관계가 적은 것은?
① 양식업의 개발
② 인공 어초의 투입
③ 해외 어업협력의 배척
④ 영어 자금 지원의 확대

 해외 어업협력의 배척은 수산업 진흥을 위한 정부의 중점시책과 관계가 적다.
정부의 수산업 진흥을 위한 중점시책
1. 인공 어초 설치, 인공 종묘 방류 등에 의한 자원조성
2. 어선의 대형화와 어항 시설의 확충 및 영어 자금 지원의 확대
3. 양식업의 개발과 새로운 어장 개척
4. 원양 어획물의 가공 · 공급의 확대 및 수산가공품의 품질 고급화
5. 해외 어업협력 강화와 새 해양 질서에 대처한 외교 강화
6. 어업경영의 합리화
7. 수산물의 안정적 공급과 수출시장의 다변화
8. 수출시장의 다변화
9. 원양 어업의 지속적 육성
10. 어민 후계자 육성

17 국내 수산물 중 최근 2년간(2017~2018) 수출액이 가장 많은 것은?　　2019년 기출

① 김
② 굴
③ 오징어
④ 갈치

 2018년 김의 수출이 가장 많고 다음으로 굴 순이다.

18 2019년도 우리나라 수산물 생산량이 많은 것부터 적은 순으로 옳게 나열된 것은?
　　2020년 기출

① 원양어업 > 천해양식어업 > 내수면어업 > 일반해면어업
② 원양어업 > 내수면어업 > 천해양식어업 > 일반해면어업
③ 천해양식어업 > 원양어업 > 일반해면어업 > 내수면어업
④ 천해양식어업 > 일반해면어업 > 원양어업 > 내수면어업

 수산물 생산량은 천해양식어업이 가장 많고 일반해면어업, 원양어업, 내수면어업 순이다.

19 다음과 같은 특성을 갖는 어장은?

- 세계 최대의 어장이다.
- 최근 명태, 꽁치 등의 어획 쿼터제가 실시되고 있다.
- 한국, 중국, 연해주, 쿠릴열도, 캐나다 등의 해역이다.
- 한국, 일본, 러시아 사이의 첨예한 어업권 분쟁이 발생되고 있다.

① 북해
② 인도양
③ 남극양
④ 북태평양

- **태평양 북부 어장** : 매우 넓은 해역의 세계 최대의 어장. 늦게 개발 되었으나 급격히 어획량이 증가함. 최근 명태, 꽁치 등의 어획 쿼터제가 실시되고 있다. 한국, 중국, 연해주, 쿠릴열도, 캐나다 등의 해역이다.
- **대표적 어획물** : 명태, 대구류, 청어, 정어리류, 적어류, 전갱이류, 연어, 다랑어, 넙치, 가자미류, 게, 새우, 굴, 대합, 해조류 등

정답　17. ①　18. ④　19. ④

20 넓이가 약 100만km²이고, 연안에서 대략 10해리 이상 나가면 수심이 200m 이상으로 깊어지고 해저는 급경사를 이룬다. 수심은 가장 깊은 곳이 약 4,000m, 평균수심은 1,400m에 이르는 어장은?
① 동해
② 서해
③ 남해
④ 북해

 동해는 넓이가 약 100만km²이고, 연안에서 대략 10해리 이상 나가면 수심이 200m 이상으로 깊어지고 해저는 급경사를 이룬다. 수심은 가장 깊은 곳이 약 4,000m, 평균수심은 1,400m에 이른다. 남하하는 북한해류는 표층을 흐르나, 강원도 이남에서는 잠류가 되고, 겨울에는 부산 부근까지 흘러와서 복잡한 해양 상태를 이룬다. 동해에는 난류를 따라 이동하는 고등어 · 꽁치 · 방어 · 삼치 · 상어 등과 한류를 따라 이동하는 대구 · 명태 · 도루묵 등의 어류를 비롯해 왕게 · 털게 · 철모새우 등의 갑각류 그리고 오징어 · 문어 · 소라 · 전복 등의 연체류, 미역 · 다시마 등의 해조류와 고래 등의 포유류가 있다.

21 수심이 얕고 온도가 적당하며 광합성이 잘되므로, 바다 생물들이 많아 대부분의 어장이 형성되는 곳이다. 현재 이곳에서 광범위한 자원의 개발이 진행되고 있는 곳은?
① 대륙붕
② 대륙 사면
③ 대양저
④ 해구

 해구
1. 대양저 중에서 가장 깊은 부분으로서, 수심이 6,000m 이상인 좁고 깊은 V자 지형
2. 전체 해양 면적의 1%를 차지. 해연-해구 중에서 가장 깊은 곳

정답 20. ① 21. ④

제2편 　수 산 자 원

제 1 장　해양의 이용과 수산자원

[제1절] 해양의 특성

1. 해저지형의 구조와 해수의 성질

(1) 해저지형의 구조

육상지형에 비하여 기복이 적고, 경사는 완만한 편이다. 경사, 수심, 거리, 면적 등에 따라 대륙붕, 대륙 사면, 대양저(심해저), 해구로 나뉜다. 해양은 대양과 부속해로 나눈다. 부속해는 내해인 지중해, 반도, 섬 등에 둘러싸인 연해를 말한다.

지형의 구분	지형의 특성
대륙붕	• 해안선에서 완만한 경사를 따라 수심 200m까지의 해저 지형. 전체 해양 면적의 7.6%를 차지 • 평균 수심은 128m, 평균 폭은 75km, 평균 경사는 0.1°, 평균 수심 128m 어장의 90% 이상 형성 • 세계 주요 어장을 대부분을 형성, 산업과 관련된 생산 활동, 인간의 생활과 밀접한 해양 공간이다.
대륙 사면	• 대륙붕과 대양의 경계로 비교적 급한 경사 지형으로 평균 경사는 약 4°를 유지 • 전체 해양 면적의 12%를 차지
대양저	• 해저 지형에서 대륙붕과 대륙 사면을 제외한 해저 지형의 모든 부분으로, 심해저평원, 대양저산맥, 해구 등으로 구성
해구	• 대양저 중에서 가장 깊은 부분으로서 수심이 6000m 이상인 좁고 깊은 V자 지형 • 전체 해양 면적의 1%를 차지 • 해연 : 해구 중에서 가장 깊은 곳

대륙붕과 어장

대륙붕은 수심이 얕고 온도가 적당하며 광합성이 잘되므로, 바다 생물들이 많아 대부분의 어장이 형성되는 곳이다. 현재 이곳에서 광범위한 자원의 개발이 진행되고 있다.

① 해저지형의 육지로부터 거리 : 대륙붕 → 대륙사면 → 대양저 → 해구
② 해저지형의 면적 순 : 대양저＞대륙사면＞대륙＞해구

(2) 해수의 성질

해수의 성분	96.5%의 물과 3.5%의 염류로 구성. 3.5% = 35‰
해수의 염분	해수 1kg 중에 들어있는 염류의 총량으로 표시하며, 단위는 퍼밀(‰)을 사용하는데, 보통 35‰의 값을 지님
해수의 온도	평균 표면 수온은 약 17.5℃(북반구 19℃, 남반구 16℃) 태양의 복사열 때문에 위도가 낮을수록, 수심이 얕을수록 수온이 높다.
해수의 색깔	빛 중에서도 가장 깊숙이 투과할 수 있는 파란색 빛의 산란으로 파랗게 보인다.

2. 해양의 자원

(1) 수산자원 및 광물자원의 특성

수산자원(해양 생물자원)	광물자원
• 어패류, 해조류 등의 식량 소재 • 인류의 중요한 식품 원료이며, 동물성 단백질의 주요 공급원 • 고갈되어 가는 육상의 식량 자원을 대체	• 해수 중에 녹아 있는 용존 광물로부터 자원(Mg) 생산 • 해저에 매장되어 있는 석탄, 철, 니켈, 망간, 석유, 가스 등의 무진장한 광물을 생산(광물 자원의 안정적 수급이 가능)
육상 자원과는 달리 재생성 자원으로 관리만 잘 하면 영구히 자원으로 이용이 가능	

바닷물은 80여종의 광물질이 녹아있는데 이 중 소금, 마그네슘, 칼슘 등이 상업적 생산됨.

(2) 해양 에너지의 이용

해양에너지는 그 이용 방식에 따라 조력, 파력, 온도차, 해류, 염분차 등 여러 형태로 존재하며, 고갈될 염려가 전혀 없고, 인류의 에너지 수요를 충족시키고도 남을 만큼 풍부할 뿐 아니라, 공해문제가 없는 미래의 이상적인 에너지자원이라 할 수 있다.

해양 에너지의 종류	해양 에너지의 특징
조석 에너지	조석 간만의 차(수위차)를 이용하여 전기를 발생 실용화
파력 에너지	파도의 힘으로 터빈을 돌려 에너지를 생산
해류와 조류 에너지	흐름이 빠른 해류가 터빈을 지나면서 회전력으로 전기를 발생
해수 온도차에 의한 에너지	바다 표층과 심층과의 수온 차(20℃)를 이용하여 압력차를 만들어 그 힘으로 터빈을 돌려 발전

해양 에너지의 장점
• 화석 에너지와 원자력 에너지를 대체할 수 있는 효과가 있음. • 공급되는 에너지의 양이 막대하여 고갈의 우려가 없음 • 청정에너지로 환경오염의 우려가 없음. • 개발만 되면 운전 경비가 적게 들어 경제적임

	현재		미래
생산공간	공업단지, 발전소, 양식장	생산공간	바다 목장, 교통·정보·통신 공간
저장공간	석유 비축 기지, 집하장	생활공간	해양 인공도시(인공섬), 해중공원, 해양 레포츠 호텔 관광단지
교통 및 수송 공간	공항, 항만, 물류	교통 및 수송 공간	수중 도로, 해저 터널, 부유식 항만

(3) 해양 공간 자원 인류가 활용할 수 있는 바다의 공간으로 전체 지구 면적의 70%를 차지
해양에서 이용할 수 있는 자원에는 해양자원(광물자원, 해수자원, 수산자원) 해양에너지 자원, 해양 공간 자원 등이 있다.

3. 해양 환경의 보전

(1) 해양 자정능력

인간활동의 결과로 생긴 물질 또는 에너지는 직·간접적으로 해양에 유입되고 있으나 방대한 해양은 이론상으로는 투입된 모든 폐기물을 아주 낮은 농도로 희석시킬 능력을 갖고 있다. 폐기물에 포함되어 있는 생물분해성 유기화합물은 해양생물들에 의해 상당히 빨리 분해된다. 또 이들 물질의 분해로 발생되는 영양염은 해양생물의 먹이가 되어 생산성을 증가시키기도 한다.

(2) 해양오염의 원인과 영향

해양 오염의 수산 생물에 끼치는 영향 중 심각한 것은 환경 호르몬 작용에 의한 생물의 성전환이 일어나기도 한다. 또한 FRP 재료(강화 유리 섬유)와 플라스틱류는 해양 환경오염에 많은 영향을 끼친다.

해양오염 원인	해양오염 영향
• 연안에서 유입되는 생활 하수, 공장 폐수, 농·축산 폐수, 제초제, 살균제, 중금속 • 해상 쓰레기 투기, 기름 유출	• 부영양화가 일어나서 수산 생물이 감소(적조 현상), 저서 생물에 영향 • 갯벌이 죽게 되며 양식 생물의 대량 폐사 • 지구 생태계 파괴

4. 해양오염 방지대책

① 연안에서 유입되는 각종 오염물질의 감소 및 정화[근본적 대책]
② 해양 쓰레기 투기 단속, 폐어구 회수, 선박 기름 누출 사고 예방

③ 지속적인 수질검사 및 단속 강화
④ 폐기물의 해양 투기 종류, 배출 허용 해역 등을 지정하고 있다.
⑤ 해양오염은 먼저 연안 갯벌의 황폐화가 시작되고 차츰 연안과 근해로 확산된다.

5. 적조 (red tide)

해양의 내수면에서 식물 플랑크톤이 대량 번식하여 물이 적색 또는 연한 황색을 띠는 현상으로 적조가 발생하면 용존 산소가 부족하여 수산생물이 대량 폐사한다. 적조를 방지하기 위해서는 육지로부터 영양염류의 유입을 막고, 해저에 쌓인 유기 퇴적물을 제거해야 한다.

[제2절] 수산 자원 생물의 종류

1. 수산 자원과 우리의 생활

선사시대	신석기 이후	근 대	현 대	미 래
단순 채취 (조개더미)	도구로 수산생물 포획(어로 행위 시작)	가공하여 섭취(단백질 공급원)	기호성과 기능성 위주로 개발	기능성 식품, 의약품 소재로 활용

인류가 물에서 식량을 구한 시기는 2만 5천년~3만년 전

2. 해양 생태계

바다에서 생육하는 생물군과 그 생물들을 제어하는 제반 요인을 포함하는 복합체계로 종의 구성과 그 양적 변동, 물질과 에너지의 흐름 그리고 먹이사슬 등의 내용을 포함한다.

(1) 생태계의 구성

생태계	생물적 환경	생산자	무기물에서 유기물을 생산(식물 플랑크톤, 녹색식물)
		소비자	생산자가 만든 유기물을 이용하는 동물(동물 플랑크톤, 각종 동물)
		분해자	유기물을 분해하여 다시 무기물로 환원(박테리아, 곰팡이)
	무생물적 환경		물, 공기, 토양

(2) 해양생물의 먹이 사슬

영양 염류 ▶ 식물 플랑크톤 ▶ 동물 플랑크톤 ▶ 작은 어류 ▶ 큰 어류

① 생산자 : 식물 플랑크톤이 영양 염류인 질산염, 인산염, 규산염 등을 흡수하여 광합성에 의해 유기물을 생산
② 제1차 소비자 : 동물 플랑크톤
③ 제2차 소비자 : 육식성 멸치
④ 제3차 소비자 : 고등어
⑤ 제4차 소비자 : 고래, 상어, 인간

(3) 수산생물의 생활 특성
① 해양의 안정된 환경 때문에 과거부터 현재까지 유지되는 생물의 종류가 많다.
② 수산식물은 연하고 물에 잘 뜰 수 있는(부유할 수 있는) 큰 구조를 지니고 있다.
③ 잎, 줄기, 뿌리의 구분 없이 전체 표면에서 영양분이나 빛을 흡수하여 생육하는 해조류가 많다.
④ 스스로 발광하는 동물이 많다.
⑤ 알에서 생긴 유생은 변태를 거듭하여 어미가 되는 동물이 많으며, 유생시기를 지나면 해저에 고착생활을 하는 동물이 많다. 해파리와 같이 몸통 전체가 연한 형태의 생물이 많은데 이는 심한 온도의 변화가 없었기 때문이다. 우리나라 연근해 담수어 포함 어류 900종, 해조류 400종, 갑각류 300종, 연체동물 100종

(4) 자원생물의 종류와 분포
① 지구상에는 170만종의 동물과 식물이 분포
② 분류의 단계는 생물을 분류할 때의 기준이 되며, 그 단위는 종
③ 종 : 일정한 형질을 갖추고 자연계에서 같은 종류끼리만 번식하는 것
④ 자원생물의 분류 방법(7단계)

(5) 수산생물의 이름
① 학명
  ㉠ 학술 연구 필요상 세계가 공통적으로 사용하도록 제정된 국제적 이름
  ㉡ 국제적으로 통용되는 생물의 학술적 이름으로 1757년 린네가 2명법을 제창
② 학명 표기법 : 2명법
  ㉠ 린네의 이명법을 기초로 표기(속명+종명+(명명자))
  ㉡ 라틴어로 표기
  ㉢ 속명의 첫 문자는 대문자

㉣ 종명은 소문자로 표기
㉤ 속명과 종명은 이탤릭체로 표기
㉥ 명명자는 표기하지 않아도 됨(표기할 경우 첫 글자는 대문자로 표기)

제 2 장 수산자원학

[제1절] 수산자원 일반

1. 어업자원의 일반적 특징

① 갱신가능 자원 : 생산되며 소멸된다.
② 고갈가능 자원 : 관리를 잘못하여 자원이 일정 수준 이하로 떨어지면 자원자체의 재생산력을 잃어버림
③ 사망에 의하여 개체수 감소, 출생에 의하여 개체수 증가

2. 어업자원의 종류

① 어류
② 갑각류
③ 연체류
④ 포유류
⑤ 해양생물

3. 어업자원의 기본적 속성

① 1차적 속성(기본적 속성) : 밀도와 자원량
② 2차적 속성(밀도를 결정) : 출생률, 성장률, 사망률, 이입률, 이출률
③ 3차적 속성(2차적 속성에 영향) : 성비, 연령조성, 체장 및 체중조성, 유전자 조성

4. 수산자원의 변동에 관련되는 요소 (가입, 성장, 자연사망, 어획)

① 가입의 관리 방안(증식 자원 관리 어업, 재생산 관리 어업) : 어패류 등의 인공종묘를 다량 방류, 인공 수정란 방류, 인공 부화자치어 방류, 인공 산란장 설치, 산란친어의 보호를 위한 금어기, 금어구 설치 등
② 어획의 관리 방안(가입 자원관리 어업) : 어획강도나 어획량 규제(어업규제)
③ 성장관리 방안 : 천연사료를 증가시키기 위한 방안을 마련하는 등 성육환경을 개선하는 작업, 환경관리의 일부

④ 자연사망의 관리방안

5. 어업관리의 목표
어업을 원하는 상태로 지속 또는 접근시키는 것 ⇒ 균형있는 발전

[제2절] 수산자원 추정

1. 자원량 추정법

(1) 직접 자원량 추정법 (어획자료를 이용하는 것이 아니다)
① 트롤 조사법의 특징 : 여러 어구중에서 비교적 자원량을 추정하기 위한 어려움을 극복하기 쉬움
② 어류 플랑크톤 조사법의 조건 : 표층성이나 중층성(알이나 자치어가 플랑크톤 채집기에 채집이 가능), 산란장, 산란기간, 분포수역이 좁아야 채집가능
③ 음향조사법 : 조사선으로부터 일정시간 간격으로 초음파를 바다속으로 보내어 조사

(2) 간접 자원량 추정법
① 코호트 분석법 : 연령별 자료를 사용하여 자원개체수(혹은 자원중량)와 어획사망계수를 추정하는 방법을 총칭(간접 자원 추정법 중 가장 유효하게 이용)
　㉠ 코호트 분석법의 기본자료 : 연령별 자료
　㉡ 코호트 분석법의 추정값 : 자원개체수, 자원중량, 어획사망계수
　㉢ 코호트 분석법인 Pope모델의 입력자료 : 연령별 어획개체수, 순간자연사망계수(M) 마지막 순간어획사망계수
② 단위 노력당 어획량 모델의 적용 : 한 자원의 상당한 부분이 어획으로 인해 단위 노력당 어획량의 감소 경향이 현저하게 나타나는 자원에 적용되는 방법
　㉠ 단위 노력당 어획량 모델(Leslie & DeLury 모델) 입력자료 : 어획 개체수(어획량), 노력량, CPUE
　㉡ 단위 노력당 어획량 모델의 추정값 : 초기 자원량과 어획량
③ 표지방류법(Petersen방법-수식을 이용한 자원개체수 추정)의 가정
　㉠ 임의 표본된 표지어의 비는 자원 전체에 대해서 알고 있는 표지어의 비와 같다.
　㉡ 표지를 부착하므로 인해 사망률이 증가하지 않는다.
　㉢ 부착된 표지는 탈락되지 않는다.
　㉣ 표지어는 비표지어와 구분 없이 골고루 혼합되어 분포한다.
　㉤ 재포어는 완전히 발견되며, 보고된다.

2. 어업자원 관리이론

전통적 관리모델 ⇒ 잉여생산량 모델, 가입당 생산량 모델, 재생산 모델

(1) 잉여생산량 모델의 목적

자원군의 크기와 그 자원군이 생산하는 잉여생산량과의 관계를 규명하는 것

① 잉여생산량 모델인 Schaefer 모델의 장점
　㉠ 어획량과 노력량 자료만을 가지고 쉽게 이용가능
　㉡ 세부적 속성을 고려하지 않음
　㉢ MSY추정시 비용이 적게 듬
② 잉여생산량 모델의 입력자료 : 어획량과 어획노력량
③ 잉여생산량 모델의 종류 : Schaefer모델, Csirke and Caddy모델, Zhang모델

(2) 가입당 생산량 모델

Russell방정식(가입량, 증중량, 자연사망 및 어획사망량)을 분리하여 어업자원을 평가하고 관리하는데 사용

① Beverton and Holt모델은 vonBertanlanfy 성장곡선을 이용
② 가입당 생산량 모델의 장점
　㉠ 여러 가지 자료를 조합하여 가입연령을 예측
　㉡ 체장, 연령 등의 정보를 나타내 준다.
　㉢ 최대생산량을 초래하는 가입연령을 예측
　㉣ 서로 다른 가입연령에 대한 생산량과 서로 다른 노력량에 대한 생산량을 동시에 검토
　㉤ 다양한 연급군에 의한 효과를 검토할 때 유용(분수로 표시)
　㉥ 한자원의 변천과정을 포괄적으로 설명

(3) 재생산 모델의 장단점

① 장점
　㉠ 의미있는 생물학적 근거를 바탕으로 한다
　㉡ 모자원과 가입과의 관계를 수학적인 공식으로 명확히 나타냄(자율적 모델 개발 가능)
　㉢ 재생산 정보(연령구조, 포란수, 성비, 성숙 등)를 합쳐 모델 확장가능
　㉣ 가입량에 대한 환경적인 영향조사에 유용한 기초 제공
② 단점
　㉠ 장기간에 대한 자료의 필요성과 이용가능한 자료의 변이가 심하여 매개변수 추정이 난해
　㉡ 연어류를 제외한 어종에게 적용하기에는 한계가 있다.

ⓒ 특정종을 제외하고는 동종공식(포식)이 일어난다는 가정이 적합하지 않다. - Ricker 모델은 재생산 모델

3. 남획과 자원진단

(1) 가입남획

산란자원군이 과도한 어획의 영향으로 너무 줄어들어서 어업에 가입될 가입군의 생산, 즉 재생산을 적절하게 유지하지 못하게 하는 어획

(2) 성장남획

임계크기(성장율과 사망률이 꼭 같게 되는 크기)에 도달하지 않은 어린 개체들을 어획함으로써 이들이 적당한 크기로 성장할 기회를 잃게 하는 수준의 어획

(3) 남획의 징후

① CPUE의 감소
② 분포영역 축소
③ 어획물곡선의 기울기(순간전사망계수 Z의 음수)가 매년 감소 : 사망률이 커짐
④ 성장이 빨라짐 : 성성숙 연령이 낮아짐
⑤ 연령별 체장증가 : MSY 수준은 미이용 자원상태에서의 자원이 감소된 어떤 수준
　　ⓐ Schaefer 모델 = 1/2
　　ⓑ Fox 모델 = 1/3

4. 최대지속생산량(MSY)

(1) MSY는 어업자원이 어획에 대해 어떻게 반응하는지를 보여주는 유용한 지침값

① 쉽게 설명가능
② 물리적인 생산량을 구할 수 있다.(목표제공)
③ 적절한 관리수준 제공(측정수단) : MSY 개념에 대한 비판
　　ⓐ 잉여생산량 모델에서 사용되는 자료는 평형상태의 어업에 대한 것이 아니므로 실제보다 높게 추정
　　ⓑ 평형노력량이 어획량보다는 관리적인 측면에서 보면 더 나은 조절방안이 된다는 점
　　ⓒ MSY값 자체는 어획량이나 노력량을 세분할 수 있는 방안을 제시해주지 않는다는 점
　　ⓓ 장기간에 대한 MSY는 자원의 경년변화에 대해서는 아무런 유용성이 없는 평균치에 불과하다는 점

5. 잠재생산량과 추정방법

(1) 잠재생산량의 추정방법
① 어획량 추세로부터 외삽하는 방법
② 잘 알려진 해역에서의 단위면적당 생산량 추정치를 해당 해역에 외삽하는 방법
③ 모든 가능한 어업자원의 상태를 검토하고 잠재지속적 생산량을 추정하여 합치는 방법
④ 기초생산량 추정치로부터 연속되는 영양단계의 생산량을 추정하는 먹이망 방법 등

(2) 먹이망(먹이연쇄) 방법의 가정
① 복잡한 역학적 먹이망을 단순히 일정한 길이의 사슬로 나타낼 수 있다는 가정
② 먹이사슬의 모든 단계에서 동일한 생태효율 값을 사용할 수 있다는 가정
③ 우리가 정확하게 전체 어류생산량 중 지속적으로 생산할 수 있는 수준을 평가할 수 있다는 가정

6. 수산자원의 생태학적 특징

① 단위자원
② 분포 및 회유
③ 연령과 성장
④ 성숙과 산란
⑤ 생잔율과 전사망계수
⑥ 자연사망계수(M)와 어획사망계수(F)
⑦ Russell 방정식

(1) 단위자원(unit stock)
일정한 지리적 분포구역내에서 개체 상호간의 임의교배를 통해서 동일한 유전자풀(gene pool)을 공유함으로써 일정한 유전자 조성을 가지며 동일한 생태학적 특성과 독자적인 수량변동의 양상을 보이는 집단

(2) 분포 및 회유
① 원인 : 이상적인 환경조건에서 살아감
  ㉠ 비생물학적 요인 : 수온, 염분, 수심, 광선, 용존산소 등
  ㉡ 생물학적 요인 : 먹이, 외적, 기생충, 경쟁종
② 분포 : 일반적 조사방법
  ㉠ 직접 표시(marking) : 유용성이 제한
  ㉡ 표지표(tag)로서 표시 : 체외표지법, 체내표지법

ⓒ 표지표법으로 알 수 있는 정보 : 분포범위, 회유경로, 회유속도, 성장률, 총사망률, 어획률, 자연 사망률 추정 → 어획대상이 되지 않는 알이나 치자(larva)의 분포조사는 plankton net이나 치자망(larva net)사용, 표본채취 → 어선의 조업기록에서 어군의 분포상태 조사방법; 일정한 시간(10일 또는 1개월) 간격으로 각 해구의 CPUE를 구하여 그 등밀도선을 그리고 어군분포의 무게중심을 구하면 어군 분포의 중심을 알 수 있다.

③ 회유(migration : 종 집단 이동)
  ㉠ 유형1 : 성육단계에 따라
    ⓐ 유기회유 : 알에서 부화한 유생이 성장하기에 적합한 장소로 이동
    ⓑ 색이회유 : 먹이가 풍부한 곳으로 이동
    ⓒ 월동회유 : 외양역(따뜻)으로 이동
    ⓓ 산란회유 : 산란에 적합한 장소로 이동
  ㉡ 유형2 : 방향에 따라
    ⓐ 완전회유 : 해양과 담수사이 이동(예 은어)
    ⓑ 하천회유 : 하천의 상류에서 하류사이 이동(예 피라미)
    ⓒ 해양회유 : 해양에서만 성육, 산란(예 명태, 꽁치, 정어리, 다랑어류)

제 3 장 수산생물의 종류와 자원조사

[제1절] 수산생물의 종류와 분포

1. 수산생물의 종류

수산생물은 환경에 적응하여 사는 방법에 따라 부유생물, 저서생물, 유영동물로 구분한다.

① 부유생물 : 물에 뜬 채로 흘러 다니는 생물로 식물 부유생물, 동물 부유생물로 구분할 수 있으며, 몸의 크기, 또는 주로 살고 있는 깊이에 따라 구분할 수 있다.
  ㉠ 바닷물의 움직임에 따라 수동적으로 움직이는 작은 동식물
  ㉡ 바다의 먹이 사슬에서 가장 기본이 되며, 해양생물의 중요한 에너지 공급원
  ㉢ 대형 부유생물 : 육안으로 볼 수 있는 것으로 지름 1~10mm 크기이며, 대부분의 동물 부유생물과 몇 종의 대형 식물 부유생물이 여기에 속한다.
  ㉣ 미소 부유생물은 크기가 1~0.5mm 정도이며, 대부분이 동물 부유생물로서 각종 해양 무척추동물 및 어류들의 알과 치어 및 유생들이 여기에 속한다.
  ㉤ 미세 부유생물은 크기가 0.5~0.005mm 정도 되는 것으로 대부분 식물 부유생물들이다.

ⓑ 극미세 부유생물은 크기가 5㎛ 이하로서 일반적인 채집망에 의한 채집은 불가능하여 가라앉힘법, 거름종이 이용법, 원심분리법 등에 의해서 채집할 수 있다.

식물 부유 생물	동물 부유 생물
• 식물 플랑크톤으로, 광합성을 통해 에너지를 자체 생성하는 기초 생산자 및 에너지 공급원인 단세포 식물체 이들에 의해서 생산된 에너지의 양을 기초 생산량이라 한다. • 빛이 투과되는 표층에 분포(분포지 한정) • 주로 미세 부유 생물이며, 편모조류, 규조류 등이 해당	• 동물 플랑크톤 및 해양 무척추 동물, 어류들의 알과 치어 및 유생으로, 보통 1mm 이상의 크기를 지님 • 식물 부유생물보다 크며, 원생동물, 해파리 등이 해당

② 저서생물 : 바다의 바닥에서 사는 생물로 저서식물(해조류)과 저서동물(갯지렁이) 등으로 나뉜다.
  ㉠ 저서식물(해조류)

구분	종류	공통적인 특징
녹조류(주로 민물서식)	바다서식 : 청각, 파래, 우산말	• 엽록소로 광합성 • 포자로 번식하는 엽상 식물
갈조류(바다서식) 몸체 큼	미역, 모자반, 다시마, 감태	
홍조류(해조류의 대부분)	새발, 풀가사리, 우뭇가사리, 김	

  ㉡ 해조류의 공통적인 특징 : 바닷물이 몸체를 지지해 주며, 몸의 표면을 통하여 바닷물 속의 영양분을 직접 흡수하여 이용, 뿌리, 줄기, 잎, 열매, 씨가 없으며, 양분과 물을 운반하는 통도조직이 없다. 몸 전체에서 광합성을 할 수 있다.

2. 해양동물

(1) 해양저서동물

바다에서도 많은 생물이 바다의 밑바닥에서 일생동안 또는 일생의 어느 시기동안 생활을 하고 있는데, 이러한 생물들을 통틀어 해양저서생물이라 한다. 이들 중 해양저서동물은 물에서 떠다니는 부유생물이나 헤엄을 치는 유영생물과는 다른 생활양식을 가지고 있으며, 모든 생활의 기반을 땅위에 두고 있거나, 이에 의존하는 형태를 가지고 있다.

(2) 해면동물

아주 원시적인 생물로 조직이나 기관이 없고 신경, 근육, 감각기능을 가진 세포가 없지만, 몸의 위쪽 끝의 출수공과 체벽에 나 있는 수많은 소공(입수공)을 통하여 물을 통과시켜 섭식을 한다. 몸의 안쪽에는 수많은 동정세포라는 것이 있어 작은 식물성 부유생물을 포획하고 소화한다. 해면동물은 다양한 환경적 요소로 같은 종안에서도 다른 모양과 색을 띠는 것이 보통이다.

(3) 자포동물

자포동물 자포를 가지는 공통 특징이 있으며, 자포는 독액을 포함하고 있어 먹이를 약하게 하며, 촉수를 이용하여 먹이를 입으로 운반하고 강장 속에서 소화한다. 자포동물에는 히드라나 말미잘, 산호와 같은 고착형 뿐만 아니라 부유생물형인 해파리가 잘 알려져 있다. 고착형의 경우 족반을 사용하여 기질에 부착하고, 입과 촉수를 위로 향하여 먹이를 기다린다.

자포동물	대표종	특 징
히드로충류	곤봉히드라, 깃히드라	주로 해산, 그러나 몇몇은 육수에 산다. 많은 종이 고착형과 해파리형의 시기를 거친다(폴립형). 몇몇 경우는 고착형에 의한 군체를 형성
해파리류	물해파리, 관해파리	해산, 주로 해안에 서식, 자유 유영, 고착형은 짧은 유생기에 국한
산호충류	팔방산호류, 말미잘	해산, 단독 혹은 군체의 고착형, 해파리형의 시기는 없다. 위수강은 격벽에 의한 방으로 나누어진다.

(4) 편형동물과 유형동물

① 편형동물의 형태는 등과 배 쪽이 납작하고 평평하며 몸은 좌우 대칭이다. 기생하는 종류가 많으며 사람, 가축, 어류에 크게 해를 끼친다.
② 유형동물은 편형동물과는 근연이나, 편형동물과는 달리 입을 비롯하여 식도, 장, 항문으로 이어지는 완전한 소화기관을 가지고 있다. 좌우대칭이고 등과 배가 납작하고 길며 끈 모양을 하고 있다. 대부분이 바다에 살며 소형 갯지렁이나 갑각류를 먹는 전형적인 육식자이다.

(5) 연체동물

연체동물은 해양에서 가장 다양한 동물군으로 일부의 담수산과 육상종을 제외한 대부분의 종류는 해양에 서식한다. 이들은 바위에 붙어있는 조류나 작은 생물을 치설로 갉아 먹으며, 넓고 편평한 발은 이동과 부착하는 기능을 한다. 복족류는 연체동물 중 수적으로 가장 번창한 무리로서, 달팽이, 고둥, 소라, 우렁 등이 포함되며, 동물계에서 곤충류 다음으로 큰 동물군이다. 대부분의 복족류는 나선형으로 말린 1개의 패각을 갖고 있으나, 전복이나 삿갓조개는 납작한 원추형 패각을 가지고 있고, 민달팽이류나 갯민숭달팽이류는 전혀 패각이 없다.

(6) 절지동물

절지동물은 동물계에서 가장 큰 무리이며, 해양에는 퇴구류, 바다거미류와 갑각류만이 존재한다. 절지동물의 특징은 탄수화물인 다당류의 복합체인 키틴(chitin) 질로 이루어진

단단한 외골격을 가지고 있다는 것이다. 대부분 저서생활을 하며 4,000m 깊이에서도 발견된다. 장미류(새우류), 이미류(집게류), 단미류(게류)로 구분된다.

(7) 환형동물

환형동물은 지렁이가 속하는 분류군으로, 해양성 환형동물은 주로 다모류(갯지렁이)로서 약 9,000여종이 있다. 갯지렁이류는 해안 저서생물중에서 개체수와 종류 수에서 가장 많은 종이다. 자유이동형과 고착형이 있는데 대부분은 해저의 퇴적물 위를 기어 다니거나 잠입해서 산다. 조간대에서 심해까지 널리 분포하며, 모래, 진흙이나 암반 등의 모든 기질에 적응하여 산다.

(8) 촉수관동물

촉수관동물은 촉수관을 가지는 동물만을 묶은 동물군으로 대부분 고착성이며, 얕은 곳의 돌, 패류, 해조류 등에 석회석의 껍질을 분비하여, 그 속에 들어가서 산다. 조간대 사니질에 파고들어가 사는 개맛이 이에 속한다.

(9) 극피동물

불가사리나 성게와 같은 극피동물은 바다나리류, 불가사리류, 거미불가사리류, 성게류 그리고 해삼류의 다섯 개 동물군으로 나뉘는데, 모두 바다에서 생활하며, 좌우 상칭이고 섬모가 있는 유생이 유영생활을 한다.

(10) 척색동물

척색동물은 평생 또는 발생과정 중의 어느 시기에 몸의 중추에 지지 기관의 역할을 하는 척색을 가진 동물군을 말하며, 대부분 진흙 속에 사는데, 몸은 유연하고 연충형이며 좌우대칭이다. 멍게가 그 대표적인 것으로, 이들은 피낭 또는 외투막이라고 하는 주머니모양의 두꺼운 막에 싸여 있다.

(11) 척추동물

해양에서 척추동물에 속하는 어류는 대부분 유영생활을 하는 어류이고, 저서생활을 하는 저서성 어류는 상대적으로 드물다. 이들 둘 사이에는 외형적으로 많은 차이가 있는데, 저서생활을 하는 어류들은 머리가 크고 강하며 전체적으로 두꺼운 골격을 가지고 있다.

① **연체동물과 자포동물 종류**
   ㉠ 조간대 : 만조 때의 해안선과 간조 때의 해안선 사이의 부분을 말하며, 육지와 바다에 있어서 인간의 피부에 해당하는 민감한 곳이라 할 수 있기 때문에 인위적인 간척이나 파괴를 한다면 생태계에 심각한 영향을 미칠 수 있다. 해조류, 패류, 갑각류, 고둥류, 연체류, 식물, 조류 등 여러 생물이 서식한다.

ⓒ 조간대에 사는 생물 : 해조류, 패류, 갑각류, 고둥류, 연체류, 환형류, 강구류, 식물, 조류 등

구 분	특 징
해면동물	바위 표면에 껍질 모양으로 붙어 있으며, 표면의 작은 구멍을 통해 물이 출입(스펀지)
따개비류	해안의 바위 등 딱딱하고 고정된 곳에 집단으로 붙어사는 부착생물(바위 조간대에서 자주 봄)
조개류	바위 조간대 아래에 서식하며 2장의 조가비를 가진 무리
고둥류	바다 깊은 곳에서 상부 조간대까지 널리 분포

② **유영동물** : 스스로 헤엄칠 수 있는 물고기류, 오징어류(두족류) 및 포유류 등을 총칭한다. 그러나 실제에 있어서는 부유동물과 바닥 동물의 구분이 명확하지 않는 종류도 많다.

㉠ 물고기류(fishes) : 척추동물아문 물고기강에 속하여 물에서 살며 아가미와 지느러미가 있는 동물로 아가미로 호흡하며 지느러미가 있으며 현재 살아 있는 것은 무악류, 연골어류, 경골어류로 갈라진다.

㉡ 삼세기 : 쏨뱅이목 삼세기과의 바닷물고기로 머리는 위에서 아래로 납작한 편이며 머리에는 울퉁불퉁한 혹 모양의 돌기들이 많이 있고 피부는 작은 가시와 피질돌기로 덮여 있어서 거칠다.

㉢ 연어(회유성 소하성어류 : 민물 → 바다 → 민물) : 반점이 약간 있고 산란기는 가을이며, 어린 연어는 봄에 부화된 지 몇 주일 후에 바다로 돌아간다. 그리고 바다로 내려간 지 3~4년 만에 성숙하여 모천으로 회귀한다(→ 연어류). 건제품·염장품·젓갈·훈제품 등으로 가공된다. 한국의 동해와 남해로 흐르는 일부 하천, 일본·중국·러시아·북아메리카 등지에 분포한다.

㉣ 뱀장어(강하성 어류 : 바다 → 민물 → 바다) : 한국 전역을 비롯해 중국·타이완·일본·베트남 등지에 분포하는데, 몸은 가늘고 길며 원통형이지만, 꼬리는 옆으로 납작하다. 미세한 비늘은 피부 속에 묻혀 있으며 배지느러미는 없다. 봄에서 여름에 걸쳐 산란하는 것으로 추정되며, 산란장은 바다이다. 부화된 어린고기는 렙토세팔루스라고 부르며 그해 가을까지는 흰 실뱀장어로 변태한다. 그뒤 연안이나 근해에서 월동하고, 이듬해 초봄인 2~4월에 각 하천을 거슬러 올라간다. 하천으로 올라간 어린 뱀장어는 그곳에서 수년 간 자란 다음에, 성어가 되면 9월 중순에서 10월 중순에 바다로 내려가 산란장을 향한 이동을 시작한다.

③ **방추형** : 빠르게 헤엄침. 고등어, 꽁치, 참치 등으로 바다 전체가 서식지로 지느러미로 움직이고 작은 물고기나 플랑크톤 여러 바다 동물의 유생 등을 먹음.

④ **측편형** : 물의 바닥에 붙어 안전하게 숨을 수 있음. 가자미, 넙치 등으로 연안의 바닷

가에 서식. 지느러미로 헤엄치고 작은 물고기나 플랑크톤 여러 바다 동물의 유생 등을 먹음.
⑤ 오징어형 : 헤엄도 치고 다리로 물고기도 잡는 포식자도 됨. 오징어, 꼴뚜기 등으로 주로 차가운 바다에 서식. 지느러미로 움직이나 급하게 움직일 때는 물을 뿜어냄. 작은 물고기 등을 먹음.
⑥ 편평형 : 바닥에 숨어 안전하기도 하고 먹이도 잡아 먹음. 아귀 등으로 연안의 바닷가에 서식. 지느러미로 헤엄치나 발달된 가슴지느러미로 걷듯 움직이기도 함. 작은 물고기.
⑦ 장어형 : 물바닥 모래 속에도 잘 숨고 물 속에서 이리저리 잘 움직임. 장어, 붕장어, 곰치 등으로 모래로 된 해저에 서식. 지느러미와 몸을 움직여 이동. 작은 물고기나 플랑크톤 여러 바다 동물의 유생 등을 먹음.
⑧ 구형 : 몸을 부풀려 적에게 위험을 줌. 복어 등으로 전세계 바다에 서식하고 지느러미로 헤엄치고 작은 물고기나 플랑크톤 여러 바다 동물의 유생 등을 먹음.

경골 어류와 연골 어류의 차이	
경골 어류	연골 어류
몸의 뼈가 딱딱하고, 부레와 비늘이 있다	몸의 뼈가 물렁물렁하고, 대부분 부레와 비늘이 없다
고등어, 조기, 갈치, 전갱이 등 대부분 어류	홍어, 가오리, 상어 등

(12) 두족류
① 세계적으로 100종 우리나라 29종 있고 갑오징어·앵무조개·문어·꼴뚜기류가 이에 포함된다.
② 두족류 가운데 어떤 종류는 현존하는 무척추동물 중에서 가장 활동적이고 몸이 크다. 거대오징어는 크기가 촉완을 포함해 거의 18m나 된다.
③ 두족류는 바다에만 산다. 갑오징어는 주로 대륙붕 근처에 살고 앵무조개와 꼴뚜기류는 외해에 사는데, 흔히 깊은 바다에서 산다.
④ 문어들은 대부분 연안 근처의 바위지대와 산호가 발달한 서식처에 살지만 깊은 바다에 사는 것도 있다.
⑤ 두족류는 좌우대칭이며 잘 발달된 중추신경계가 연골 속에 들어 있는 것이 특징이다.

종 류	팔완류 : 주꾸미, 문어, 낙지[십완류 : 꼴뚜기, 오징어(살오징어, 갑오징어)]
특 성	• 연체동물에 속하며, 바다에서만 생활하고 분포 범위가 넓다. • 피부에 색소 세포가 발달하여 환경에 따라 몸 빛깔의 변화가 가능
몸의 구조	• 몸은 좌우 대칭이며, 팔, 머리, 몸통으로 구분 • 뼈가 거의 퇴화된 반면, 물을 이용하여 몸의 형태를 유지

⑥ 꼴뚜기와 오징어는 연체동물문 두족강 살오징어목까지는 같은 무리로 분류되지만 눈이 퇴화해 안막이 있으면 폐안아목 꼴뚜기과로, 안막이 없으면 개안아목 살오징어과로 구분된다.
⑦ 대형 꼴뚜기류에는 최대 몸통 길이가 40㎝ 정도 되는 한치꼴뚜기, 화살꼴뚜기, 창꼴뚜기 등이 있고, 소형 꼴뚜기류에는 최대 몸통 길이 10㎝ 정도 되는 반원니꼴뚜기, 참꼴뚜기, 꼬마꼴뚜기 등이 있다.

(13) 포유류

새끼들이 어미의 젖을 먹고 자라는 동물군이다. 이 기간 동안 어미가 새끼를 훈련할 수 있어 유전되지 않은 정보의 전달이 가능하다. 해양 포유류는 바다에서 서식하는 포유류 동물을 뜻한다.
① 바다소목 : 듀공, 매너티
② 식육목 기각상과 : 물범, 물개, 바다사자, 바다코끼리
③ 식육목 족제비과 : 해달, 바다수달
④ 고래목 : 고래, 돌고래
⑤ 해양 포유류는 서로 다른 조상으로부터 따로 진화했으며, 수렴진화의 좋은 예가 된다. 물고기는 대개 등뼈를 좌우로 움직여 헤엄친다. 이 이유로 물고기의 꼬리지느러미는 대개 세로 방향이지만, 해양 포유류의 꼬리는 가로로 놓여 있다.

종 류	고래류 현재 90종(향유고래 이빨 발달, 수염고래 가장 큼 : 필터링 먹이 섭취), 물개, 바다표범, 수달
특 성	• 젖으로 새끼를 키우며, 물과 육지에서 생활하고 허파로 호흡
몸의 구조	• 털이 있어 체온을 유지하며, 보통 태생(胎生)이고 네 발을 지님

(14) 갑각류

종 류	새우, 게, 가재(수산 자원 이용 가능 종류는 32,000종 알려짐)
특 성	• 대부분 바다에서 서식하나 민물에서도 생활
몸의 구조	• 암수 딴 몸이고, 머리, 가슴, 배 3부분으로 구성. 노플리우스 또는 조에아 유생으로 부화한다.
• 두판류·패충류·공벌레류·크릴새우·새우류·바다가재류·게 등이 여기에 포함된다. • 입 앞쪽에 2쌍의 부속지(제1촉각, 제2촉각)를 갖고 있고, 작용하는 쌍으로 된 부속지를 입 근처에 갖고 있다. • 배각, 몸의 체절수, 몸부속지의 특수화 정도, 쌍으로 된 눈의 유·무, 차상기의 형태, 호흡기관의 형태 등이 특징이다.	

① 새우류 : 새우는 다리가 10개이며, 게나 집게와 같이 십각류로 분류된다. 우리나라에

는 민물이나 연해 통틀어 보리새우, 꽃새우, 닭새우, 대하, 중하 등 약 80여종이 분포하고 있다. 전세계의 담수, 기수, 함수 지역에 널리 분포하며, 그 종류가 많다. 연안 또는 대륙붕 부근의 유기질이 많은 사니질, 연안의 암초지대 등지에서 군서하고 있다. 봄철부터 여름철에 걸친 산란을 하기 위하여 연안의 내만으로 이동하는 산란 회유를 하는 것도 있다.

② 집게류
　㉠ 고둥 껍질을 집으로 삼는 집게류는 죽은 고둥 또는 소라의 딱딱한 껍질을 집으로 삼아 몸을 보호한다.
　㉡ 껍질에 맞추어 변화한 집게류의 몸 : 고둥의 껍데기가 몸에 맞지 않으면 몇 번이고 더 큰 고둥 껍질을 찾아서 옮기며 산다.

③ 게류
　㉠ 게류는 약 4,500여종이 알려져 있다.
　㉡ 게의 특징적인 생김새 : 게는 몸통이 하나 있고, 몸통을 중심으로 그 주위에 10개의 다리가 달린 모습을 하고 있다.
　㉢ 게의 생태 : 게는 갑각류로서 암수딴몸이다. 해마다 번식기가 되면 교미한 후, 암놈은 수정된 알을 복부에 가지고 다니면서 알이 발생하는 동안 보호한다.

④ 가재류
　㉠ 생김새 : 몸의 껍질이 새우류보다 훨씬 두껍고 튼튼하며, 커다란 집게발을 가지고 있다.
　㉡ 크기 : 몸길이가 30cm 이상에 달하며 꽤 큰 종에 속한다.
　㉢ 서식형태 : 바다 밑바닥에서 산다. 육식성으로 단단하고 날카로운 집게발을 이용하여 조개 등의 껍질을 부수고, 작은 집게발과 이빨을 이용해 잘게 잘라먹는다.
　㉣ 서식지 : 미국 대서양 연안

구 분		종 류	특 징	
절지동물	곤충류	사슴벌레	몸이 머리, 가슴, 배로 나뉨 3쌍의 다리	• 키틴질의 겉껍데기(외골격) • 몸의 체절(마디) • 마디가 있는 다리
	거미류	거미, 전갈	몸이 머리, 가슴, 배로 나뉨 4쌍의 다리	
	갑각류	가재, 게	몸이 머리, 가슴, 배로 나뉨 5쌍의 다리	
	다지류	쥐며느리, 지네	몸이 머리, 가슴, 배로 나뉨 무수히 많은 다리	
환형동물		지렁이, 갯지렁이, 거머리	몸이 둥근 원통형, 다리가 없음, 많은 체절(마디)	

연체동물	부족류	조개	도끼날 모양의 발 껍데기(2장)	• 연한 외투막 • 아가미 호흡
	복족류	소라	배에 붙어 있는 다리 나선형 모양의 껍데기(1장)	
	두족류	오징어, 문어	머리에 붙어 있는 다리 퇴화된 껍데기	
편형동물		플라나리아, 촌충	몸이 편평함, 항문이 없음	
극피동물		불가사리, 성게	딱딱한 겉껍데기, 바위에 붙어 있음	
강장동물		해파리, 산호, 말미잘	입과 항문의 구분이 없음, 홀자서 움직일 수 없음	
원생동물		아메바	몸이 하나의 세포로 되어 있음	

(15) 환형동물

환형동물문은 무척추동물의 주요 문 가운데 하나이며, 전세계적으로 9,000종 이상이 알려져 있다.

① 환형동물
   ㉠ 고리 모양의 체절 구조를 가진 무척추동물군의 총칭
   ㉡ 몸의 형태는 원통형이고 몸에 여러 마디가 있으며 환대라는 부분이 있다.
   ㉢ 지렁이, 갯지렁이, 거머리 등
② 절지동물
   ㉠ 마디로 이루어진 다리를 가지고 좌우 대칭인 이규체절
   ㉡ 외골격, 개방 혈관계, 사다리 신경계
   ㉢ 신관, 말피기관으로 배설
   ㉣ 아가미(수생동물), 기관, 폐서(육생동물)로 호흡
   ㉤ 나비, 잠자리, 파리, 딱정벌레, 매미, 거미, 가재, 새우, 게, 따개비, 물벼룩, 지네 등
③ 편형동물 : 플라나리아, 촌충 등
④ 극피동물 : 불가사리, 성게 등

(16) 연체동물

① 연체동물은 곤충과 척추동물 다음으로 수가 많고 다양하며 지구상에 널리 분포한다.
② 특징으로는 몸에 골격이 없고, 피부는 점액을 분비하며, 보통 석회질의 패각이 있다는 것을 들 수 있다.
③ 1mm 길이의 고둥류부터 발길이가 12m나 되는 오징어류에 이르기까지 크기가 다양하다.
④ 연체동물(전복, 조개, 굴, 오징어) 등 세계적으로 50,000종 그 중 99% 이상이 고둥과 조개류이다.

(17) 극피동물

극피동물은 작고 수많은 석회성(탄산칼슘) 판들로 이루어진 골격을 가진다. 체강은 수관계로서 관족과 피새 그리고 운동·섭식·호흡·감각지각에 사용되는 구조물처럼, 체표면에 돌출한 체액으로 채워진 관들로 이루어져 세계적으로 6000종이 있다.

① 불가사리 : 팔은 5개이고 팔길이는 얕은 바다에서 사는 종은 10cm 이하이고 깊은 바다에서 사는 종은 약 20cm이다. 몸통에 해당하는 체반을 중심으로 팔이 방사상으로 벋어 있으며 체반과 팔 사이는 잘록한 편이다.
② 성게 : 순형류라고도 한다. 몸은 비교적 둥글고 납작한 비스킷 모양이며 좌우대칭이다. 딱딱한 껍데기가 있다.
③ 바다나리 : 갯나리라고도 하고 바다산이다. 몸은 뿌리·줄기·관의 세 부위로 이루어지고 생김새는 식물의 나리와 비슷하다. 고생대에 나타나 살아 있는 화석이라 불리는 생물의 하나이다.

3. 척추동물(등뼈가 있는 동물)과 무척추동물(등뼈가 없는 동물)

(1) 척추동물(등뼈가 있는 동물)

① 포유류 : 사람, 개, 박쥐, 두더지, 토끼, 햄스터, 고양이 등
② 어류 : 붕어, 다랑어, 넙치, 가오리 등
③ 양서류 : 개구리, 두꺼비, 도롱뇽 등
④ 파충류 : 뱀, 도마뱀, 도마뱀붙이 등
⑤ 조류 : 닭, 참새, 부엉이, 꿩 등

(2) 무척추동물(등뼈가 없는 동물)

① 절지동물 : 나비, 잠자리, 파리, 딱정벌레, 매미, 거미, 가재, 새우, 게, 따개비, 물벼룩 등
② 연체동물 : 모시조개, 달팽이, 문어 등
③ 환형동물 : 지렁이, 갯지렁이 등
④ 극피동물 : 성게, 불가사리, 해상 등
⑤ 강장동물 : 해파리, 말미잘, 산호 등
⑥ 편형동물 : 플라나리아, 간디스토마, 촌충 등

(3) 피낭동물

① 피낭동물은 척삭동물의 한 부류로 미삭동물 또는 미색동물로 더 알려져 있다.
② 암수한몸으로 무성생식 또는 유성생식을 한다.
③ 우렁쉥이(멍게), 모래무치만두우렁쉥이, 버섯유령우렁쉥이, 대추우렁쉥이, 무화과곤봉

우렁쉥이, 붉은우렁쉥이, 칠면조안장우렁쉥이, 국화판우렁쉥이, 보라판우렁쉥이, 점우렁쉥이, 미더덕, 침우렁쉥이, 바다술통, 송곳살파 등이 여기에 속한다.

(4) 개방혈관계
① 무척추동물의 특이한 혈관계로 개방순환계라고도 하며 폐쇄혈관계에 대응하는 계이다.
② 절지동물, 연체동물, 원색동물의 피낭류에서 볼 수 있는 혈관계로서 심장에서 나온 혈액이 혈관을 통해 동맥에서 동맥지로 흘러 들어가나, 동맥지의 끝인 모세혈관이 열려 있을 뿐 정맥과는 연결되어 있지 않기 때문에 혈액은 결국 근육조직 속으로 들어가게 된다.
③ 조직 사이를 통과한 혈액은 바로 옆에 있는 열공을 통해 호흡기를 거쳐 출새혈관을 따라 심장으로 되돌아오든지 또는 직접 심장으로 환류한다.

[제2절] 수산자원 생물의 조사

• 수산자원 생물 : 수산 생물 중에서 산업적으로 유용하게 이용할 수 있는 생물집단

1. 수산자원 생물의 특성

(1) 재생 가능한 자원

석유나 광물 자원처럼 언젠가는 소멸되는 자원이 아니라, 이용하더라도 자체의 증식에 의해 보충되거나 새로운 개체가 만들어 지는 자원

(2) 자기 조절적인 자원

어느 한도 내에서는 자기 조절이 가능하여 항상 일정한 개체수로 유지되는 자원

2. 자원생물의 조사목적

어업의 합리적 경영과 적절한 자원 생물의 관리를 위하여

3. 자원생물의 조사방법

통계조사, 형태 측정법, 계군 분석법, 연령 사정 및 표지 방류

(1) 통계조사

어선을 대상으로 실시
① 전수조사 : 모든 어선에 대해 어기별, 어장별, 어업 종류별, 어획량 등을 집계
② 표본조사(일반적) : 조사 대상 중에서 임의로 어선을 추출하여 같은 내용을 집계

측정법 종류	측정 방법	적용 자원
전장 측정	입 끝에서 꼬리 끝까지 측정	어류, 새우, 문어
표준 체장 측정	입 끝에서 몸통 끝까지 측정	어류
두흉 갑장 측정	머리와 가슴까지의 길이를 측정	새우, 게류
두흉 갑폭 측정	머리와 가슴의 좌우 양단 길이를 측정	게류
피린(鱗) 체장 측정	입 끝부터 비늘이 덮여있는 몸의 말단까지	멸치
동장 측정	몸통 길이만 측정	오징어[오동장]
형태 측정법 : 자원 생물의 동태와 계군의 특성을 파악하는 데 이용된다.		

(2) 형태 측정법은 계군의 특성을 파악하기 위해 어획물의 크기를 부분별로 측정

형태학적 방법	계군의 특정 형질에 관한 통계 자료를 비교·분석하는 생물 측정학적 방법과 비늘 휴지대의 위치 가시 형태 등 해부학적 방법이 이용된다.
생태학적 방법	각 계군의 생활사, 산란기, 분포 및 회유 상태, 기생충의 종류와 기생률 등을 비교·분석
표지 방류법	수산 자원의 일부 개체에 표지를 붙여 방류했다가 다시 회수하여 이동 상태를 직접 파악(절단법, 염색법, 부착법 : 가장 일반적)
어황 분석법	어획 통계 자료를 활용하여 어군의 이동이나 회유로를 추정·분석
생화학 및 유전학적 방법	

(3) 계군 분석

1가지 방법보다는 여러 방법을 종합하여 결론을 내리는 것이 좋다.

> **표지 방류법**
> - 계군의 이동 상태를 직접 파악할 수 있기 때문에 가장 좋은 계군 식별 방법
> - 자원량을 간접적으로 추정하고 회유 경로를 추적할 수 있음
> - 이동 속도, 분포 범위, 인공 부화 방류 효과, 귀소성, 성장률, 사망률 등을 추정
> - 두 해역 사이에 어군이 교류하면 이들은 동일한 계군으로 취급

어획 통계 자료에 의하여 어황의 공통성, 주기성, 변동성 등을 비교, 검토하여 어군의 이동이나 회유로를 추정하면 각 계군을 식별할 수 있다.

(4) 연령 사정

자원 생물의 연령을 결정함으로써 사망률, 수명, 생활사, 생물학적 최소형(처음으로 산란하는 체장)을 파악
① 연령을 추정하는 방법 : 사육에 의한 방법, 체장 빈도법, 표지 방류법, 연령형질 이용법
② 연골어류인 홍어와 상어는 비늘이 없기 때문에 비늘과 이석은 연령사정에 부적합하다.

③ 비늘은 경골어류의 둥근 비늘과 빗 비늘을 연령 사정에 사용할 수 있다. 비늘은 뒤쪽보다 앞쪽 가장자리의 성장이 더 빠르다. 중심판은 비늘이 초점 부분에 해당한다. 비늘은 어체 부위에 따라 생장선의 수에 차이가 난다.
④ 이석은 비늘이 연령 형질로 적합하지 않을 때 채택하는 형질이다. 물고기 아가미 속에 위치, 중력으로 몸의 기울기를 느끼는 기능을 가짐. 나이를 추정할 수 있음
⑤ 이석을 이용하는 어류 : 광어(넙치), 대구, 가자미, 고등어

(5) 자원량의 추정

① 수산 자원의 변동 경향을 파악하기 위해서는 표본을 이용하여 통계를 내어서 간접적으로 자원량을 추정
② 자원량이 추정되면 자원의 효율적 관리와 이용을 위한 정보로 사용 가능

자원량의 추정 방법	자원 총량 추정법	직접적 방법	전수 조사법
			표본 채취에 의한 부분조사법
		간접적 방법	표지 방류 채포 결과 사용
			총 산란량을 추정하여 천연 자원을 추정하는 방법
			어군 탐지기 사용 방법
	자원 상대 지수법 : 자원 총량의 추정이 어려울 때		

(6) 자원량의 변동

① 자원변동이 없는 평형 상태 가장 이상적인 상태이다.

가입	성장	자연 사망	어획 사망
자원 증가 요소		자원 감소 요소	
자연 요인에 의해 좌우		인위적 요인으로 조절 가능	

가입량＋개체 성장에 따른 체중 증가량＝자연 사망량＋어획 사망량

② 자연 증가량(잉여 생산량)

수산자원의 변동에 영향을 주는 요소	
가입	수산 생물이 자란 후 어장에 도달하여 자원량에 포함되는 것〈유어나 치어는 가입에 포함되지 않는다.〉 성어만 포함된다.
성장	가입된 개체가 시간이 지남에 따라 체중이 증가하는 것
자연 사망	가입된 개체군 중에서 어획되지 않고 자연적으로 죽는 것
어획 사망	가입된 개체군 중에서 어획되어 결국 죽는 것

연령 형질을 이용	• 어류의 비늘, 이석(넙치 고등어), 등뼈(척추골)(노래미류), 고래의 수염 및 이빨, 지느러미 연조, 패각 등 나이를 암시하는 형질을 조사하여 연령을 사정하는 방법 • 가장 널리 사용되는 방법
체장 조성 자료를 이용(체장 빈도법, 피터센 법)	• 많은 어류의 체장을 측정하여 체장 도수 분포도를 그려서 나타나는 봉우리의 변동 경향을 보고 자원을 구성하는 연령급군의 연령을 추정 • 갑각류나 연령 형질이 없거나 뚜렷하지 않은 어린 개체들의 연령 사정에 사용 • 연간 1회의 짧은 산란기를 가지며, 개체의 성장률이 거의 같은 자원 생물의 연령 결정에 효과적

가입량 + 개체 성장에 따른 체중 증가량 − 자연 사망량

효율적인 자원량 관리
자연 증가량 만큼만 어획(자연 증가량=어획량)하면 자원의 증가도 감소도 없는 평형 상태가 되어 지속적으로 최대 어획이 가능

③ 남획 상태
  ㉠ 어획량이 자연 증가량보다 많아지면 자원은 점차 감소되어 자원의 균형이 깨어짐
  ㉡ 남획이 잘되는 어종(북태평양의 넙치, 연어, 송어) : 수명이 길고, 가입한 후 장기간에 걸쳐 성장한다. 산란장이 특정한 장소에 한정, 군집성이 강하여 집중적인 어획의 대상이 되는 자원
  ㉢ 남획 상태의 증후
    ⓐ 어린 개체가 차지하는 비율이 점점 높아진다.
    ⓑ 성 성숙 연령이 낮아진다.
    ⓒ 어획물의 평균 연령이 해마다 조금씩 낮아진다.
    ⓓ 정상적인 어획량으로 회복되는 기간이 길다.
    ⓔ 각 연령군의 평균 체장 및 평균 체중은 대형화 한다.
    ⓕ 어획물 곡선의 우측의 경사가 해마다 증가한다.
  ㉣ 남획이 잘 안 되는 어종 : 멸치, 오징어, 새우 등은 수명이 짧고 자연 사망률이 높다.

(7) 자원생물의 인위적 관리
자원관리는 원래 자원이 가지고 있는 생물학적 특성에 기초를 두고 있다.
자원관리는 가입, 자연 사망, 환경, 어획관리 등이 있다.
① 자원관리 : 자원을 효율적으로 이용하기 위하여 자원 상태를 양적·질적으로 향상·유지시키는 행위
② 자원관리는 남획 방지가 주목표이므로 자원의 변동요인과 관련시켜야 함
③ 가입관리

가입관리의 목적	관리방법
자원의 번식보호 및 번식촉진 등의 증식행위	인공 수정란 방류, 인공부화 방류, 인공 산란장 설치, 산란 어미 고기 보호(금어기, 금어구 설정), 고기의 길 설치, 산란용 어미 방류, 망목 제한, 어장 제한

㉠ 생활사 초기에 대량 사망하는 현상을 초기 감소라고 한다.
㉡ 대량 사망이 일어나는 시기 : 부화 후 난황 흡수를 마칠 때부터 유어기까지, 미성기 이후에는 사망률이 안정된다.
㉢ 인공 부화 방류 : 수정란을 부화시켜 방류, 수정란 방류보다 생존율이 매우 높음
㉣ 수정란을 부화시켜 방류하면 생존율이 50~60%, 최적의 환경을 제공하고 자연환경에 충분히 적응할 수 있을 때까지 사육하여 성장시킨 다음 방류(예 전복, 넙치, 보리새우, 연어)
㉤ 자·치어 : 알에서 부화하여 변태에 이르는 시기, 어류의 생활사 중에서 성장이 가장 활발하며 습성, 형태, 기능의 변화가 빠르게 나타난다.

④ 자연사망 관리

자연사망 관리의 목적	관리방법
자원생물에 해를 끼치는 천적이나 경쟁 종을 배제하고, 질병, 기생충으로부터 보호, 관리하는 행위 천적 중 문어는 조개류, 갑각류 및 어류 양식장에 막대한 피해를 끼침. 피뿔고둥이나 두드럭고둥은 천공샘에서 강한 산을 분비하여 조개의 껍데기를 뚫고 육질을 포식한다.	외래 생물의 이식을 규제, 적조예방, 생태계 내의 생물을 인위적으로 조작

㉠ 자연사망을 일으키는 가장 중요한 요소는 천적이다.
㉡ 자연사망의 대표적인 원인은 적조현상이다.

⑤ 환경의 관리

환경관리의 목적	관리방법
자원생물의 성장을 촉진하도록 적합한 환경을 인위적으로 제공	• 수질 개선 : 석회 살포, 산소 주입, 물길 제공, 수량 늘림 • 성육 장소 조성 : 바다 숲, 인공어초 조성, 전석, 투석, 갯닦기, 돌밭, 암초 폭파, 콘크리트 바르기 • 대책 : 대형수초 제거, 해적생물과 병원(병해)생물 제거, 조류 소통 촉진

조개류의 환경 개선 방법에는 갈이, 객토, 고르기, 바다 숲 조성

인공 어초(적극적인 어장 환경관리 방법)
• 적극적인 어장 환경관리 방법으로, 어류에게 성육 장소를 제공 • 시멘트나 폐타이어를 사용하며, 우리나라 전 연안에 설치 • 어초의 모양은 다양하며, 주로 육면체형, 원통형 등이 많이 사용

⑥ 어획의 관리(인위적으로 할 수 있는 가장 적극적인 방법이 어획 관리 방법, 또한 수산 자원에 대하여 현실적으로 사람이 조치할 수 있는 방법)

어획관리의 목적	관리방법
어획에 관여하는 여러 요소들을 규제(어업 규제)하여 어획 사망량을 조절하는 것	• 어획량과 어획 강도를 규제 : 어선척수와 사용 어구 수 제한, 어획량 할당 • 미성어의 보호 : 그물코 및 체장 제한 • 산란용 어미고기의 적정 유지

㉠ 질적규제 : 어구의 사용금지, 그물코 및 체장의 제한
㉡ 양적규제 : 어선 척수와 사용 어구 수를 제한하는 어획 노력량 규제 및 어획량 규제가 있다.
㉢ 어획량이나 어획강도의 규제는 성장과 재생산을 동시에 고려한 수단
㉣ 미성어는 성장 어미 고기보호는 재생산을 늘리기 위한 것이다.
㉤ 긴급히 어업 규제를 할 필요성이 있는 경우(대표적인 어종 : 연어, 송어)
　ⓐ 경제적 가치가 대단히 큰 어종
　ⓑ 대체할 어종이 없는 경우
　ⓒ 어획이 특히 쉬운 어종
㉥ 어획은 솎아내기의 강도와 어종에 따라 어획할 수 있는 적정 체장만 선택하여 선택성 면에서 적용하게 된다.
㉦ 솎아내기의 강도는 어획 노력량을 규제하여 조절하고 선택성은 어구와 어기 및 어장을 규제하여 조절한다.

인접 연안국 간에 수산자원을 관리하도록 구체화 하게 된 배경	
① 유엔 해양법 발효	③ 국제 어업 관리제도
② 배타적 경제수역	④ 국제 수산 기구의 활성화

㉧ 자원량의 변동을 구하는 공식
　[P2연말의 자원량＝P1연초의 자원량＋R가입량＋G생장량－D자연사망량－Y어획량]

제2편 기출 및 예상문제

01 대륙붕의 특징으로 옳지 않은 것은?

① 대륙붕은 수심이 얕다.
② 온도가 적당하며 광합성이 잘된다.
③ 수심이 6000m 이상인 좁고 깊은 V자 지형이다.
④ 바다 생물들이 많아 대부분의 어장이 형성되는 곳이다.

 수심이 6000m 이상인 좁고 깊은 V자 지형은 해구로 전체 해양 면적의 1%를 차지한다.

02 해수에 관한 설명으로 옳지 않은 것은?

① 물과 염류로 구성된다.
② 수심이 얕을수록 수온이 낮다.
③ 해수는 파란색 빛의 산란으로 파랗게 보인다.
④ 해수의 평균 표면 수온은 약 17.5℃이다.

 해수의 온도는 태양의 복사열 때문에 위도가 낮을수록, 수심이 얕을수록 수온이 높다.

03 다음 해양 에너지가 아닌 것은?

① 조석 에너지
② 파력 에너지
③ 조류 에너지
④ 풍력 에너지

 풍력 에너지는 육지, 해양 모두 가능한 에너지이다.
해양 에너지의 종류 : 조석 에너지, 파력 에너지, 해류와 조류 에너지, 해수 온도차에 의한 에너지

정답 01. ③ 02. ② 03. ④

04 해양 에너지의 장점이 아닌 것은?
① 운전경비가 없음
② 고갈의 우려가 없음
③ 청정에너지로 환경오염의 우려가 없음
④ 화석 에너지와 원자력 에너지를 대체할 수 있는 효과

 해양 에너지라도 운전경비는 필요하다.

05 해양오염을 방지하기 위한 가장 근본적인 대책은?
① 지속적인 수질검사
② 연안에서 유입되는 각종 오염물질의 감소 및 정화
③ 폐기물의 해양 투기 단속
④ 선박 기름 누출 사고 예방

 해양오염을 방지하기 위한 가장 근본적인 대책은 안에서 유입되는 각종 오염물질의 감소시키고 정화하는 것이다.

06 수산생물의 생활특성으로 옳지 않은 것은?
① 스스로 발광하는 동물이 많다.
② 수산식물은 물에 잘 뜰 수 있는 구조를 지니고 있다.
③ 해저에 고착생활을 하는 동물은 거의 없다.
④ 빛을 흡수하여 생육하는 해조류가 많다.

 수산생물은 알에서 생긴 유생은 변태를 거듭하여 어미가 되는 동물이 많으며, 유생시기를 지나면 해저에 고착생활을 하는 동물이 많다.

07 수산 생물의 생태적 분류가 아닌 것은? 2021년 기출
① 저서 생물　　　　　　② 편형 생물
③ 유영 생물　　　　　　④ 부유 생물

 수산 생물의 생태적 분류 : 저서생물, 유영생물, 부유생물

정답　04. ①　05. ②　06. ③　07. ②

08 현재 국내 새우류 중 양식생산량이 가장 많은 것은?   2020년 기출
① 대하
② 젓새우
③ 보리새우
④ 흰다리새우

 현재 국내 새우류 중 양식생산량의 80%는 흰다리새우이고, 다음은 홍다리얼룩새우이다.

09 수온이 연중 20℃ 이상 유지되는 중남미의 태평양 연안이 원산지인 광염성 새우는?   2021년 기출
① 대하
② 보리새우
③ 징거미새우
④ 흰다리새우

 흰다리새우는 태평양 동부 연안의 열대해역에서 서식하는 종으로 25~30℃, 염분 28~34psu에서 주로 살지만 16~35℃, 0.5~45psu에서도 생존이 가능하다. 광염성, 광온성 새우이다.

10 경골 어류에 해당하지 않는 것은?   2020년 기출
① 고등어
② 참돔
③ 전어
④ 홍어

 경골 어류는 고등어, 조기, 갈치, 전갱이 등 대부분 어류이고 연골 어류는 홍어, 가오리, 상어 등이다.

11 대부분의 해조류는 무성세대인 포자체와 유성세대인 배우체가 세대교번을 한다. 다음 중 세대교번을 하지 않는 품종은?   2019년 기출
① 김
② 다시마
③ 미역
④ 청각

 세대교번은 양치식물과 갈조류의 다시마 등에서 볼 수 있다.

12 양식 어류 중 육식성이 아닌 것은? 2021년 기출
① 방어 ② 초어
③ 뱀장어 ④ 무지개송어

 방어, 뱀장어, 펄닥새우, 가재류, 송어, 메기 등은 육식성 어류이다. 초어는 잉어과 어족 중에 가장 크게 자라는 생선으로 늘 풀만 뜯어 먹고 살기 때문에 초어라고 불린다.

13 어류의 체형과 종류의 연결이 옳지 않은 것은? 2020년 기출
① 방추형 - 방어 ② 측편형 - 감성돔
③ 구형 - 개복치 ④ 편평형 - 아귀

 개복치는 몸은 측편되었으며 등은 청흑색, 배는 회백색이다.

14 어업자원의 일반적 특징이 아닌 것은?
① 항상 일정한 개체수를 유지한다.
② 자원이 일정 수준 이하로 떨어지면 재생산력을 잃어버린다.
③ 사망에 의하여 개체수가 감소한다.
④ 생산되며 소멸된다.

 어업자원도 관리를 잘못하여 자원이 일정 수준 이하로 떨어지면 자원자체의 재생산력을 잃어버린다.

15 울산광역시 소재 고래연구센터에서는 우리나라에 서식하고 있는 해양포유동물의 생물학적·생태학적 조사 등에 관한 업무를 수행하고 있다. 동 센터에서 고래류의 자원량을 추정하기 위하여 사용하는 방법으로 옳은 것은? 2019년 기출
① 트롤조사법 ② 목시조사법
③ 난생산량법 ④ 자망조사법

 고래는 수면으로 나와 공기로 호흡하는 포유동물이기 때문에 호흡기간에 맞추어 배의 속도를 조절하여 조사한다.

정답 12. ② 13. ③ 14. ① 15. ②

16 수산 자원량을 추정하는 방법 중 총량추정법이 아닌 것은?   2021년 기출

① 어탐법
② 간접조사법
③ 상대지수 표시법
④ 잠재적 생산량 추정법

 수산 자원량을 추정하는 방법 : 직접조사법, 간접조사법, 어탐법, 잠재적 생산량 추정법 등

17 어류 계군의 식별방법 중 생태학적 방법으로 사용할 수 있는 것을 모두 고른 것은?   2019년 기출

| ㉠ 산란장 | ㉡ 척추골수 | ㉢ 새파 형태 |
| ㉣ 비늘 휴지대 | ㉤ 기생충 | ㉥ 표지방류 |

① ㉠, ㉣
② ㉠, ㉤
③ ㉡, ㉢
④ ㉤, ㉥

 생태학적 방법 : 각 계군의 생활사, 산란기, 분포 및 회유 상태, 기생충의 종류와 기생률 등을 비교·분석

18 다음에서 설명하는 계군 분석 방법은?   2021년 기출

○ 계군의 이동 상태를 직접 파악할 수 있어 매우 좋은 계군 식별 방법이다.
○ 두 해역 사이에 어군이 교류하고 있다는 것을 추정할 수 있다.

① 표지 방류법
② 생태학적 방법
③ 형태학적 방법
④ 어황의 분석에 의한 방법

 표지 방류법은 수산동물에 표지를 하여 방류하고 일정 기간이 지난 후 다시 잡아 이동 경로, 서식장소, 성장률, 회귀율, 자원량 등의 생태적 습성을 과학적으로 알기 위한 방법이다.

정답 16. ③   17. ②   18. ①

19 수산자원의 계군을 식별하는데 형태학적 방법으로 이용되는 것을 모두 고른 것은?

2020년 기출

> ㉠ 체장　　　　　㉡ 두장　　　　　㉢ 체고
> ㉣ 비만도　　　　㉤ 포란수

① ㉠, ㉡, ㉢　　　　　　　② ㉠, ㉢, ㉤
③ ㉡, ㉣, ㉤　　　　　　　④ ㉢, ㉣, ㉤

 형태학적 방법 : 계군의 특정 형질에 관한 통계 자료(체고, 두장, 체장)를 비교·분석하는 생물 측정학적 방법과 비늘, 휴지대의 위치, 가시 형태 등 해부학적 방법이 이용된다.

20 어획남획의 징후가 아닌 것은?

① 성장이 빨라짐　　　　　② CPUE의 증가
③ 사망률이 커짐　　　　　④ 분포영역 축소

 남획의 징후
1. CPUE의 감소
2. 분포영역 축소
3. 어획물곡선의 기울기가 매년 감소 : 사망률이 커짐
4. 성장이 빨라짐 : 성성숙 연령이 낮아짐
5. 연령별 체장증가

21 어업자원의 남획 징후로 옳지 않은 것은?

2019년 기출

① 어획량이 감소한다.
② 단위노력당어획량(CPUE)이 감소한다.
③ 어획물 중에서 미성어 비율이 감소한다.
④ 어획물의 각 연령군 평균체장이 증가한다.

 남획의 징후
1. CPUE의 감소
2. 분포영역 축소
3. 어획물곡선의 기울기가 매년 감소 : 사망률이 커짐
4. 성장이 빨라짐 : 성성숙 연령이 낮아짐
5. 연령별 체장증가

정답 19. ①　20. ②　21. ③

22 다음에서 설명하는 것은? 2019년 기출

○ 주어진 환경 하에서 하나의 수산자원으로부터 지속적으로 취할 수 있는 최대 어획량을 뜻한다.
○ 일반적이고 전통적인 수산자원관리의 기준치가 되고 있다.

① MSY ② MEY
③ ABC ④ TAC

 MSY는 최대지속생산량으로 어업자원이 어획에 대해 어떻게 반응하는지를 보여주는 유용한 지침값이다.

23 수산 자원 관리와 관련된 용어와 명칭의 연결이 옳은 것은? 2021년 기출

① MSY - 최대순경제생산량
② MEY - 최대지속적생산량
③ OY - 최대생산량
④ ABC - 생물학적허용어획량

④ ABC - 생물학적허용어획량
① MSY - 최대지속생산량
② MEY - 최대 경제 생산량
③ OY - 최적 어획량

24 부유생물에 관한 내용으로 옳지 않은 것은?

① 물에 뜬 채로 흘러 다니는 생물이다.
② 바다의 먹이 사슬에서 가장 기본이 된다.
③ 깊은 바다에 주로 서식한다.
④ 해양생물의 중요한 에너지 공급원이다.

 부유생물은 빛이 투과되는 표층에 분포한다.

정답 22. ① 23. ④ 24. ③

25 수산생물의 생활 특성이 아닌 것은?

① 해양의 안정된 환경 때문에 과거부터 현재까지 유지되는 생물의 종류가 많다.
② 수산 식물은 연하고 물에 잘 뜰 수 있는(부유할 수 있는) 큰 구조를 지니고 있다.
③ 잎, 줄기, 뿌리의 구분 없이 전체 표면에서 영양분이나 빛을 흡수하여 생육하는 해조류가 많다.
④ 알에서 생긴 유생은 변태를 거듭하여 어미가 되는 동물이 많으나 스스로 발광하는 동물이 없다.

수산생물의 생활 특성
1. 해양의 안정된 환경 때문에 과거부터 현재까지 유지되는 생물의 종류가 많다.
2. 수산식물은 연하고 물에 잘 뜰 수 있는 큰 구조를 지니고 있다.
3. 잎, 줄기, 뿌리의 구분 없이 전체 표면에서 영양분이나 빛을 흡수하여 생육하는 해조류가 많다.
4. 스스로 발광하는 동물이 많다.
5. 알에서 생긴 유생은 변태를 거듭하여 어미가 되는 동물이 많으며, 유생시기를 지나면 해저에 고착 생활을 하는 동물이 많다. 해파리와 같이 몸통 전체가 연한 형태의 생물이 많은데 이는 심한 온도의 변화가 없었기 때문이다.
※ 우리나라 연근해 담수어 포함 어류 900종, 해조류 400종, 갑각류 300종, 연체동물 100종

26 자원생물의 종류와 분포에 대하여 옳지 않은 것은?

① 지구상에는 170만 종의 동물과 식물이 분포
② 분류의 단계는 생물을 분류할 때의 기준이 되며, 그 단위는 종
③ 종은 일정한 형질을 갖추고 자연계에서 같은 종류끼리만 번식
④ 자원생물의 분류방법은 9단계

자원생물의 종류와 분포
1. 지구상에는 170만 종의 동물과 식물이 분포
2. 분류의 단계는 생물을 분류할 때의 기준이 되며, 그 단위는 종
3. 종 : 일정한 형질을 갖추고 자연계에서 같은 종류끼리만 번식하는 것
4. 자원 생물의 분류 방법(7단계)

27 자원량의 변동요인이 아닌 것은?

① 가입
② 성장
③ 자연 사망
④ 포란 수

정답 25. ④　26. ④　27. ④

자원량의 변동요인 : 가입, 성장, 자연사망, 어획사망

28 자원생물의 조사방법 중 회유 경로를 파악하는 데 가장 효율적인 방법은?
① 연령 사정
② 통계 사정
③ 표지 방류
④ 형태 측정법

 표지방류 : 수중생물의 몸에 어떤 표시를 하여 놓아주는 일로 이들을 다시 잡아 그 생물의 분포, 이동, 성장 등을 조사한다.

29 우리나라의 종자 배양장에서 인공종자를 생산하여 방류하고 있는 품종을 모두 고른 것은? 2021년 기출

| ㉠ 넙치 | ㉡ 전복 |
| ㉢ 연어 | ㉣ 보리새우 |

① ㉠, ㉡
② ㉠, ㉢
③ ㉡, ㉢, ㉣
④ ㉠, ㉡, ㉢, ㉣

 종자 배양장에서 인공종자를 생산하여 방류하고 있는 품종 : 전복, 넙치, 보리새우, 연어 등

30 자원생물의 인위적 관리 중 번식 보호와 가장 관계가 깊은 것은?
① 자연 사망 관리
② 환경의 관리
③ 가입의 관리
④ 어획의 관리

 가입관리

가입관리의 목적	관리방법
자원의 번식보호 및 번식 촉진 등의 증식 행위	인공수정란 방류, 인공부화 방류, 인공 산란장 설치, 산란 어미 고기 보호(금어기, 금어구 설정), 고기의 길 설치, 산란용 어미 방류

정답 28. ③ 29. ④ 30. ③

31 수산 자원관리에서 가입관리에 해당되는 요소는?   2021년 기출

① 시비
② 수초 제거
③ 망목 제한
④ 먹이 증강

 가입관리 : 인공 수정란 방류, 인공부화 방류, 인공 산란장 설치, 산란 어미 고기 보호(금어기, 금어구 설정), 고기의 길 설치, 산란용 어미 방류, 망목 제한, 어장 제한

32 무척추동물에 대한 설명 중 옳지 않은 것은?

① 절지동물 : 나비, 잠자리, 파리, 딱정벌레, 매미, 거미, 가재, 새우, 게 등
② 연체동물 : 모시조개, 달팽이, 문어 등
③ 환형동물 : 따개비, 물벼룩 등
④ 극피동물 : 성게, 불가사리, 해삼 등

 무척추동물(등뼈가 없는 동물)
1. 절지동물 : 나비, 잠자리, 파리, 딱정벌레, 매미, 거미, 가재, 새우, 게, 따개비, 물벼룩 등
2. 연체동물 : 모시조개, 달팽이, 문어 등
3. 환형동물 : 지렁이, 갯지렁이 등
4. 극피동물 : 성게, 불가사리, 해삼 등
5. 강장동물 : 해파리, 말미잘, 산호 등
6. 편형동물 : 플라나리아, 간디스토마, 촌충

33 연체동물(문)이 아닌 것은?   2020년 기출

① 전복
② 피조개
③ 해삼
④ 굴

 극피동물 : 성게, 불가사리, 해삼 등

정답 31. ③   32. ③   33. ③

34 형태 측정법에 대한 설명 중 옳지 않은 것은?

① 전장 측정	입 끝에서 꼬리 끝까지 측정	어류, 새우, 문어
② 표준 체장 측정	입 끝에서 몸통 끝까지 측정	어류
③ 두흉 갑폭 측정	머리와 가슴까지의 길이를 측정	새우, 게류, 멸치
④ 동장 측정	몸통 길이만 측정	오징어

 형태 측정법 : 계군의 특성을 파악하기 위해 어획물의 크기를 부분별로 측정

측정법 종류	측정 방법	적용 자원
전장 측정	입 끝에서 꼬리 끝까지 측정	어류, 새우, 문어
표준 체장 측정	입 끝에서 몸통 끝까지 측정	어류
표준 체장 측정	입 끝에서 몸통 끝까지 측정	어류
두흉 갑장 측정	머리와 가슴까지의 길이를 측정	새우, 게류
두흉 갑폭 측정	머리와 가슴의 좌우 양단 길이를 측정	게류
피린 체장 측정	입 끝부터 비늘이 덮여있는 몸의 말단까지	멸치
동장 측정	몸통 길이만 측정	오징어(오동장)
형태 측정법 : 자원 생물의 동태와 계군의 특성을 파악하는데 이용된다.		

35 남획 상태의 증후에 대한 설명 중 옳지 않은 것은?

① 어린 개체가 차지하는 비율이 점점 높아진다.
② 성숙 연령이 높아진다.
③ 어획물의 평균 연령이 해마다 조금씩 낮아진다.
④ 정상적인 어획량으로 회복되는 기간이 길다.

 남획 상태 : 어획량이 자연 증가량보다 많아지면 자원은 점차 감소되어 자원의 균형이 깨어진다.
1. 남획 상태의 증후
   ㉠ 어린 개체가 차지하는 비율이 점점 높아진다.
   ㉡ 성 성숙 연령이 낮아진다.
   ㉢ 어획물의 평균 연령이 해마다 조금씩 낮아진다.
   ㉣ 정상적인 어획량으로 회복되는 기간이 길다.
   ㉤ 각 연령군의 평균 체장 및 평균 체중은 대형화 한다.
   ㉥ 어획물 곡선의 우측의 경사가 해마다 증가한다.
2. 남획이 잘 안 되는 어종 : 멸치, 오징어, 새우 등은 수명이 짧고 자연 사망률이 높다.

정답 34. ③　35. ②

제3편 어업

제1장 어장

[제1절] 어업과 어장

1. 어 업

(1) 어업의 개념

영리를 목적으로 하는 어로행위, 즉 상업을 목적으로 어류를 포함한 해산물들을 바다·강·호수 등에서 잡아들이는 것을 말한다.

(2) 주요 인구 및 어업국가

① 전세계적으로 500만 명 이상이 어업에 종사한다.
② 해양어업에 종사하는 주요 국가는 일본·러시아·중국·미국·칠레·페루·인도·한국·태국 등과 북유럽 국가들이다.

(3) 어업 어종

① 포획되는 수중생물로는 해수종 및 담수종 어류, 갑각류, 포유류, 바닷말류 등이 있는데 이들은 사람이 먹는 음식물, 동물 사료, 비료 등과 그밖의 다른 상품의 성분 등이 여러 가지 생산품으로 가공된다.
② 해양어류는 전세계 총 상업적 어획량의 약 80%를 차지한다.
③ 식용으로 가장 많이 잡는 것은 대서양대구, 여러 종류의 가자미류·다랑어류·대구·연어류·청어 등이다.

(4) 어업 방법

① 물고기를 잡는 방법은 해변가에서 도구 없이 그냥 모으는 것에서부터 기계가 달린 거대한 그물을 사용하는 것까지 다양하다.
② 포위망을 끌어올리기 전에 물고기를 에워싸는 것으로 해양 어업에서는 고리를 따라 있는 줄로 그물의 밑부분이 닫혀 있는 큰 후릿그물을 사용하면 가장 많은 어획량을 올릴 수 있다.

③ 저서성 어업에서 널리 사용되는 그물은 외끌이 기선 저인망이다.
④ 트롤 어법은 보트가 주머니 모양의 그물을 당겨 물고기들을 그물의 입구로 몰아넣는 방식으로 생산성 면에서 후릿그물을 이용한 어법 다음으로 높다.
⑤ 흘림걸그물(유자망) 어법이 있는데, 긴 열의 그물조각들을 고정하거나 떠내려가게 한 뒤 물고기들의 위쪽으로 불빛을 비춰 이들을 유인한다. 그후 그물을 들어올리면 물고기들은 아래쪽으로부터 그물에 에워싸여 물 밖으로 나오게 된 줄낚기 어법은 낚시 바늘과 줄로 고기를 잡는, 일반인들이 친숙한 방법이다.
⑥ 대낚기 어법에서 손으로 조작하는 대나무 막대기나 자동으로 조작되는 유리섬유 막대는 열대지방의 참치종들을 잡는 데 사용된다. 또 일본·타이완·한국 등의 연안에서 참치를 잡을 때는 주낙을 떠내려보내는 방법이 사용된다.
⑦ 낙망을 이용해서 고기를 잡기도 하는데, 고기를 잡는 낙망은 기계적으로 닫히지는 않고 다만 들어가기는 쉬운 대신 빠져 나오기가 어려운 단순한 구조이다.

(5) 어업의 특성
① 수산물의 생산활동
② 수산업의 한 분야
③ 계속성과 반복성을 가지는 사업

2. 어 구

(1) 어구의 개념
수산물의 포획·채취에 사용되는 도구의 총칭으로 물속에 넣어서 직접 고기를 잡는 데 쓰는 도구로 어업의 수단이 되는 도구를 말한다.

(2) 그물어구
그물을 이용해 어획하는 어구이다.
① **걸그물류** : 수중 또는 해저에 담을 세우듯이 그물을 쳐서 그물코에 걸리거나 그물실에 엉킨 것을 어획한다. 그물코걸이형과 그물실걸이형으로 나누는데 그물코걸이형은 그물실걸이형에 비해 그물코의 선택성이 예민하다. 가자미·고등어·명태·연어·오징어 등의 어군의 어획에 적합하다.
② **광주리그물류** : 쇠·대·나무·합성재료 등의 뼈대를 만들고 그물로 덮어씌운 것이다. 해저에 설치해 광주리그물 속의 미끼, 해초 등으로 문어·소라 등을 유인해 잡는다. 작업이 수월해 세계 각지에서 광주리 그물어업이 성행하고 있다. 자원관리형 어업에 적합한 어구이다.
③ **끌그물류** : 긴 끌줄을 단 그물을 수평방향으로 끌어 고기를 잡는 어구를 말하는데 그물을 육지 쪽으로 끌어당겨 어획하는 어구를 후릿그물류, 배 위에 그물을 끌어올리는

어구를 배끌그물류라고 한다. 배끌그물류는 이동끌망류와 표층에 있는 고기를 주어획 대상으로 하는 정선(停船)끌망류로 나눈다.
④ **덮그물류** : 어군의 위쪽에서 갑자기 그물을 덮어씌워 잡는 그물로서 투망류와 가래그물(가늘게 쪼갠 댓개비, 합성재료 등의 테두리에 그물을 댄 것)을 말한다. 하천·호소·해안 등에서 사용되고 그 규모는 작다. 붕어·숭어·잉어 등의 어군을 잡는다.
⑤ **두릿그물류** : 윗부분에 뜸[부자]을, 아랫부분에 봉을 단 4각형에 가까운 그물과 끌그물과 비슷하게 생겨 가운데에 큰 자루가 있고 양날개가 붙은 모양의 그물로서 어군을 통째로 둘러싸서 잡는 데 사용되는 어구이다. 군집성을 띤 고등어·다랑어·정어리 등의 어군을 잡는 데 사용된다.
⑥ **들그물류** : 채그물에서 발달한 어구로서 4각형·원형·도롱이 모양으로 생겼다. 그물을 미리 수중에 깔거나 쳐놓고 집어등이나 밑밥 또는 자연적으로 들어온 어군을 그물 위에 모아 건져올리는데 뜬들그물과 바닥들그물에 따라 대상어가 각각 다르다.
⑦ **채그물** : 막대 끝에 작은 자루 모양의 그물을 달아 채로 건지듯이 잡는 어구이다. 대개는 천렵용으로 쓰인다.
⑧ **함정류** : 정치망을 뜻하는 어구로서 어기(漁期)에 맞추어 접안회유하는 어군의 통로를 차단해 어획한다. 고등어·다랑어·정어리 등의 어류가 잡힌다.

(3) 낚시어구
낚시로 미끼를 이용해 어류를 유인해서 낚아올리는 어구이다.
① **외줄낚시류** : 고기의 입에 낚시바늘이 걸릴 때마다 낚아올리는 어구로서 대낚시용구·손낚시용구·끌낚시용구가 이에 속한다.
② **주낙류** : 긴 줄에 여러 개의 가짓줄을 달고 각 가짓줄마다의 낚시바늘에 미끼를 끼워 일정시간이 지난 후에 건져내는 방법의 어구이다. 갈치·다랑어·대구·명태 등을 잡는 데 이용된다.

(4) 잡어구
그물감이나 낚시 이외의 것으로 된 것을 뜻한다.
① **갈고리류** : 개불갈고리·문어갈고리·장어갈고리를 말한다.
② **긁개류** : 굴·전복·조개 등을 긁어내는 도구이다.
③ **발통류** : 나무·대오리 등을 엮어 만들며 고기가 들어와 빠져나갈 수 없게 만든 함정어구이다.
④ **보쌈·단지류** : 내부에 미끼를 넣어두거나 집을 만들어 문어·오징어 등을 잡는 데 쓰인다.
⑤ **어량류** : 급류에 울 또는 발을 쳐서 한곳으로 휩쓸려 들어가게 해 잡는 어구이다.
⑥ **작살류** : 끝을 뾰족하게 깎은 장대와 수중총을 이용해 고기를 찔러잡는 어구이다.

⑦ 집게류 : 수산물을 잡거나 따는 데 사용되는 어구로서 게·다시마·문어·미역·장어 등의 어획에 쓰인다.
⑧ 어법 : 어구를 사용하여 어업을 행하는 방법으로 물고기를 잡는 수단이나 방법을 말한다.

(5) 어업과 유어의 차이점

어업	유어(낚시)
• 계속성과 반복성을 가지며, 영리를 목적	• 오락 또는 스포츠를 목적(어업이 아님)

3. 어 장

수산 동식물이 정착생식하거나, 무리를 이루어 체류하거나 또는 통과할 때, 그것을 대상으로 하는 어업이 일정 기간 동안 계속적으로 이루어지는 수역

(1) 어장

바다나 내수면의 서식 생물 중 유용하게 이용할 수 있는 것을 채포 또는 채취하는 장소

(2) 어장의 성립 조건
① 대상 생물의 경제적 가치가 높아야 한다.
② 대상 생물의 양이 풍부해야 한다.

(3) 동해어장

넓이가 약 100만km^2이고, 연안에서 대략 10해리 이상 나가면 수심이 200m 이상으로 깊어지고 해저는 급경사를 이룬다. 수심은 가장 깊은 곳이 약 4,000m, 평균수심은 1,400m에 이른다. 동해에는 난류를 따라 이동하는 고등어·꽁치·방어·삼치·상어 등과 한류를 따라 이동하는 대구·명태·도루묵 등의 어류를 비롯해 왕게·털게·철모새우 등의 갑각류, 그리고 오징어·문어·소라·전복 등의 연체류, 미역·다시마 등의 해조류와 고래 등의 포유류가 있다.

(4) 서해어장

조수간만의 차가 심하고 평균수심 44m, 최대수심 103m이다. 전체가 대륙붕으로 이루어져 있으며, 간석지가 발달하여 양식업이 활발하다. 조기·민어·고등어·강달이·삼치·준치·홍어 등의 어류와 바지락·대합·전복·굴·오징어 등의 연체류 및 새우·젓새우·꽃게 등의 갑각류가 있다.

(5) 남해어장

한국 최대의 어장으로 평균수심 100m 내외의 대륙붕으로 되어 있다. 겨울에도 난류성 어족의 월동장이 되고, 봄과 여름에는 산란장이 된다. 또한 겨울에는 한류성 어족인 대구의 산란장이 되기도 한다. 멸치·고등어·전갱이·삼치·방어·갈치·쥐치·붕장어·도미·숭어 등의 난류성 어류와 대구·돌묵상어 등의 한류성 어류, 굴·바지락·소라·전복·대합·문어, 해삼·성게 등의 극피동물, 김·미역·우뭇가사리 등의 해조류가 많다.

4. 어장의 환경요인

생물의 분포를 제한하는 요인으로는 크게 물리적·화학적·생물학적 요인으로 구분하여 설명할 수 있다.

(1) 물리적 요인

수온, 광선, 투명도, 바닷물의 유동, 지형 등

① 수온 : 바다 전체의 온도분포는 주로 다음의 4가지 원인에 의해서 결정된다.
  ㉠ 바다가 태양으로부터 흡수하는 열복사와 바다로부터 공중으로의 열복사의 차
  ㉡ 해면과 대기와의 열전도에 의한 열교환
  ㉢ 해수의 증발에 의한 열손실 또는 수증기의 응고에 의한 열유입
  ㉣ 해수의 운동(해류 또는 연직방향의 대류)에 의한 열의 이동
② 수온은 해양 자체의 상황을 좌우할 뿐만 아니라 날씨와 기후의 형성에도 많은 영향을 미치고 있다.
③ 바닷물의 하한 온도는 어는점 온도인 약 $-2℃$인데, 바다에서는 과냉각이 되는 일은 거의 없으므로 $-2℃$보다 낮은 수온이 관측되는 일은 거의 없다.
  ㉠ 해양생물의 생활과 가장 밀접한 관계가 있는 요인
  ㉡ 생물 서식의 가능성을 판단하는 가장 기초적인 자료
  ㉢ 측정이 쉬워 어장 탐색에 널리 이용
  ㉣ 수산생물의 성장과 성숙에 깊은 관계
④ 수산생물과 수온과의 관계

서식 수온	어획 적수온	어획 최적 수온
어떤 어종이 살아갈 수 있는 수온의 최대 범위	어떤 어종을 대상으로 어획이 이루어졌을 때의 수온	가장 많이 어획되었던 때의 수온

⑤ 광선
  ㉠ 해양의 생산력 증가에 일익 담당
  ㉡ 해양생물(어류, 패류)의 성적인 성숙의 촉진
  ㉢ 어군의 연직운동에 영향을 줌

㉣ 광합성이 일어나는 정도는 해당 해역의 기초 생산력에 영향을 줌

해양생물의 일주기 연직운동	
*밤 : 수심이 얕은 층에 머문다.	*낮 : 깊은 층으로 내려간다.
*태양의 고도에 반비례	*일부 종은 수온약층으로 상하 운동에 제약을 받음

⑥ 투명도 : 지름이 30cm인 흰색 원판을 바닷물에 투입하여 보이지 않을 때까지의 깊이를 미터 단위로 나타낸 것

어업 생물의 이동 분포	흐릴 때 잘 잡히는 어류 : 정어리, 방어
	투명할 때 잘 잡히는 어류(호광성) : 고등어, 다랑어류

⑦ 바닷물의 유동

수평운동		수직운동	
해류	조류	용승류	침강류
회유성 어류의 회유, 유영력이 없는 어류의 알과 자치어의 수송 → 재생산과 성어의 산란 회유에 영향 끼침	수심이 얕은 천해역과 내만의 유동, 상하층의 혼합 촉진 → 수산생물의 생산력에 영향 끼침	깊은 수심의 물이 표면으로 올라오는 현상	표면수가 아래로 내려가는 현상
		영양염의 표층 이동으로 그 해역의 생산력 증가 → 좋은 어장 형성	

⑧ 지형
  ㉠ 대륙붕 해역 : 광합성 작용, 해저지형과 해류 및 조류의 상호작용으로 용승류가 발생 → 영양염의 풍부로 해양의 생산력 높음. 광합성 작용, 해류 및 조류의 상호작용과 관계 깊은 지형
  ㉡ 저서 어족은 저질에 따라 서식 어종이 다르다.
    ⓐ 어두운 곳을 좋아 하는 종 : 참돔, 가자미
    ⓑ 암반이 있는 곳에 서식하는 종 : 꽃게, 새우, 전복, 소라

(2) 화학적 요인

염분, 용존 산소, 영양 염류 등
① 염분 : 생물의 체액과 체외의 삼투압 조절에 영향을 끼침(체액 농도가 낮은 곳에서 → 높은 곳으로 이동). 조절이 안 될 때에는 생물의 생존이 불가능하다.
  ㉠ 해수어 : 체액 이온 농도가 바닷물보다 낮게 유지〈아가미 염세포에서 염류를 배출, 소량의 진한 오줌을 배출〉
  ㉡ 담수어 : 체액 이온 농도가 담수보다 높게 유지〈아가미에서 염류를 흡수, 다량의 묽은 오줌을 배출〉
② 용존산소
  ㉠ 생물의 호흡과 대사 작용에 필요한 요소

ⓒ 용존산소가 결핍할 때
　　ⓐ 생물 성장이 늦어지고
　　ⓑ 서식 장소의 이동
　　ⓒ 심한 경우는 죽게(폐사) 된다.
㉢ 표층수에 많고, 하층일수록 적다.

용존 산소량의 변화
* 수온이 낮을수록 DO량 증가　　　* 염분이 낮을수록 DO량 증가 * 유기물이 많을수록 DO량 감소　　* 기압이 높을수록 DO량 증가. 저지대가 용존산소가 많다.

③ 영양염류 : 질산염(NO_3), 인산염(PO_4), 규산염(SiO_2) 등은 해조류의 성장과 광합성에 필요한 요소

영양 염류의 분포
* 열대보다 온대나 한대가 많다(저층의 영양 염류 표층으로 이동). * 외양역보다 연안역이 많다. * 여름철보다 겨울철이 많다(대류작용 저층의 영양염류 표층으로 공급). * 표층이 적고(수산 생물활동으로 소비) 수심이 깊어질수록 증가

(4) 생물학적 요인
① 먹이 생물, 경쟁 생물, 해적 생물 등과의 관계
② 파장이 긴 빨간색은 바다 상층에서 흡수
③ 파장이 짧은 파란색은 바다 깊숙이 투과 한다.
④ 보라 → 빨간 쪽으로 갈수록 파장이 길어짐

[제2절] 어장 형성요인

종 류	내 용
조경 어장 (해양 전선 어장)	특성이 서로 다른 2개의 해수덩어리 또는 해류가 서로 접하고 있는 경계를 조경이라 한다. 두 해류가 불연속선을 이루고, 이로 인해 부분적인 소용돌이가 생겨 상·하층수의 수렴과 발산현상이 나타나 먹이 생물이 많아진다. 이와 같이 먹이 생물이 많아져 어족이 풍부하게 되어 생기는 어장을 말한다.
용승 어장	바람, 암초, 조경, 조목 등에 의해 용승이 일어나 하층수의 풍부한 영양 염류가 유광층까지 올라와 식물 플랑크톤을 성장시킨다. 이 식물 플랑크톤에 의해 광합성이 촉진되어 먹이 생물이 많아져 어족이 모여 생기는 어장을 말한다.
대륙붕 어장	하천수의 유입에 따른 육지 영양 염류의 공급과 파랑, 조석, 대류 등에 의한 상·하층수의 혼합으로 영양 염류가 풍부하여, 유광층 내에서는 기초 생산력이 높아져서 좋은 어장을 형성하는 것을 말한다.

와류 어장	조경역에서 물 흐름의 소용돌이로 인한 속도차 또는 해저나 해안지형 등의 마찰에 따른 저층 유속의 감소 등으로 일어나는 와류에 의해 생기는 어장을 말한다.

① 형성 요인에 따라 : 조경(해양 전선) 어장, 용승 어장, 와류 어장, 대륙붕 어장
② 엘리뇨 : 2년 또는 10마다 주기적으로 남미의 페루, 에콰도르 연안에서 수온이 평년보다 높아지는 현상으로 찬물에 포함되어 있는 풍부한 영양 염류가 없어지기 때문에 이곳의 멸치 어획량이 급격히 감소하는 시기이다.

[제3절] 어업의 종류

구분 기준	종 류
어획물의 종류에 따라	해수 어업, 채패 어업, 채조 어업 해조
어장에 따라	내수면 어업, 해양(해면)어업, 연안어업, 근해어업, 원양어업
어업 근거지에 따라	해외 기지 어업, 국내 기지 어업(원양어업 : 명태 트롤어업, 꽁치 봉수망어업)
어획물과 어획방법에 따라	고등어 선망어업, 오징어 채낚기어업, 장어 통발어업, 게 통발어업, 문어 단지어업, 멸치 권현망어업, 명태 트롤어업, 꽁치 봉수망어업, 다랑어 선망어업, 다랑어 연승어업
경영 형태에 따라	비자본가적 어업 : 단독어업, 동족(가족)어업, 협동적어업의 구분은 노동력이 기준이 됨 자본가적 어업 : 합작어업, 조합어업, 회사어업
법적 관리 제도에 따라	면허어업, 허가 어업, 신고 어업

① 연근해 어업(일반 해면어업) = 연안어업 + 근해어업
② 합작어업 : 국내자본과 해외자본이 결합된 형태의 어업

[제4절] 어로의 과정

• 어로의 3단계 : 어군 탐색 → 집어 → 어획

1. 어군 탐색

(1) 어장 찾기

어로가 가능한 바다를 찾는 것 - 간접적인 어군 탐색 방법(1차)으로 과거의 어업 실적, 다른 어선의 정보, 어황 예보, 어업용 해도, 위성정보 등을 종합적으로 판단하여 결정

(2) 어군 찾기

실제로 어군의 존재를 확인하는 것 – 직접적인 어군 탐색 방법(2차)
① 감각적인 방법 : 바닷새의 행동, 수면의 색깔 변화, 어군이 일으키는 물보라 또는 뒷살 등
② 눈으로 확인하는 방법 : 표층 어군
③ 어군 탐지기에 의한 탐색(초음파 이용) : 수심이 깊은 어군
④ 헬리콥터나 비행기를 이용한 탐색 : 참치 선망 어업

2. 선망어업

(1) 선망어업의 어획방법은 표층이나 중층에 있는 어군을 커다란 수건 모양의 그물로 둘러싸서 가둔 후에 차차 그 범위를 좁혀 떠 올려서 잡는 방법이다. 대상 어종은 군집성이 큰 황다랑어, 가다랑어, 고등어, 전갱이, 정어리, 전어, 꽁치, 오징어, 멸치 등이 있다.

(2) 집어

고기떼를 모으는 일로 어군을 모이게 하는 방법을 말한다.

집어의 종류		
유집 (誘集)	어군에 자극을 주었을 때, 자극원 쪽으로 모이게 하는 집어 방법	집어등 – 양성 주광성 이용(오징어 채낚기, 멸치들망, 꽁치봉수망, 고등어 선망, 전갱이 선망)
구집 (驅集)	어군에 자극을 주었을 때, 자극원으로부터 멀리 달아나게 하여 한 곳에 모이게 하는 집어 방법	소리를 내거나 줄을 후리는 방법(끌그물에서 이용) 전류를 통하여 구집하는 방법 해적 생물을 이용하는 방법
차단 유도	어군의 회유 통로를 인위적으로 막거나 가두어서 어획할 수 있게 유도하는 집어 방법	정치망의 길그물 – 대표적인 방법 시각적인 장애물 설치

집어등의 장점	집어등의 단점
넓은 지역의 어군을 모을 수 있다.	밤에만 사용가능
유인용 미끼가 필요 없다.	달빛이 밝은 때는 효과 떨어짐.

(3) 어획

대상 생물을 물에서 잡아 올리는 어업 생산과정

(4) 경제적 어획을 위한 과정

행동 양식 파악 → 어법 개발 → 어구 제작 → 어구 조작
① 대상 생물의 행동양식을 알아낸다.(특히 무리를 이룰 때)
② 이들 행동양식에 알맞은 어법을 알아낸다.
③ 그 어법에 알맞은 어구를 설계, 제작한다.
④ 그 어구의 특성을 살릴 수 있도록 조작해야 한다.

(5) 세계의 조경어장
① 북태평양 어장, 북해 어장, 뉴펀들랜드 어장, 남극양 어장
② 세계의 용승어장은 대체로 어장명이 ○○근해, ○○연해, ○○ 해류 수역, ○○연근해가 들어간다.

제 2 장 어구·어법

보조어구 + 부어구 = 어업기기(어로장비)

[제1절] 어구와 어획방법

1. 어구의 분류

어구 분류	종 류	예
구성 재료에 따라	* 낚기어구 : 낚싯줄에 낚시를 매단 어구	대낚시, 보채낚시, 손줄낚시
	* 그물어구 : 어군을 도망가지 못하게 하는 어구	천연섬유, 합성섬유의 그물
	* 잡어구 : 기타 어획에 필요한 어구	
이동성에 따라	* 운용어구 : 설치 위치를 쉽게 옮길 수 있는 어구	손망, 자망
	* 고정어구 : 설치 위치를 옮길 수 없는 어구	정치 어구
기능에 따라	* 주어구(어구) : 직접 어획에 사용되는 어구	그물, 낚시
	* 보조어구 : 어획 능률을 높이는 데 사용되는 어구	어군 탐지기, 집어등
	* 부어구 : 어구의 조작 효율을 높이는 데 사용되는 어구	동력 장치

2. 낚기어구의 종류와 어획 방법
① 낚기어구 : 낚싯줄, 낚시, 낚싯대, 미끼, 뜸, 발돌 등
② 낚기어법 : 낚시에 미끼를 꿰어 어류를 낚아 올리는 어획방법

③ 낚기어구의 구분 : 주낙은 긴 줄(모릿줄)+짧은 줄(아릿줄)로 구성됨

구 분	종 류
외줄 낚기	* 대낚시 : 낚싯대에 낚싯줄을 매단 것
	* 보채낚시 : 보채에 낚싯줄을 매고 낚시를 묶은 것
	* 끌낚시 : 낚시에 가짜 미끼를 달아 수평 방향으로 끄는 것(연안 소형어선 삼치 잡이 이용)
	* 손줄낚시 : 낚싯대가 사용되지 않는 것(연안 소형어선 여러 어류 잡을 때 이용)
주낙(연승)	* 뜬주낙 : 수평 방향으로 어구를 드리워서 표층·중층의 어류를 낚기 위한 것(다랑어)
	* 땅주낙 : 해저 깊은 곳의 어류를 낚기 위한 것(갈치, 붕장어, 명태, 도미)
	* 선(鮮)주낙 : 수직(연직) 방향으로 펼쳐 유영층이 두꺼운 어류를 낚기 위한 것(오징어)

3. 그물어구의 종류와 어획방법

(1) 함정어구와 어법

① 함정어구 : 일정한 장소에 설치해 둔 어구에 들어간 어류를 나가지 못하게 가두어 잡는 방법
② 함정어법 : 유인함정, 유도함정, 강제함정
   ㉠ 유인함정어법 : 어획 대상 생물을 어구 속으로 유인하고 함정에 빠뜨려 어획하는 방법
      ㉮ 문어 단지 : 문어, 주꾸미   ㉯ 통발류 : 장어, 게, 새우 등
   ㉡ 유도함정어법 : 어군의 통로를 차단하고 어획이 쉬운 곳으로 어류를 유도하여 잡아 올리는 어법
      ㉮ 정치망(길그물 : 회유를 차단, 통 그물[어획하는 곳] : 가둘 수 있는 자루(우리))
   ㉢ 강제함정어법 : 물의 흐름이 빠른 곳에 어구를 고정하여 설치해 두고, 어군이 강한 조류에 밀려 강제적으로 자루그물에 들어가게 하여 어획하는 어법
      ㉮ 죽방렴(고정어구)과 낭장망(이동어구) : 남·서해안에서 멸치나 조기잡이, 갈치의 어법
      ㉯ 주목망(고정어구) → 안강망(이동어구)으로 발전 : 서해안의 갈치, 조기잡이
      ㉰ 안강망 : 강제 함정어법 중 어획 성능이 가장 우수, 어장 이동 가능
③ 정치망 : 자리그물이라고도 하며 어군의 자연적인 통로를 차단하여 함정으로 유도하여 고기를 잡는 어법
   ㉠ 길그물과 통그물로 구성, 통그물의 모양에 따라 : 대망류와 승망류로 구분
   ㉡ 대망류는 대부망 대모망 등이 있으며 길그물과 통그물로만 구성
   ㉢ 승망류는 낙망 길그물+통그물로 되어 있으며 통그물은 가짜 헛통과 진짜 자루가 있다.

② 정치망은 글자 그대로 일정한 장소에 장기간 어구를 고정해 놓는 어구이다.

(2) 그물의 종류
① 양식어업 : 일정한 수면을 구획하고 기타 시설을 하여 양식하는 어업
② 정치어업 : 일정한 수면을 구획하여 대부망 · 대모망 · 개량식 대모망 · 낙망 · 각망 · 팔각망 · 소대망 또는 죽방렴 어구를 정하여 채포하는 어업
③ 가두리그물류 : 부시리각망, 멸치각망, 대부망, 대모망 등
  ㉠ 부시리각망 : 육지에서 바다 쪽으로 길그물을 부설하고 그 끝에 직사각형의 통그물을 부설하여 길그물에 의해 통그물로 유도된 대상 생물을 잡는 것이다. 어구의 부설은 뜸줄과 발줄에서 각기 닻줄을 내어 닻으로 고정시키며 수면으로부터 바닥까지 완전히 차단, 부설한다.
  ㉡ 멸치각망 : 어구의 구조, 부설 방법 및 어획 방법은 부시리 각망과 유사하다. 다만, 멸치를 대상으로 하기 때문에 그물의 규격에서 차이가 있으며, 통그물의 한쪽 모서리에 승망과 같이 테와 깔때기가 장치된 주머니 그물이 없다.
  ㉢ 대부망 : 대부망은 크게 길그물과 통그물로 구성되어 있으며, 해안으로부터 바깥쪽으로 길게 뻗친 길그물로써 어군의 자연적인 통로를 차단하여, 길그물의 바깥쪽 끝에 설치된 통그물로 유도하여 잡는 것이다.
  ㉣ 대모망 : 대부망의 단점을 개선하여 어군이 들어가기도 어렵지만 되돌아 나오기도 어렵도록 한 것이다.
④ 정치망 : 보통은 그 중 유도함정어법을 쓰는 것만을 뜻한다. 어구를 일정한 장소에 일정기간 부설해 두고 어획하는 어구 · 어법이며, 단번에 대량어획하는 데 쓰인다. 연안의 얕은 곳(대략 수심 50m 이하)에서만 쓴다.
⑤ 자망(걸거물) : 배드민턴 네트 모양의 그물을 물속에 수직으로 길게 쳐 놓아 지나다니는 물고기가 그물코에 걸리거나 말려들도록 하는 그물, 그물코의 크기는 대상물의 아가미 둘레의 크기와 거의 일치해야 하며, 대상물의 유영층에 따라 그물을 펼쳐야 하므로 사용 깊이에 따라 표층걸그물, 중층걸그물, 저층걸그물로 분류된다.
⑥ 유자망, 흘림걸그물 : 수건 모양의 그물을 수면에 수직으로 펼쳐서 조류를 따라 흘려보내면서 대상물이 그물코에 꽂히게 하여 잡는 어구 · 어법

(3) 걸그물 어구와 어법
① 걸그물(자망) 어구 : 긴 사각형의 어구로 어군이 헤엄쳐 다니는 곳에 수직 방향으로 펼쳐 두고 지나가는 어류가 그물코에 꽂히게 하여 잡는 방법
② 걸그물 어법의 종류

어획하는 수층에 따라	표층 걸그물, 중층 걸그물, 저층 걸그물
어구 사용 방법에 따라	고정 걸그물, 흘림 걸그물(유자망 산업용 일반화), 두릿 걸그물(선자망)

(4) 두릿그물 어구와 어법

① 두릿그물(선망) 어구 : 표층이나 중층에 모여 있는 어군을 긴 수건 모양의 그물로 둘러싸서 가둔 다음, 그물의 포위 범위를 좁혀서 잡는 방법
　㉠ 군집성이 큰 어류에 대량 어획에 효과적이어서 세계적 널리 이용
　㉡ 집어등 이용하여 밀집 후 어획
② 한척하면 외두리 선망, 두척이면 쌍두리 선망이다.
③ 선망의 대표적인 어류는 전갱이(근해), 다랑어(원양), 고등어(근해) 등이 있다.

(5) 들그물 어구와 어법

① 들그물(부망) 어법 : 수면 아래에 그물을 펼쳐 두고 어군을 그물 위로 유인한 후 그물을 들어 올려서 잡는 어법
② 들그물 어법의 종류 : 꽁치 봉수망(산업적 보편화 동해안, 북태평양), 숭어 들망, 멸치 들망, 자리돔 들망 등은 연안의 소규모 어업에서 이용된다.

(6) 후릿그물 어구와 어법

① 후릿그물(인기망) 어법 : 자루의 양쪽에 긴 날개가 있고 그 끝에 끌줄이 달린 그물을 멀리 투망해 놓고 지나 배에서 끌줄을 오므리면서 끌어당겨서 어획하는 방법 후릿그물은 소규모 재래식에 해당한다.
② 후릿그물 어법의 종류

후리	표층 어족을 주대상 : 갓후리(육지), 배후리(배) → 기선권현망으로 발전
방	저층 어족을 주대상 : 손방 → 외끌이 기선 저인망으로 발전

(7) 끌그물(자루그물+날개그물) 어구와 어법

① 끌그물그물(예망) 어법 : 한 척 또는 두 척의 어선이 일정 시간 동안 어구를 끌고 이동하여 어획하는 방법(적극적, 공격적, 기계적)인 형태, 끌그물 어법은 다른 어느 어법보다도 어획성능이 우수하고 산업적으로 중요하고 규모가 큰 어구가 많다.
② 끌그물 어법의 종류

기선권현망 어법	연안의 표층 부근을 유영하는 남해안 멸치를 잡는 어법
쌍끌이 기선 저인망 어법	2척의 배로 끌줄을 끌어서 조업하는 어법(대표적인 저인망 어법)
트롤 어법 (끌그물 중 가장 발달한 어법)	그물 어구의 입구를 수평 방향으로 벌리게 하는 전개판(otter board)을 사용하여 한 척의 배로 조업하는 어법

(8) 트롤 어법

① 어망 입구가 넓고 앞부리가 뾰족한 화살촉 같은 형상의 트롤망을 일단의 배들로 잡아당기는 저인망 어법으로 현재는 심해 트롤, 원양의 표층, 중층 트롤로 새우나 크릴 잡이에 사용된다.
② 트롤 어법 : 해황이 거칠고 수심이 깊은 바다에서 장기간 조업 가능, 선내에서 어획물의 완전 처리, 가공

끌그물 어법의 발달 단계
범선 저인망 → 쌍끌이 기선 저인망 → 빔 트롤 → 오터 트롤

[제2절] 어구의 재료와 구성

1. 낚기 어구 재료

낚시, 낚싯줄, 낚싯대, 미끼, 뜸, 발돌 등

(1) 낚시

① 낚시의 크기와 모양을 다르게 하는 요인
  ㉠ 어획 대상물의 종류
  ㉡ 몸집의 크기
  ㉢ 입의 크기
  ㉣ 이빨의 세기
  ㉤ 활동력의 정도
  ㉥ 감각의 발달 정도
  ㉦ 식성
② 낚시의 규격
  ㉠ 굵은 것 : 무게로 '몇 그램짜리'
  ㉡ 보통의 것 : 뻗친 길이로 몇 mm 또는 mm의 1/3에 해당하는 값으로 '몇 호'

(2) 낚싯줄

보통은 투명하고 가는 힘줄
① 이빨이 날카로운 어류를 낚을 때 : 낚시가 달리는 부분에 철사나 와이어 사용
② 힘줄의 규격 : 길이 40m의 무게가 몇 그램인지에 따라 호수로 표시

(3) 낚싯대

낚시를 빨리 들어 올리고 위치를 옮기기 쉽게 하는 것(장점)

① 고기의 떨어짐 방지와 고기의 활동력을 억제하여 낚아 올리기 쉽게 한다.
② 낚싯대의 구비조건
　㉠ 곧고 가벼워야 한다.
　㉡ 탄력성이 우수
　㉢ 밑동에서 끝까지 고르게 가늘어야 한다.
　㉣ 고르게 휘어야 한다.

(4) 미끼

대상물이 즐겨 먹어야 하고, 구입이 쉽고, 장기간 저장이 가능한 것이 좋다.

미끼의 예
오징어 미끼 : 오징어살, 장어 미끼 : 멸치, 다랑어류와 상어류 미끼 : 꽁치 가다랑어 미끼 : 산멸치, 어종에 따라서는 가짜 미끼 사용

(5) 뜸과 발돌

① 뜸 : 낚시를 일정한 깊이에 드리워지도록 하는 것
② 발돌 : 낚시를 빨리 물속에 가라앉게 하고 원하는 깊이에 머물게 하는 것

2. 낚기 어구 구성

(1) 목줄매기

① 낚시 목줄매기 요령
　㉠ 매기 쉬울 것
　㉡ 매듭이 작고 쉽게 풀리지 않을 것
　㉢ 낚시가 빠지지 않도록 맨다.
② 오징어 낚시 : 연속적으로 여러 개가 매어 있는 경우 단단히 매야 한다.

(2) 낚싯줄 잇는 방법

면사	막매듭
나일론실	겹막 매듭, 도래매듭, 장고 매듭, 겹장고 매듭

3. 그물 어구 재료

그물실, 그물감, 줄, 뜸, 발돌 등

(1) 그물실

① 그물실의 구비조건
　　㉠ 질기고 굵기가 고를 것
　　㉡ 썩지 않을 것
　　㉢ 마찰에 잘 견딜 것
　　㉣ 탄력성이 있고, 늘어나도 쉽게 회복될 것
② 그물실의 재료
　　㉠ 과거 : 천연섬유(면사, 삼, 짚 등)
　　㉡ 현재 : 합성섬유(나일론, 비닐론, 폴리에틸렌 등)
③ 합성섬유의 장단점

장점	잘 썩지 않고, 굵기나 길이 및 단면의 모양과 색깔 등 인공적 조절이 쉽다.
단점	햇볕의 노출에 약하다.

(2) 그물감

마름모꼴의 그물코가 연속 된 것, 하나의 그물코는 4개의 발과 4개의 매듭

① 그물감의 종류

매듭이 있는 그물감 (결절망지)	*참매듭 : 수공 편망 용이, 매듭이 잘 미끄러짐, 최근 잘 사용 안함 *막매듭 : 기계 편망용이, 잘 미끄러지지 않음. 대부분의 그물감에 사용, 물의 저항이 크다(단점).
매듭이 없는 그물감 (무 결절 망지)	*엮은 그물감 : 모기장처럼 씨줄과 날줄을 교차시켜 가며 짠 것 *여자 그물감 : 씨줄과 날줄을 2가닥으로 꼬아가며 일정 간격으로 서로 얽어 직사각형이 되게 짠 것 *관통 그물감 : 실을 꼬아 가며 일정 간격마다 서로 맞물리게 하여 짠 것 *라셀 그물감 : 일정한 굵기의 실로써 뜨개질하는 형식으로 짠 것

※ 참매듭 : 편망 과정에서 힘이 고루 미치지 않으면 잘 미끄러짐, 다만 정치망의 길그물에만 쓰인다.

② 매듭이 없는 그물감의 장단점

장점	* 편망 재료가 적게 든다. * 물의 저항이 적다.
단점	* 한 개의 발이 끊어졌을 때, 이웃의 매듭이 잘 풀린다. * 수선이 어렵다.

③ 그물코의 크기

그물코의 크기를 나타내는 방법
* 그물코의 뻗친 길이로 표시하는 방법 : 한 그물코의 양 끝 매듭의 중심 사이 길이, 단위 : mm
* 일정 길이 안의 매듭의 수로 표시하는 방법[관습적으로 사용] : 5치(15.15cm) 안의 매듭의 수를 '몇 절'이라고 표시
* 일정 폭 안의 씨줄의 수로 표시하는 방법 : 여자 그물감의 약 50cm 폭 안의 씨줄의 수로 몇 경이라고 표시
* 1개의 발의 길이로 표시하는 방법[그물코의 뻗친 길이 표시] : 그물코 한 개의 발의 양쪽 끝 매듭의 중심 사이를 잰 길이
기선 권현망의 오비기 그물코, 정치망의 길그물이 발의 길이가 아주 길다.
* 그물코의 안지름을 측정 하는 것은 아주 작은 그물코를 나타낼 때

(3) 줄

① 그물 어구의 뼈대를 형성하거나 힘이 많이 미치는 곳에 사용.
② 그물감의 크기 단위 1·필 : 그물코의 크기에 관계없이 가로 100코 세로 100장대(151.5m)

(4) 뜸과 발돌

① 뜸 : 물 속 어구의 형상이나 위치를 일정하게 유지시키기 위하여 위쪽에 달아 뜨게 하는 것
② 발돌(추) : 아래쪽에 달아 가라앉게 하는 것

4. 그물 어구 구성

(1) 그물 가장자리(마함)의 구성

절단된 가장자리의 코는 풀리기 쉬우므로 원래의 그물실과 같거나 조금 굵은 실로 마지막 코에 덮코를 붙인 것을 마함이라 한다.(덮코 마고)

(2) 보호망

가장자리에 원살의 그물 실보다 굵은 실로 몇 코 더 떠서 붙이는 것

(3) 그물감 붙이기

① 기워붙이기 : 그물을 분리할 필요가 없을 때에 수공 편망법에 따라 접합부에 완전한 그물코가 형성되게 붙이는 방법
② 항쳐붙이기 : 그물을 분리할 필요가 있을 때에 떼어 내기 쉽도록 얽어매어 붙이는 방법

(4) 그물감의 주름주기

그물을 구성할 때에는 그물감을 길이보다 짧은 줄에 달아 그물코가 벌어지게 하는 것

① 주름 = 그물감의 뻗친 길이 − 줄의 길이
② 주름률[관습적으로 많이 사용] = 주름 ÷ 그물감의 뻗친 길이
③ 성형률[이론적으로 성형률 사용이 편리하다] = 줄 길이 ÷ 그물감의 뻗친 길이

(5) 그물실의 연소에 의한 감별법

① 그물실의 섬유를 감별하는 방법 : 태워서(연소) 감별하는 방법, 화학 약품에 대한 용해성 판단, 염료에 대한 색깔 반응 등 다양한 방법이 있으나 가장 간단한 방법은 태워서 관찰하는 방법이다.
② 나일론 : 태우면 약간 타지만 불꽃을 떼면 곧 꺼진다. 타면서 특이한 악취가 난다. 타고 나면 검은 덩어리가 남고, 식으면 더욱 단단해 진다.
③ 비닐론 : 태우면 오므라들면서 조금 타지만 불꽃을 떼면 잘 타지 않는다. 타고 나면 흑갈색의 덩어리가 남는데 나일론 보다는 다소 무르다.
④ 아크릴 : 오므라들면서 약간타고, 타고 남은 재는 흑갈색의 덩어리로 단단하다.
⑤ 폴리에스테르 : 녹아서 둥글어지고, 쉽게 타지 않으며, 다소 향기 있는 냄새가 난다. 타고 남은 재는 흑갈색의 덩어리로 약간 무르다.
⑥ 폴리에틸렌 : 불꽃 속에서 잘 타지 않으며, 오므라들지도 않고, 다소 특이한 냄새가 난다. 타고 남은 재는 원색의 덩어리로 단단하다.

제 3 장 어업기기와 주요 어업

[제1절] 어업기기

1. 어군 탐지 장치

(1) 어군 탐지기

해저의 형태와 수심, 어군의 존재 여부와 위치 등에 관한 정보를 알아내는 기기 → 수직 방향의 어군을 주로 탐지

① 어군 탐지기의 기본 구성 : 발진기, 송수파기, 증폭기, 지시기

발진기	단속적인 초음파 신호(펄스 신호)를 발생시키는 장치
송파기	발진기에서 발생된 펄스 신호(pulse signal)를 수중으로 발사하는 장치(선저에 위치)
수파기	수중의 물체로부터 반사 신호를 수신하는 장치(선저에 위치)
증폭기	수파기에 수신된 미약한 반사 신호를 증폭시키는 장치
지시기	반사 신호를 연속적으로 기록하거나 영상으로 나타내기 위한 장치

② 음파와 초음파 신호

음파	가청음파 : 주파수가 20kHz 이하로 사람이 들을 수 있는 음파
	초음파 : 20kHz 이상으로 사람이 들을 수 없는 음파 ＊어군 탐지기에 널리 사용하는 음파의 주파수 범위 : 28kHz~200kHz

(2) 소나(sonar)
① 수평 방향의 어군을 주로 탐지, 즉 전후, 좌우 탐지
② 어군 탐지가나 소나는 초음파를 이용하는데 초음파는 직진선, 등속성, 반사성의 특성이 있다.
③ 초음파 신호 : 펄스 신호의 충격파로서 극히 짧은 시간에 발생시킨 신호파

(3) 어군 탐지기의 종류
① 지시 방식에 따라
　㉠ 기록지 방식 : 일정한 속도로 회전하는 벨트에 부착된 기록 펜이 기록지에 반사 신호를 기록해 가는 방식
　㉡ 영상 지시 방식 : 반사 신호를 브라운관에 흑백 또는 칼라 영상으로 나타내는 것
② 초음파 신호의 발사 방향에 따라
　㉠ 수직 어군 탐지기 : 어군 탐지기[일반적인 어군 탐지기는 수직 어군 탐지를 말한다.]
　㉡ 수평 어군 탐지기 : 소나

(4) 어군 탐지기의 기록 판독
자갈과 같이 단단한 저질은 음파가 강하게 반사하여 펄의 기록보다 선명하다. 펄과 같이 부드러운 지질은 약하게 반사한다. 펄의 경우는 초음파가 어느 정도 깊이의 펄 속까지 전파하여 반사하므로 자갈의 경우보다 해저의 기록 폭이 두껍게 나타난다.

2. 어구의 전개 상태 감시장치

어구의 전개 상태 감시장치
＊네트 리코더 : 입망되는 어군의양, 해저와 어구와의 **상대적 위치**, 트롤 어구 입구의 전개상태 등을 알 수 있는 기기 ＊전개판 감시 장치 : 트롤 어구에서 양쪽 전개판 사이의 간격 측정 ＊네트 존데 : 선망(두릿그물) 어선에서 그물이 가라앉는 상태를 감시하는 장치

3. 어구 조작용 기계장치

(1) 어구 조작용 기계장치

양승기, 양망기, 사이드 드럼, 트롤 윈치 등

① 양승기 : 연승(주낙) 어구의 모릿줄을 감아올리기 위한 기계 장치 - 다랑어 연승용의 양승기(가장 발달한 것)
② 양망기
　㉠ 그물 어구를 감아올리는 기계 장치
　㉡ 산업적으로 널리 쓰이는 양망기 : 선망용, 걸그물용, 기선권현망용(멸치잡이)
③ 사이드 드럼(side drum) : 여러 종류의 줄을 감아올리는 기계장치
　㉠ 보통 기관실 벽의 좌우에 한 개씩 장치
　㉡ 소형의 연근해 어선에 널리 사용
　㉢ 기선 저인망 어선은 끌줄이나 후릿줄을 감아들이는 데 중요한 장치
④ 트롤 윈치(trawl winch) : 트롤 어구의 끌줄을 감아들이기 위하여 설비되는 기계장치
　㉠ 줄을 감아들이는 2개의 주드럼이 좌우현 양쪽에 각각 1개씩 있다.
　㉡ 주드럼 앞쪽에는 와이어 리더 장치가 있다.
　㉢ 와이어 리더(wire leader) : 로프가 드럼에 질서 정연하게 감기게 하는 역할
　㉣ 수중의 정보수집에 쓰이는 것 : 어군 탐지기, 소나, 네트리코더, 네트 존데
　㉤ 어구 조작에 쓰이는 것 : 각종 권양기, 양승기, 양망기, 트롤윈치, 쥠줄, 윈치
　㉥ 양묘기 : 닻줄을 감아올리는 장치.
　㉦ 양하기 : 하역 물류를 감아올리는 기계
　㉧ 하역설비 : 양하기, 데릭 장치
　㉨ 자이로컴퍼스 : 물표의 방위를 자동으로 측정

[제2절] 주요 어업

1. 동해안 어업

(1) 동해안 어업의 특성

① 해저 지형이 급경사이고, 수심이 깊다.
② 계절에 따라 조경(해양 전선)이 형성된다. → 영양 염류 풍부, 플랑크톤 풍부 → 좋은 어장 형성
③ 한류 세력이 우세할 때 : 명태 어군이 남하 회유
④ 난류 세력이 우세할 때 : 오징어, 꽁치, 방어, 멸치 등의 어군 북상 회유

(2) 동해안의 대표적인 어업

오징어 채낚기 어업, 꽁치 자망(걸그물) 어업, 명태 주낙과 자망(걸그물) 어업, 게 통발어업, 방어 정치망 어업 등

오징어 채낚기 어업	오징어는 종류가 다양하고 생산량도 많다. 동해의 주어획 대상종은 살오징어, 겨울에 산란, 1년생 연체동물, 주어기 : 8~10월, 어획 적수온 : 10~18℃, 집어등으로 유집을 한 후 채낚기 어법으로 어획 ◆ 살오징어 : 낮에는 수심 깊은 곳에 있다가 밤에 수면가까이서 먹이를 먹는 활동이 활발해지는데 이 때 집어등으로 유집하여 잡는다.
꽁치 자망 어업	동해의 조경 부근에서 주로 봄에 산란, 어획 적수온 : 10~20℃, 어기 - 봄 어기와 겨울 어기(대부분 봄 어기에 어획), 흘림걸그물(유자망) 어법 이용
명태 어업	국민 식성에 맞아 옛부터 식용으로 애호, 어획 적수온 : 4~6℃, 한류성 어족, 산란장 : 북한의 동한만 일대, 주어기 : 겨울철이며 연중 어획, 절반은 주낙으로 나머지 절반은 자망과 기선 저인망으로 어획 ◆ 명태 : 겨울철 난류세력이 강할 때는 깊은 곳으로 잠기는 습성이 있다. 따라서 어군의 밀도가 큰 곳은 난류층 바로 아래의 수온약층부근이다. 노가리는 명태의 중간어이고 앵치라고 부르기도 한다.
방어 정치망 어업	회유성 어종으로 몸매가 매끈하고, 횟감으로 각광받는 어류, 가을 방어의 어획 적수온 : 14~16℃, 정치망 중의 규모가 큰 낙망으로 어획

우리나라에 서식하는 방어의 회유
* 근해에 서식하는 방어의 종류 : 방어, 부시리, 잿방어 * 방어는 계절에 따라 광범위하게 남북으로 회유함 * 봄 - 여름 : 북상 회유, 가을 - 겨울 : 남하 회유 * 회유 경로 : 연안에 가깝고, 해마다 거의 같은 시기와 위치에 나타남. 　방어는 어기가 늦을수록 남쪽으로 갈수록 어획적수온은 높아진다.

2. 서해안 어업

(1) 서해안 어업의 특성

① 한류가 없고, 해안선의 굴곡이 심하여 산란장의 적지가 많아 서식 어종이 다양
② 주요 어획 대상종 : 조기, 민어, 갈치, 넙치, 서대, 가오리, 새우 등
③ 인접 연안국 어선들의 조업 경쟁이 치열한 어장

(2) 서해안의 대표적 어업

안강망 어업, 선망과 걸그물 어업, 기선 저인망 어업 등

안강망 어업 (선체가 견고하고 복원력이 커야 한다.)	서해안의 대표적 어획종 : 조기 – 안강망으로 어획, 대형화되고 개량 발전하여 동중국해로 어장 확대. 대표적 어종 : 조기, 민어, 갈치
기선저인망, 트롤 어업	수심이 얕고 해저가 평탄하여 중층 → 저층 끌그물 어업에 적합, 저서 어족이 풍부하여 쌍끌이 기선 저인망과 트롤 어업 성행, 어획 대상 어류 : 조기, 민어, 가자미, 넙치, 갈치, 서대, 가오리, 새우 등 – 어획 대상 어류의 종류 매우 다양

서해안 어획물 중 국민식생활과 가장 밀접한 관계가 있는 것은 조기이다.

3. 남해안 어업

(1) 남해안 어업의 특성

① 동해안과 서해안의 중간 위치
② 바다 환경이 양호하여 어업 자원의 종류 다양
③ 주요 어획 대표종 : 멸치, 갈치, 고등어, 전갱이, 삼치 등
④ 그 밖의 대상종 : 조기, 돔류, 장어류, 방어, 가자미, 말쥐치 등 – 난류성 어족
⑤ 메기 – 한류성 어족

(2) 남해안의 대표적 어업

정치망, 기선 권현망, 기선 저인망, 자망, 선망, 통발 등으로 남해는 각종 어구와 어법이 행해지며 여러 가지 어업이 연중 지속적으로 행하여지는 어장이기도 하다.

기선 권현망 어업	멸치 어획에 주로 이용, 멸치는 맛이 국민 식성에 맞다. → 건제품, 젓갈로 가공이 쉬워 많이 애용, 연안성·난류성 어종으로 표·중층 사이에 무리를 지어 유영, 남해안에서 연중 어획, 어획 적수온 : 13~23℃, 주산란기 : 봄철, 주산란장 : 남해안 일대, 멸치 어획 방법 : 젓갈의 원료(어미 멸치) – 중층 유자망, 중간 크기 이하 – 기선권현망, 챗배, 들망, 정치망 등 * 가장 어획량이 많고 대규모의 것 → 기선 권현망
근해 선망 어업 (두릿그물)	고등어와 전갱이는 연안성·난류성 어종으로 표·중층 사이에서 군집 회유, 야간에 활발하고, 주광성이 강하다. 어획 적수온은 14~22℃, 주산란장은 제주도 남쪽의 동중국해, 근해 선망 어법으로 어획(고등어, 전갱이)

선망어법은 어업이 매우 정교하기 때문에 각종 계측 장비가 다양하며 조업 방법이 복잡하다.

① 챗배 : 길다란 채(막대기)를 가진 그물을 수면에 깔아 두었다가 고기가 들어간 후에 들어 올리는 것
② 들망 : 그물을 바다 밑에 깔아 두고 멸치의 주광성을 이용하여 집어등으로 집어한 것을 그물 위까지 유도한 다음 그물 실을 들어 올려 어획하는 것

4. 원양 어업

(1) 원양 어업이 진출해 있는 주요 어장과 업종

① 북태평양 : 명태 트롤 어업, 꽁치 봉수망 어업
② 남태평양 : 다랑어 연승 어업, 다랑어 선망 어업
③ 아프리카 근해 : 대서양 트롤 어업
④ 인도네시아와 뉴질랜드 근해 : 트롤 어업
⑤ 아르헨티나와 페루 근해 : 오징어 채낚기 어업

(2) 대표적 원양 어업

다랑어 연승 어업, 다랑어 선망 어업, 트롤 어업 등

(3) 다랑어 어업

① 열대성·대양성 어종, 고기맛이 뛰어나 일찍부터 '바다의 닭고기'라 불림
② 선진국 국민의 기호에 맞고 어가도 높다.
③ 우리나라 : 1960년대 초부터 본격적으로 진출
④ 연승 어업, 선망 어업이 발달

다랑어 연승 어업 1957년 인도양 시험 조업	최초로 해외 어장에 진출한 원양 어업, 1960년대와 1970년대에 중요 외화 획득 산업
다랑어 선망 어업 1971년 괌 섬 시험 조업	80년대 본격적으로 출어 군집성이 클 경우에 어획(가다랑어), 어군 탐색을 위해 최신 장비와 헬리콥터 동원, 어법 중 가장 기술 집약적인 것. 현재 가장 활달한 원양 어업의 하나

㉠ 연승어업 모릿줄 : 수평방향으로 뻗치는 모릿줄
㉡ 아릿줄 : 수직 방향으로 드리운다. 어획성능은 어군의 유영층과 낚시의 깊이를 얼마만큼 잘 맞추느냐에 좌우된다.

(4) 트롤 어업

저서 어족을 한꺼번에 대량 어획할 수 있는 가장 효율적이고 적극적인 어법
① 트롤 어선은 가장 대형선이고, 단독 조업하면서 어획물을 즉시 가공할 수 있는 설비 갖춤
② 1960년대 후반 선미식 트롤선 도입 → 북태평양의 명태 트롤 어업 진출
③ 세계 여러 어장에서 트롤 어선단이 조업 중이며, 기술 수준도 지도적인 단계
④ 어획물을 선내에서 처리하거나 가공함[선미식] → 공선식 트롤선

(5) 그 밖의 원양 어업

① 뉴질랜드 근해, 남미 어장 : 오징어 채낚기 어업

② 일본 동북부 해역, 꽁치 봉수망 어업 : 식용 및 다랑어 연승 미끼로 이용
③ 남빙양 : 크릴새우의 어획으로 식량화 연구

5. 어획물의 선상 처리
① 어획물의 가격과 선도에 의해 좌우
② 어획물에 대한 기본적인 처리 방법
    ㉠ 신속한 처리(사후 경직 시간을 연장)
    ㉡ 저온보관(미생물의 번식과 발육억제 냉장, 냉동)
    ㉢ 정결한 취급(어체 표면의 손상방지 세균 제거)
③ 선상에서 선도를 좋은 상태로 유지하기 위한 주의사항
    ㉠ 어종과 크기에 따른 구분 처리
    ㉡ 고급 어종은 즉살과 내장 제거
    ㉢ 어종별 적합한 고기 상자에 담기
    ㉣ 신속한 양륙작업

6. 어업방법

(1) 오징어 낚기 어법
롤러 낚시를 자동으로 내리고 감아올리는 자동 조획기가 많이 보급되어 있다.

(2) 어업 기기
집어등, 물돛, 어군 탐지기 등이 있다.

(3) 안강망 어법
펄이 깊은 어장에서 큰 파주력을 가진 닻과 유체 저항이 큰 어구를 투양망해야 하므로, 선체가 견고한 복원력이 커야 한다.

(4) 기선권현망 어법
한 개 선단은 망선(끌배) 2척, 어탐선 1척, 가공선 1척, 운반선 2척과 보조선 1척으로 구성된다. 망선은 주된 어선으로서, 크기는 40톤 미만으로 제한된다. 어획된 멸치를 삶아서 가공하는 설비를 갖추고 있다.

(5) 근해 선망 어업
한 개 선단은 망선(본선) 1척과 집어선(불배) 2척, 2~3척의 운반선으로 구성된다. 집어선은 어군 탐색하고, 집어등을 사용하여 어군을 집어하며, 망선의 어로 작업을 돕기도 한다.

[제3절] 미래어업

1. 자원관리형 어업

(1) 수산자원의 관리방법

자원량 자체를 적정 수준으로 유지하고, 그 자원을 지속적·합리적으로 이용할 수 있도록 하는 것

직접적 방법	자원의 번식 조장 시설을 하는 것 : 인공 어초 투입, 인공 종묘의 방류, 인공 수정란 방류
간접적 방법	어업 행위의 제한 및 금지, 해양 환경의 정화

(2) 자원관리형 어업

어업의 균형발전과 자원보호를 목적으로 개인의 어업활동을 일정 범위 안에서 통제하고 관리하는 제도로 자원관리형 어업은 자원을 일정한 수준 이상으로 유지하면서 지속적인 어업활동을 한다는 것을 전제로 하여 출발하고 있다.

① 어업자원의 합리적 관리를 위한 규제사항
  ㉠ 어선이나 어구의 수와 규모 제한
  ㉡ 어장 및 어기의 제한
  ㉢ 어획물 크기와 그물코 크기의 제한
  ㉣ 어획량의 제한

② 자원관리형 어업의 유형

자원 관리형	직접적인 자원 보호를 목적으로 하는 것(치어 남획방지 산란기 어획금지, 산란장보호, 인공종묘 방류, 일정 크기 이상 어획
어장 관리형	어장의 이용 방식을 개선하는 것(윤번제, 전체 어획량 조정)
어가 유지형	어선별 어획량의 조절 등으로 어가를 유지하는 것(어선별 어획 할당제, 풀제에 의한 어가 유지)

  ㉠ 자원관리형 : 가장 일반적인 자원관리 형태로 치어의 남획방지, 일정한 크기 이상의 것만을 어획
  ㉡ 재생산 자원관리형 : 산란기 성어의 어획을 금지하거나 산란장을 보호하여 자원 증대를 도모하려는 어업 관리형태
  ㉢ 증식 자원관리형 : 어패류의 인공 종묘를 다량으로 방류하여 어업자원을 늘리고 어획의 증대를 도모하려는 관리형이다.

(3) 기르는 어업

산업적으로 중요한 어패류의 종묘를 생산하여 일정 크기까지 인위적으로 성장시켜 어획

하는 것
① 어장 축소로 인한 어업생산량 감소에 따른 대응책
② 수산물의 안정적 공급과 환경 친화적 어업생산 방식
③ 넓은 의미로 양식업도 포함함
④ 기르는 어업을 위한 종묘생산
　㉠ 천연종묘 : 바다에서 성장한 치어를 직접 포획하여 종묘로 사육하는 것
　㉡ 인공종묘 : 인공적으로 부화하여 종묘로 사육하는 것
⑤ 어항시설 : 해양수산부장관이 관리하는 제1종·제3종, 시장·도지사가 관리하는 제2종 어항
　㉠ 제1종 어항 : 어선의 이용 범위가 전국적인 어항
　㉡ 제2종 어항 : 어선의 이용 범위가 지역적인 어항
　㉢ 제3종 어항 : 도서 벽지에 소재하여 어장의 개발, 어선의 대피에 필요한 어항

2. 어업정보의 이용

(1) 어업정보의 종류

어업정보	환경정보	자연 환경정보	해상정보, 기상정보, 지상정보
		사회 환경정보	경제정보, 사회정보, 기술정보
	자원정보	대상 자원정보	자원생물, 어기, 어장
		비대상 자원정보	먹이생물, 플랑크톤, 해적

어업의 생산 활동에 가장 많이 이용되는 것은 자연 환경 정보, 자원 정보이다.

(2) 인공위성 정보의 이용
① 현재 어업에 이용하기에 가장 적합한 위성은 미국의 NOAA이다.
② NOAA-10, NOAA-11호에서 수신된 해면 수온정보를 분석하여 해황, 어황예보에 활용
③ 위성정보 수신장치가 보급된 어선은 이 정보를 어업에 활용

(3) 어업 데이터베이스화와 이용 전망
어황속보, 해황어황 월보 등의 예보와 각종 어획 통계 등의 자료들을 컴퓨터를 이용하여 데이터베이스화 해놓으면, 이용 목적에 따라 필요한 데이터를 검색하여 효율적으로 활용

(4) 미래 어업정보의 활용
① 생산에서 판매까지의 전 과정에 대한 정보 취급
② 미래 어업정보 활용은 어장 탐색, 안전조업 정보, 해난사고 예방정보, 수산물 유통정보 등의 복합적인 체제의 구축과 활용이 필요하다.

제 4 장 어획물 처리

[제1절] 어패육의 성분조성

1. 수 분
① 결합수 : 다른 성분과 강하게 결합하고 있어 증발, 동결하기 어렵다.
② 자유수 : 각종 수용성 성분을 잘 녹이고 증발, 동결하기 쉽다.
  백색육(80%) > 적색육(70~75%)

2. 단백질
① 근원섬유 단백질 : 어육성분의 약 60% 차지, 화학적·물리적으로 불안정하므로 수산가공에서 중요시된다.
② 근형질 단백질 : 안정된 단백질이지만, 함유량에 따라 조직의 유연성이 달라지므로 품질평가의 중요한 요소가 된다.

3. 지 질
회유성 적색육어류(고등어, 정어리) 등에 많으며 심해성어족인 대구, 명태, 상어 등에는 간장에 많다.

4. 탄수화물
수산동물의 대부분이 다당류에 속하는 글리코겐을 가지고 있고, 패류나 성게의 생식선에 특히 많다.

5. 회 분

6. 엑스성분
어패육의 온수 가용성 성분 중 단백질과 지질을 제외한 유기물로서 주로 맛성분이 포함되어 있다.

[제2절] 어패류의 사후변화

선도유지는 사후경직시간을 연장시키는 것이다.
사망 → 사후경직 → 해경 → 자가소화

1. 자가소화

① 자가소화 후 최종 생성물은 아미노산이며, 적색육어류가 백색육 어류(가자미, 넙치, 도미)보다 빨리 일어난다.
② 자가소화가 가장 잘 일어나는 어체의 온도 해산어(40~50℃), 담수어(20~30℃)이므로 어체의 온도를 낮추어 주는 것이 자가소화를 늦추는 방법이며, 식염에 의해서도 어느 정도 늦추어지고, 산성보다는 알칼리성일 때 덜 일어난다.

2. 부패를 늦추는 방법

① 세척
② 아가미와 내장의 제거
③ 염장처리
④ 빙초산처리
⑤ 저온 저장(수빙, 빙장, 냉장, 냉동)
⑥ 가열
⑦ 화학처리(방부제)

3. 즉살 후 어체에서 삐뽑기를 할 때 삐뽑기에 쓰이는 물의 온도

고기가 서식하던 환경수보다 2~3℃ 낮은 온도

4. 저 장

(1) 상자담기

① 등세우기법 : 횟감용 고급어종, 10일 이내 양륙될 어획물
② 배세우기법 : 가공원료용 어종, 10일 이상 수용할 어획물

(2) 어육의 완전동결온도(공정점)

−60℃

(3) 빙온저장 온도

−2℃ ~ 2℃

(4) 빙장(30일, 최대 40일)

수빙법, 냉각해수침지법, 빙장법
① 빙장시 사용되는 얼음의 양 : 어체 무게의 25%
② 빙장시 사용되는 얼음의 종류

㉠ 캔아이스(덩어리얼음)
㉡ 쇄빙, 팩 아이스(유빙), 플레이크 아이스(편빙)
③ 빙장시 실제 필요량
㉠ 겨울철 : 1일(어체 중량의 1/5), 3일(1/5)
㉡ 여름철 : 1일(1배), 2일(1.5배), 3일(2배)
④ 고급어종은 황산지에 싸서 빙장한다.

(5) 냉장(1개월)
공기를 0℃ 이하로 냉각하여 어획물을 저장

(6) 동결저장(6개월)
① 전처리 : 수세, 두부나 내장절개, 피뽑기, 어체절단, 산화방지
② 동결 : -18℃ 이하로 급속동결
③ 글레이징 : -15℃까지 동결한 어체를 -5~-10℃의 실온에서 1~4℃의 청수나 -1~0℃의 해수속에 3~6초 정도 담갔다 꺼내 어체에 얼음막을 입히는 과정으로 2~3회 반복 실시한다.
④ 동결냉장 : 글레이징이 끝나면 가급적 변동이 없는 낮은 온도에서 보관(어체 중심부 온도 15℃)

(7) 어획물의 냉동처리 형태
① 라운드 : 어획된 상태로 냉동처리(다랑어선망, 꽁치봉수망에서는 전량, 트롤은 일부 고급, 소형어종에 대하여 실시)
② 세미드레스 : 아가마와 내장 제거(횟감용 다랑어)
③ 드레스
㉠ 두부와 내장제거
㉡ 펜드레스 : 두부, 내장, 꼬리, 지느러미 제거
④ 필렛 : 육편만 발라낸 것
㉠ 스킨리스 : 육편에서 껍질까지 제거한 것
㉡ 로인(Loin) : 삶은 후 껍질, 혈압육, 뼈를 제거한 육편
⑤ 세균성 식중독 : 보툴리누스균(7℃ 이하 증식 안함), 비브리오균(10℃ 이하 증식 안함)
⑥ 자연독에 의한 식중독 : 사과테라, 테트로도톡신(복어), 삭시톡신(패류독) 등

기출 및 예상문제

01 어업방법에 관한 설명으로 옳지 않은 것은?
① 트롤 어법은 보트가 주머니 모양의 그물을 당겨 물고기들을 그물의 입구로 몰아넣는 방식이다.
② 저서성 어업에서 널리 사용되는 그물은 외끌이 기선 저인망이다.
③ 연안에서 참치를 잡을 때는 주낙을 떠내려보내는 방법이 사용된다.
④ 낙망 어법은 일반인들이 친숙한 방법이다.

 흘림걸그물(유자망) 어법이 있는데, 긴 열의 그물조각들을 고정하거나 떠내려가게 한 뒤 물고기들의 위쪽으로 불빛을 비춰 이들을 유인한다. 그후 그물을 들어올리면 물고기들은 아래쪽으로부터 그물에 에워싸여 물 밖으로 나오게 된 줄낚기 어법은 낚시 바늘과 줄로 고기를 잡는, 일반인들이 친숙한 방법이다.

02 다음에서 설명하는 어업은? 2020년 기출

○ 끌그물 어법에 속하며 한 척의 어선으로 조업한다.
○ 어구의 입구를 수평방향으로 벌리게 하는 전개판(otter board)을 사용한다.

① 선망
② 자망
③ 봉수망
④ 트롤

 트롤 어법은 보트가 주머니 모양의 그물을 당겨 물고기들을 그물의 입구로 몰아넣는 방식이다.

03 끌그물 어법이 아닌 것은? 2021년 기출
① 트롤
② 봉수망
③ 기선저인망
④ 기선권현망

정답 01. ④ 02. ④ 03. ②

끌그물 어법의 종류

기선권현망 어법	연안의 표층 부근을 유영하는 남해안 멸치를 잡는 어법
쌍끌이 기선 저인망 어법	2척의 배로 끌줄을 끌어서 조업하는 어법(대표적인 저인망 어법)
트롤 어법 (끌그물 중 가장 발달한 어법)	그물 어구의 입구를 수평 방향으로 벌리게 하는 전개판(otter board)을 사용하여 한 척의 배로 조업하는 어법

04 다음에서 설명하는 어업은? 2021년 기출

> 조류가 빠른 곳에서 어구를 고정하여 설치해 두고, 강한 조류에 의하여 물고기가 강제로 어구 속으로 들어가도록 하는 강제 함정 어법이다.

① 안강망 어업 ② 근해선망 어업
③ 기선권현망 어업 ④ 꽁치걸그물 어업

 물의 흐름이 빠른 곳에 어구를 고정하여 설치해 두고, 어군이 강한 조류에 밀려 강제적으로 자루그물에 들어가게 하여 어획하는 어법은 안강망 어업이다.

05 서로 다른 2개의 해류가 접하고 있는 경계에서 주로 형성되는 어장은? 2021년 기출

① 조경 어장 ② 용승 어장
③ 와류 어장 ④ 대륙붕 어장

 조경 어장은 특성이 서로 다른 2개의 해수덩어리 또는 해류가 서로 접하고 있는 경계에서 주로 형성되는 어장이다.

06 다음과 관련이 있는 어구는?

> 막대 끝에 작은 자루 모양의 그물을 달아 채로 건지듯이 잡는 어구이다.

① 들그물류 ② 채그물
③ 함정류 ④ 걸그물류

 채그물 : 막대 끝에 작은 자루 모양의 그물을 달아 채로 건지듯이 잡는 어구이다. 대개는 천렵용으로 쓰인다.

정답 04. ① 05. ① 06. ②

07 나무, 대오리 등을 엮어 만들며 고기가 들어와 빠져나갈 수 없게 만든 함정 어구는?
① 긁개류 ② 작살류
③ 발통류 ④ 집게류

 발통류 : 나무·대오리 등을 엮어 만들며 고기가 들어와 빠져나갈 수 없게 만든 함정 어구이다.

08 어장에 관한 설명으로 옳지 않은 것은?
① 서해어장은 수심이 200m 이상으로 깊어지고 해저는 급경사를 이룬다.
② 대상 생물의 경제적 가치가 높아야 한다.
③ 대상 생물의 양이 풍부해야 한다.
④ 어업이 일정 기간 동안 계속적으로 이루어지는 수역이다.

 동해어장은 수심이 200m 이상으로 깊어지고 해저는 급경사를 이루나, 서해어장은 전체가 대륙붕으로 이루어져 있으며, 간석지가 발달하여 양식업이 활발하다.

09 새우, 젓새우, 꽃게 등의 갑각류가 주로 서식하는 어장은?
① 동해어장 ② 남해어장
③ 서해어장 ④ 남지나해 어장

 서해어장은 전체가 대륙붕으로 이루어져 있어 새우, 젓새우, 꽃게 등의 갑각류가 주로 서식하고 있다.

10 어장의 환경요인 중 물리적 요인이 아닌 것은?
① 광선 ② 수온
③ 지형 ④ 영양염류

 영양염류는 화학적 요인에 해당한다.

정답 07. ③ 08. ① 09. ③ 10. ④

11 해상가두리 양식장의 환경 특성 중에서 물리적 요인을 모두 고른 것은? 2019년 기출

| ㉠ 해수 유동 | ㉡ 수온 | ㉢ 수소이온농도 |
| ㉣ 영양염류 | ㉤ 투명도 | ㉥ 병화수소 |

① ㉠, ㉡, ㉣
② ㉠, ㉡, ㉤
③ ㉡, ㉢, ㉥
④ ㉢, ㉣, ㉥

 물리적 요인 : 수온, 광선, 투명도, 바닷물의 유동, 지형 등

12 암반이 있는 곳에 주로 서식하는 어종이 아닌 것은?
① 꽃게
② 가자미
③ 소라
④ 전복

 암반이 있는 곳에 서식하는 종 : 꽃게, 새우, 전복, 소라 등

13 해삼의 유생 발달과정에 속하지 않는 것은? 2019년 기출
① 아우리쿨라리아(Auricularia)
② 태드폴(Tadpole)
③ 돌리올라리아(Doliolaria)
④ 포배기(Blastula)

 해삼의 유생 발달과정 : 아우리쿨라리아 → 돌리올라리아 → 펜타쿨라
태드폴(Tadpole)은 올챙이를 말한다.

14 용존 산소량에 관한 내용으로 옳지 않은 것은?
① 유기물이 많을수록 DO량은 감소한다.
② 염분이 낮을수록 DO량은 증가한다.
③ 수온이 낮을수록 DO량은 증가한다.
④ 저지대가 용존산소가 적다.

 용존 산소량의 변화
1. 수온이 낮을수록 DO량 증가
2. 염분이 낮을수록 DO량 증가
3. 유기물이 많을수록 DO량 감소
4. 기압이 높을수록 DO량 증가. 저지대가 용존산소가 많다.

정답 11. ② 12. ② 13. ② 14. ④

15 영양 염류의 분포에 관한 설명으로 옳지 않은 것은?
① 열대가 온대나 한대보다 많다.
② 외양역보다 연안역이 많다.
③ 여름철보다 겨울철이 많다.
④ 표층이 적고 수심이 깊어질수록 증가한다.

 영양 염류는 열대보다 온대나 한대가 많다.

16 통발어업을 통하여 어획하는 어종은?
① 문어   ② 오징어
③ 고등어   ④ 장어

 고등어 선망어업, 오징어 채낚기어업, 장어 통발어업, 게 통발어업, 문어 단지어업, 멸치 권현 망어업, 명태 트롤어업, 꽁치 봉수망어업, 다랑어 선망어업, 다랑어 연승어업

17 대상어족을 미끼로 유인하여 잡는 함정어구는?   2019년 기출
① 통발   ② 자망
③ 형망   ④ 문어단지

 통발은 어획 대상 생물을 어구 속으로 유인하고 함정에 빠뜨려 어획하는 방법으로 장어, 게, 새우 등을 어획한다.

18 집어등에 관한 설명으로 옳지 않은 것은?
① 넓은 지역의 어군을 모을 수 있다.
② 낮에만 사용가능하다.
③ 유인용 미끼가 필요 없다.
④ 달빛이 밝은 때는 효과 떨어진다.

 집어등은 밤에만 사용가능하다.

정답 15. ① 16. ④ 17. ① 18. ②

19 경제적 어획을 위한 과정으로 적합하지 않은 것은?
① 대상 생물의 행동양식을 알아낸다.
② 이들 행동양식에 알맞은 어법을 알아낸다.
③ 대형 어구만을 설계, 제작한다.
④ 그 어구의 특성을 살릴 수 있도록 조작해야 한다.

 어구는 그 어법에 알맞은 어구를 설계, 제작하여야 한다.

20 다음에서 설명하는 수산업 정보 시스템은?   2021년 기출

> 지리 공간 데이터를 분석·가공하여 교통·통신 등과 같은 지형 관련 분야에 활용할 수 있는 시스템이다.

① USN　　　　　　　　② SMS
③ GIS　　　　　　　　④ RFID

 GIS는 지역에서 수집한 각종 지리 정보를 수치화하여 컴퓨터에 입력·정보·처리하고, 이를 사용자의 요구에 따라 다양한 방법으로 분석·종합하여 제공하는 정보 처리 시스템을 말한다.

21 어군의 자연적인 통로를 차단하여 함정으로 유도하여 고기를 잡는 어법은?
① 안강망　　　　　　② 주목망
③ 죽방렴　　　　　　④ 정치망

 정치망 : 자리그물이라고도 하며 어군의 자연적인 통로를 차단하여 함정으로 유도하여 고기를 잡는 어법

22 조류의 흐름이 빠른 곳에서 조업하기에 적합한 강제함정 어구를 모두 고른 것은?
    2019년 기출

| ㉠ 채낚기 | ㉡ 죽방렴 | ㉢ 안강망 |
| ㉣ 낭장망 | ㉤ 통발 | ㉥ 자망 |

① ㉠, ㉡, ㉢　　　　　② ㉡, ㉢, ㉣
③ ㉢, ㉣, ㉥　　　　　④ ㉣, ㉤, ㉥

● 정답　19. ③　20. ③　21. ④　22. ②

강제함정어법 : 물의 흐름이 빠른 곳에 어구를 고정하여 설치해 두고, 어군이 강한 조류에 밀려 강제적으로 자루그물에 들어가게 하여 어획하는 어법
1. 죽방렴(고정어구)과 낭장망(이동어구) : 남·서해안에서 멸치나 조기잡이, 갈치의 어법
2. 주목망(고정어구) → 안강망(이동어구)으로 발전 : 서해안의 갈치, 조기잡이
3. 안강망 : 강제 함정어법 중 어획 성능이 가장 우수, 어장 이동 가능

23 함정어구·어법에 해당하지 않는 것은?   2020년 기출
① 쌍끌이기선저인망   ② 통발
③ 정치망   ④ 안강망

 함정어구·어법 : 통발, 죽방렴, 주목망, 안강망, 정치망, 낭장망 등

24 낚싯대의 구비조건으로 적절하지 않은 것은?
① 곧고 무거워야 한다.   ② 탄력성이 우수해야 한다.
③ 고르게 휘어야 한다.   ④ 밑동에서 끝까지 고르게 가늘어야 한다.

 낚싯대는 곧고 가벼워야 한다.

25 여러 종류의 줄을 감아올리는 기계장치는?
① 양승기   ② 양망기
③ 사이드 드럼   ④ 트롤 윈치

 사이드 드럼(side drum) : 여러 종류의 줄을 감아올리는 기계장치

26 어선 설비 중 항해 설비가 아닌 것은?   2021년 기출
① 컴퍼스   ② 양묘기
③ 레이더   ④ 측심의

 항해 설비 : 컴퍼스, 측정의, 측심의, 레이더, 항법장치 등

정답 23. ①   24. ①   25. ③   26. ②

27 동해안 어업의 특성으로 옳지 않은 것은?
① 해저 지형이 급경사이고, 수심이 깊다.
② 계절에 따라 조경이 형성된다.
③ 한류 세력이 우세할 때 방어, 멸치 어군이 남하한다.
④ 난류 세력이 우세할 때 오징어, 꽁치 등의 어군이 북상한다.

 동해안은 한류 세력이 우세할 때 명태 어군이 남하한다.

28 우리나라 동해안의 주요 어업을 모두 고른 것은?   2020년 기출

| ㉠ 붉은대게, 통발 어업 | ㉡ 조기, 안강망 어업 |
| ㉢ 대게, 자망 어업 | ㉣ 꽃게, 자망 어업 |

① ㉠, ㉡
② ㉠, ㉢
③ ㉡, ㉢
④ ㉡, ㉣

 붉은대게, 대게는 주로 동해안의 주요 어업이고 조기와 꽃게는 서해안의 주요 어종이다.

29 어획물의 선상처리에 관한 설명으로 옳지 않은 것은?
① 신속한 처리
② 상온보관
③ 정결한 취급
④ 신속한 양륙작업

 어획물을 선상처리할 경우 저온으로 보관하여야 한다.

30 우리나라 해역별 대표 어종과 어업 종류가 올바르게 연결된 것은?   2019년 기출
① 동해안 - 대게 - 근해안강망
② 서해안 - 조기 - 근해채낚기
③ 서해안 - 도루묵 - 근해자망
④ 남해안 - 멸치 - 기선권현망

 기선권현망 어법 : 한 개 선단은 망선(끌배) 2척, 어탐선 1척, 가공선 1척, 운반선 2척과 보조선 1척으로 구성된다. 망선은 주된 어선으로서 크기는 40톤 미만으로 제한된다. 어획된 멸치를 삶아서 가공하는 설비를 갖추고 있다.

정답 27. ③   28. ②   29. ②   30. ④

31 멸치를 어획할 때 주로 사용하는 어법은?

① 기선권현망 어법
② 낚기 어법
③ 근해 선망 어업
④ 안강망 어법

 기선권현망 어법 : 한 개 선단은 망선(끌배) 2척, 어탐선 1척, 가공선 1척, 운반선 2척과 보조선 1척으로 구성된다. 망선은 주된 어선으로서 크기는 40톤 미만으로 제한된다. 어획된 멸치를 삶아서 가공하는 설비를 갖추고 있다.

32 다음은 멸치에 관한 설명이다. ( )에 들어갈 내용을 순서대로 옳게 나열한 것은?　　　2020년 기출

> 우리나라에서 멸치는 건제품이나 젓갈 등으로 가공되며, 주 산란기는 ( )이고, 주 산란장은 ( ) 일대이며, ( )으로 가장 많이 어획된다.

① 봄, 동해안, 정치망
② 봄, 남해안, 기선권현망
③ 여름, 남해안, 죽방렴
④ 여름, 동해안, 안강망

 멸치의 주 산란기는 봄이고 주 산란장은 남해안 일대이며, 기선권현망(끌그물어업)으로 가장 많이 어획된다.

33 다음에서 설명하는 어업의 종류로서 옳은 것은?　　　2019년 기출

> 고등어를 주 어획대상으로 총톤수 50톤 이상인 1척의 동력선(본선)과 불배 2척, 운반선 2~3척, 총 5~6척으로 구성된 선단조업을 하며, 어획물은 운반선을 이용하여 대부분 부산공동어시장에 위반하는 근해어업의 한 종류이다.

① 대형트롤어업
② 대형선망어업
③ 근해통발어업
④ 근해자망어업

 대형선망어업은 본선뿐만 아니라 부속선으로 불배는 3척 이내로 제한하고 있고 운반선을 갖추고 선단조업을 한다. 기업적 어업으로 자본규모가 가장 큰 근해어업이다.

정답　31. ①　32. ②　33. ②

34 어업자원의 합리적 관리를 위한 규제사항이 아닌 것은?
① 어선이나 어구의 수와 규모 제한
② 어장 및 어기의 제한
③ 어획물 크기와 그물코 크기의 제한
④ 선원수의 제한

 어업자원의 합리적 관리를 위한 규제사항
1. 어선이나 어구의 수와 규모 제한
2. 어장 및 어기의 제한
3. 어획물 크기와 그물코 크기의 제한
4. 어획량의 제한

35 어선의 이용 범위가 전국적인 어항은?
① 제1종 어항
② 제2종 어항
③ 제3종 어항
④ 제4종 어항

 어항시설 : 해양수산부장관이 관리하는 제1종·제3종, 시장·도지사가 관리하는 제2종 어항
1. 제1종 어항 : 어선의 이용 범위가 전국적인 어항
2. 제2종 어항 : 어선의 이용 범위가 지역적인 어항
3. 제3종 어항 : 도서 벽지에 소재하여 어장의 개발, 어선의 대피에 필요한 어항

36 어패육의 성분에 관한 설명으로 옳지 않은 것은?
① 지질은 회유성 적색육어류인 고등어, 정어리 등에 많다.
② 탄수화물은 패류나 성게의 생식선에 특히 많다.
③ 근원섬유 단백질은 어육성분의 약 90% 차지한다.
④ 결합수는 다른 성분과 강하게 결합하고 있어 증발, 동결하기 어렵다.

 근원섬유 단백질은 어육성분의 약 60% 차지하고 화학적·물리적으로 불안정하므로 수산가공에서 중요시된다.

37 어패류의 부패를 늦추는 방법이 아닌 것은?
① 아가미와 내장의 제거
② 고온저장
③ 세척
④ 염장처리

 어패류의 부패를 늦추려면 저온저장해야 한다.

정답 34. ④ 35. ① 36. ③ 37. ②

제4편 선박운항

제 1 장 　배

1. 선박의 크기

배의 중량을 나타내는 배수량톤수, 배의 용적을 나타내는 총톤수 및 순톤수, 배가 적재할 수 있는 화물의 중량을 나타내는 재화중량톤수, 선박의 종류별 가공공수에 의한 상대적 지표인 표준화물선 환산톤수의 5가지가 주로 사용되고 있다.

2. 총톤수 (Gross Tonnage : GT)

용적톤으로서 선각으로 둘러싸여진 선체 총용적으로부터 상갑판 상부에 있는 추진, 항해, 안전, 위생에 관계되는 공간을 차감한 전용적이다.

3. 순톤수 (Net Tonnage : NT)

직접 영업행위에 사용되는 면적, 즉 화물과 여객의 수송에 제공되는 용적을 말한다. 다시 말하면 총톤수에서 선박운항에 이용되는 부분의 적량(선원실, 해도실, 기관실, 밸러스트 탱크 등)을 공제한 순적량을 톤수로 환산한 수치로 총톤수와 같이 $100ft^3$를 1톤으로 하며, 보통 총톤수의 약 0.65배 정도에 해당된다. 순톤수는 직접 상행위를 하는 용적이므로 항세, 톤세, 운하통과료, 등대 사용료, 항만시설 사용료의 기준이 되고 있다.

4. 재화중량톤수 (Deadweight Tonnage : DWT)

선박이 적재할 수 있는 화물의 중량을 말하며, 여기에는 화물, 여객, 선원 및 그 소지품, 연료, 음료수, 밸러스트, 식량, 선용품 등의 일체가 포함되어 있으므로 실제 수송할 수 있는 화물의 톤수는 재화중량톤수로부터 이들 각종의 중량을 차감한 것이 된다.

5. 배수량톤수 (Displacement Tonnage : DISPT)

물위에 떠있는 선박의 수면하 부피와 동일한 물의 중량이 배수톤수이며 아르키메데스의 원리에 의한 선박의 무게로 주로 군함에 쓰여지는 톤수이다.

6. 표준화물선 환산톤수 (Compensated Gross Tonnage : CGT)

표준화물선으로 환산한 수정총톤으로 기준선인 1.5만DWT(1만GT) 일반화물선의 1GT당 건조에 소요되는 가공공수를 1.0으로 한 각선종, 선형과의 상대적 지수로서 CGT계수를 설정하고 GT를 곱한 것으로 실질적 공사량을 나타낼 수 있는 톤수이다.

제 2 장 어선의 종류 및 구조, 선박의 설비

[제1절] 어선의 뜻과 종류

1. 어 선

어업에 직접 종사하는 선박 및 어업에 관한 특정 업무에 종사하는 선박
① 수산 동물의 채포 또는 양식 사업에 이용되는 선박
② 이들 사업에 관한 특정 업무 : 조사, 지도, 교습, 채취 등에 이용되는 선박

2. 어선의 종류

① 배를 만드는 재료에 따른 분류 : 목선, 강선, 합성수지(FRP)선, 경금속선 등

목선	소형 어선, 범선 등에 사용, 건조가 비교적 쉬우나, 부식이 쉽고 구조가 약하다.
강선	현재 대부분의 어선은 강선으로 건조, 건조와 수리가 쉽고, 강도가 강하여 오랜 시간 사용가능
FRP선	중소형 어선, 구명정 레저용 등에 사용, 무게가 가볍고 강도가 좋으며 부식에도 강하나, 충격에 약하다.(강화유리 섬유선), 폐기 시 비용이 많이 든다.

※ FRP선 : 유리섬유를 폴리에스테르 섬유와 결합하여 만든 강화유리섬유를 재료로 만든 선박으로 최근 목선, 철선의 대체 선박으로 많이 사용, 폐기 시 비용이 많이 든다.

② A형(30톤 이상 동력어선의 표지)
③ B형(5톤 이상 30톤 미만 동력어선의 표지)
④ C형(1톤 이상 5톤 미만 동력어선의 표지)
⑤ D형(1톤 미만 동력선 및 1톤 이상 무동력어선의 표지)
⑥ 어획 대상물과 어법에 따른 분류
  ㉠ 유자망 어선 : 꽁치, 멸치, 삼치, 상어 유자망 등
  ㉡ 예망 어선 : 기선 저인망, 트롤, 기선권현망(멸치), 범선 저인망 등
  ㉢ 선망 어선 : 근해 대형 선망(고등어, 전갱이), 다랑어 선망 등
  ㉣ 연승 어선 : 상어, 다랑어 연승 등 대형 어류
  ㉤ 채낚기 어선 : 오징어, 가다랑어 채낚기 등

ⓑ 통발 어선 : 장어, 게 통발 등
ⓢ 안강망 어선 : 조류가 강한 곳에 닻으로 고정하여 강한 조류의 힘에 의하여 밀려오는 물고기를 잡는 방법. 또는 그 그물. 안강망은 조류가 빠른 해역의 입구에 전개장치를 부착한 자루모양의 그물을 닻으로 일시적으로 고정시켜 놓고 조류에 밀려 그물안에 들어온 대상물을 잡는 어업이다.
⑦ 어획물 또는 그 제품을 운반하는 선박 : 선어 운반선, 활어 운반선, 냉동어(수분이 동결된 상태) 운반선
⑧ 공모선 : 배안에 수산 가공 설비를 갖추어 어로 현장에서 어획한 수산물을 처리, 가공하는 어선(연어, 송어, 게, 참치, 고래 등의 공모선이 있다.)

[제2절] 어선의 구조와 크기

1. 어선의 구조

(1) 선체의 형상과 명칭

① 선체 : 어선의 형상을 구성하는 것 중 굴뚝, 마스트(돛대), 키 등을 제외한 어선의 주된 부분
② 선수(bow) : 배의 앞쪽 끝 부분, 우리말로는 이물, 선수 방향을 어헤드(ahead)라 함.
③ 선미(stern) : 배의 뒤쪽 끝 부분, 우리말로는 고물, 선미 방향을 어스턴(astern)이라 함
④ 좌현(port)과 우현(starboard) : 선미에서 선수 쪽으로 보아 왼쪽을 좌현, 오른쪽을 우현
⑤ 조타실 : 선박을 조종하는 곳, 선교(bridge)라고도 함
  ㉠ 주위 감시를 위해 높은 곳에 설치
  ㉡ 각종 항해 계기와 어업기기 설치
  ㉢ 현대식 어선은 기관의 사용 및 모든 기기 작동을 조타실에서 하도록 자동화 됨
⑥ 기관실(engine room) : 어선의 추진 기관이 설치된 장소
  ㉠ 기관실은 진동이 심해 다른 곳보다 튼튼해야 함
  ㉡ 기관실의 전후 쪽은 수밀 격벽으로 구획하여 외부로부터 침수 방지
  ㉢ 기관실 위쪽의 갑판에는 통풍, 채광, 어선 건조 및 수리 시에 기관의 반입과 반출을 쉽게 하기 위하여 기관실 개구가 설치됨
  ㉣ 불워크 : 상갑판 위의 양현 가장자리에 외판과 연결하여 고정한 강판 파랑의 갑판 침입을 막고 갑판위의 사람이나 물건이 추락하는 것을 방지하는 역할
  ㉤ 격벽 : 상갑판 아래의 공간을 선저로부터 상갑판까지 세로나 가로방향으로 구획하는 벽
⑦ 어창 : 어획물을 적재하는 창고
  ㉠ 소형 어선 : 얼음 저장 가능한 간단한 구조, 조업 시간이 길지 않으므로

ⓒ 대형 어선 : 내부 전체를 단열재로 구성하고, 냉동 설비 갖춤
⑧ 선저 구조

단저 구조	소형 어선의 대부분 차지
이중저 구조	선저 안쪽에 내판을 설치하여 외판과의 사이에 간격을 둔 것, 대형 어선에 이용 이중저는 구분하여 연료탱크, 청수(식수) 탱크, 밸러스트 탱크(균형 유지) 등으로 이용 좌초 시 침수방지에 이용

(2) 선체의 구조와 명칭

배의 주요 골격 : 용골, 늑골, 보, 선수재, 선미재 등
① 용골 : 배의 제일 아래쪽 선수에서 선미까지의 중심을 지나는 골격(선체의 기본 골격)
② 늑골 : 선체의 좌우 현측을 구성하는 골격
  ㉠ 용골에 직각으로 배치
  ㉡ 선박의 바깥 모양을 이루는 뼈대
③ 보 : 늑골의 상단 및 중간을 가로로 연결하는 뼈대 → 횡 방향의 수압과 갑판상의 무게 지탱
④ 선수재 : 용골의 앞끝과 양 현의 외판이 모여 선수를 구성하는 뼈대
⑤ 선미재 : 용골의 뒤끝과 양 현의 외판이 모여 선미의 형상을 구성하는 뼈대 → 키와 프로펠러를 지지하는 기능
⑥ 외판 : 목재 또는 철판으로 늑골의 바깥을 덮어씌운 것 → 선체의 외곽을 형성하고, 누수 방지와 배를 물에 뜨게 하는 것
⑦ 갑판 : 보의 위쪽을 가로질러 물이 새지 않도록 깔아 놓은 견고한 판
  ㉠ 소형선 : 단층, 대형선 - 여러 층
  ㉡ 상갑판 : 선수에서 선미까지 연결된 맨 위층의 갑판
  ㉢ 선루 : 양 현측의 외판까지 연결 되고 그 윗부분에 갑판 구조를 가진 것. 선루에는 선수루, 선미루, 선교루 등이 있고 선체 내부의 장치를 보호한다.
  ㉣ 선수루 : 파도에 견디기 위해 만든 구조물. 모든 선박에 설치가 원칙이다.
  ㉤ 선미루 : 파도를 이기고 조타 장비를 보호하는 목적
  ㉥ 선교루 : 기관실 보호 목적, 선실을 제공하고, 예비 블록을 갖는 것이 목적
  ㉦ 갑판실 : 양 현측까지 연속되지 않는 구조물 선원실(침실), 사무실, 휴게실, 조타실 등의 선실 공간 마련

2. 어선의 크기

(1) 어선의 주요 치수

길이, 폭, 깊이

① 길이
　㉠ 측정하는 기준에 따라 전체 길이(전장), 수선 간 길이, 등록 길이가 있다.
　㉡ 전장 : 선수 맨 앞쪽에서 선미 맨 뒤쪽 끝까지의 수평 거리. 암벽 계류, 도크에 들어올 때 쓰임
　㉢ 등록장 : 선박의 국적 정서를 기재할 때 쓴다.
② 폭

최대폭(전폭)	배의 가장 넓은 곳의 외판의 바깥면에서 반대쪽 현의 바깥면까지의 수평 거리
형폭	내측 외판 내면에서부터 반대편 내면까지의 수평 거리

③ 깊이 : 선체의 길이 방향 중앙에서 용골 상면으로부터 상갑판 보의 현측 상면까지의 수직 거리

(2) 흘수와 트림

흘수와 트림
* 흘수 : 선체가 물에 떠 있을 때 물속에 잠긴 선체의 깊이, 용골의 하면에서 수면까지 거리(선수, 중앙, 선미) 흘수 * 건현 : 물에 잠기지 않은 선체 부분의 높이, 선체 중앙부의 수면에서 상갑판 상단까지 거리 　- 건현을 적당히 유지하는 것은 안전 운항에 매우 중요함 * 트림 : 배의 길이 방향의 기울기, 즉 선수 흘수와 선미 흘수의 차이 　- 선수 트림 : 선수가 선미보다 물속으로 더 깊이 기울어진 상태, 그 반대를 선미 트림 　- 등흘수 : 선수 흘수와 선미 흘수가 같은 상태, 즉 선박이 수평을 유지한 상태 　- 트림은 선박의 조종에 큰 영향을 미침 * 만재 흘수선 : 선박이 화물이나 여객 또는 어획물 등을 싣고 안전하게 항행할 수 있는 최대한의 흘수 * 경하 흘수선 : 선박이 화물이나 여객을 싣지 않았을 때의 무게

(3) 배의 톤수
① 용적 톤수 : 선체의 부피로써 나타내는 것 - [총톤수, 순톤수 둘 다 어선에서만 사용]
② 중량 톤수 : 선체의 무게로써 나타내는 것 - 배수 톤수, 재화 중량 톤수
③ 총톤수 : 선체의 총 용적에서 상갑판 상부에 있는 항해, 안전, 위생, 추진에 관계되는 공간을 뺀 전체 용적을 톤수로 환산한 것
　$100ft^3$=1톤(ft; 길이 단위, 12인치=1/3야드, 약 30cm)
④ 순톤수 : 선체의 총 용적에서 선박 운항에 이용되는 부분(밸러스트 탱크, 기관실, 선원실 등)을 제외한 나머지 부분을 톤수로 환산한 것
　※ 어선의 크기는 총톤수와 순톤수로 나타낸다.
⑤ 재화 중량 톤수 : 배가 실을 수 있는 화물의 무게

> 재화 중량 톤수 = 만재 상태의 배의 무게 - 공선 상태의 배의 무게

※ 재화 중량 톤수 : 유조선, 컨테이너선, 광석 운반선 등의 크기를 나타낼 때 사용

⑥ 배수 톤수 : 배의 전체 무게(일반적으로 무게가 가장 많이 나감 군함에서 사용)
  ㉠ 무게가 많이 나가는 순서 : 배수톤수 > 재화 중량 톤수 > 총 톤수 > 순 톤수
  ㉡ 배가 물에 뜰 때 배제한 물의 무게를 톤의 단위로 나타낸 것
  ㉢ 군함의 크기를 나타낼 때 사용

[제3절] 선박의 설비

1. 어선의 기본 설비

(1) 항해 및 통신설비

① 일반 항해 장비
  ㉠ 컴퍼스 : 방위 측정 및 침로 유지
  ㉡ 선속계 : 선박의 속력 측정
  ㉢ 측심기 : 수심 측정
  ㉣ 풍향 풍속계
  ㉤ 육분의 : 천체나 물표의 고도 및 협각을 측정
② 첨단 항해 장비 : 전자해도 장치, 종합 항법장치, 각종 전파 항법장치 등
③ 어선에서 사용되는 대표적인 전파 항법장치 : 무선 방향 탐지기(라디오 컴퍼스), 레이더, 로란, GPS, 종합항법 장치 등
④ 통신설비 : 중파 무선 통신기, 국제 해사 위성 통신기, 무선 전화기 등
  ㉠ 항법(항해술) : 항해에 필요한 기술
  ㉡ 항해계기(항법장치) : 항해에 사용되는 기구와 기계장치
  ㉢ 연안항법 : 연안 가까이에서 육상의 자연적인 물표나 섬 또는 인공적으로 부설해 둔 항로 표지를 이용하여 선위를 구하면서 항해하는 방법
  ㉣ 전파 항법 : 전파의 특징적 성질인 직진성, 등속성, 반사성을 이용하여 선위를 구하는 방법
  ㉤ 천문 항법 : 천체(태양, 별 등)의 고도를 육분으로써 관측하고 그 순간의 시각을 측정하여 천측력과 천측계산표 등을 이용하여 선위요소를 계산한 다음 해도상에 작도하여 선위를 결정하는 방법
  ㉥ 무선 방향 탐지기(라디오 컴퍼스) : 운행 중인 배위에서 무선 표지로부터 오는 신호전파를 받고 그 지점의 위치나 방향을 탐지하는 장치
  ㉦ 레이더 : 목표물에 마이크로파를 발사하여 그 반사파로 물체의 위치나 상태를 파악하여 모니터에 표시하여 물체를 찾는 장치, 선위를 측정하는 것 외에 충돌 예방

장치로 그 활용도가 매우 높다.
- ⓔ 로란 : 전파를 이용하여 선박의 위치나 항로를 찾는 장치
- ⓕ GPS : 전 지구 위치 파악 시스템

(2) 기관 설비

① 어선의 주기관
- ㉠ 디젤기관 : 공기를 높은 압력으로 압축하면 공기의 온도가 높아지는 성질을 이용하여 실린더 내부를 고온·고압 상태로 만들고, 여기에 기름을 분사하여 폭발시키고, 그 폭발에 의한 팽창력으로 피스톤을 상하 운동시켜 추진기를 회전하게 하는 것
- ㉡ 동작방법에 따라

4행정 사이클 기관	흡입, 압축, 폭발, 배기의 네 과정(1사이클) 동안에 크랭크축이 2회전 동력의 힘이 강함
2행정 사이클 기관	흡입, 압축, 폭발, 배기의 네 과정(1사이클) 동안에 크랭크축이 1회전

② 어선의 보조기계 : 주기관과 보일러를 제외한 모든 기계류
- ㉠ 기관실 내 장치 : 발전기, 냉동장치, 각종 펌프, 공기압축기, 조수장치, 공기조화장치(냉, 난방을 위해) 등
- ㉡ 기관실 밖의 장치 : 조타장치, 계선장치, 하역장치, 양묘기(닻) 등
- ㉢ 발전기
  - ⓐ 조명, 각종 펌프, 항해 계기 등에 전기를 공급하는 장치
  - ⓑ 선박에는 교류 발전기 사용
- ㉣ 냉동장치
  - ⓐ 고온의 열을 인공적으로 흡수하여 온도를 낮추는 기계 설비
  - ⓑ 선박에서 식료품의 저장, 냉동화물의 관리, 가스의 액화 등에 이용

③ 기관의 출력
- ㉠ 내연기관의 출력은 마력 사용
- ㉡ 마력 : 미터제(PS), 영국제(hP)
- ㉢ 특별히 지정되지 않은 경우 : 미터 마력(PS) 사용

(3) 조타설비

① 키(타) : 배의 진행 방향을 조종하는 장치
② 조타장치 : 키를 좌우로 돌리거나 타각을 유지시켜주는 장치
③ 자동조타장치[조타의 정확성으로 인력 감축 효과] : 조타륜과 자이로컴퍼스를 연결한 기계적 조타장치

(4) 하역설비

① 어획물, 선용품 등을 싣거나 내리는데 사용되는 설비
② 데릭 장치 : 데릭 포스트, 데릭붐, 하역줄, 윈치, 양하기 등

(5) 정박 설비

① 닻을 이용하는 묘박설비와 안벽이나 부표 등을 이용하는 계류설비로 구성
② 스톡리스 앵커 : 대형 선박에 쓰이는 것

묘박과 계류
* 묘박 : 닻(anchor)을 해저에 내려 정박하는 것 → 닻과 닻줄로 구성, 닻줄을 감아들이는 양묘기와 닻줄을 보관하는 체인 로커가 있다. * 계류 : 배를 안벽이나 부표에 붙잡아 매어 두는 것 → 계선줄과 그것을 감아 들이는 캡스턴, 계선줄을 붙들어 매는 볼라드와 비트 등이 있다.

(6) 구명설비

충돌, 좌초, 화재 등의 사고로 해난을 당했을 때 인명의 안전을 위해 선내에 비치하는 장비나 기구

① 구명정 : 인명구조에 사용되는 소형 보트 → 충분한 복원력과 부력을 갖추도록 설비
② 구명 뗏목 : 어선에 설치된 대표적 구명설비 → 침몰시 자동으로 이탈되어 조난자가 탈 수 있는 구조로 구성
③ 구명 부환 : 개인용의 구명설비 → 수중 생존자가 구조될 때까지 잡고 뜨게 하는 도넛 모양의 물체
④ 구명동의 : 조난 또는 비상시에 착용하는 것 → 고형식과 팽창식이 있다.

(7) 소방설비

선내에서 화재가 발생시 화재의 위치를 탐지하는 화재 탐지 장치와 불을 끄는 소화장치로 구성

① 소화장치 : 고정식과 휴대식
② 소화재의 종류에 따라 : 이산화탄소 소화기(고가 장비 보호), 포말소화기, 분말소화기, 물 분사 소화기(선실 외 갑판) 등

(8) 그 밖의 설비

① 거주 및 위생설비, 방수배수설비, 전기설비, 조리설비, 어획물 보장설비, 해양 오염방지 설비 등
② 가공선, 어획물 운반선, 시험·조사선, 어업 지도선, 교습선 : 특수한 목적을 가진 어선은 그 목적에 알맞은 설비를 갖춤

제 3 장   선용품, 어선의 조종과 해상 교통안전

[제1절] 선용품

- 선용품 : 어선의 운항에 사용되는 중요한 물품으로 항상 여유 있게 선용품을 확보하여 비상시에 대비

1. 로프 – 하역이나 계선 및 어로 작업에 필수적인 선용품

(1) 섬유 로프

식물 섬유 로프	식물의 섬유로 만든 것 → 과거에 사용, 면 로프, 마 로프 등
합성 섬유 로프	석탄이나 석유 등을 원료로 만든 것 → 오늘날 대부분 사용, 나일론 로프, 비닐론 로프, 폴리에틸렌 로프 등

(2) 와이어 로프

와이어(아연이나 알루미늄 합금 도금)를 여러 가닥으로 합하여 스트랜드를 만들고, 스트랜드 6가닥을 합하여 만든 것
① 각 스트랜드의 중심에 섬유심(삼심)을 넣어 만든 것
② 로프의 중심에는 섬유심(삼심)을 넣은 것
③ 스트랜드의 중심과 로프의 중심에 모두 섬유심(삼심)을 넣은 것
④ 모두 섬유심(삼심)을 넣지 않은 것
⑤ 섬유심(삼심) : 기름을 침투시켜 소선사이의 마멸과 녹을 방지
⑥ 스트랜드 : 일정한 굵기의 철사(wire)를 여러 가닥 모아 꼬아서 만든 것
⑦ 섬유 로프의 명칭
   ㉠ 지름이 40mm 이상인 것 : 호저(hawser)
   ㉡ 지름이 10mm 이하인 것 : 세삭(small stuff)
   ㉢ 중간의 것 : 로프(rope)

(3) 로프의 규격 및 강도

① 굵기 : 지름을 mm로 나타내거나 둘레를 인치(inch)로 나타낸다.
   → 지름(mm)/8 = 둘레(inch)
② 길이 : 굵기에 관계없이 200m를 1사리(coil)로 한다.
   ※ 가스 운반선 중 큰 구형통을 싣고 다니는 모스형이 있다.

2. 선박 도료

(1) 도장의 목적
① 녹 방지   ② 해중 생물 부착방지   ③ 장식(미관)   ④ 청결유지 등

(2) 선박 도료의 분류
① 성분에 따른 분류 : 페인트, 바니스(광택이 있는 투명한 피막을 형성 니스), 래커, 잡도료 등
② 사용목적에 따른 분류

광명단 도료	어선에서 가장 널리 사용되는 녹 방지용 도료 → 내수성, 피복성이 강함, 철제품 사용
제1호 선저도료	선저 외판에 전체에 녹슴 방지용으로 칠하는 것 → 광명단 도료를 칠한 위에 사용(anticorrosive paint : A/C)
제2호 선저도료	선저 외판 중 항상 물에 잠기는 부분에 해중 생물의 부착 방지용으로 칠하는 것 (antifouling paint : A/F)
제3호 선저도료	수선부 도료, 만재 홀수선과 경하 홀수선 사이의 외판에 칠하는 도료 → 부식과 마멸 방지에 사용(boot topping paint : B/T)

※ 연안의 소형 어선은 레이더, 자기컴퍼스 등 간단한 장비를 설치하는 정도이다.

[제2절] 어선의 조종과 해상 교통안전

1. 어선 조종의 기본 원리

(1) 키의 작용
① 어선이 항해하고 있을 때 : 키(타, rudder)를 오른쪽으로 돌리면 오른쪽으로 선회, 키를 왼쪽으로 돌리면 왼쪽으로 선회
② 키의 각도(타각)가 있으면 그 각도만큼 선회하고, 타각을 없애면 직진한다.
③ 보침성 : 선체가 정해진 진로상을 직진하고자 하는 성질
④ 선회성 : 타각을 주었을 때 그 각도에 따른 선회 각속도

(2) 타력
원래의 상태를 유지하려는 힘
① 전진 중인 선박이 기관을 정지시켜도 바로 멈추지 않거나, 선회 중인 선박이 키를 중앙으로 해도 선회 운동을 멈추는데 시간이 걸린다. → 그 이유는 타력 때문이다.
② 선박을 안전하고 정확하게 조종하기 위해서는 그 선박이 지닌 타력을 잘 알고 있어야 한다.

(3) 복원력

선박이 외력에 의해 한쪽으로 기울어졌을 때 원래의 위치로 돌아가려는 성질

너무 클 경우	* 횡요(rolling)하는 주기가 빨라 선체나 기관의 손상이 쉽다. * 화물이 이동할 위험성이 있다. * 승무원이 배멀미를 하여 불쾌감을 느낀다.
너무 작을 경우	* 외부로부터 받는 힘에 선박이 경사되기 쉽다. * 빨리 일어서지 않으므로 파도가 심할 때는 전복될 위험성이 있다.

(4) 프로펠러의 작용과 기관 조종

① 스크루 프로펠러(추진기) : 선체를 앞으로 미는 추진력으로 어선의 스크루 프로펠러 수는 3~5개 정도
② 우회전 스크루 프로펠러 : 배가 전진할 때 선미에서 선수 방향으로 보아서 시계 방향으로 회전하는 것으로 대부분의 배는 우회전 스크루 프로펠러를 1개씩 장치하고 있다.
③ 선속 : 선체가 전진하는 빠르기
   ㉠ 선속의 단위 : 노트(knot)
   ㉡ 1노트 = 1해리(1,852m)/1시간
      ㉮ 1시간에 20해리를 항주한 선속은 20노트이다. 바다에서 거리의 단위는 해리이고, 속력의 단위는 노트이다.
      ㉮ 30분에 8해리를 항주한 선속은 16노트이다.
④ 선박의 조종
   ㉠ 키 : 진행 방향의 조종
   ㉡ 스크루 프로펠러 : 회전수로 속력 조종

2. 어선의 운항

(1) 출입항 준비

입항에 대비하여	* 계선 설비, 기적 등을 시운전 * 기관의 조종 상태 확인 * 입항 후의 작업과 선용품 보급 등의 업무 준비 * 입항에 필요한 제반 서류 점검
출항에 대비하여	* 기관, 양묘기, 조타 장치, 항해 계기 등을 시운전 * 어구나 어상자와 같은 이동물의 묶는 작업 * 연료와 식량 및 식수의 점검 * 어선원의 승선 확인 * 구명설비의 점검 등 안전 항해를 위한 준비

(2) 정박법

묘박, 안벽 계류, 계선 부표
- 정박 : 선박을 해상의 일정한 위치에 정지시키는 것
- 닻을 이용하는 묘박
- 부두나 안벽에 계류하는 방법
- 계선 부표에 계선하는 방법

① 묘박 : 닻(anchor)을 해저에 내려 정박하는 것
　㉠ 파주력 : 해저에 박힌 닻과 닻줄은 잡아당겨도 빠져 나오지 않으려는 저항력을 말한다.
　㉡ 해저 저질에 따라 파주력이 다르다.
　㉢ 펄의 경우 : 파주력이 커지고, 닻줄을 길게 풀어 줄수록 커진다.
② 안벽 계류
　㉠ 배를 부두나 안벽과 같은 구조물에 계선줄로 매어 정박시키는 방법
　㉡ 일반적으로 어선의 계선줄은 주로 합성 섬유의 로프를 이용한다.

3. 해상 교통안전과 선내 의료

(1) 해상 교통안전

▶ 해상 교통을 규율하는 법
- 국제 해상 충돌 방지 규칙 → 국제 조약
- 해상 교통안전법, 개항질서법 → 국내법

해상 교통안전법과 개항 질서법의 관계
＊개항 및 지정항의 항계 안에서의 제반 규정은 개항질서법이 우선 적용된다.

① 해상 교통안전법 : 항행규칙, 등화규칙, 신호규칙
　㉠ 항행규칙

항행규칙
＊서로 마주치는 경우 : 두 선박은 서로 다른 선박의 좌현 쪽을 통과할 수 있도록 침로를 우현 쪽으로 변경(야간에는 상대선의 홍등을 보면서 오른쪽으로 통항하여 충돌 방지)
＊횡단하는 상태 : 충돌의 위험이 있을 때에는 다른 선박을 우현 쪽으로 보는 선박이 다른 선박의 진로를 피해야 한다.(야간에는 상대 선박의 홍등을 보는 선박)
＊추월하는 경우 : 추월하는 선박은 추월당하는 선박을 완전히 추월하거나, 그 선박에서 충분히 멀어질 때까지 그 선박의 진로를 피해야 한다. 추월당하는 선박은 가능한 한 침로와 속력을 그대로 유지해야 한다.

ⓒ 신호규칙(단음 : 1~2초, 장음 : 4~6초의 시간 간격)

항행 중 침로 변경	우현 변침시 → 단음 1회
	좌현 변침시 → 단음 2회
	후진시 → 단음 3회
추월 신호	우현 추월 → 장음 2회, 단음 1회
	좌현 추월 → 장음 2회, 단음 2회
	피추월선의 동의 신호 → 장음 1회, 단음 1회, 장음 1회, 단음 1회를 연속 함
상대선의 행동이 의심스러울 때	단음 5회

ⓒ 등화규칙 : 선박의 야간 표시등화는 법규로 정해두고, 국제적인 통일 필요함

항행 중인 선박	마스트 끝 : 백색등, 우현 : 녹색등, 좌현 : 홍색등, 선미 : 백색의 선미등
트롤 어선의 경우	야간 조업 중 : 녹색등과 백색등을 상하로 표시
그 밖의 선박	야간 조업 중 : 홍색등과 백색등을 상하로 표시

(2) 개항질서법

① 개항질서법 : 선박이 개항의 항계 안에 있을 때 적용되는 법으로 개항의 항계 안에서는 개항질서법(국내법)이 국제규칙보다 우선 적용되고, 규정에 없는 사항은 국제규칙이 보충 사용된다.

② 항로 및 항법

ⓐ 항로의 사용 : 개항의 항계 안에 출입하는 선박은 지정하는 항로를 따라 항행함

ⓒ 항법

> **항법**
> * **피항선의 의무** : 항로 밖에서 항로에 들어오거나 항로에서 항로 밖으로 나가는 선박은 항로를 항행하는 선박의 진로를 피하여 항행하여야 한다.
> * **병렬 항행의 금지** : 선박은 항로 안에서 나란히 항행하지 못한다.
> * **마주칠 때의 우측 항행** → 선박이 항로 안에서 마주칠 경우에는 오른쪽으로 항행하여야 한다.
> * **추월의 금지** : 선박은 항로 안에서 다른 선박을 추월해서는 안 된다.
> * **방파제 부근에서의 대피** : 개항의 방파제 입구, 입구 부근에서 입항하는 선박은 방파제 밖에서 출항하는 선박의 진로를 피하여야 한다.

(3) 선박위생과 소독

① 선내소독 : 각종 세균의 박멸, 병균 매개체인 쥐, 곤충 등의 구제 → 전염병 예방과 각종 질병 예방

ⓐ 일광소독 : 침구, 의복 등을 2~3시간 햇볕을 쪼여서 소독하는 간단한 방법

- ⓒ 열탕소독 : 행주, 식기, 도마 등의 취사도구와 각종 의료 기구를 물에 10분 이상 끓여서 각종 균을 박멸하는 방법
- ⓒ 증기소독 : 의류, 침구, 의료용 위생 재료 등을 섭씨 100℃ 이상의 증기 속에 30분 이상 소독하는 것
- ⓔ 훈증소독 : 선내 공간 밀폐 후 그 안에 황이나 청산 등의 유독 가스를 발생시켜 쥐나 곤충 등의 생물을 박멸한다.
- ⓜ 약품 소독 : 크레졸, 포르말린, 석탄산 수용액, 알코올 등의 약품 이용 소독
- ⓑ 소각법 : 병균에 오염된 종이, 쓰레기, 천, 토해 낸 물질, 사체 등을 소각하는 방법 - 가장 확실한 소독 방법

② 식수관리 : 소화기 계통의 전염병과 중금속 오염에 주의
- ⓐ 출항 전 배수 설비의 위생적 관리
- ⓑ 청수 탱크의 청소는 정기적 실시
- ⓒ 시멘트 도장 후 청수로 3회 이상 우려내어 독성 제거 및 정기적 청소
- ⓓ 염소제로 살균 소독
- ⓔ 간단한 수질검사용 측정기나 시약을 구비하여 수시 검사 실시

제4편 기출 및 예상문제

01 선박의 크기를 나타내는 용어가 아닌 것은?
① 배수량톤수
② 배의 길이
③ 총톤수
④ 재화중량톤수

 선박의 크기 : 배의 중량을 나타내는 배수량톤수, 배의 용적을 나타내는 총톤수 및 순톤수, 배가 적재할 수 있는 화물의 중량을 나타내는 재화중량톤수, 선박의 종류별 가공공수에 의한 상대적 지표인 표준화물선 환산톤수의 5가지가 주로 사용되고 있다.

02 가장 먼 거리를 나타내는 도량형 단위는? 2021년 기출
① 1미터
② 1야드
③ 1해리
④ 1마일

 1해리 1,852m, 1마일 1,609.344m, 1미터 1m, 1야드 0.9144m

03 꽁치, 멸치, 삼치, 상어 등의 어획에 주로 사용하는 어선은?
① 유자망 어선
② 예망 어선
③ 선망 어선
④ 채낚기 어선

 유자망 어선 : 꽁치, 멸치, 삼치, 상어 등의 어획에 주로 사용

04 키를 좌우로 돌리거나 타각을 유지시켜주는 장치는?
① 냉동장치
② 정박 설비
③ 조타장치
④ 하역설비

 조타장치 : 키를 좌우로 돌리거나 타각을 유지시켜주는 장치

정답 01. ② 02. ③ 03. ① 04. ③

05 석탄이나 석유 등을 원료로 만든 로프는?

① 합성 섬유 로프
② 식물 섬유 로프
③ 와이어 로프
④ 탄성 로프

 합성 섬유 로프 : 석탄이나 석유 등을 원료로 만든 것으로 오늘날 대부분의 로프로 사용하고 있으며 나일론 로프, 비닐론 로프, 폴리에틸렌 로프 등이다.

06 선박도장의 목적이 아닌 것은?

① 녹 방지
② 해중 생물 부착방지
③ 장식
④ 방음

 선박도장의 목적 : 녹 방지, 해중 생물 부착방지, 장식, 청결유지 등

07 선박의 출항에 대비하여 준비할 사항이 아닌 것은?

① 관, 양묘기, 조타 장치, 항해 계기 등을 시운전
② 연료와 식량 및 식수의 점검
③ 계선 설비, 기적 등을 시운전
④ 구명설비의 점검 등 안전 항해를 위한 준비

 계선 설비, 기적 등의 시운전은 선박의 출항에 대비하여 준비할 사항이다.

정답 05. ① 06. ④ 07. ③

제5편 수산양식

제1장 수산양식의 개념과 방법, 양식장 환경

[제1절] 수산양식의 개념과 방법

1. 수산양식의 뜻과 현황

(1) 양식의 뜻

수산생물을 기르고 번식시킨다는 것으로 이용가치가 높은 양식생물을 인위적으로 알맞은 환경에서 번식, 성장시켜 수확하는 일로 일정 독점수역 또는 시설에서 이루어진다.

① 양식과 자원관리의 차이점

양 식	자원관리
* 경제적 가치가 있는 생물을 인위적으로 번식·성장시켜 수확하는 것 * 개인, 회사 → 영리를 목적 * 대상 생물의 주인이 있다. * 종묘 방류자와 성장 후의 포획자가 같다.	* 산란기 어미 보호, 종묘를 방류하여 자원을 자연 상태로 번식시켜 채포하는 것 * 국가, 공공기관, 자치(사회)단체 → 자원조성이 목적 * 대상 생물의 주인이 없다. * 종묘 방류자와 성장 후의 포획자가 다르다.

② 좋은 질의 양식생물을 많이 생산하기 위한 방법(양식생물 관리의 기본요건)
　　㉠ 알맞은 환경을 만들어 준다.
　　㉡ 충분한 먹이를 공급한다.(㉠, ㉡ 양식의 2대 요소)
　　㉢ 질병과 해적으로부터 잘 보호해 준다.

(2) 수산양식의 현황과 전망

① 수산자원의 감소와 부족으로 양식에 대한 관심 증가
② 양식에 의한 생산량 매년 증가
③ 우리나라의 양식기술은 세계적 수준
　　㉠ 발달한 기술과 자본으로 세계로 진출
　　㉡ 세계의 수산물 생산증대에 기여해야 함
　　㉢ 양식의 목적 : 식량생산, 방류용 종묘생산, 유어장용 어류생산, 미끼용 어류생산,

관상용 어류생산

2. 수산양식의 주요 방법

(1) 유영동물의 양식방법
순환 여과식, 정수식, 유수식, 가두리식 등(유영동물 양식이란 어류나 새우류와 같이 먹이나 산란을 위하여 적당한 환경을 찾아 계속 헤엄쳐 다니며 생활을 하는 유영동물을 인위적으로 기르는 것)

① 정수식 양식(못 양식, 지수식 양식) : 연못이나 육상에 둑을 쌓아 못을 만들거나, 바다에 제방을 만들어 천해의 일부를 막고 양성하는 방법
  ㉠ 옛날부터 이용되어온 가장 오래된 양식방법
  ㉡ 잉어류, 뱀장어, 가물치, 새우류 등을 양식하기에 적합
  ㉢ 생산력을 높이기 위해서는 수차나 에어레이션(aeration) 이용 : 산소 공급의 증가
    → 사육 밀도를 높이면 단위 면적당 생산량 증가
    ※ 에어레이션(aeration) : 물 속에 용존 산소를 공급해주는 일, 포기(曝氣)라 한다.

② 유수식 양식 : 수량이 충분한 계곡이나 하천 지형을 이용하여 사육지에 물을 연속적으로 흘려보내는 양식 방법
  ㉠ 산소의 공급량은 흘러가는 물의 양에 비례 : 사육밀도도 이에 따라 증가 가능
  ㉡ 찬물을 좋아하는 송어와 연어류의 양식, 따뜻한 물이 많이 흐르는 곳에서 잉어류 양식에 이용
  ㉢ 최근에는 바닷물을 육상으로 끌어올리는 육상 수조식 양식도 여기에 속하고 넙치(광어), 전복양식에 이용
  ㉣ 못의 형태는 긴 수로형, 원형 수조를 이용

③ 가두리 양식 : 수심이 깊은 내만이나 면적이 넓은 호수 등에서 그물로 만든 가두리를 수면에 뜨게 하거나 수중에 매달아 어류를 기르는 양식방법
  ㉠ 용존 산소 공급, 노폐물의 교환은 그물코를 통하여 이루어진다. 양식장 아래에는 양식장 자가 오염이 일어나기도 하므로 오염의 원인이 된다.
  ㉡ 방어, 조피볼락(우럭), 잉어, 메기 등 많은 양의 어류 양식에 이용

④ 순환 여과식 양식 : 사육 수조의 물을 여과조나 여과기로 정화하여 다시 사용하는 방법(잉어, 뱀장어, 넙치)
  ㉠ 고밀도 양식 가능
  ㉡ 성장은 서식 적수온 범위 내에서 수온에 비례하여 대사가 증가되고 이로써 성장이 빨라진다. → 양식경영에 유리
  ㉢ 수온이 낮은 겨울에는 보일러 가동으로 사육경비가 많이 든다.
  ㉣ 침전 또는 여과장치 : 먹이 찌꺼기, 대사 노폐물의 처리
  ㉤ 생물 여과장치 : 용해된 오물의 제거(생물학적, 2차 여과)

ⓐ 무기질화 과정 : 사육수에 들어 있는 유기물 찌꺼기를 분해하는 과정
ⓑ 질산화 과정 : 양식동물에 유해한 암모니아를 산화·분해하여 비교적 무해한 질산염으로 분해하는 과정
ⓒ 탈질화 과정 : 축적된 질산염을 가스상태의 질소(N_2, N_2O)로 환원 분해하여 대기중으로 내보내는 과정

(2) 부착 및 저서동물 양식방법 - 수하식 양식, 바닥 양식

저서동물과 양식방법

부착생활을 하는 동물	굴, 담치, 멍게(우렁쉥이) 등 → 수하식 양식
포복생활을 하는 동물	피조개, 대합, 바지락 등 → 바닥 양식

① 수하식 양식 : 수하식은 굴, 담치, 멍게(굴에 멍든 담) 등 부착성 무척추동물의 양식을 위해서 이들 생물이 부착한 기질을 뗏목이나 밧줄 등에 매달아 물속에 넣어 기르는 방법
  ㉠ 수하연 : 채묘된 부착 기질을 일정 간격을 두고 꿴 줄(부착기가 물속에 잠겨 있도록 유지하는 것 : 뗏목, 밧줄, 말목)
  ㉡ 수하식 양식의 특성
    ⓐ 성장이 비교적 균일함
    ⓑ 해적에 의한 피해가 적음
    ⓒ 해면의 입체적 이용 가능
    ⓓ 지질에 매몰될 염려가 적다.

② 바닥 양식 : 얕은 바다의 모래 바닥이나 바위에 붙어서 기어 다니며 사는 포복동물의 양식에 이용되는 방법
  ㉠ 펄 바닥에 사는 어패류 : 대합, 바지락, 피조개, 고막 등
  ㉡ 암석(암초) 지대에 사는 생물 : 전복, 해삼, 소라 등
  ㉢ 전복, 소라 : 채롱 수하식 또는 육상 수조에서 양식하기도 한다.

(3) 해조류 양식 방법

말목식 양식, 흘림발식 양식, 밧줄식 양식

① 말목식(지주식) 양식
  ㉠ 오래 전부터 김 양식에 많이 사용
  ㉡ 수심 10m보다 얕은 바다에서 바닥에 소나무나 참나무로 된 말목을 박고, 여기에 김발을 수평으로 매단 방법
  ㉢ 김발의 높이는 4~5시간 노출선에 맞춘다.
  ㉣ 김발의 재료 : 과거에는 대발 사용, 최근에는 합성섬유의 그물발 사용

② 흘림발식(부류식) 양식 : 얕은 간석지 바닥에 뜸을 설치하고 거기에 밧줄로 고정해 그물발을 설치해 김양식, 최근 대부분 이용

> **김발의 발달 과정 : 섶발 → 뜬발(대발) → 흘림발**
> * 섶발 : 얕은 간석지 바닥에 대나무 등의 섶을 꽂아 두어 자연스레 김 포자를 형성시킴 → 대나무 가지 이용
> * 뜬발(부유) : 대쪽으로 발을 엮어 수중에 수평으로 매달아 양식 → 대발 이용
> * 흘림발 : 최근에 합성섬유 뜸과 닻줄을 이용하여 설치하는 김발로 양식 → 그물발 이용

③ 밧줄식 양식
  ㉠ 미역, 모자반, 다시마, 톳 등의 양식에 이용
  ㉡ 바위에만 붙어살던 것을 밧줄에 붙어 살 수 있도록 수면 아래의 일정한 깊이에 밧줄을 설치한 것 → 어미줄
  ㉢ 실내 수조에서 배양한 종묘가 붙어 있는 실 → 씨줄
  ㉣ 어미줄에 씨줄을 일정한 간격으로 끼워서 양식

[제2절] 양식장 환경

1. 개방적 양식장의 환경 특성
① 양식은 수중 농업이라 할 수 있다.
② 개방적 양식장 : 양식장의 수질환경이 자연환경에 열려 있어 자유로운 소통이 있는 양식장 → 환경의 인위적 조절 거의 불가능하다. 예 가두리식, 뗏목식, 밧줄식 양식 등

(1) 물리적 환경요인
① 계절풍, 파도, 광선, 수온, 수색, 투명도, 양식장의 지형, 저질 구성 등 → 양식장 선택 시의 중요 요인
② 이를 고려하지 않을 시에는 번식, 성장 및 생리에 영향을 미침

(2) 화학적 환경요인
① 염분, 용존 산소, 영양염류, 수소 이온농도, 이산화탄소, 암모니아, 아질산, 황화수소 (양식생물의 대사로 인한 해로운 물질) 등
② 영양염류는 조방적 양식에 있어서는 기초 생산자의 필수적 요소이다.

(3) 생물적 환경요인
생물 간의 상호관계 : 부유생물, 저서동물, 수생식물, 세균 등으로 물리적·화학적 요인과 관련 있음

2. 폐쇄적 양식장의 환경 특성

폐쇄적 양식장 : 인위적으로 수질 환경의 조절이 가능한 형태의 유수식, 순환여과식, 못, 육상수조식 양식장

(1) 물리적 환경
① 온도의 조절 : 비닐하우스, 보일러, 냉각기 등의 활용
② 광선의 조절 : 성 성숙과 관련 인공조명 시설, 차광시설
③ 산소 공급과 물의 순환 : 포기시설, 순환 펌프시설

(2) 화학적 환경
① 유기물의 산화를 위한 여과기능의 구비(유기산 여과)
② 양식생물의 호흡과 유기물 분해과정에 소비되는 용존산소의 공급

(3) 생물적 환경
① 양식 생물, 미생물, 수초, 플랑크톤, 기생충, 병원성 세균 등
② 물 변화 현상 : 뱀장어, 양어장 등에 식물 플랑크톤이 많이 번식하여 수색이 녹색으로 되었다가 곧 동물 플랑크톤이 번식해서 암갈색이나 유백색 또는 투명한 색으로 변하는 현상으로 (진)녹색 → 암갈색, 유백색 → 투명한 색
③ 물 변화를 일으킨 못 : 동물 플랑크톤이 최소한 23% 이상, 그 중 로티퍼가 약 56~74% 차지하고 갯지렁이 등 젓 무척추 동물은 어류의 먹이로 중요하다.
④ 세균은 양식생물의 질병이 되는 병원체이며 유기물을 분해하여 수질을 정화하는 역할도 한다.

3. 주요 수질환경요인(수온, 염분, 영양염류, DO, 황화수소, 암모니아)

(1) 수온 및 염분
① 수온에 따라 서식하는 생물이 다르고, 살아가기에 알맞은 서식 수온이 있다.
② 어류는 그들의 적응 범위의 온도 내에서는 수온이 높을수록 성장이 잘 된다. → 생물을 양식할 때는 이점을 특별히 고려해야 한다.
③ 양식할 때는 생물의 호적 수온보다 다소 높은 온도에서 양식하는 것이 좋다.
　㉠ 냉수성인 송어, 연어의 경우 : 적응 범위 0℃~20℃ 내외, 15℃ 내외에서 성장 잘됨
　㉡ 온수성인 뱀장어, 잉어의 경우 : 적응 범위 0℃~30℃ 이상, 25℃ 내외에서 성장 잘됨
④ 물의 염분에 따라 서식 생물의 종류가 다르고, 양식 시는 염분 변화에 잘 견디는 종을 선택
⑤ 염분의 변화에 강한 종 : 담치, 대합, 굴, 바지락 등

⑥ 염분의 변화에 약한 종 : 전복
⑦ 강과 바다를 오르내리는 종[염분 조절이 가능한 어류] : 숭어, 연어, 송어, 뱀장어, 은어 등

(2) 영양염류

질산염(NO_3), 인산염(PO_4), 규산염(SiO_2) 등 → 해수 속에 분포하는 여러 가지 염류 중에서 식물의 광합성 작용에 필수 불가결한 물질
① 부족되기 쉬운 영양염 : 질소, 인, 칼륨, 규산 등
② 담수에서 부족되기 쉬운 것 : 질소, 인, 칼륨 등
③ 바다에서 부족되기 쉬운 것 : 질소, 인, 규산 등

(3) 용존산소 (dissolved oxygen : DO)

물속에 녹아 있는 산소로 양식생물의 밀도가 높아졌을 때 영향을 미치는 가장 중요한 요인이다.

용존 산소

* 양식생물의 호흡에 필수 요소
* 수온이 증가하면 생물 대사율 증가로 산소 요구량도 증가
* 수온과 염분이 증가하면 용존 산소량은 감소
* 수온이 올라가는 주성장기는 산소가 부족되기 쉬워 포기를 실시
* 맑은 날은 용존산소 증가, 밤이나 흐린 날은 감소
* 공기 중 산소의 수중 이동 효과[수중의 산소농도는 대기 중의 1/30]
  - 바람이 없을 때 : 표면층의 높은 용존 산소로 인하여 공기 중의 산소 이동 방해
  - 바람이 불 때 : 파도에 의해 산소가 부족한 물이 공기와 접촉면으로 올라와 산소 이동 촉진

(4) 암모니아 (NH_3)

① 어류 등의 배설물에 의해 생성되는 것 : 사육 밀도가 높으면 암모니아 축적
② 이온화된 암모늄염(NH_4)의 형태는 해가 없으나, 이온화 되지 않은 암모니아(NH_3)는 저 농도에서도 유독함
③ pH가 높을수록 이온화 되지 않은 암모니아의 비율이 많아지므로 pH가 높지 않도록 잘 관리해야 함

(5) 황화수소 (H_2S)

① 물의 유동이 적고 용존 산소가 적은 저수지, 양어장의 저질이나 배수구에 유기물질이 많이 쌓인 곳에서 저질을 검게 변화시키고, 나쁜 냄새를 풍긴다.
② 어패류 등에 매우 유독하므로 물의 소통을 좋게 하여 바닥이나 배수구에 유기물 축적을 방지

제 2 장 종묘생산, 영양과 사료

[제1절] 종묘생산

1. 자연 종묘생산

자연산의 어린 것을 효과적으로 수집하여 양식용 종묘로 이용하는 방법
① 인공종묘 생산이 불가능한 수산 생물(뱀장어)의 경우 직접 채묘하여 종묘로 이용
② 천연종묘를 이용하는 것이 더욱 효과적인 경우

(1) 조개류 양식의 경우
① 우리나라의 조개류 양식은 대부분 자연 채묘에 의해 종묘를 확보하여 양식에 이용
② 굴, 피조개 등의 자연 채묘는 채묘예보를 실시하여 종묘 확보(채묘예보 : 부유 유생과 치패의 발생 상황을 조사해서 채묘하기에 알맞은 시기, 수역 및 수층을 조사, 확인하여 그 결과를 알리는 것)
③ 부착 시기에 채묘기를 유생 최대 밀도 수층에 설치하여 부착
④ 채묘 시설과 대상 생물

채묘 시설	대상 생물
고정식, 부동식	참굴
침설 수하식, 침설 고정식	피조개류(꼬막 새꼬막)
완류식	대합, 바지락

⑤ 채묘시설의 종류(원리와 방법에 따라)
  ㉠ 고정식 채묘시설 : 수심이 얕은 간석지에 말목을 박고 채묘상을 만들어 설치하는 것
  ㉡ 부동식 채묘시설 : 수심이 깊은 곳에서 뗏목이나 밧줄 시설을 이용한 수하 시설
  ㉢ 침설 수하식 채묘시설 : 수심이 깊은 곳의 저층에 채묘기를 설치하여 채묘하는 방법
  ㉣ 침설 고정식 채묘시설 : 수심이 비교적 얕은 곳의 저층에서 채묘하는 방법
  ㉤ 완류식 채묘시설 : 대나무나 나뭇가지를 세워 주거나, 해수의 흐름을 완만하게 조절해 주는 방법

(2) 어류의 경우
① 바다나 호수에서 자란 치어를 그물로 채포하여 종묘로 이용 → 자연종묘
② 방어는 6~7월에 쓰시마 난류를 따라 북상하는 치어들이 떠다니는 모자반 등의 해조류 밑에 모이는 습성 이용하여 이들을 그물로 채포하여 종묘로 이용
③ 농어 등은 치어의 밀도가 높을 때 포획하여 종묘로 사용
④ 숭어(민물과 바닷물이 만나는 곳)는 염전 저수지나 양어장 수문을 통해 들어온 치어를

채집하여 이용
⑤ 뱀장어는 바다에서 부화하여 해류를 따라 부유 생활을 하면서 유생기를 지나고, 이른 봄에 담수를 찾아드는 것을 잡아 모아서 양식용 종묘로 이용

2. 인공 종묘생산

양식한 어미 또는 채포한 자연산 어미로부터 채란, 부화, 유생기 사육에 이르기까지 모두 인위적 관리를 통하여 종묘를 생산하는 방법
① 종묘 생산 시기의 조절로 계획적인 양식 가능 즉 완전 양식도 가능하다.(장점)
② 관리나 시설면에서 자연 채묘보다 어렵고 경비가 많이 든다.(단점)
③ 완전 양식 : 길러 낸 어미로부터 채란, 부화 및 성장시켜 다시 어미로 쓸 수 있는 경우

(1) 먹이 생물 배양

클로렐라 등의 배양 → 수 톤 - 수백 톤 배양 → 로티퍼(Rotifer)의 먹이
(실험실에서 무균 배양)　(야외에서 용량 증가)　　　(1차 소비자)
　　　　　　　　　　　　　　　　　　　　　　　　　　　↓
　　　　　　　　　　　　　　　　　　　　　　　　자어에게 공급

(2) 자어나 유생의 사육

① 어류 초기 먹이 로티퍼, 아르테미아(Artemia) : 새우의 건조된 알을 상품화한 것을 먹이로 씀
② 조개류 초기 먹이 케토세로스(Chaetoceros), 이소크리시스(Isochrysis)

(3) 먹이붙임

초기 먹이 → 초기 먹이 + 사료 → 사료
① 어류의 경우 : 로티퍼, 아르테미아를 먹일 때 배합사료로 먹이붙임 실시 → 일정기간 경과 후 배합 사료 만으로 치어까지 성장시켜 종묘로 이용
② 조개류의 경우 : 부착 치패까지 식물, 부유생물로 먹이를 공급하나 일반적으로 바다에서 중간 육성시킨 후 종묘로 사용

(4) 인공종묘 생산할 때 유의할 점

각 대상 어종별 유생과 자어의 생활사가 다르므로 생태적인 습성에 맞추어 관리해 주어야 한다.

(5) 클로렐라(Chlorella)

① 녹조류의 미세 단세포 식물 부유생물

② 크기 : 3~8㎛ 정도
③ 해수산과 기수(바닷물 민물 섞인 곳), 담수산(가장 많이 분포)이 있다.
④ 단백질, 비타민, 무기염류의 영양성분을 갖추고 있어 사료와 과자크래커 및 로티퍼의 먹이로 이용

(6) 배합사료
먹이로써 필요한 영양분을 골고루 포함하고 있는 사료

[제2절] 영양과 사료

1. 사료에 필요한 주요 성분
① 단백질, 지방, 탄수화물, 무기염류, 비타민 등
② 양식의 2대 요소 : 먹이, 환경

(1) 양식 생물과 영양 공급
① 해조류 : 물속에 녹아 있는 영양 염류를 흡수하여 성장 → 인위적 공급 불필요
② 굴, 피조개, 가리비 등 : 자연 발생의 먹이를 여과 섭식 → 인위적 공급 불필요한 것
③ 인공종묘를 생산할 경우에만 굴, 피조개, 가리비에게 먹이 생물을 공급한다.
④ 어류 및 새우류 : 집약적 양식의 경우 → 영양과 사료의 공급(경영의 대부분 차지)

(2) 사료에 필요한 영양소

단백질	양식 어류의 몸을 구성하는 가장 기본이 되는 성분
탄수화물	에너지원
지방 및 지방산	에너지원 및 생리 활성 물질
무기 염류 및 비타민	대사과정 중의 촉매 및 활성물질
다른 구성성분	점착제, 항생제, 항산화제, 착색제, 먹이 유인 물질, 기타 호르몬 등

사료의 다른 구성성분

* 점착제 : 사료 제조 시 사료가 물속에서의 안정성을 증대시키고 펠릿(알갱이 pellet)의 성형을 돕기 위하여 사료에 첨가되는 물질
* 항생제 : 질병치료의 목적으로 사료에 첨가되어 물질 → 신중하게 주의해서 사용
* 항산화제 : 사료 중의 지방산, 비타민 등의 산화방지를 목적으로 사용 비타민E(천연 토코페롤) 첨가
* 착색제 : 횟감의 질과 관상어의 색깔이 선명하도록 첨가하는 물질(카르티노이드, 갑각류 껍데기의 아스타산틴, 크산토필 사용)
* 먹이 유인 물질 : 어류의 종묘 생산에 중요한 초기 미립자 사료에 중요한 첨가물
* 기타 호르몬 : 성장 촉진, 조기 성 성숙, 종묘의 성 전환 등에 사용

2. 이용 가능한 사료의 원료

(1) 사료원료의 구비조건

① 양식동물이 필요로 하는 성분을 고루 갖출 것
② 양적으로 충분해야 한다.
③ 변질되지 않는 신선한 것

(2) 사료의 원료

단백질 원료(가장 많이 필요하며 중요), 탄수화물 원료, 지방 원료 등
① 단백질 원료
　㉠ 고등어, 정어리, 전갱이 같은 가격이 낮은 어류
　㉡ 수산물 가공에 나오는 부산물(머리, 내장, 뼈 등)과 잡어를 이용하여 만든 어분
　㉢ 번데기, 육분, 콩깻묵을 비롯하여 기름 짠 찌꺼기, 효모 등의 이용
② 탄수화물 원료 : 밀, 옥수수, 보리 등의 곡물류 가루나 등겨 등의 이용
③ 지방 원료 : 어유, 간유, 가축 기름, 식물유 등 각종 동식물의 기름 이용하며 기름은 공기 중의 산소와 쉽게 결합하여 유독하게 되므로 신선한 것 사용 → 항산화제 혼합 사용
④ 소금과 무기물 등을 첨가
⑤ 콩깻묵 등 식물성 단백질을 많이 사용 시는 인이 부족하기 쉬우므로 인산염 첨가

3. 사료의 형태

(1) 인공사료의 가공 시 주의할 사항

① 어류가 필요로 하는 성분을 골고루 갖출 것
② 물속에 넣어 줄 때 사료가 허실되지 않을 것
③ 흡수가 잘되어 성장이 잘되는 좋은 질과 알맞은 형태로 가공
④ 장기 보존을 목적으로 가공
⑤ 성장 단계에 따라 사료 입자의 크기가 입의 크기에 알맞게 가공

(2) 사료의 분류

습사료	수분이 50~75% 함유, 반죽 또는 모이스트 펠릿 형태로 가공
반 습사료	수분이 20~30% 함유, 반죽 또는 모이스트 펠릿 형태로 가공
건조사료	수분이 7~13% 함유, 가루, 플레이크, 펠릿, 미립자 사료 등 부상 또는 침강 사료

(3) 건조사료의 장점
① 영양적 가치를 대상 어종의 요구에 맞출 수 있다.
② 수분함량이 적으므로 제작, 공정, 운반, 보관에 경제적이다.
③ 자동 공급기에 의해 사료의 공급이 쉽다.

(4) 건조사료의 형태
① 가루(분말 형태), 플레이크(전복 사육에 이용 사료를 납작하게 만든 형태), 펠릿(압축하여 알갱이로 만든 것), 크럼블(펠릿을 부순 형태), 미립자 사료 등
② 부상 사료(열, 압력에 의해 팽창시킨 형태), 침강 사료 등

(5) 사료는 양식 동물의 먹이 습성에 따라 여러 모양으로 가공
① 뱀장어의 경우 – 분말 사료를 반죽하여 공급
② 전복의 경우 – 해조류를 섞어 가공
③ 기타 대부분의 경우 – 알갱이 모양이나 원주 모양으로 가공

4. 사료계수

(1) 사료계수(feed coefficient, FC)
양식동물의 무게를 1단위 증가시키는데 필요한 사료의 무게 단위
① 양식동물에게 공급한 사료의 효율을 나타내는 기준
② 사료계수＝사료 공급량/증육량(단, 증육량＝수확시 중량－방양시 중량)
③ 사료효율(%)＝1/사료 계수×100＝증육량/사료 공급량×100
　　㉠ 100kg의 잉어에 1000kg의 사료를 먹여 725kg으로 성장시켰을 때의 사료계수와 사료효율은?
　　　　∴ 사료계수＝1000/(725kg－100kg)＝1.6
　　　　∴ 사료효율＝1/1.6×100＝62.5%

(2) 사료계수를 나타낼 때에는 건조 사료 기준인지 습중량 기준인지 명백해야 함
　　㉠ 뱀장어 1kg 증육시킬 경우
　　　　∴ 건조사료 : 1.5kg 소요(사료계수 1.5)
　　　　∴ 습중량일 때 : 5kg 소요(사료계수 5.0)
① 현재 시판되는 완전 균형 사료로 어류를 사육 시에 1.5 전후의 사료계수를 나타낸다.
② 사료 계수가 낮을수록 양식 비용이 적게 들기 때문에 사료계수를 낮추기 위한 많은 연구와 실험이 진행되지만 현재 1.5~2.0 정도가 많다.

5. 사료 공급법

① 사료의 먹는 양은 양식 동물의 종류와 크기 및 수온, 용존 산소 등 수질에 따라 다르다.
② 어류의 1일 사료 공급량 : 몸무게의 1~5%(보통 2~3%) 정도
③ 뱀장어, 미꾸라지 등의 어린 치어기 : 10~20% 정도 먹는다.
④ 사료의 섭취는 수질(용존산소, 암모니아 등)의 영향이 크므로 좋은 수질 유지 노력
⑤ 한 번에 주는 먹이의 양 : 포식하는 양의 70~80%
⑥ 사료 효율을 높이고, 건강한 어류 양식을 위해서는 특히 치어기에 조금씩 자주 준다.
⑦ 수온 상승과 어류가 성장하면 먹이 주는 횟수와 시간이 중요 → 이른 아침과 해질 무렵에는 사료를 충분히 준다.
⑧ 어종에 따른 먹이 주는 횟수
　㉠ 송어, 메기, 뱀장어 육식성 어류 등 : 1일 1회 공급 또는 2회
　㉡ 잉어 등 : 위가 없으므로 여러 번 나누어 준다.

6. 인공 배합사료의 장점

① 관리가 쉽고 인건비가 절약된다.
② 상온에서 3개월 정도 장기 보관이 가능하다.
③ 사료의 공급과 가격이 안정적이다.
⑤ 사료의 공급량과 투여 방법을 조절하여 생산량을 조절
⑥ 어류의 사료 공급량을 적당히 하여 질병발생을 줄인다.

제 3 장　양식생물 질병, 축양과 운반, 주요 종의 양식

[제1절] 양식생물 질병

1. 환경요인에 의한 질병

(1) 양어장의 산소량 변화 - 하루 중에도 물속의 산소량은 크게 변한다.

① 낮 : 수초나 식물 플랑크톤의 광합성에 의하여 산소가 보충
② 밤 : 호흡 작용으로 산소 소비 → 새벽에 산소 부족의 위험성이 크다.[밤이 되면 식물이 있는 물이 없는 물보다 산소 소비가 더 크다.]

(2) 산소 부족의 경우

① 동물의 성장이 나빠지고 질병에 걸리기 쉽다.
② 심하면 폐사한다.

③ 대책 : 새벽에는 산소량 조사 실시, 좁은 면적에 과밀 양식 금지, 산소 공급을 위한 포기

(3) 기포병(가스병, gas disease)
① 지하수에는 산소 결핍과 질소가스의 과포화 상태 → 직접 양어장에 많이 주입 시에 기포병이 발병
② 기포병에 걸리면 온몸에 방울이 생겨 조직이나 장기에 기계적인 장애를 주며 안구 돌출, 심하면 폐사
③ 대책 : 포기를 하여 질소가스를 제거 후 사용
④ 질소가스에 의한 가스병
   ㉠ 수중의 질소 포화도가 115~125% 이상시 발병
   ㉡ 130% 이상 되면 단시간 내에 치명적인 장애 유발

(4) 수온 급변
① 양식 어류에 충격을 주며, 어린 물고기는 5~10℃의 온도차가 있는 물을 갈아 주면 죽는다.
② 대책 : 수온을 5℃ 이상 급변 방지

(5) 어류의 먹이 찌꺼기나 배설물 등에 의한 발병
① 먹이 찌꺼기나 배설물 등의 유기물이 분해되어 암모니아(NH_3)나 아질산(NO_2)의 생성
② 아가미에 혈액이 고이고, 유착으로 호흡 곤란이 심하면 죽는다.

(6) 농약이나 중금속에 의한 발병
① 양어장에 유입 시 : 양식 동물이 죽거나 등뼈가 굽어지는 증세 유발
② 하천수를 이용하는 양식장에서는 이러한 물질의 유입이 없는 곳을 선택

(7) 예방과 대책
① 약품 치료보다는 우선적으로 좋은 환경 조성과 관리방법 개선으로 근본적 원인 제거가 중요
② 어류에게 스트레스 적게 주는 것이 중요
③ 양식 어류의 스트레스
   ㉠ 어류 양식 시 병의 예방을 위해서는 약보다 스트레스를 주지 않아야 한다.
   ㉡ 어류가 받는 스트레스 요인 : 산소부족, 수온변화, pH 변화, 과밀양식, 수중 질소 화합물의 양, 수심의 부적절, 수류의 부적절, 심한 진동, 광선, 어류의 취급 등
   ㉢ 어류에게 스트레스 적게 주는 것이 건강을 유지하는 방법

2. 미생물 및 기생충에 의한 질병

발병의 원인 : 산소부족, 스트레스, 지하수 직접 사용, 수질악화, 수온급변, 기생충 전염, 물곰팡이 등

(1) 발병의 유형
① 미생물이나 기생충이 직접 양식동물에 침입하여 발병
② 수질이나 먹이가 나빠서 어류의 기능저하 : 2차적으로 미생물 전염, 기생충이 기생하여 발병하는 경우가 많다.
③ 어류 질병의 거의 대부분은 미생물(세균)에 의한 질병이다.
④ 양식 동물의 질병을 일으키게 하는 미생물 : 바이러스, 세균, 물곰팡이 등
　㉠ 바이러스성 질병 : 무지개 송어 등에 나타나며, 아직 효과적인 치료 방법이 없다.
　㉡ 세균성 질병 : 가장 자주 발병하며, 병의 종류와 증세가 다양

(2) 병의 증상
먹이를 먹지 않고, 행동이나 체색이 달라짐 → 병어 발견이 쉽다.
① 힘없이 유영
② 무리에서 벗어나 못의 가장자리에 가만히 있다.
③ 몸의 빛깔이 검게 변하거나 퇴색
④ 몸 표면에 점액상의 회색 분비물 분비
⑤ 안구 돌출
⑥ 피부나 지느러미에 출혈 또는 출혈 반점
⑦ 아가미나 지느러미의 부식이나 결손
⑧ 몸을 바닥이나 벽 또는 다른 물체에 비빈다.(기생충 전염 시)
⑨ 복부 팽창 및 복수가 찬다.

(3) 연못이나 양어장에서 자주 볼 수 있는 증상
① 몸에 붉은 반점 생기는 것
② 피부가 벗겨져서 몸 표면이 마치 해어진 헝겊처럼 보이는 것
③ 지느러미의 끝 부분이 상하여 지느러미 줄기가 흐트러져 보이는 것
④ 눈동자가 툭 튀어나온 것
⑤ 배가 부풀어 오른 것
⑥ 치료 약품 선택하여 발병 초기에 경구 투여나 약욕 등으로 치료 가능

(4) 물곰팡이(수생균)
① 봄철 어류나 알 등에 기생하여 실 같은 균사 때문에 마치 표면에 솜뭉치가 붙어 있는

것 같이 보인다.
② 알을 부화시켜 종묘 생산 시 주의해야 한다.

(5) 양어장에 잘 발생하는 기생충

백점충(섬모충류), 포자충(원생동물), 물이(갑각류 담수어류 빈출), 아가미흡충, 피부흡충, 트리코디나충(원생동물), 닻벌레(갑각류, 담수어류 빈출) 등
① 몸 표면에 좁쌀만한 흰 점이 생김
② 체표가 광택이 없이 뿌옇게 변함
③ 몸을 양어장 벽에 부비는 증세를 나타냄
④ 트리티코나충이나 백점충의 치료를 위해 포르말린을 사용할 경우 물 1L당 30mg의 비율로 녹여준다.
⑤ 포자충은 구제하기 힘들기 때문에 치료보다는 양어장의 환경관리나 예방에 힘써야 한다.

[제2절] 축양과 운반

1. 축 양

살아 있는 수산 동물을 적절한 시설 안에서 일시적으로 보관하는 것으로 축양과 운반은 3차 산업이다. 축양은 생물의 성장이 목적이 아니라, 살아있는 생물을 보관하는 것을 목적으로 한다.

(1) 축양의 개념
① 양식용 종묘, 자원 조성용 종묘를 생산하여 운반 전 보관할 때
② 활어 횟집과 낚시터에 큰 어류를 산 채로 공급할 때
③ 양식 또는 어업 생산물을 산 채로 최종소비지까지 운반하고 축양할 때
④ 다량으로 어획한 수산물을 가격이 낮은 시기에 보관하는 일

(2) 축양방법
① 가두리를 이용한 축양(예부터 축양에는 가두리를 많이 이용했다.)
② 수조를 이용한 축양
   ㉠ 장시간 축양 시 : 수질관리, 사료공급(체중을 늘리는 것이 목적은 아님)
   ㉡ 단시간 축양 시 : 용기에 수용 후 산소공급 장치 시설
   ㉢ 1~2일 이상 축양 시 : 물의 정화장치를 갖춘 축양시설, 세부적인 구조나 원리는 순환여과식 사육장에 준한다.
③ 축양 시 주의사항 : 먹이 공급을 하지 않는다. 과밀 방지, 질병어 제거

2. 운반

① 공기 중에 장시간 살 수 있는 게류, 조개류 등은 상자 또는 바구니에 담아 운반
② 뱀장어, 미꾸라지 등은 기온이 낮은 겨울에는 공기 중에서 상자나 바구니에 담아 2~10시간의 운반 가능
③ 대부분의 어류는 물속에 넣어서 운반 → 특별한 장치나 운반상의 주의가 요구됨(특히, 종묘용 치어)

(1) 활어 운반을 위해 고려해야 할 기본원리

생물 운반의 기본원리
① 대사 기능의 저하 ＊운반 전 2~3일 금식(가장 선행 사항) ＊운반 용수의 저온 유지 : 얼음 사용, 냉각기 가동 → 운반 용기의 벽을 단열 처리 ② 산소의 보충 : 고밀도 수용 시 산소 부족(에어레이션) ③ 오물의 제거 : 운반 시간이 길어질 때는 어류의 대사 물질, 체표 분비물 제거(여과 장치)

(2) 활어의 실제 운반법

비닐봉지 운반, 대형 용기사용 운반(활어차, 활어선), 마차 운반 등

① 비닐봉지 운반
  ㉠ 비닐 또는 폴리에틸렌 봉지에 물을 반쯤 채운다.
  ㉡ 그 속에 어류를 수용한 후 공업용 산소를 채운다.(직사광선을 피하고 눕혀서 운반이 좋다)
  ㉢ 치어의 운반에 주로 이용
  ㉣ 일부의 식용어와 관상어 운반에 이용
② 대형 용기사용 운반
  ㉠ 많은 양의 활어를 운반하기 위해서는 대형 용기에 수용하고 산소 주입을 한다.
  ㉡ 잉어의 경우 : 2톤 용기에 1톤의 활어를 수용하여 10시간 이상 운반 가능
  ㉢ 산소 주입 : 공업용 산소 탱크 이용, 블로어(blower)펌프나 컴프레서(compressor) 이용
③ 활어를 대량으로 운반 시 고려해야 할 구체적인 사항
  ㉠ 창자 속에 먹은 것이 남아 있어 운반 중에 위장 장애를 일으키는 일이 없도록 한다.
  ㉡ 배설물로 인한 운반 용기 내의 수질이 오염되지 않도록 한다.
  ㉢ 운반 용기에 실을 때 거칠게 취급함으로써 스트레스를 받는 일이 없도록 한다.
  ㉣ 산소 부족에 의한 호흡 곤란이 일어나지 않도록 한다.
  ㉤ 산소 과다로 스트레스에 의한 상처가 나지 않도록 주의한다.
  ㉥ 과밀 적재에 의한 상처 발생이 일어나지 않도록 한다.
  ㉦ 운반 중 수온의 상승으로 인하여 폐사 발생이 일어나지 않도록 한다.

ⓒ 운반 후 하역 시에 상처가 일어나지 않도록 한다.
④ 마취 운반
　㉠ 마취시키면 대사 기능과 활동력이 저하됨으로 운반에 유리
　㉡ 마취제나 냉각 마취방법을 이용
　㉢ 냉각 마취 운반은 뱀장어 종묘 운반에 이용
⑤ 마취제
　㉠ 어류의 마취제로 쓰이는 약제로는 트리카인(tricaine)이 가장 흔히 사용
　㉡ 이 약품은 MS-222라는 상품명으로 널리 알려짐

[제3절] 주요 종의 양식

1. 유영동물 양식

(1) 넙치(광어)
① 분포와 특징
　㉠ 분포 : 우리나라, 일본 등의 연안
　㉡ 머리 쪽에서 볼 때 눈이 왼쪽에 있다.(가자미, 도다리 - 오른쪽)
　㉢ 반대쪽의 몸은 흰색, 저서 생활
② 넙치 양식
　㉠ 완전 양식 가능, 종묘 생산 조절 가능 : 장일 처리와 수온 조절
　㉡ 성장 속도가 빠르고, 사료계수가 낮아 양식종으로 가장 인기가 높다.
　㉢ 제주도, 남해안 등 우리나라 연안에서 종묘 생산 활발
　㉣ 육상 수조식으로 많이 양식
③ 광주기 조절
　㉠ 어류의 성숙과 산란에 관여하는 환경 요인 : 광주기, 수온
　㉡ 넙치의 경우 : 온도보다 광주기가 효과적으로 제어 가능 → 실용화하여 산업체에서 이용
　㉢ 자연 해수로 5~10회전/일의 환수량으로 오후 5시~오후 12시까지 수면 조도를 30~700룩스(lux)되게 장일 처리(17~18시간/일)하여 50일간 성 성숙시킨다.
④ 가자미와 넙치의 차이점

구 분	가자미	넙치
공통점	*가자미목에 속함 *몸 : 평평함, 눈 : 좌우에 있음 *성장하면서 한쪽 눈이 이동, 해저에 드러누운 생활 시작(몸이 납작해짐)	*가자미와 동일 넙치는 가자미목에 속한다.
차이점	*두 눈이 몸의 오른쪽	*몸의 왼쪽

(2) 돔류

참돔, 감성돔, 돌돔 등

① 종묘생산은 인공종묘와 자연종묘 이용
② 가두리에서 주로 양식, 맛이 좋아 양식 대상 유망종이다.
③ 다른 어종에 비해 성장이 느리다.[저 수온에서도 잘 견디나 5℃ 이하에서는 위험하다.]
④ 참돔은 완전 양식 가능
⑤ 좋은 색택을 위하여 새우, 가재 등의 생사료 이용과 카로티노이드계 천연색소를 먹이에 투여
⑥ 서식 수온 : 13~28℃, 3~6월 산란
⑦ 사료 : 로티퍼 → 아르테미아 → 배합사료 → 까나리, 정어리+배합사료[습사료 상태]

(3) 조피볼락(우럭)

① 분포와 특징
  ㉠ 분포 : 우리나라 전 연안, 일본, 중국 등 → 특히 서해안에 많다.
  ㉡ 연안의 정착성 어종
  ㉢ 난태생으로 부화 자어는 6~7mm 크기
② 양식
  ㉠ 완전양식 가능 어종
  ㉡ 종묘생산 기간이 짧고, 대량 종묘생산 가능(자어를 산출하기 때문에)
  ㉢ 서해안, 남해안에서 가두리 양식 활발

(4) 방어

① 분포와 특징
  ㉠ 분포 : 봄에 대한 해협을 통과하는 쓰시마 난류를 따라 우리나라 남해안과 동해안 분포, 3~5월에 산란한 후 5~6월에는 남해와 거제도 외해로 올라온다.
  ㉡ 회유성 어류(봄 : 동중국해(대만) → 제주도 → 남해안 → 동해안, 가을 : 역으로)
  ㉢ 육식성 : 먹이는 오징어, 정어리, 고등어, 전갱이, 멸치 등
② 양식
  ㉠ 종묘생산 : 6, 7월에 치어를 모자반 등 떠다니는 부유물 밑에서 채포하여 종묘로 이용
  ㉡ 가두리에 수용하여 생사료(까나리, 정어리 등)와 배합사료로 양식
  ㉢ 단기간 양성으로 수익성이 높으나, 먹이를 많이 먹고 활발하게 활동하여 에너지 소비가 많다. → 사료비 비율이 높고, 환경 변화에 민감하다. 서식 최적 수온은 18~25℃ 정도

(5) 송어, 연어류

송어 : 보통 하천에서 태어나서 바다에 내려가지 않고 담수에 살면서 성장

① 무지개 송어 : 냉수성 어류 중 대표적인 양식종으로 일본에서 도입되었으며, 전 세계적으로 널리 양식됨
② 서식 수온 범위 : 0~25℃, 성장 수온 10~20℃, 최적 성장 수온 15℃
③ 채란용 친어 : 3~4년된 암수의 알과 정액을 채취하여 건식법으로 수정
④ 수정 후 1~2분 후에 알을 씻고 부화기에서 부화(무지개 송어 부화 최적 수온 : 10℃), 약 16일 지나면 눈이 생김(발안기) → 약 31일이 지나면 부화
⑤ 부화한 자어는 난황을 흡수하며 바닥에 누워 지낸다. 난황을 모두 흡수하면 떠올라 먹이를 찾는다.(이 시기를 부상기라 함)
⑥ 이 때의 먹이는 실지렁이, 입자가 작은 크럼블 사료 사용 후에 입자가 큰 펠릿사료 투여
⑦ 성장은 수온에 따라 다르며, 수온 13℃에서 1년 100~200g, 2년 600~1,000g, 3년 1,200~2,000g까지 성장
⑧ 식성은 동물성으로 수서 곤충이나 작은 어류
⑨ 식용어 양성 : 5~10g 정도의 종묘를 상품 크기로 기르는 과정, 양성 수조는 긴 수로형, 원형으로 유수식으로 양성
⑩ 연어와 무재개송어는 육상 담수에서 어느 정도 자라면 해수에서도 지장 없이 성장시킬 수 있다.

(6) 잉어류

① 우리나라 양식어 중 가장 오랜 역사를 가지며, 내수면 양식어종 중 가장 큰 비중 차지
② 가장 많이 양식되는 종류 : 유럽계의 이스라엘잉어(향어)는 온수성의 대표종으로 우리 고유종보다 체고가 크고 체중이 무거우며, 성장이 빠르다.
③ 서식지 : 호수, 저수지, 하천 등 맑은 물보다 다소 흐린 물에서 잘 자람
④ 식성 : 잡식성[잉어류는 환경 적응력이 어느 종보다 강하다.]
⑤ 서식 수온 범위 : 성장 수온 15℃ 이상, 최적 성장 수온 24~28℃(25℃ 내외), 7℃ 이하이면 먹이를 먹지 않는다.
⑥ 산란 : 수온 18℃ 정도, 5~6월의 새벽, 침성 점착란 산란 시 알받이를 넣어 준다.
⑦ 수온이 20℃일 때 4일 만에 부화, 부화 후 2~3일부터 어린 물벼룩(윤충류), 바퀴발레(로티퍼) 등을 먹는다.
⑧ 성장은 수온과 먹이에 따라 다르며, 유럽계의 경우 당년생은 가을까지 200g 이상 성장, 다음 해 가을까지 1.5~2.0kg까지 성장

제 4 장 주요 종의 양식

[제1절] 주요 종의 양식

1. 유영동물 양식

(1) 뱀장어

① 뱀장어 양식은 내수면 양식 어업에서 중요한 비중 차지
② 담수에서 성장하여 필리핀 동부의 수심 300~500m 되는 깊은 곳에서 산란
③ 뱀장어의 유생 : 렙토세팔루스로 버들잎 모양의 납작한 유생 → 자라면서 해류를 따라 2~5월 연안의 하천에 소상하는 실뱀장어를 채포하여 양식 종묘로 이용(※ 뱀장어는 자연 종묘에만 의존한다.)
④ 초기에는 좁은 수로나 못에 수용하고, 실지렁이, 어육 또는 배합사료로 양식

뱀장어 먹이 길들이기
* 수온을 26~27℃로 올려 해가 진 후 급이장에 30W 정도의 전등을 켜주면 모여든다.
* 그물 상자에 실지렁이를 넣고 수면에 거의 닿을 정도로 매달아 주면 1주일 후에 약 70% 정도 실지렁이에 먹이 길들이기가 된다.
* 이후 7일째부터 배합사료와 실지렁이를 혼합 급이하며, 점점 100% 배합사료만 반죽하여 급이
※ 반죽한 먹이는 무르고 부드럽기 때문에 급이 후 수질 변화에 주의

⑤ 성장하면서 크기 차이가 심하므로 선별을 실시해야 한다.
　　㉠ 선별 1일 전에 급이 중지, 수온을 13℃ 정도 내려 뱀장어를 안정시킴
　　㉡ 크기별로 선별기로 선별하고, 필요시에는 항생제 등으로 소독 실시
⑥ 뱀장어 양식 시 가장 중요한 것은 수질관리이다. → 수질변화에 대한의 사전 예측과 대책수립이 중요

뱀장어 양식장의 수질변화 대책
① 수질 변화(물 변화) 발생시 : 먹이를 잘 먹지 않고, 입올림, 대량 폐사 발생 → 응급 대책 : 못물을 대량 환수
② 수질 변화의 예측방법 : 못 바닥의 흙과 수질 수시 분석 실시
㉠ 암모니아 3ppm 이상 검출　㉡ pH가 9.5 이상이거나 7.0 이하의 산성일 때　㉢ 현미경상 윤충류가 많을 때
③ 대책
㉠ 수차나 에어 블로어로 못물의 상·하층 교류시키거나 포기 실시
㉡ 클로르칼크, 석회, 탄산칼슘 등을 살포하여 저질을 개선

(2) 메기류(메기 : 잉어목)

① 우리나라에서 양식되는 종 : 차넬메기(미국 산), 참메기(주 양식 종) 등

② 참메기의 산란 시기 : 5월 중순~7월 중순, 야간이나 새벽에 산란, 침성 점착란(점착성은 약하다.)
③ 3~5일 만에 부화하고, 2~3주일 후에 전장 3cm 정도 성장
④ 개체 간 성장 차가 심하고, 암컷이 수컷보다 크게 자란다.
⑤ 차넬메기는 야행성 어류, 육식성이며 탐식성을 나타낸다.
⑥ 고밀도 사육시는 공식 현상(자기들끼리 서로 잡아먹는 현상)이 생김
⑦ 메기 사육에 알맞은 온도 : 21~30℃까지 봄철 수온이 10℃ 정도가 되면 먹이 공급 시작
⑧ 치어는 방양 직후 먹이 공급
⑨ 산란량 체중 1Kg당 8000개
⑩ 메기 먹이는 반죽한 배합사료를 먹이통에 준 후 20~30분 이내에 먹을 수 있는 양을 준다. 가두리식으로 양식할 경우 1칸(25㎡)당 5000~7000마리가 적당하다. 차넬메기 양성은 유수식, 가두리식, 순환여과식으로 고밀도 사육이 가능하다.

(3) 틸라피아(역돔), 민물돔, 태래어(태국 도입)

원산지는 아프리카

① 원산지 : 아프리카, 열대성 담수 어류
② 식물질 사료를 잘 먹고, 성장이 빠르며, 환경 변화에 대한 저항성이 강하다.
③ 서식 수온 : 15~45℃, 최적 성장 수온 24~32℃
④ 어릴 때는 동물성 먹이를 먹고, 성장함에 따라 식물성 또는 잡식성으로 변함
⑤ 산란은 수온 21℃ 이상이면 계속해서 산란하며, 수정란은 암컷의 입 속에 넣어 부화시킴.
⑥ 수온이 20℃ 이하로 내려가면 보온 및 가온 시설 필요
⑦ 양식 시 문제점 : 상품 가치가 있는 대형어가 양성 중에 계속 산란하는 일
⑧ 체장 22~25cm, 400~800개 산란, 35cm 1800~2000개 산란, 20cm 이상이면 산란 가능, 고수온, 여러 세대 양식 12~16cm에서도 산란 가능하다.
⑨ 틸라피아의 번식력을 억제 방법 : 암·수 분리사육, 잡종 생산, 성전환 처리(수컷 호르몬인 테스토스테론 사료에 주입), 고밀도 사육 등
⑩ 틸라파아는 하루에 여러 번에 걸쳐 뱀장어 잉어 등의 분말 사료를 못 전체에 뿌려 주거나 반죽하여 떡밥으로 준다. 이후 차차 성장하면 크럼블 사료를 주어 1㎡ 당 200~250마리 사육한다.
⑪ 틸라피아 자 치어 생산은 1㎡당 암3 : 수1 비율이 적당하다. 먹이는 아침 일찍 주어 공식현상을 막는다.
⑫ 자어를 부화시켜 4~6cm 자라면 따로 관리한다.

(4) 새우류

① 우리나라의 양식 대상종 : 보리새우, 대하
② 보리새우 : 서·남해안에 분포, 하구나 내만에서 많이 생산
③ 새우 유생단계 : 노플리우스(nauplius) → 조에아(zoea) → 미시스(mysis) → 후기 유생(post-larva) → 새끼 새우(치하)
  ※ 게 유생단계 : 노플리우스(nauplius) → 조에아(zoea) → 메가로파 → 후기유생 → 새끼 게
④ 양식용 종묘는 이른 봄에 자연산의 성숙한 어미를 잡아 인공 부화시키고, 치하기를 지나 2cm쯤 되면 사육지에 방양한다.
⑤ 유생기의 먹이 : 초기 규조류(스켈레토네마), 요각류(코페포다), 새각류(아르테미아), 성장 배합사료
⑥ 양성지는 $100m^2 \sim 10만m^2$, 수심은 1~2m 정도. 새우류는 고수온기를 넘긴 9~10월에 먹이를 많이 주어 집중 성장시키는 것이 좋다.
⑦ 먹이는 배합 사료를 주면서 가을까지 상품 크기로 성장시킴
⑧ 보리새우는 야행성이므로 저녁에 1일 1회, 대하는 낮에 활동하므로 1일 2~3회 먹이를 준다.
⑨ 보리새우 여름철에 산란하고, 수온 27~29℃에서 수정 후 12~14만에 부화된다.

2. 부착 및 저서동물 양식

(1) 굴류

① 우리나라의 조개류 양식 대상 종 중 가장 생산량이 많다.(연체동물 중 70% 이상 생산)
② 시장성이 좋아 국내 소비와 외국으로 수출되고 있다. 생굴, 냉동, 훈제
③ 우리나라 전 연안에 분포
④ 알 → 수정 후 하루 만에 담륜자 유생 → 피면자기(벨리저) → D상 유생 → 각정기 유생 → 부착 치패(0.3mm 전후의 크기는 2~3주가 소요된다)[산란량은 어미 크기에 따라 다르나 한 마리가 수천만개의 알을 산란]
⑤ 양식용 종묘 : 자연 채묘, 부착 기질, 가리비나 굴의 조가비(부화 20℃ 이상 25℃ 최적)
⑥ 굴 양식용 종묘는 수심 2m 이내에 부착 유생이 많이 모이는 곳에 수하하여 자연 채묘한다.
⑦ 6~7월에 전기 채묘한 치패는 2~3주일 후에 단련시키지 않고 양성장으로 옮겨 종묘로 사용
⑧ 8~9월에 후기 채묘한 종묘는 조간대에 4~5시간 노출시켜 단련 종묘를 만들고, 다음해 4월까지 1.5cm 정도 성장시켜 5월에 양식어장에서 양성
⑨ 단련 : 채묘된 치패를 조간대의 단련상에서 주기적으로 대기 중에 노출시키는 방법으로

단련 종묘는 성장이 빠르고, 질병에도 강하다. 생존율이 높다. 양성 기간이 짧아진다.
⑩ 양상 방법 : 수하식 양성(대부분), 나뭇가지 양성, 바닥 양성 등
⑪ 여름철 수온이 20℃ 이상으로 올라가면 산란 시작 25℃ 전후에서 가장 활발하다.

(2) 담치류

① 우리나라의 양식 대상종 : 참담치(홍합), 진주담치
② 우리나라 전 연안에 분포, 굴 수하연에 다량 부착하여 해적 생물로 취급되었다. → 역으로 이용하는 양식 대상종이 됨, 한류를 좋아하나 우리나라 전 영역에 분포한다.
③ 조류 소통이 좋고 파도가 적은 내만에 더욱 많이 분포 약 10m 간조선을 중심으로 많이 번식한다.
④ 알 → 수정 후 하루 만에 담륜자 유생 → 수정 후 2일 만에 D상 유생 → 수정 후 10일 만에 각정기 유생 → 부착 치패(수정 후 3~4주일 후 0.3mm 전후의 크기)
⑤ 양상 방법 : 수하식 양성(굴, 멍게 담치)이나 말목 부착식 양성으로 1년 양성 후 수확함
⑦ 진주담치 : 원래 한해성으로 동해안 북부에 분포하였으나 후에 우리나라 전역으로 확대되었다.

(3) 전복류

① 우리나라 분포종
  ㉠ 난류계(남방종) : 오분자기, 마대오분자기, 말전복, 시볼트전복, 까막전복
  ㉡ 한류계 : 참전복, 이 중 산업적 주요종은 참전복과 까막전복(제주도)
② 옛날부터 기호품과 약용으로 고가이며, 조가비는 칠기 등의 공예품의 원료로 이용
③ 서식지 : 외양성으로 파도의 영향이 많이 미치는 암초지대에서 해조류 중 갈조류를 먹고 자란다.(특히, 미역과 다시마, 감태를 잘 먹는다.)
④ 최근 인공 종묘생산에 의해 해조류가 많은 곳에 치패를 방류하여 자원관리형 양식어업(방류채포)이 기대되는 종
⑤ 인공 종묘생산 및 양성방법 : 플라스틱 파판에 부착 규조를 미리 발생시킨 후, 부착 치패를 파판에 부착시켜 관리 그 후 1~2cm 전후 성장한 치패를 다시 파판에서 떼어내어 중간 육성시킨 후 2~3cm 되는 치패를 연안에 방류하거나 연승 수하식, 가두리식, 육상 수조식 등을 이용하여 양성한다.
⑦ 현재 값이 비싸고, 인공 종묘를 대량 생산하게 되어 앞으로 생산량의 증대가 기대됨
  ㉠ 참 전복 : 산란기는 5~6월, 9~10월 수온이 20℃인 초여름과 초가을에 두 번 집중 산란이 일어난다.
  ㉡ 전복 : 산란량 8~10cm 어미 전복 한 마리가 20~80만개의 알을 낳고 수온이 20℃ 경우 10시간 만에 담륜자 유생 24시간 후에 피면자 빠른 것은 2~3일 후에 저서 포복생활로 들어간다.

(4) 가리비류

① 우리나라에서 생산되는 중요 종 : 비단가리비, 참가리비, 해가리비(제주도) 등
② 참가리비 : 각장이 20cm, 가장 큰 종, 한류계로 동해안 분포, 수심 10~50m에 분포 (발생 적온 10~15℃, 최적 12℃)
③ 비단가리비 : 우리나라 전 연안에 분포, 각장이 7.5cm 정도의 소형종, 색깔이 아름답다.(백령도, 흑산도)
④ 참가리비 : 저질이 주로 자갈이나 패각질이 많고, 미립질이 30% 이하인 곳에서 산다.(개펄보다는 모래, 자갈에 서식)
⑤ 비단가리비 : 조간대아래부터 10m되는 곳까지 저질이 암반이나 자갈인 곳에 족사로 부착하여 여과 섭식하며 산다.
⑥ 수정란 → 담륜자 유생(약 4일 후) → D형 유생(5~7일후) → 각정기 유생(약 15~17일 후) → 부착치패(약 40일 후)
⑦ 양성방법 : 귀매달기, 다층 채롱에 수용하여 양성, 2년 후 수확
   ⊙ 가리비는 수정 후 40일 후 0.3mm의 부착 유생이 되는데 이때 채묘기를 넣어 주면 족사선에서 분비한 족사로 부착하여 하룻밤 사이에 주연각이 만들어지고 이후 시간이 지나면 가리비의 형태가 나타남.
   ⓒ 가리비의 채묘방에는 진주담치 등이 부착하므로 조류소통을 방해하여 성장이 느려지게 된다. 약 2개월 후 치패가 6~10mm로 자랄 때 보호망을 새로 바꾸어 준 다음 중간 육성에 2~3cm로 자라면 귀매달기, 다층 채롱에 수용하여 본 양성 후 2년이 지나면 수확을 한다.

(5) 바지락, 대합류

① 우리나라 서남 해안에서 많이 생산
② 양식 적지 : 파도가 조용하고 간출 시간 2~3시간, 수심 3~4m 사이의 지반이 안정되고, 바닷물의 유통이 좋으며, 육수의 영향을 많이 받고 먹이 생물이 많은 곳
③ 우리나라에 서식하는 바지락류 : 가는줄바지락, 바지락
④ 우리나라에 서식하는 대합류 : 북방대합, 대합, 라마르크대합
⑤ 바지락과 대합류는 국내 시판과 수출되는 중요종
⑥ 바지락은 수온이 21~23℃일 때 수정한 다음 2~3주가 지나면 0.2mm 정도가 되어 부유생활을 마치고 저서 생활로 들어간다.

(6) 고막류

① 우리나라에서 생산되는 중요종 : 고막, 새고막, 피조개 등
② 고막과 새고막은 내수용, 피조개는 수출용
③ 남서 해안의 조간대 아래 무른 뻘로 된 저질에 서식

④ 고막류의 분포와 서식 및 주산지

고막	* 남해안과 서해안에 많이 분포, 가장 소형(방사륵 수 17~18개) * 고막류 중 가장 천해종 : 간조 시 드러나는 조간대 서식 * 저질은 다소 연한 개흙질이 많은 곳이 좋다. * 주산지 : 사천만, 가막만, 여자만, 득량만, 장흥과 신안 연안, 아산만 등
새고막	* 남해안과 서해안의 파도의 영향을 적게 받는 내만, 섬 안쪽에 서식 * 서식 수심 : 저조선에서 10m 이내, 수심 1~5m에서 주로 서식 * 저질 중에 얕게 잠입하므로 사니질이나 니질이 좋다. * 주산지 : 배둔만, 사천만, 가막만, 여자만, 득량만 등(방사륵 수 29~32개)
피(血)조개 수정 16일 후 각정기 유생 해에 따라 풍흉이 심하다.	* 남해안과 동해안의 내만이나 내해에 분포 * 고막류 중 가장 깊은 곳에 분포(방사륵 수 42~43개) * 저질에 잠입해서 살기 때문에 개흙질로된 연한 곳이 좋다. * 주산지 : 진해만, 거제만, 고성만, 강진만, 나로도 내만, 여자만, 득량만, 영일만 등 ※ 진해만 동부에서 생산되는 것 : 육질이 연하고 붉어 최상품이다.

⑤ 피조개 : 진해만 10m 이상의 저층에 채묘기를 설치하여 대량 자연 채묘한다. 1~2cm의 치패를 1ha당 40만 마리 기준으로 살포하여 1~2년 후에 수확

(7) 멍게(우렁쉥이)

① 우리나라 동·남해 연안의 외양에 면한 바위나 돌에 분포하는 척색 동물로 서식 수심은 주로 10~20m이다.
② 암수한몸, 난소는 암갈색, 정소는 유백색
③ 알과 정자가 동시에 방출되어 다른 개체의 알과 정자에 의해 수정된다.
④ 산란 시기 : 겨울철(통영 근해산 12월, 동해 남부 산 2월경) 총 산란량은 20~30만개 정도
⑤ 알은 분리 부성란으로 떠다닌다.
⑥ 수정란 → 2세포기 → 올챙이형 유생(25~29시간 후)기에 척색을 가짐 → 부착기 유생(4~5일 후) : 꼬리와 척색이 소실 → 입·출수공 형성된 멍게의 모양(약 24~30일 후)
⑦ 채묘는 유생의 꼬리가 흡수되어 그 길이가 짧은 것들이 보이기 시작하면, 곧 부착 생활로 들어가기 때문에 부착기를 넣어 채묘하게 된다.

3. 해조류 양식

(1) 김류

① 양식종으로 중요한 품종 : 참김, 방사무늬김
② 서식처 : 주로 조간대
③ 염분, 노출에 대한 적응력이 강함, 중성 포자에 의한 영양 번식으로 여러 번 채취 가능

④ 추운 지방 : 연중 엽상체로 번식, 따뜻한 지방 : 겨울에만 엽상체
⑤ 생활사 : 15℃ 이상의 봄, 여름에는 콘코셀리스(현미경적 크기의 긴 사상체) → 가을에 각포자가 김발에 붙어 어린 유엽으로 성장 → 가을철 수온이 15℃ 이하로 내려갈 때까지 유엽에서 중성포자가 나와 다시 어린 유엽(번식 되풀이 함) → 수온이 5℃ 이하로 내려가면 보통 김으로 급성장
⑥ 우리나라 김 양식은 1960년대 이후 양식 기술의 비약적 발전으로 생산량 증가
⑦ 김 양식기술 : 패각 사상체, 유리 사상체, 시설자재 개량, 뜬흘림발 양식, 냉장망 보급 및 중성포자망 이용 양식
⑧ 고급 제품의 안정적 생산을 위하여 어장 정화와 품질관리, 적정 생산량 조절 필요(무기산(공업용 염산), 염기산 등 유해 물질 사용 금지, 유기산(구연산)을 권장하고 있다.)
⑨ 김 : 콘코셀리스(사상체) → 각포자 → 유엽 → 중성포자 → 유엽
⑩ 여름을 지낸 김 사상체가 가을에 방출되는 것은 각포자이다.

(2) 미역
① 우리나라 전 해역에 분포
② 최근에 건미역, 염장 미역의 수요 증가와 가정에서의 소비와 식품 첨가제로의 수요 증가
③ 미역은 1년생 : 늦가을부터 이른 봄까지 성장(수온 15℃ 이하) → 봄부터 초여름까지 성숙하여 유주자를 방출한 후 모체는 녹아 버린다.

미역의 생활사
포자체(엽) → 유주자(발아) → 현미경적 크기인 배우체(조류에서 배우자를 생성하는 세대) → 가을에 암수 배우체에서 각각 알과 정자가 나와 수정 → 아포체 → 유엽 → 엽상체로 무성하게 성장(겨울철)

④ 양성 : 채묘틀에 합성 섬유를 감아 유주자 부착시켜 여름 동안 광선 조절하면서 배우체 관리 → 가을철 수온이 20℃ 이하에서 성숙하여 아포체로 성장 → 약 2주일 후 아포체가 5~10mm로 자랐을 때 씨줄을 12~16mm 굵기의 어미줄에 감거나 끼워서 양성
※ 가이식 : 수온이 21℃ 이하로 내려가면 채묘틀을 조류 소통이 좋은 수심 2~4m에 매달아 아포체로 성장을 촉진시키는 것
⑤ 수확
  ㉠ 수온이 15℃ 이하가 되는 기간이 짧은 곳 : 한꺼번에 수확 실시
  ㉡ 수온이 15℃ 이하가 되는 기간이 긴 곳 : 먼저 자란 것부터 수확
⑥ 미역 배우체는 수온이 23℃까지는 생장을 하지만 그 이상으로 되면 휴면 상태에 들어가고, 가을철 수온이 20℃ 이하에서는 성숙이 진행되어 아포체로 성장하게 된다.

(3) 다시마

① 홋카이도를 중심으로 북위 36°를 남방 한계로 하여 북반구 북부에 분포
② 우리나라는 1967년 일본 홋카이도에서 다시마를 이식하여 자연에 정착시킴
③ 백령도, 연평도에 자연산 분포, 전남 완도와 부산 기장에서 많이 양식
④ 여름에 실내에서 종묘를 배양하여 가을에 수온이 18℃로 내려갔을 때 바다에 내어 양식
⑤ 여름의 실내 배양 시설의 수온이 24℃를 넘지 않아야 하며, 여름에도 낮은 수온에서만 배양 가능
⑥ 수확 : 수심 5~10m 이상 되는 영양염류가 풍부하고 조류 소통이 좋은 곳에서 어미줄 1m당 20~30kg의 다시마 수확
⑦ 어미줄에 일정간격으로 씨줄을 잘라 끼운 후 어미줄 1m당 50개체 정고를 수확할 수 있도록 하는데, 수온이 낮고 햇빛이 약한 가을에는 어미줄을 수평 외줄식으로 1m 깊이로 조절한다. 햇볕이 강해지고 수온이 올라가면 봄에는 3~3.5m 깊이가 좋다.

제5편 기출 및 예상문제

01 양식에 관한 설명으로 옳지 않은 것은?
① 경제적 가치가 있는 생물을 인위적으로 번식·성장시켜 수확하는 것이다.
② 영리를 목적으로 한다.
③ 종묘 방류자와 성장 후의 포획자가 다르다.
④ 대상 생물의 주인이 있다.

 양식은 종묘 방류자와 성장 후의 포획자가 같고, 자원관리는 종묘 방류자와 성장 후의 포획자가 다르다.

02 정수식 양식에 관한 설명으로 옳지 않은 것은?
① 바다에 제방을 만들어 천해의 일부를 막고 양성하는 방법이다.
② 가장 최근에 개발된 양식방법이다.
③ 생산력을 높이기 위해서는 수차를 이용하기도 한다.
④ 잉어류, 뱀장어, 가물치, 새우류 등을 양식하기에 적합하다.

 정수식 양식은 옛날부터 이용되어온 가장 오래된 양식방법이다.

03 양식장의 환경 특성에 관한 설명으로 옳지 않은 것은?   2020년 기출
① 개방적 양식장은 인위적으로 환경요인을 조절하기 쉽다.
② 개방적 양식장은 외부 수질환경과 자유로이 소통한다.
③ 폐쇄적 양식장은 지리적 위치에 상관없이 특정 수산생물 양식이 가능하다.
④ 폐쇄적 양식장은 외부환경과 분리된 공간에서 인위적으로 환경요인의 조절이 가능하다.

 개방적 양식장은 자연환경에 열려 있어 환경의 인위적 조절이 거의 불가능하다.

정답 01. ③   02. ②   03. ①

04 유기물을 박테리아에 의해 산화시키는데 필요한 산소량을 측정하여 오염의 정도를 나타내는 수질오염 지표는? 2021년 기출

① COD
② BOD
③ DO
④ SS

해설 BOD(생화학적 산소요구량)는 호기성 미생물이 일정 기간 동안 물속에 있는 유기물을 분해할 때 사용하는 산소의 양을 말한다. 물의 오염된 정도를 표시하는 지표로 사용된다.

05 수산양식에서 담수의 일반적인 염분농도 기준은? 2021년 기출

① 0.5psu 이하
② 1.0psu 이하
③ 1.5psu 이하
④ 2.0psu 이하

해설 수산양식에서 담수의 일반적인 염분농도 기준은 0.5psu 이하이다.

06 양식 어류의 인공종자(종묘) 생산 시 동물성 먹이생물로 옳지 않은 것은? 2019년 기출

① 물벼룩(Daphnia)
② 아르테미아(Artemia)
③ 클로렐라(Chlorella)
④ 로티퍼(Rotifer)

해설 클로렐라(Chlorella)는 녹조류의 미세 단세포 식물 부유생물이다.

07 패류 인공종자를 생산할 때 유생에 많이 공급하는 먹이생물은? 2020년 기출

① 아이소크리시스(Isochrysis)
② 아르테미아(Artemia)
③ 니트로박터(Nitrobacter)
④ 로티퍼(Rotifer)

해설 패류는 케토세로스(Chaetoceros)와 아이소크리시스(Isochrysis) 등을 배양하여 초기 먹이로 준다.

08 인공 종자 생산을 위한 먹이 생물이 아닌 것은? 2021년 기출

① 로티퍼
② 아르테미아
③ 케토세로스
④ 렙토세파르스

정답 04. ② 05. ① 06. ③ 07. ① 08. ④

렙토세파르스는 수양버들 잎 모양의 처음 부화한 뱀장어 유생이다. 케토세로스는 패류의 먹이 생물이다. 아르테미아는 어류나 갑각류 등의 치어 사육용 먹이로 적합하다. 로티퍼는 어류치어 사육의 초기 먹이 생물로 사용된다.

09 순환 여과식 양식에 관한 설명으로 옳지 않은 것은?

① 고밀도 양식이 가능하다.
② 수온이 낮은 겨울에는 보일러 가동으로 사육경비가 많이 든다.
③ 사육 수조의 물을 여과조나 여과기로 정화하여 다시 사용하는 방법이다.
④ 참돔, 자리돔 양식에 적합하다.

 순환 여과식 양식은 잉어, 뱀장어, 넙치의 양식에 적합하다.

10 다음 설명에서 공통으로 해당하는 양식방법은? 2020년 기출

○ 사육수를 정화하여 다시 사용한다.
○ 고밀도로 사육할 수 있다.
○ 물이 귀한 곳에서도 양식할 수 있다.

① 지수식 양식
② 유수식 양식
③ 가두리식 양식
④ 순환여과식 양식

 순환여과식 양식은 양식생물의 대사와 성장과정에서 일어나는 노폐물에 의해 오염된 물을 정화 처리하면서 한 번 사용한 물을 계속 사용하는 양식방법으로 물이 적은 곳에서도 양식할 수 있고, 단위면적당 생산량을 증가시킬 수 있다는 장점이 있다.

11 해조류 양식방법이 아닌 것은? 2021년 기출

① 말목식
② 밧줄식
③ 흘림발식
④ 순환여과식

 해조류 양식방법 : 말목식 양식, 흘림발식 양식, 밧줄식 양식

정답 09. ④ 10. ④ 11. ④

12 어류 발달과정을 순서대로 옳게 나열한 것은?   2019년 기출
① 난기 → 자어기 → 치어기 → 미성어기 → 성어기
② 난기 → 치어기 → 자어기 → 미성어기 → 성어기
③ 난기 → 자어기 → 미성어기 → 치어기 → 성어기
④ 난기 → 치어기 → 미성어기 → 자어기 → 성어기

 어류 발달과정 : 난기 → 치어기 → 자어기 → 미성어기 → 성어기

13 펄 바닥에 사는 어패류가 아닌 것은?
① 해삼
② 대합
③ 바지락
④ 고막

 해삼은 암석지대에 주로 서식한다.
펄 바닥에 사는 어패류 : 대합, 바지락, 피조개, 고막 등

14 지주식 양식에 관한 내용으로 옳지 않은 것은?
① 오래 전부터 김 양식에 많이 사용되었다.
② 김발의 높이는 4~5시간 노출선에 맞춘다.
③ 김발의 재료는 합성섬유의 그물발을 사용한다.
④ 수심 10m~50m 정도의 바다에서 사용한다.

 지주식 양식은 수심 10m보다 얕은 바다에서 바닥에 소나무나 참나무로 된 말목을 박고, 여기에 김발을 수평으로 매단 방법이다.

15 어류와 양식 온도에 관한 내용으로 옳지 않은 것은?
① 어류는 그들의 적응 범위의 온도 내에서는 수온이 높을수록 성장이 잘 된다.
② 양식할 때는 생물의 호적 수온보다 다소 높은 온도에서 양식하는 것이 좋다.
③ 염분의 변화에 약한 종은 담치, 대합, 굴, 바지락 등이다.
④ 냉수성인 송어, 연어의 경우 적응 범위 0℃~20℃ 내외이다.

 염분의 변화에 약한 종은 전복이고 염분의 변화에 강한 종은 담치, 대합, 굴, 바지락 등이다.

16 수질환경과 관련된 요인에 관한 내용으로 옳지 않은 것은?
① 해수 속에 분포하는 여러 가지 염류 중에서 식물의 광합성 작용에 필수 불가결한 물질이다.
② 사육 밀도가 높으면 암모니아의 발생이 줄어든다.
③ 용존산소는 양식생물의 밀도가 높아졌을 때 영향을 미치는 가장 중요한 요인이다.
④ 황화수소는 양어장의 저질이나 배수구에 유기물질이 많이 쌓인 곳에서 저질을 검게 변화시키고, 나쁜 냄새를 풍긴다.

 암모니아는 어류 등의 배설물에 의해 생성되는 것으로 사육 밀도가 높으면 암모니아가 축적된다.

17 조개류 양식의 경우 대나무나 나뭇가지를 세워 주거나, 해수의 흐름을 완만하게 조절해 주는 방법으로 채묘하는 시설은?
① 완류식 채묘시설
② 고정식 채묘시설
③ 침설 수하식 채묘시설
④ 부동식 채묘시설

 완류식 채묘시설 : 대나무나 나뭇가지를 세워 주거나, 해수의 흐름을 완만하게 조절해 주는 방법

18 어류의 경우 채묘에 관한 설명으로 옳지 않은 것은?
① 바다나 호수에서 자란 치어를 그물로 채포하여 종묘로 이용한다.
② 농어 등은 치어의 밀도가 높을 때 포획하여 종묘로 사용한다.
③ 숭어는 염전 저수지나 양어장 수문을 통해 들어온 치어를 채집하여 이용한다.
④ 뱀장어는 바다에서 부화하여 해류를 따라 부유 생활을 할 때 채포하여 종묘로 이용한다.

 뱀장어는 바다에서 부화하여 해류를 따라 부유 생활을 하면서 유생기를 지나고, 이른 봄에 담수를 찾아드는 것을 잡아 모아서 양식용 종묘로 이용한다.

19 양식 패류 중 굴의 양성 방법으로 적합하지 않은 것은? 2019년 기출
① 수하식
② 나뭇가지식
③ 귀매달기식
④ 바닥식(투석식)

정답 16. ② 17. ① 18. ④ 19. ③

굴의 양성 방법 : 바닥식, 투석식, 나뭇가지식, 연승수하식, 뗏목수하식, 기타수하식 등

20 다음 사료의 구비조건으로 적합하지 않은 것은?
① 양식동물이 필요로 하는 성분을 고루 갖출 것
② 양적으로 충분
③ 가격이 저렴할 것
④ 변질되지 않는 신선한 것

 사료원료의 구비조건
1. 양식동물이 필요로 하는 성분을 고루 갖출 것
2. 양적으로 충분
3. 변질되지 않는 신선한 것

21 인공사료의 가공 시 주의할 사항이 아닌 것은?
① 어류가 필요로 하는 성분을 골고루 갖출 것
② 사료 입자의 크기는 항상 일정하게 가공
③ 흡수가 잘되어 성장이 잘되는 좋은 질과 알맞은 형태로 가공
④ 장기 보존을 목적으로 가공

 인공사료는 성장단계에 따라 사료 입자의 크기가 입의 크기에 알맞게 가공해야 한다.

22 참돔 50kg을 해상가두리에 입식한 후 500kg의 사료를 공급하여 참돔 총 중량 300kg을 수확하였을 경우 사료계수는? 2019년 기출
① 0.5
② 1.0
③ 1.5
④ 2.0

 사료계수=사료 공급량/증육량(단, 증육량=수확시 중량-방양시 중량)=500/250=2

정답 20. ③ 21. ② 22. ④

23 양식을 할 때 산소가 부족한 경우에 관한 내용으로 옳지 않은 것은?
① 동물의 성장이 좋아지고 질병에 강하다.
② 심하면 폐사한다.
③ 좁은 면적에 과밀 양식을 금지한다.
④ 산소 공급을 위한 포기장치를 설치한다.

 양식을 할 때 산소가 부족한 경우 동물의 성장이 나빠지고 질병에 걸리기 쉽다.

24 다음에서 설명하는 어장의 물리적 환경요인은?   2020년 기출

○ 해양의 기초 생산력을 높이는데 일익을 담당한다.
○ 수산 생물의 성적인 성숙을 촉진시킨다.
○ 어군의 연직운동에 영향을 미친다.

① 빛 ② 영양염류
③ 용존산소 ④ 수소이온농도

 물리적 환경요인 중 빛은 수산 생물의 성적인 성숙을 촉진시킨다.

25 봄철 담수어류의 양식장에서 물곰팡이병이 많이 발생하는 수온 범위는?   2019년 기출
① 0~5℃ ② 10~15℃
③ 20~25℃ ④ 30~35℃

 물곰팡이류의 번식은 20℃ 이하에서 주로 이루어진다.

26 양식생물이 다음과 같은 상황과 증상일 때 올바른 진단은?   2020년 기출

주로 수온 20℃ 이하일 때 어류의 두부와 꼬리 부분에 솜 모양의 균사체가 붙어 있는 것이 특징이며, 세심한 주의가 부족할 때 산란된 알에도 자주 발생한다.

① 물이(Argulus) 기생 ② 바이러스 질병 감염
③ 백점충 기생 ④ 물곰팡이 감염

정답 23. ① 24. ① 25. ② 26. ④

물곰팡이는 물 속에 잠긴 식물체에 기생하여 솜 모양으로 발육하는 곰팡이로 조균류 중 수생 균류이다.

27 어류가 질병에 걸렸을 때의 증상이 아닌 것은?
① 무리에서 벗어나 못의 가장자리에 가만히 있다.
② 몸 표면에 점액상의 회색 분비물을 분비한다.
③ 복부 팽창 및 복수가 찬다.
④ 몸의 빛깔이 보다 진해진다.

 어류가 질병에 걸리면 몸의 빛깔이 검게 변하거나 퇴색한다.

28 양식생물에 기생하여 피해를 주는 기생충이 아닌 것은? 2020년 기출
① 점액포자충
② 아가미흡충
③ 케토세로스
④ 닻벌레

 점액포자충은 진핵생물역의 원생생물계에서부터 동물계의 일부분까지의 생물에 의해 발병하는 질병으로 기생충성 질병이다.

29 활어의 운반법으로 옳지 않은 것은?
① 과밀 적재에 의한 상처 발생이 일어나지 않도록 한다.
② 산소 부족에 의한 호흡 곤란이 일어나지 않도록 한다.
③ 출발 전 먹이를 준다.
④ 운반 후 하역 시에 상처가 일어나지 않도록 한다.

 창자 속에 먹은 것이 남아 있어 운반 중에 위장 장애를 일으키는 일이 없도록 한다.

정답 27. ④ 28. ① 29. ③

30 넙치에 관한 설명으로 옳지 않은 것은?
① 우리나라, 일본 등의 연안에 분포한다.
② 두 눈이 몸의 오른쪽에 있다.
③ 넙치는 완전한 양식이 가능하다.
④ 성장 속도가 빠르고, 사료계수가 낮다.

 두 눈이 몸의 오른쪽에 있는 것은 가자미이고, 넙치는 몸의 왼쪽에 있다.

31 양식 대상종 중 새끼를 낳는 난태생인 것은?   2021년 기출
① 넙치
② 참돔
③ 조피볼락
④ 참다랑어

 조피볼락(우럭)은 우리나라 전 연안, 일본, 중국 등 특히 서해안에 많다. 난태생으로 부화 자어는 6~7mm 크기이다.

32 돔류의 양식에 관한 설명으로 옳지 않은 것은?
① 맛이 좋아 양식 대상 유망종이다.
② 다른 어종에 비해 성장이 느리다.
③ 3~6월 산란한다.
④ 참돔은 완전 양식이 불가능하다.

 참돔은 완전 양식이 가능하다.

33 방어의 양식에 관한 설명으로 옳지 않은 것은?
① 서식 최적 수온은 18~25℃ 정도이다.
② 먹이는 오징어, 정어리, 고등어, 전갱이, 멸치 등이다.
③ 주로 서해안 분포한다.
④ 사료비 비율이 높고, 환경 변화에 민감하다.

 방어는 봄에 대한 해협을 통과하는 쓰시마 난류를 따라 우리나라 남해안과 동해안 분포, 3~5월에 산란한 후 5~6월에는 남해와 거제도 외해로 올라온다.

정답 30. ②   31. ③   32. ④   33. ③

34 잉어의 양식에 관한 설명으로 옳지 않은 것은?
① 흐린 물보다 다소 맑은 물에서 잘 자란다.
② 우리나라 양식어 중 가장 오랜 역사를 가진다.
③ 환경 적응력이 어느 종보다 강하다.
④ 내수면 양식어종 중 가장 큰 비중을 차지한다.

 잉어는 호수, 저수지, 하천 등 맑은 물보다 다소 흐린 물에서 잘 자란다.

35 뱀장어의 양식에 관한 설명으로 옳지 않은 것은?
① 수심 300~500m 되는 깊은 곳에서 산란한다.
② 종묘는 내수면에서 부화하여 생산한다.
③ 성장하면서 크기 차이가 심하므로 선별을 실시해야 한다.
④ 뱀장어 양식 시 가장 중요한 것은 수질관리이다.

 뱀장어는 자연 종묘에만 의존한다.

36 강 하구에서 포획한 치어를 이용하여 양식하는 어종으로 옳은 것은?　　2019년 기출
① 잉어　　　　　　　　　② 뱀장어
③ 미꾸라지　　　　　　　④ 무지개송어

 뱀장어는 강 하구에서 포획한 치어를 이용하여 양식하는 어종으로 자연 종묘에만 의존한다.

37 메기의 양식에 관한 설명으로 옳지 않은 것은?
① 암컷이 수컷보다 크게 자란다.
② 개체 간 성장 차가 심하다.
③ 참메기의 산란 시기는 5월 중순~7월 중순이다.
④ 저밀도 사육시는 공식 현상이 생긴다.

 메기류는 고밀도 사육시는 공식 현상(자기들끼리 서로 잡아먹는 현상)이 생긴다.

정답　34. ①　35. ②　36. ②　37. ④

38 굴류의 양식에 관한 설명으로 옳지 않은 것은?
① 조개류 양식 대상 종 중 가장 생산량이 많다.
② 한 마리가 수천만개의 알을 산란한다.
③ 굴 양식용 종묘는 수심 2m~20m인 곳에서 자연 채묘한다.
④ 여름철 수온이 20℃ 이상으로 올라가면 산란 시작하여 25℃ 전후에서 가장 활발하다.

 굴 양식용 종묘는 수심 2m 이내에 부착 유생이 많이 모이는 곳에 수하하여 자연 채묘한다.

39 전복류의 양식에 관한 설명으로 옳지 않은 것은?
① 자연 종묘에만 의존한다.
② 암초지대에서 해조류 중 갈조류를 먹고 자란다.
③ 초여름과 초가을에 두 번 집중 산란이 일어난다.
④ 연승 수하식, 가두리식, 육상 수조식 등을 이용하여 양성한다.

 전복류는 최근 인공 종묘생산에 의해 해조류가 많은 곳에 치패를 방류하여 자원관리형 양식어업(방류채포)이 기대되는 종이다.

40 전복을 증식 또는 양식하는 방법으로 옳지 않은 것은? 2020년 기출
① 바닥식　　　　　　　　② 밧줄식
③ 해상가두리식　　　　　④ 육상수조식

 전복은 바닥식, 가두리식, 육상 수조식 등을 이용하여 양성한다.

41 양식과정에서 각포자와 과포자를 관찰할 수 있는 해조류는? 2020년 기출
① 김　　　　　　　　　　② 미역
③ 파래　　　　　　　　　④ 다시마

 김은 봄에 과포자, 여름에 각포자를 방출한다.

정답　38. ③　39. ①　40. ②　41. ①

42 김류의 양식에 관한 설명으로 옳지 않은 것은?

① 염분, 노출에 대한 적응력이 강하다.
② 중성 포자에 의한 영양번식으로 1년에 한번 채취가 가능하다.
③ 추운 지방은 연중 엽상체로 번식이 가능하다.
④ 수온이 5℃ 이하로 내려가면 보통 김으로 급성장한다.

 김류는 염분, 노출에 대한 적응력이 강하고 중성 포자에 의한 영양번식으로 여러 번 채취 가능하다.

43 다시마의 양식에 관한 설명으로 옳지 않은 것은?

① 전남 완도와 부산 기장에서 많이 양식한다.
② 여름에 실내에서 종묘를 배양한다.
③ 추자도, 마라도에 자연산이 분포한다.
④ 수심 5~10m 이상 되는 영양염류가 풍부하고 조류 소통이 좋은 곳에서 어미줄 1m당 20~30kg의 다시마를 수확한다.

 다시마는 백령도, 연평도에 자연산이 분포하고 전남 완도와 부산 기장에서 많이 양식한다.

44 다음에서 설명하는 양식 생물은? 2021년 기출

○ 주로 동해와 남해에 서식한다.
○ 알에서 부화한 유생은 척삭 또는 척색을 지닌다.
○ 신티올(cynthiol)로 인해 특유의 맛을 낸다.

① 참굴 ② 해삼
③ 참전복 ④ 우렁쉥이

 우렁쉥이(멍게)는 우리나라 동·남해 연안의 외양에 면한 바위나 돌에 분포하는 척색 동물로 서식 수심은 주로 10~20m이다.

정답 42. ② 43. ③ 44. ④

45 어구어법 명칭을 그물모양으로 나타낼 수 있는 용어 등으로 전환 중 옳지 않은 것은?

① 기선권현망어업 : 끌그물어업
② 외끌이대형저인망어업 : 대형 배후릿그물어업
③ 저인망어업 : 저층끌그물어업
④ 선망어업 : 잠수어업

- 선망어업 : 두릿그물어업
- 잠수기 어업 : 잠수어업

46 우리나라 연근해 어류 중 옳지 않은 것은?

① 한류성, 난류성 수산자원이 풍부
② 어류+담수어류 약 900종
③ 연체동물 약 1000종
④ 갑각류 약 300종

우리나라 연근해 어류
1. 한류성, 난류성 수산자원이 풍부
2. 어류+담수어류 약 900종
3. 연체동물 약 100종
4. 갑각류 약 300종
5. 해조류 약 400종

47 우리나라 원양어업에 대한 설명 중 옳지 않은 것은?

① 1957년 인도양 시험조업, 다랑어 주낙어업 시작
② 1966년 대서양 트롤어업 시작
③ 1970년대 두 차례 석유파동
④ 연안국의 200해리 경제수역설정과 어업협정으로 생산량 증가

우리나라 원양어업
1. 1957년 인도양 시험조업, 다랑어 주낙어업 시작
2. 1966년 대서양 트롤어업 시작
3. 1970년대 두 차례 석유파동
4. 최근엔 연안국의 200해리 경제수역설정과 연안국 간의 어업협정으로 생산량 감소

정답 45. ④   46. ③   47. ④

48 우리나라 전 연안에서 생산되며 굴류 중에서 대부분의 생산량을 차지하는 패류는?
① 참굴 ② 참가리비
③ 대합 ④ 다년생

 참굴은 굴과 연체동물로 우리나라에서 가장 흔히 볼 수 있는 종이다. 패류 양식종 중에서는 참굴이 가장 큰 비중을 차지하고 있다. 참굴은 글리코겐, 광물질, 비타민류 및 단백질 등 각종 영양소를 함유하고 있고, 영양가도 높을 뿐만 아니라 그 영양적인 균형이 골고루 이루어져 있는 식품이다.

49 새우류의 초기 유생은 무엇인가?
① 담륜자 ② 피면자
③ 노플리우스 ④ 플루테우스

 노플리우스(nauplius) : 게, 가재, 물벼룩, 새우 따위의 갑각류가 공통으로 거치는 발생과정 중 한 시기의 유생. 발생 초기의 형태로, 일반적으로 조에아(zoea)로 변태하기 전의 어린 생명체를 이른다.

50 패류의 유생은 무엇인가?
① 조에아 ② 노플리우스
③ 담륜자 ④ 메갈로파

 담륜자 : 두족류를 제외한 연체동물이나 환형동물의 유생의 한 형태로 몸은 길이 수 밀리미터, 직경 0.5밀리미터 정도로 방울 또는 달걀 모양이며 섬모가 고리 모양으로 둘러싸여 있다. 긴 섬모로 물속을 헤엄치는데, 어류의 먹이가 되는 플랑크톤의 하나이다.

정답 48. ① 49. ③ 50. ③

제6편 수산업의 관리제도

제 1 장 수산업의 국내 관리제도

[제1절] 수산업법의 개요

1. 수산업법의 목적

- 수산업에 관한 기본제도를 정하여 수산 자원을 조성·보호
- 수면을 종합적으로 이용·관리하여 수산업의 생산성을 향상
- 수산업 발전과 어업의 민주화를 도모

2. 수산업법에서의 수산업 규정

	수산 동식물을 포획·채취하는 사업	수산업법에서는 편의상 양식도 어업에 포함(같은 수면 이용)
어업	※ 양식업 : 수산 동식물을 수확할 목적으로 일정한 수면을 이용하여 인공적으로 번식·육성하는 사업	
어획물 운반업	어장에서부터 양륙지까지 어획물 또는 그 제품을 운반하는 사업	
수산물 가공업	수산 동식물을 직접 원료 또는 재료로 하여 식료, 사료, 비료, 유지, 가죽을 제조하는 사업	

수산업 중 특히 법적 관리의 필요성이 큰 것은 어업과 양식업이다.

3. 어업활동에 필요한 요소와 적용법규

구 분	구성 요소	내 용	적용 법규
인적 요소 (어업인)	어업자	어업을 경영하는 사람	수산업법, 어업 관련 법제 전반
	어업 종사자	어업자를 위하여 직접 어업에 종사하는 사람 (선원, 어부, 육상 종사자 등)	어선의 운항에는 일반 선박과 동일한 법규 적용

물적 요소	어선	어업에 사용되는 선박	어선법, 해사 법규(어선, 상선, 여객선 운항)
	어구	어업에 사용되는 도구	수산 자원 보호령, 수산업법
	기타 시설물	어업에 사용되는 시설	어선법
	어업 자원	수산 동식물	수산업법, 수산자원 보호령, 각종 시행 규칙
	어장	어업 대상이 있는 장소	

수산업법의 적용 대상과 주요 내용		
적용대상	장소	바다, 바닷가, 어업을 목적으로 인공 조성한 육상 해수면과 내수면
	사람	대한민국 국민, 대한민국의 어업 면허 또는 어업 허가를 받고자 하는 외국인
주요 내용		어업 관리제도, 어업 조정, 자원의 보호·관리, 보상·보조 및 재결, 수산 조정 위원회에 대한 사항
하위 법령		• 대통령령 : 수산업법 시행령, 어업 등록령, 수산 자원 보호령, • 시행규칙(해양수산부령) : 어업 허가 및 신고 등에 관한 규칙, 어업 면허 및 어장 관리에 관한 규칙
그 외 관계 법령		내수면 어업법, 어장 관리법, 어선법, 어항법, 수산업 협동조합법, 수산물 검사법, 어업 협정에 따른 어업인 등의 지원 및 수산업 발전 특별법과 그 시행령, 시행 규칙 등이 있다.

제 2 장 수산업의 관리제도

[제1절] 어업의 관리제도

① 수산자원의 고갈, 어장을 둘러싼 분쟁, 바다 생태계의 파괴 등을 방지 → 수산업법에 따라 행정관청으로부터 어업면허, 어업허가를 받거나 신고를 하도록 규정
② 수산업법에는 이러한 목적을 달성하기 위해 어업 관리제도를 두고 운영

1. 면허어업

어업권 부여	
어업의 면허	일정 기간 동안 그 수면을 독점하여 배타적으로 이용하도록 권한을 부여하는 것
어업권	면허를 받아야 어업할 수 있는 권리
어장	면허된 일정한 수면
면허 어업	반드시 면허를 받아야 영위할 수 있는 어업
면허 어업 종류	정치망 어업, 마을 어업
면허 행정 관청	시·군 또는 자치구의 구

2. 허가 어업

영업권 부여			
어업의 허가	*어업면허를 할 때에는 개발계획의 범위 내에서 *일반적으로 금지되어 있는 어업을 일정한 조건을 갖춘 특정인에게 해제하여 어업행위의 자유를 회복시켜 주는 것		
허가 어업 종류	해양수산부 장관	시·도지사	시장·군수 또는 자치구 구청장
	근해 어업(총톤수 10톤 이상 동력, 대통령지정 어선), 원양 어업	연안 어업(무동력, 10톤 미만), 해상 종묘 생산 어업, 육상 해수 양식어업	구획 어업(무동력, 5톤 미만)
허가 방법	1척으로 조업 → 어선마다, 2척 이상 조업, 잠수기 어업(산소 공급기를 달고 하는 근해어업) → 어구마다 해상 종묘 생산 어업 → 시설마다		
어업 유효 기간	5년(계속해서 연장 가능)		

3. 신고 어업

행정 기관은 신고인에게 **신고필증 부여**	
어업의 신고	영세 어민이 면허나 허가 같은 까다로운 절차를 밟지 않고 신고만 함으로써 소규모 어업을 할 수 있도록 하는 것
신고 어업 종류	맨손 어업(낫, 호미 갈고리), 나잠 어업(산소호흡기 없이), 투망어업, 육상 양식 어업, 육상 종묘 생산 어업
신고 행정 관청	시·군 또는 자치구의 구(어선, 어구, 시설 등을 신고)
어업 유효 기간	5년

4. 어획물 운반업 및 수산물 가공업의 관리제도

어획물 운반업	*어선마다 시장·군수·구청장에게 등록 *등록 기준 및 자격 기준은 대통령령으로 규정 *어선 톤수, 기관 마력, 시설 기준, 운반 어획물 종류, 기타 사항은 해양수산부령으로 규정
수산물 가공업	*해양수산부 장관, 시·도지사에게 등록 : 어유 가공업, 한천 가공업, 냉동·냉장업, 선상 수산물 가공업 등 *시장·군수 또는 자치구 구청장에게 신고(등록필) : 수산가죽(피혁)가공업, 건제품 가공업, 해조류 가공업, 젓갈·절임 가공업 등

5. 어업 조정 제도

- 수산자원을 조성, 보호하며 수면을 종합적으로 이용
- 수산업 발전과 어업의 민주화 도모, 개인 간 단체 간 어업분쟁 발생(어장, 어구, 어기, 어법)
- 국가가 적극적으로 어업활동을 조정하고 감독하는 제도

[제2절] 수산자원 관리제도

1. 수산자원관리에 관한 규정

보호수면의 지정과 관리	• 보호수면 : 특정한 수산 동식물의 번식·성육·산란을 위해 적절히 관리할 필요성이 있는 수면 • 해양수산부장관이 지정하고 시·도지사가 관리 • 해양수산부장관 또는 시·도지사 승인해야 매립·준설 공사 가능 • 보호수면 내에서는 어로행위는 금지
육성 수면의 지정과 관리	• 정착성 수산 동식물이 대량 서식, 수산자원 조성을 위해 종묘 방류나 시설물 설치한 수면은 장관 승인을 받아 육성 수면으로 지정 • 시장·군수 또는 자치구 구청장이 관리
유해어업의 금지	• 폭발물, 유해 물질, 전류를 사용한 수산 자원의 포획·채취 금지
소하성 어류의 보호와 인공 부화·방류	• 소하성 어류(연어, 송어 등)의 회유에 방해가 되는 공작물 설치를 금지 • 소하성 어류나 수산생물을 인공부화하여 방류하려면 시·도지사에게 신고
범칙 어획물의 판매금지 및 방류 명령	• 불법 어획물과 그 제품을 소지·운반·가공·판매 금지 • 어업 감독 공무원은 불법 어획물의 방류를 명령
자원의 조사·보고	• 어업자는 조업 상황과 어획 실적 또는 판매 실적을 행정 관청에 보고
어업의 금지 구역·기간 및 대상	• 어업별 조업 상황과 자원의 동태 등을 참작하여 어업구역과 기간, 대상 자원을 정하여 어업을 금지
자원보호에 관한 명령	• 수산 자원의 번식과 보호를 위하여 특정 어로 행위 제한 또는 금지 • 어도 차단, 이식, 오염행위 등을 제한 또는 금지
자원의 조성	• 어초 시설, 수산 종묘 생산, 공급 및 방류, 어선 감척, 기타 수산자원 조성사업을 시행

2. 수산자원 보호령

수산자원의 번식 보호와 어업 조정에 관한 사항을 대통령령으로 규정
• 특정 어업의 금지 구역 설정 : 금지구역 내에서 지정된 어업에 대하여 연중 어로행위 금지
• 특정 어구 사용 금지 : 해조 인망류 어구와 일반 해역에서 3중 자망(걸그물) 사용을 제한
• 그물코 크기와 어구 규모 제한 : 수산 자원 보호령에서 규정한 크기보다 작은 것은 사용금지
• 특정 어구 제작·판매·사용 금지 : 수산업법에 의해 면허·허가·신고된 어구만 사용 가능, 어업의 종류별로 어업의 규모 제한
• 어구 사용금지구역과 기간 설정
• 포획 또는 채취의 금지 구역과 기간, 체장 설정 : 산란장, 산란기 포획 및 채취 금지, 어획체장설정 붉은 대게와 대게의 암컷은 연중 포획금지 (참돔·농어·방어 20cm, 붕장어 35cm, 명태 10cm 이하 채취 금지)
• 어란 채취와 치어 포획의 제한
• 어선·어구의 제한 또는 금지 – 척수 제한, 불법 어구 적재 및 사용을 위한 어선 시설 개조 금지
• 어도 차단 금지, 소화성 어류의 회유 통로 확보

3. EEZ에서의 권리 행사에 관한 법률, 유엔 해양법 협약법 1982년

구분	내용
EEZ의 정의	• 국가 주권이 제한적으로 미치는 지역으로, 보통 영해기선(저조선)으로부터 200해리까지이며, 배타적 경제수역이라고 함
EEZ에 관한 법률	• EEZ에서의 외국인 어업 등에 대한 주권적 권리행사에 관한 법률 • 1994년 발효된 유엔 해양법 협약 관계 규정에 따라 국내 해양 생물자원의 능동적 관리를 위해 1996년에 제정
관할수역	• 유엔 해양법 협약상 영해기선으로부터 200해리까지 EEZ 설정하여 연안국의 제한된 주권행사 • 우리나라는 중국, 일본과 거리가 가까워 합의된 선을 EEZ의 경계로 설정
EEZ내에서의 어업	• EEZ 내에서 어업을 원하는 외국인은 해양수산부장관의 허가를 받고, 입어료를 지불
법령 위반자 단속 및 처벌	• EEZ내에서 관련 법규를 위반한 외국어선 및 선원은 국내법에 의해 단속·처벌 → 연안국주의 EEZ외, 즉 공해상에서 선박에 대한 권한 행사 → 선적국주의

4. 기타 법령

구분	내용
어선법	• 어선의 건조와 등록 및 조사연구에 관한 사항을 규정 • 어선의 효율적 관리와 성능 향상을 통해 어업 생산력 향상 • 간접적인 수산 관리의 성격을 지님. 어선법도 수산 자원관리에 관한 법령으로 분류한다.

내수면 어업법	• 내수면 어업(다목적 댐, 인공 호수에서 양식)의 개발을 촉진하기 위해 제정 • 내수면 어업자원의 조성과 보호를 위해 면허·허가·신고 어업제도를 규정 • 보호 수면을 지정, 유어 행위에 대한 제한 규정 : 자원의 개발과 관리를 동시에 추구

[제3절] TAC 관리제도

1. EEZ 자원 관리 배경

① 유엔 해양법 협약 발효(1994년) → 세계 주요 연안국은 200해리 EEZ 내의 어업자원에 대한 관할권 확보 → 국가간 어업자원에 대한 권리와 책임 부여 → 지속적으로 자원의 개발·이용 등 어업관리에 대한 제도적 동기 제공
② 어획 가능한 양의 설정, 실제 조업한 어획량 규제로 어업관리의 기능과 역할수행
③ 어업관리가 국제 어업까지 확대 → 연안의 국지적 관리에서 해양 생태적 광역관리로 발전

2. 우리나라의 TAC 관리제도

(1) TAC 관리제도(총 허용 어획량 관리제도) 최대지속생산량(MSY)를 기초로 결정

TAC 관리제도의 정의	• 특정 어장에서 특정 어종의 자원 상태를 조사, 연구하여 분포하고 있는 자원의 범위 내에서 연간 어획할 수 있는 총량을 산정 → 매년 초에 어업자에게 배분 1년 동안 사용 가능 • 그 이상의 어획을 금지하여 수산자원의 관리를 도모
TAC 관리제도의 의미	• 국제 해양 질서에 부응하는 국가의 어업 자원관리 방식으로 정착 • 어업 관리의 정보화와 과학화를 통해 수산업의 산업적 영역 확대 • 기존 생산 위주의 어업관리에서 유통과 소비를 연계하는 시스템적 종합 어업관리로 전환하여 제품의 부가가치 향상

(2) TAC 관리제도의 특징

국가 간의 개별적 요인을 배제, 국제 공통적 관리요인을 기초로 한 어업생산량의 총량적 규제방법

종합 시스템적 운영 체계	• 매년 자원량 평가→TAC 산정→어업자 배분→어업 시작 • 어획량이 TAC 도달→어업 중단
안정된 수급 체계 구축	• 매년초 TAC 산정→어업 개시 전 생산량 예측 가능 • 시장 공급량 예측 가능→안정된 수급 체계 구축 가능

과학적 자원 평가 체계 구축	• TAC 결정, 배분, 분배, 관리에 있어 과학적 의사 결정 • 모든 어업자가 납득, 신뢰하는 TAC 산정
연근해 어장에 대한 자원 관리의 일체성	• 특정 어구 사용 금지, 특정 어업금지 구역 설정(기술적 관리 수단) • 어선 사용제한, 어선 설비제한, 어획 성능제한(어획 노력당 관리 수단) TAC 관리제도가 어업관리의 목적을 달성하기 위해서는 TAC관리제도 제도 뿐만 아니라 기술적 관리수단과 어획 노력량 관리수단 등과 연계성을 가지면서 상호 보완하는 관리체계를 이루는 것이 중요

(3) TAC 관리제도 관련법 시행

TAC 관리제도 관련법	우리나라도 TAC 관리제도를 도입하여 시행하고 있다.
TAC의 설정규정	• 수산업법(1995)에서 수산자원의 보전 및 관리를 위해 필요시 대상 어종 및 해역을 정하여 TAC를 정할 수 있다고 규정
TAC의 결정규정	• 수산자원보호령에서 수산자원의 보전 및 관리를 위해 중앙수산위원회의 심의를 거쳐 TAC 설정 및 관리에 관한 기본계획 수립을 규정
TAC의 관리규정	• 수산자원보호령에서는 포획·채취되는 어획량 합계가 허용 어획량을 초과할 경우 이를 공표, 지도 단속하도록 규정
TAC의 관리제도 세부 시행	• 수산업법 및 수산자원보호령에 의한 TAC의 관리에 관한 필요한 사항을 규정 • 기본 계획을 변경할 수 있도록 하여 현실적인 어업관리가 되도록 조치

(4) EEZ 체제가 구축되기 전의 우리나라 어업 관리 체계는 수산업법, 수산자원 보호령, 등에 근거한 어선 척수의 제한, 조업 수역·일수의 규제, 어선 규모나 어구·어법의 규제 등 어획노력에 대한 관리가 중심이었다. 그러나 EEZ 체제하에서는 어획 가능한 양의 설정과 더불어 실제 조업한 어획량을 규제함으로써 어업 관리의 기능과 역할을 수행하는 수량규제로 변하고 있다.

(5) TAC의 설정 및 관리에 관한 기본계획

① 수산자원보존 및 관리에 관한 기본방침
② 관리대상 수산자원에 대한 동향과 TAC에 관한 사항
③ 허용 어획량의 관리에 관한 사항
④ 어업의 종류별·조업 수역별 및 조업 기간별 허용 어획량에 관한 사항
⑤ 관리대상 수산자원의 종별 TAC 중 시·도별 허용 어획량에 관한 사항

제 3 장 수산업의 국제관리제도

[제1절] 해양법상의 국제 어업 관리제도

1. 유엔 해양법 협약

(1) 유엔 해양법 회의는 오랜 기간 동안 국가들 간의 이해관계를 조정한 끝에 유엔 해양법 협약의 협약안을 마련(해양법에 관한 유엔 협약)
① 1982년 채택하여 1994년 발효
② 우리나라는 1996년 1월 29일에 가입하여 1996년 2월 28일부터 발효
③ 해양의 법적 지위 부여 : 영해 → EEZ → 공해
④ 해양의 국제 법질서 유지
⑤ 해양 이용상의 국제분쟁을 평화적으로 해결

(2) 주요 내용

320개 조문으로 구성, 조문은 17개 part로 분류
① 영해 및 접속수역, 국제해협, 군도국가, 배타적 경제수역, 대륙붕, 공해, 섬
② 폐쇄해 또는 반폐쇄해, 내륙 국가의 해양 접근권 및 통항권, 국제 심해저
③ 해양 환경 보호 및 보존, 해양과학연구, 해양기술의 개발 및 이전
④ 분쟁해결, 일반규정, 종결규정

(3) 영역 관할권에 따른 해양의 구분 유엔 해양법 협약에 따라 바다는 영해, EEZ, 공해로 구분

영해 기선	해양을 구분할 때 그 기준이 되는 선	통상기선	연안을 따라 표기한 저조선
		직선기선	섬이 많거나 해안의 굴곡이 심한 경우 가장 바깥 섬 기준
내수	• 영해 기선 안쪽의 바다로 영토의 일부로 간주 • 외국 선박의 무해 통항권이 인정되지 않음		
영해	• 영토의 해안 또는 군도 수역에 접속한 일정 범위의 수역(영해기선으로부터 12해리 내 남해 대한해협은 3해리)으로 연안국의 영역 관할권이 미치며, 외국 선박의 무해 통항권이 인정됨, 영해 폭은 12해리, EEZ폭은 188해리 • 연안 경찰권, 연안어업 및 자원 개발권, 연안 무역권, 연안 환경 보전권, 독점적 상공 이용권, 해양 과학 조사권 등의 주권 행사		
접속구역	• 연안국이 설정한 영해기선으로부터 24해리 이내의 수역 • 자국 영토 또는 영해 내에서의 관세, 출입국, 보건 위생에 관한 법규 위반을 예방하거나 처벌할 목적으로 제한적인 관할권을 행사하는 수역		

EEZ	• 영해 기선으로부터 200해리 범위까지의 수역. 일반적으로 대륙붕이 포함(국제 수로국 기준 : 1해리 1852m) • 당해 연안국에 해양 자원에 대한 배타적 이용권을 부여 • 자원 이용에 대한 연안국의 주권적 권리(배타적 권리)와 제한적 관할권을 행사 • 국가 영역이 아니고, 완전한 공해의 성격도 아님(완전한 국가 영영이 아니므로 영해 주권을 행사할 수 없다.) • EEZ가 중첩되어 경계 획정이 장기화되는 경우, 경계 획정에 이르는 동안 현실적인 잠정 약정을 체결할 것을 권장
공해	• 국가 관할권 밖의 수역으로 모든 국가에게 개방된 수역(항행, 어업, 비행, 해저전선 부설, 구조물 설치, 과학조사) • 해저·해상 및 그 하층토를 제외한 해면과 상부 수역 • 모든 나라는 항행, 어업, 비행, 해저전선 및 관선부설, 인공섬과 기타 구조물 설치, 과학조사의 자유를 행사

2. EEZ와 국제 어업관리

경계 왕래 어족의 관리 (오징어, 명태, 돔) 북태평양 베링 공해 멕시코, 캐나다, 칠레, 아르헨티나 근해	• EEZ에 서식하는 동일 어족 또는 관련 어족이 2개국 이상의 EEZ에 걸쳐 서식할 경우 당해 연안국들이 협의하여 그의 보존과 개발을 조정하고 보장 • 동일 어족 또는 관련 어족이 특정국의 EEZ와 그 바깥의 인접한 공해에서 동시에 서식할 경우 그 연안국과 공해 수역 내에서 그 어종을 어획하는 국가는 서로 합의하여 어족의 보존에 필요한 조치를 취해야 함
고도 회유성 어족 (참치)	• 광역의 해역을 회유하는 다랑어, 가다랑어가 대표적 어종 • 이러한 어종을 어획하는 연안국은 EEZ와 그 바깥의 인접 공해에서 어족의 자원을 보호하고 국제기구와 협력해야 함.
소하성 어류 (연어)	• 모천국이 1차적 이익과 책임을 가지고 자국의 EEZ에 있어서 어업규제 및 보존의 의무를 지님 • EEZ 밖의 수역인 공해나 다른 국가의 EEZ에서는 모천국이라도 어획 금지
강하성 어종 (뱀장어)	• 그 어종이 생장기를 대부분 보내는 수역을 가지는 연안국이 관리 책임을 지고 회유하는 어종의 출입을 확보

3. 공해와 국제 어업관리

공해 어업의 자유	• 전체 해양 면적의 90%는 생산성이 없음 • 전체 해양의 9.9%는 대륙붕 수역의 어장으로 다소 경제성 있으나, 대부분 연안국의 EEZ에 포함 • 전체 해양 면적의 0.1%만이 고도 생산성을 지닌 어장 • 전체 해양 면적의 1%만이 어장성이 있는 공해로 남음(각국의 주 어업 대상) • 기본적으로 공해에서 어업은 자유이나, 공해상에서 국제적 자원관리 보존을 강조하고 있으므로 실질적으로는 상당히 제한적임 • 전통적 원양 어업국인 우리나라로서는 해외어장 및 자원 확보에 어려움 예상

공해 생물자원의 관리 및 보존	• 공해 수역에서 생물자원의 보존·관리를 위하여 서로 협력 • 관련 생물자원의 보존에 필요한 조치를 위한 교섭 실시 • 이를 위해 소지역, 지역 어업기구를 설립하는데 서로 협력
유엔 공해 어족 보존 관리 협정	• 참치와 같은 회유성 어족자원은 관련 연안국과 자국민이 해당 지역에서 어획하는 타국과 전 지역에서 자원 보존을 위해 적절한 협력 체계 유지 • 경계 왕래 어족자원 및 고도 회유성 어족자원에 관한 자원의 보존과 관리를 위한 협력, 정보수집과 제공, 과학 조사 협력 등에 관한 협정 명시 • 이상의 해양법 협약 규정을 준수하지 않거나 비협조적이거나 무책임한 국가에 대해서는 공해 조업을 포함한 국제 수산업에서 제재 조치 → 책임있는 어업국의 역할 대응이 필요
해양 포유동물	• 각국은 해양 포유동물의 보존을 위해 노력하도록 규정 • 고래류는 국제포경위원회(IWC)를 통하여 보존, 관리, 연구 • IWC는 1986년부터 상업 포경을 금지

[제2절] 동북아 지역의 국제어업 협력체계

1. 우리나라의 어업환경

① EEZ 및 EFZ(배타적 어업 수역) 선포로 해외 어장의 축소 : 전통적 원양 어업국의 입지가 약화
② 연안국 내의 관할수역에서 어업을 하기 위해 어업협정 체결, 입어료 지불, 어획량과 어구 및 어선 수 규제 등의 조치가 따라야 함
③ 우리나라, 중국, 일본 등 동북아 국가들의 수산물 수요가 크기 때문에 어업활동 범위가 연안에서 근해로 확대→경쟁적 조업→어업 자원 감소
④ 수산자원의 보존과 관리를 위해 이들 나라들과의 상호 협조체제 유지는 필수적임

2. 한·일 어업협정 (1998년 협정 체결, 1999년 발효)

기본 이념	• 해양 생물자원의 합리적인 보존·관리와 최적 이용을 도모 • 양국의 전통적 어업 분야 협력 관계를 유지·발전 • 유엔 해양법 협약의 기본 정신에 입각하여 새로운 어업 질서를 확립
주요 내용	• 양국의 배타적 경제수역을 협정수역으로 결정 • 자국의 EEZ 내에서 타방 체약국 국민의 어업활동을 상호 허용 • 동해 중앙부(독도)와 제주도 남부수역은 EEZ 경계획정에 합의 실패→중간수역 설정 • 중간수역에서 해양 생물자원 보존·관리에 협력 • 자국의 EEZ 관련 법령을 타방 체약국에 적용 않기로 합의

주요 특징	• 양 체약국의 EEZ에서는 당해 연안국이 어업 자원의 보존·관리상 주권적 권리를 행사하며, 쌍방간의 전통적 어업 실적을 인정하여 상호 입어를 허용(연안국주의) • 중간 수역에서는 기존의 어업 질서를 유지하되, 동해 중간수역은 공해적 성격의 수역으로 하고, 제주도 남부 중간수역은 공동관리수역으로 정함(선적국주의)
협정의 유효 기간	• 어업 협정 발효 후 3년간 효력 • 일방 체약국이 종료 의사를 통고한 날로부터 6개월 후에 종료 • 양국은 현행 협정을 계속 유지해야 한다는데 인식을 같이하고 현재까지 지속

3. 한·중어업협정

기본 이념	• 황해와 동중국해 어장의 공동 이용 • 해양 생물자원의 보존과 합리적 이용 • 정상적인 어업 질서 유지와 어업 분야 상호 협력 강화
주요 내용	• 양국이 합의하는 일정 범위의 양국 EEZ를 협정 수역 • EEZ에서의 상호 입어에 관한 기본 원칙 및 절차와 조건, 협정 위반에 대한 단속은 연안국주의로 규정 • EEZ 경계 획정 분쟁 지역 → 획정 때까지 일정 범위에 대하여 잠정 조치 수역과 그 양쪽에 과도 수역을 설정 • 이들 수역에서의 어업 활동 규칙은 어업 공동 위원회를 통해 공동으로 제정하며, 범칙 어선 단속은 선적국주의에 따름 • 과도 수역은 EEZ와 잠정 조치 수역의 완충 수역 성격을 띠며, 협정 발효 4년 후에는 양측의 EEZ로 편입(현재 과도 수역은 사라지고, 양국의 EEZ에 포함되었다.) • 현행 조업 유지 수역 : 협정 체결 전과 같이 자유로운 어업활동 허용
협정의 유효 기간	• 협정 발효 후 5년간 효력 • 일방 체약국이 종료 의사를 통고하면 1년 후에 종료
협정의 의미	• 우리 연안에 대거 진출하여 불법 어업을 자행해 온 중국의 어업 세력을 축출 • 황해와 동중국해 어장의 수산 자원을 보존

4. 기타 어업협정

한·러 유효 기간은 5년 협정 종료 통고 않으면 1년 씩 자동 연장	
한국·러시아 어업 협정	• 1991년 협정 발효, 북서 태평양 해양 생물자원 보존 및 최적 이용을 위해 협력 • 상호주의에 의해 입어 허용(러시아 EEZ 내에서 명태, 꽁치 쿼터 배정받아 조업) • 소하성 어류의 어획 금지, 오호츠크 공해 및 베링 공해 자원 보존에 협력
일·중 어업 협정	• 2000년 협정 발효, 동중국해에서 양국 EEZ의 상호 입어 허용 • EEZ 경계 획정 불일치로 잠정 조치 수역 설정 및 영토 문제로 유보 수역을 설정 • 한·일, 한·중 어업 협정과 유사한 성격의 협정 • 우리나라에 대해서도 간접적인 영향을 미침

제6편 기출 및 예상문제

01 수산업법의 목적이 아닌 것은?
① 수산자원 및 수면을 종합적으로 이용
② 어민의 생활향상
③ 수산업의 생산성 높임
④ 수산업의 발전과 어업의 민주화 도모

 이 법은 수산업에 관한 기본제도를 정하여 수산자원 및 수면을 종합적으로 이용하여 수산업의 생산성을 높임으로써 수산업의 발전과 어업의 민주화를 도모하는 것을 목적으로 한다.

02 다음에서 A와 B에 들어갈 내용으로 옳게 연결된 것은? 2019년 기출

> 수산업법의 목적은 수산업에 관한 기본제도를 정하여 (A) 및 수면을 종합적으로 이용하여 수산업의 (B)을 높임으로써 수산업의 발전과 어업의 민주화를 도모하는 것이다.

① A : 수산자원, B : 생산성
② A : 어업자원, B : 경제성
③ A : 수산자원, B : 효율성
④ A : 어업자원, B : 생산성

 수산업법은 수산업에 관한 기본제도를 정하여 수산자원 및 수면을 종합적으로 이용하여 수산업의 생산성을 높임으로써 수산업의 발전과 어업의 민주화를 도모하는 것을 목적으로 한다(법 제1조).

03 다음 중 수산업·어촌발전기본법에서 정의하는 수산업을 모두 고른 것은? 2019년 기출

| ㉠ 어업 | ㉡ 어획물운반업 | ㉢ 수산기자재업 |
| ㉣ 수산물유통업 | ㉤ 연안여객선업 | ㉥ 수산물가공업 |

① ㉠, ㉣
② ㉡, ㉢, ㉤
③ ㉠, ㉡, ㉣, ㉥
④ ㉠, ㉢, ㉤, ㉥

정답 01. ② 02. ① 03. ③

수산업 : 어업, 어획물운반업, 수산물가공업, 수산물유통업, 양식업(법 제3조)

04 정치망어업, 마을어업을 하려는 자는 누구의 면허를 받아야 하는가?
① 대통령　　　　　　　　　② 해양수산부장관
③ 시·도지사　　　　　　　　④ 시장·군수·구청장

 정치망어업, 마을어업을 하려는 자는 시장·군수·구청장의 면허를 받아야 한다.

05 면허어업에 해당하는 것은?　　　　　　　　　　　　　　2020년 기출
① 나잠어업　　　　　　　　② 정치망어업
③ 연안자망어업　　　　　　④ 대형저인망어업

 면허어업 : 정치망어업, 마을어업

06 수산업법령상 신고어업인 것은?　　　　　　　　　　　　2021년 기출
① 잠수기 어업　　　　　　　② 나잠 어업
③ 연안선망 어업　　　　　　④ 근해자망 어업

 신고어업 : 나잠어업, 맨손어업

07 어업면허의 유효기간은?
① 1년　　　　　　　　　　　② 5년
③ 10년　　　　　　　　　　 ④ 20년

 어업면허의 유효기간은 10년으로 한다. 다만, 수산자원보호와 어업조정에 관하여 필요한 사항을 대통령령으로 정하는 경우에는 각각 그 유효기간을 10년 이내로 할 수 있다.

정답　04. ④　05. ②　06. ②　07. ③

08 일정한 수역을 정하여 어구를 설치하거나 무동력어선 또는 총톤수 5톤 미만의 동력어선을 사용하여 하는 어업은?
① 구획어업
② 근해어업
③ 연안어업
④ 마을어업

 구획어업 : 일정한 수역을 정하여 어구를 설치하거나 무동력어선 또는 총톤수 5톤 미만의 동력어선을 사용하여 하는 어업

09 어업허가의 유효기간은?
① 1년
② 5년
③ 10년
④ 20년

 어업허가의 유효기간은 5년으로 한다. 다만, 어업허가의 유효기간 중에 허가받은 어선·어구 또는 시설을 다른 어선·어구 또는 시설로 대체하거나 어업허가를 받은 자의 지위를 승계한 경우에는 종전 어업허가의 남은 기간으로 한다.

10 수산업법에서 연안어업에 관한 설명으로 옳은 것은?   2019년 기출
① 면허어업이며 유효기간은 10년이다.
② 허가어업이며 유효기간은 5년이다.
③ 신고어업이며 유효기간은 5년이다.
④ 등록어업이며 유효기간은 10년이다.

 어업을 하려는 자는 시장·군수·구청장의 면허를 받아야 하므로 허가어업이고(법 제8조 제1항), 어업허가의 유효기간은 5년으로 한다(법 제46조 제1항).

11 수산업법령상 어업과 관리제도가 옳게 연결된 것은?   2020년 기출
① 맨손어업 – 허가어업
② 마을어업 – 신고어업
③ 구획어업 – 허가어업
④ 연안어업 – 신고어업

 ③ 구획어업 – 허가어업   ① 맨손어업 – 신고어업
② 마을어업 – 면허어업   ④ 연안어업 – 허가어업

정답 08. ①   09. ②   10. ②   11. ③

12 다음은 수산업법상 허가어업에 관한 설명이다. ( )에 들어갈 내용으로 옳은 것은?　　　　2021년 기출

> 총톤수 (㉠) 이상의 동력어선 또는 수산자원을 보호하고 어업조정을 하기 위하여 특히 필요하여 (㉡)으로 정하는 총톤수 (㉠) 미만의 동력어선을 사용하는 어업을 하려는 자의 어선 또는 어구가 대상이다.

① ㉠ : 8톤, ㉡ : 대통령령　　② ㉠ : 8톤, ㉡ : 해양수산부령
③ ㉠ : 10톤, ㉡ : 대통령령　　④ ㉠ : 10톤, ㉡ : 해양수산부령

총톤수 10톤 이상의 동력어선 또는 수산자원을 보호하고 어업조정을 하기 위하여 특히 필요하여 대통령령으로 정하는 총톤수 10톤 미만의 동력어선을 사용하는 어업을 하려는 자는 어선 또는 어구마다 해양수산부장관의 허가를 받아야 한다(수산업법 제41조 제1항).

13 수산자원관리법상 용어에 관한 정의로 옳지 않은 것은?　　　　2020년 기출
① "수산자원"이란 수중에 서식하는 수산동식물로서 국민경제 및 국민생활에 유용한 자원을 말한다.
② "수산자원관리"란 수산자원의 보호·회복 및 조성 등의 행위를 말한다.
③ "총허용어획량"이란 포획·채취할 수 있는 수산동물의 종별 연간 어획량의 최고한도를 말한다.
④ "바다숲"이란 수산자원을 조성한 후 체계적으로 관리하여 이를 포획·채취하는 장소를 말한다.

바다숲 : 갯녹음(백화현상) 등으로 해조류가 사라졌거나 사라질 우려가 있는 해역에 연안생태계 복원 및 어업생산성 향상을 위하여 해조류 등 수산종자를 이식하여 복원 및 관리하는 장소를 말한다[해중림(海中林)을 포함한다].

14 다음 어촌·어항법에서 정의하는 어항은?　　　　2019년 기출

> 이용 범위가 전국적인 어항 또는 섬, 외딴 곳에 있어 어장의 개발 및 어선의 대피에 필요한 어항

① 지방어항　　　　　　② 어촌정주어항
③ 국가어항　　　　　　④ 마을공동어항

정답 12. ③　13. ④　14. ③

③ 국가어항 : 이용 범위가 전국적인 어항 또는 섬, 외딴 곳에 있어 어장의 개발 및 어선의 대피에 필요한 어항
① 지방어항 : 이용 범위가 지역적이고 연안어업에 대한 지원의 근거지가 되는 어항
② 어촌정주어항 : 어촌의 생활 근거지가 되는 소규모 어항
④ 마을공동어항 : 어촌정주어항에 속하지 아니한 소규모 어항으로서 어업인들이 공동으로 이용하는 항포구

15 TAC의 설정 및 관리에 관한 기본계획에 포함되어야 할 사항이 아닌 것은?

① 수산자원보존 및 관리에 관한 기본방침
② 허용 어획량의 관리에 관한 사항
③ 어업의 종류별·조업 수역별 및 조업 기간별 허용 어획량에 관한 사항
④ 어민의 생활향상에 관한 사항

 TAC의 설정 및 관리에 관한 기본계획
1. 수산자원보존 및 관리에 관한 기본방침
2. 관리대상 수산자원에 대한 동향과 TAC에 관한 사항
3. 허용 어획량의 관리에 관한 사항
4. 어업의 종류별·조업 수역별 및 조업 기간별 허용 어획량에 관한 사항
5. 관리대상 수산자원의 종별 TAC 중 시·도별 허용 어획량에 관한 사항

16 2018년 기준 우리나라 총허용어획량(TAC)이 적용되는 어업종류와 어종을 바르게 연결한 것은?   2019년 기출

① 근해안강망 - 오징어
② 근해자망 - 갈치
③ 기선권현망 - 꽃게
④ 근해통발 - 붉은대게

오징어 : 근해채낚기·동해구중형트롤·대형선망
갈치 : 근해연승·대형선망·근해안강망
꽃게 : 연근해자망·연안통발
붉은대게 : 근해통발

정답 15. ④ 16. ④

17 다음 ( )에 들어갈 내용으로 옳은 것은?   2019년 기출

> 강원도 남대천에는 가을이 되면 많은 연어들이 자기가 태어난 강에 산란하기 위하여 바다에서 남대천 상류 쪽으로 이동한다. 이와 같이 색이와 성장을 위하여 바다로 이동하였다가 산란을 위하여 바다에서 강으로 거슬러 올라가는 것을 ( )라고 한다.

① 강하성 회유   ② 소하성 회유
③ 색이 회유   ④ 월동 회유

 소하성 어류는 연어, 송어 등이고 소하성 회유는 색이와 성장을 위하여 바다로 이동하였다가 산란을 위하여 바다에서 강으로 거슬러 올라가는 것을 말한다.

18 국제해양법상 배타적 경제수역(EEZ)의 어족 관리를 위한 어족과 어종의 연결이 옳지 않은 것은?   2021년 기출

① 정착성 - 조피볼락   ② 강하성 - 뱀장어
③ 소하성 - 연어   ④ 고도 회유성 - 가다랑어

 국제해양법상 배타적 경제수역(EEZ)의 어족 관리를 위한 어족은 경계 왕래 어족(오징어, 명태), 고도 회유성 어족(참치), 소하성 어류(연어), 강하성 어종(뱀장어) 등이다.

19 유엔 해양법 협약에 관한 내용으로 옳지 않은 것은?
① 1982년 채택하여 1994년 발효되었다.
② 해양의 국제적 법질서를 유지하기 위한 것이다.
③ 배타적 경제수역에 대한 자원이용을 금지하였다.
④ 해양 이용상의 국제분쟁을 평화적으로 해결하기 위한 것이다.

 유엔 해양법 협약은 배타적 경제수역의 배타적 자원이용을 인정하였다.

20 다음 EEZ(배타적 경제수역)에 관한 내용으로 옳지 않은 것은?
① 영해 주권을 행사할 수 있다.
② 당해 연안국에 해양자원에 대한 배타적 이용권을 부여하고 있다.
③ 자원이용에 대하여 연안국은 주권적 권리를 행사할 수 있다.
④ 영해 기선으로부터 200해리 범위까지의 수역이다.

정답 17. ② 18. ① 19. ③ 20. ①

EEZ(배타적 경제수역)은 완전한 국가 영영이 아니므로 영해 주권을 행사할 수 없다.

21 고래류의 자원관리를 하는 국제수산관리기구의 명칭은?   2019년 기출
① 북대서양수산위원회(NAFO)
② 중서부태평양수산위원회(WCPFC)
③ 남극해양생물자원보존위원회(CCAMLR)
④ 국제포경위원회(IWC)

 고래류는 국제포경위원회(IWC)를 통하여 보존, 관리, 연구한다.

22 어류의 생활사 중 해수와 담수를 왕래하는 어종의 관리를 위하여 설립된 국제수산관리 기구는?   2020년 기출
① 전미 열대 다랑어 위원회(IATTC)
② 태평양 연어 어업 위원회(PSC)
③ 국제 포경 위원회(IWC)
④ 태평양 넙치 위원회(IPHC)

 태평양 연어 어업 위원회(PSC)는 태평양연어자원 5종을 보호하기 위해 캐나다와 미국 정부가 공동 설립하여 운영하는 기구로 현재의 명칭은 태평양 연어 위원회(PSC)이다.

23 우리나라의 어업환경으로 옳지 않은 것은?
① EEZ 및 EFZ(배타적 어업 수역) 선포로 해외어장의 축소되고 있다.
② 연안국 내의 관할수역에서 어업을 하기 위해 어업협정을 체결해야 한다.
③ 우리나라, 중국, 일본 등 동북아 국가들의 경쟁이 심화되고 있다.
④ 원양 어업국의 입지가 강화되는 추세에 있다.

 EEZ 및 EFZ(배타적 어업 수역) 선포로 해외어장의 축소되고 원양 어업국의 입지가 약화되고 있다.

24 수산업의 발달에 관한 내용으로 옳은 것은?   2020년 기출

① 수산물을 가공한 가장 원시적인 형태는 훈제품이다.
② 유엔해양법 협약에 따라 연안국들은 경제수역 200해리 내에서 자원의 주권적인 권리를 행사할 수 있게 되었다.
③ 1960년대 우리나라는 연안국 어업규제 등으로 수산업의 성장이 둔화되기 시작하였다.
④ 우리나라 양식업이 대규모로 발전한 시기는 가두리식 김양식이 시작된 후부터이다.

②, ③ 1994년 유엔 해양법 협약 발효로 연안국들은 경제수역 200해리 내에서 자원의 주권적인 권리를 행사할 수 있게 되었고, 연안국 어업규제 등으로 수산업의 성장이 둔화되기 시작하였다.
① 수산물을 가공한 가장 원시적인 형태는 건제품이다.
④ 우리나라 양식업이 대규모로 발전한 시기는 수하식 굴 양식이 시작된 후부터이다.

25 1998년 체결된 한·일 어업협정의 주요 내용이 아닌 것은?

① 양국의 배타적 경제수역을 협정수역으로 결정
② 자국의 EEZ 내에서 타방 체약국 국민의 어업활동을 상호 허용
③ 중간수역의 설정을 위한 합의에 실패
④ 중간수역에서 해양 생물자원 보존·관리에 협력

동해 중앙부(독도)와 제주도 남부수역은 EEZ 경계획정에 합의 실패하여 중간수역을 설정하였다.

정답 24. ② 25. ③

제  과목

수산물유통론

제1편	수산물 유통의 기초
제2편	수산물 유통기구와 경로 및 조직과 구조
제3편	수산물 유통정보
제4편	수산물 거래와 표시
제5편	수산물 시장경제
제6편	수산물 마케팅 전략
제7편	수산물 무역과 유통정책 및 제도(법규)

제1편 수산물 유통의 기초

제1장 수산물 유통의 의의

[제1절] 유통의 개요

1. 유통의 의의

① 유통 : 재화 및 서비스가 생산자에서부터 최종소비자에 이르기까지의 여러 과정에서 이루어지는 활동으로서 구체적으로는 매매거래를 지칭한다. 유통의 넓은 의미로는 재화의 보관 및 수송활동을 포함하기도 하는데 전자를 상적 유통, 후자를 물적 유통이라고 부른다.

② 유통은 수요와 공급을 예측하여 생산을 유도 내지 결정하고 이렇게 하여 생산된 생산물을 판매하며, 판매된 생산물이나 제품에 대해서 책임을 지는 판매 후 서비스까지를 포함하는 광범위한 산업영역을 내포하는 분야로 발전하고 있다.

③ 유통이란 조직이나 개인의 제 목적 달성과 욕구 충족을 가능케 하는 교환을 창출하기 위하여 아이디어, 재화 및 서비스의 개념화, 제품화, 매가정책, 판매촉진 및 유통을 계획하고 집행하는 과정이다.

(2) 유통의 중요성

① 효율성과 서비스증대 : 유통은 수송, 보관, 재고, 포장, 하역 등을 효율적으로 관리하여 고객에 대한 서비스를 향상시키고, 유통 비용을 절감시키며, 매출의 증대와 가격의 안정화를 꾀하는데 있다.

② 사회성과 경제성 : 물건이 그저 단순하게 어느 장소에서 다른 장소로 이동해 가는 것을 유통이라고는 하지 않는다. 거기에 사회성이나 경제성이 있어야 비로소 유통이라고 부를 수 있다는 점에서 의미가 있다.

(3) 유통의 역할

① 사회적 불일치 극복 : 생산과 소비사이에는 생산자와 소비자가 별도로 존재한다는 사회적 분리를 조정 해주는 역할을 한다. 즉 생산자와 소비자의 구분과 같은 사회적 불일치를 유통활동을 통해 그 사회적 차이를 해소시켜 준다.

② 장소적 불일치 극복 : 물건을 만들어서 공장에 보관 중에 여러 지역에 있는 소비자가 원할 때 운송해주는 역할을 한다. 즉 생산과 소비 사이의 장소적 불일치를 적절한 수송 등의 유통활동을 통해 그 장소적 차이를 해소시켜 준다.
③ 시간적 불일치 극복 : 소비자가 필요로 하는 물건에 대해 미리 판매점을 만들거나 또는 물류센터를 만들어 신속하게 해결해준다. 즉 생산과 소비 사이의 시간적 불일치를 보관 등의 유통활동을 통해 그 시간적 차이를 해소시켜 준다.

[제2절] 수산물 유통의 의미

1. 수산물의 집하·교환·분배 과정

수산물 유통이란 수산물이 생산자인 어업인·수산기업으로부터 소비자에게 이르기까지 중간과정에서 이루어지는 모든 경제활동을 의미한다. 즉 수산업자가 생산한 수산물이 최종 소비자에 이르기까지의 수산물 집하·교환·분배 과정을 말한다.

2. 수산물의 수요예측에 따른 행동

수산물 생산활동은 수산물의 생산이전에 어떤 수산물을 언제, 어떻게, 어느 곳에서, 얼마나 생산할 것인가를 예측하여 결정하고 이를 생산한다. 바다에서 어선을 이용하여 어획할 수도 있고, 양식장에서 양식할 수도 있다.

3. 소비자의 효용극대화

수산물 유통활동은 생산된 수산물의 이전을 통하여 소비자의 효용을 극대화시키는 모든 판매활동과 판매 후 애프터서비스를 포함한 제반 경제활동을 의미한다.

[제3절] 수산물 유통의 특징

1. 사회적 과정

상품화되는 수산물의 사회적 과정으로서 수산물유통 문제의 기본 대상은 수산업자가 생산한 모든 수산물이라 볼 수 없고, 그 중에서 사회적 생산인 상품화되는 수산물만이 취급대상이 된다.

2. 수습조절의 곤란성 (유통의 편재성)

수산물은 계절적·지역적 생산의 특수성으로 인하여 수급조절이 곤란하여 유통의 편재성이 존재한다.

3. 다단계적 구조

수산물은 집하·교환·분산의 3가지 기본과정만으로는 완결되지 못하고 그 이상의 다단계적 구조를 가지는 점에 문제가 있으며, 유통기능과 유통조직도 단순한 문제가 아니다. 이러한 수산물 유통의 특수성으로 말미암아 객주(客主)라는 존재가 기생할 수 있게 되며, 많은 중간상인이 등장하여 수산물 유통은 다단계 과정을 이루면서 유통 효율을 감퇴시키고 있다.

4. 가공원료용 수산물의 비율 증대

유통 형태면에서는 활선어와 가공원료가 거의 같은 비율로 유통되고 있으며, 근년의 경제성장과 생활수준의 향상은 특히 수산물 소비구조에 큰 변화를 주고 있음을 알 수 있으며, 또 가공원료용 수산물의 비율이 커지고 있다는 사실을 통하여 알 수 있다.

5. 부패성과 상품성 문제

수산물 유통 상에서 문제가 되는 것은 수산물 그 자체가 부패성이 강하여 상품성이 극히 낮다는 것이다.

6 등급화·규격화·표준화 곤란

공산품과는 달리 직접 추출하는 소재중심형 생산물이기 때문에 등급화·규격화·표준화가 어렵다.

7. 유통활동의 저하

수산물 생산규모의 영세성과 생산의 분산으로 말미암아 유통활동이 저하되는 현상이 나타난다.

8. 가격결정의 어려움

수산물은 가격 및 소득에 대한 탄력성이 낮아 공급량에 의한 가격결정이 매우 곤란하며, 일반적으로 흉어시의 가격 등귀율은 풍어시의 가격폭락을 메워주지 못할 뿐만 아니라, 수량·시간·공급조절능력의 결여 때문에 어가(魚價)의 심한 계절 변동은 생산자의 소득을 불안정하게 하는 중요 원인이 되고 있다.

[제4절] 유통경로

1. 유통경로의 의의

(1) 유통경로의 개념

① 유통경로란 최초 생산단계에서 산출된 재화나 서비스가 최종 소비자에게 전달되기까지의 과정 또는 그 통로를 말한다.
② 유통경로는 특정 제품과 서비스가 사용될 수 있도록 하는 과정과 이에 참여하는 일체의 상호의존적인 조직으로, 표적시장 소비자가 적합한 시간에, 접근 가능한 위치에서, 적절한 수량으로 제품을 구매할 수 있도록 하는 효용을 창출해 내는 역할을 한다.

(2) 유통경로의 효용

① 시간적 효용(time utility) : 언제든지 소비자가 원하는 시간에 상품과 서비스를 제공함으로써 소비자의 욕구를 충족시켜 주는 효용이다.
② 장소적 효용(place utility) : 어디서든지 소비자가 원하는 장소에서 상품과 서비스를 제공함으로써 소비자의 욕구를 충족시켜 주는 효용이다.
③ 소유적 효용(possession utility) : 특정한 소비자가 직접 구매하지 않고도 중간상의 도움으로 구매와 동일한 효용을 얻을 수 있는 상태로, 예를 들어 리스업이나 대여업을 통하여 소비자가 일정기간 동안에 사용함으로써 얻는 효용이다.
④ 형태적 효용(form utility) : 현재의 생산체제는 대량생산체제이기 때문에 소비자가 원하는 양의 소비를 알 수가 없다. 따라서 소비자가 원하는 적절한 양으로 분할하여 분배함으로써 얻는 효용이다.

2. 유통경로의 특징

(1) 수요와 공급에 따른 변화

유통경로는 기본적으로 수요와 공급의 성격에 따라 달라지는데, 이에 따르면 ① 소규모 생산·소규모 소비형, ② 소규모 생산·대규모 소비형, ③ 대규모 생산·소규모 소비형, ④ 대규모 생산·대규모 소비형으로 나눌 수 있다.

(2) 유통경로 규정요인의 다양성

유통경로를 규정하는 요인으로는 상품의 종류, 생산지와 소비지의 거리, 경제와 상업의 발전 정도, 상거래 관습, 국내상업 또는 국제무역 여부 등이 있다.

(3) 중간유통업자의 존재

소비자협동조합의 결성, 대형 슈퍼마켓의 출현 등 중간유통업자를 배제하려는 경향이나 영세유통업자의 협업화의 장려 등은 이러한 인식에 따른 것이다. 그러나 중간유통업자가 수행하는 생산물의 수집과 분산을 통한 수급조절 및 결합의 기능을 완전히 배제할 수 없으므로, 가장 효율적이고 최단의 유통경로를 형성하는 것이 유통경로 합리화의 목표가 된다.

3. 유통경로 관리 시 고려요인

(1) 고객의 욕구
고객이 요구하는 상품, 상점과의 거리, 영업시간과 같은 편리성을 고려해야 한다.

(2) 기업여건
고객의 요구사항을 전부 들어주는 것은 현실적으로 불가능하기 때문에 기업의 입장에서는 최선의 유통대안을 찾아내야 한다.

(3) 유통경로 수
고객의 욕구와 기업여건을 분석한 수는 선택할 유통경로의 유형과 함께 전략적으로 결정해야 한다. 유통경로의 수는 목표시장에서 가능한 많은 점포에 제품을 공급하려는 집중적 유통과 중간 수준으로 선별적 취급점포를 두는 선택적 유통전략을 상황에 따라서 잘 조절해야 한다.

4. 중간상의 필요원칙

(1) 총거래수 최소의 원칙
유통경로에서 중간상이 개입함으로써 거래수가 결과적으로 단순화·통합화되어 실질적인 거래비용이 감소한다. 중간상이 개입하지 않을 경우에는 제조업자와 소비자가 직접 거래할 수밖에 없으므로 총 거래수가 증가한다.

(2) 분업의 원칙
유통업에서도 제조업에서와 같이 유통경로상 수행되는 수급조절, 수·배송, 보관, 위험부담 및 정보수집 등을 생산자와 유통기관이 상호분업의 원리로써 참여를 하면 좀 더 사회적 경제성과 능률성이 향상될 수 있다.

(3) 변동비 우위의 원칙
유통분야에서는 제조업과는 다르게 변동비의 비중이 상대적으로 크므로 제조분야와 유통분야를 통합하여 판매한다면 큰 이익을 기대하기 어렵다. 제조분야와 유통분야를 통합하여 대규모화하기보다는 제조업자와 유통기관이 적당히 역할을 분담한다면 비용 면에서 훨씬 유리하다.

(4) 집중준비의 원칙

중간상보다는 도매상의 존재 가능성을 부각시키는 원칙으로, 도매상은 상당량의 브랜드 상품을 대량으로 보관하기 때문에 사회 전체적으로 보관할 수 있는 양을 감소시킬 수 있으며, 소매상은 소량의 적정량만을 보관함으로써 원활한 유통기능을 수행할 수 있다는 원칙이다.

(5) 정보축약 및 정합의 원칙

중간상을 통하여 생산자는 수요정보를 얻고 소비자는 공급정보를 얻는다. 이러한 정보는 유통과정을 통하여 집약적으로 표현되는데, 이를 정보축약 및 정합의 원칙이라 한다.

제 2 장 유통기능

[제1절] 일반적 유통기능

1. 유통기능의 구분

유통의 기능은 일반적으로 크게 상거래 유통기능, 물적 유통기능, 유통 조성기능 등으로 구분한다.

(1) 상거래 유통기능

구매기능, 판매기능, 소유권 이전기능, 수량적 조정기능, 지각조정기능, 품질적 조정기능 등이 포함된다.

(2) 물적 유통기능

장소적 조정기능인 수송기능과 시간적 조정기능인 보관기능, 하역기능, 포장기능, 유통가공기능, 물류정보기능 등이 포함된다.

(3) 유통 조성기능

유통 행정적 기능, 표준화 및 등급화기능, 금융기능, 위험부담기능, 시장정보기능, 교환주선기능 등이 포함된다. 유통활동이 원활하게 이루어질 수 있도록 조성해주는 기능으로 공급, 판매, 구매의 실질적 활동이 아닌 제조업자에게 고객의 욕구와 희망사항, 문제점 등을 전달하는 것이 주요기능

2. 유통기능의 구체적 특징

〈표〉 유통기능의 분야별 특징

		내　　　용
상거래 유통기능	소유권 이전	구매와 판매를 하는 것으로서 재화와 서비스의 소유권 이전을 위한 활동이다.
물적 유통기능	운송기능	장소적 격차해소를 위해 생산지에서 소비지까지 상품을 운반하는 기능이다.
	보관기능	시간적 격차해소를 위해 소비시기까지 안전하게 관리하는 기능이다.
유통 조성기능	금융기능	상품유통 촉진을 위해 외상이나 할부 등 상품대금의 융통이라는 금융상의 편익을 제공하는 기능이다.
	보험기능	유통과정에서 발생하는 물리적·경제적 위험을 부담하여 생산이나 매매업무가 안전하게 성립될 수 있게 하는 기능이다.
	정보통신 기능	생산자와 소비자 사이의 정보를 수집하고 전달하여 의사소통을 원활하게 해 주는 기능이다.
	표준화 기능	수요와 공급 사이의 품질적 차이를 조절하는 방법으로 거래단위, 가격 등을 표준화시켜 상품의 사회적 유통을 촉진하고 상거래 영역을 확대시키는 기능이다.

[제2절] 수산물 유통의 기능 및 활동

1. 수산물의 유통거리와 유통기능

(1) 생산과 소비의 거리(유통거리)

① 장소의 거리 : 특정어종은 특정지역에 몇 군데에서 생산되는데 소비자는 전국적으로 있다.
② 시간의 거리 : 어선어업으로 생선을 잡을 수 있는 어기(漁期)는 한정되어 있는데 소비는 연중 계속적으로 발생한다.
③ 인식의 거리 : 생산된 수산물에 대해 생산자는 잘 알고 있으나 소비자는 잘 모르고 있는 경우이다.
④ 소유권의 거리 : 생산된 수산물에 대한 매매가 성립되지 않는 경우이다. 흥정과 협상을 통하여 생산자의 이윤충족과 소비자의 효용충족이 발생하지 않을 것이다.
⑤ 상품구색의 거리 : 생산자가 제공하는 수산물의 종류는 한정되어 있는데 소비자가 원하는 수산물의 종류는 다양하다는 것이다.
⑥ 품질의 거리 : 생산자가 제공하는 수산물의 품질과 소비자가 원하는 수산물의 품질 사이에 격차가 있다는 것이다.
⑦ 수량의 거리 : 대량생산된 수산물은 소량단위로 나뉘어 소비자에게 분배되고, 소량생

산된 수산물은 집하되어 결국 대량수요된다.

(2) 수산물 유통의 기능

① 운송기능 : 수산물을 이전하는 수송기능으로서 생산지와 소비지 사이의 장소의 거리를 연결시키는 기능이다.
② 보관기능(=저장기능) : 수산물 생산의 조업시기와 비조업시기와 같은 시간의 거리를 보관·저장을 통하여 해결하고, 생산시점과 소비시점 사이에 존재하는 시간의 거리를 보관·저장을 통하여 해결해주는 기능이다.
③ 정보전달의 기능 : 생산된 수산물에 대한 정보(원산지, 신선도 등)를 제공하여 생산자와 소비자간의 인식의 거리를 연결해주는 기능이다.
④ 거래기능(=소유권 이전 기능, 교환기능) : 상품이 생산자로부터 소비자에게 넘어가는 과정에서 교환을 통해 소유권이 바뀌는 경제활동이다.
⑤ 상품구색기능 : 수요자들의 다양한 욕구를 충족시켜 주기 위하여 여러 지역의 수산물을 집하하고 다시 분배하여 상품구색의 거리를 연결시켜주는 기능이다.
⑥ 선별기능 : 소비자가 원하는 수산물의 품질에 연결하려면 등질의 생산물을 그룹별로 선별하여 등급화·표준화 등을 통해 시장의 다양성에 대처하는 기능이다.
⑦ 집적 또는 분할기능 : 대도시 소비지 도매시장은 여러 지역 또는 각 생산자들로부터 등질의 연안수산물을 집하하는 역할을 한다. 반대로 원양어업과 같은 대규모 어업생산의 수산물을 각 소비시장에 소량으로 분할하는 기능이다.
⑧ 가공기능 : 형태를 바꾸는 가공은 수송효율을 높이거나 수산물의 새로운 기능을 만들어낸다. 소비자의 소득증가와 식생활수준 향상에 따라 가공식품에 대한 수요가 증가한다.

2. 수산물 유통의 활동과 유통과정에서 창출되는 소비자의 효용

(1) 수산물 유통활동

수산물의 생산과 소비 간에 거리를 연결시켜 불일치를 해결해주는 여러 가지 활동을 수산물 유통활동이라 하는데 수산물 유통활동을 통하여 소비자에게 효용이 창출된다.

(2) 소비자 효용

소비자효용은 소비자에게 수산물 소유권이 이전되고, 소비자가 원하는 장소에서, 소비자가 필요로 하는 시간에, 소비자가 요구하는 형태로 전달될 때 소비자가 느끼는 만족이다. 즉 소유효용, 장소효용, 시간효용, 형태효용 등이다.

〈표〉 유통의 기능과 효용

	기　능	효　용
소유권이전기능 (교환기능)	구매기능과 판매기능	소유효용
물적 유통기능	수송기능	장소효용
	저장기능	시간효용
	가공기능	형태효용
유통 조성기능	표준화·등급화·유통금융·위험부담·시장정보제공하는 기능	소유권이전과 물적유통에 간접기여
판매 후 서비스기능	고객관리기능	고객만족

3. 수산물 유통활동의 체계

(1) 상적 유통활동 (=소유권 이전활동)

① 유통의 소유권 이전기능은 교환기능 또는 상거래기능이라고도 하며, 구매자와 판매자가 사고파는 활동을 말한다.
② 가장 본원적인 유통기능이다.
③ 이 기능은 대금을 지불하고 수산물을 구매하는 구매기능(=수집기능)과 수산물을 구매하도록 하는 판매기능(=분배기능)으로 나눌 수 있다.
④ 그리고 상적 유통활동을 측면에서 지원하는 유통금융 및 보험, 상품구색의 기능 등 부대활동이 있다.

(2) 물적 유통활동 (=물류활동)

① 물적 유통활동은 수산물을 이전하는 운송기능, 보관·저장하는 보관기능, 정보전달기능, 기타 부대 물적 유통활동이 있다.
② 기타 부대 물적 유통활동으로 수산물 운송을 지원하는 상하차 등의 하역활동·입고출고활동, 포장활동, 운송편의를 위한 규격화활동, 유통가공활동 등이 있다.

(3) 수산물 유통구조의 특징

① 다단계성 : 여러 지역에 분산되어 활동하고 있는 생산자와 개별 분산되어 있는 소비자를 연결하기 위하여 유통구조는 1차 도매시장으로 집하되어 2차 도매상으로, 도매상에서 소매상으로, 소매상에서 소비자에게 분하·분산되는 유통구조를 지니고 있다. 즉 산지에서 소비자 사이에 다단계적 유통기구들이 가교적 역할을 하고 있다.
② 영세성과 과다성 : 유통업의 경영규모는 영세하고 유통업체의 수는 과다하다. 수산물 위판장, 공판장, 도매시장 내에서의 중도매인의 경우도 1~2인 정도의 규모이고 각각

의 전문 취급 수산물로 분화되어 영세한 규모이다. 거래보증금의 한도가 영세하고, 유통커버리지 범위도 한계가 있어 경영 규모를 확대하기 곤란하다.
③ 관행적 거래방법 : 수산물의 어종마다 상이한 거래관행이 있으며, 동일 어종의 수산물일지라도 연근해수산물, 원양수산물, 수입수산물에 따라 거래관행이 다르다. 그리고 유통기구마다 거래방법 및 거래관행이 다르다.

〈표〉 우리나라 수산물 유통의 거래관행

거래관행	내 용
위탁판매제	일반적 연근해 수산물거래에서 생산자들이 수산업협동조합(수협)에게 판매를 위탁한다. 산지의 수협 위판장에서 경매를 통하여 산지 중도매인에게 판매된다.
경매·입찰제	연근해 수산물을 산지위판장이나 소비지도매시장에서 경매를 실시하고 있다. 원양어획물을 원양선사는 일정규모 이상의 자본을 가진 수산물도매상을 상대로 전량 또는 부분별 입찰을 통하여 일괄판매하고 있다.
전도금(前渡金)제 (=선도거래제도)	유통업자가 주로 고가수산물을 안정적으로 확보하기 위하여 생산자에게 출어자금을 선지급하는 제도이다. 거래당사자가 특정한 상품을 현재시점에서 미리 합의한 가격으로 미래의 일정한 시점에 인도·인수할 계약을 현시점에서 미리 체결하는 거래를 말한다.
외상거래제	주로 산지에서 부패성이 강한 수산물을 신속하게 유통판매하기 위하여 외상으로 거래한 후 미래에 판매대금을 지급받는 거래관행이다.

기출 및 예상문제

01 정부의 수산물 유통정책의 주요 목적으로 옳지 않은 것은?   2019년 기출
① 유통경로 효율화 촉진
② 적절한 수급조절
③ 식품 안전성 확보
④ 유통업체 이익 확대

 정부의 수산물 유통정책의 주요 목적에는 ①, ②, ③ 등이다.

02 수산물 유통의 개념으로 적절한 내용은?
① 산지에서 도매시장까지의 실물흐름에 대한 개념
② 생산자에서 소비자까지의 모든 경제활동의 종합적 개념
③ 다양한 유통 참여자들의 각종 사회, 문화 활동의 종합적인 개념
④ 생산자의 조달물류와 수산물의 반품물류가 핵심 개념

 수산물이 생산자인 어업인으로부터 소비자나 사용자에게 이르기까지 모든 경제활동을 의미한다.

03 수산물 유통의 의미로 부적합한 것은?
① 수산물의 집하·교환·분배과정이다.
② 수산물의 수요예측에 따른 행동이다.
③ 소비자의 효용극대화이다.
④ 수산물이라는 한정된 산업에 국한된다.

 수산물 유통은 생산보다 더욱 중요한 경제활동으로 이해되며 수요와 공급을 예측하여 생산을 유도 내지 결정(판매 전 관리)한다. 또한 이렇게 생산된 생산물을 판매(판매관리)하며, 판매된 생산물에 대하여 사후에 책임을 지는 서비스(판매 후 관리)까지를 포함하는 광범위한 산업영역을 내포하는 분야로 발전하고 있다.

정답 01. ④   02. ②   03. ④

04 수산물 유통의 특징으로 볼 수 없는 것은?
① 등급화·규격화·표준화가 용이하다.
② 다단계구조를 가지고 있다.
③ 가공원료용 수산물의 비율이 증대하고 있다.
④ 수산물 생산규모의 영세성과 생산의 분산으로 말미암아 유통활동이 저하되는 현상이 나타난다.

 공산품과는 달리 직접 추출하는 소재중심형 생산물이기 때문에 등급화·규격화·표준화가 어렵다.

05 수산물 유통구조의 특징으로 옳지 않은 것은?   2019년 기출
① 최종 소비자 시장이 집중되어 있다.
② 유통업체는 대부분 규모가 작고 영세하다.
③ 유통이 다단계로 이루어져 있다.
④ 동일 어종인 경우에도 연근해·원양·수입 수산물에 따라 유통방법이 다르다.

 수산물 유통구조의 특징 : 사회적 과정, 수습조절의 곤란성(유통의 편재성), 다단계적 구조, 가공원료용 수산물의 비율 증대, 부패성과 상품성 문제, 등급화·규격화·표준화 곤란, 유통활동의 저하, 가격결정의 어려움, 유통과정의 간결성 요구

06 수산물 유통의 특성으로 옳은 것을 모두 고른 것은?   2021년 기출

| ㉠ 유통경로의 다양성 | ㉡ 어획물의 규격화 |
| ㉢ 구매의 소량 분산성 | ㉣ 낮은 유통마진 |

① ㉠, ㉡   ② ㉠, ㉢
③ ㉡, ㉣   ④ ㉢, ㉣

 ㉡ 어획물의 규격화, 등급화, 표준화가 곤란하다.
㉣ 수산물은 유통과정이 복잡하고 다양하여 유통마진이 높은 편이다.

정답 04. ①   05. ①   06. ②

07 수산물 유통의 특성으로 옳은 것을 모두 고른 것은? 2019년 기출

> ㉠ 유통경로가 복잡하고 다양하다.
> ㉡ 생산의 불확실성, 부패성으로 인해 가격의 변동성이 크다.
> ㉢ 동일 어종이라도 다양한 크기와 선도를 가지고 있다.

① ㉠　　　　　　　　　　　　② ㉠, ㉡
③ ㉡, ㉢　　　　　　　　　　　④ ㉠, ㉡, ㉢

㉠ 수산물은 유통과정이 복잡하고 다양하여 유통마진이 높은 편이다.
㉡ 생산의 불확실성, 부패의 가능성으로 인해 가격의 변동성이 크다.
㉢ 동일한 어종이라도 다양한 크기와 선도를 가지고 있다.

08 수산물 유통 특징 중 가격변동성의 원인에 해당되지 않는 것은? 2020년 기출
① 생산의 불확실성　　　　　② 어획물의 다양성
③ 높은 부패성　　　　　　　④ 계획적 판매의 용이성

가격변동성의 원인 : 생산의 불확실성, 어획물의 다양성, 높은 부패성 등

09 국내 수산물 가격 폭락의 원인이 아닌 것은? 2020년 기출
① 생산량 급증　　　　　　　② 수산물 안전성 문제 발생
③ 수입량 급증　　　　　　　④ 국제 유류가격 급등

수산물은 생산량 급증, 수입량 급증, 수산물 안전성에 문제가 발생하면 가격이 폭락하는 원인이 되고 국제 유류가격의 급등은 가격 상승의 원인이 된다.

10 유통경로 관리 시 중요 고려요인으로 부적합한 것은?
① 고객의 요구　　　　　　　② 기업여건
③ 상품의 수　　　　　　　　④ 유통경로의 수

유통경로 관리 시 중요 고려요인으로 고객의 욕구, 기업여건, 유통경로의 수 등이 있다.

정답 07. ④　08. ④　09. ④　10. ③

11 물적유통의 기능으로 볼 수 없는 것은?
① 구매기능과 판매기능
② 수송기능
③ 저장기능
④ 가공기능

 물적유통기능은 ②, ③, ④이며, ①의 구매기능과 판매기능은 소유권이전기능에 해당된다.

12 강화군의 A영어법인이 봄철에 어획한 꽃게를 저장하였다가 가을철에 노량진 수산물 도매시장에 판매하였을 때, 수산물 유통의 기능으로 옳지 않은 것은? (단, 주어진 정보로만 판단함) 2020년 기출
① 운송기능
② 선별기능
③ 보관기능
④ 거래기능

 유통의 기능 : 저장(보관기능), 강화군에서 노량진수산시장으로 이동(운송기능), 노량진 수산물도매시장에 판매(거래기능)

13 수산물 유통활동에 관한 설명으로 옳은 것은? 2019년 기출
① 상적 유통활동과 물적 유통활동의 두 가지 유형이 있다.
② 물적 유통활동은 상거래활동, 유통금융활동 등으로 세분화할 수 있다.
③ 상적 유통활동은 운송활동, 보관활동 등으로 세분화할 수 있다.
④ 소유권 이전에 관한 활동은 물적 유통활동이다.

 ① 유통활동에는 상적 유통활동과 물적 유통활동의 두 가지 유형이 있다.
② 상적 유통활동은 상거래활동, 유통금융활동 등으로 세분화할 수 있다.
③ 물적 유통활동은 운송활동, 보관활동 등으로 세분화할 수 있다.
④ 소유권 이전에 관한 활동은 상적 유통활동이다.

14 수산물 물적 유통활동에 해당되지 않는 것은? 2021년 기출
① 금융
② 운송
③ 정보전달
④ 보관

 물적 유통활동은 수산물을 이전하는 운송기능, 보관·저장하는 보관기능, 정보전달기능, 기타 부대 물적 유통활동이 있다.

15 수산물 유통의 상적 유통기능은?   2020년 기출

① 운송기능   ② 보관기능
③ 구매기능   ④ 가공기능

 물적 유통활동은 수산물을 이전하는 운송기능, 보관·저장하는 보관기능, 정보전달기능 등이 있고, 상적 유통기능은 구매기능이다.

16 다음은 어떤 것과 관련이 있는가?

> 연근해 수산물을 산지위판장이나 소비지도매시장에서 경매를 실시하고 있다. 원양 어획물을 원양선사는 일정규모 이상의 자본을 가진 수산물도매상을 상대로 전량 또는 부분별 입찰을 통하여 일괄판매하고 있다.

① 위탁판매제   ② 경매·입찰제
③ 전도금제   ④ 외상거래제

 설문은 경매·입찰제에 대한 설명이다. 참고로 전도금제(=선도거래제도)는 유통업자가 주로 고가 수산물을 안정적으로 확보하기 위하여 생산자에게 출어자금을 선지급하는 제도이다.

17 국내 수산물 유통에서 통용되고 있는 거래관행이 아닌 것은?   2020년 기출

① 선물거래제   ② 전도금제
③ 경매·입찰제   ④ 위탁판매제

 우리나라 수산물 유통의 거래관행 : 위탁판매제, 매·입찰제, 전도금제, 외상거래제

18 유통업자가 안정적으로 수산물을 확보하기 위해 활용하고 있는 거래관행은?

2019년 기출

① 전도금지   ② 위탁판매제
③ 외상거래제   ④ 경매·입찰제

 전도금지 : 유통업자가 주로 고가수산물을 안정적으로 확보하기 위하여 생산자에게 출어자금을 선지급하는 제도이다.

정답 15. ③   16. ②   17. ①   18. ①

19 객주에 의하여 위탁 유통되는 수산물 판매경로는? 2021년 기출
① 생산자 → 객주 → 도매시장 → 도매상 → 소매상 → 소비자
② 생산자 → 도매시장 → 객주 → 도매상 → 소매상 → 소비자
③ 생산자 → 위판장 → 객주 → 도매상 → 소매상 → 소비자
④ 생산자 → 도매시장 → 객주 → 소매상 → 소비자

 객주에 의하여 위탁 유통되는 수산물 판매 경로 : 생산자 → 객주 → 도매시장 → 도매상 → 소매상 → 소비자

20 물류(Physical Distribution)에 관한 설명들 중 틀린 것은?
① 물류서비스는 기업간 경쟁 우위 확보를 위한 수단이 아니다.
② 생산비 절감의 한계로 인해 유통비를 절감해야 하는 상황에서 물류의 중요성이 대두되었다.
③ 고객수요의 다양화와 전문화에 따른 고객서비스 수준 향상이 필요함에 따라 물류시스템의 중요성이 커지고 있다.
④ 물적활동의 줄임말로 생산자로부터 최종소비자까지 제품(재화)를 이동하는 활동을 말한다.

 물류서비스는 기업간 경쟁 우위 확보를 위한 수단으로 간주된다.

21 수산물유통(Distribution of Fisheries Products)의 경제·사회적 기능이 아닌 것은?
① 고객서비스가 향상된다.
② 거래를 보다 촉진시킬 수 있다.
③ 생산자(어업인)과 최종소비자를 연결시킨다.
④ 불일치된 제품 구색을 더욱 심화시킨다.

 불일치된 제품구색을 완화시키게 된다.

22 다음 빈칸에 들어갈 가장 올바른 단어는?

> 점포판매시스템이라고도 하는 (   )는 판매점 내 주문처리시스템과 관리자의 메인컴퓨터를 온라인으로 연결하여 상품판매정보를 실시간으로 수집하고 관리하는 시스템을 말한다. (   )는 판매할 상품에 바코드나 OCR 태그 등을 붙여 스캐너로 읽어 상품 정보를 관리하는 방식으로 진행된다.

① 판매시점정보관리 시스템(Point of System)
② 제조업체코드
③ 리베이트
④ 로지스틱스(Logistics)

 판매시점정보관리시스템(POS)에 관한 설명이다.
② 제조업체코드는 바코드의 코드 중 하나이다.
④ 로지스틱스는 재화나 서비스 등을 생산자로부터 최종소비자에게 효과적으로 운송하는 활동이다.

정답 22. ①

제2편 수산물 유통기구와 경로 및 조직과 구조

제1장 수산물 유통기구

[제1절] 수산물 유통기구의 정의

1. 수산물 유통기구의 개념

수산물 유통기구란 수산물을 생산자로부터 소비자에게 유통시키기 위한 조직체이다. 수산물 유통기구란 유통기능을 실제로 담당하고 있는 각종 유통기관이 상호 관련하여 활동하는 전체조직을 말한다.

(1) 좁은 의미의 수산물 유통기구

유통기구의 상적 유통활동(=소유권 이전기능)은 교환기능 또는 상거래기능이라고도 하며, 구매자와 판매자가 사고파는 활동으로 가장 본원적인 유통기능이다.

(2) 넓은 의미의 수산물 유통기구

① 본원적인 유통기능 이외에 부가적 유통기능이 있다. 부가적 유통기능은 주로 물적 유통(=물류)활동으로서 수산물을 이전하는 운송(수배송)기능, 보관·저장하는 보관기능, 정보전달기능, 기타 부대 물적 유통활동이 있다.
② 물적 유통활동을 담당하는 유통기구를 물적 유통기구라 한다. 최근의 발전된 유통기능은 세분화되고 고도화, 전문화되면서 물적 유통기구들도 분업화가 이루어져 운송업체, 수산물 운송을 지원하는 상하차 등의 하역업체, 냉동냉장 창고업체, 보관업체, 수발주업체, 포장업체, 각종 조사업체 및 수산물 물류정보 제공업체 등이 있다.
③ 유통 금융기관 및 각종의 보험회사 등이 유통활동을 수행하고 있다.

2. 유통기관과 유통경로

유통기구를 구성하는 요소로서의 각종 유통기관들은 상품과 서비스 흐름의 유통경로 상에 존재하게 되며, 유통경로는 생산자와 소비자 간의 교량적인 역할을 담당하는 유통기관의 유통활동을 위해 연결되어 있다.

[제2절] 수산물 유통기구의 단계별 분류

1. 수집기구 (수집상) – 구매(Buying)기능
① 직접유통일 경우도 있겠지만 간접유통일 경우가 더 많다.
② 이는 생산자로부터의 원료를 수집하거나 다른 상인 소유의 최종 생산물을 수집하는 활동이 포함되므로 수집기능이라고도 한다.
③ 여러 생산자(어촌)가에 소량씩 분산되어 있는 수산물을 대량화, 상품화하여 산지 위판장·산지 공판장·산지 유통센터·산지수집 도매상 또는 가공공장 등에 반출하는 기구이다.
④ 수산물은 수집되어야만 상품성을 갖게 되며 경제적 거래의 대상이 된다.
⑤ 수집시장은 생산자에서 맨 처음 수집되는 산지 수집시장과 수집된 수산물이 중계시장에 이송되기 위하여 중간지점에 모이는 집산지 시장으로 분류될 수도 있다.

2. 중계기구 – 수집·분산 연결기구
① 중계단계는 수집된 수산물을 분산시장에 옮겨 주는 단계이다. 즉 수집된 수산물이 모여 소매시장에 분산되는 중간과정에 있다.
② 중계기구는 도매시장, 중앙시장, 중앙 도매시장 혹은 종점시장이라고도 한다.
③ 이는 수산물의 수급조절, 가격형성, 분배 및 위험전가의 기능 등을 한다.
④ 도매시장은 다수의 출하자로부터 판매 위탁을 받아 이것을 많은 구입자에게 공개적인 방법에 의해 경쟁적으로 거래하는 시장이다.
⑤ 대량생산에 대한 대량 수요자에게 연결하는 경우에는 산지 도매상에서 소비자 도매시장으로 연결시켜준다. 현재 도매시장의 판매방식은 경매방법을 사용한다.
⑥ 소량생산에 대한 소량 수요자에게 연결하는 경우, 예를 들면 노량진 수산물 도매시장은 소비자 도매시장이다. 전국으로부터 수집된 수산물을 경매를 통하여 소비자 도매상·소비자 중도매인에게 경락되어 수산물 상품을 분산시키는 역할을 한다.

3. 분산기구 – 판매(Selling)기능
예상고객 또는 잠재 소비자가 상품이나 서비스를 구매하도록 욕구를 일으키게 하는 활동을 말한다.
① 적정크기의 포장단위와 규격을 결정하는 활동
② 적당한 판매시기를 결정하는 판매활동
③ 상품구매에 적당한 판매장소를 개설하는 활동
④ 적절한 유통경로를 선택하는 활동
⑤ 상품을 진열하는 활동

⑥ 구매충동을 일으키도록 하는 광고와 판매촉진 활동
⑦ 소비자와 지속적인 관계를 유지해야 재판매가 이루어지도록 하는 활동

〈표〉 단계별 유통기구

기구	내용
수집기구	정기시장, 산지 유통인, 수협 공판장, 수협 위판장 등 - 구매(Buying)기능
중계기구	도매시장, 공판장, 위탁상 등
분산기구	할인점, 편의점, 백화점, 슈퍼마켓 등 - 판매(Selling)기능

4. 수산물 상업 기관의 종류

(1) 상인

① 매매 차익 상인 : 수산물을 다시 판매할 것을 전제로 하여 수산물을 구매하는 상인으로, 수산물의 구매가격과 판매가격의 차액을 이익으로서 획득하는 상인이다.
  ㉠ 소매상(retailer) : 상품 판매의 상대가 소비자인 매매차익 상인
  ㉡ 도매상(wholesaler) : 상품 판매의 상대가 상업 기관인 매매차익 상인
② 수수료 상인 : 수산물 유통 활동에 있어 생산자로부터 자신들이 직접 수산물을 구매하는 상인을 말한다. 수수료 상인은 위탁받아 행하는 매매 활동에 따라서 수수료 도매업자, 대리상, 중개인 등으로 나눌 수 있다.
  ㉠ 수수료 도매업자 : 수산물 유통에 있어 특히 소비지 도매시장의 도매법인과 도매상들은 위탁자의 위탁 수산물 소유권을 가지고 있지 않지만 자신의 책임 하에 진열, 상장, 경매 내지는 수익 판매, 대금 회수 등 매매에 필요한 여러 가지 기능을 수행하고 일정 수수료를 위탁자로부터 받는다.
  ㉡ 대리상 : 위탁자의 소유 상품을 수수료 도매업자는 자기 명의로 판매하는 것에 비해, 대리상은 위탁자의 명의로 판매한다는 점에서 성격이 다르다.
  ㉢ 중개인 : 수수료 도매업자나 대리상과 같이 자신이 직접적으로 수산물을 취급하면서 매매 활동에 개입하여 대금 결제나 물품 인도, 재고 부담 기능 등과 같은 유통 기능은 수행하지 않고 매매 당사자를 연결시켜 수수료를 받은 다음에는 거래에서 빠져나가는 성격을 가지고 있다.

(2) 생산자가 경영하는 상업 기관

동종의 상품을 생산하는 다른 대규모 생산자들끼리 생산·판매경쟁에 있어 우위를 확보하기 위하여 상인을 통하지 않고 직접 자신의 상품 판매망을 형성하려고 한다.

(3) 소비자가 출자 경영하는 상업 기관

제 2 장 수산물 유통경로

[제1절] 수산물 유통경로의 이해

① 유통경로란 생산자로부터 소비자에게 상품이 유통되어 가는 경로를 말한다.
② 유통경로는 상품유통을 가능하게 하는 중간상으로 구성된다.
③ 수산물의 유통경로는 수산물이 지니는 상품적 특성 때문에 공산물에 비하여 복잡하다.
④ 유통경로는 상품이 생산자로부터 최종 소비자나 산업 사용자에게로 흘러가는 길로서 상품의 물적 이동경로를 말하지만 동시에 상품의 물적 이동을 주관하는 유통기구의 연결이기도 하다.
⑤ 수산물은 일반적으로 생산자, 수집상, 반출상, 도매상, 소매상, 소비자 등으로 이어지는 유통경로를 가지고 있다.

[제2절] 수산물 유통경로의 형태

1. 생산자 ⇨ 도매상 ⇨ 소매상 ⇨ 소비자

① 위와 같은 유통경로는 수산물 생산자가 수협에 수산물판매를 위탁하고 수협의 전적인 책임 하에서 공동 판매하는 형태이다.
② 수협이 공동 판매하는 형태는 다시 두 가지로 유통경로로 구분되는데, 산지 수협 위판장에서 소비지 공판장에 출하하는 형태와 산지 수협위판장이 산지 중도매인의 경매(가격결정)를 거쳐 소비지 수협공판장에 출하되는 형태가 있다.
③ 소비지 공판장에 위탁상장된 어획물은 소비지 중도매인의 경매(가격결정)를 거치거나 정가·수의매매를 통하여 도매상, 소매상, 소비자에게 출하되는 형태가 일반적이다.

2. 생산자 ⇨ 수집상(산지 유통인) ⇨ 도매상 ⇨ 소매상 ⇨ 소비자

위와 같은 유통경로는 수집상(산지 유통인)이 생산자로부터 직접 수산물을 수집하는 경우와 산지 중도매인을 통하여 수집하는 경우가 있다.

3. 생산자 ⇨ 객주 ⇨ 유사 도매시장 ⇨ 도매상 ⇨ 소매상 ⇨ 소비자

① 수산물을 객주(상업 자본가)에게 판매를 위탁하고 객주는 자신의 책임 하에서 판매하고 판매 수탁수수료를 받는다.
② 객주가 직접 수산물을 직접 구매하여 판매하여 매매차익을 영위하기도 한다.
③ 영세한 생산자들이 어업생산 자금의 신속한 조달을 위하여 객주에게 생산자금을 미리 빌려 받는 조건으로 생산물의 판매권을 객주에게 양도한다.

㉠ 이 형태는 대차금의 높은 이자 및 높은 수수료, 낮은 매매가격 등 객주에 의한 횡포가 있을 수 있다.
㉡ 객주들이 생산량이 부족한 고가격 수산물을 미리 확보하고자 할 경우에는 객주들이 생산자에게 생산자금을 지원하기도 한다.

4. 생산자 ⇨ 직판장 ⇨ 소비자

위와 같은 유통경로는 대형 양판점, 관광지, 공항, 터미널 등에 생산자가 자금을 조달하여 직판장을 개설하거나 수협이 직판장을 개설하기도 한다.
① 단점으로는 생산자가 상당한 자금조달의 부담이 있고 수송, 보관 등의 기능까지 수행하여야 하는 부담이 있다.
② 이점으로는 판매경로를 단축하여 선도를 유지할 수 있고 중간유통비용을 절감하여 소비자에게 보다 저렴한 가격으로 판매할 수 있다.

5. 생산자 ⇨ 전자 상거래 ⇨ 소비자

① 유통경로는 '생산자 ⇨ 소비자' 직거래 형태의 유통경로이다.
② 생산자가 인터넷이나 휴대폰 등 기타 통신수단들을 통하여 직접 소비자에게 판매하는 형태이다.
③ 수협중앙회에서는 수협e쇼핑 사이트를 운영하고 있다.
④ 생산자들이 각 포털 사이트의 블로그, 카페 등을 운영하여 직거래를 하고 있다.

[제3절] 도매시장의 운영방식과 수산물 유통경로

1. 생산자(또는 출하자) ⇨ 【도매시장법인 ⇨ 중도매인】 ⇨ 소매상(또는 대형 유통업체, 가공업체)

도매시장 내에 도매시장법인만을 두는 경우로서 도매시장법인은 생산자나 출하자로부터 위탁받은 수산물을 경매를 통하여 중도매인에게 판매하고 중도매인이 소매상 등에게 판매하는 형태이다.

2. 생산자(또는 출하자) ⇨ 【시장도매인】 ⇨ 소매상(또는 대형 유통업체, 가공업체)

도매시장 내에 시장도매인만을 두는 경우로서 시장도매인은 생산자나 출하자로부터 위탁받은 수산물을 중도매인의 경매를 통하지 않고 소매상 등에게 판매하는 형태이다.

3. 생산자(또는 출하자) ⇨ 【도매시장법인 ⇨ 중도매인】 ⇨ 소매상(또는 대형 유통업체, 가공업체)

도매시장 내에 도매시장법인과 시장도매인을 함께 두는 경우로서 거래형태가 각각 독립적으로 활동하는 형태이다.

[제4절] 수산물 유통경로의 특성

① 공산품에 비해 유통경로가 길고 복잡하다.
② 유통기간이 길고 상품성이 떨어지며 비용이 많이 소요된다.
③ 영세 유통기관이 많아 유통비용이 증대되고 상대적으로 비효율적이고 유통마진이 높은 것이 일반적이다.
④ 대형 유통업체들이 생산어가나 생산자 조직과 계약재배를 하는 경우가 증가하고 있는 추세이다.
⑤ 대형 유통업체의 성장으로 인해 시장 외 거래가 활성화되고 있다.

[제5절] 물적 유통기능

1. 수 송

수송은 장소효용을 창조하는 마케팅 기능으로서 생산과 소비 사이의 장소적 격리를 조정해주는 기능이다.

2. 수송수단별 특징

(1) 철도수송

① 안전성·신속성·정확성이 있으나 융통성이 적고 제한된 통로에만 가능하다.
② 장거리 수송 : 수송비가 적고 많은 수산물을 수송할 수 있다.
③ 단거리 수송 : 오히려 비용이 많이 들 뿐만 아니라 서비스가 부족하다.

(2) 자동차수송

① 기동성이 있고 도로망이 많아 융통성이 있고 소량운송이 가능하며, 최근 도로조건이 크게 개선되어 수산물 수송수단으로서 큰 비중을 차지하고 있다.
② 단거리 수송 : 운송비가 적게 들며, 특히 농촌지역간 뿐만 아니라 농가 문전까지 접근할 수 있는 장점이 있어 널리 이용되고 있다.
③ 장거리 수송 : 철도수송보다 수송비가 많이 들고 정부의 지원을 받을 수 없어 책임이 뒤따르지 못하며, 도로시설의 정비에 따라 수산물 품질을 손상시킬 수 있다.

(3) 선박수송
운송비가 저렴하고 대량수송이 가능하나 융통성이 적고 제한된 통로에만 수송이 가능하다.

(4) 항공수송
최근 일부 수출수산물 수송에 이용되고 있으며, 신속·정확하다는 장점이 있으나 비용이 많이 들고 항로와 공항의 제한성에 구애받을 뿐만 아니라 오히려 기다리는 시간이 길어질 수 있다.

4. 저장기능

(1) 저장은 생산품을 생산시기로부터 판매시기까지 보유하여 시간적 효용의 창조로 말미암아 수요와 공급을 조절할 수 있게 된다. 생산과 소비 간에 생기는 시간적 불일치를 조절하기 위해 수산물의 저장이 필요하다.

(2) 가격조절기능
수확기의 일시출하 현상에 의하여 가격이 폭락하는 불이익을 조절해주는 기능

(3) 부패성의 방지
저온저장창고를 활용하여 생산시기와 판매시기의 시간적 불일치를 조절하는 역할

(4) 저장의 종류
① 운영적 저장 : 효율적인 유통과정을 위해 필요한 운영재고를 유지하기 위한 저장
② 계절적 저장 : 생산물량(공급)이 집중될 경우 하는 저장
③ 비축적 저장 : 정부가 시장물가의 가격안정이나 시장수요가 집중될 시기에 대비하여 공급물량을 준비하는 등의 유사시에 대비한 저장
④ 투기적 저장 : 가격차이에 따른 이윤을 추구하려는 저장

5. 가공기능

(1) 가공을 통한 수산물의 형태효용을 창출

(2) 수송효율 지원
수산물의 부피, 중량성을 극복하기 위하여 가공을 통한 형태의 변경으로 수송효율을 제고

(3) 기능성 지원
자연물로서 생산물에 인위적으로 형태를 변경함으로써 새로운 기능을 창조

(4) 가공의 경제적 효과

① 해당 수산물의 부가가치를 증대시켜서 어가소득 증대에 기여한다.
② 원료 수산물의 형태와 질을 변화시킴으로써 소비자의 효용을 높여준다.
③ 소비자의 소득증가와 식생활수준 향상에 따라 가공식품에 대한 수요가 증가한다.
④ 해당 수산물의 형태변화에 따른 수요로 총수요가 증가된다.

[제6절] 유통 조성기능

1. 표준화

(1) 표준

공통적으로 합의로 인정되어 고정된 척도 또는 기준을 의미하고, 표준화란 기본적인 척도 또는 기준을 결정하는 것이다.

(2) 표준화를 통해 상품에 대한 신용도와 상품성 향상

포장, 등급, 운송, 보관, 하역, 정보 등의 표준화를 통해 상품에 대한 신용도와 상품성을 올리고 공정한 거래가 이루어질 수 있는 기능을 지원해준다.

(3) 수산물 표준규격 제정 목적

수산물의 상품성 향상과 유통효율제고 및 공정한 거래실현에 기여함을 목적으로 한다.

(4) 수산물 표준화로 얻어지는 장점

① 신용도와 상품성을 향상시켜 어가 소득을 증대시킬 수 있다.
② 품질에 따른 정확한 가격을 형성하여 공정한 거래를 촉진한다.
③ 수송·적재 등의 비용을 절감하여 유통의 효율성을 높인다.
④ 선별·포장출하로 소비지에서의 쓰레기 발생을 억제한다.
⑤ 수산물 표준규격화의 필요성
　㉠ 품질에 따른 가격차별화로 공정거래 촉진
　㉡ 수송, 상하역 등 유통효율을 통한 유통비용의 절감
　㉢ 신용도 및 상품성 향상으로 어가소득 증대

2. 등급화

(1) 등급화

이미 정해진 표준에 따라 상품을 적절히 구분, 분류하는 과정을 말한다. 등급화는 이해관계가 없는 제3자에 의해서 이루어지는 것이 일반적이다.

〈표〉 등급화가 제3자(정부)에 의해서 이루어져야 하는 이유

상반된 이해	등급화의 목표를 달성하는 데는 등급제도 지지자들 간에 상반된 이해를 가지고 있기 때문에 실제로 많은 노력이 필요하다.
등급제도 지지자들	등급제도 지지자들은 크게 가공업자, 재판매자를 포함한 상인들, 어업인들 그리고 소비자들의 3집단으로 나눌 수 있다.
등급화의 목적	이들 3집단이 갖는 등급화의 목적은 일치하는 경우도 있지만 상반되는 경우도 있다.

(2) 등급화의 기준

등급화는 상품의 등별에 따라 시장수요에 적합하도록 판매와 이용도를 기준으로 다음과 같이 기준을 설정하게 된다.

① 수량 : 수량에 대한 기준은 도량형에 의하게 된다.
② 크기, 길이 : 사과, 계란, 오렌지, 의류, 구두 등은 크기로 정하고, 목재 등은 길이로 설정한다.
③ 품질 : 통조림, 석탄, 곡물, 설탕 등은 과학적 관점에서 표준을 설정한다.
④ 색채 : 원면, 과실, 벌꿀 등은 색채로 표준을 설정한다.
⑤ 서비스 : 메이커제품의 서비스, 운송회사의 서비스는 표준화되고 있다.
⑥ 가격 : 일물일가의 법칙 또는 무차별 법칙에 따라 정가정책이 시행되고 공공요금도 통일가격에 따라 결정되고 있다.

(3) 등급화의 경제적 효과

① 견본거래 또는 통명거래를 가능하게 한다.
② 상품의 공동화를 통한 경제적 물량조작을 가능하게 한다.
③ 상품 품질에 대한 등급별 식별이 가능하기 때문에 품질에 따른 가격차별화를 촉진한다.
④ 생산자는 소비자의 욕구를 적극 반영하여 소비자 만족 증대를 통해 수익을 증가시킬 수 있다.

(4) 등급설정의 문제점

① 지나치게 세분된 등급은 각 등급에 따른 충분한 거래가 없을 때에는 의미가 없으며, 이에 따른 가격차도 나타나지 않을 것이므로 각 등급은 등급별 가격결정이 이루어지도록 공급량이 충분하여야 한다.
② 등급수는 생산자·상인·소비자의 입장에 따라 상이한 적용이 나타날 수 있으며 농가나 소비자는 등급수를 세분하나, 상인은 가급적 등급수를 줄이려고 한다.
③ 등급화 기준은 감각적·물리적·화학적·미생물학적 기준이나 경제적 기준에 의해 이루어진다. 감각적이거나 가격차와 같은 기준 이외에는 객관적 기준이 어렵다.

④ 등급기준이 국가에 의해서 제정되는 경우, 생산자·소비자 그리고 상인들의 이해를 집약할 수 있는 점에서는 바람직스럽다.

3. 유통금융

(1) 수산물 유통금융
수산물을 유통시키는 데 필요한 자금을 융통하는 것을 말한다.

(2) 기능
수산물이 유통경로를 통하여 소비자에 이르는 과정에 소요되는 필요운영자금을 빌려주거나 일정 기간 지원하는 기능을 말한다.

(3) 유통금융기능
① 농업인들이 수산물을 수확할 때까지의 부족한 자금을 빌리는 것
② 수산물 창고업자가 저온창고를 건축하는 데 소요되는 시설자금을 융자받는 것
③ 수산물 가공업자가 운영자금을 융통하는 것
④ 경매에 참가하여 수산물을 구매한 지정 중도매인에게 외상으로 판 다음 판매금액은 일정한 기간이 지난 다음에 받는 것 등

4. 위험부담기능

(1) 위험부담
수산물의 유통 과정에서 발생할 가능성이 있는 손실을 부담하는 것이며, 여기에는 물적 위험과 경제적 위험이 있다.

(2) 물적 위험
수산물의 물적 유통 기능을 수행하는 과정에서 파손, 부패, 감모, 화재, 동해, 풍수해, 열해, 지진 등의 요인에 의해 수산물이 직접적으로 받는 물리적 손해를 말한다.

(3) 경제적 위험
유통과정 중에 수산물의 가치변화로 발생하는 손실을 말하며, 일종의 시장위험이라고 볼 수가 있다. 이는 시장가격의 하락으로 인한 수산물의 가치하락, 소비자의 기호나 유행의 변천에 따른 수요 감소, 경제조건의 변화에 의한 시장축소 등에 의해 발생하게 된다.

5. 시장정보기능

(1) 시장정보기능

유통과정 중에 유통활동을 원만하게 하기 위해 필요한 정보의 수집, 분석 및 분배활동 등이다. 적절한 시장정보는 적정한 저장계획, 효율적인 수송계획 등의 수립을 가능하게 해 줌으로써 시장운영의 효율을 제고시키고, 시장선택 등을 합리적으로 할 수 있게 해 줌으로써 유통비용을 절감시킬 수 있다.

(2) 시장정보의 기준

① 완전성과 종합성이 있어야 한다.
② 정확성과 신뢰성이 있어야 한다.
③ 적시성과 실용성이 있어야 한다.
④ 생산자·소비자·상인 모두가 똑같이 접근할 수 있는 정보이어야 한다.

제 3 장 수산물 유통조직

[제1절] 산지시장

1. 산지시장의 개념

(1) 생산지 유통

수산물 산지시장은 소비지 시장에 대립되는 개념으로서 수산물의 생산지인 산지에서 수행되는 각종 유통기능을 포함한다.

(2) 산지 위판장

산지 위판장에서 1차적인 가격이 형성되고 있다. 이곳에서 생산자, 시장 도매업자, 중도매인, 매매 참가인들 사이에서 거래가 형성되면서 도매시장과 같은 기능이 이루지고 있다.

2. 산지시장의 필요성과 기능

(1) 필요성

① 어업생산 사이클의 시간단축은 곧 조업횟수의 증가로 이어지면서 어업생산 증대에 직결된다.
② 산지도매시장은 집하, 선별, 포장기능 확대와 병행하여 상품개발기능 강화가 무엇보다 필요하다고 할 수 있다.

③ 소비지도매시장은 상품기능 강화와 함께 시설확충을 통한 수급조절의 기능강화, 소비자 욕구충족을 위한 선별과 소포장 기능 확대가 요구되고 있다.

(2) 산지시장의 기능

① 양륙기능과 진열기능 : 어업 생산자가 산지시장에 양륙하면 어장에 근접한 연안에 어항시설이 있어야 하는데 산지 위판장이 어항시설을 갖추고 있기 때문에 산지시장을 경유하게 된다. 어장으로부터 어항이 너무 멀리 있으면 이동시간이 너무 오래 걸려 왕복횟수가 적어져 조업할 수 있는 기회가 줄어들어 어획량이 감소한다.
② 위탁판매기능 : 어업 생산자가 도매시장 법인격인 수협에 자신의 어획물의 판매를 일반적으로 아무런 조건을 제시하지 않고 위탁한다.
③ 교환기능(거래형성기능) : 산지시장에서의 거래는 수협과 중도매인들 사이에 이루어지고 가격결정방법은 경매를 원칙으로 한다.
④ 대금결제기능 : 어획물을 구입한 중도매인은 구입대금을 수협에 당일에 납입하여야 한다. 신속한 판매 및 당일 대금결제는 어업 생산증대에 직결되기 때문에 수협의 위판장을 필요로 한다.
⑤ 이용배분기능 : 산지 위판장을 통하여 어획물을 다양한 형태로 이용 배분할 수 있다. 양륙된 어획물은 중도매인 경매를 통하여 대부분 소비지로 출하되지만, 수출용 또는 가공원료용으로 판매되기도 한다.
⑥ 중간유통기능 : 수산물을 낙찰 받은 중도매인은 자신에게 수산물 구매를 위탁한 상인에게 수수료를 받고 중개로 넘기거나 자신의 계산 하에서 상인이나 소매시장에 판매한다.
⑦ 수급조절기능 : 수산물 가격변동에 대한 수요·공급을 조절하는 기능이 이루어진다.
⑧ 상품화기능 : 수산물의 표준 규격화, 공동 브랜드화 등을 통해서 부가가치를 향상시키는 기능이다.
⑨ 산지시장의 기타 기능 : 접안 및 수송시설, 냉동 및 냉장시설, 선구점, 상점, 식당업 등이 부속상으로 산지시장에서 영업활동을 하고 있다.

3. 수산물 종합 유통센터

① 유통의 전문화·규모화가 잘 이루어지고 있는 협동조합 등을 중심으로 유통정보를 수집하여 생산자에게 전달한다.
② 수산물의 소포장 및 유통가공 등의 기능을 수행한다. 경쟁력 있는 상품개발을 통해 부가가치를 창출한다.
③ 물류체계 개선을 통한 물류 합리화 및 유통비용 절감을 도모한다.

[제2절] 도매시장

1. 도매시장의 개념

① 중계시장(도매시장)조직이란 수집시장과 분산시장의 중간형태의 시장으로서 수집시장에서 수집된 수산물을 대량으로 보관하고 가격안정을 도모하며, 나아가서 수급불균형을 조절하는 시장을 말한다.
② 대부분 수산물은 중계시장조직을 통하여 최종 소비자에게 유통된다. 일반적 소비지 도매시장을 말하는데 지방자치단체가 개설하는 시장으로 크게 중앙도매시장과 지방도매시장, 수협 공판장, 유사 도매시장으로 구분할 수 있다.
③ 수집 및 분산의 양 시장을 연결시키는 조직으로서 수집시장의 종점인 동시에 분산시장의 시발점이 되는 조직이다.
④ 도매시장조직의 근본적 의의는 사회적 유통경비의 절감에 있고, 이러한 유통비용 절감의 가능성은 거래총수 최소화의 원리와 대량준비의 원리에서 가능한 것이다.
⑤ 수산물 도매시장은 해양수산부 장관의 허가를 받아 지방공공단체가 개설할 수 있도록 하여 공공성을 최우선으로 하고 있다.

2. 수산물 도매시장 종류

(1) 공영도매시장

지방자치단체가 수산물의 도매거래를 위해 중앙 및 지방정부의 공공투자에 의해 도시지역에 개설한 시장임. 공영도매시장은 수산물 유통의 원활화 및 적정가격유지를 위해 정부가 건설 계획을 수립, 정부와 지방자치단체가 투자하여 도매시장을 건설·운영한다.

(2) 일반법정도매시장

지방자치단체가 자체투자 또는 민간의 투자로 건설 후 개설자와 기부채납 또는 무상임대계약을 하고 수산물의 도매거래를 위해 시 지역에 개설한 시장으로 개설자는 지방자치단체가 된다.

(3) 민영도매시장

수산물의 도매거래를 위해 시 지역에 자기의 투자로 부지확보 및 건설을 하고 시·도지사로부터 개설허가를 받아 민간이 개설·운영하는 도매시장으로서 개설자가 민간이라는 점에서 일반법정도매시장과 구분된다.

(4) 중앙도매시장

특별시, 광역시 또는 특별자치도가 개설한 수산물도매시장 중 당해 관할구역 및 그 인접지역의 도매의 중심이 되는 수산물도매시장으로서 해양수산부령으로 정하는 도매시장을 말한다.

(5) 지방도매시장

중앙도매시장외의 수산물도매시장을 말하며, 특별시·광역시·특별자치도, 시가 개설하되, 시의 경우 도지사의 허가를 받아 개설하는 도매시장을 말한다.

(6) 민영농수산물도매시장

국가·지방자치단체 및 수산물공판장을 개설할 수 있는 자 외의 자가 수산물을 도매하기 위하여 시·도지사의 허가를 받아 특별시, 광역시 또는 시 지역에 개설하는 도매시장을 말한다.

3. 도매시장의 주요기능

(1) 일반적 기능

① 상적 유통기능 : 수산물의 매매거래에 관한 기능으로서 가격형성, 대금결제, 금융기능 및 위험부담 등의 기능이 있다.
② 물적 유통기능 : 생산물, 즉 재화의 이동에 관한 기능으로서 집하, 분산, 저장, 보관, 하역, 운송 등의 기능이 있다.
③ 유통정보기능 : 도매시장에서는 각종 유통관련 자료들이 생성, 전파된다. 즉 시장동향, 가격정보 등의 수집 및 전달기능을 말한다.
④ 수급조절기능 : 도매시장법인 및 중도매인에 의한 물량반입, 반출, 저장, 보관 등을 통해 수산물의 공급량을 조절하고 가격변동을 통하여 수요량을 조절하기도 한다.

(2) 도매시장의 유통기능

① 수집·집하기능 : 도매시장은 경매를 위하여 전국에 있는 산지 위판장이나 산지 생산자로부터 생산물을 수집하여 집하한다.
② 유통 분산기능 : 산지 위판장에 양륙 상장되어 소비지 도매시장에서 경매를 마친 수산물은 대부분 중도매인이나 중도매인에게 구매를 부탁한 유통업자에 의해 소비시장에 적절하게 유통 분산된다.
③ 가격형성기능 : 도매시장에 수집·집하된 수산물은 경매나 입찰을 통하여 가격을 결정한다. 공개경매제도에 의한 한 시장에서 나타나기 쉬운 2개 이상의 가격형성을 막아 균형가격을 형성함으로써 적정가격이 형성될 수 있다.
④ 수급조절기능 : 도매시장을 통해 대량집하·대량분산을 통한 수급 조절의 원활함과 신속한 거래를 촉진할 수 있다.
⑤ 유통경비 절약기능 : 대다수 판매자와 구매자가 한 장소에서 모여 여러 종류의 상품을 거래하는 등의 일괄대량출하가 가능함으로 운임 및 기타 경비를 절감할 수 있다.

⑥ 위험전가기능 : 거래방법의 발달로 선물거래가 가능해지면 수요자와 공급자 쌍방이 거래를 통한 위험부담을 전가시킬 수 있는 보험 작용을 할 수 있다.
⑦ 거래상의 안전기능 : 시장 내의 시설이 법에 의해 정해지기 때문에 공공위생시설 및 처리과정이 근대화되어 거래상 안전을 기할 수 있다.
⑧ 대금결제기능 : 도매시장법인 또는 시장도매인은 매수하거나 위탁받은 수산물이 매매되었을 때에는 그 대금의 전부를 출하자에게 즉시 결제하여야 한다. 다만, 대금의 지급방법에 관하여 도매시장법인 또는 시장도매인과 출하자 사이에 특약이 있는 경우에는 그 특약에 따르도록 되어 있다.
⑨ 유통정보의 제공 기능 : 유통 시 유통관련 자료들이 형성되고 제공된다.

4. 도매시장의 개설 및 조직체계

(1) 도매시장의 거래체계

① 도매시장의 개설 : 도매시장 개설자는 도매시장에 그 시설규모·거래액 등을 고려하여 적정 수의 도매시장법인·시장도매인 또는 중도매인을 두어 이를 운영하게 하여야 한다. 다만, 중앙도매시장의 개설자는 해양수산부령으로 정하는 부류에 대하여는 도매시장법인을 두어야 한다.

② 도매시장법인의 지정 : 도매시장법인은 도매시장 개설자가 부류별로 지정하되, 중앙도매시장에 두는 도매시장법인의 경우에는 해양수산부장관과 협의하여 지정한다. 이 경우 5년 이상 10년 이하의 범위에서 지정 유효기간을 설정할 수 있다.

③ 시장도매인의 지정 : 시장도매인이란 농수산물 도매시장 또는 민영농수산물 도매시장의 개설자로부터 지정을 받고 농수산물을 매수 또는 위탁받아 도매하거나 매매를 중개하는 영업을 하는 법인을 말한다.

④ 중도매업
　㉠ 중도매업의 허가 : 중도매인의 업무를 하려는 자는 부류별로 해당 도매시장 개설자의 허가를 받아야 한다.
　㉡ 중도매인의 역할과 기능
　　ⓐ 선별기능 : 수산물을 어종, 생산지, 크기, 선도별로 선별하여 어느 시장에 어떻게 판매할 것인가를 결정하는 선별기능을 한다.
　　ⓑ 가격결정기능 : 중도매인이 경매나 입찰 가격을 평가하고 결정하는 기능을 한다.
　　ⓒ 대금결제기능 : 중도매인들은 직접 도매판매를 위하여 구매한 수산물 또는 소매업자들로부터 위탁받아 구매한 수산물에 대한 대금을 도매법인에 지불하는 금융결제기능을 수행하고 있다.
　　ⓓ 분하·보관·가공기능 : 구매한 수산물을 도매판매하거나 최종 소비자에게 유통시키기 위하여 일시적으로 냉동보관, 포장, 가공처리 등을 한다.

⑤ 매매참가인

㉠ 매매참가인의 신고 : 매매참가인의 업무를 하려는 자는 도매시장·공판장 또는 민영도매시장의 개설자에게 매매참가인으로 신고하여야 한다.
　　㉡ 매매참가인의 역할과 기능
　　　　ⓐ 매매참가인이란 농수산물 도매시장·농수산물 공판장 또는 민영농수산물 도매시장에 상장된 농수산물을 직접 매수하는 자로서 중도매인이 아닌 가공업자·대형 소매업자·수출업자 및 소비자 단체 등 농수산물의 수요자를 말한다.
　　　　ⓑ 매매참가인은 중도매인과 동일한 참가권을 가지며 정기적으로 수산물을 대량 구매하는 사업자로서 경매에 직접 참여하여 수산물을 구입해야 하므로 일정한 자격을 갖추고 있어야 한다.
　　　　ⓒ 매매참가인들은 중도매인을 통하여 위탁구입하지 않고 직접 경매나 입찰로 수산물을 구입하여 시장에 유통시킬 수 있다.
　　　　ⓓ 도매법인이나 중도매인은 특권적이고 폐쇄적 운영을 할 수도 있지만 매매참가인은 도매시장의 공개적·개방적 운영이 유지되도록 해준다는 중요한 역할을 지니고 있다.
　　　　ⓔ 대형 소매점이나 소매업자의 단체 등이 소비자와 직접 접촉하면서 생기는 소비자 정보를 매매참가인이 수집하여 도매시장에 전달하는 역할도 한다.
⑥ 경매사의 임면 : 도매시장법인은 도매시장에서의 공정하고 신속한 거래를 위하여 일정 수 이상의 경매사를 두어야 한다.
⑦ 산지유통인
　　㉠ 산지유통인의 등록 : 수산물을 수집하여 도매시장에 출하하려는 자는 도매시장 개설자에게 등록하여야 한다.
　　㉡ 산지유통인의 역할과 기능 : 산지유통인은 전국에 분산된 산지에서 다양한 종목의 수산물을 수집하여 등록된 소비지 도매시장에서 수산물을 출하하는 업무 이외에 판매·매수 또는 중개업무를 할 수 없도록 규정하고 있다.
　　　　ⓐ 수집·출하 기능 : 직접 어촌·어장 등과 같은 산지를 돌아다니면서 다양·다종의 수산물을 수집상으로서의 역할과 수집한 수산물을 도매시장에 출하하는 역할을 한다.
　　　　ⓑ 정보전달기능 : 산지의 생산자 또는 생산조직단체들과 상담하면서 소비지의 가격동향이나 판매현황 등을 전달하는 역할을 한다.
⑧ 시장도매인의 지정 : 시장도매인은 도매시장 개설자가 부류별로 지정한다. 이 경우 5년 이상 10년 이하의 범위에서 지정 유효기간을 설정할 수 있다.
⑨ 공판장의 개설 : 수산물을 도매하기 위하여 생산자단체와 공익법인이 공판장을 개설하려면 적합한 시설을 갖추고 특별시장·광역시장·특별자치시장·도지사 또는 특별자치도지사의 승인을 받아야 한다.
⑩ 공판장의 거래 관계자 : 공판장에는 중도매인, 매매참가인, 산지유통인 및 경매사를

둘 수 있다.
⑪ 수산물 종합유통센터 : 국가 또는 지방자치단체가 설치하거나 국가 또는 지방자치단체의 지원을 받아 설치된 것으로서 수산물의 출하 경로를 다원화하고 물류비용을 절감하기 위하여 수산물의 수집·포장·가공·보관·수송·판매 및 그 정보처리 등 수산물의 물류활동에 필요한 시설과 이와 관련된 업무시설을 갖춘 사업장을 말한다.
⑫ 수산물 전자거래 : 수산물의 유통단계를 단축하고 유통비용을 절감하기 위하여 전자거래의 방식으로 수산물을 거래하는 것을 말한다.

(2) 소비지 도매시장의 거래제도
① 도매시장에서 도매시장법인이 하는 도매는 출하자로부터 위탁을 받아 하여야 한다. 다만, 특별한 사유가 있는 경우에는 매수하여 도매할 수 있다.
② 중도매인은 도매시장법인이 상장한 농수산물 외의 농수산물은 거래할 수 없다.
③ 공개경매제 : 도매시장법인은 도매시장에서 농수산물을 경매·입찰·정가매매 또는 수의매매의 방법으로 매매하여야 한다.
④ 거래제한 원칙(거래의 특례) : 도매시장 개설자는 입하량이 현저히 많아 정상적인 거래가 어려운 경우 등 특별한 사유가 있는 경우에는 그 사유가 발생한 날에 한정하여 도매시장법인의 경우에는 중도매인·매매참가인 외의 자에게, 시장도매인의 경우에는 도매시장법인·중도매인에게 판매할 수 있도록 할 수 있다.

제 4 장 주요 수산물의 유통구조

[제1절] 활어 유통구조

1. 상품으로서의 활어

(1) 활어 회
① 활어는 살아 있는 수산물 혹은 살아 있는 어패류를 의미하지만 후자의 경우에는 살아 있는 어류만을 의미한다.
② 우리나라의 수산물 생산량은 산지에 양륙될 때, 활어가 차지하는 비중은 약 53.5%이다. 이 중에서 해조류를 제외한 살이 있는 어패류만을 기준으로 하면, 약 21.1% 정도의 수산물을 살아 있는 상태로 생산한다.
③ 활어는 살아 있는 채로 유통되어 최종 소비 단계에서 대부분 회로 소비된다.
④ 회의 소비 형태는 날 것을 그대로 소비하는 것으로 유통 과정에서 나타나는 처리 방식은 크게 두 가지로 구분된다. 하나는 '활어 회'이며 다른 하나는 '선어 회'가 그것이다.

〈표〉 활어회와 선어회의 차이

	활어회	선어회
우선하는 품질	질감＞맛	맛＞질감
생산 시점의 형태	활어	활어(일부 선어)
소비 시점의 형태	활어	선어
양념 (소스)	간장, 된장, 고추장, 초장, 고추냉이 등 다양	주로 간장과 고추냉이
주요 소비 국가	한국	일본

(2) 활어의 가치

활어의 상품가치는 같은 종의 수산물이라도 성장환경, 품종, 시기 등에 의해 다르다.
① 성장환경을 기준으로 보면, 일반적으로 자연산과 양식산 활어로 대별할 수 있다.
② 활어의 품종을 기준으로 보면, 어류에는 크게 흰살 생선과 붉은 살 생선이 있다.
③ 시기와 관련해서는 일정 시기에 해당 수산물의 맛이 좋아지거나 수요가 급증하면서 가격이 오르는 경우가 있는데, 대표적인 사례로 봄 도다리, 여름 농어, 가을 전어, 겨울 방어 등을 들 수 있다.

2. 유통경로

활어 유통은 산지 유통과 소비지 유통으로 구분할 수 있다.

(1) 산지 유통

① 활어의 산지 유통은 주로 수협의 산지 위판장을 경유하는 계통 출하와 산지의 수집상이나 생산자 직거래 등으로 출하되는 비계통 출하로 구분한다.
② 산지의 수조는 대부분 도매거래를 하기 때문에 구조물 형식의 거대한 수조를 두고 있다. 이 수조에서 수산물을 살아 있는 상태로 판매 전까지 보관해야 하므로 산소 발생기와 온도 조절기와 같은 별도의 생명 유지를 위한 장치가 필요하다.
③ 활어의 운송을 위해서는 특수장비가 설치된 활어 전용의 화물차를 이용하는데, 산지의 활어차는 1회차 당 운반량이 많기 때문에 소비지의 운반량에 비해 상대적으로 규모가 크다.

(2) 소비지 유통

① 수산물의 소비지 유통은 산지에서 소비지로 출하되어 최종 소비자에게 전달되는 과정이다.
② 주요 유통기구는 소비지 도매시장, 소매기구(고급식당, 횟집, 일식당, 호텔, 백화점,

대형 소매점 등) 등이다.
③ 활어의 소비지 유통에서 가장 규모 있는 유통기구는 소비지 도매시장인데 공영 도매시장보다는(서울 가락동 농수산물 시장, 노량진 수산시장) 유사 도매시장이라고 하는 민간 도매시장의(유사 도매시장) 활어 취급 비중이 높다.

3. 활어 유통의 주요 품목

대표적인 품종으로는 자연산에는 꽃게, 양식산에는 활 넙치, 굴 등을 들 수 있다.

(1) 자연산 꽃게

① 꽃게는 어획한 후에도 해수 없이 일정 기간을 살 수 있기 때문에 일반적인 활어 유통에서 필요한 온도 조절기, 산소 발생기 등과 같은 특수한 설비가 덜 요구된다.
② 꽃게는 전량 자연산이다. 대부분 서해안의 어선어업에 의해 어획되고 있는데 꽃게의 어획량은 연도별로 변동이 크다.
③ 활 꽃게 중에서 수협의 산지 위판장을 경유하는 계통출하 비중은 평균적으로 약 60% 내외이며, 약 40%는 산지 수집상 등으로 비계통 출하를 한다. 주요 어법은 근해자망, 연안자망, 연안개량안강망, 연안통발 등이다.

(2) 양식산 활 넙치

① 활어로 이용되는 넙치는 자연산도 있지만, 대부분이 양식산이다. 약92.8%가 천해양식에서 생산되고, 나머지는 자연산에서 생산된다.
② 양식산 활 넙치는 횟감용 상품을 목적으로 하기 때문에 100% 활어로 생산되어 유통되고 있다.
③ 양식산 넙치는 우리나라의 남해안과 제주도 지역에서 주로 양식되고 있다.
④ 양식산 넙치는 산지에서 계통 출하 비중이 49.2%, 비계통 출하 비중이 50.8%로 절반씩 차지하고 있다.
⑤ 산지에서 거래된 양식산 넙치는 소비지로 유통되는데, 대부분이 유사 도매시장을 경유하게 된다.

(3) 굴 (자연산+양식산)

① 우리나라의 굴 생산은 일반해면어업과 천해양식어업 즉, 자연산과 양식산으로 구분되며, 자연산의 생산비중은 약 10%이며, 양식산은 약 90%이다.
② 자연산 굴은 주로 패 조류 채취어업에 의해 생산되고 있는데, 자연산 굴의 전체 생산량 중에서 약 5~7% 정도만 수협의 산지 위판장을 통해 계통 출하되고 있고, 나머지는 산지의 수집상에 의해 출하되고 있다.
③ 양식 굴만을 위한 산지 유통의 체계가 잡히면서 수협을 통한 계통출하 비중이 높아졌다.

④ 산지에서는 주로 살아 있는 상태로 생산되는 굴은 다양한 형태로 이용되는데, 박신(굴에서 패각을 제거하고 굴 육질 부만을 취하는 작업)을 하여 20kg 비닐 포장 등에 담아 발포스티로폼 상자로 포장한 생굴, 굴의 패각을 제거하지 않고 그대로 유통 소비하는 석화, 훈제 굴, 굴젓 등의 가공품 등이 있다.

(4) 활어의 취급

① 활어의 수용 밀도는 너무 높을 경우 산소 부족으로 인해 과다한 점액질 분비로 수질이 악화되거나, 폐사하는 피해가 발생한다.
② 수조 속의 활어는 수온이 높아지거나 밀도가 높을수록 더 많은 산소가 필요하다.
③ 체표의 색깔이 변하거나 고기가 수면에 입을 내밀고 호흡을 할 경우 산소 부족 현상이므로 즉시 물을 갈아주고 산소를 더 많이 공급해 주어야 한다.
④ 용존산소 측정기가 없을 경우는 용존산소의 변화에 민감한 어종인 노래미를 넣어두고 관찰하는 방법을 사용할 수도 있다.
⑤ 활어를 장기간 보관할 경우 육질의 상태가 떨어지거나 폐사하여 상품성이 하락하므로 수용 기간이 2~3일 이내에 판매가 될 수 있도록 적은 양의 활어를 구입하여 보관하는 것이 좋다.

[제2절] 선어 유통구조

1. 상품으로서의 선어

(1) 개념

선어는 어획과 동시에 신선냉장 처리 혹은 저온 보관을 통해 냉동하지 않은 원어 상태의 수산물을 의미하며 살아있지 않다는 점에서 활어와 구분된다.

(2) 신속한 유통의 필요성

① 수산물의 선도를 선어 상태에서 최상으로 유지하기 위해서는 저온 유지를 통한 신속한 유통이 필수이다.
② 빙장은 상자에 얼음과 같이 수산물을 포장하여 유통시키는 것이고, 빙수장은 빙장과 같은 방법에 물을 함께 넣는다는 것에 차이가 있다. 우리나라에서는 대부분 빙장을 이용하고 있다.

(3) 어업의 구분

① 우리나라의 어업 구분은 일반 해면어업, 천해양식어업, 원양어업, 내수면어업이다.
② 원양어업은 해외어장에서 조업을 하기 때문에 전량 냉동 수산물로 국내에 반입된다. 천해양식어업은 해조류를 제외하고 대부분 살아 있는 수산물, 즉 활어 상태로 생산된다.

③ 원양어업이나 천해양식어업에서 선어 생산량은 거의 없다고 봐도 무방하다.
④ 선어를 생산하는 어업은 일반해면어업과 내수면 어업인데 일반 해면어업으로 우리나라 선어 생산량의 99% 이상을 점유하고 있다. 선어는 우리나라의 일반해면어업의 장점을 살린 상품이라고 할 수 있다.

2. 유통경로

(1) 산지유통

산지 유통에서는 계통 출하와 비계통 출하로 구분된다. 전자의 유통기구는 산지의 수협 위판장이며 후자의 유통기구는 산지의 수협 위판장을 제외한 산지 수집상 등이다.

(2) 소비지 유통

① 소비지 유통에서 전통적으로 중요한 유통기구로는 소비지 도매시장이 있다.
② 소비지 도매시장에서는 산지로부터 집하된 수산물을 소비지의 소매기구인 재래시장, 소매점, 식당 등을 거래한다.
③ 선어의 산지 유통에서 계통 및 비 계통의 출하비중을 보면, 각각 약 90%와 10%로 대부분이 산지 수협을 통해서 유통되고 있다.
④ 대형 소매점 중심의 수산물 유통경로가 기존의 수산물 유통경로 간의 차이점은 크게 두 가지로 구분된다.
　㉠ 소비지 도매시장을 경유하지 않는다는 점이다. 이는 대형 소매점의 확산에 따라서 거래물량이 늘어나면서 대형 소매점 자체적으로 도매기능을 흡수했기 때문이다.
　㉡ 대형 소매점의 수산물 조달 경로는 자체 조달경로와 벤더경로로 구분된다.

3. 선어 유통의 주요 품목

우리나라의 대표적인 선어 유통 품목에는 고등어와 갈치가 있다.

(1) 고등어의 유통경로

① 고등어는 국가가 정책적으로 총생산량을 규제하는 총 허용어획에 해당하는 어종이다.
② 고등어의 주요 어장은 우리나라의 남해안과 제주도 근해 등으로 대형 선망어업이 전체 고등어 생산량의 약 90% 정도를 어획하고 있다.
③ 선어 고등어의 일반적인 유통경로는 수협의 산지 위판장에 대부분 양륙되는 계통출하를 따른다.

(2) 갈치의 유통경로

① 갈치는 주로 쌍끌이 저인망어업, 대형 선망어업, 근해연승어업, 근해안강망어업, 연안

복합어업 등 다양한 어법에 의해 생산되고 있다.
② 활어로 이용되는 경우는 매우 적다. 일반해면 어업에서 생산되는 갈치는 거의 대부분이 수협의 산지 위판장을 경유하는 계통 출하이다.

[제3절] 수산 가공품 유통구조

1. 상품으로서의 수산 가공품

(1) 수산물을 원료 또는 재료의 50%를 넘게 사용하여 2차 이상 가공한 제품

(2) 앞의 것에 해당하는 제품을 원료 또는 50%를 넘게 사용하여 2차 이상 가공한 제품

(3) 수산물·수산 가공품 및 농산물(임산물 및 축산물을 포함한다.) 또는 그 가공품을 함께 원료, 재료로 사용한 가공품인 경우에는 수산물, 수산 가공품의 함량이 농산물 또는 그 가공품의 함량보다 많은 가공품

(4) 수산물을 가공하여 유통하게 됨에 따른 장점
① 부패 억제를 통해 장기 저장이 가능(냉동품, 소건품, 염장품 등)
② 수송이 편리함
③ 공급을 조절할 수 있음
④ 소비자의 기호성을 만족시킴
⑤ 안전 생산을 통해 상품성을 높일 수 있음

2. 유통경로

수산 가공품의 일반적으로 원료 조달과정은 수산물 유통의 특수성이 반영된 대신에 가공 이후의 유통단계는 저장성이 높을수록 일반 식품의 유통경로에 유사하게 접근한다.

3. 수산 가공품 유통의 주요 품목

(1) 마른 멸치

① 정어리과에 속하는 멸치는 남해안에서 많이 잡히며, 연간 생산량은 약 25만톤으로 우리나라에서 단일 어종으로는 최대 생산량을 보인다. 멸치와 관련한 어법에서는 멸치 생산량의 약 60% 정도를 차지하는 기선권현망어업이며, 기선권현망어업에서 생산한 멸치는 주로 마른 멸치로 가공되어 유통된다.

② 멸치는 지방질이 많아 부패성이 높기 때문에 탐색 후 어획과 동시에 가공선에서 자숙(찌는 것을 의미)을 한다. 1차적으로 자숙된 멸치는 운반선을 이용해 양륙된다. 육상에서는 자숙된 멸치를 건조하여 마른 멸치로 가공한다.

(2) 참치캔

① 참치의 정확한 용어는 다랑어이며, 다랑어의 종류에는 참다랑어, 눈다랑어, 날개다랑어, 황다랑어, 가다랑어가 있다. 다랑어류의 주요 어장은 남태평양, 인도양, 대서양인데, 90% 이상이 남태평양에서 어획된다.
② 참치통조림의 원료로 이용되는 다랑어는 주로 대형선망 등에 의해 어획된 황다랑어나 가다랑어이며, 원양어획물의 유통경로에 따라서 참치캔 가공공장으로 조달된다.

(3) 수산 연제품

① 연제품은 어육에 소량의 소금을 넣고서 고기 갈이 한 육을 겔화시킨 제품(어묵)이다.
② 사용하는 원료로는 조기, 매퉁이, 명태, 갯장어 등 탄력이 강한 어종이나 색이 하얀 백색육 어류 및 갯장어, 녹새치, 날치, 전갱이, 눈퉁멸, 게르치, 매퉁이 등 맛이 좋은 어종이 원료로 사용된다.
③ 최근에는 국내의 원료의 수급이 원활하지 못하여 러시아 인근의 베링해나 동남아시아의 베트남 연근해에서 어획한 명태 등을 국내에 수입하여 가공 처리하거나, 러시아 등의 원산지에서 가공 처리한 냉동고기풀을 수입하여 사용한다. 남극에서 채취한 크릴새우를 어선이 직접 어획하여 국내의 수산물 가공업체에서 가공 처리하기도 한다.

[제4절] 냉동 수산물 유통구조

1. 상품으로서의 냉동 수산물

① 냉동 수산물은 어획된 수산물을 동결하여 유통하는 상품 형태를 의미한다.
② 냉동 수산물은 장기 보관을 가능토록하면서 우리나라 수산물 소비 증가와 손실 절감은 물론이거니와 국제적인 수산물 교역을 확대하는 계기가 되었다.
③ 냉동 수산물은 냉동냉장창고에 보관되어 소비자가 수산물을 연중 소비할 수 있도록 한다.
④ 냉동 수산물은 생산, 유통, 소비의 전단계를 걸쳐서 동결가공이 일어나고 있다.
⑤ 선상동결의 경우에 냉동 수산물은 선상에서 일정 규모의 박스에 담기거나 수산물들을 블록형태로 동결되는 경우가 대부분이다.
⑥ 냉동 수산물은 선어에 비해 선도가 낮고 한 번 동결한 수산물은 육질에 포함된 수분이 얼면서 팽창하기 때문에 같은 수산물일 경우에 질감이 떨어지므로 같은 조건이라면 가격이 선어에 비해 상대적으로 낮은 경향이 있다.
⑦ 냉동 수산물은 주로 원양 수산물, 수입 수산물에서 나타난다.

2. 유통경로

① 냉동 수산물은 양륙되거나 수입된 이후에 바로 소비되지 않고 일단 −18℃ 이하의 냉동냉장창고에서 보관한다.
② 대표적인 냉동냉장창고는 부산 감천항 부두에 있는 감천원양단지이다.
③ 선어가 주로 저온(0~2℃) 상태에서 유통되는 저온유통(콜드시스템)이라면, 냉동 수산물은 −18℃ 이하로 운반 및 보관된다.
④ 냉동수산물을 유통하기 위해서는 동결기와 이를 조절할 수 있는 특수한 설비가 장치된 냉동냉장창고와 냉동탑차는 필수적인 유통 수단이다.

3. 냉동 수산물 유통의 주요 품목

(1) 원양산 냉동 명태

명태는 전통적으로 우리나라 사람들이 즐겨먹는 수산물로 생태, 동태, 북어, 황태, 연제품 등과 같이 다양한 용도로 이용해 왔다. 그 중에서 냉동 명태인 동태는 동태 자체로 이용될 뿐만 아니라 수산가공품의 원료로 이용된다.

(2) 원양 냉동 오징어

상업적으로 이용되는 오징어에는 살오징어, 날오징어, 반딧불 오징어, 쇠오징어, 날개꼴뚜기, 갑오징어, 칼오징어, 창오징어(한치) 등 8종이 있다. 주요 어획 대상은 동해안에서 주로 서식하는 살오징어로 일반적으로 오징어라 한다.

기출 및 예상문제

01 다음 중 수산물 도매시장의 구성원이 아닌 것은?
① 도매시장법인
② 시장도매인
③ 매매참가인
④ 수산물 소매 수송인

 수산물 도매시장은 도매시장법인, 시장도매인, 중도매인, 매매참가인, 산지유통인 등으로 구성·운영되고 있다.

02 수산물 도매시장에 관한 설명으로 옳은 것은? 2019년 기출
① 최종 소비자의 기호변화를 즉시 반영한다.
② 주로 최종 소비자에게 수산물을 판매한다.
③ 수집시장과 분산시장을 연결하는 역할을 한다.
④ 전통시장 등의 오프라인과 소셜커머스와 같은 온라인도 해당한다.

 수산물 도매시장은 수집시장과 분산시장의 중간형태의 시장으로서 수집시장에서 수집된 수산물을 대량으로 보관하고 가격안정을 도모하며, 나아가서 수급불균형을 조절하는 시장을 말한다.

03 수산물 유통기구에 관한 설명으로 옳은 것은? 2021년 기출
① 상품 유통의 원초적 형태는 생산자와 소비자의 간접적 거래로 이루어져 왔다.
② 유통단계가 단순하다.
③ 유통기능은 세분화되며 고도화되고 있다.
④ 수산물 매매는 가능하나 소유권 이전은 불가능하다.

 ③ 유통기능은 점점 세분화되며 고도화되어 가고 있다.
① 수산물 유통기구는 구매자와 판매자가 사고파는 활동으로 가장 본원적인 유통기능이다.
② 유통단계는 수집기구, 중계기구, 분산기구 등으로 다양하다.
④ 수산물 매매로 소유권 이전이 가능하다.

정답 01. ④ 02. ③ 03. ③

04 다음 중 관련 법령에 의하여 개설자의 허가 또는 지정을 받아 수산물 도매시장, 공판장에 상장된 수산물과 개설자의 허가를 받은 비상장 수산물을 구매하여 도매 거래를 하거나 매매를 중개하는 영업을 하는 자를 가리키는 것은?
① 매매참가인 ② 산지유통인
③ 중도매인 ④ 도매시장법인

 중도매인은 도매시장 내에 상장·진열된 수산물을 구매하여 중개 내지는 도매 거래하는 자로, 수산물을 생산지, 어종, 크기, 선도별로 선별하여 어떻게 어디에 판매할 것인가 하는 사용·효용가치를 찾아내는 선별기능을 가지고 있다.

05 다음 단계별 유통기구 중 수집기구에 해당하지 않는 것은?
① 도매시장 ② 산지유통인
③ 수협 공판장 ④ 수협 위판장

 단계별 유통기구
1. 수집기구 : 정기시장, 산지 유통인, 수협 공판장, 수협 위판장 등 – 구매기능
2. 중계기구 : 도매시장, 공판장, 위탁상 등
3. 분산기구 : 할인점, 편의점, 백화점, 슈퍼마켓 등 – 판매기능

06 수산물 유통기구에 관한 설명으로 옳지 않은 것은? 2019년 기출
① 생산자와 소비자 사이의 유통기구가 개입하는 유통이 일반적이다.
② 간접적 유통기구는 수집, 분산, 수집·분산연결 기구의 세 가지 유통이 있다.
③ 산지 위판장이나 산지 수집도매상은 분산기구이다.
④ 노량진수산물도매시장은 수집·분산연결 기구이다.

 도매시장, 공판장, 위탁상 등은 중계기구이다.

07 수산물 상적유통기구에서 간접적 유통기구에 해당되지 않는 것은? 2021년 기출
① 수집기구 ② 소비기구
③ 수집 및 분산 연결기구 ④ 분산기구

 간접적 유통기구 : 수집기구, 수집 및 분산 연결기구, 분산기구

정답 04. ③ 05. ① 06. ③ 07. ②

08 수산물 유통활동에 있어 생산자로부터 자신들이 직접 수산물을 구매하는 상인을 무슨 상인이라고 하는가?
① 수수료상인　　　　　　　② 매매차익상인
③ 산지유통인　　　　　　　④ 시장도매인

 수수료상인이란 수산물 유통 활동에 있어 생산자로부터 자신들이 직접 수산물을 구매하는 상인을 말한다. 즉, 소유권을 획득하지 않고 수산물을 판매하고자 하는 사람으로부터 위탁을 받아 매매 활동을 대신하고 이에 따른 대가로서 수수료를 받는 상인이다. 수수료 상인은 위탁받아 행하는 매매 활동에 따라서 수수료 도매업자, 대리상, 중개인 등으로 나눌 수 있다.

09 수산물 유통과정에서 취급 수산물의 소유권을 획득하여 제3자에게 이전시키는 활동을 하는 유통인은?　　　　　　　2021년 기출
① 매매 차익 상인　　　　　② 수수료 도매업자
③ 대리상　　　　　　　　　④ 중개인

 매매 차익 상인 : 수산물을 다시 판매할 것을 전제로 하여 수산물을 구매하는 상인으로, 수산물의 구매가격과 판매가격의 차액을 이익으로서 획득하는 상인이다.

10 다음 중 중도매인의 역할과 기능에 해당하지 않는 것은?
① 선별기능　　　　　　　　② 가격결정기능
③ 대금결제기능　　　　　　④ 정보전달기능

 정보전달기능은 산지 유통인의 역할과 기능에 해당된다. 중도매인의 역할과 기능으로는 ①, ②, ③ 이외에 분산 · 보관 · 가공기능 등이 있다.

11 다음 중 수산물 유통마진을 잘못 나타낸 것은?
① 중도매 마진 = 중도매가격 – 도매가격
② 유통 마진액 = 유통이윤 – 유통비용
③ 출하자 마진 = 출하자 수취가격 – 생산자 수취 가격
④ 유통마진율 = 생산자 수취가격/소비자 구입가격×100

 유통마진율 = (소비자 구입가격 – 생산자 수취가격)/소비자 구입가격×100

정답　08. ①　09. ①　10. ④　11. ④

12 올해 2월 제주산 넙치 산지가격은 코로나19 영향으로 kg당 9,000원이었으나, 드라이브스루 등 다양한 소비촉진 활동의 영향으로 7월 현재는 12,000원으로 올랐다. 그러나 소비지 횟집에서는 1년 전부터 kg당 30,000원에 판매되고 있다. 그렇다면 현재 제주산 넙치의 유통마진율(%)은 2월보다 얼마만큼 감소했는가? 2020년 기출

① 3%포인트 ② 5%포인트
③ 10%포인트 ④ 20%포인트

유통마진율 = $\dfrac{\text{소비자구입가격} - \text{생산자수취가격}}{\text{소비자구입가격}} \times 100$

2월 = $\dfrac{9,000}{30,000} \times 100 = 30\%$포인트, 7월 = $\dfrac{12,000 - 9,000}{30,000} \times 100 = 10\%$포인트

따라서 30%포인트 − 10%포인트 = 20%포인트

13 20kg 고등어 한 상자의 각 유통경로별 가격을 나타낸 것이다. 이때 소매점의 유통마진율(%)은? 2019년 기출

○ 생산가격 30,000원	○ 수산물위판장 32,000원
○ 도매상　 36,000원	○ 소매점　　 40,000원

① 10 ② 15
③ 20 ④ 25

유통마진율 = $\dfrac{\text{소매점구입가격} - \text{도매상가격}}{\text{소매점구입가격}} \times 100 = \dfrac{40,000 - 36,000}{40,000} \times 100 = 10\%$

14 다음 중 수산물 표준화로 얻어지는 장점이 아닌 것은?

① 신용도와 상품성을 향상시켜 어가 소득을 증대시킬 수 있다.
② 품질에 따른 정확한 가격을 형성하여 공정한 거래를 촉진한다.
③ 수송·적재 등의 수량을 절감하여 유통의 신속성을 높인다.
④ 선별·포장 출하로 소비지에서의 쓰레기 발생을 억제한다.

수산물 표준화는 수송·적재 등의 비용을 절감하여 유통의 효율성을 높인다.

정답 12. ④ 13. ① 14. ③

15 수산물의 수배송, 보관, 거래 등에 있어 선도 및 상태를 유지하기 위해 적절한 재료, 용기 등을 이용하여 보호하는 기술 및 상태를 가리키는 물적 유통기능은?

① 정보물류기능
② 포장물류기능
③ 보관물류기능
④ 수배송 물류기능

 지문은 포장물류기능에 대한 설명이다.

16 수산물 도매시장의 구성원에 대한 설명 중 틀린 것은?

① 도매시장법인은 수집상(산지유통인)으로부터 출하 받은 수산물을 상장, 진열하는 기능과 경매사를 내세워 판매하는 가격형성기능을 가지고 있다.
② 시장도매인은 도매시장법인과 마찬가지로 도매시장 내에 상장시키거나 경매나 입찰을 통해 판매한다.
③ 매매참가인은 도매시장, 공판장에 상장된 수산물을 직접 구매하는 자로 중도매인이 아닌 가공업자, 소매업자, 수출업자, 소비자단체 등의 수요자를 말한다.
④ 산지유통인은 수집상으로 전국적으로 분산되어 있는 산지에서 다종다양한 수산물을 수집하여 소비지 도매시장에 출하하는 기능을 발휘하고 있다.

 시장도매인은 도매시장법인과는 달리 도매시장 내에 상장시키거나 경매나 입찰을 통해 판매하지는 않는다.

17 다음 중 공영도매시장에 관해 옳게 말한 사람을 모두 고른 것은? 2020년 기출

A : 법적으로 출하대금을 정산해야 할 의무가 있어.
B : 도매시장법인과 시장도매인을 동시에 둘 수 있어.
C : 시장에 들어오는 수산물은 원칙적으로 수탁을 거부할 수 없어.

① A, B
② A, C
③ B, C
④ A, B, C

 A : 도매시장법인 또는 시장도매인은 매수하거나 위탁받은 농수산물이 매매되었을 때에는 그 대금의 전부를 출하자에게 즉시 결제하여야 한다.
B : 공영도매시장은 도매시장법인과 시장도매인을 지정할 수 있다.
C : 입하된 농수산물의 수탁을 거부·기피하거나 위탁받은 농수산물의 판매를 거부·기피하거나, 거래 관계인에게 부당한 차별대우를 하여서는 아니 된다.

정답 15. ② 16. ② 17. ④

18 수산물 도매시장의 시장도매인 제도에 관한 설명으로 옳지 않은 곳은? 2019년 기출
① 도매시장의 개설자로부터 지정을 받고 수산물을 매수 또는 위탁받아 도매하거나 매매를 중개하는 영업을 하는 법인을 말한다.
② 시장도매인은 해당 도매시장의 도매시장법인·중도매인에게 수산물을 판매하지 못한다.
③ 현재 부산공동어시장, 노량진수산물도매시장, 대구북부수산물도매시장 등에서 운영 중이다.
④ 도매운영주체에 따라 도매시장법인만 두는 시장, 시장도매인만 두는 시장, 도매시장법인과 시장도매인을 함께 두는 시장으로 구분할 수 있다.

② 시장도매인은 농수산물 도매시장 또는 민영농수산물 도매시장의 개설자로부터 지정을 받고 농수산물을 매수 또는 위탁받아 도매하거나 매매를 중개하는 영업을 하는 법인을 말한다.
③ 중앙도매시장인 부산공동어시장, 노량진수산물도매시장, 대구북부수산물도매시장 등에서 시장도매인을 운영하지 않고 있다.

19 다음 중 분산기구에 해당하지 아니하는 것은?
① 할인점 ② 백화점
③ 슈퍼마켓 ④ 공판장

도매시장, 공판장, 위탁상 등은 중계기구에 해당한다.

20 수산물 산지시장은 소비지 시장에 대립되는 개념으로서 수산물의 생산지인 산지에서 수행되는 각종 유통기능을 포함한다. 다음 중 산지시장의 기능이 아닌 것은?
① 양륙기능과 진열기능
② 쇼핑의 즐거움과 편의를 제공
③ 중간유통기능
④ 위탁판매기능

쇼핑의 즐거움과 편의를 제공하는 시장은 소매시장이다.

정답 18. ②, ③ 19. ④ 20. ②

21 수산물 산지시장의 기능이 아닌 것은? 2021년 기출
① 거래형성 기능 ② 양육 및 진열 기능
③ 생산 기능 ④ 판매 및 대금결제 기능

 산지시장의 기능 : 양륙기능과 진열기능, 위탁판매기능, 교환기능(거래형성기능), 대금결제기능, 이용배분기능, 중간유통기능, 수급조절기능, 상품화기능 등

22 활어의 산지 유통단계에 해당되지 않는 것은? 2021년 기출
① 생산자 ② 수집상
③ 위판장 ④ 소매점

 활어의 산지 유통은 주로 수협의 산지 위판장을 경유하는 계통 출하와 산지의 수집상이나 생산자 직거래 등으로 출하되는 비계통 출하로 구분한다.

23 수산물산지위판장에 관한 설명으로 옳지 않은 것은? 2020년 기출
① 주로 연안에 위치한다.
② 수의거래를 위주로 한다.
③ 양륙과 배열 기능을 수행한다.
④ 판매 및 대금결제 기능을 수행한다.

 수산물산지위판장은 수산물에 대한 위탁판매(위판)를 위주로 한다.

24 수산물 소비지 도매시장의 기능으로 옳지 않은 것은? 2019년 기출
① 유통분산 기능 ② 양륙진열 기능
③ 가격형성 기능 ④ 수집집하 기능

 양륙진열 기능은 산지위판장의 기능에 해당한다.

정답 21. ③ 22. ④ 23. ② 24. ②

25 자동차수송과 관련하여 장단점을 설명한 것 중 틀린 것은?

① 기동성이 있고 도로망이 많아 융통성이 있고 소량운송이 가능하다.
② 최근 도로조건이 크게 개선되어 수산물 수송수단으로서 큰 비중을 차지하고 있다.
③ 어촌지역간 뿐만 아니라 어가 문전까지 접근할 수 있는 장점이 있어 널리 이용되고 있다.
④ 장거리 수송 시에 철도수송보다 수송비가 많이 들고 정부의 지원을 받을 수 있다.

 철도수송에 비해 정부의 지원을 받을 수 없다.

26 단위화물 적재시스템(Unit Load System : ULS)의 특징이 아닌 것은?

① 화물을 일정한 표준의 중량 또는 체적으로 단위화시켜 기계를 이용하여 하역·수송·보관 등을 하는 시스템을 말한다.
② 단점으로는 하역과 수송의 일관화를 가져오기 힘들다.
③ 하역 작업 시 파손과 오손, 분실 등을 방지할 수 있다.
④ 저장공간 및 운송의 효율성을 높일 수 있다.

 물류관리의 시스템화가 용이하여 하역과 수송의 일관화를 가져올 수 있다.

27 등급설정의 문제점에 대한 다음 내용 중 틀린 것은?

① 지나치게 세분된 등급은 각 등급에 따른 충분한 거래가 없을 때에는 의미가 없다.
② 어가나 소비자는 등급수를 세분하나, 상인은 가급적 등급수를 줄이려고 한다.
③ 감각적이거나 가격차와 같은 기준 이외에는 객관적 기준이 어렵다.
④ 수산물은 출하시기와 실제 소비자가 구매하는 시기의 품질차이는 고려대상이 아니다.

 공산물과는 달리 수산물은 출하시기와 실제 소비자가 구매하는 시기의 품질 차와 지역 간의 품질차이가 달라질 수 있으므로 유통과정에 따르는 품질변화를 최소화하는 것이 중요하다.

정답 25. ④ 26. ② 27. ④

28 다음 수산물에 대한 설명 중 틀린 것은?
① 수산물은 어획량이 불안정하고, 종류가 많으며, 변질하기 쉬운 특성을 갖고 있다.
② 어패류의 지방 함유량은 어종, 어체 부위 및 어획 시기에 따라서 차이가 많다.
③ 적색육 어류가 백색육 어류보다 지방 함유량이 적다.
④ 적색육 어류는 껍질과 근육에 지방이 많고, 백색육 어류에는 내장(특히 간)에 많다.

 적색육 어류(고등어, 정어리, 꽁치 등)가 백색육 어류(넙치, 명태, 대구 등)보다 지방 함유량이 많다.

29 다음 활어에 대한 설명 중 틀린 것은?
① 활어의 상품 가치는 같은 종의 수산물이라도 성장 환경, 품종, 시기 등에 의해 다르다.
② 우리나라에서는 여타 조건(어종, 크기 등)이 같다고 할 때, 일반적으로 자연산 활어가 양식산 활어에 비해 가격이 저렴하다.
③ 활어의 품종을 기준으로 보면, 어류에는 크게 흰 살 생선과 붉은 살 생선이 있다.
④ 시기와 관련해서는 일정 시기에 해당 수산물의 맛이 좋아지거나 수요가 급증하면서 가격이 오르는 경우가 있는데, 대표적인 사례로 '봄 도다리', '여름 농어', '가을 전어', '겨울 방어' 등을 들 수 있다.

 자연산 활어는 자연에서 성장한 수산물을 살아 있는 상태로 생산하여 유통한 것이다. 양식산 활어는 인위적인 환경에서 육성한 수산물을 활어 상태로 생산하여 유통시킨 것이다. 우리나라에서는 여타 조건(어종, 크기 등)이 같다고 할 때, 일반적으로 자연산 활어가 양식산 활어에 비해 가격이 높다. 그 이유는 자연산 활어는 양식산 활어에 비해 상대적으로 드물고(희소성), 육질이 양식산에 비해 좋다는(질감) 소비자들의 높은 선호도 때문이다.

30 꽃게 유통의 특징에 관한 설명으로 옳은 것은? 2021년 기출
① 대부분 양식산이다.
② 주로 자망과 통발 어구로 어획한다.
③ 어류에 비하여 특수한 유통설비가 많이 필요하다.
④ 서해안에서 어획되며 연도별로 어획량의 변동은 없다.

 ② 주요 어법은 근해자망, 연안자망, 연안개량안강망, 연안통발 등이다.
① 꽃게는 전량 자연산이다.

정답 28. ③ 29. ② 30. ②

③ 다른 어류에 비하여 특수한 설비가 덜 요구된다.
④ 대부분 서해안의 어선어업에 의해 어획되고 있는데 꽃게의 어획량은 연도별로 변동이 크다.

31 활꽃게의 유통에 관한 설명으로 옳지 않은 것은? 2019년 기출
① 산지유통과 소비지유통으로 구분된다.
② 일반적으로 계통출하보다 비계통출하의 비중이 높다.
③ 활광어와 비교하여 산소발생기 등 유통기술이 적게 요구된다.
④ 근해자망, 연안자망, 연안개량안강망, 연안통발 등에 의해 공급된다.

활 꽃게 중에서 수협의 산지 위판장을 경유하는 계통출하 비중은 평균적으로 약 60% 내외이며, 약 40%는 산지 수집상 등으로 비계통 출하를 한다.

32 우리나라 굴(oyster)의 유통구조에 관한 설명으로 옳지 않은 것은? 2021년 기출
① 자연산 굴은 통영 및 거제도를 중심으로 생산되며 수협을 통해 계통 출하된다.
② 양식산 생굴은 주로 산지 위판장을 통해 유통된다.
③ 양식산 굴은 주로 박신 작업을 거쳐 판매된다.
④ 가공용 굴은 주로 산지 위판장을 거치지 않고 직접 가공공장에 판매된다.

자연산 굴은 주로 패 조류 채취어업에 의해 생산되고 있는데, 자연산 굴의 전체 생산량 중에서 약 5~7% 정도만 수협의 산지 위판장을 통해 계통 출하되고 있고, 나머지는 산지의 수집상에 의해 출하되고 있다.

33 양식 넙치의 유통에 관한 설명으로 옳지 않은 것은? 2020년 기출
① 국내 양식 어류 생산량 중 가장 많다.
② 주로 횟감용으로 소비되며, 대부분 활어로 유통된다.
③ 공영도매시장보다 유사도매시장을 경유하는 경우가 많다.
④ 최대 수출대상국은 미국이며, 대부분 활어로 수출되고 있다.

넙치의 유통은 대부분 활어로 유통되므로 주로 국내에서 소비되고 있다.

정답 31. ② 32. ① 33. ④

34 다음 중 활어의 소비지 도매유통이 공영도매시장보다는 유사도매시장에서 크게 발달한 이유가 아닌 것은?
① 공영도매시장의 건립 시기가 유사 도매 시장보다 늦다.
② 공영도매시장이 유사도매시장보다 활어 유통의 전문적인 기술이 떨어진다.
③ 공영도매시장보다 소비지에서 유사 활어 전문 도매상들의 산지 수입 활동이 더 적극적이다.
④ 공영도매시장보다 유사도매시장이 더 크다.

 활어의 소비지 도매 유통이 공영도매시장보다는 유사도매시장에서 크게 발달한 이유로 시장의 크기는 별 상관성이 없다.

35 다음 중 우리나라의 대표적인 선어 유통 품목은?
① 고등어와 갈치
② 넙치와 우럭
③ 명태와 가자미
④ 병어와 고등어

 우리나라의 대표적인 선어 유통 품목에는 고등어와 갈치가 있다. 고등어의 주요 어장은 우리나라의 남해안과 제주도 근해 등으로 대형 선망 어업이 전체 고등어 생산량의 약 90% 정도를 어획하고 있다. 갈치는 주로 쌍끌이 저인망 어업, 대형 선망 어업, 근해 연승 어업, 근해 안강망 어업, 연안 복합 어업 등 다양한 어법에 의해 생산되고 있다.

36 갈치 선어의 유통에 관한 설명으로 옳지 않은 것은? 2019년 기출
① 유통에는 빙장이 필요하다.
② 대부분 산지 위판장을 통해 출하된다.
③ 선도 유지를 위해 신속한 유통이 필요하다.
④ 주로 어가경영인 대형기선저인망어업에 의해 공급된다.

 갈치는 주로 쌍끌이 저인망어업, 대형 선망어업, 근해연승어업, 근해안강망어업, 연안복합어업 등 다양한 어법에 의해 생산되고 있다.

정답 34. ④ 35. ① 36. ④

37 선어의 유통구조 및 경로에 관한 설명으로 옳은 것은? 2021년 기출
① 선도 유지를 위하여 냉동법을 이용한다.
② 원양 어획물의 유통경로이다.
③ 대부분 수협을 통하지 않고 유통된다.
④ 산지 유통과 소비지 유통으로 구분된다.

④ 선어는 산지 유통과 소비지 유통으로 구분된다.
① 선어는 냉동하지 않은 원어 상태의 수산물을 의미한다.
② 원양 어획물의 주로 냉동한다.
③ 대부분이 산지 수협을 통해서 유통되고 있다.

38 선어 유통에 관한 설명으로 옳은 것을 모두 고른 것은? 2020년 기출

> ㉠ 활어에 비해 계통출하 비중이 높다.
> ㉡ 선도 유지를 위해 빙장이 필요하다.
> ㉢ 산지위판장에서는 일반적으로 경매 후 양륙 및 배열한다.
> ㉣ 고등어 유통량이 가장 많다.

① ㉠, ㉡   ② ㉠, ㉢
③ ㉠, ㉡, ㉣   ④ ㉡, ㉢, ㉣

㉢ 산지위판장에서는 일반적으로 양륙 및 배열 후 경매한다.
㉠ 활어에 비해 계통출하 비중이 90%로 높다.
㉡ 선도 유지를 위해 우리나라에서는 대부분 빙장을 이용하고 있다.
㉣ 선어 유통 품목에는 고등어가 가장 많고 다음은 갈치가 있다.

39 최근 국내 수입 연어류에 관한 설명으로 옳은 것을 모두 고른 것은? 2020년 기출

> ㉠ 수입량은 선어보다 냉동이 많다.
> ㉡ 주로 양식산이다.
> ㉢ 유통량은 양식 조피볼락보다 많다.
> ㉣ 대부분 노르웨이산이다.

① ㉠, ㉡   ② ㉠, ㉢
③ ㉠, ㉡, ㉣   ④ ㉡, ㉢, ㉣

정답 37. ④   38. ③   39. ④

㉠ 수입량의 대부분이 노르웨이산이고 선어, 냉장, 훈제의 형태로 수입되고 있으나 선어가 가장 많다.
㉡ 주로 양식산이다.
㉢ 유통량은 양식 조피볼락보다 많다.
㉣ 대부분 노르웨이산이다.

40 다음 중 냉동 수산물 유통의 주요 품목에 해당하는 것은?
① 꽃게와 고등어
② 명태와 오징어
③ 조기와 넙치
④ 오징어와 조기

냉동 수산물의 주요 품목으로는 냉동 명태와 냉동 오징어가 있다.

41 유통과정에서 선어와 비교하여 냉동수산물이 갖는 장점으로 모두 고른 것은?　　2019년 기출

| ㉠ 연중 소비 | ㉡ 낮은 가격 | ㉢ 선도 향상 |

① ㉠
② ㉠, ㉡
③ ㉡, ㉢
④ ㉠, ㉡, ㉢

냉동수산물은 활어나 선어에 비하여 선도가 낮다.

42 냉동오징어의 유통특성에 관한 설명으로 옳은 것을 모두 고른 것은?　　2019년 기출

㉠ 대부분 산지 위판장을 통해 유통된다.
㉡ 유통과정상 냉동시설이 필요하다.
㉢ 활어에 비해 가격이 낮다.
㉣ 수산가공품 원료 등으로도 이용된다.

① ㉠, ㉡
② ㉡, ㉢
③ ㉠, ㉡, ㉣
④ ㉡, ㉢, ㉣

㉠ 냉동오징어는 원양산이므로 위판장에서 유통되지 않는다.

정답　40. ②　41. ②　42. ④

43 다음 중 우리나라 수산 가공품의 종류와 대표 상품이 잘못 짝지어진 것은?

① 통조림 – 참치 캔, 꽁치 통조림
② 연제품 – 어묵, 게맛살
③ 염건품 – 건오징어, 건다시마
④ 염신품 – 다시마 분말

- 염신품 – 새우젓, 밴댕이젓 등
- 해조제품 – 다시마 분말

44 주요 수산물에 대한 설명 중 틀린 것은?

① 넙치는 우리나라, 일본 등의 연안에 분포하는 종으로 가자미와 반대로 눈이 오른쪽에 있다.
② 조피볼락은 우리나라의 전 연안, 특히 서해안에서 많이 나고, 40㎝ 전후의 어류로서 연안 바위에 정착하는 어종이다.
③ 무지개 송어는 냉수성 어류 중 대표적인 양식 종으로 전 세계적으로 널리 양식되고 있다.
④ 메기는 우리나라 각 하천에 살며, 일본, 중국, 만주, 타이완 등의 동북아시아에 널리 분포하고 있는 메기목 어류이다.

넙치는 일명 광어라고도 하며, 우리나라, 일본 등의 연안에 분포하는 종으로 가자미와 반대로 눈이 왼쪽에 있다.

45 활어회와 선어회의 차이점을 설명한 것 중 틀린 것은?

① 활어회의 주요 소비국가는 한국이다.
② 활어회는 소비시점의 형태가 활어이다.
③ 선어회는 소비시점의 형태가 선어이다.
④ 선어회는 맛보다는 질감을 우선시한다.

선어회는 질감보다는 맛을 우선시한다.

46 상품으로서의 선어에 대한 설명으로 올바르지 못한 것은?

① 선어는 어획과 동시에 신선냉장 처리 혹은 저온 보관을 통해 냉동하지 않은 원어(原漁) 상태의 수산물을 의미한다.
② 우리나라에서는 대부분 빙장을 이용하여 유통시키고 있다.
③ 천해양식어업은 해조류를 제외하고 대부분 살아 있는 수산물, 즉 활어 상태로 생산된다. 따라서 선어 생산량은 거의 없다고 봐도 무방하다.
④ 원양어업이 우리나라 선어 생산량의 대부분을 점유하고 있다.

 원양어업은 해외어장에서 조업을 하기 때문에 전량 냉동 수산물로 국내에 반입된다. 선어를 생산하는 어업은 일반해면어업과 내수면 어업인데 일반해면어업으로 우리나라 선어 생산량의 99% 이상을 점유하고 있다.

47 상품으로서의 냉동수산물에 대한 설명으로 올바르지 못한 것은?

① 냉동 수산물은 어획된 수산물을 동결하여 유통하는 상품 형태를 의미한다.
② 냉동 수산물은 장기 보관을 가능토록하면서 우리나라 수산물 소비 증가에 크게 기여하였다.
③ 생산자에게는 계절성에 의한 일시다량 어획으로 수산물 가격이 폭락하여 수입이 줄어드는 현상을 일부 완충해 준다.
④ 일반적으로 냉동 수산물은 선어에 비해 질감이 더 좋다.

 일반적으로 냉동 수산물은 선어에 비해 선도가 낮고 한 번 동결한 수산물은 육질에 포함된 수분이 얼면서 팽창하기 때문에 같은 수산물일 경우에 질감이 떨어진다.

48 냉동 수산물의 유통구조 및 특성에 관한 설명으로 옳지 않은 것은? 2021년 기출

① 수협을 통하여 출하한다.
② 부패하기 쉬운 수산물의 보존성을 높인다.
③ 선어에 비해 선도가 낮고 질감이 떨어진다.
④ 유통을 위해 냉동 저장시설은 필수적이다.

 냉동 수산물은 주로 원양 수산물, 수입 수산물에서 나타나고 수협을 통하여 출하하지 않는다.

정답 46. ④ 47. ④ 48. ①

49 냉동 수산물 유통에 관한 설명으로 옳은 것은?   2020년 기출
① 산지위판장을 경유하는 유통이 대부분이다.
② 유통과정에서의 부패 위험도가 높다.
③ 연근해수산물이 대다수를 차지한다.
④ 냉동창고와 냉동탑차를 주로 이용한다.

 ④ 냉동창고와 냉동탑차를 주로 이용한다.
① 산지위판장을 경유하는 유통이 대부분은 활어나 선어이다.
② 냉동은 유통과정에서의 부패 위험도가 낮다.
③ 냉동 수산물은 원양수산물이 대다수를 차지한다.

50 우리나라 수산 가공품의 종류와 정의에 대한 설명으로 잘못 연결된 것은?

① 연제품	수산물을 간 후에 부재료에 넣어서 삶거나 구워 굳힌 제품
② 소건품	수산물을 그대로 또는 적당한 크기로 잘라서 씻은 뒤에 말린 것
③ 염건품	수산물을 그대로 또는 적당한 크기로 잘라서 씻은 뒤에 말린 것
④ 자건품	해조류를 이용하여 다양하게 가공한 제품

 자건품은 건멸치 등과 같이 수산물을 소금물이나 바닷물에 삶아서 말린 제품이다.

51 수산가공품 유통의 장점이 아닌 것은?   2020년 기출
① 수송이 편리하다.
② 수산물 본연의 맛과 질감을 유지할 수 있다.
③ 저장성이 높아 장기보관이 가능하다.
④ 제품의 규격화가 용이하다.

 수산물 본연의 맛과 질감을 유지할 수 있는 것은 선어이고, 가공품은 맛과 질감이 떨어진다.

정답 49. ④   50. ④   51. ②

52 수산가공품의 유통이 가지는 특성이 아닌 것은? 2019년 기출
① 일반식품의 유통경로와 유사하다.
② 소비자의 다양한 기호를 만족시킬 수 있다.
③ 수송은 용이하나 공급조절에는 한계를 지닌다.
④ 냉동품, 자건품, 한천, 수산피혁 등 다양하다.

 수산물을 가공하여 유통하게 됨에 따른 장점
1. 부패 억제를 통해 장기 저장이 가능(냉동품, 소건품, 염장품 등)
2. 수송이 편리함
3. 공급을 조절할 수 있음
4. 소비자의 기호성을 만족시킴
5. 안전 생산을 통해 상품성을 높일 수 있음

53 수산 가공품 유통의 주요 품목인 참치캔과 수산연제품에 대한 설명 중 틀린 것은?
① 참치의 주요 어장은 남태평양, 인도양, 대서양인데, 90% 이상이 남태평양에서 어획된다.
② 우리나라의 참치통조림의 원료로 이용되는 다랑어는 황다랑어나 가다랑어이다.
③ 참치의 정확한 용어는 다랑어이다.
④ 국내 수산연제품의 원료는 대부분 국내에서 생산된 조기, 매퉁이, 명태, 갯장어 등이다.

 최근에는 국내의 원료의 수급이 원활하지 못하여 러시아 인근의 베링해나 동남아시아의 베트남 연근해에서 어획한 명태 등을 국내에 수입하여 가공 처리하거나, 러시아 등의 원산지에서 가공 처리한 냉동고기들을 수입하여 사용한다.

54 마른멸치의 유통과정에 관한 설명으로 옳지 않은 것은? 2019년 기출
① 자숙가공을 통해 유통된다.
② 주로 기선권현망어업에 의해 공급된다.
③ 대부분 산지 수집상을 통해 소비자에게 유통된다.
④ 생산자로부터 소비자에게 직접 유통되기도 한다.

 마른멸치는 육상에서는 자숙된 멸치를 건조하여 마른 멸치로 가공한 후 소비자에게 유통된다.

정답 52. ③ 53. ④ 54. ③

55
다음에서 ㉠ 총 계통출하량과 ㉡ 총 비계통출하량으로 옳은 것은? (단, 주어진 정보로만 판단함)
2020년 기출

○ 통영지역 참돔 100kg이 (주)수산유통을 통해 광주로 유통되었다.
○ 제주지역 갈치 500kg이 한림수협을 거쳐 서울로 유통되었다.
○ 부산지역 고등어 3,000kg이 대형선망수협을 거쳐 대전으로 유통되었다.

① ㉠ : 100kg, ㉡ : 3,500kg
② ㉠ : 500kg, ㉡ : 3,100kg
③ ㉠ : 3,000kg, ㉡ : 600kg
④ ㉠ : 3,500kg, ㉡ : 100kg

 계통출하는 수협, 수협공판장을 통한 출하이고, 기타 업체를 통한 거래가 비계통출하이다. 따라서 총 계통출하량은 3,500kg, 총 비계통출하량은 100kg이다.

56
한정서비스도매상(Limited Service)에 관한 설명 중 옳은 것은?
① 제품에 대한 소유권을 보유하지 않는 편이다.
② 부패성이 강한 식료품 중 하나인 수산물이 주로 한정서비스도매상 중 하나인 트럭도매상, 직송도매상에 의해 거래된다.
③ 구매자와 판매자 간 거래를 중개하는 역할을 수행하기도 한다.
④ 현금거래 도매상(Cash and Carry)은 한정서비스도매상에 포함되지 않지만, 배달서비스는 가능하다.

 한정서비스도매상은 회전율이 빠른 제품을 주로 취급하기 때문에 부패성이 강한 수산물 등을 판매한다.
④ 현금거래도매상은 한정서비스도매상에 포함되지만, 배달서비스는 가능하지 않다.

57
수산물운송에 대한 설명들 중 틀린 것은?
① 해상운송은 가장 속도가 느린 운송수단이기 때문에, 주로 동결된 수산물이나 가공된 수산식품의 운송에 이용된다.
② 고가이며 부패되기 쉽고 부피가 작은 상품은 항공운송이 가장 저렴하다.
③ 철도운송은 높은 안전성과 기후의 영향을 가장 많이 받는다.
④ 철도운송은 중·장거리 운송 시 가장 운임이 저렴하다.

 철도운송은 배달시간이 비교적 정확하고 화물의 파손위험이 적어 안전성이 높다. 또한 기후의 영향을 받지 않고도 운송할 수 있다.

정답 55. ④   56. ②   57. ③

58 수산상품유통에 있어 상이한 생산시점과 소비시점에 따른 손해를 줄이기 위해 수행해야만 하는 가장 중요한 기능은?
① 제품의 재고처리 ② 고가전략
③ 상품보관 ④ 서비스

 상품의 보관은 생산물(원료)의 적절한 공급과 수요자가 원하는 소비시점에 공급할 수 있는 기능이 있기 때문에 중요하다.

제3편 수산물 유통정보

제 1 장 수산물 유통정보의 이해

[제1절] 수산물 유통정보의 이해

1. 수산물 유통정보의 개념

(1) 유통정보는 유통에 관련된 의사결정자들, 즉 생산자·유통업자·소비자 등이 시장 활동에 참가하는 상대방들보다 더 유리한 거래조건을 확보하는데 필요한 각종 자료와 지식을 말한다. 뿐만 아니라 유통관련 정책입안자 및 연구자 등이 정책이나 연구를 수행할 때 요구되는 자료와 지식도 포함된다.

(2) 수산물 유통정보는 이용자의 능력에 따라 정보의 범위와 수준이 다르다. 가격정보만을 보유할 경우와 생산예측치까지 보유할 경우 정보이용자의 판단능력과 시장행동은 다르게 나타난다.

(3) 수산물 유통정보에는 시장의 각종 품목별 출하량, 거래가격, 가격동향 및 전망, 공급과 수요의 증감, 시장환경의 변화, 재고변동, 수입수산물의 국내반입량 등과 같이 다양한 내용이 포함되어 있다.

2. 수산물 유통정보의 역할(시장정보의 효과)

(1) 생산자와 소비자에게 이익

수산물 유통에 있어서 시장정보는 생산자나 수산물 유통업자 등에게는 가장 높은 이익을 얻고 팔 수 있는 방법을 알려주고, 소비자에게는 가장 유리하게 살 수 있는 방법을 알려준다.

(2) 생산자에게 적정시기 제공

생산자에게는 무엇을, 얼마만큼, 언제 생산하여 어디에 출하하면 보다 많은 매출을 올리고 이윤을 최대화할 수 있는지를 알려준다.

(3) 유통업자에게 유리한 시장발견

유통업자에게는 무엇을, 언제, 어디서 판매하면 보다 많은 매출과 이윤을 올릴 수 있는지를 알려주는 정보가 필요하다.

(4) 소비자의 상품선택의 유용성

소비자에게는 언제, 어디에 가면 원하는 수산물을 보다 낮은 가격으로 좋은 품질의 상품을 구입할 수 있는 시장을 발견하는데 필요한 각종 정보를 알려준다.

(5) 정책입안의 근거제공

정보의 정책 입안자에게는 수산물의 수요 및 공급량의 조절·가격안정·유통구조의 개선 등 수산물 유통정책의 수립과 시행에 대한 자료를 제공해 준다.

[제2절] 수산물 유통정보의 종류와 요건

1. 수산물 유통정보의 종류

수산물 유통정보는 정보내용의 특성에 따라 통계정보, 관측정보, 시장정보로 구분된다.

〈표〉 수산물 유통정보의 종류

구 분	표준화 대상
통계정보	일정 목적을 가지고 사회적·경제적 집단 사실을 조사·관찰하여 얻어지는 계량적 자료를 말하며, 정책수립 및 평가의 기준자료로도 활용하고 있다.
관측정보	과거와 현재의 어업 관련 자료를 수집·정리하여 이를 과학적으로 분석·예측하여 얻는 정보이다. 즉, 수산업의 미래상황을 과학적으로 예측하여 얻은 '장기전망에 관한 정보'를 말한다. 이는 어민들의 생산·판매 등의 계획수립 지침 및 정책자료로도 활용하게 된다.
시장정보	현재의 가격수준 및 가격형성에 영향을 미치는 여러 요인에 관한 정보를 말하며, 일반적으로 유통정보라고 하면 단계별 가격 및 유통량에 대한 시장정보를 의미한다.

2. 수산물 유통정보의 요건

① 적시성 : 유통정보가 이용자들의 의사결정에 유용하게 활용되기 위해서는 시기적으로 적절한 정보가 신속하게 전달되어야 한다. 특히 부패성이 강한 수산물의 경우는 신속한 정보전달이 특히 요구된다. 적절한 timing의 정보는 시간적 효용을 증가시킨다.
② 통합성 : 특정 수산물의 생산과 가격 등의 개별적 정보들이 유기적으로 결합·통합되면 가장 싼 가격에서 수산물을 구입하여 가장 높은 가격에 수산물을 판매할 수 있다.
③ 계속성 : 1회성의 자료 등의 짧은 기간의 유통정보보다는 일관되고 지속적으로 자료

가 수집되었을 때 그 자료의 유용성이 더욱 커진다.
④ 정확성 : 유통정보의 내용은 정확하고 믿을 수 있어야 한다. 그리고 정확하고 신뢰성 있는 정보를 제공하기 위해서는 무엇보다도 우선 수산물 표준규격화가 전제되어야 한다.
⑤ 완전성 : 유통정보는 이용자들의 장·단기 의사결정에 필요한 모든 정보가 포함되어 있는 등의 완전하고 포괄적이어야 한다.
⑥ 비교가능성 : 효율성 높은 수산물 정보가 되기 위해서는 등급·포장·거래 단위 등이 표준화되어 상호비교가 가능하여야 하며 그렇지 못할 때 표준이 없기 때문에 쓸모없는 자료가 되기 쉽다.
⑦ 유용성 : 정보이용자의 욕구를 최대한 충족시켜 줄 수 있도록 그 내용이 구체적이고 다양하며 심층적이어야 하는 등의 유용성이 있어야 한다.
⑧ 적절성 : 정보의 양과 질이 적절하여야 한다. 필요 이상의 정보나 자료가 이용자에게 제공되면 정보의 과부하가 발생하여 합리적 의사결정을 방해한다. 정보의 과부하란 필요하지 않은 정보나 자료가 사용자에게 과다하게 제공되어 정보의 효율적인 이용을 방해하는 현상을 의미한다.
⑨ 객관성 : 유통정보는 주관적인 의견이나 사고의 개입이 없는 객관성에 근거를 두어야 한다.

[제3절] 수산물 유통정보와 의사결정요인

수산물 유통의 각 단계별로 무엇을, 어디서, 누구에게, 어떤 조건으로 공급 및 소비할 것인가에 대한 정보로서 유통 참가인에게 영향을 미치는 요인이다.
① 사회적 요인 : 인구, 성별, 연령별, 소득, 계층 등
② 문화적 요인 : 종교, 사상, 지역, 언어, 관습 등
③ 제도적 요인 : 법체계 등
④ 소비자 구매의사 결정 : 문제인식 ⇒ 정보탐색 ⇒ 선택대안의 평가 ⇒ 구매 ⇒ 구매 후 행동

[제4절] 유통정보 시스템 관련 용어

1. 판매시점 정보관리 (POS ; Point of Sale)

판매장의 판매시점에서 발생하는 판매정보를 컴퓨터로 자동 처리하는 시스템이다. POS 시스템에서는 상품별 판매정보가 컴퓨터에 보관되고, 그 정보는 발주, 매입, 재고 등의 정보와 결합하여 필요한 부문에 활용된다.

2. 자동발주시스템 (EOS ; Electronic Ordering System)

상품 판매대의 재고가 소매점포에서 설정한 기준치 이하로 떨어지면 자동으로 보충주문이 발생되는 것이다. 판매에 따라 재고량이 재주문점에 도달하게 되면 컴퓨터에 의해 자동발주가 이루어지는 시스템으로서, 도·소매업자 모두에게 효과가 있다.

3. CALS (Computer Aided Acquisition Logistics Support)

컴퓨터에 의한 조달 및 지원(CALS)은 기술적인 측면에서 기업의 설계, 생산과정, 보급, 조달 등을 운영하는 운용지원과정을 연결시키고, 이들 과정에서 사용되는 문자와 그래픽 정보를 표준을 통해 디지털화하여 종이 없이 컴퓨터에 의한 교류환경에서 설계, 제조 및 운용지원 자료와 정보를 통합하여 자동화시키는 개념이다. 최근에는 기업 간의 상거래까지를 포괄하는 개념, 즉 광속 상거래(Commerce At Light Speed) 또는 초고속 경영통합 정보시스템 개념으로 확대되고 있다.

4. 공급망관리 (SCM ; Supply Chain Management)

SCM은 기업 내부 자원뿐만 아니라 자사와 연결되어 있는 공급업체, 제조업체, 유통업체, 창고업체 등을 하나의 연결된 체인으로 간주하여 이들 간의 협력과 정보교환에 기초한 확장·통합 물류와 최적 의사결정을 통한 비용절감 및 효율성 증대로 상호이익을 추구하는 관리체계를 의미한다.

제 2 장 수산물 유통정보의 종류와 요건 및 의사결정요인

[제1절] 수산물 유통정보의 발생과 현황

1. 수산물 유통정보의 발생원

수산물 유통정보는 1차 자료가 아니라, 2차 자료인 경우가 대부분이다. 1차 자료란 사용자가 필요에 의해서 관찰, 모집, 기록한 자료를 말하며, 2차 자료란 통계청, 수협중앙회, 해양수산부, 농수산물유통공사와 같은 기관이나 조직에서 관찰, 수집, 편집한 자료를 말한다.

(1) 수산물의 산지시장

산지시장에서는 수산물의 양륙, 1차 가격(산지가격)형성, 소비지로의 분산기능을 수행한다. 즉 수산물을 수집하고, 가격을 형성시킨 후에 소비지로 분산하는 기능을 수행한다. 이러한 과정에서 산지시장이 갖는 유통 관련 정보가 나온다.

(2) 수산물의 소비지 도매시장

수산물의 소비지 도매시장은 산지에서 수집된 수산물을 소매시장 혹은 소비자에게 재분배해 주는 중개시장으로서 산지시장이 가지고 있는 상적 유통기능, 물적 유통기능과 가격·출하·생산·소비행동에 대한 정보를 수집하여 유통 참가자들에게 제공한다.

(3) 수산물의 소매시장

① 소매시장은 일반적으로 소비지 시장 내에 포함되는 시장으로 최종 소비자에게 수산물을 판매하는 것이 목적이다.
② 이 단계는 유통 과정의 최종 단계이기 때문에 소비자의 요구와 기호에 맞추어 재선별과 분화·재포장·배달 등의 각종 서비스를 제공하며, 소비자의 기호 변화에 대한 정보를 이전 단계에 전달하는 최초 정보 제공자가 된다. 뿐만 아니라 상품 선호에 대한 판매촉진 이와 관련한 각종 물류기능을 수행하고 있다.

2. 수산물 유통정보의 수집체계와 현황

우리나라에서는 정부가 공식적으로 수산물 유통에 대한 통계를 만들어 제공하고 있지는 않다. 다만, 정부기관이나 수산업 관련기관에서 제공하고 있는 다양한 수산업 관련 통계에서 수산물 유통정보를 이용할 수 있는 정보들이 있다.

(1) 산지의 유통정보

수산물 유통 정보는 앞에서 살펴본 정보 발생원이 산지와 소비지로 구분되는 특성이 있다. 수산물의 산지에서 생성되는 정보는 다양한데 이를 수산물 유통 정보로서 이용할 때는 어법, 지역, 계통 출하와 비계통 출하, 품종, 활어·선어·냉동·사료용·원료용 등의 생산형태 및 이용 배분, 출하지 등을 기준으로 수량, 금액, 가격에 대한 자료를 수집하여야 한다. 산지의 유통정보와 관련해서 정부의 공식 승인을 득한 대표적인 정보자료에는 통계청의 어업생산통계, 수협중앙회의 계통판매고, 통계청의 수산물가공업생산고조사가 있다.

(2) 소비지의 유통정보

유통에서 발생하는 정보 중 가장 활용도가 높으면서 상품의 특성을 잘 보여주는 것이 바로 가격이다. 특히, 이 가격은 국가의 물가정책에서 가장 기본적인 변수로 작용하기 때문에 소비지의 유통정보에서는 수산물의 가격과 관련한 정보는 중요하다.

(3) 수산물 교역 관련 정보

수산물 유통은 수입 수산물이 어떤 나라로부터 어떤 수산물이 어떤 가격에 얼마나 수입되었는지에 대한 정보는 국내 어업자들의 관심사임은 물론이거니와 유통업자, 수입업자,

정부 관계자, 연구자들 또한 관심이 높은 정보이다. 특히, 수입 수산물의 수입량과 가격은 수입에 따른 국내 생산 대책을 세우는데 있어서 매우 중요한 기초자료가 된다.

[제2절] 수산물 유통정보의 분산과 이용

1. 인쇄매체를 통한 방법

인쇄매체를 통한 정보분산은 신속성이 다른 매체에 비해 떨어지지만 정보를 정확히 전달할 수 있으며, 기록성과 보존성이 있고, 인쇄물을 소비할 경우에는 사용자가 사무실 등에서 쉽게 정보에 접근할 수 있기 때문에 수산물 유통정보의 분석 및 평가자료로 활용할 수 있는 장점이 있다. 또한 분산된 정보를 제공할 수 있고, 장기적인 시계열 정보를 통계적으로 처리하여 제공하기 때문에 장기적인 추세나 흐름을 판단하는 경우에 유용하게 이용될 수 있다.

2. 방송매체를 통한 분산

방송 매체를 통한 정보 분산은 대중으로의 전달성과 신속성(확산)이 가장 빠르기 때문에 이러한 특성을 활용하여 다른 매체와 연결하여 사용한다면 매우 유용하게 이용될 수 있다.

3. 인터넷 통신망

인터넷 정보는 기존의 TV·라디오 매체보다도 더 신속하게 정보를 전달하고 있고, 인쇄매체보다도 더 구체적인 정보와 편리성을 제공하고 있다. 게다가 인터넷의 정보 및 자료는 개인 컴퓨터의 다른 프로그램과 연동하여 이용할 수 있기 때문에 이용하고자 하는 정보와 자료를 손쉽게 가공할 수 있다는 장점이 있다. 이러한 장점에 의해 수산물 유통정보를 제공하는 정부 역시 인터넷을 통해 E-Book 형식의 자료를 제공하고 있다.

제3편 기출 및 예상문제

01 우리나라 표준형 상품 바코드의 설명으로 옳은 것은?
① 국가 번호는 80이다.
② 상품 코드는 8번째부터 4자리이다.
③ 유통업체 코드는 첫 번째 1자리이다.
④ 제조업체 코드는 4번째부터 4자리이다.

 ① 80(×) → 880(○) ② 4자리(×) → 5자리(○) ③ 유통업체 코드는 없다.

02 다음 중 수산물 유통정보 중에서 산지의 유통정보를 볼 수 있는 정보매체는 무엇인가?
① KAMIS
② 어업 생산통계
③ 노량진 수산시장의 유통정보
④ 수산물 수출입 통계연보

 어업 생산통계는 우리나라의 대표적인 수산업 생산 관련 통계로서 정부 승인 공식 통계이며, 수산물 생산·어업 경영·유통 구조개선 등의 수산 정책과 각종 수산업에 관한 연구의 기초자료 제공이 목적이다. 현재 통계청에서 작성하고 있으며, 작성 근거는 '어업 생산 통계 조사 규칙'이다.

03 수산물 소비자의 정보를 수집하여 취향조사, 만족도조사, 분석, 관리, 적절한 대응 등에 활용하는 방법은? 　　　　　　　　　　　　　　　　　　　2019년 기출
① POS(Point Of Sales)
② CS(Consumer Satisfaction)
③ SCM(Supply Chain Management)
④ CRM(Customer Relationship Management)

 CS(Consumer Satisfaction) : 수산물 소비자의 정보를 수집하여 취향조사, 만족도조사, 분석, 관리, 적절한 대응 등에 활용하는 방법

정답 01. ④ 02. ② 03. ②

04 유용한 통계정보를 얻기 위한 바람직한 수산물의 유통경로는?   2019년 기출
① 생산자 → 산지 위판장 → 소비자
② 생산자 → 객주 → 소비자
③ 생산자 → 수집상 → 도매인 → 소비자
④ 생산자 → 횟집 → 소비자

 ①의 경우는 산지 위판장을 통하여 알 수 있으므로 가장 바람직하다.

05 소비지 유통정보에 해당되지 않는 것은?   2021년 기출
① 농수산물유통공사의 가격정보
② 노량진수산시장의 가격정보
③ 부산공동어시장의 가격정보
④ 부산국제수산물도매시장의 가격정보

 소비지 유통정보에는 농수산물유통공사의 가격정보, 노량진수산시장의 가격정보, 부산국제수산물도매시장의 가격정보 등이 있다.

06 유통의 기능으로 소유 효용과 관계가 있는 기능은?
① 거래　　　　　　　　　　② 수송
③ 저장　　　　　　　　　　④ 가공

 소유권 이전기능은 교환기능 또는 상거래 기능이라고도 하며, 구매기능과 수산물을 구매하도록 하는 판매기능으로 나눌 수 있다.

07 수산물 등급화의 내용을 설명한 것 중 가장 적절한 것은?
① 등급화는 통일된 기준에 의해 선별된 상품을 규격포장에 담는 것이다.
② 등급화의 등급 측정 기준은 등급화 주체의 임의적 척도를 적용하여 차별화하는 것이 좋다.
③ 동일 등급내의 상품은 가능한 이질적이며, 등급 구간이 클수록 좋다.
④ 등급 간에는 구입자가 가격 차이를 인정할 수 있도록 이질적이어야 한다.

정답　04. ①　05. ③　06. ①　07. ④

등급화란 이미 정해진 표준에 따라 상품을 적절히 구분, 분류하는 과정을 말한다. 지나치게 세분된 등급은 각 등급에 따른 충분한 거래가 없을 때에는 의미가 없으며, 동일 등급 내의 상품은 가능한 동질적이어야 하며, 등급 간에는 구입자가 가격 차이를 인정할 수 있도록 이질적이어야 한다.

08 유통과정 중 발생할 수 있는 위험은 물리적 위험과 시장위험이 있다. 다음 중 시장위험의 원인에 해당되는 것은?
① 홍수 피해
② 소비자 기호의 변화
③ 시장 하역 작업 과정에서의 손실
④ 과다 적재에 의한 파손

 경제적 위험(시장 위험)은 시장가격의 하락으로 인한 수산물의 가치하락, 소비자의 기호나 유행의 변천에 따른 수요감소, 경제조건의 변화에 의한 시장축소 등을 들 수가 있다. 한편 물리적 위험에는 파손, 부패, 감모, 화재, 동해, 풍수해, 열해, 지진 등을 들 수가 있다.

09 수산물의 생산과 소비 간의 시간적인 불일치를 조정하기 위한 유통의 기능은?
① 운송기능
② 저장기능
③ 가공기능
④ 판매기능

 저장기능은 수산물의 생산과 소비 간의 시간적인 불일치를 조정하여 시간적 효용을 창조하는 기능을 수행한다.

10 수산물 유통에 있어서 직접적으로 재화의 교환, 저장 또는 수송에 관여하기보다는 간접적으로 그 기능을 원활히 수행하도록 하는 기능은?
① 가공기능
② 저장기능
③ 거래조성기능
④ 가격형성기능

 이는 거래 조성 기능을 의미하며, 여기에는 표준화, 등급화, 시장정보, 유통금융, 위험부담기능 등이 해당된다.

정답 08. ② 09. ② 10. ③

11 수산물은 일정한 품질이나 크기, 모양으로 생산되지 않지만, 소비자는 일정한 품질이나 크기, 모양 등을 선호하는 경향이 있는데 이에 따른 수산물의 유통기능 중 필요한 기능은?

① 저장 및 가공
② 표준화 및 등급화
③ 거래조성기능
④ 운송 및 하역

 표준화란 기본적인 척도 또는 기준을 결정하는 것이며, 등급화란 이미 정해진 표준에 따라 상품을 적절히 구분, 분류하는 과정을 말한다. 표준화로 인해 수산물의 신용도와 상품성을 향상시켜 어가 소득을 증대시킬 수 있으며, 품질에 따른 정확한 가격을 형성하여 공정한 거래를 촉진한다. 한편 등급화로 인해 소비자는 그들의 필요성과 소득 수준에 알맞은 특정한 품질의 상품을 선택하고 원하지 않는 것을 배제함으로써 만족을 증대시킬 수 있게 된다.

12 다음 중 우리나라 수산물 유통의 특징이라고 보기 힘든 것은?

① 수산물은 표준 규격화가 어려워 거래가 신속하게 이루어지지 못한다.
② 수산물의 수요와 공급은 물론 가격이 불안정하다.
③ 유통 경로가 매우 단순하다.
④ 생산 규모가 서구에 비해 영세하다.

 우리나라는 수산물의 유통경로가 복잡하여 유통비용이 많이 드는 편이다.

13 시장정보의 기준으로서 옳지 않은 것은?

① 완전성과 종합성이 있어야 한다.
② 정확성과 신뢰성이 있어야 한다.
③ 적시성과 실용성이 있어야 한다.
④ 생산자·소비자·상인이 접하는 정보는 모두 달라야 한다.

 생산자·소비자·상인 모두가 똑같이 접근할 수 있는 정보이어야 한다.

정답 11. ② 12. ③ 13. ④

14 수산물 수송비 절감방안으로 틀린 것은?
① 단위화물 적재 시스템에 의한 일관 수송체계 구축
② 고온 유통 체계 구축
③ 수송수단 간의 경쟁력 제고 및 운송업의 경영 합리화
④ 공동출하 촉진

 수산물은 공산품과 달리 신선도 유지 및 부패방지가 필요하기 때문에 특수한 보관 및 수송환경을 요구한다. 이 방법으로 대부분 저온 유통체계를 구축하여 운용하고 있다.

15 수산물 유통정보 시스템에 대한 설명 중 적절하지 않은 것은?
① 바코드(Bar Code) 기술은 주문 처리에 있어 주문정보의 정확성과 시스템의 안정성에 도움이 되며, 정보 시스템 개발을 위한 기반이 된다.
② 판매 시점 정보관리(POS : Point of Sale)는 판매장의 판매시점에서 발생하는 판매 정보를 컴퓨터로 자동 처리하는 시스템이다.
③ RFID는 자동 인식기술의 하나로써 데이터 입력장치로 개발된 무선(RF : Radio Frequency)으로 인식하는 기술이다. Tag 안에 물체의 ID를 담아 놓고, Reader와 Antenna를 이용해 Tag를 부착한 제품을 판독, 관리, 추적할 수 있는 기술이다.
④ 전자문서교환(EDI)은 기업 간의 업무처리에 있어서 종이로 된 문서를 교환하는 것이 아니라 컴퓨터로 처리할 수 있는 표준화된 양식의 문서를 이용하여 각 회사의 컴퓨터 간에 직접 정보를 교환하는 방식으로서 기업 간 EDI 프로토콜이 달라도 실행이 가능하다.

 전자문서교환은 기업 간 프로토콜이 같아야 실행이 가능하다.

16 수산물 유통정보의 요건으로 옳지 않은 것은?
① 정보는 원하는 사람에게 적절한 시기에 전달되어야 한다.
② 정보 이용자가 쉽게 정보에 접근하고 취득할 수 있어야 한다.
③ 정보 수집자의 주관이 반영되어 정보의 가치를 높여야 한다.
④ 정보 이용자의 의사 결정에 필요한 모든 정보가 포함되어야 한다.

 유통정보는 주관적인 의견이나 사고의 개입이 없는 객관성에 근거를 두어야 한다.

정답 14. ② 15. ④ 16. ③

17 수산물 유통정보의 조건이 아닌 것은?   2020년 기출
① 신속성　　　　　　　　② 정확성
③ 주관성　　　　　　　　④ 적절성

 유통정보의 조건 : 적시성, 통합성, 정확성, 완전성, 비교가능성, 적절성, 계속성, 유용성, 객관성

18 우리나라 수산물 소비의 동향 및 특징으로 옳지 않은 것은?   2019년 기출
① 대중 선호어종은 고등어, 갈치, 오징어 등이다.
② 소득이 높아짐에 따라 질보다는 양을 중시하게 된다.
③ 수산물 안전성 문제가 소비자의 관심사로 부각되고 있다.
④ 1인 가구의 증가 등으로 가정간편식(HMR)이 많이 출시되고 있다.

 소득이 높아짐에 따라 양보다는 질을 중시하게 되어, 활어와 선어의 소비량이 증가하고 있다.

19 다음 그림은 국내 양식 어류의 생산량(톤, 2018년)을 나타낸 것이다. ( )에 들어갈 어종은?   2020년 기출

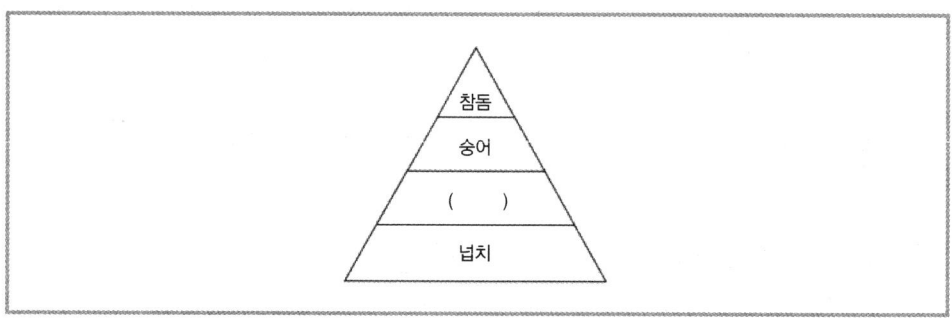

① 민어　　　　　　　　② 조피볼락
③ 방어　　　　　　　　④ 고등어

 국내 양식 어류의 생산량(2019년) : 넙치류＞조피볼락＞참돔＞숭어류＞돌돔＞감성돔＞농어류＞기타

제4편 수산물 거래와 표시

제 1 장 수산물 전자상거래

[제1절] 전자상거래의 개념과 특징

1. 전자상거래의 개념
① 기업이나 소비자가 컴퓨터를 이용하여 인터넷이나 PC통신에 접속해 물건을 사고파는 행위를 말한다.
② 기업과 기업 간 또는 기업과 개인 간, 정부와 개인 간, 기업과 정부 간, 기업 자체 내, 개인 상호 간에 다양한 전자매체를 이용하여 상품이나 용역을 교환하는 방식을 말한다. 즉, 전자상거래는 조직(국가, 공공기관, 기업)과 개인(소비자) 간 또는 조직과 조직 간에 상품의 유통관련 정보의 배포, 수집, 협상, 주문, 납품, 대금지불 및 자금이체 등 상호 간 상거래상의 절차를 전자화된 정보로 전달하는 온라인(On-line) 상거래를 의미한다.

2. 전자상거래의 특징
① 시간적, 공간적 제약을 극복할 수 있다.
② 유통경로가 기존의 상거래에 비하여 짧기 때문에 유통비용이 절감된다.
③ 판매점포가 불필요하다.
④ 고객정보의 획득이 용이하다.
⑤ 생산자와 소비자 간 쌍방향 통신을 통해 1:1 마케팅이 가능하고 실시간 고객서비스가 가능해진다.
⑥ 소자본 창업이 가능하다.

[제2절] 전자상거래의 기대효과와 문제점

1. 전자상거래의 기대효과
① 산지의 공동출하, 공동판매 등의 생산자단체의 시장지배력이 상승할 것이다.

② 복잡하고 비효율적인 현실의 유통과정을 사이버 공간을 이용한 직거래로 전환시킴으로써 시간적·공간적 효율성을 높일 수 있다.
③ 경매가 신속·정확하게 이루어질 수 있다.
④ 유통경로를 단축시킬 수 있다.
⑤ 수산물의 훼손을 급격히 줄일 수 있다.
⑥ 생산자의 수취가격은 높아지고, 소비자의 지출가격은 낮출 수 있다.
⑦ 수산물의 표준화·등급화를 보다 앞당길 수 있다.

2. 전자상거래의 문제점

① 인프라의 접근과 사용에 대한 교육의 미비
② 사용자와 소비자 간의 신뢰 결여
③ 보안 및 인증기술의 미비
④ 사생활 및 개인 신상에 관련된 소비자정보의 보호 수준 미달
⑤ 법적인 불확실성의 존재
⑥ 세금 부과 문제
⑦ 지적재산권 침해 및 상관습 규범의 변경 등

[제3절] 전자상거래의 유형

1. 기업과 기업 간 전자상거래 (Business to Business ; B to B, B2B)

기업 간 전자상거래는 EDI를 활용하면서부터 도입되기 시작해 기업과 소비자 간 전자상거래에 비해 시장이 크고(10배 이상) 형태가 다양하며 역사가 깊고 거래주체에 의한 비즈니스 모델 중 거래 규모가 가장 크다.

〈표〉 B2B와 B2C 비교

구 분	B2B	B2C
주 체	원자재, 생산업체, 제조업체, 물류센터, 소매업체 등	고객과 소매업체
적용범위	기업, 업종 및 산업군	시장(불특정 다수의 수요자 및 공급자)
적용업무	원자재 생산, 제품의 기획 및 설계, 생산 및 물류	제품, 서비스 및 정보의 광고 중개, 판매, 배달 등 제반 상거래
핵심기술	정보의 공유, 시스템 간 연계 및 통합 기술	인터넷 기반의 응용기술
구현형태	SCM, e-Marketplace, 전자입찰 등	전자상점, 일대일 마케팅 등

2. 기업과 개인 간 전자상거래 (Business to Consumer ; B to C, B2C)

기업(판매자)은 소비자가 상품에 대한 정보를 검색할 수 있는 전자상품 카탈로그를 인터넷상의 쇼핑사이트에 구축하고 소비자는 쇼핑사이트에 접속하여 상품에 대한 정보를 보고 구매를 결정하면 판매자에게 자신의 선택품목·수량, 배달장소, 대금지불방법 등에 관한 정보를 제공한다. 대금지불방법은 신용카드를 사용하는 경우 반드시 지불·결제 대행기관인 신용카드회사나 금융기관의 신용확인 및 승인절차를 따르게 된다. 지불단계가 완료되면 상품의 배달을 위해 판매자는 택배회사에 위탁배송하거나 자사의 배달수단을 통하여 상품을 전달하게 된다.

3. 기업과 정부 간 전자상거래 (Business to Government ; B to G, B2G)

기업과 정부 간 전자상거래 분야에 있어서 가장 중요한 분야는 정부의 조달업무에 관한 분야이다. 세계 각국의 조달업무는 매우 큰 규모이며, 이로 인해 비용절감의 효과를 가져올 수 있어서 정부의 조달업무를 전자상거래 체제로 전환하는 것은 전 세계 모든 국가들의 당면과제로 부각되고 있다.

4. 개인과 정부 간 전자상거래 (Consumer to Government ; C to G, C2G)

개인과 정부(행정기관)와의 거래를 말한다. 이는 어디서나 온라인으로 정부의 행정서비스를 받게 되는 것으로 각종 증명서의 발급이나 세금부과, 납부업무, 사회복지급여의 지급업무 등이 여기에 해당된다.

5. 개인과 개인 간 전자상거래 (Consumer to Consumer ; C to C, C2C)

2C는 소비자 간에 1 대 1 거래가 이루어지는 것을 말하며, 이 경우 소비자는 상품의 구매 및 소비의 주체인 동시에 공급의 주체가 된다.
① 개인과 개인 간의 전자상거래가 활성화되어 있는 분야 : 인터넷 경매분야, 생활정보지, 개인 홈페이지 활용 등
② 개인 간 전자상거래의 가장 큰 특징 : 실수요자 간에 편리하고 싸게 구입할 수 있다.

[제4절] 수산물 전자상거래의 제약요인과 활성화 방안

1. 제약요인

① 농·축산물은 부패하기 쉽고 부피가 크며, 품질이 균일하지 못하여 거래가능 품목이 제한되고 있다.
② 수산물의 생산자가 고령화되어 인터넷 사용층이 제한되어 있다.

③ 대부분의 농업인이나 영세 가공업자는 전자상거래에 대한 인식이 부족하고 자금과 기술수준이 미약하다.
④ 수산물의 표준화 및 등급화가 미흡하다.
⑤ 가격의 불안정성과 연중 지속적으로 판매할 수 있는 상품을 확보하기 어렵다.
⑥ 소량의 주문판매가 이루어질 경우 일반 공산품에 비해 물류비용이 과다하게 소요된다.

2. 수산물 전자상거래 활성화 방안
① 거래단위와 포장 등의 표준화와 상품의 품질을 규격화하여야 한다.
② 농촌지역의 정보기반시설을 확충하여야 한다.
③ 농업인의 정보화 교육을 강화할 필요가 있다.
④ 전자상거래에 필요한 정보의 수집 및 분산시스템을 구축하여야 한다.
⑤ 마케팅의 중요성을 인식하고 고객과의 관계형성을 중요시해야 한다.
⑥ 소비자들의 공동구매를 유도해야 한다.

제 2 장　소매시장 거래와 시장 외 거래

[제1절] 소매시장 거래

1. 소매시장의 개념
① 최종 소비자를 대상으로 하여 거래가 이루어지는 시장을 말한다.
② 특정지역 인구에 비례하여 분포되어 있으며, 비교적 거래단위가 적은 편이다.

2. 소매시장의 기능
① 상품선택에 필요한 소비자의 비용과 시간을 절감시킨다.
② 상품 관련 정보를 제공하여 소비자들의 구매를 도와준다.
③ 자체 신용을 통해 소비자의 금융부담을 덜어준다.

3. 수산물 소매방법
① 소매점 판매 : 소비자가 소매점을 방문하여 수산물을 선정하여 구매하거나, 이를 전화로 주문하여 구매하는 방법이다.
② 통신판매 : 통신매체 또는 컴퓨터에 의해 주문을 받아 판매하는 방식으로서 통신 판매 중에서 우편 판매가 가장 많이 이용되고 있으며, 앞으로 전자상거래가 활성화될 것으로 보인다.

③ 방문판매 : 판매원이 가가호호 방문을 하여 구매를 권유하거나, 구매의욕을 자극하여 판매하는 방법이다.
④ 자동판매기 판매 : 판매원이 아닌 기계장치를 이용하여 상품을 판매하는 방식이다.

4. 소매거래와 도매거래 비교

〈표〉 소매거래와 도매거래의 비교

비교내용	소매거래	도매거래
판매량	소량판매 위주	대량판매 위주
마진율	높다	낮다
정찰제	보편화	다양한 할인정책
적 재	점포 내 진열중시	적재의 효율성 중시

5. 소매상과 도매상의 역할

〈표〉 소매상과 도매상의 역할

소매상이 소비자에게 제공하는 역할	도매상이 생산자에게 제공하는 역할
① 올바른 상품을 제공하는 역할 ② 적절한 상품의 구색을 갖추는 역할 ③ 상품관련 정보를 제공하여 소비자들의 상품구매를 돕는 역할 ④ 쇼핑의 즐거움과 편의를 제공하는 역할 ⑤ 자체의 신용정책을 통하여 소비자의 금융부담을 덜어주는 역할	① 시장확대 기능 ② 재고유지 기능 ③ 주문처리 기능 ④ 시장정보제공 기능 ⑤ 고객서비스대행 기능

[제2절] 시장 외 거래의 개념과 형태

수산물이 도매시장 등의 시장을 거치지 않고 산지에서 소비지로 직접 유통되는 거래를 말한다. 시장 외 거래는 크게 산지직거래와 계약생산거래의 두 가지 형태로 나누어 볼 수 있으며, 산지직거래를 하는 경우 계약생산방식을 병행하기도 한다.

1. 산지직거래

(1) 도매시장을 거치지 않고 생산자와 소비자 또는 생산자단체와 소비자단체가 직접 연결된 형태를 말한다.

(2) 시장기능을 수직적으로 통합한 형태로서 유통비용 절감을 목적으로 한다.

(3) 산지직거래에 따른 가격설정

일반적으로는 도매시장 경락가격을 기준으로 하는 경우가 많다. 시장가격 연동제방식을 채택할 수도 있으며 도매시장에서 형성된 가격은 직거래 가격에도 영향을 미친다.

(4) 산지직거래의 유형과 거래방법

① 주말 농어민시장 : 도시소비자들이 쉽게 접근할 수 있는 광장이나 공터를 이용하여 생산자가 소비자에게 수산물을 직접 판매하는 형태이다.
② 수산물 직판장 : 생산자와 소비자의 직거래로 유통단계를 축소시켜 생산자·소비자 모두에게 경제적 이익이 생기도록 하는 형태이다.
③ 수산물 물류센터 : 집하된 수산물을 대도시의 슈퍼마켓이나 대량 수요처에 직접 공급해 주는 조직으로서 유통단계를 축소하고 신선한 수산물을 공급하여 수요처 입장에서는 필요 수산물을 체계적으로 공급받을 수 있는 장점이 있다.
④ 신용협동조합의 산지직거래 : 농업협동조합은 주문한 수산물을 조합원을 통하여 수집하여 도시협동조합에 보내는 방식이다.
⑤ 우편주문판매제도 : 각 지방생산 특산품과 전매품 등을 기존의 우편망을 통해 소비자에게 직접 공급해 주는 것으로서 통신판매의 일종으로 볼 수 있다.

2. 계약생산거래 (어류계약)

계약거래방법에 의한 계약재배형태를 말하며, 김·다시마 등의 가공원료수산물의 계약방법 등이 있다.

3. 시장 외 거래의 중요성과 개선방안

〈표〉 시장 외 거래의 중요성과 개선방안

시장 외 거래의 중요성	수산물유통 개선방향
① 가격결정과정에 생산자 참여 ② 거래규격의 간략화 ③ 생산자 조직과 소비자 조직의 균형 발전 ④ 유통비용 절감으로 생산자 수취가격을 높이고 소비자 가격을 낮추어 경제적 효과 추구	① 산지의 유통시설을 확충·현대화하고 공동출하를 확대한다. ② 유통통계의 광범위한 수집·분석과 분산을 확대한다. ③ 산지 직거래 및 전자상거래를 활성화하여 생산자 선택기회를 확대한다. ④ 산지유통시설의 표준규격화와 브랜드화를 촉진시킨다.

제 3 장　공동판매와 공동계산제

[제1절] 공동판매의 개념과 장점

1. 개 념

2인 이상의 생산자가 공동의 이익을 위하여 공동으로 출하하는 것으로서 수송비 및 노동력 절감, 시장교섭력 확대로 농가수취가격 증가, 물량의 대량화와 저장시설의 활용으로 인한 출하조절 용이성 등을 달성하려는 것을 말한다.

2. 공동판매조직을 통한 공동출하의 장점

① 수송비를 절감할 수 있다.
② 노동력을 절감할 수 있다.
③ 시장 교섭력을 높여 농가의 수취가격을 높일 수 있다.
④ 수산물 출하의 조절이 용이하다.

공동판매의 필요성
① 단위 농가당 생산된 수산물이 적은 경우 ② 가격위험 등을 분산하기 위한 경우 ③ 가격변동이 심한 상품의 경우

3. 협동조합을 통한 공동출하의 원칙

① 무조건위탁은 판매처, 판매시기, 판매방법에 관계없이 판매를 협동조합에 위탁하는 원칙이다.
② 평균판매는 판매를 계획적으로 실시하여 수취가의 지역적·시간적 차이를 평준화하고자 하는 원칙이다.
③ 공동계산은 조합원의 개별성을 무시하고 조합에서 집계한 실적에 따라 성과를 공정하게 분배하는 원칙이다.

유통조합의 효과
① 생산자의 거래교섭력 증대 ② 상인의 초과이윤 억제 ③ 유통비용 절감 ④ 가격안정화 유도

[제2절] 공동판매의 유형

1. 수송의 공동화
생산한 수산물의 규모가 작거나 거래의 교섭력을 높이기 위해서 여러 어가가 생산한 수산물을 한데 모아서 대규모화하여 공동으로 수송하는 것을 말한다.

2. 선별·등급화·포장 및 저장의 공동화
① 생산물 규격의 통일과 표준화 : 생산물의 신용을 높이고 상품가치를 높이기 위해서
② 포장과 선별 : 상품성을 높이고 출하시기를 조절하여 높은 가격을 받기 위해서
③ 공동투자 : 전문적인 인력과 시설 및 장비 도입을 위해서

3. 시장대책을 위한 공동화
① 시장개척을 위한 공동화 : 새로운 시장개척 및 공동으로 홍보 및 광고를 함
② 판매조직을 위한 공동화 : 시장정보 수집 및 출하시기 결정을 공동으로 함
③ 수급조절을 위한 공동화 : 저장시설 확보 및 수급조정의 효율성을 향상시킴

[제3절] 공동판매의 3원칙

1. 무조건 위탁
생산물을 공동조직에 위탁할 경우 조건을 붙이지 않고 일체를 위임하는 방식으로서 공동조직과 구성원 간의 절대적 신뢰를 전제로 하여야 한다.

2. 평균판매
수산물의 출하기를 조절하거나 수송·보관·저장방법의 개선을 통하여 수산물을 계획적으로 판매함으로써 농업인이 수취가격을 평준화하는 방식을 말한다.

3. 공동계산
다수의 개별농가가 생산한 수산물을 출하주별로 구분하는 것이 아니라 각 농가의 상품을 혼합하여 등급별로 구분하고 관리, 판매하여 그 등급에 따라 비용과 대금을 평균하여 농가에 정산해 주는 방법이다.

[제4절] 공동계산제의 장점과 단점

1. 장 점

① 가격변동이나 개별출하에 따른 위험의 분산
② 엄격한 품질관리로 상품성을 제고하여 시장의 신뢰 확보
③ 출하물량의 규모화로 시장에서 거래교섭력이 증대
④ 출하시기와 출하시장의 적절한 조정이 가능
⑤ 대량규모의 유리성을 확보하고 판매와 수송 등에서 규모의 경제를 실현

2. 단 점

① 농가지불금 지연
② 개성상실
③ 유동성 저하
④ 전문경영기술 부족
⑤ 공동판매발전을 위한 방향
    ㉠ 수산물의 고급화 등에 대한 제품계획 수립이 필요함
    ㉡ 농업인이 적정한 가격을 받을 수 있도록 생산조절 계획을 세워야 함
    ㉢ 새로운 유통경로를 개척, 물적 유통수단의 개발 및 시설투자를 통한 수산물의 상품성 제고, 위험회피를 위한 노력이 필요함
    ㉣ 조합 구성원과 조직 간의 긴밀한 협조관계와 조합 자본금을 늘릴 수 있도록 해야 함

제 4 장 선물거래

[제1절] 선물거래의 의의와 기능

1. 선물거래의 의의

(1) 선물거래란 수량, 규격, 품질 등이 표준화되어 있는 상품 또는 금융자산에 대하여 현재시점에서 결정한 가격(선물가격)을 미래 일정한 시점에 인수·인도할 것을 약정하는 거래를 말한다.

(2) 일정한 거래소(선물거래소)에서 미래의 일정시점에 주고받을 상품의 가격을 현재시점에서 미리 결정하고 미래의 해당 시점에 가서 쌍방이 계약을 이행하는 거래방법을 말한다.

2. 선물거래의 기능

(1) 자본형성 기능
선물시장은 투기자들에게는 좋은 투자기회를 제공해 주는 장소이며 부동자금이 선물시장으로 유입되어 건전한 생산자금으로 활용되도록 함.

(2) 재고배분 기능
선물거래는 저장 등 재고의 시차적 배분기능을 하고 있으므로 장기적으로 공급의 경제적 배분기능을 수행함.

(3) 위험전가 기능
가격의 불확실성에서 오는 가격변동의 위험을 기피하려는 경제주체(hedger)가 더욱 높은 이익을 추구하려는 경제주체(speculator)에게 위험을 전가하는 수단을 제공함.

(4) 가격예시 기능
현재의 선물가격이 미래 현물가격에 대한 가격을 예시하는 기능을 수행하여 경제주체 의사결정에 영향을 미치므로 현물가격의 변동을 안정화시키는 기능을 수행함.

[제2절] 수산물 선물거래

〈표〉 선물거래가 가능한 수산물

구 분	조 건
시장규모	연간 절대 거래량이 많고 생산 및 수요 잠재력이 큰 품목
저장성	장기저장성이 있는 품목(저장기준 중 품질의 동질성 유지가 가능한 품목)
표준규격	표준규격화가 용이하고 등급이 단순한 품목으로서 품위측정의 객관성이 높은 품목
정부시책	생산, 가격, 유통에 대한 정부의 통제가 없는 품목
가격진폭	계절, 연도 및 지역별 가격 진폭이 큰 품목 또는 연중 가격정보의 제공이 가능한 품목
수요와 공급	선도거래가 선행되지 않은 품목 중 대량 생산자, 대량 수요자와 전문 취급상이 많은 품목

[제3절] 선물시장에서 거래가 성립하는 이유

① 예측할 수 없는 상품가격 변동이 있기 때문이다.
② 선물시장에서 투기이윤은 가격이 상승하거나 하락하기 때문에 발생한다.
③ 미래에 가격이 상승할 것으로 예상하는 경우 : 현재시점에서 미리 미래에 상품을 구입할 수 있는 약정을 하여 후일에 이미 약정한 낮은 가격으로 구입하고자 할 것이다. 만약 실제 거래가 예상한대로 이루어진다면 이득을 얻을 수 있을 것이나 그렇지 못할 경우는 오히려 손실을 입게 될 것이다.
④ 미래에 가격이 하락할 것으로 예상하는 경우 : 현재시점에서 미리 미래에 상품을 판매할 수 있는 약정을 하여 후일에 이미 약정한 높은 가격으로 판매하고자 할 것이다. 만약 실제 거래가 예상한대로 이루어진다면 이득을 얻을 수 있을 것이나 그렇지 못할 경우는 오히려 손실을 입게 될 것이다.
⑤ 분명한 것은 거래된 모든 선물계약에 대해서 가격변동이 존재하는 한 이익을 본 사람이 있다면 손해를 본 사람도 있기 마련이다.

[제4절] 선물계약가격의 결정

① 선물계약가격은 일반적인 경우처럼 선물계약을 팔고자 하는 양과 사고자 하는 양, 즉 선물계약에 대한 공급량과 수요량에 의해서 결정된다.
② 현물가격은 현재의 수급사정을 반영하는데 비해 선물계약가격은 미래의 수급사정이 어떻게 될 것인가의 구매자와 판매자의 예측을 반영한다.
③ 가격상승을 전망하는 사람 또는 가격하락을 전망하는 사람이 동시에 수없이 존재하게 된다.

[제5절] 연계거래 (hedging)

1. 판매연계 (selling hedging)

① 판매연계는 앞으로 현물가격이 하락할지도 모를 위험을 사전에 방지하고자 할 경우 활용되는 선물거래방법이다.
② 판매연계를 하기 위해서는 현물구매와 동시에 선물시장에서 이에 상응하는 선물을 판매하고 현물이 실제로 판매될 때 반대로 선물시장에서 이에 상응하는 선물을 구매하여야 한다.

2. 구매연계 (buying hedging)

① 구매연계는 앞으로 가격이 상승할지도 모를 위험을 사전에 방지하고자 할 경우 활용되는 선물거래방법이다.

② 수산물가공업자 또는 수출업자는 훗날 현물이 필요한데 만약 그때 가서 현물을 구입하게 되면 가격이 상승할지도 모르는 위험에 직면하게 된다.
③ 위험에 대비하기 위하여 먼저 선물시장에서 필요한 물량만큼의 선물을 구입하고 나중에 실제로 현물을 구입할 때 사두었던 선물을 판매함으로써 실제 구입가격이 목표가격에 접근하도록 할 수 있다.

제 5 장 표 시

[제1절] 표시기준

1. 수산물

(1) 국산수산물

"국산"이나 "국내산" 또는 "연근해산"으로 표시한다. 다만, 양식수산물이나 연안정착성 수산물 또는 내수면 수산물의 경우에는 해당수산물을 생산·채취·양식·포획한 지역의 시·도명이나 시·군·구명을 표시할 수 있다.

(2) 원양산수산물

① 원양어업의 허가를 받은 어선이 해외수역에서 어획하여 국내에 반입한 수산물은 "원양산"으로 표시하거나 "원양산" 표시와 함께 "태평양", "대서양", "인도양", "남빙양", "북빙양"의 해역명을 표시한다.
② ①에 따른 표시 외에 연안국법령에 따라 별도로 표시하여야 하는 사항이 있는 경우에는 ①에 따른 표시와 함께 표시할 수 있다.

(3) 원산지가 다른 동일품목을 혼합한 수산물

① 국산수산물로서 그 생산 등을 한 지역이 각각 다른 동일품목의 수산물을 혼합한 경우에는 혼합비율이 높은 순서로 3개 지역까지의 시·도명 또는 시·군·구명과 그 혼합비율을 표시하거나 "국산", "국내산" 또는 "연근해산"으로 표시한다.
② 동일품목의 국산수산물과 국산외의 수산물을 혼합한 경우에는 혼합비율이 높은 순서로 3개 국가(지역, 해역 등)까지의 원산지와 그 혼합비율을 표시한다.

(4) 2개 이상의 품목을 포장한 수산물

서로 다른 2개 이상의 품목을 용기에 담아 포장한 경우에는 혼합비율이 높은 2개까지의 품목을 대상으로 국산 수산물, 원양수산물 및 수입수산물의 기준에 따라 표시한다.

2. 수입수산물과 그 가공품 및 반입수산물과 그 가공품

(1) 수입수산물과 그 가공품은 「대외무역법」에 따른 통관시의 원산지를 표시한다.

(2) 「남북교류협력에 관한 법률」에 따라 반입한 수산물과 그 가공품은 같은 법에 따른 반입시의 원산지를 표시한다.

(3) 수산물가공품(수입수산물 등 또는 반입수산물 등을 국내에서 가공한 것을 포함한다.)
① 사용된 원료의 원산지를 (1) 및 (2)의 기준에 따라 표시한다.
② 원산지가 다른 동일원료를 혼합하여 사용한 경우에는 혼합비율이 높은 순서로 2개 국가(지역, 해역 등)까지의 원료원산지와 그 혼합비율을 각각 표시한다.
③ 원산지가 다른 동일원료의 원산지별 혼합비율이 변경된 경우로서 그 어느 하나의 변경의 폭이 최대 15% 이하이면 종전의 원산지별 혼합비율이 표시된 포장재를 혼합비율이 변경된 날부터 1년의 범위에서 사용할 수 있다.
④ 사용된 원료(물, 식품첨가물 및 당류는 제외한다)의 원산지가 모두 국산일 경우에는 원산지를 일괄하여 "국산"이나 "국내산" 또는 "연근해산"으로 표시할 수 있다.
⑤ 원료의 수급사정으로 인하여 원료의 원산지 또는 혼합비율이 자주 변경되는 경우로서 다음의 어느 하나에 해당하는 경우에는 농림수산식품부장관이 정하여 고시하는 바에 따라 원료의 원산지와 혼합비율을 표시할 수 있다.
　㉠ 특정원료의 원산지나 혼합비율이 최근 3년 이내에 연평균 3개국(회) 이상 변경되거나 최근 1년 동안에 3개국(회) 이상 변경된 경우
　㉡ 그밖에 농림수산식품부장관이 필요하다고 인정하여 고시하는 경우

[제2절] 표시방법

1. 일반적인 표시방법

① 표시는 한글로 하되, 필요한 경우에는 한글 옆에 한문 또는 영문 등으로 추가하여 표시할 수 있다. 다만, 매체 특성상 문자로 표시할 수 없는 경우에는 말로 표시하여야 한다.
② 원산지를 표시할 때에는 소비자가 혼란을 일으키지 않도록 글자로 표시할 경우에는 글자의 위치·크기 및 색깔은 쉽게 알아볼 수 있어야 하고, 말로 표시할 경우에는 말의 속도 및 소리의 크기는 제품을 설명하는 것과 같아야 한다.
③ 원산지가 같은 경우에는 일괄하여 표시할 수 있다.

통신판매 원산지 표시(예시)	
제품사진	• 제품명 : ○○ • 규　격 : 1kg • 원산지 : 국산 • 가　격 : ○○원

2. 개별적인 표시방법

(1) 전자매체이용

① 글자로 표시할 수 있는 경우(인터넷, PC통신, 케이블TV, IPTV, TV 등)
  ㉠ 표시위치 : 제품명 또는 가격 표시 주위에 표시하거나 매체의 특성에 따라 자막 또는 별도의 창을 이용할 수 있다.
  ㉡ 표시시기 : 원산지를 표시하여야 할 제품이 화면에 표시되는 시점부터 원산지를 알 수 있도록 표시해야한다.
  ㉢ 글자크기 : 제품명 또는 가격 표시와 같거나 그보다 커야 한다.
  ㉣ 글자색 : 제품명 또는 가격표시와 같은 색으로 한다.
② 글자로 표시할 수 없는 경우(라디오 등) 1회당 원산지를 두 번 이상 말로 표시하여야 한다.

(2) 인쇄매체이용(신문, 잡지 등)

① 표시위치 : 제품명 또는 가격표시 주위에 표시하거나, 제품명 또는 가격표시 주위에 원산지 표시위치를 명시하고 그 장소에 표시할 수 있다.
② 글자크기 : 제품명 또는 가격표시 글자크기의 1/2 이상으로 표시하거나, 광고면적을 기준으로 일반적인 원산지 표시기준을 준용하여 표시할 수 있다.
③ 글자색 : 제품명 또는 가격표시와 같은 색으로 한다.

3. 표시위반

① 원산지를 표시하지 아니하는 행위
② 원산지를 실제와 다르게 표시하는 행위
③ 원산지표시를 거짓으로 하거나 이를 혼동하게 할 우려가 있는 표시를 하는 행위
④ 원산지표시를 혼동하게 할 목적으로 그 표시를 손상·변경하는 행위
⑤ 원산지를 위장하여 판매하거나, 원산지표시를 한 수산물이나 그 가공품에 다른 수산물이나 가공품을 혼합하여 판매하거나 판매할 목적으로 보관이나 진열하는 행위

4. 위반처벌

① 거짓표시 : 7년 이하의 징역 또는 1억원 이하의 벌금
  ※ 원산지 거짓표시로 적발된 업체는 농림수산식품부 홈페이지에 게시
② 미표시 : 1천만원 이하의 과태료 부과
③ 농림수산검역검사본부 수산물 안전부 홈페이지 참여마당(www.nfis.go.kr)으로 신고, 지역검역검사소 또는 사무소로 신고하거나 국민신문고(www.epeople.go.kr)로 신고, 허위표시로 적발 시 5만원에서 최고 200만원까지 신고 포상금 지급

제4편 기출 및 예상문제

01 다음 중에서 수산물 소매방법에 해당되지 않은 것은?
① 카탈로그 판매
② 중도매인 판매
③ TV 홈쇼핑 판매
④ 자동 판매기 판매

 중도매인 판매는 수산물의 도매방법에 해당한다.

02 선물거래의 기능을 바르게 설명한 것은?
① 가격변동의 위험을 피할 수는 없다.
② 가격변동에 대하여 예시를 할 수 있다.
③ 투기자들에게 투자대상이 되는 것은 건전한 생산자금의 활용으로 볼 수 없다.
④ 재고를 시차적으로 배분하는 것은 어렵다.

 선물 거래의 기능에는 위험전가기능, 가격예시기능, 재고배분기능, 자본형성기능 등이 있다.

위험전가기능	가격의 불확실성에서 오는 가격변동의 위험을 기피하려는 경제주체(hedger)가 더욱 높은 이익을 추구하려는 경제주체(speculator)에게 위험을 전가하는 수단을 제공함.
가격예시기능	현재의 선물가격이 미래 현물가격에 대한 가격을 예시하는 기능을 수행하여 경제주체 의사결정에 영향을 미치므로 현물가격의 변동을 안정화시키는 기능을 수행함.
재고배분기능	선물거래는 저장 등 재고의 시차적 배분기능을 하고 있으므로 장기적으로 공급의 경제적 배분기능을 수행함.
자본형성기능	선물시장은 투기자들에게는 좋은 투자기회를 제공해 주는 장소이며 부동자금이 선물시장으로 유입되어 건전한 생산자금으로 활용되도록 함.

정답 01. ② 02. ②

03 수산물의 시장유통과 시장 외 유통에 관한 설명으로 옳은 것은?

① 시장 유통경로에서는 계약 재배가 포함된다.
② 시장 외 유통은 도매시장을 거치지 않은 유통경로이다.
③ 시장 외 유통은 불법적인 유통이므로 단속 대상이 된다.
④ 우리나라의 경우 시장 유통경로 비중이 지속적으로 증가하고 있다.

① 계약재배는 시장 외 유통경로에 해당한다.
③ 시장 외 유통도 합법적인 유통이다.
④ 우리나라의 경우 시장 외 유통경로 비중이 지속적으로 증가하고 있다.

04 수산물 공동 계산제의 장점에 관한 설명으로 옳지 않은 것은?

① 수산물 브랜드 구축에 유리하다.
② 수산물의 품질저하나 감모(loss)를 줄일 수 있다.
③ 갑작스런 시장변화에 즉각적으로 대응할 수 있다.
④ 생산자가 유통 업체나 가공 업체에 종속되는 상황에 대처할 수 있다.

공동 계산제의 장점
1. 가격변동이나 개별 출하에 따른 위험의 분산
2. 엄격한 품질관리로 상품성을 제고하여 시장의 신뢰 확보
3. 출하물량의 규모화로 시장에서 거래 교섭력이 증대
4. 출하시기와 출하시장의 적절한 조정이 가능
5. 대량 규모의 유리(有利)성을 확보하고 판매와 수송 등에서 규모의 경제를 실현

05 다음 ( )에 들어갈 옳은 내용은?　　　　　　　　　　　　　　　　2020년 기출

> 수산물의 공동판매는 (㉠) 간에 공동의 이익을 위한 활동을 의미하며, (㉡)을 통해 주로 이루어진다.

① ㉠ : 생산자, ㉡ : 산지위판장
② ㉠ : 유통자, ㉡ : 공영도매시장
③ ㉠ : 유통자, ㉡ : 유사도매시장
④ ㉠ : 생산자, ㉡ : 전통시장

수산물의 공동판매는 생산자 간에 공동의 이익을 위한 활동을 의미하며, 산지위판장을 통해 주로 이루어진다.

정답　03. ②　04. ③　05. ①

06 다음 ㉠~㉣ 중 옳지 않은 것은? 2020년 기출

> 패류의 공동판매는 ㉠ <u>가공 확대</u> 및 ㉡ <u>출하 조정</u>을 할 수 있으며, ㉢ <u>유통비용 절감</u>과 ㉣ <u>수취가격 제고</u>에 기여할 수 있다.

① ㉠
② ㉠, ㉡
③ ㉡, ㉢, ㉣
④ ㉠, ㉡, ㉢, ㉣

 패류의 공동판매는 공동이익의 확대 및 출하조정을 할 수 있으며, 유통비용 절감과 수취가격 제고에 기여할 수 있다.

07 수산물 공동판매의 장점으로 옳지 않은 것은? 2019년 기출
① 출하량 조절이 용이하다.
② 운송비를 절감할 수 있다.
③ 가격 교섭력을 높일 수 있다.
④ 유통업자 간의 판매시기와 장소를 조정하는 방법이다.

 공동판매조직을 통한 공동출하의 장점
1. 수송비를 절감할 수 있다.
2. 노동력을 절감할 수 있다.
3. 시장 교섭력을 높여 농가의 수취가격을 높일 수 있다.
4. 수산물 출하의 조절이 용이하다.

08 선물거래 시 선물상품의 조건이 아닌 것은?
① 불확실성
② 상품의 이질성과 가치
③ 시장의 크기
④ 자유로운 가격 결정

 상품의 동질성과 가치가 옳다. 선물거래는 미래에 대한 불확실성에서 출발하였고, 표준화되어 선물시장에서 거래되는 상품이 현물 시장에서 거래되는 상품과 같지 않다면 아무도 선물시장을 이용하려하지 않을 것이다. 즉, 상품에 대한 품질의 동질성을 전제로 한 표준화 가능성이 있는 상품만이 선물 시장에 상장될 수 있는 것이다. 또한 시장에 참여하는 자가 많고 규모가 커야 미래의 가격변동에 대한 예측이 다양하여 서로 다른 견해를 가진 사람이 많게 된다.

정답 06. ① 07. ④ 08. ②

09 시장 외 거래의 중요성으로 옳은 것은?
① 거래 규격이 복잡화된다.
② 가격 결정 과정에서 생산자 참여가 어렵다.
③ 유통비 절감으로 생산자 수취가격을 높이고 소비자가격을 낮게 하여 경제적 효과를 추구한다.
④ 생산자 조직과 소비자 조직 간의 균형 발전이 어렵다.

 시장 외 거래의 중요성
　㉠ 가격 결정 과정에서 생산자 참여
　㉡ 거래 규격의 간략화
　㉢ 생산자 조직과 소비자 조직의 균형발전

10 가격 위험의 최소화를 목적으로 통상 현금과 선물의 두 개의 분리된 시장에서 유리한 가격을 취하는 것이다. 또한 한 시장에서 가격변화에 따른 이익 또는 손실은 즉시 다른 시장에서의 손익으로 상쇄되는 이것은 무엇인가?
① 전방 계약　　　　　　　　　　② 선물 계약
③ 연계매매(hedging)　　　　　　④ 카르텔

 지문은 연계매매(hedging)에 대한 설명이다. 선물계약이란 미래 어떤 날짜에 인도되어질 생산물의 양과 질을 명시화한 표준화된 계약이다. 카르텔이란 어떤 제품에 대하여 통합된 마케팅 전략을 수집하기 위하여 하나 이상의 주요 기업의 연합 운영을 뜻한다.

11 수산물 종합 유통센터에 관한 설명으로 옳지 않은 것은?
① 유통정보를 수집하여 생산자에게 전달한다.
② 수산물의 소포장 및 유통가공기능을 수행한다.
③ 물류체계 개선을 통한 물류합리화를 도모한다.
④ 가격결정 방식은 경매를 원칙으로 한다.

 생산자의 희망가격, 수급동향, 상황을 감안한 수의거래 방식을 도입하여 안정적인 공급체계 구축에 기여한다.

12 다음 중 선물거래의 기능이라 할 수 없는 것은?
① 상품의 수급 및 안정화 기능
② 가격 예시 기능
③ 소득 배분 기능
④ 자본 형성 기능

 선물거래의 경제적 기능
1. 선물거래 가격변동 위험 전가 기능
2. 선물거래 가격 예시 기능
3. 금융시장의 효율적인 자원배분 기능
4. 금융상품 거래의 활성화 기능
5. 새로운 금융 서비스 제공 기능

13 수산물 선물시장에 관한 설명으로 옳지 않은 것은? 2019년 기출
① 위험관리기능을 제공한다.
② 계약이행보증을 위한 증거금제도가 있다.
③ 미래의 현물가격에 대한 예시기능을 수행한다.
④ 현물 및 선물 가격 간의 차이를 스왑(swap)이라고 한다.

 스왑(swap)은 미래의 특정일 또는 특정기간 동안 어떤 상품을 상대방의 상품이나 금융 자산과 교환하는 거래를 말한다.

14 다음 중 수산물 전자상거래에 대한 일반적인 설명으로 가장 적절한 것은?
① 상품 공급자의 판매비용은 일반 실물 거래보다 높을 수 없다.
② 전자상거래 활성화는 정보통신 기술의 발전만으로 충분하다.
③ 시간과 공간의 제약이 없고 판매점포가 필요 없다.
④ 전자상거래는 항상 유통 마진을 감소시킬 수 있다.

 전자상거래의 특징
1. 유통 경로가 기존의 상거래에 비하여 짧다.
2. 시간과 공간의 제약이 없다.
3. 판매 점포가 불필요하다.
4. 고객 정보의 획득이 용이하다.
5. 효율적인 마케팅 활동이 가능하다.
6. 소자본에 의한 사업이 가능한 벤처 업종이다.

15 수산물 전자상거래에 관한 설명으로 옳지 않은 것은? 2020년 기출
① 유통경로가 상대적으로 짧아진다.
② 구매자 정보를 획득하기 어렵다.
③ 거래 시간·공간의 제약이 없다.
④ 무점포 운영이 가능하다.

 전자상거래는 고객정보의 획득이 용이하다.

16 소비자가 수산상품 또는 수산물을 전자상거래(Electronic Commerce) 방식으로 구매할 경우, 얻을 수 있는 효용(Utility)이 아닌 것은?
① 제품의 개수와 종류에 상관없이 일괄구매가 가능해진다.
② 유통비용, 광고비용 등과 같은 거래비용이 절감된다.
③ 상품구매를 위해 번거롭게 이동할 필요가 없어진다.
④ 제품 간 비교가 가능해진다.

 소비자가 얻을 수 있는 효용이 아니라 기업(판매자)가 얻을 수 있는 효용이다.

17 할인점, 백화점, 시장 등과 같은 오프라인 매장에서의 수산상품의 판매 이점은?
① 오프라인 매장의 수산상품의 판매는 온라인 매장(전자상거래) 보다 판매비용이 절감되어 더욱 저렴하게 구매할 수 있다.
② 판매원과 소비자의 인간적 유대관계를 형성할 수 없기 때문에 장기적으로 보았을 때 불리하다.
③ 소셜 네트워크 서비스를 이용하여 일정 수 이상의 구매자 인원 조건이 충족되었을 때, 저렴한 가격으로 상품을 제공받을 수 있다.
④ 판매원이 소비자(고객)에게 상품정보에 대해 직접 설명할 수 있어 소비자의 상품신뢰와 구매에 영향을 주게 된다.

 전자상거래와는 다르게 오프라인거래에서는 판매원이 직접 고객에게 제품에 대한 정보를 제공할 수 있어 신뢰도와 구매에 영향을 미치게 된다.
③ Social Commerce에 대한 설명이다.

정답 15. ② 16. ② 17. ④

18 전자상거래에 대한 설명 중 가장 옳은 것은?
① 인터넷 등을 이용하여 상품의 구매나 발주, 광고 등을 하는 활동을 말한다.
② 대금지불은 전자화폐나 신용카드를 통해 지불하지 않는다.
③ 최근 수산물과 수산식품의 전자상거래가 크게 줄어들고 있는 추세이다.
④ EC라고도 하며, 아직 우리나라에서는 전자상거래에 관한 법률이 없다.

 전자상거래(EC)란 인터넷 등의 컴퓨터 통신망을 이용하여 용역 등을 거래하는 활동을 의미한다. 여기서 상품거래 뿐만 아니라 고객마케팅, 서비스 등도 포함된다.

19 수산물 전자상거래의 장점으로 옳지 않은 것은? 2019년 기출
① 운영비가 절감된다.
② 유통경로가 짧아진다.
③ 시간·공간적으로 제약이 있다.
④ 소비자와 생산자 간의 양방향 소통이 가능하다.

 전자상거래는 시간적, 공간적 제약을 극복할 수 있다.

20 수산물 전자상거래에서 판매업체의 장점이 아닌 것은? 2021년 기출
① 판촉비의 절감
② 시공간적 사업영역 확대
③ 제품의 표준화
④ 효율적인 마케팅 전략수립

 수산물은 표준화 및 등급화가 미흡하다.

21 다음 중 상표(Trade Mark)의 기능이 아닌 것은?
① 품질보증기능
② 상품의 생산지 등의 출처 표시
③ 광고·선전 기능
④ 가격표시

 상표란 상품을 다른업자(다른판매자)의 상품과 구별하기 위해 사용하는 것이다. 상표의 기능으로는 품질보증기능, 광고·선전기능, 출처표시기능 등이 있다.

정답 18. ① 19. ③ 20. ③ 21. ④

22 현재 가장 보편적인 수산물의 거래 단계는?

① 수확 - 공판장(경매) - 도매시장 - 도매상 - 소매상 - 최종소비자
② 수확 - 도매시장 - 대리상 - 수입상 - 중간유통업체 - 공판장
③ 도매시장 - 소매상 - 중간유통업체 - 생산자
④ 수확 - 중간유통업체 - 도매상 - 공판장(경매) - 최종소비자

 수확 - 공판장(경매) - 도매시장 - 도매상 - 소매상 - 최종소비자의 순서이다.

23 소비지 공영도매시장의 경매 진행절차이다. ( )에 들어갈 내용으로 옳은 것은?
2020년 기출

하차 → 선별 → (㉠) → (㉡) → 경매 → 정산서 발급

① ㉠ : 판매원표 작성, ㉡ : 수탁증 발부
② ㉠ : 판매원표 작성, ㉡ : 송품장 발부
③ ㉠ : 수탁증 발부, ㉡ : 판매원표 작성
④ ㉠ : 수탁증 발부, ㉡ : 송품장 발부

 소비지 공영도매시장의 경매 진행절차 : 하차 → 선별 → 수탁증 발부 → 판매원표 작성 → 경매 → 정산서 발급

24 생산자가 수확한 어획물이 최종소비자에게 전달되기까지의 현재 가장 보편적인 과정은?

① 수확(어획) → 경매(위판장) → 산지 중도매인 → 소비지도매시장(경매) → 소비지 중도매인 → 소매상 → 최종소비자
② 수확(어획) → 최종소비자
③ 수확(어획) → 산지거점유통센터 → 소비지 분산 물류센터 → 도매상 → 소매상 → 최종소비자
④ 수확(어획) → 소매상 → 경매(위판장) → 소비지 분산 물류센터 → 최종소비자

 ③ 가장 이상적인 과정이지만 현재의 전달과정은 아니다.

25 수산물 가격결정 방식에 관한 설명으로 옳은 것은? 2021년 기출
① 한·일식 경매방식은 네덜란드 경매방식과 유사하다.
② 한·일식 경매방식은 동시호가식 경매이다.
③ 네덜란드식 경매방식은 상향식 경매이다.
④ 영국식 경매방식은 하향식 경매이다.

 전자응찰기를 이용하여 경매참가자가 각자 원하는 가격을 동시에 입력하도록 한 뒤 최고가 제시자를 낙찰자로 선정하는 최고가 입찰 방식을 채택하고 있다.
③ 네덜란드식 경매방식은 하향식 경매이다.
④ 영국식 경매방식은 상향식 경매이다.

26 저장성을 높여주는 가공처리를 하지 않은 선어상태의 수산물을 유통시키고자 할 때의 유통경로설정을 어떻게 해야 하는가?
① 유통경로가 짧아야 한다.
② 유통경로가 길어야 한다.
③ 유통경로는 크게 상관없다.
④ 유통경로가 매우 길어야 한다.

 비표준화된 중량품이며 부패성 상품인 선어상태의 수산물은 유통경로가 짧아야 한다.

27 음식점 A는 추어탕에 국내산과 중국산 미꾸라지를 섞어 판매하고 있다. 섞음 비율이 중국산보다 국내산이 높은 경우, 추어탕의 원산지 표시방법으로 옳은 것은?
2021년 기출
① 추어탕(미꾸라지 : 국내산과 중국산)
② 추어탕(미꾸라지 : 국내산과 중국산을 섞음)
③ 추어탕(미꾸라지 : 중국산과 국내산)
④ 추어탕(미꾸라지 : 중국산과 국내산을 섞음)

 서로 다른 2개 이상의 품목을 용기에 담아 포장한 경우에는 혼합비율이 높은 2개까지의 품목을 대상으로 국산 수산물, 원양수산물 및 수입수산물의 기준에 따라 표시한다. 추어탕(미꾸라지 : 국내산과 중국산을 섞음)

정답 25. ② 26. ① 27. ②

제5편 수산물 시장경제

제1장 수산물 수요

[제1절] 수산물 수요

소비자가 일정기간 동안(유량 : flow) 상품을 구매하고자 하는 욕구를 의미한다.

수산물 수요의 법칙
다른 조건이 동일한 경우, ① 수산물에 대한 수요량은 가격에 반비례한다. ② 즉, 단위당 가격이 상승하면 수요량은 감소하고 가격이 하락하면 수요량은 증가한다. ③ 수요곡선을 우하향한다.

[제2절] 수산물 수요곡선

수산물의 가격과 수요량의 관계를 그림으로 나타낸 것을 수요곡선이라고 한다. 수요곡선은 우하향하는 음(-)의 기울기를 갖는다. 그리고 가격변화 효과로 수요량이 변하는 것은 대체효과와 소득효과로 나누어 설명할 수 있다.

가격효과 = ① 대체효과 + ② 소득효과

1. 대체효과

한 상품의 가격하락(상승)은 다른 상품에 비해 상대적으로 값이 싸진(비싸진) 셈이어서 그 상품에 대한 수요량이 증가(감소)하는 효과이다.

2. 소득효과

가격이 하락(상승)하면 동일한 지출액으로 전보다 더 많은 수량을 구입할 수 있게(없게) 되는 소득의 증가(감소)효과 때문에 수요량이 일반적으로 증가(감소)하는 효과이다.

3. 가격효과

대체효과와 소득효과를 합성한 효과를 가격효과라고 한다. 재화의 가격하락은 언제나 대체재에 있어서는 소비량을 증가시키지만 소득효과는 재화의 성격에 따라서 그 결과를 달리한다.

[제3절] 수요량과 수요의 변화

1. 수요량의 변화

해당 상품가격 이외의 다른 모든 요인들이 일정하고, '해당 상품가격'만 변할 때의 수요량 변화를 말하며 수요곡선상 위에서의 이동으로 나타난다.

(1) 해당상품 가격상승 → 수요량 감소 → 수요곡선 상에서 좌상향 이동
(2) 해당상품 가격하락 → 수요량 증가 → 수요곡선 상에서 우하향 이동

2. 수요의 변화

해당 상품 가격 이외의 '다른 요인들'이 변화하면, 해당 상품의 모든 가격수준에서의 수요량 변화를 말하며 수요곡선 자체이동으로 나타난다.

(1) 해당 상품가격 이외인 소득의 감소 → 수요량 감소 → 수요곡선 자체가 좌측으로 수평 이동
(2) 해당 상품가격 이외인 소득의 증가 → 수요량 증가 → 수요곡선 자체가 우측으로 수평 이동

[제4절] 수산물 수요의 결정요인

(1) 소득의 증가
① 정상재(보통재, 상급재, 우등재) : 소득증가 → 수요증가 ↑ 〈고급 수산물〉
② 열등재(하급재) : 소득증가 → 수요감소 ↓ 〈저급 수산물〉
③ 중간재 : 소득증가 → 수요불변 〈소금과 간장〉

(2) 대체 수산물의 공급부족에 따른 가격 상승
① 대체재 : 대체재 〈광어〉 가격 ↑ (〈광어〉 수요량 ↓)
  → 해당재화 〈우럭〉 수요증가 ↑
② 보완재 : 보완재 〈참치〉 가격 ↑ (〈참치〉 수요량 ↓)
  → 해당재화 〈김〉 수요감소 ↓
③ 독립재 : 독립재 〈광어〉 가격 ↑ (〈광어〉 수요량 ↓)
  → 해당재화 〈미역〉 수요불변

(3) 인구의 증가 등에 따른 수요자수의 증가

(4) 소비자의 기호변화

수산물 수요 증가율
수산물 수요 증가율 = 인구증가율 + (1인당 소득증가율 × 수산물수요의 소득탄력성)

수요의 감소요인		
① 소득의 감소	② 대체재의 가격하락	③ 보완재의 가격상승
④ 수요자의 감소	⑤ 소비자의 기호변화	

[제5절] 개별수요와 시장수요

(1) 개별수요 : 소비자 한 사람 한 사람의 수요

(2) 시장수요 : 시장전체의 수요

① 사람들의 수요가 상호 독립적이어 서로 영향을 주지 않는다고 가정하면 시장수요는 개별수요를 동일 가격수준에서 개별 수요량을 합하여 구한다.(수평적 합계)

② 일반적으로 시장수요곡선은 개별수요곡선보다 '완만'하게(탄력적으로) 그려진다.

제 2 장 수산물 공급

[제1절] 수산물 공급

시장에 참여한 판매자가 일정기간 동안(유량 : flow) 상품을 판매하고자 하는 욕구를 의미한다.

수산물 공급의 법칙
다른 조건이 동일한 경우, ① 수산물에 대한 공급량은 가격에 정비례한다. ② 즉 단위당 가격이 상승하면 공급량은 증가하고 가격이 하락하면 공급량은 감소한다. ③ 공급곡선을 우상향하게 한다.

[제2절] 수산물 공급곡선

① 일정기간에 성립할 수 있는 가격수준과 이에 대응하는 공급량을 조합하여 그래프상에

표시한 곡선이다.
② 수산물의 가격과 공급량의 관계를 그림으로 나타낸 것을 공급곡선이라고 한다. 공급곡선은 우상향하는 양(+)의 기울기를 갖는다.
③ 공급법칙은 단위당 재화(수산물)의 가격이 상승하면 공급량이 증가하며, 가격이 하락하면 공급량이 증가한다는 법칙이다. 즉, 가격과 공급량과는 정비례 관계이며 공급곡선을 우상향하게 한다.

[제3절] 공급량과 공급의 변화

1. 공급량의 변화

해당 상품가격 이외의 다른 모든 요인들이 일정하고, 해당 상품가격만 변할 때의 공급량 변화를 말하며 공급곡선상 위에서의 이동으로 나타난다.
① 해당상품 가격상승 → 공급량 증가 → 공급곡선 상에서 우상향 이동
② 해당상품 가격하락 → 공급량 감소 → 공급곡선 상에서 좌하향 이동

2. 공급의 변화

해당 상품 가격 이외의 다른 요인들이 변화하면, 해당 상품의 모든 가격수준에서의 공급량 변화를 말하며 공급곡선 자체이동으로 나타난다.
① 생산요소가격의 상승 → 공급량 감소 → 공급곡선 자체가 좌측으로 수평 이동
② 생산요소가격의 하락 → 공급량 증가 → 공급곡선 자체가 우측으로 수평 이동

[제4절] 수산물 공급의 결정요인

(1) 관련재화의 가격변화
① 대체재 : 관련재화 가격상승 → 해당재화 공급감소
　　　　　 관련재화 가격하락 → 해당재화 공급증가
② 보완재 : 관련재화 가격상승 → 해당재화 공급증가
　　　　　 관련재화 가격하락 → 해당재화 공급감소
③ 독립재 : 전혀 영향이 없다.

(2) 생산요소가격(비용)의 하락

(3) 생산기술의 발달

(4) 수산물 가격 상승에 대한 기대감

(5) 공급자(생산자, 매도자)수의 증가

[제5절] 개별공급과 시장공급

(1) 개별공급

생산자 한 사람 한 사람의 공급을 말한다.

(2) 시장공급 : 시장 전체의 공급

① 공급이 상호 독립적이어 서로 영향을 주지 않는다고 가정하면 시장공급은 개별공급을 '동일 가격수준'에서 '개별 공급량'을 '합'하여 구한다.(수평적 합계)
② 시장 공급곡선은 개별 공급곡선보다 완만하게(탄력적으로) 그려진다.

제 3 장 수산물 수요·공급의 가격탄력성

[제1절] 수산물 수요의 가격탄력성

1. 수산물 수요의 가격탄력성 개념

$$수요의\ 가격탄력성 = \frac{수요량\ 변동율}{가격\ 변동율} = \frac{\Delta Q}{Q} \div \frac{\Delta P}{P}$$

(1) 당해 수산물의 가격(독립변수)이 변할 때 당해 수산물에 대한 수요량(종속변수)이 얼마만큼 민감하게 반응하는가를 나타내는 지표이다.

(2) 즉 당해 수산물의 가격(독립변수)이 1% 변할 때 당해 수산물에 대한 수요량(종속변수)이 몇 % 변하는가를 나타내게 된다.[대응(변화) 가능성 또는 민감성의 의미로 이해하는 것이 이해에 용이하다.]

2. 탄력성의 크기

〈표〉 수요의 가격탄력성의 크기

탄력성 값	가격변화율에 대한 수요량의 변화율	표현방법
$\varepsilon_d = 0$	가격이 아무리 변해도 수요량은 불변이다.	완전 비탄력적
$0 < \varepsilon_d < 1$	가격변화율에 비해 수요량의 변화율이 작다.	비탄력적
$\varepsilon_d = 1$	가격변화율과 수요량의 변화율이 같다.	단위 탄력적
$1 < \varepsilon_d < \infty$	가격변화율에 비해 수요량의 변화율이 크다.	탄력적
$\varepsilon_d = \infty$	가격변화가 거의 없어도 수요량의 변화는 무한대이다.	완전 탄력적

탄력성의 비교
① 사치재 – 탄력적, 필수재 – 비탄력적
② 대체재 많을수록 – 탄력적, 대체재 적을수록 – 비탄력적
③ 용도가 다양할수록 – 탄력적, 용도가 다양하지 못할수록 – 비탄력적
④ 장기 – 탄력적, 단기 – 비탄력적
⑤ 소득에서 차지하는 비중이 높은 경우 – 탄력적 (공산품)
⑥ 소득에서 차지하는 비중이 낮은 경우 – 비탄력적 (수산물)

[제2절] 수산물 공급의 가격탄력성

1. 공급의 가격탄력성 개념

① 당해 수산물의 가격(독립변수)이 변할 때 당해 수산물에 대한 공급량(종속변수)이 얼마만큼 민감하게 반응하는가를 나타내는 지표이다.

② 당해 수산물의 가격(독립변수)이 1% 변할 때 당해 수산물에 대한 공급량(종속변수)이 몇 % 변하는가를 나타내게 된다.

$$\text{공급의 가격탄력성} = \frac{\text{공급량의 변화율(\%)}}{\text{가격의 변화율(\%)}} = \frac{\left(\frac{\text{공급량 변동분}}{\text{원래 공급량}}\right)}{\left(\frac{\text{가격 변동분}}{\text{원래 가격}}\right)}$$

2. 탄력성의 크기

① 수산물은 일반재화와 달리 수산물 가격변화에 따른 공급이 여러 가지 이유로 인해 즉각적으로 이루어지지 않아 시차가 존재하기 때문에 일반재화에 비해 상대적으로 비탄력적이다.

② 어업기술이 향상되거나 생산량을 증가시키는 경우 생산비 증가가 크지 않은 경우 수산물 시장가격 변화에 따른 공급량변화를 보다 능동적으로 수행할 수 있으므로 보다 탄력적일 수 있으나 그렇지 못한 경우 보다 비탄력적이 된다.

③ 단기적으로는 수산물 공급에 필요한 자원의 획득, 파종 이후 공급이 바로 이루어지지 않으므로 수산물 가격이 상승해도 수산물 공급물량을 쉽게 늘릴 수 없으나, 장기적으로는 이러한 문제의 해결이 상대적로 쉬워지기 때문에 장기의 경우가 상대적으로 보다 탄력적이 된다.

④ 수산물의 부패성이 작거나 저장 가능성이 높을수록 수산물 가격에 대한 공급물량의 변화를 크게 할 수 있어 보다 탄력적이지만 부패성이 크거나 저장 가능성이 낮을수록 수산물 가격에 대한 공급물량의 변화를 크게 할 수 없어 보다 비탄력적이 된다.

탄력성의 비교
① 장기 - 탄력적, 단기 - 비탄력적
② 부패성이 작거나 저장 가능성이 높을수록 - 탄력적
③ 부패성이 크거나 저장 가능성이 낮을수록 - 비탄력적

〈표〉 수산물의 수요와 공급의 가격탄력성이 비탄력적인 경우

수요측면	공급측면
① 수산물은 주로 사치재가 아닌 생활필수품이다.	① 수산물은 생산의 계획수립에서 수확까지 반드시 일정기간이 소요된다.
② 수산물에 대한 지출액은 소득에서 차지하는 비중이 그리 높지 않다.	② 수산물의 생산은 고정적 생산요소의 투입비율이 비교적 높고, 자연조건의 영향을 많이 받아 가격변화에 대한 생산증감의 신축성이 낮다.
③ 수산물은 대체재의 종류가 많지 않은 편이다.	③ 수산물은 가격이 등락할 때 공급증감의 반응이 늦다.

제 4 장 수산물가격과 수산물시장

[제1절] 가격의 의의

① 가격(price) : 기업이 제조, 판매하는 제품이나 서비스를 구매하는 대가로서 구매자가 기업에게 지불하는 화폐 금액을 말한다.
② 가치(value)는 타제품과 교환을 가능하게 하는 제품의 능력을 계량화한 것을 말하고, 가격(price)은 제품에 대하여 화폐액으로 표현된 가치를 말한다.
③ 제품판매에 있어서 가격은 기업의 총 수입을 결정하는 중요한 역할을 수행한다.
④ 지나치게 높은 가격은 가격상승에 따른 유리한 효과보다는 수요량 감소에 따른 불리한 작용이 커질 수 있으며, 반대로 지나치게 낮은 가격은 판매량 증가에 따른 유리함보다는 낮은 가격에 따른 수익성 악화의 불리한 결과가 더 크게 나타날 수 있다.

[제2절] 가격의 특성

1. 일반적인 가격의 특성

① 쉽게 변경할 수 있다.
② 가격 이미지는 쉽게 바꿀 수 없다.
③ 이익에 즉각적으로 커다란 영향을 미친다.
④ 가격경쟁을 가능한 한 피하는 것이 바람직하다.

2. 수산물가격의 특징

① 수산물은 가격변화에 대한 수요와 공급의 변화가 크지 않아 비탄력적이다.
② 수산물은 용도의 다양성으로 인하여 수급량 예측이 어려워 가격이 불안정하다.
③ 수산물은 계절적인 영향을 많이 받아 연중 공급이 균등하지 못하고 가격이 불안정하다.
④ 수산물은 동질, 유사한 상품을 다수의 생산자가 공급하고 개별생산자는 가격형성에 거의 영향을 주지 못하는 단순한 가격 수용자에 불과하므로 수산물시장은 완전경쟁시장에 보다 가깝고 경쟁가격 형성가능성이 크다.
⑤ 수산물은 어업생산의 유기적 성격, 생산기간의 장기고정성 등으로 공급의 반응속도가 느려서, 즉 비탄력적이어서 가격의 등락이 장기간 지속될 수 있다.

[제3절] 가격의 기능

상품의 '수요량과 공급량이 일치'하도록 인도하는 가격의 기능을 가격의 매개변수적 기능(parametric function of prices)이라 한다.

1. 배분의 기능

① 자원의 배분 : 소비자가 원하는 생산물을 생산하기 위하여 생산요소(자원)를 생산자 사이에 배분하는 역할을 한다.
② 소득의 분배 : 생산물 판매에 따른 대가가 결정되고 생산요소의 가격을 통해 그 생산요소를 공급한 자들에게 소득이 분배되게 한다.

2. 경제활동의 신호 역할

① 가격상승 시 : 소비자는 소비량 감소, 생산자는 생산량 증가
② 가격하락 시 : 소비자는 소비량 증가, 생산자는 생산량 감소
③ 경제질서의 유지 : 각자의 이익을 추구하는 경제주체들의 판단기준이 되어 경제질서를 효율적으로 유지

[제4절] 수산물 시장

1. 수산물시장의 개념

① 시장이란 일반적으로 욕구와 구매 의사를 가진 고객과 그 욕구를 충족시킬 수 있는 농산업이 존재할 때 형성하게 된다.
② 시장의 범위는 고객의 욕구와 상품(효익) 간의 관계를 규명함으로써 정의될 수 있다.
③ 시장이란 고객의 특정 욕구를 충족시키는 데 있어서 서로 대체될 수 있는 상품 혹은 브랜드의 집합이다.

④ 상품들은 서로간 경쟁을 하며 서로의 판매에 영향을 초래한다.

2. 시장의 형태

시장에는 다양한 형태가 있다. 수요자와 공급자가 아주 많은 완전 경쟁시장이 있고 수요자와 공급자의 수가 제한된 불완전 경쟁시장이 있다. 불완전 경쟁시장에는 수요자나 공급자가 하나만 있는 독점시장, 소수의 공급자들이 경쟁하는 과점시장, 공급자의 수가 과점시장보다는 많고 완전 경쟁시장보다 적은 독점적 경쟁시장이 있다.

제 5 장 수산물 유통마진과 비용

[제1절] 유통마진(marketing margin)의 개념

① 유통마진은 최종 소비자의 수산물구입 지출금액에서 생산농가가 수취한 금액을 공제한 것이다.
② 유통마진은 유통단계에 종사하고 있는 모든 유통기관에 의해서 수행된 효용증대활동과 기능에 대한 대가라고 할 수 있다.
③ 유통마진은 유통비용의 크기와 여러 가지 유통기능의 수행에 있어서의 효율성을 파악하는 하나의 지표로 사용될 수 있다.
④ 보관·수송이 용이하고 부패성이 적은 수산물은 유통마진이 낮고, 부피가 크고 저장·수송이 어려운 수산물은 유통마진이 높다.
⑤ 유통마진이 적다고 해서 반드시 유통능률이 높다고 할 수 없다.

[제2절] 유통마진의 구성

(1) 유통마진 = 최종 소비자 지불가격 − 생산농가의 수취가격

(2) 생산농가의 수취가격 = 최종 소비자 지불가격 − 유통마진

(3) 유통단계별 유통마진율

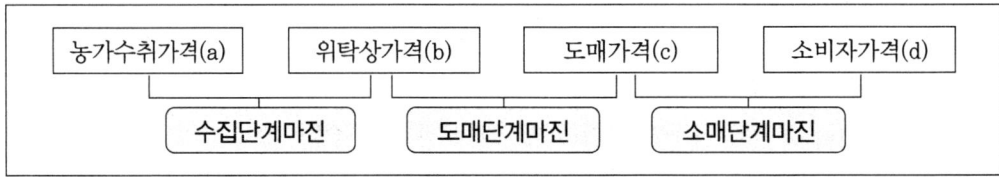

① 수집단계마진율 = $\dfrac{b-a}{b}$ ② 도매단계마진율 = $\dfrac{c-b}{c}$

③ 소매단계마진율 = $\dfrac{d-c}{d}$ ④ 총단계마진율 = $\dfrac{d-a}{d}$

[제3절] 수산물의 유통마진율이 높은 이유

① 수산물은 부패, 변질, 파손되기 쉽고 가격에 비해 무게와 부피가 크며 규격화가 곤란하다. 그리고 또한 생산이 계절성을 띠고 있어 선별, 가공, 수송, 저장, 감모비용 등이 과다하게 소요된다.
② 수산물은 생산과 소비가 소규모로 분산되어 있으며 유통단계에 많은 중간상인이 개입하고 수집과 분산에 또한 많은 비용이 드는 등의 유통경로가 복잡하고 유통단계가 많아서 유통비용이 많이 소요된다.
③ 수산물 유통의 주체가 영세하여 대량취급에 따른 비용절감에 어려움이 있으며, 특히 소매단계에서 마진율이 높게 나타난다.
④ 수산물시장 경쟁구조의 불완전성, 농업인과 일반소비자의 낮은 거래교섭력, 수산물가격의 불안정성에 따른 위험부담 등에 의해 중간상인의 유통이윤이 많다.
⑤ 경제발전에 따라 저장, 가공, 포장 등 유통 서비스가 증대하고 그에 따른 비용·이윤이 증대함에 오히려 어업인 수취율이 저하하는 경향이 있다.

제5편 기출 및 예상문제

01 수산물 공급곡선이 우상향하는 이유는?
① 공급의 변화
② 저장비용과 중간 상인 이윤
③ 기호의 변화
④ 대체 식품 가격의 변화

 문제는 가격이 상승할 때 공급량이 늘어나는 이유를 묻는 문제임.
①은 공급곡선 자체를 이동시키는 요인이며, ③은 수요 곡선 자체를 이동시키는 요인임.
④는 수요 곡선 자체를 이동시키는 요인임.

02 어떤 수산물의 가격이 20% 하락하였는데 판매량은 15% 증가하였다. 다음 중 적절한 표현은?
① 수요와 공급이 비탄력적이다.
② 수요가 비탄력적이다.
③ 수요는 탄력적이나 공급은 비탄력적이다.
④ 공급이 비탄력적이다.

 가격의 변화율보다 수요량(판매량)의 변화율이 작다면 이는 수요의 가격 탄력성이 비탄력적이라는 것을 의미한다.

03 전복의 수요변화에 관한 내용이다. ( )에 들어갈 옳은 내용은? 2020년 기출

> 가격이 20% 하락하였는데 판매량은 30% 늘어났다. 수요의 가격탄력성은 (㉠)이 므로 전복은 수요 (㉡)이라고 말할 수 있다.

① ㉠ : 0.75, ㉡ : 비탄력적
② ㉠ : 1.0, ㉡ : 단위탄력적
③ ㉠ : 1.5, ㉡ : 탄력적
④ ㉠ : 1.75, ㉡ : 탄력적

정답 01. ② 02. ② 03. ③

수요의 가격탄력성 = $\dfrac{\text{수요량 변동율}}{\text{가격 변동율}}$ = $\dfrac{30}{20}$ = 1.5
따라서 전복의 수요는 탄력적이다.

04 완전경쟁시장을 설명한 것이다. 다음 중 틀린 것은?
① 다수의 판매자와 다수의 소비자가 존재한다.
② 거래되는 상품은 서로 다른 이질성을 가정한다.
③ 각 개인이 시장 가격에 영향을 미칠 수는 없다.
④ 다른 시장구조에 비하여 가장 이상적인 것으로 간주된다.

 완전경쟁시장에서 거래되는 상품은 동질성을 가정하며, 일물일가의 법칙이 성립한다.

05 다음 중 수산물 수요 증가율을 결정하는 요인이라고 볼 수 없는 것은?
① 1인당 소득증가율
② 수산물 수요의 소득탄력성
③ 인구증가율
④ 수산물 공급의 소득탄력성

 수산물 수요증가율 = 인구증가율 + (1인당 소득증가율 × 수산물 수요의 소득탄력성)

06 수요의 가격탄력성이 1보다 크다면 가격이 20% 하락할 때 수요량은 어떻게 변하는가?
① 수요량이 20%보다 많이 증가한다.
② 수요량이 20%보다 적게 증가한다.
③ 수요량이 20%보다 많이 감소한다.
④ 수요량에 변화가 없다.

 수요의 가격탄력성이 1보다 크다는 것은 탄력적이라는 말이며, 이는 가격이 하락하는 비율보다 수요량의 증가 효과가 더 크다는 것을 의미한다.

정답 04. ② 05. ④ 06. ①

07 수산물 수요 탄력성의 결정요인이 아닌 것은?
① 상품의 성격에 따라 수요탄력성은 달라진다.
② 상품의 저장비용과 저장 가능성에 따라 수요 탄력성이 달라진다.
③ 대체재의 수가 많을수록 수요탄력성은 탄력적이다.
④ 상품의 보급 상태에 따라 수요탄력성은 달라진다.

 상품의 저장비용과 저장 가능성은 공급의 탄력성과 관련된다.
수산물 수요 탄력성의 결정 요인
1. 상품의 성격에 따라 수요 탄력성은 달라진다.(보완재의 수가 많을수록 비탄력적이다.)
2. 대체재의 존재 여부에 따라 수요탄력성은 달라진다.(대체재의 수가 많을수록 탄력적이다.)
3. 상품의 보급 상태에 따라 수요탄력성은 다르다.(내구성이 클수록 탄력적이다.)
4. 소비자의 전체 소득에서 차지하는 비중에 따라 수요 탄력성은 다르다.
5. 고려되는 기간의 길이에 따라 수요탄력성은 다르다.(장기일수록 탄력적이다.)

08 활광어 가격이 10% 하락하였는데 매출량은 5% 증가했다. 이에 관한 설명으로 옳은 것은?   2021년 기출
① 공급이 비탄력적이다.
② 수요가 비탄력적이다.
③ 수요는 탄력적이나 공급이 비탄력적이다.
④ 공급은 탄력적이나 수요가 비탄력적이다.

 가격변화율에 비해 수요량의 변화율이 작은 것은 수요가 비탄력적이다.

09 꽁치의 가격이 150원에서 250원으로 증가하고 그에 따라 공급량이 9,000개에서 11,000개로 증가하였다. 공급탄력성은 얼마인가?
① 1/2   ② 1/3
③ 1/4   ④ 1/5

 $es = \dfrac{\text{공급량의 변화율(\%)}}{\text{가격의 변화율(\%)}} = \dfrac{\left(\dfrac{\text{공급량 변동분}}{\text{원래 공급량}}\right)}{\left(\dfrac{\text{가격 변동분}}{\text{원래 가격}}\right)} = \dfrac{\dfrac{2,000}{9,000}}{\dfrac{100}{150}} = \dfrac{1}{3}$

정답 07. ②   08. ②   09. ②

10 고등어의 공급곡선이 왼쪽으로 이동하면 나타나는 변화로 바른 것은?
① 가격의 상승이 장기에서보다 단기에서 더 클 것이다.
② 가격의 상승이 장기에서보다 단기에서 더 작을 것이다.
③ 가격의 상승이 장기에서와 단기에서 모두 같을 것이다.
④ 가격이 단기적으로 하락하지만 장기적으로는 오를 것이다.

공급곡선이 좌측으로 이동하는 경우 가격은 상승하며 거래량은 감소하게 된다. 한편 이때 수요곡선이 더욱 가파른 경우(비탄력적인) 경우에 가격은 더욱 크게 상승하게 된다. 장기보다는 단기에 보다 비탄력적이어서 수요곡선은 더욱 가파르고 가격은 더욱 상승할 것이다.

11 어가 소득을 증대시키기 위해서는 어떠한 유형의 수산물 생산이 바람직한가?
① 수산물 수요의 소득탄력성이 큰 수산물
② 수산물 수요의 소득탄력성이 작은 수산물
③ 수산물 공급의 소득탄력성이 큰 수산물
④ 수산물 공급의 소득탄력성이 작은 수산물

수산물 수요의 소득 탄력성이 크다고 할 때 소득증가율보다 당해 수산물에 대한 수요량 증가율이 더 크다는 것을 의미하므로 판매량이 크게 증가하여 어가 소득을 보다 증가시키게 될 것이다.

12 수산물의 가격은 수요와 공급의 상호작용점 내에서 이루어지기 마련이다. 그러나 예외적으로 수요와 공급 상호작용으로부터 갈리는 3가지 다른 과정에 의해 가격이 결정될 수 있다. 3가지 방법에 해당되지 않는 것은?
① 사적인 가격 결정　　　　　② 공식적인 가격 결정
③ 관습적 가격 결정　　　　　④ 계약과 협상에 의한 가격 결정

② 공식가격 : 외부 가치와 요인의 체계적 사용에 기초하여 정해진다. 이때 월별, 분기별, 년별로 설정된다.
③ 관습적 가격 : 오랜 기간 동안 심지어 몇 년에 걸쳐 설정하고 관측되는 것으로 정의된다. 유통 서비스 가격은 관례화될 가능성이 가장 많다.
④ 계약가격 : 상품의 생산이 시작되기 전에 협상이나 선약 등으로 결정된 가격이다. 이때 농업에서는 자연적 제약이 크기 때문에 매우 위험 부담이 크다.

정답 10. ①　11. ①　12. ①

13 오징어 1상자(10kg) 가격과 비용구조가 다음과 같다. 판매자의 ㉠ 가격결정방식과 그에 해당하는 ㉡ 가격은?
    2020년 기출

> ○ 구입원가 : 20,000원
> ○ 시장평균가격 : 23,000원
> ○ 인건비 및 점포운영비 : 2,000원
> ○ 소비자 지각 가치 : 21,500원
> ○ 희망이윤 : 2,000원

① ㉠ : 원가중심가격결정, ㉡ : 22,000원
② ㉠ : 가치가격결정, ㉡ : 23,500원
③ ㉠ : 약탈적 가격결정, ㉡ : 25,000원
④ ㉠ : 경쟁자 기준 가격결정, ㉡ : 23,000원

 ④ 경쟁자 기준 가격결정은 시장평균가격을 기준으로 하므로 가격은 23,000원이다.
① 원가중심가격결정은 원가, 인건비 및 점포운영비에 마진을 더하는 방법이다.
② 가치가격결정은 저렴한 가격에 더 많은 가치를 제공하는 것이다.
③ 약탈적 가격결정은 어떤 기업이 다른 회사들이 더 이상 경쟁을 할 수 없어 상품 판매를 중단해야 할 정도로 가격을 낮춰서 상품을 파는 것이다.

14 다음 중 유통마진에 영향을 주는 요인으로 볼 수 없는 것은?
① 저장성   ② 계절적 요인
③ 수송비용   ④ 상품의 가격

 수산물의 유통 마진에 영향을 주는 요인으로는 저장성, 가공성, 부패성, 계절적 요인, 수송비용, 상품 가치 대비 부피 등이 있다.

15 유통업자 A는 마른 멸치 한 상자를 팔아 5,000원의 이익을 얻었다. 이 이익을 얻는 데 상자당 보관비 1,000원, 운송비 1,000원, 포장비 1,000원이 소요되었다고 한다. 이때 유통마진은 얼마인가?
    2021년 기출

① 2,000원   ② 5,000원
③ 7,000원   ④ 8,000원

 유통 마진액 = 유통이윤 + 유통비용 = 5,000+(1,000+1,000+1,000) = 8,000원

정답 13. ④   14. ④   15. ④

16 수산물 유통비용의 절감 방안 중에서 물적 유통기능의 효율성 증대 방안에 대한 설명으로 타당하지 않은 것은?
① 저장효율의 증대
② 보관 관리기술의 개발
③ 수송기술의 혁신과 가동률의 감소
④ 수송 중의 부패와 감모방지

 수송기술의 혁신과 이미 주어진 수송장비에 대한 가동률은 증대시켜야 한다.

17 수산물의 유통 효율화에 관한 설명으로 옳은 것은? 2021년 기출
① 유통성과를 유지하면서 유통마진을 줄이면 유통효율은 감소한다.
② 유통성과를 줄이면서 유통마진을 늘리면 유통효율은 증가한다.
③ 유통성과가 유통마진보다 크면 유통효율은 증가한다.
④ 유통구조가 노동집약적이거나 복잡할수록 유통효율은 증가한다.

 유통성과가 유통마진보다 크면 유통효율은 증가한다.

18 공급 독점시장(monopoly market)에 대한 설명으로 옳은 것은?
① 한계수입곡선은 수요곡선 위에 위치한다.
② 공급곡선이 존재하지 않는다.
③ 최적 산출량은 한계비용곡선과 수요곡선이 만나는 점에서 결정된다.
④ 소수의 기업이 전략적 행위를 통해 이윤 극대화를 추구한다.

 가격의 변화에 따라서 공급량을 조절해야 공급의 법칙이 적용된 공급 곡선이 나온다. 그러나 공급 독점상에서는 가격과 공급량을 임의로 조절하는 관계로 공급곡선이 없다.

19 상권을 새로이 만들거나 개선하기 위해 사용하는 방법이 아닌 것은?
① 유동인구와 통행량 파악
② 주변 상권의 활성화 정도 파악
③ 주변 시설과 시세 파악
④ 비경쟁업소의 유무

 ①, ②, ③ 상권분석을 위해 반드시 알아야 하는 것들이다.
④ 비경쟁업소가 아니라 경쟁업소의 유무이다.

정답 16. ③ 17. ③ 18. ② 19. ④

20 다음 중 수산상품 무점포 소매업끼리 짝지어진 것은?
① 전자상거래, 공판장
② DM(직접마케팅), Category Killer
③ 전자상거래, 방문판매
④ 백화점, 드럭스토어

 수산상품 무점포 소매업으로는 전자상거래, 방문판매, 카탈로그판매, DM 등이 있다.

21 소비자의 구매의사결정 단계가 올바른 것은?
① 필요성 인지 → 대안평가 → 정보수집 → 구매 → 결과평가
② 필요성 인지 → 정보수집 → 대안평가 → 구매결정 → 구매 → 결과평가
③ 필요성 인지 → 구매결정 → 구매
④ 정보수집 → 필요성 인지 → 구매 → 대안평가

 필요성 인지 → 정보수집 → 대안평가 → 구매결정 → 구매 → 결과평가의 순서이다.

22 원료의 신선도 유지가 필수인 수산식품(통조림) 공장의 입지조건으로 가장 알맞은 곳은?
① 집적지향형
② 교통지향형
③ 원료지향형
④ 노동지향형

 원료지향형입지는 원료의 부패가 심하고 원료의 중량이 제품의 중량보다 무거운 경우에 해당된다. 수산통조림에 이용되는 어패류는 원료의 신선도가 오래 유지되지 않기(부패성 높음) 때문에 원료지향형 입지가 가장 알맞은 입지에 해당된다.

23 수산물 트레이서빌리티(Traceability)가 생긴 이유는?
① 생산된 수산물의 생산지와 안전성에 대해 소비자들이 알고 싶어 하기 때문이다.
② 가공된 수산식품의 생산지정보와 빠른 주문처리가 필요해졌기 때문이다.
③ 투명한 유통과정이 문제점으로 대두되어 왔기 때문이다.
④ 소비자가 효과적으로 수산물에 대한 소비패턴 및 니즈를 파악해야 하기 때문이다.

 수산물 트레이서빌리티는 수산물이력제라고도 한다. 수산물이력제는 생산지에서 최종소비자에게까지의 이력정보를 기록하고 관리하는 제도이다.
④ 생산자가 효과적으로 수산물에 대한 소비패턴 및 니즈를 파악해야 하기 때문이다.

24 수산식품 안전성 확보 제도와 관련이 없는 것은? 2020년 기출
① 총허용어획량제도(TAC)　　② 수산물원산지표시제도
③ 친환경수산물인증제도　　　④ 수산물이력제도

- 수산식품 안전성 확보 제도 : 수산물원산지표시제도, 수산물이력제도, 친환경수산물인증제도
- 총허용어획량제도(TAC) : 어종별로 연간 잡을 수 있는 상한선을 정하고 어획할 수 있도록 하는 제도

25 수산물 산지단계에서 중도매인이 부담하는 비용은? 2020년 기출
① 상차비　　　　② 양륙비
③ 위판수수료　　④ 배열비

위판수수료, 양륙비, 배열비는 생산자가 부담하는 것이고, 상차비는 구매한 수산물을 싣는 비용으로 중도매인이 부담한다.

26 산지단계에서 중도매인 유통비용에 해당되는 것을 모두 고른 것은? 2021년 기출

| ㉠ 위판수수료 | ㉡ 운송비 | ㉢ 어상자대 |
| ㉣ 양육 및 배열비 | ㉤ 저장 및 보관비용 | |

① ㉠, ㉡, ㉢　　② ㉠, ㉡, ㉣
③ ㉡, ㉢, ㉤　　④ ㉢, ㉣, ㉤

산지단계에서 양육, 진열, 위판, 운송에 관한 비용이 발생한다.

정답　24. ①　25. ①　26. ③

제6편 수산물 마케팅 전략

제1장 수산물 마케팅 일반

[제1절] 마케팅의 개념

① 생산자가 상품 또는 서비스를 소비자에게 유통시키는 데 관련된 모든 체계적 경영활동을 말하는 것으로 매매 자체만을 가리키는 판매보다 훨씬 넓은 의미를 지니고 있다.
② 마케팅은 고객들, 협력자들, 그리고 더 나아가 사회전반에게 가치 있는 것을 만들고, 알리며, 전달하고, 교환하기 위한 활동과 일련의 제도 및 과정들이다.
③ 마케팅은 수요를 관리하는 과학이다.

[제2절] 마케팅 개념의 발전

① 생산개념 → ② 제품개념 → ③ 판매개념 → ④ 고객지향개념 → ⑤ 사회지향개념

① 소비자는 이용폭이 넓으며 가격이 싼 제품을 선호한다고 봄.
　→ 제품생산의 효율성을 증대하고 유통망 확장에 주력
② 소비자는 가장 우수한 품질이나 효용을 제공하는 제품을 선호한다고 봄.
　→ 양질의 제품을 개발하고 계속 개선하는 데 주력
③ 소비자는 그대로 두면 제품의 존재를 알지 못할뿐더러 알더라도 구입하지 않는다고 봄.
　→ 소비자의 설득을 위해 이용가능한 모든 효과적인 판매활동과 촉진도구를 활용하는 데 주력
④ 소비자는 자신에게 가치를 높여주고 만족을 주는 제품을 구입한다고 봄.
　→ 소비자의 욕구를 파악하고 이들에게 만족을 전달해 주는 활동을 효율적으로 수행하는 데 주력
⑤ 소비자는 단기적 만족만이 아니라 사회전체의 이익과 복지도 고려하여 구매의사를 결정한다고 봄.
　→ 마케팅 활동에 따른 의사결정 시에 사회의 관심사를 함께 고려함

[제3절] 판매와 마케팅의 차이점

기업의 기본적 활동은 상품을 만들고 그것을 판매하는 것인 바와 같이 어민들은 수산물을 생산하여 판매하는 것이 기본적인 활동이다. 이렇게 생산한 수산물을 파는 것을 판매라 한다. 마케팅이란 단순히 파는 것이 아니라 보다 많이 보다 좋은 조건으로 판매하기 위한 전략이다.

〈표〉 판매와 마케팅의 비교

		판 매	마케팅
차이점	중 점	무조건 많이 파는데 중점	어떻게 하면 지속적으로 많이 팔 것인가에 중점
	기본 바탕	만든 것을 파는 행위	팔리는 것을 만든다는 입장
	서비스 차원	판매 후에 A/S	판매 전부터, 판매 중에도 서비스
	이익의 기반	매출수량에 기초	고객 만족에 기초
유사점		교환활동을 한다는 점	

[제4절] 마케팅 믹스(Marketing-Mix)

① 마케팅 믹스란 기업이 표적시장의 고객니즈를 충족시키기 위하여 제공할 수 있는 수단들의 결합을 말한다.
② 마케팅의 목표를 합리적으로 달성하기 위하여 마케팅 경영자가 일정한 환경적 조건을 전제로 하여 일정한 시점에서 전략적 의사결정으로 선정한 마케팅 수단들이 적절하게 결합 내지 조화되어 있는 상태를 가리킨다.
③ 제품(Product), 가격(Price), 유통경로(Place), 홍보(Promotion)의 제측면에 있어서 차별화를 도모하는 전략을 말한다.

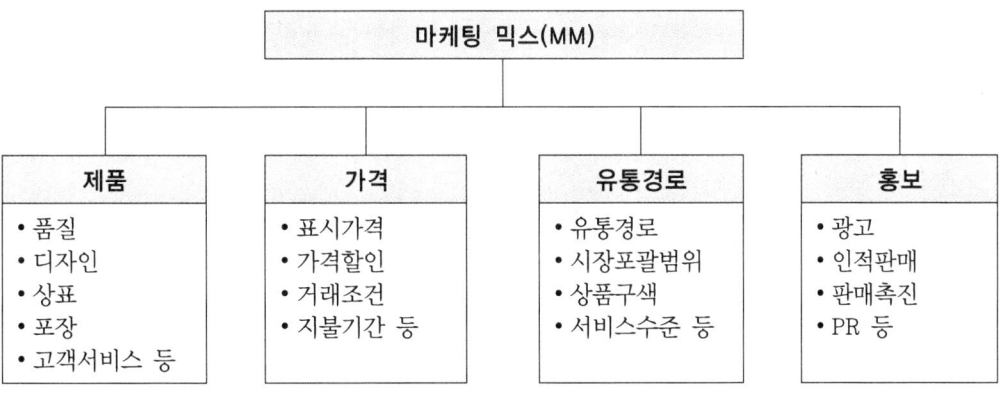

1. 상품전략 (products)

상품계획 시 고려할 사항으로서는 품질, 설계, 입지조건, 상표 등이 있으며, 상품개발전략으로는 공업화와 규격표준화, 상품의 차별화, 시장의 세분화, 상품의 다양화, 상품의 고급화 등을 들 수 있다.

2. 유통경로 (place)

기업이 활동을 하려면 가장 먼저 계획해야 할 일이 사업대상지역의 선정, 즉 입지선정이며, 그 다음은 토지를 확보하는 일이다. 사업에 필요한 용지를 어디로 할 것이냐는 사업의 성패를 좌우하는 중요한 일이고, 어느 정도 적정한 가격으로 토지를 확보하느냐에 따라 사업이윤이 달라질 수 있다.

3. 가격전략 (price)

① 가격수준정책(시가, 저가 또는 고가정책 등)
② 가격신축정책, 단일가격정책 또는 신축가격정책 등
③ 할인 및 할부정책 등

4. 촉진전략 (promotion)

고객이 될 수 있는 사람들에게 적절한 정보를 제공하고, 설득하고, 영향력을 행사함으로써 그들의 수요 욕구를 환기시키고자 하는 모든 활동을 말한다.

① 홍보 : 이는 광고의 일종으로 보기도 하는데, 주로 보도기관에 뉴스소재를 제공하는 활동(Publicity : 퍼블리시티) 등을 포함하는 개념으로 본다.
② 광고 : 상품과 서비스에 대한 수요를 자극하고 기업에 대한 호의를 창출하기 위한 커뮤니케이션이라고 볼 수 있다.
③ 인적 판매 : 고객 및 예상고객의 구입을 유도하기 위해 직접 접촉할 때 판매원의 고도의 유연성이 요구되는 개인적인 여러 가지 노력이다.
④ 판매촉진 : 광고, 홍보 및 인적판매를 제외한 단기적인 유인으로서의 모든 촉진활동을 말한다.

촉진의 기능
① 기업의 새로운 상품에 대하여 정보를 제공한다. ② 소비자의 구매와 관련된 행동의 변화를 유도한다.(구매행동 강화를 위한 설득) ③ 소비자의 브랜드에 대한 이미지를 제고시킨다.(상표에 대한 기억 유지)

5. 고객관점의 4P에 대한 4C

마케팅 믹스를 기업의 입장에서 보면 4P이지만 고객의 입장에서 보면 4C가 된다.

4P (기업관점)	⟷	4C (고객관점)
유통경로(Place)	⇔	편리성(Convenience)
상품전략(Products)	⇔	고객가치(Customer value)
가격전략(Price)	⇔	고객측 비용(Cost to the Customer)
촉진전략(Promotion)	⇔	의사소통(Communication)

[제5절] 판매촉진(Sales Promotion)

1. 밀기(Push)전략과 끌기(Pull)전략

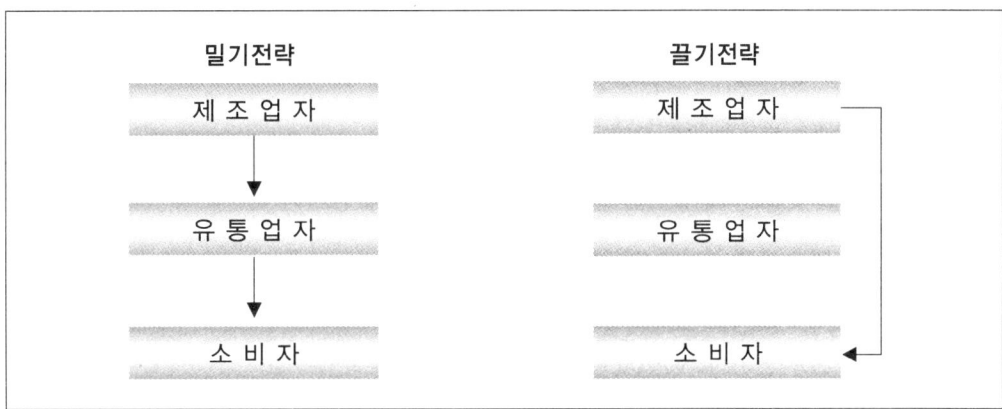

2. 판매촉진 수단

① 소비자 판매촉진
　예 샘플링, 쿠폰, 사은품, 경품과 추첨, 보너스 팩, 가격할인, 리베이트 등
② 중간상 판매촉진
　예 중간상 할인, 협동광고, 교육훈련 프로그램 등
③ 소매상 판매촉진
　예 가격할인, 소매점 쿠폰, 특수 진열, 소매점 광고 등

[제6절] 수산물 마케팅의 특징

① 생산 과정에서 창조되는 형태효용, 장소효용, 시간효용, 소유효용과 같은 것이 마케팅 과정에서도 같은 효용을 창조하기 때문에 시장 활동을 생산적이라 할 수 있다.
② 수산물이 최종 소비자에게 전달되는 과정은 수집·중계·분산 과정을 거치게 되므로 시장활동은 지극히 복잡하고 유통비용이 많이 든다.
③ 마케팅은 유통과정과 관련되는데 유통은 운송, 가공, 저장 등의 과정과 판매까지 관련 법령에 의해 통제되므로 복합적인 활동이라 볼 수 있다.
④ 농업 생산은 지역적으로 전문화되고 도시화에 따라 인구의 이동과 소득 및 식품 소비 구조 유형의 변화 등 사회 경제적 변화에 따라 변화되어 왔다.

수산물마케팅 환경분석 시 고려사항
① 소비자의 수산물 기호변화 등의 소비구조 변화 ② 경쟁자의 생산량, 가격정책 등 경쟁환경의 변화 ③ 수산물 유통기구, 유통경로 등 시장구조의 변화

제 2 장 소비자행동

[제1절] 소비자행동의 의의

(1) 소비자

제품의 구입의사를 지니게 되는 중요한 소비주체이자 실질적·잠재적 시장을 구성하는 요소이다.

(2) 소비자행동

시장에서 재화와 서비스의 구매 및 소비와 관련된 소비자의 행동을 말한다.

(3) 소비자행동양식

소비자가 스스로 생활 체계를 형성·유지하고 발전시키기 위하여, 그가 필요로 하는 제품이나 서비스를 선택·구매하게 될 때의 행동 양식을 말한다.

[제2절] 소비자의 구매행동

(1) 소비자 행동이란 소비자가 자신의 욕구를 충족시키기 위해 상품 또는 서비스를 구매

할 것인지, 만약 구매한다면 무엇을, 언제, 어디서, 어떻게, 누구에게서, 무엇에 영향 받아서, 얼마나 구매할 것인지를 결정하는 과정 또는 상품 또는 서비스를 획득하여 사용하는 데 관련된 개인의 행동을 말한다.

(2) 소비자 행동은 소비자들의 일상생활 행동이며 구매행동과 소비행동이 포함되나 주로 구매행동을 의미한다.

제 3 장　수산물 마케팅 전략

[제1절] 시장 세분화 전략

1. 시장 세분화의 의의

① 비슷한 욕구를 갖고 있는 고객들의 집단을 세분 시장이라고 부른다. 이 시장을 여러 개의 세분 시장으로 나누는 것을 시장 세분화라고 부르고 각 세분 시장의 욕구에 맞는 상품만을 마케팅 하는 것을 세분 시장 마케팅이라고 부른다.
② 다양한 욕구와 서로 다른 구매능력을 가진 소비자를 욕구가 유사하고 동질적 집단으로 세분하여 세분화된 고객의 욕구를 보다 정확하게 충족시키는 알맞은 제품을 공급하는 것을 말한다.
③ 시장 세분화 전략의 기본적 접근은 시장 세분화를 통해 고객의 욕구를 보다 정확하게 만족시키는 제품을 개발하고, 세분화된 고객의 욕구를 보다 정확하게 충족시키는 광고, 그 밖의 마케팅 전략을 전개함으로써 경쟁상의 우위에 서는 것이다.

2. 시장 세분화 이유

① 시장 세분화의 이유는 소시장을 구매 동기, 소비자 욕구 등으로 보다 정확히 파악할 수 있어 제품과 시장에 대한 소구를 보다 적절하게 조절·충족시킬 수 있다. 즉, 제품 및 마케팅 활동을 목표 시장의 요구에 적합하도록 조정할 수 있다.
② 기업의 시장 경쟁에 있어서 세분화를 통해 세분 시장별 약점을 파악할 수 있어 이의 분석을 통해 보다 유리한 목표 시장 선택이 가능하다.
③ 시장 세분화의 반응도에 근거하여 마케팅 자원과 기타 예산을 보다 효과적으로 배분할 수 있다.
④ 보다 명확한 시장 목표 설정이 가능하다.
⑤ 소비자의 다양한 욕구를 충족시켜 매출액의 증대를 꾀할 수 있다.
⑥ 기업은 세분화 과정을 통해 충족되지 않은 소비자의 욕구 파악을 인지할 수 있어 쉽게 시장기회를 파악할 수 있다.

3. 효율적인 세분화 조건

① 측정 가능성 : 세분시장의 크기, 구매력, 기타 특성을 측정할 수 있어야 한다.
② 규모 : 세분 시장이 너무나 작아서는 안 된다. 즉 그 세분시장만을 타겟으로 마케팅 활동을 해도 이익이 발생할 수 있는 정도의 규모를 갖고 있어야 한다.
③ 접근 가능성 : 세분시장에 속하는 고객들에게 효과적이고 효율적으로 접근할 수 있어야 한다. 즉 고객들이 어떤 대중매체를 주로 보는지, 또는 고객들이 주로 어느 지역에 사는지 등과 같은 정보를 알고 있어야 한다.
④ 세분시장 내 동질성과 세분 시장 간 이질성 : 같은 세분 시장에 속하는 고객들끼리는 최대한 비슷하여야 하고 서로 다른 세분시장에 속한 고객들끼리는 최대한 달라야 한다.

4. 시장 세분화 기준

① 사회, 경제적 변수(연령·성·소득·가족수·라이프 사이클·직업·사회계층 등)
② 지리적 변수(도시와 지방, 국내와 해외지역 등)
③ 심리적 욕구변수(자기과시욕·기호 등)
④ 구매동기(경제성·품질·안전성·편리성 등)

[제2절] 표적시장 선정

1. 표적시장의 의의

(1) 표적시장이란 일종의 시장영업범위라고 볼 수 있다. 세분화된 시장에서 자신의 상품과 일치되는 수요집단을 확인하거나 선정된 목표집단으로부터 신상품을 기획하게 된다.

(2) 일단 시장을 세분화한 다음엔 발견된 세분시장들을 여러 가지 기준으로 평가하여 가장 바람직한 한 개 또는 그 이상의 세분 시장을 찾아내야 한다. 이렇게 찾아진 세분 시장을 표적시장이라 부른다.

(3) 표적시장의 선정조건으로는 높은 매력도, 높은 경쟁우위, 높은 적합성 등이 있다.

2. 표적시장 마케팅 전략

(1) 차별적 마케팅 전략

차별적 마케팅 전략은 세분화된 여러 시장의 특성에 맞도록 각각 다른 마케팅믹스를 만드는 전략이다. 이 전략은 몇 개의 표적시장을 정하고 각각 차별화된 마케팅믹스를 적용하게 되므로 다양한 고객을 만족시킬 수 있다.

(2) 비차별적 마케팅 전략

비차별적 마케팅 전략은 시장규모가 너무 작거나 자신의 상표가 시장 내에서 지배상표이기 때문에 시장을 세분화하면 수익성이 적어질 경우 하나의 표적시장을 설정하고 여기에 하나의 마케팅믹스를 적용하는 전략이다.

(3) 집중적 마케팅 전략

집중적 마케팅 전략은 특정 시장에서 전문화된 마케팅믹스를 수행하는 전략이다. 차별적 마케팅 전략이나 비차별적 마케팅 전략은 전체시장이 대상이지만 이 전략은 특화된 시장에 경영자원을 집중한다. 기업의 자원이 부족하여 전체 시장을 지배하기 힘들 때 선택하는 이 전략은 설정된 시장에 맞는 전문적인 마케팅믹스로 고객의 욕구를 만족시켜 특정 시장에서 시장점유율을 높일 수 있다는 장점이 있다.

제 4 장 포장과 상표(브랜드) 및 광고

[제1절] 포 장

1. 포장의 의미

① 포장이란 물품의 수송·보관 등에 있어 가치 및 상태를 보호하기 위한 것이다.
② 이를 보호하기 위해 적절한 재료, 용기 등을 물품에 덧붙이는 기술 및 덧붙이는 상태를 말한다.
③ 포장은 물품을 보호하고 저장하며 이동에 불편이 없게 하기 위함과 그 내용물의 물품을 가치 있게 보존하기 위해서 하는 것이다.

2. 포장의 구분

① 개장은 흔히 낱포장이라고도 하며 물품 자체를 하나씩 하는 형태를 말한다.
② 내장은 속포장이라고도 하며 물품에 대한 수분, 습기, 광열, 충격 등을 방지하기 위하여 적합한 재료와 용기 등으로 물품을 포장하는 형태를 말한다.
③ 외부포장은 겉포장이라고도 하며 물품을 상자나 나무통 및 금속 등의 용기에 넣거나, 용기를 사용하는 것 없이 그대로 묶어서 기호 또는 화물을 표시하는 방법을 말한다.

3. 수산물 포장의 장·단점

수산물 포장은 유통관점에서 보았을 때 점점 중요성이 커지고 있으며 비용도 증가하고 있는 추세이다. 유통업자의 입장에서 보면 포장을 하는 것이 유용하며 수익을 증가시키기도 한다.

(1) 장점
① 포장은 가격을 전달하는데 사용된다.
② 포장은 습도를 유지시킴으로써 채소의 외형을 개선한다.
③ 중, 대 규모 포장은 더 많은 소비를 촉진시킨다.
④ 포장은 상표, 내용물을 명시하여 제품을 광고하고 촉진수단으로 이용된다.
⑤ 포장은 소매단계에서 부패를 늦추게 한다.
⑥ 포장은 판매부서의 노동력을 감소시켜 비용을 크게 감소시킨다.

(2) 단점
① 채소를 포장에 집어넣어 소비자의 선택폭을 제한할 수 있다.
② 소비자들은 포장된 채소가 아닌 쌓여져 있거나 전시된 것을 선택하는 경우가 있다.
③ 포장에 따른 비용은 가격을 증가시킬 수 있고 대부분 채소에 대한 수요는 탄력적이라고 볼 때 가격상승은 오히려 이윤을 감소시킬 수도 있다.

[제2절] 상표(brand)

1. 상표의 정의
① 상표(brand)란 재화나 용역을 타사의 그 것과 식별하고 차별화하기 위한 목적으로 사용되는 명칭, 용어, 상징, 기호, 디자인 혹은 이들의 집합을 말한다.
② 상표화(branding)란 자사의 제품에 상표명, 상표 모양, 등록 상표 등을 부여하고 관리하는 활동을 말한다.

2. 상표명(Brand-naming) 원칙
회사나 제품에 대한 심도 있는 연구와 환경분석으로 오랫동안 소비자에게 사랑 받을 수 있는 최고의 이름을 주는 것이다.
① 상표명은 그 제품이 주는 이점을 표현할 수 있어야 한다.
② 상표명은 실제적이고, 분명하고, 기억하기 쉬워야 한다.
③ 상표명은 제품이나 기업의 이미지와 일치하여야 한다.
④ 상표명은 법적으로 보호를 받을 수 있어야 한다.

3. 상표의 기능
① 상품 식별기능
② 출처 표시기능
③ 품질 보증기능
④ 광고 선전기능

기출 및 예상문제

01 마케팅 믹스(marketing mix) 전략을 적절히 설명한 것은?
① 마케팅 믹스 요소는 상품전략, 수송전략, 유통전략, 광고전략으로 나눈다.
② 기업이 표적 시장을 선정한 다음에 여러 가지 자사 상품을 잘 섞어서 판매하는 전략이다.
③ 기업의 마케팅 노하우, 상표, 기업 이미지 등을 경쟁자가 쉽게 모방할 수 없도록 하는 종합적인 전략이다.
④ 기업이 소비자의 욕구와 선호를 효과적으로 충족시키기 위하여 4P를 활용한 마케팅 전략을 말한다.

4P믹스란 상품전략(Product), 가격전략(Price), 유통전략(Place), 판매촉진전략(Promotion)을 적절히 잘 활용한 전략을 말한다.

02 기업의 입장에서는 마케팅 믹스의 4P이지만 고객의 입장에서는 4C가 된다. 다음 중 4P와 4C를 올바르게 대응한 것은?

　　　　〈마케터 관점 (4P)〉　　〈고객 관점 (4C)〉
① 상품(Products)　　　　편리성(Convenience)
② 가격(Price)　　　　　　고객 가치(Customer value)
③ 유통(Place)　　　　　　고객측 비용(Cost to the Customer)
④ 촉진(Promotion)　　　 의사소통(Communication)

4P와 4C : 마케팅 믹스를 기업의 입장에서 보면 4P이지만 고객의 입장에서 보면 4C가 된다.

4P (기업관점)	⟷	4C (고객관점)
유통경로(Place)	⇔	편리성(Convenience)
상품전략(Products)	⇔	고객가치(Customer value)
가격전략(Price)	⇔	고객측 비용(Cost to the Customer)
촉진전략(Promotion)	⇔	의사소통(Communication)

정답　01. ④　02. ④

03 수산물 마케팅 전략이 아닌 것은?   2021년 기출
① 상품개발(product)
② 가격결정(price)
③ 유통경로결정(place)
④ 콜드체인(cold chain)

 마케팅 전략 : 제품(product), 유통경로(place), 판매가격(price), 판매촉진(promotion) 등

04 소비자의 구매행위에 영향을 미치는 심리적 요인이 아닌 것은?
① 욕구   ② 동기
③ 성별   ④ 개성

 심리적 요인에는 욕구, 동기, 학습, 태도, 개성 등이 있다.

05 표적시장의 선정과 마케팅 전략의 선택에 대한 설명으로 옳지 않은 것은?
① 집중적 마케팅 전략은 동일한 마케팅 믹스로 접근 가능한 1~2개의 세분 시장을 표적으로 한다.
② 집중적 마케팅 전략은 제품을 생산하고 판매 촉진을 하는데 필요한 자원이 제한적일 때 효율적이다.
③ 차별적 마케팅 전략은 다양한 마케팅 믹스를 바탕으로 다양한 세분 시장을 표적으로 한다.
④ 차별적 마케팅 전략은 총 매출액이나 수익을 증대시킬 뿐만 아니라 마케팅 비용도 절감한다.

 차별적 마케팅 전략은 세분화된 여러 시장의 특성에 맞도록 각각 다른 마케팅 믹스를 만드는 전략이다. 이 전략은 몇 개의 표적 시장을 정하고 각각 차별화된 마케팅믹스를 적용하게 되므로 다양한 고객을 만족시킬 수 있다. 이렇게 차별화된 시장의 경우 세분 시장의 수가 많아지기 때문에 이에 따른 마케팅 믹스를 수행하기 위한 비용도 증가하게 마련이므로 충분한 자금력을 가지지 못한 기업은 이 전략을 수행하기 어렵다.

정답   03. ④   04. ③   05. ④

06
시장 규모가 너무 작거나 자신의 상표가 시장 내에서 지배 상표이기 때문에 시장을 세분화하면 수익성이 적어질 경우, 어떤 마케팅 전략이 적절한가?

① 비차별적 마케팅 전략
② 집중화 마케팅 전략
③ 틈새 마케팅 전략
④ 그린 마케팅 전략

비차별적 마케팅 : 일종의 대량 마케팅이라고도 하며 기업이 하나의 제품 또는 서비스를 갖고서 시장 전체에 진출하여 가능한 한 다수의 고객을 유치하려는 전략으로서 이는 결국 시장 세분화의 필요성이 없는 형태이다.

07
다음의 설명은 상품수명주기 중 어디에 해당하는가?

> 대량 생산이 본 궤도에 오르고, 원가가 크게 내림에 따라서 상품 단위별 이익은 최고조에 달한다.

① 쇠퇴기
② 성숙기
③ 도입기
④ 성장기

1. 도입기 : 제품이 시장에 도입된 단계로서 매출액의 성장이 느리고 과다한 도입비용의 지출로 이익이 나지 않는 단계로서 메이커는 소비자를 상대로 대규모 광고와 샘플을 제공하는 등의 적극적인 판매촉진활동이 필요한 시기이다.
2. 성장기 : 시장에서 제품의 인지도와 매출액이 급속히 증가하며 이익도 증가하는 단계이다.
3. 성숙기 : 대량생산이 본 궤도에 오르고 원가가 크게 내림에 따라서 상품단위별 이익은 최고조에 달한다. 소매점에서는 큰 이익을 기대할 수 없으며 신제품 개발 전략이 요구되는 단계이다.
4. 쇠퇴기 : 매출액이 급격히 감소하여 비용통제·광고활동의 축소·제품폐기의 특징이 나타나는 단계이다.

08
경품이나 할인쿠폰 등을 제공하는 수산물 판매촉진활동의 효과는?   2020년 기출

① 장기적으로 매출을 증대시킬 수 있다.
② 신상품 홍보와 잠재고객을 확보할 수 있다.
③ 고급브랜드의 이미지를 구축할 수 있다.
④ PR에 비해 비용이 저렴하다.

판매촉진활동은 정보를 제공하여 소비자와 판매업자를 동시에 자극하고 설득하여 상품 판매와 이윤을 늘리는 기업활동으로 신상품 홍보와 잠재고객을 확보할 수 있다.

정답 06. ① 07. ② 08. ②

09 상품 이름 짓기(brand-naming)에 있어 상표명이 가져야 할 특징 중 옳지 않은 것은?

① 상표명은 가급적 쉽고 흔한 명칭으로 하여야 한다.
② 상표명은 그 제품에 주는 이점을 표현할 수 있어야 한다.
③ 상표명은 제품이나 기업의 이미지와 일치하여야 한다.
④ 상표명은 법적 보호를 받을 수 있어야 한다.

 상표명은 가급적 쉽고, 실제적이고, 분명하고, 기억하기 쉬워야 하겠지만 흔한 명칭을 사용하면 그 상표명은 법적으로 보호받기가 곤란하다.

10 수산물 광고의 역할에 대해 가장 잘 설명하고 있는 것은?

① 수산물 광고는 소비자 가격을 상승시키므로 불필요하다는 것이 정론이다.
② 수산물 광고는 유통업체 간의 경쟁을 완화시켜 준다.
③ 수산물 광고는 인적 판매 방식에 주로 의존한다.
④ 수산물 광고는 새로운 수요를 창출하고 유통혁신을 자극한다.

 광고란 고객의 수산물 구입의사결정을 도와주는 정보전달 및 설득과정이므로 새로운 수요를 창출하고 유통혁신을 자극할 수가 있다.

11 수산물 시장을 분리하여 각각 서로 다른 판매가격으로 차등화하는 가격차별화 전략 중 가장 적절한 것은?

① 수산물 시장구조의 경쟁 정도를 강화시켜 경제적 효율성을 증진시킨다.
② 수요의 가격탄력성이 비교적 탄력적인 시장에 대해서는 과감히 낮은 가격을 설정한다.
③ 각 수산물 시장의 수요의 가격탄력성 차이를 가급적 줄이도록 노력한다.
④ 새로운 판매 주체를 유입시켜 서로 담합한다.

 가격 차별화 전략을 취하는 경우 수요의 가격탄력성이 큰 시장(수요자의 대응 가능성이 큰 시장)은 낮은 가격을, 수요의 가격탄력성이 적은 시장(수요자의 대응 가능성이 적은 시장)은 높은 가격을 설정하게 된다.

12 효율적인 마케팅 조사를 위한 마케팅 조사의 단계를 가장 잘 연결한 것은?
① 자료의 수집 – 자료분석 및 해석 – 문제의 정의 – 마케팅 조사설계 – 보고서 작성
② 문제의 정의 – 자료의 수집 – 마케팅 조사설계 – 자료분석 및 해석 – 보고서 작성
③ 문제의 정의 – 마케팅 조사설계 – 자료의 수집 – 자료분석 및 해석 – 보고서 작성
④ 마케팅 조사설계 – 문제의 정의 – 자료의 수집 – 자료분석 및 해석 – 보고서 작성

문제의 정의 – 마케팅 조사설계 – 자료의 수집 – 자료분석 및 해석 – 보고서 작성 순으로 이루어진다.

13 특정 생산단지에 대한 친근감, 매력적인 점포와 진열장, 취급하는 수산물에 대한 친근감, 또는 주위의 권유 등에 의해 선택하는 소비자 행동을 무엇이라 할 수 있는가?
① 합리적 제품 동기
② 감정적 제품 동기
③ 합리적 애고 동기
④ 감정적 애고 동기

감정적 애고동기	특정 생산단지에 대한 친근감, 매력적인 점포와 진열장, 취급하는 수산물에 대한 친근감, 주위의 권유 등
합리적 애고동기	적절한 가격, 좋은 품질, 디자인 등

14 일단 목표시장이 선택되면 그러한 시장에 접근하기 위한 행동의 일반적인 경로를 선택하게 된다. 대부분의 어업 연관 기업들은 성장하기를 원한다. 다음 중 성장의 행동경로가 아닌 것은?
① 시장침투
② 시장개발
③ 제품개발
④ 경영 획일화

① 어업 연관 기업이 시장 침투를 통해 성장하기를 추구할 때 그 기업은 기존의 소비자에 의해 자기 기업 제품을 보다 많이 사용하도록 권장한다.
② 시장개발을 통해 성장을 추구하는 어업 연관 기업은 현존하는 제품에 대해 새로운 시장을 찾는다. 조사자들은 그들의 제품이 만날 수 있는 실현되지 않은 필요를 찾는다.
③ 제품개발을 통해 성장을 추구하는 기업은 기존 시장에 대해 신제품을 만든다. 기업들은 주기적이거나 계절적인 수요에 직면했을 때 제품 개발을 이용할 것이다.
④ 경영다각화를 통해 성장을 추구하는 기업은 현재의 라인에서 전적으로 밖에 있는 제품을 추구한다. 이런 전략은 종종 기업의 주요 제품에 대한 마케팅 환경에서 변화가 있을 때 선택된다.

15 시장 세분화 기준의 연결이 바르지 못한 것은?
① 사회, 경제적 변수 – 정부의 농업 정책, 지자체의 사업 추진 등
② 지리적 변수 – 도시와 지방, 국내와 해외 장지역 등
③ 심리적 욕구 변수 – 자기 과시욕, 기호 등
④ 구매 동기 – 경제성, 품질, 안전성, 편의성 등

 ① 사회, 경제적 변수 – 연령, 성, 소득, 가족수, 라이프 사이클, 직업, 사회 계층 등

16 포장은 수산물 유통의 관점에서 보았을 때 점점 중요성이 커지고 있으며 비용도 증가하고 있는 추세이다. 포장의 장점으로 보기 어려운 것은?
① 포장은 가격을 전달하는데 사용되며 판매부서의 노동력을 감소시켜 비용을 크게 감소시킨다.
② 포장은 습도를 유지시킴으로써 수산물의 외형을 개선하며 소매 단계에서 부패를 늦추게 한다.
③ 중·대규모 포장은 더 소비를 절약시킨다.
④ 포장은 상표, 내용물을 명시하여 제품을 광고하고 촉진 수단으로 이용된다.

 중·대 규모 포장은 더 많은 소비를 촉진시킨다.

17 상표의 기능이라고 볼 수 없는 것은?
① 상품식별기능
② 출처표시기능
③ 유통효율기능
④ 광고선전기능

 상표는 품질보증기능을 갖고 있다.

18 재판매가격유지정책(Resale Price Maintenance System : 재판매 제도)의 목적에 대한 설명으로 타당하지 않은 것은?
① 소매상에서 미끼 상품으로 전락되는 것을 방지하는데 유리하다.
② 일정한 이윤의 폭을 제조업자에게 보증해줌으로서 판매촉진에 유리하다.
③ 소매업자 간의 판매 경쟁을 방지하여 그들의 이윤을 확보할 수가 있다.
④ 대규모 소매상의 제품 정책에 대한 대응에 유리하다.

정답 15. ① 16. ③ 17. ③ 18. ②

일정한 이윤의 폭을 소매업자에게 보증해줌으로서 판매촉진에 유리하다.

19 소비자의 욕구를 확인하고 이에 알맞은 제품을 개발하며 적극적인 광고 전략 등에 의해 소비자가 스스로 자사 제품을 선택 구매하도록 하는 것과 관련된 마케팅 전략은?

① 푸쉬전략　　　　　　　　　② 풀전략
③ 머천다이징　　　　　　　　　④ 교차판매전략

 푸시전략과 풀전략
1. 풀전략 : 제조업체가 최종 소비자를 상대로 촉진 활동을 해서 이 소비자가 소매상에게 자사 상품을 요구하도록 하는 전략이다.
2. 푸쉬전략 : 중간상을 대상으로 판매촉진활동을 해서 그들이 최종 소비자에게 적극적으로 판매하도록 유도하는 유통전략을 말한다.

20 다음은 마케팅 전략수립을 위한 상황 분석이다. ( ) 안의 용어로 옳은 것은?

> 기업 내부 여건으로 (　)과(와) (　), 기업 외부 요인으로 (　)과(와) (　)을(를) 분석한다.

① 기회 – 강점 – 약점 – 위험　　　② 강점 – 기회 – 위협 – 약점
③ 강점 – 약점 – 기회 – 위협　　　④ 기회 – 위협 – 강점 – 약점

 기업 내부 여건으로 강점과 약점, 기업 외부 요인으로 기회와 위협을 분석한다.

21 소비자에게 수산상품의 판매를 유도하기 위한 방법이 아닌 것은?

① 상품을 직접 만져볼 수 있게끔 한다.
② 수산상품의 특징과 효용에 대해 설명해준다.
③ 표준가격의 상품부터 제시해야 한다.
④ 고객이 원하는 상품보다 빨리 판매해야 하는 상품 먼저 보여주어야 한다.

 고객이 원하는 상품을 먼저 알고 보여주어야 한다.

22 고객서비스의 향상을 위해 판매자가 취해야 할 행동이 아닌 것은?

① 최소구매단위 크기 조절
② 보다 다양한 제품 진열
③ 파손상품과 배송처 오류가 나지 않게끔 확인
④ 클레임과 컴플레인에 대해 불성실하게 대처

 클레임과 컴플레인에 대해 정확하고 신속히 대처해야 한다.

23 4P(마케팅믹스)에 해당되지 않는 것은?

① Playground
② Place
③ Product
④ Price

① Playground가 아니라 Promotion(판매촉진, 프로모션)이다.
4P(마케팅믹스)란 경영자가 통제 가능한 요소를 의미한다. 기업(또는 개인)이 마케팅 목표를 달성하기 위해 전략적으로 실행하는 활동이기도 한다.
② Place(유통경로)는 생산자에서 소비자까지 전달되는 과정이다.
③ Product(제품)은 상품과 그 서비스, 브랜드 모두를 포함한 것이다.
④ Price(가격)은 여러 가지의 가격전략을 이용하는 것이다.

정답 22. ④ 23. ①

제7편 수산물 무역과 유통정책 및 제도(법규)

제1장 수산물 무역

[제1절] 무역이론의 기초

(1) 국제무역

국제무역이란 국가 간에 이루어지는 모든 경제적 거래의 총칭을 말한다.

(2) 무역의 목적

국가 간의 교역을 통해서 상호 이익을 얻는 것을 목적으로 한다. 국제 무역은 각 나라의 생산력이 발달하면서 국제 분업이 가능해졌고, 이 분업을 통해서 서로 교환의 필요가 생기거나, 적은 비용으로 많은 이익을 얻기 위해서 시작되었다.

(3) 무역 교역품목

주로 교역 대상이 되는 물품들은 텔레비전이나 의류 등의 소비재, 기계류와 같은 자본재, 원자재, 식량 등 매우 다양하다. 그밖에 여행이나 외국인의 특허권에 대한 지불 등도 국제 거래에 포함된다.

(4) 무역에 따른 금융거래

금융거래에서는 민간 금융기관을 비롯해 각 교역국가의 중앙은행들이 중요한 역할을 담당하며 국제수지(대외거래에 직접 영향을 미치는 수량변수)와 환율(대외거래에 직접 영향을 미치는 가격변수)에 영향을 미친다. 국제 무역과 이에 수반되는 금융 거래의 일반적인 목표는 한 나라에서 풍부하게 생산되는 상품을 그것이 부족한 다른 나라에 제공하는 일이다.

(5) 국내경제와 국제경제의 차이

〈표〉 국내경제와 국제경제의 비교

	국내경제	국제경제
화폐단위	동일화폐사용	상이한 화폐단위 사용
생산요소(자본, 노동, 기술 등) 이동	자유로움	매우 제한적
상품의 생산비 차이	차이가 거의 없음	생산비 차이가 나타남
제도 등의 차이	차이가 거의 없음	법률, 관습, 문화 등의 차이가 존재
국제수지	문제가 발생하지 않음	문제가 발생 함

[제2절] 자유무역이론

1. 정의

자유무역이란 국가가 수출을 통제하거나 수입을 제한하지 않고 자유롭게 개방하는 것이 국가적으로나 세계적으로 이익이 된다는 이론이다.

2. 내용

① 아담 스미스에 의해 제창되었으며, 이후에 리카도가 비교생산비설로 발전시키게 된다.
② 교역 당사국은 수출국이든지 수입국이든지 불문하고 모두 이익이 된다고 보고 있다.
③ 각국이 비교우위에 있는 재화의 생산에 특화하여 이를 서로 교역하게 되면 국제적 자원배분의 효율성을 제고할 수 있다고 본다.
④ 무역으로 인한 국내의 손실을 입은 자에게 보상이 이루어지지 않을 경우 일부 경제 주체들에 대한 소득분재가 왜곡되는 현실을 감안하면 자유무역이 항상ㅇ 바람직한 결과를 가져오리라는 보장은 어렵다.

[제3절] 국제기구

1. GATT (General Agreement on Tariffs and Trade)

(1) 개요

GATT(관세 및 무역에 관한 일반협정)는 관세장벽과 수출입 제한을 제거하고, 국제무역과 물자교류를 증진시키기 위하여 1947년 제네바에서 미국을 비롯한 23개국이 조인한 국제적인 무역협정이다.

(2) 가맹국간 협정내용

GATT가 국제무역의 확대를 도모하기 위하여 가맹국 간에 체결한 협정내용은 다음과 같다. ① 회원국 상호간의 다각적 교섭으로 관세율을 인하하고 회원국끼리는 최혜국대우를 베풀어 관세의 차별대우를 제거한다. ② 기존 특혜관세제도(영연방 특혜)는 인정한다. ③ 수출입 제한은 원칙적으로 폐지한다. ④ 수출입 절차와 대금 지불의 차별대우를 하지 않는다. ⑤ 수출을 늘리기 위한 여하한 보조금의 지급도 이를 금지한다는 것 등이다.

2. 우루과이 라운드 (Uruguay Round)

(1) 개요

UR협상은 상품그룹협상과 서비스협상을 양축으로 하여 15개의 의제로 구성되었다. 1986년 9월 우루과이에서 첫 회합이 열린 이래 여러 차례의 협상을 거쳐 1993년 12월에 타결되었고, 1995년부터 발효되었다.

(2) 특성

① GATT 체제의 확대 : 농산물 섬유류 교역, 서비스, 무역관련 투자조치, 무역관련 지적재산권 등이 GATT 다자간 협상의제에 처음으로 채택되었다.
② GATT 체제의 정비 : 세이프가드, 보조금 상계관세, 반덤핑관세 등
③ GATT 체제의 강화 : 각료급의 GATT 참여 확대, GATT와 국제통화 및 금융기구와의 관계 강화를 다루는 GATT 기능 강화가 대표적

3. WTO (세계무역기구 : World Trade Organization)

(1) 개요

GATT체제를 대신하여 세계무역질서를 세우고 우루과이라운드 협정의 이행을 감시하는 국제기구로서 세계교역 증진을 목적으로 설립되었다.

(2) 주요역할

① 주로 UR 협정의 사법부 역할을 맡아 국가간 경제분쟁에 대한 판결권과 그 판결의 강제집행권이 있으며 규범에 따라 국가간 분쟁이나 마찰을 조정한다.
② GATT에 없던 세계무역분쟁 조정, 관세인하 요구, 반덤핑 규제 등 준사법적 권한과 구속력을 행사한다.
③ 과거 GATT의 기능을 강화하여 서비스, 지적재산권 등 새로운 교역과제를 포괄하고 회원국의 무역관련법·제도·관행 등을 제고하여 세계 교역을 증진하는 데 역점을 둔다.
④ 의사결정 방식도 GATT의 만장일치 방식에서 탈피하여 다수결원칙을 도입하였다.

(3) GATT와 WTO의 차이점

〈표〉 GATT와 WTO의 차이점

구분	GATT	WTO
발족	1947년	1995년
기구의 성격	국제협정	국제기구
분쟁해결	- 강제력, 강압성 및 분쟁 해결 능력이 미약함 - 위반국에 대한 제재능력이 거의 없고 분쟁해결을 분야별로 행함	- 위반국에 대한 강력한 제재능력을 부여함 - 상소기구나 분쟁해결 패널이 상설화되어 있음
관세와 비관세장벽	주로 관세인하에 주력함	관세와 비관세 장벽철폐를 강화
협상대상	주로 공산품 관세율 인하에 초점을 둠	농산물 서비스, 지적재산권 등 공산품 이외의 분야를 포괄 함.

제 2 장 수산물 유통정책과 제도(법규)

[제1절] 수산물 유통정책의 의의

1. 수산물 유통정책의 개요

① 수산물 유통정책이란 정부 또는 공공단체가 수산물 유통에 직·간접적으로 개입하여 시행하는 공공시책으로 정의할 수 있다.
② 정부가 굳이 수산물 유통에 직·간접적으로 개입을 하는 이유는 수산물 유통이 잘 이루어지지 않으면 생산자와 소비자 즉 국민의 생활에 영향을 미치기 때문이다.
③ 정부는 국내 유통과정과 수출입 과정 또는 수산물의 수급관계에 개입하며, 이를 통해 안전한 수산물을 공급하여 국민 건강을 보호하고, 유통비용을 절감하여 유통 효율을 극대화하고 가격을 안정시키고, 나아가서 가격 수준을 적정화하는 것이다.

2. 수산물 유통정책의 목적

(1) 수산물의 유통 효율화를 촉진시키는 유통효율의 극대화
(2) 수산물의 수요와 공급을 적절히 조절함으로써 수급 불균형을 시정하여 수산물 가격 변동을 완화시키는 가격의 안정
(3) 수산물 가격 수준을 적정화하여 생산자 수취가격이 보장되고 소비자 지불가격이 큰

부담이 없도록 하는 가격수준의 적정화

(4) 식품안전성을 확보하여 국민들이 안심하고 수산물을 먹을 수 있게 하는 식품안전성 확보

(5) 식품안정성 확보의 4가지 목적
① 유통효율의 극대화 : 유통과정에서 발생하는 불필요한 비용을 줄이고, 시간을 절약하는 등의 효율성을 높이는 것이다.
② 가격의 안정 : 수산물의 가격상승과 하락의 폭이 너무 크지 않도록 일정한 수순으로 유지시키는 것이다.
③ 적정한 가격수준 : 수산물의 가격을 안정시키는 것 이상의 의미를 가지고 있다. 말 그대로 가격안정은 가격을 일정한 수준 이내로 안정시키는 것이지 가격의 높고 낮음까지를 포함하지는 않는다.
④ 식품안전성의 확보 : 생산부터 유통, 그리고 소비자의 식탁에 이르기까지의 전 과정에서 국민의 건강을 위협하는 식중독균 등의 위해 요인을 제거하고, 국민들이 안심하고 수산물을 먹을 수 있도록 하는 것이 목적이다.

3. 수산물 유통정책과 정부의 기능(역할)

(1) 유통정책
수산물 유통정책의 목적달성 수단인 유통 및 수출입 과정, 수요와 공급에 대한 정부의 개입은 다양한 방법으로 이루어진다.
① 산지의 위판장이나 소비지의 수산물 도매시장과 같은 유통기구를 활용하거나 지방자치단체 및 영어조합법인, 어촌계 등에게 유통시설을 지원해서 개입
② 정부에서 특정 수산물의 생산량이 너무 많을 때 사들였다가 가격이 너무 높아질 기미가 보이면 판매하는 정부 비축 사업과 같은 방식의 수급관계에 대한 개입
③ 수출입 과정에서의 개입은 관세청의 관세나 국립수산물품질관리원의 수출입 검역과 같은 방식이 있는가 하면, WTO·DDA나 FTA와 같은 국제 무역 협정을 통해 개입하는 방법도 있다. 이때 유의해야 할 것이 경제적 약자인 생산자와 소비자에 대한 정책적인 배려이다.

(2) 수산물 유통정책의 기능
① 통제기능
  ㉠ 수산물 유통정책의 목적달성을 위해 각종 규제인 독점금지와 같이 경제활동에 제한을 가하는 경제적 규제와 환경오염 방지와 같은 사회적 규제를 행하는 것이다.
  ㉡ 통제기능의 유형
    ⓐ 가격통제와 수급조절

　　　　ⓑ 유통관행에 대한 통제
　　　　ⓒ 식품안전에 대한 통제
　② 조성기능 : 수산물 유통이 원활하게 이루어질 수 있도록 하는 정책이다.
　　㉠ 수산물 물류표준화와 규격표준화 : 수산물을 담는 어상자나 포장재료의 재질과 규격을 통일하는 것과 같이 물류수단의 표준을 정하는 것이며, 규격표준화는 수산물의 품질기준과 거래 시에 적용되는 수산물의 단계별 크기를 일정하게 하는 것 등을 말한다.
　　㉡ 각종 검사기능 : 수출 및 수입수산물의 안전성 검사와 같은 것
　　㉢ 금융기능 : 정부가 기금을 조성하여 생산자와 구매자 사이에 발생하는 대금결제 기간의 차이를 조정하거나, 수출 및 소비 촉진, 수급조절을 위해 유통 관계자들에게 자금을 저리로 빌려주는 것
　　㉣ 정보기능 : 수산물의 거래를 원활하게 하고, 공정하고 투명한 거래가 이루어질 수 있도록 정보를 수집하고 공표하는 것을 의미한다. 각종 수산물 유통 관련 통계의 공표, 도매시장이나 위판장의 실시간 거래 정보제공, 수산업 관측 사업의 관측 정보제공 등이 그것이다.

4. 수산물 유통정책의 변화

(1) 1990년대까지의 수산물 유통정책은 수산청에 의해 시행된 수산물 유통보급 시설 사업과 같은 위판장이나 도매시장 같은 시장정책과 수급조절을 위한 정부 비축 사업을 중심으로 유지되었다.

(2) 1997년 해양수산부가 만들어지면서 수산물 유통에 대한 정책사업은 종류가 다양해지고, 지원 규모도 커지게 되고, 수산물 원산지 표시와 수출입 검역, 브랜드화 등 국산 수산물의 보호와 경쟁력 강화를 위한 정책이 시행되었다.

(3) 2000년대에 들어서자 식품 안전성 문제가 지속적으로 발생하면서 식품안전이 수산물 유통정책의 큰 화두가 되었다.

(4) 2008년의 농림수산식품부에서는 수산물 유통정책 사업과 수산물 가공 관련 정책사업도 증가하였다. 또한 수출 관련 정책 사업이 새로이 나타났다. 이 때의 수산물 유통정책에서 가장 큰 변화는 수산 식품 산업정책의 도입이다. 수산 식품산업은 2007년에 농업 농촌 및 식품산업기본법, 식품산업진흥법이 제정되면서 도입이 시작되었고, 2008년에 식품산업 종합대책이 만들어지면서 본격화되었다.

(5) 식품산업은 식품을 생산·가공·제조·조리·포장·보관·수송·판매하는 산업으로, 기존의 수산물 유통은 여기에 속하는 일부분이 되었다. 특히 외식산업과 식자재산업이 포함되고, 한식 세계화 정책이 추진되면서 그 범위는 더 넓어졌다.

(6) 2013년 새로이 해양수산부가 만들어지면서 농업과 통합되어 운영되던 수산물 유통 정책이 다시 분리되어 동년 7월에 수산물 유통구조 개선 종합대책을 발표하면서 다시 변화가 시작되었다.

(7) 이러한 일련의 수산물 유통정책은 단지 당시의 정권이 바뀌었기 때문이라기보다는 시대의 변화에 따른 새로운 정책도입과 개선의 필요성에 의한 것이다. 수산물 유통에서 흔히 사용하는 경구가 있다. 현장의 변화를 정책과 법이 따라가지 못한다는 것은 그만큼 수산물 유통현장이 시대의 변화에 맞추어 빠르게 변하는 속성을 가지고 있다는 것과 그 만큼 정책의 변화도 필요하다는 것이다.

〈표〉 수산물 유통 정책의 변화

연도별	1997년 이전	1998~2007년		2008년~2012년		2013년 이후
구분	수산물 유통 정책			식품 산업 정책		수산물 유통 독자정책추진
	시장, 유통 중심 정책	식품산업 개념도입	식품안전 정책도입	식품산업진행법 제정·식품산업 진흥종합대책	식품산업 정책 본격화	수산물유통 구조개선 종합대책발표
주관 정부 부처	농림수산부 수산청	해양수산부		농림수산식품부		해양수산부

[제2절] 수산물 유통정책의 종류

수산물 유통정책은 크게 수산물 가격 및 수급안정정책, 수산물시장정책, 수산식품 산업정책의 세 가지로 나눌 수 있다.

1. 수산물 가격 및 수급안정정책

수산물 가격 및 수급안정정책이란 정부가 수산물의 수급인 수요와 공급, 가격형성에 직·간접적으로 개입하여 그 수준이나 변동을 일정한 방향으로 유도하는 것을 의미한다.

(1) 의미
① 일반적으로 공산품은 정부가 수급이나 가격에 개입하는 경우가 극히 드물다. 수급은 재해나 비상사태 발생 시에 가격은 불공정 거래가 나타날 경우 등의 특수한 상황에서 개입이 이루어진다.
② 먹거리인 농수산물의 경우에는 생산과 유통에 정부가 반드시 개입하게 된다. 이는 농수산물이 물가 등 국민생활에 미치는 영향이 크고, 다른 산업에 미치는 영향도 크기

때문이다.
③ 예를 들어 멸치의 생산량이 부족하여 가격이 크게 오르면 덩달아 음식점의 가격이 오르고, 다른 물가도 덩달아 오르는 경우가 많다.
④ 특히 수산업은 자연조건에 따라 생산량과 가격의 변동이 심하고, 경제적 약자인 어업인을 주요 정책대상으로 하고 있기 때문에 가격 및 수급안정정책이 수산물 유통의 주요한 정책이 되어 왔다.

(2) 정부 주도형 정책(비축제도)

정부 비축제도는 농수산물 유통 및 가격안정에 관한 법률의 비축사업 등에 근거하여 수급조절과 가격안정을 위하여 필요하다고 인정되는 수산물을 대상으로 실시한다. 주로 고등어나 오징어와 같이 생산량이 많고 국민들이 즐겨먹는 대중 어종이 대상이 된다. 수급조절을 통해 풍어기에는 정부가 싸게 구입하여 시장에서 비쌀 때 싼 값으로 방출하는 정책이다.

(3) 민간 협력형의 정책

민간 협력형 사업은 생산자가 민간에서 참여할 수 있는 유통협약사업, 자조금제도, 수산업 관측 사업이 있는데 2004년부터 도입되었다. 유통협약사업, 자조금제도는 생산자가 직접 수급 조절기능과 소비촉진을 할 수 있도록 정부에서 지원하는 제도로 정부는 지원만 할 뿐 직접 통제하지는 않는다.

2. 수산물 시장정책

(1) 시장 시설 정책

정부나 공공단체가 수산물을 거래할 수 있는 시장을 건설하고, 운영함으로써 가격 안정과 공정한 거래가 이루어지도록 하는 정책이다. 대상이 되는 시장은 산지 위판장, 수산물 산지 거점 유통센터, 소비지 수산물 도매시장, 공판장 등이 있다. 정부는 위판장과 도매시장의 건설 및 개보수에 필요한 비용과 장비지원 등을 하고, 개설과 운영은 도매시장의 경우 지방자치단체, 위판장의 경우는 수산업협동조합이 하게 된다. 수산물산지 거점 유통센터는 수협 등의 생산자단체가 위판장을 현대화하고, 가공 등의 기능을 함께 수행하면서 생산자 수취가격을 높일 수 있도록 지원하는 시설이다.

(2) 시장의 거래질서 유지정책

농수산물 유통 및 가격안정에 관한 법률에 의거하여 시장 시설 정책으로 만들어지는 수산물시장은 정해진 방법으로 거래를 하도록 되어 있으며, 수수료 등 요율도 법으로 정해져 있다. 따라서 정부는 정부가 지원한 시장에서 거래가 법에서 정해진 바와 같이 공정하고 투명하게 이루어지는 지를 감시하고 감독하게 되며, 문제가 있을 경우에는 이를 바로잡을 수 있는 조치를 취하게 된다.

(3) 수산물 유통시설 지원정책

수산물을 판매할 수 있는 직판장 건립지원, 냉동창고 등의 유통시설 지원사업 등이 있다. 하지만 최근의 수산물 유통정책은 시장을 만들고 관리하는 사업보다는 생산과 유통, 물류, 가공, 판매 중의 몇 가지가 복합된 형태의 지원이 많아지고 있다.

3. 수산식품 산업정책

(1) 수산식품산업의 목적

식재료인 수산물의 생산에서 소비에 이르는 각 단계를 모두 포함하는 것으로, 수산식품의 품질과 안전성을 유지하면서 안정적이고 효율적으로 소비자에게 식품을 공급하기 위한 것이다.

(2) 수산식품산업의 구성

수산가공업, 수산유통업 및 외식산업, 식자재산업으로 구성된다.

(3) 수산식품산업의 특징

1차 산업인 어업, 양식업, 채취업과 이들의 활동으로 생산된 수산물을 원재료로 제조·가공하는 2차 산업(제조·가공업), 그리고 유통 및 외식 등의 서비스를 제공하는 3차 산업을 포함하는 6차 산업을 추구하는 것이다. 기존 수산물 유통의 범위를 벗어난 수산식품산업은 이미 세계 각국에서 도입하고 있으며, 우리나라도 수산업의 새로운 발전을 위한 정책으로 도입하였다.

4. 수산물 유통구조개선 종합대책

(1) 수산물 유통구조개선 종합대책

수산물 유통구조개선 종합대책은 기존의 농림수산식품부의 농수산물 유통 정책과는 달리 수산물 유통만을 대상으로 하는 개선 대책이다. 수산물 생산자와 소비자가 상생하는 유통 환경조성을 목표로 하였으며, 주요 과제는 ① 생산지 품목별 특성화 대책으로 효율성 제고, ② 수산물 도매시장 운영 개선 및 현대화, ③ 수산물 직거래 확대, ④ 수산물 위생·물류 환경 개선, ⑤ 수산물 수급관리 및 관측 강화이다.

(2) 세부적인 대책

세부적으로 보면 유통경로의 축소와 다양화를 위해 생산자단체를 중심으로 한 4단계형 새로운 유통경로를 창설하여 경쟁을 촉진하여, 이를 위해 수산물산지거점센터와 소비지 분산 물류센터, 활어 전문 물류센터 등 새로운 유통경로를 구축하고 직거래를 촉진한다. 또한 도매시장의 정가·수의매매 확대와 전국 수산물 도매시장의 기능 재정비, 어상자

등 물류표준화, 수산물의 안전·위생·물류 환경개선을 위한 수산물시장의 현대화와 저온 유통시스템 구축, 원산지표시 관리 강화, 정부 비축 확대 및 관측사업 강화 등을 주요 내용으로 하고 있다.

[제3절] 수산물 유통제도(법규)

1. 수산물 유통정책과 법규

(1) 수산물 유통법규의 종류

① 농산물 유통의 경우는 농림축산식품부가 주관 부서로 '농수산물 유통 및 가격 안정에 관한 법률(이하 농안법)이 주된 법률이며, 관련되는 법률로 농수산물 품질관리법, 농업협동조합법 등이 있다.
② 업무성격에 따라 소관 부처가 다른 경우는 식품의약품안전처의 식품위생법, 산업통상자원부의 유통산업발전법, 국토교통부의 물류시설의 개발 및 운영에 관한 법률 등이다.
③ 수산물 유통의 경우는 해양수산부가 주관 부처로, 정부조직법 제43조에 따르면 해양수산부장관은 '해양 정책, 수산, 어촌 개발 및 수산물 유통에 관한 사무를 관장'한다.
④ 수산물 유통의 관리 및 지원에 관한 법률이 제정되어 농안법의 농수산물 소비지 도매시장과 농수산물 공판장 등 도매 단계의 수산물 시장에 관련된 것을 분리하였다. 수산물유통발전계획, 수산물산지위판장, 수산물의 이력추적관리, 품질 및 위생관리 등에 관한 규정이 신설되었다.

(2) 수산물 유통 정책과 법규의 관계

정책과 법규, 예산은 불가분의 관계를 가진다. 정부에서 시행하는 모든 수산물 유통정책은 반드시 법률에 근거를 두고 시행하게 된다. 예를 들어 해양수산부에서 시행하고 있는 사업 중의 하나인 수산물 유통시설 건립 사업은 모두 3가지의 근거 법령을 가지고 있으며, 이 근거 법령을 바탕으로 정책을 수립하게 된다.

2. 농수산물 유통 및 가격 안정에 관한 법률

(1) 농안법 이전의 도매시장법

우리나라 최초의 도매시장법은 일제에 의해 1923년 제정된 '중앙 도매시장법'이다.
1973년에 도매시장의 공공성 강화, 시설 근대화를 내용으로 "농수산물 도매시장법"이 다시 만들어졌지만, 역시 수산물 유통 현장의 현실과는 너무 달라 제대로 시행되지 못했다.

(2) 농안법 시행

1976년에 농수산물 도매시장법의 한계를 극복하기 위해 '농수산물 유통 및 가격 안정에 관한 법률'이 제정·공포되었다. 이 법에 의해 건설된 최초의 공영 도매시장이 바로 가락동 농수산물 도매시장(이하 가락시장)으로, 1985년 6월에 개장하였으며, 동시에 농안법도 시행되었다.

(3) 농안법의 구조와 거래 제도

농안법의 구조는 크게 세 가지로 나뉜다. 첫째, 생산조정 및 출하조절, 둘째, 농수산물도매시장, 셋째, 농산물가격안정기금이다.

3. 기타 관련 법률

(1) 위판장과 관련되는 행정규칙으로 2009년 8월 25일 시행된 "산지 거래 시설의 수산물 거래"가 있다. 동 고시에서는 농안법 제32조(매매방법)와 시행규칙 제28조(매매방법의 예외)에서 정가·수의매매를 할 수 있도록 한 산지 거래 시설의 수산물 거래 방법에 대한 것을 규정하고 있다.

(2) 수산물의 품질 및 위생관련 법률은 농수산물품질관리법과 식품위생법이 있고, 해양수산부의 지침으로 어획 수산물 위판장의 위생 관리 권고 지침과 수산물의 생산·가공 시설 및 해역의 위생 관리 기준이 있다.

(3) 수산물 도매시장에 출하되는 수산물은 농안법 제38조의2(출하 농수산물의 안전성 검사)에 따라 유해 물질의 잔류 허용 기준 등의 초과 여부에 관한 안전성 검사를 하여야 한다.

제7편 기출 및 예상문제

01 다음 내용 중 잘못된 것은?
① 절대우위론은 절대적으로 생산비가 낮은 재화생산에 특화하여 그 일부를 교환함으로써 상호이익을 얻을 수 있다는 이론이다.
② 비교우위론은 한 나라가 다른 나라보다 어떤 상품을 상대적으로 작은 기회비용으로 생산할 수 있는 것을 말한다.
③ 신보호주의란 1970년대 중반 이후 선진국들의 비관세 수단을 이용한 무역제한조치를 말한다.
④ 관세장벽으로는 선별적 국내보조금 및 원조, 제한적 통관절차, 반덤핑 규제, 제한적 행정 및 기술규제, 외국인투자에 대한 통제 등이 대표적이다.

 ④는 비관세장벽에 대한 설명이다.

02 다음 보기는 국제기구에 대한 설명이다. 관련이 높은 것은?

> ⊙ 개발도상국의 산업화와 국제무역 참여를 지원하기 위해 설치된 국제연합총회로서 1964년에 설립되었으며, 스위스 제네바에 있고 2012년 가입국은 194개국이다.
> ⓒ 설립목적은 개발도상국의 산업화와 국제무역 지원, 남북문제(후진국과 선진국의 무역불균형 문제)의 거시적 해결 모색에 있다.
> ⓒ 주요활동은 업무 국제무역의 관행과 효과 분석과 국제무역정책의 연구를 한다.

① GATT ② UNCTAD
③ WTO ④ WHO

 유엔무역개발회의(United Nations Conference on Trade and Development)는 개발도상국의 산업화와 국제무역 참여를 지원하기 위해 설치된 국제연합총회로서 1964년에 설립되었으며, 스위스 제네바에 있고 2012년 가입국은 194개국이다.

정답 01. ④ 02. ②

03 다음 중 수산물 유통정책의 수단으로 적절치 않은 것은 무엇인가?
① 수산자원관리
② 수산물 도매시장
③ 정부 수매 비축사업
④ 국제무역협상

 수산물 유통정책의 목적 달성 수단인 유통 및 수출입 과정, 수요와 공급에 대한 정부의 개입은 다양한 방법으로 이루어진다.

04 다음 중 수산물 유통 관련법규가 아닌 것은 무엇인가?
① 수산업법
② 해양 자원 관리법
③ 수산업 협동조합법
④ 어항법

 수산물 유통 관련 법규로서 '수산업법', '수산업 협동조합법', '자유무역협정 체결에 따른 농어업인 등의 지원에 관한 특별법', '어항법' 등이 있으며, 수산 관련 정부 부처가 아닌 타 부처의 법률로서는 '유통산업발전법', '화물운송법' 등이 있다.

05 수산물 유통체계의 효율화와 수산물유통산업의 경쟁력 강화에 관하여 규정하고 있는 법률은? 2019년 기출
① 수산업법
② 수산자원관리법
③ 공유수면관리 및 매립에 관한 법률
④ 수산물 유통의 관리 및 지원에 관한 법률

 수산물 유통의 관리 및 지원에 관한 법률은 수산물 유통체계의 효율화와 수산물유통산업의 경쟁력 강화에 관하여 규정함으로써 원활하고 안전한 수산물의 유통체계를 확립하여 생산자와 소비자를 보호하고 국민경제의 발전에 이바지함을 목적으로 한다.

06 다음 중 허가어업에 대한 설명으로 틀린 것은?
① 어업의 허가란 수산 자원의 증식, 보호나 어업 조정, 기타 공익상의 필요에 의하여 일반적으로는 금지되어 있는 어업을 일정한 조건을 갖춘 특정인에게 해제하여 줌으로써 어업 행위의 자유를 회복시켜 주는 것이다.
② 허가어업은 크게 해양수산부장관의 허가를 받아야 하는 근해 어업, 원양 어업, 시·도지사의 허가를 받아야 하는 연안 어업, 해상 종묘 생산 어업, 시장·군수·구청장의 허가를 받아야 하는 구획 어업으로 구분된다.
③ 허가어업을 하고자 하는 자는 한 척의 어선으로 조업하는 어업은 어선마다, 그리고 두 척 이상의 어선으로 조업하는 어업과 잠수기 어업은 어구마다, 해상 종묘 생산어업은 시설마다 어업 허가를 받아야 한다.
④ 어업허가의 유효 기간은 3년이며, 허가를 받아 그 기간을 연장할 수 있다.

 어업 허가의 유효 기간은 5년이며, 허가를 받아 그 기간을 연장할 수 있다.

07 다음 중 해양수산부장관의 허가를 받아야 하는 어업은?
① 근해어업　　　　　　　　② 연안어업
③ 해상 종묘 생산어업　　　④ 구획어업

 허가어업은 크게 해양수산부장관의 허가를 받아야 하는 근해어업, 원양어업, 시·도지사의 허가를 받아야 하는 연안어업, 해상 종묘 생산어업, 시장·군수·구청장의 허가를 받아야 하는 구획어업으로 구분된다.

08 다음 중 신고어업의 종류에 해당하지 않는 것은?
① 맨손어업　　　　　　　　② 나잠어업
③ 투망어업　　　　　　　　④ 근해어업

 신고어업의 종류에는 ①, ②, ③ 이외에 육상양식어업, 육상 종묘 생산어업 등이 있다.

정답　06. ④　07. ①　08. ④

09 다음 중 외국인의 국내 연근해어업에 관련한 설명으로 틀린 것은?
① 외국인은 우리나라 수역에서 면허어업과 허가어업을 영위할 수 있다.
② 외국인이 영위하는 면허어업은 내수면 어업법에서 규정하고 있다.
③ 외국인이 배타적 경제수역에서 어업 활동을 하는 경우에는 수산업법 및 수산 자원 관리법에도 불구하고 배타적 경제수역에서의 외국인 어업 등에 대한 주권적 권리의 행사에 관한 법률을 적용한다.
④ 외국의 법률에 따라 설립된 법인(외국인)은 우리나라 배타적 경제수역에서 어업 활동을 하려면 선박마다 해양수산부장관의 허가를 받아야 한다.

 외국인이 영위하는 면허 어업은 수산업법에서 규정하고 있고, 허가 어업은 배타적 경제 수역에서의 외국인 어업 등에 대한 주권적 권리의 행사에 관한 법률에서 규정하고 있다.

10 다음 TAC(총허용 어획량) 제도의 특징에 대한 설명 중 틀린 것은?
① TAC(총허용 어획량) 제도는 종합 시스템적 운영체계이다.
② TAC(총허용 어획량) 제도는 매년 초에 TAC를 결정하기 때문에 어업이 개시되기 전에 이미 생산량이 계획될 수 있다.
③ TAC(총허용 어획량) 제도는 기본적으로 TAC의 결정, 배분, 분배, 관리의 모든 체계에서 과학적 의사결정과 예방적 운영형태를 지닌다.
④ TAC(총허용 어획량) 제도의 어업관리는 연근해 어장에 대한 자원관리의 일체성을 갖고 있지 못하다.

 TAC(총허용 어획량) 제도의 어업관리는 연근해 어장에 대한 자원관리의 일체성을 지니고 있으며, 매년 초에 TAC가 결정되고 어업이 시작된 후 TAC가 완전히 소진되어 어업이 끝나면 당해 연도의 어업관리도 마무리 되는 것이다.

11 1982년의 국제 해양법조약에서 새로 등장한 바다의 구분이며, 영해기선에서 200해리까지의 구역에 설정할 수 있는 것은?
① 배타적 경제수역   ② 접속수역
③ 공해수역   ④ 연안 해수면 수역

 배타적 경제수역(Exclusive economic zone : EEZ) : 영해에 접속된 200해리 이내의 수역으로 연안국이 당해 수역의 상부수역, 해저 및 하층토에 있는 천연자원의 탐사 · 개발 및 보존에 관한 주권적 권리와 당해 수역에서의 인공섬, 시설물의 설치 · 사용, 해양환경의 보호 · 보

정답 09. ② 10. ④ 11. ①

존 및 과학적 조사의 규제에 대한 배타적 관할권을 행사하는 수역이다.

12 수산물 유통 관련 국제기구에 해당되지 않는 것은?   2021년 기출
① WTO
② FAO
③ WHO
④ EEZ

 수산물 유통 관련 국제기구에는 WTO(국제무역기구), FAO(국제연합식량농업기구), WHO(세계보건기구) 등이 있다. EEZ는 배타적 경제수역으로 자국 연안으로부터 200해리까지의 모든 자원에 대해 독점적 권리를 인정하는 국제 해양법상의 개념을 말한다.

13 수산물 수출입 과정에서 분쟁이 발생할 경우 심의하는 국제기구는?   2019년 기출
① FTA
② FAO
③ WTO
④ WHO

 WTO는 세계무역기구로 수산물 등 수출입 과정에서 분쟁이 발생할 경우 심의하는 국제기구이다.

14 다음 중 연안국과 원양국(어업국)이 함께 구성되어 있는 국제기구는?
① 아시아 태평양 수산 위원회
② 라틴 아메리카 수산 발전 기구
③ 유럽 내수면 어업 자문 위원회
④ 북태평양 수산 위원회

 남태평양 수산 위원회(FFA)와 같이 연안국들로 구성되어 있는 기구가 있고, 아시아 태평양 수산 위원회(APFIC) 등과 같이 연안국과 원양국(어업국)이 함께 구성되어 있는 기구가 있다.

15 수산물 유통정책을 실현하기 위한 정부의 기능을 크게 통제기능과 조성기능으로 나눌 수 있다. 다음 중 통제기능에 해당되지 아니하는 것은?
① 가격통제와 수급조절
② 수산물 물류표준화와 규격표준화
③ 유통관행에 대한 통제
④ 식품안전에 대한 통제

 수산물 물류표준화와 규격표준화는 조성기능에 해당한다. 조성기능은 수산물 유통이 원활하게 이루어질 수 있도록 하는 정책이다.

정답 12. ④   13. ③   14. ①   15. ②

16. 수산물 가격이 폭등하는 경우 정부의 정책수단으로 옳은 것을 모두 고른 것은?

2019년 기출

> ㉠ 수입확대　　㉡ 수매확대　　㉢ 비축물량 방출

① ㉠
② ㉠, ㉢
③ ㉡, ㉢
④ ㉠, ㉡, ㉢

 수산물 가격이 폭등하는 경우 수입을 확대하고, 비축물량을 방출하여 가격을 안정시켜야 한다.

17. 수산물유통정책의 기능 중 조성기능에 해당되지 아니하는 것은?

① 유통 관행에 대한 통제
② 수산물 물류표준화와 규격표준화
③ 수산물 물류표준화와 규격표준화
④ 금융기능

 유통관행에 대한 통제는 통제기능으로서 관습적으로 이루어지는 불공정한 거래가 이루어지지 않도록 하는 것을 말한다. 즉, 유통관련 법규를 통해 대금을 즉시 결제하도록 하거나 부당한 수수료의 징수를 금지하거나, 거래 방법을 정해 두는 것 등의 규제이다.

18. 수산물가격 및 수급안정정책에 관한 설명으로 틀린 것은?

① 정부가 수산물의 수급인 수요와 공급, 가격 형성에 직·간접적으로 개입하여 그 수준이나 변동을 일정한 방향으로 유도하는 것을 의미한다.
② 수산물의 경우에는 생산과 유통에 정부가 반드시 개입하게 된다.
③ 민간 주도형의 수급 및 가격정책에는 정부 비축제도가 있다.
④ 수산업 관측사업은 생산 및 가격 정보 등을 수집하여 생산자와 소비자가 알기 쉽게 만들어 신속하게 알려주는 것이다.

 정부 주도형의 수급 및 가격정책에는 정부 비축제도가 있다. 정부 비축제도는 농수산물 유통 및 가격안정에 관한 법률의 비축사업 등에 근거하여 수급조절과 가격 안정을 위하여 필요하다고 인정되는 수산물을 대상으로 실시한다.

정답　16. ②　17. ①　18. ③

19 수산물 가격 및 수급 안정정책 중 정부 주도형에 해당되는 것은?   2021년 기출
① 비축제도
② 유통협약제도
③ 자조금제도
④ 관측사업제도

 정부 비축제도는 농수산물 유통 및 가격안정에 관한 법률의 비축사업 등에 근거하여 수급조절과 가격안정을 위하여 필요하다고 인정되는 수산물을 대상으로 실시한다.

20 수산물 이력 정보에 포함되지 않는 것은?   2021년 기출
① 상품 정보
② 생산지 정보
③ 소비자 정보
④ 가공업체 정보

 수산물 이력 정보에는 생산자, 유통자, 판매자 등에 관한 정보가 포함되어야 하고 소비자 정보는 필요하지 않다.

21 수산물 유통구조개선종합대책의 주요내용이 아닌 것은?
① 생산지 품목별 특성화 대책으로 효율성 제고
② 수산물 직거래 축소
③ 수산물 도매시장 운영 개선 및 현대화
④ 수산물 위생·물류 환경 개선

 수산물 유통구조개선종합대책의 주요 내용
1. 생산지 품목별 특성화 대책으로 효율성 제고
2. 수산물 도매시장 운영개선 및 현대화
3. 수산물 직거래 확대
4. 수산물 위생·물류 환경개선
5. 수산물 수급관리 및 관측강화

정답 19. ① 20. ③ 21. ②

22 「농수산 유통 및 가격안정에 관한 법률」에 따른 거래방법의 제한과 거래제한의 방법에 대한 설명으로 틀린 것은?

① 원칙적으로 중도매인은 도매법인이 상장한 수산물 외의 수산물의 거래를 할 수 없다.
② 도매법인이 상장하기에 적합하지 않은 수산물 등은 품목과 기간을 정하여 개설자로부터 허가를 받아 거래할 수 있다.
③ 도매시장에 상장된 수산물은 경매·입찰에 의한 방법만이 가능하다.
④ 입하량이 너무 많아 정상적인 거래가 어려운 경우에는 당일에 한해 시장 바깥의 다른 유통업자에게 판매할 수 있다.

 정가·수의매매도 정상적인 거래방법으로 허용하고 있고 거래방법도 다양화하였다.

23 정부가 추구하고 있는 유통산업의 기본 방향이 아닌 것은?

① 국제 경쟁력의 강화
② 공정거래와 경쟁 유지
③ 유통 생산성의 합리화와 소비자의 이익 향상
④ 대형유통기업의 경제 기여도 강화

 공정경쟁과 거래를 유지하기 위해, 대형유통기업의 경제 기여도 강화가 아닌 다른 중·소규모기업의 경제 기여도도 강화되어야 한다.

24 수산물 유통정책의 주요 목적이 아닌 것은? 2021년 기출

① 수산물 가격의 적정화
② 수산물 유통의 효율화
③ 수산물 가격의 안정화
④ 안전한 수산물의 양식 생산

 안전한 수산물의 양식 생산은 수산물의 생산에 관한 내용으로 유통에 관한 내용이 아니다.

정답 22. ③   23. ④   24. ④

25 친환경수산물의 목적이 아닌 것은?
① 친환경 수산업의 육성
② 수서생태계 환경 유지와 보전
③ 안전한 수산물 생산과 소비자 보호
④ 인체에 유해한 화학물질과 동물용의약품 사용증대

 친환경수산물은 인체에 유해한 화학물질과 의약품의 사용을 줄여 환경을 유지하거나 보존하고, 보다 안전한 수산물을 생산하는데 그 목적이 있다.

26 LMO 수산물에 대해 틀린 설명은?
① 생명공학기술을 이용하여 유전물질(DNA조각)을 수산물에 직접 주입하여 기존에 없던 형질을 갖게끔 한 수산물이다.
② 국제적인 어업여건의 악화로 LMO수산물이 등장하게 되었다.
③ 자연상태의 생리적 증식이나 재조합에 의한 개량도 LMO수산물에 포함된다.
④ 1997년 국내에서 속성장 미꾸라지를 개발하였으나, 아직 상업화 하지는 않았다.

 자연적 교배나 재조합에 의한 개량은 LMO수산물에 해당하지 않는다.

제 3 과목

수확후품질관리론

제1편	서 설
제2편	수 확
제3편	품질구성과 평가
제4편	수확 후 처리
제5편	저 장
제6편	선별과 포장
제7편	안정성
제8편	수산가공과 위생

제1편 서설

제1장 의의

[제1절] 의미

수확 후의 품질관리란 수산물이 수확되어 최종 소비자의 손에 도달되는 과정에서 신선도 유지와 부패 방지로 품질을 높이고 감모율을 줄이며 유통기간을 연장시키기 위한 목적으로 실시되는 모든 조치를 총칭하는 의미이다.

1. 상품성의 증가

바다나 민물에서 나는 물고기나 조개, 해초 따위의 물품을 수확 한 후 선별, 예냉, 저장, 포장, 수송 등에 이르는 전 과정에 대한 기술을 전문으로 이용함으로써 상품성을 최대한 증가시키는 활동이다.

2. 제2의 생산활동

수확 후 관리는 수산물 물류 효율화를 위한 핵심기술이며 또한 상품성 향상을 통해 부가 가치를 창출하는 제2의 생산활동이라 할 수 있다.

[제2절] 수확 후 품질관리의 필요성

1. 수확 후 관리의 이론적 배경

(1) 변이성

수산물의 수확 이후 품질은 생산된 수산물의 특성, 관리기술의 활용정도, 사회 문화적 소비수준 등의 요소에 따라 달라진다.

(2) 손실 최소화와 품질유지

생산된 수산물의 생명현상 중 호흡, 증산, 에틸렌, 성숙, 숙성, 노화, 성분의 변화 등의 특성과 원리에 대하여 이해함으로써 수확 이후 발생하는 손실을 최소화하고 품질을 장기간 유지시키는 것을 목적으로 한다.

2. 국제여건의 변화

자유무역협정(FTA)등으로 인하여 국제간의 거래가 활발하고 가격과 품질경쟁이 치열하다 보니 국내에서도 외국 수산물과의 가격 및 품질에 대한 경쟁력 제고의 필요성이 증대되고 있으며, 이를 위해 다양한 방법들이 모색되고 있는 실정이다.

3. 유통구조의 변화

① 유통경로별 수산물의 유통 점유비율이 증가하고 있다.
② 대형 유통업체와 전자상거래는 계속 성장, 재래시장 등은 정체 및 쇠퇴경향을 보이고 있다.
③ 고품질, 규격화 수산물의 년 중 공급요구가 증대되고 있다.

4. 소비자의 기호변화

① 신선도, 안전성에 대한 요구가 증대되고 있다
② 수량, 가격에서 신선도 안전성으로 변화하고 있다.

5. 수산업 소득의 하락

① 가격하락, 소비정체, 수입증가 등으로 수산업 소득이 하락추세에 있다.
② 대안으로 수산업 소득안정을 위한 수출확대, 신선편이(fresh-cut) 등 신규수요가 필요하다.
③ 수산물의 부가가치를 높이는 대안이 필요하다.

제 2 장　수산물의 유통

[제1절] 유통의 특징

1. 양과 질의 불균일성

① 수산물은 생산장소, 생산기술과 방법에 따라 동일품종이라도 생산량과 품질이 균일하지 않다.
② 수산물은 생산량과 품질이 불균일하기 때문에 표준화, 등급화가 어려우며 가격이 불안정하다.

③ 어업의 생산기술의 발달로 가공생산품에 대한 표준화, 등급화가 이뤄져야 한다.

2. 용도의 다양성
① 수산물의 주된 용도는 식품이지만 식품원료, 가공식품, 공업원료로도 많이 이용된다.
② 수요량과 공급량, 가격에 따라 대체양식이 가능하다.
③ 1차 산업 뿐만 아니라 2, 3차 산업도 수산업 연관산업으로 해석하고 활용가치가 높은 대체물의 개발하여야 한다.

3. 수요와 공급의 비탄력성
① 수산물은 가격변화에 따른 수요와 공급의 변화가 매우 적다. 즉 비탄력적이다.
② 수산물은 자연의 영향을 많이 받고 일정한 출하시기가 존재하므로 수요의 변화에 따른 즉각적인 공급이 일어나지 않고 또한 가격이 하락한다고 해도 즉각적으로 공급의 감소를 가져오기 힘들다(공급요인).
③ 수산물은 식품으로 생존에 필수적이어서 공급의 변화에 따라 수요가 크게 변하지 않는다(수요요인).
④ 시기적으로 수요와 공급을 적절히 예측하여 과잉공급이나 공급의 부족이 일어나지 않도록 조절하여야 한다.

4. 계절의 편재성
① 대체적으로 수산물은 재배(예 김) 및 수확시기가 일정하게 정해져 있다.
② 자재의 공급, 인력의 편재, 자연조건의 변화 및 시장출하의 계절성 등이 나타나므로 시장에서 가격형성을 예측하기 힘들다.
③ 계절의 편재에 따라 수확된 물량이 비슷한 시기에 출하되는 현상이 일어나 가격이 하락하는 경우가 많다.
④ 기술개선을 통하여 출하시기를 조절하는 한편 장기저장기술을 개발하여 이용기간 연장 및 가공기술의 개발로 이용방법을 다양화해야 한다.

5. 부피와 중량
① 수산물은 가치에 비해 부피가 크고 무거운 편이어서 수송비용 및 저장, 보관하는데 비용이 많이 든다.
② 포장규격과 등급규격에 맞는 표준규격품으로 포장, 출하하여 부피와 중량을 감소시킴으로 수송비용 절감과 쓰레기 처리비용을 줄이는 등 사회적 이익을 동시에 얻을 수 있다.

6. 부패성

① 수산물은 대부분 내구성이 약하기 때문에 손상 또는 부패하기 쉽다.
② 수산물은 수확에서 수송, 저장, 보관 등 유통의 전 과정에서 그 신선도를 유지하기가 쉽지 않다.
③ 수산물의 상품가치는 유통의 전 과정에서 신선도를 유지하여야 하므로 저온유통체계를 체계화하여야 한다.

7. 규모의 영세성

① 규모가 작고 영세하다.
② 법인 등으로 수산업의 규모화가 필요하다.

[제2절] 유통의 실태

1. 상온유통의 재래유통시스템 의존

① 생산자와 유통업자 모두 영세하여 저온유통체계 등 기반시설이 미비하여 선진국에 비해 상온의 재래식 유통에 의존하는 경우가 많다.
② 품질, 신선도 및 안전성 관리기술 적용이 어렵다.
③ 우리나라의 경우 냉장차에 의한 수송이 미흡하여 운송 중 품질의 손상이 많이 발생한다.

2. 복잡한 유통경로

① 4~5단계의 복잡한 경로로 소비자에게 도달한다.
② 유통마진이 커진다.
③ 수산업자의 수취율이 적어진다.
④ 수확 후 품질관리가 어려운 품목일수록 유통마진이 커진다.

• 수산물의 유통과정 : 생산자 → 수집상 → 도매시장 → 도매상 → 소매상 → 소비자

3. 수송방법

(1) 육로수송

① 자동차수송 : 단거리 수송으로 운송비가 적게 들며 기동성 있고 도로망이 많아 문전까지의 접근이 용이하고 소량수송이 가능하다.
② 철도수송 : 정확성이나 안전성은 우수하나 융통성이 적고 장거리인 경우 수송비용이 적고 대량운송이 가능하나 단거리인 경우 오히려 비용이 많이 든다.

(2) 해상수송
주로 장거리 수송에 많이 이용되며 대량수송이 가능하고 운송비가 저렴하나 제한적이다.

(3) 항공수송
고가의 신선농산물에 많이 이용되나 비용이 많이 들고 비행기의 공항이나 항로에 따라 제한적이다.

(4) 저온 및 예냉된 농산물은 냉동기가 부착된 냉장차나 냉장 트레일러, 컨테이너를 이용하여 10℃ 이하에서 수송하는 것이 바람직하다.

(5) 표준 팔레트(1,100×1,100mm)를 사용하여 적재한 채로 수송해 인력을 절감하고 수송과 상·하 차 시 산물의 파손을 줄이고 거래가 신속하게 이루어져 시간이나 비용을 절감할 수 있다.

4. 유통여건의 변화
① 생산자와 소비자 사이의 장소적 격리 또는 시간적인 불일치를 조절한다.
② 시장의 개발과 경쟁의 조성을 위해서 중요한 역할을 하며, 신속한 수송은 수산물의 신선도 유지로 인한 상품성 유지, 산물의 재고조정과 저장비용 절감에 영향을 준다.
③ 급변하는 유통여건의 변화 속에서 기존시장 전략 및 재래 유통기술로 소비자의 요구에 부응하는 수산물의 상품화가 어렵다. 따라서 수확 후 품질관리기술의 도입은 필연적이다.

[제3절] 어업경영체 업종범위

1. 어업인
어업을 경영하거나 어업을 경영하는 자를 위하여 수산자원을 포획·채취하거나 양식하는 일 또는 염전에서 바닷물을 자연 증발시켜 염을 제조하는 일에 종사하는 자로서 대통령령으로 정하는 기준에 해당하는 자
① 어업경영을 통한 수산물의 연간 판매액이 120만원 이상인 사람
② 1년 중 60일 이상 어업에 종사하는 사람
③ 영어조합법인의 수산물 출하·유통·가공·수출활동에 1년 이상 계속하여 고용된 사람
④ 어업회사법인의 수산물 유통·가공·판매활동에 1년 이상 계속하여 고용된 사람

2. 어업법인
영어조합법인과 어업회사법인을 말한다.

제 3 장 수확 후 품질관리기술

[제1절] 품질결정 요소

1. 사회·문화적 환경(소비수준)

(1) 소비자 기호

가장 많이 소비되는 수산물, 중간정도 소비되는 수산물, 가장 적게 소비되는 수산물의 구분이 필요하다.

(2) 소비자 유형

연령층별, 성별, 직업별, 지역별에 따라 소비자 유형이 다를 수 있다.

(3) 시장성

수산물의 생산부터 유통까지 경제성이 있는가를 잘 파악하고 시장을 공략해 나가는 것이 중요하다.

2. 생물적 특성

(1) 수산물 품종

어류, 패류, 갑각류에 따라 생산과 출하 및 유통방법에 따라 전문적 관리가 필요하다.

(2) 수산물 생산방법

양식에 따른 특성과 자연산에 따른 특성, 계절에 따른 특성에 따라 생산방법이 상이하다.

(3) 수확시기

수산물의 종류별, 계절별 출하시기를 결정하여 유통시키는 것이 중요하다.

(4) 저장성

수산물의 출하 후 저장방법이나 기술 및 관리에 있어서 전문성이 요구되어진다.

(5) 가공성

최근에는 가공에도 친환경적 기술이 가미되어 안전한 수산물의 가공이 요구된다.

(6) 수송성

출하해서 얼마만큼의 신선도를 유지하고 관리해 나가느냐가 품질과 가격을 결정하게 된다.

3. 품질관리기술

① 품질안정성 유지 기술
② 상품차별화 기술
③ 부가가치창출 기술
④ 시설, 장비의 효율적 이용 기술

[제2절] 수확 후 품질관리 기술의 개념

1. 수확 후 생명유지 작용

(1) 호흡

수산물의 호흡을 유지하기 위해서는 산소 공급장치를 필수적으로 부착해야 하며 청결이 주요하다. 특히 적조생물인 코클로디니움은 물고기 아가미에 붙어 장시간 호흡곤란을 일으키는 것으로 물고기를 죽게 한다. 참고로 이 적조생물은 인체에 유해한 독성이 전혀 없어 수산물 소비와는 아무런 관계가 없다.

(2) 활어 수족관 물 처리

오수란 사람의 생활이나 경제활동으로 인하여 액체성 또는 고체성의 물질이 섞이어 오염된 물이다.
① 수산물판매장 수족관에 사용하는 해수라면 오염되지 않은 순수 해수로 분류해서 개인하수처리시설 등을 거치지 않고 바로 방류하여도 되지만,
② 수족관 청소 수 등은 개인하수처리시설을 설치하거나 공공하수처리시설에 연계하여 처리하는 것이 바람직하다.
③ 수산물 판매장은 폐수배출시설(연면적 700제곱미터이상) 해당여부를 판단한 후 폐수배출시설에 해당되면 배출허용기준을 준수하여 배출하여야 한다.

(3) 성숙(에틸렌 작용)

① 에틸렌 정의 : 가장 간단한 에틸렌계 탄화수소의 하나이며, 합성 유기화학공업의 가장 중요한 물질 가운데 하나로 간주되는데 화학식은 C_2H_4이다
② 에틸렌 용도 : 에틸렌을 중합(작은 분자들이 결합하여 큰 분자를 만드는 반응)시키면 포장용 필름, 전선 피복재, 부드러운 용기 등 여러 용도로 쓸 수 있는 플라스틱 물질인 폴리에틸렌이 된다.
③ 에틸렌 작용 : 에틸렌은 수산물의 성숙을 촉진시키는 호르몬으로 에틸렌 발생으로 당도가 증가하며, 과육이 연화되고, 클로로필(chlorophyll)을 분해하여 성숙하게 한다. 또한 에틸렌은 성숙과 함께 노화를 촉진하고 생리장애를 일으키므로 저장식물은 에틸

렌을 즉시 제거해 주어야 저장성을 증가시킬 수 있다.
④ 순수한 에틸렌은 단맛과 냄새가 나는 무색의 가연성 기체로 어는점 -169.4℃, 끓는점 -103.9℃이다.

(4) 장해
수산물의 생명유지 장애로는 산소공급의 부족, 오염물의 계속 사용, 약품처리의 부작용, 물고기의 스트레스 등이 있다.

2. 유통환경

(1) 온도
현재까지 활어 수조 물 온도를 몇 도가 가장 적정한가에 대한 정확한 이론정립은 되어 있지 않으나 통상적(평균적)으로 활용하고 있는 온도를 기준으로 살펴보면 다음과 같다.

〈표〉 수산물 수족관의 적정 온도

수산물 종류			
어류	패류	갑각류	연체류
광어 12~13℃	굴 7~10℃	보리새우 4~6℃	낙지 10~12℃
놀래미 10~13℃	맛조개 8~10℃	갯가재 13~15℃	주꾸미 9~10℃
우럭 9~11도	소라 8~10℃	랍스타 4~7℃	문어 10~13도
방어, 부시리(이러 : 히라스) 15℃	키조개 14	킹크랩 4~7℃	해삼, 멍게 10~12℃
감성돔 14~15℃	전복 12~14℃	대게 4~7℃	오징어 9~12℃
도다리 12~13℃	가리비 7~10℃	털게 4~7℃	성게 11℃
숭어 8~10℃	바지락 8~10℃	꽃게 4~10℃	개불 13~15℃

(2) 상대습도
수산물의 습도는 농산물과 달라서 크게 시경 쓸 필요가 없다.

(3) 빛
수산물 유통 시 빛이 많이 들어오면 수온상승으로 폐사할 수 있음으로 주의해야 한다.

(4) 진동, 충격
유통 시 진동이나 충격은 어패류 같은 경우 깨질 수도 있고 다른 수산물들은 스트레스를 받아 생존력이 짧아질 수 있으므로 주의해야 한다.

(5) 화학제재 사용 여부
화학재료는 될 수 있는 대로 사용하지 말아야 한다.

(6) 냉동냉장
신선도를 유지하기 위해서는 적정한 냉동과 냉장설비가 필요하다.

3. 품질관리기술
(1) 품질안전성 유지기술
① 예냉, 저온저장, 저온수송
② CA(제어기포)저장(controlled atmosphere storage) : 냉장고를 밀폐하고 온도를 0℃로 내려 냉장고 내부의 산소량을 줄이고 탄산가스의 양을 늘려 농산물의 호흡작용을 위축시켜 변질되지 않게 하거나 수산물의 변질을 막는 저장방법
③ MA(수정기체)포장(modified atmosphere packaging storage) : MA 포장저장에서는 플라스틱 필름자루로 청과물을 밀봉포장하면 호흡에 의해 산소가 소비되고 이산화탄소가 발생하는 동시에 플라스틱필름의 가스 투과성에 의해서 일정량의 가스가 투과되므로 자루 내는 CA 환경이 형성되는 간단한 것이기 때문에 간이 가스저장이라고도 불린다. 수정 기체포장이라든가 CAP(controlled atmosphere packaging:제어기체포장)라고 부르는 경우도 있지만 가장 일반적으로는 MA 포장저장이라든가 단지 MA 또는 MAP라고 한다. 플라스틱필름으로 포장하기 때문에 대량 저장은 곤란하고 또한 포장 내 가스조성은 정밀하게 제어할 수 없기 때문에 유통 시에 단기간의 선도유지에 이용된다.
④ 신선도 유지제, 살균
⑤ 큐어링(curing) : 염장, 말림, 훈연 등의 방법으로 고기, 생선, 담배 등을 보존하는 방법으로 식육(햄, 베이컨, 소시지)의 큐어링제는 발색제, 소금, 향신료, 산화방지제, 점착제와 조미료 등으로 구성되어 있다. 고기제품의 색깔, 육질과 향미 증진과 보수성과 안전성을 개선하는 방법이다.
⑥ 훈증(熏蒸) : 식품에 살균가스를 뿌려 미생물과 해충을 죽이는 방법으로 통제공기저장법은 특히 과일을 오래 저장할 수 있는 조건을 만드는 것이다. 가장 많이 사용하는 통제공기는 질소 92~95%, 산소 3%, 이산화탄소 2~5%로 이루어진다.
⑦ GAP(우수농산물인증제도 : Good Agricultural Practices)는 농림축산식품부가 지정한 제도로서 농산물의 안전성을 확보하기 위하여 농산물의 생산, 수확, 포장단계까지 철저한 관리를 통해 소비자가 안전한 농산물을 먹을 수 있게 인증해 주는 제도이다.
⑧ HACCP(위해요소 중점관리기준) 적용 및 관련기술 : HACCP(Hazard Analysis and Critical Control Point)는 식품의 원재료 생산에서 부터 최종소비자가 섭취하기 전

까지 각 단계에서 생물학적, 화학적, 물리적 위해요소가 해당식품에 혼입되거나 오염되는 것을 방지하기 위한 위생관리 시스템

(2) 상품화기술
① 선별
② 상품포장
③ 탈삽(脫澁) : 감의 떫은맛이 빠짐. 또는 떫은맛을 우려냄.
④ 후숙(afterripening) : 겉보기 성숙을 거친 후에 있어서의 식물의 성숙. 종자가 일단 성숙해도 금방 발아능력을 가지지 못하고 일정한 휴면기를 거치고 난 뒤에 발아가 가능해진다. 이렇게 종자가 발아능력을 가지게 되는 변화기간을, 종자가 시간과 더불어 완전히 성숙하는 것이라고 생각하여 이 현상을 후숙이라고 한다. 이 기간은 식물에 따라서는 거의 없는 것도 있고(보리·까치콩 등), 며칠, 몇 달, 몇 년(가시연꽃)을 필요로 하는 것도 있다.

(3) 부가가치 창조
① 신선편이(fresh-cut) : 신선한 상태로 다듬거나 절단되어 세척과정을 거친, 과일, 채소, 나물, 버섯류로 본래의 식품적 특성을 갖고 있으며 위생적으로 포장되어 있어 편리하게 이용할 수 있는 농산물을 뜻한다.
② 잼
③ 음료
④ 주류가공

(4) 시스템화 기술
유통센터, 물류시스템 구축 및 효율화

제1편 기출 및 예상문제

01 수산물의 수확 후 품질관리의 필요성으로 볼 수 없는 것은?
① 수산물의 변이성   ② 국제여건의 변화
③ 유통구조의 변화   ④ 생산자의 기호변화

 ④는 소비자의 기호변화라고 해야 한다. 그 외에 수산업 소득의 하락이 있다.

02 수산물 유통의 특징으로 볼 수 없는 것은?
① 수산물의 주된 용도는 식품이지만 식품원료, 가공식품, 공업원료로도 많이 이용된다.
② 수산물은 생산 장소, 생산기술과 방법에 따라 동일품종이라도 생산량과 품질이 균일하지 않다.
③ 수산물은 1차 산업이기 때문에 1차 산업에 한정하여 독특한 체계를 유지시켜나가야 한다.
④ 생산기술의 개발로 균일한 제품이 생산되도록 노력해야 하며 이를 표준화, 등급화 하여야 한다.

 수산물은 1차 산업 뿐만 아니라 2, 3차 산업도 수산업 연관 산업으로 해석하고 활용가치가 높은 대체물의 개발하여야 한다.

03 수산물의 수요와 공급에 대한 내용으로 부적절한 것은?
① 수산물은 과다수요에 따른 가격 상승을 고려해서 될 수 있는 대로 많은 양을 냉동보관 하는 것이 바람직하다.
② 수산물은 가격변화에 따른 수요와 공급의 변화가 매우 적어 비탄력적이다.
③ 수산물은 자연의 영향을 많이 받고 일정한 출하시기가 존재하므로 수요의 변화에 따른 즉각적인 공급이 일어나지 않는다.
④ 수산물은 식품으로 생존에 필수적이어서 공급의 변화에 따라 수요가 크게 변하지 않는다.

정답 01. ④   02. ③   03. ①

수산물은 냉동보관의 기간이 길어질수록 신선도가 떨어지기 때문에 많은 양을 냉동보관 처리하는 것은 바람직하지 않다.

04 수산물의 유통과정으로 올바른 것은?
① 생산자 → 도매시장 → 도매상 → 수집상 → 소매상 → 소비자
② 생산자 → 수집상 → 도매시장 → 도매상 → 소매상 → 소비자
③ 생산자 → 도매상 → 도매시장 → 수집상 → 소매상 → 소비자
④ 생산자 → 도매시장 → 수집상 → 소매상 → 소비자

 수산물의 유통과정 : 생산자 → 수집상 → 도매시장 → 도매상 → 소매상 → 소비자이다.

05 다음 보기는 어떤 수송과 관련이 높은가?

― 보기 ―
정확성이나 안전성은 우수하나 융통성이 적고 장거리인 경우 수송비용이 적고 대량운송이 가능하나 단거리인 경우 오히려 비용이 많이 든다.

① 항공수송 ② 철도수송
③ 화물차 수송 ④ 해상수송

 설문의 보기는 철도수송에 관한 것이다.

06 수확 후 품질결정 요소로 가장 관련성이 낮은 것은?
① 소비자 기호 ② 수산물 품종
③ 수산물 수확자 ④ 수산물 가공성

 수확 후 품질결정 요소로서 수산물 수확자는 관련성이 낮다.

07 수산물 유통 시 수족관 생물에 대한 적정온도로 부적한 것은?
① 우럭 9~11℃ ② 꽃게 4~10℃
③ 전복 12~14℃ ④ 오징어 15~17℃

정답 04. ② 05. ② 06. ③ 07. ④

오징어의 수족관의 적정온도는 9~12℃이다.

08 조기를 염장할 때 소금의 침투에 관한 설명으로 옳은 것은? 2021년 기출
① 지방 함량이 많으면 소금의 침투가 빠르다.
② 염장 온도가 높을수록 소금의 침투가 빠르다.
③ 칼슘염 및 마그네슘염이 많으면 소금의 침투가 빠르다.
④ 일반적으로 염장 초기에는 물간법이 마른간법보다 소금의 침투가 빠르다.

 조기를 염장할 때 소금의 침투는 염장 온도가 높을수록 소금의 침투가 빠르다.

09 다음 보기는 품질안정성기술 중 무엇과 관련이 있는가?

─ 보기 ─
염장, 말림, 훈연 등의 방법으로 고기, 생선, 담배 등을 보존하는 방법으로 식육(햄, 베이컨, 소시지)의 큐어링제는 발색제, 소금, 향신료, 산화방지제, 점착제와 조미료 등으로 구성되어 있다. 고기제품의 색깔, 육질과 향미 증진과 보수성과 안전성을 개선하는 방법이다.

① 큐어링(curing) ② 훈증(熏蒸)
③ GAP ④ HACCP

 설문은 큐어링(curing)에 관한 내용이다.
- **훈증(熏蒸)** : 식품에 살균가스를 뿌려 미생물과 해충을 죽이는 방법으로, 통제공기저장법은 특히 과일을 오래 저장할 수 있는 조건을 만드는 것이다. 가장 많이 사용하는 통제공기는 질소 92~95%, 산소 3%, 이산화탄소 2~5%로 이루어진다.
- **GAP(우수농산물인증제도 : Good Agricultural Practices)** : GAP는 대한민국의 농림축산식품부가 지정한 제도로서 농산물의 안전성을 확보하기 위하여 농산물의 생산, 수확, 포장단계까지 철저한 관리를 통해 소비자가 안전한 농산물을 먹을 수 있게 인증해 주는 제도이다.
- **HACCP(위해요소 중점관리기준 ; Hazard Analysis and Critical Control Point) 적용 및 관련기술** : 식품의 원재료 생산에서 부터 최종소비자가 섭취하기 전까지 각 단계에서 생물학적, 화학적, 물리적 위해요소가 해당식품에 혼입되거나 오염되는 것을 방지하기 위한 위생관리 시스템

정답 08. ② 09. ①

제2편 수 확

제1장 성숙도

[제1절] 개 요

① 어류성장에 쓰이는 여러 가지 성장식을 비교 고찰하였는데, 어류 초기 생활사에 대해서는 흔히 Gompertz 방정식을, 치어 이후 성어에 대해서는 von Bertalanffy(VBGF) 성장식이 쓰여 왔으며 각 성장 패러미터들을 수온이나 먹이와 같은 생태계 환경요인에 대한 함수로 정의한 여러 가지 변형된 성장식들이 개발되어 왔다.
② 어류성숙과 성장식은 여러 가지 통계분석방법으로 매개변수와 그 신뢰구간을 추정할 수 있다.

[제2절] 고등어 측정방법 (표본)

① 성숙·성장식들이 통계분석방법에 어떻게 달라지며 어떤 방법이 더 우수한지 1994~1995년 우리나라에서 채집된 고등어 성숙도와 이석자료를 토대로 비교 평가했다.
② 생물학적 최소체장(L50)은 흔히 로지스틱 함수로 구하는데 지금까지 우리나라에서는 체장을 일정구간으로 나눈 다음 그 체장에서 성숙된 개체비율을 체장의 함수로 두고 최소자승법으로 구했는데(SAS proc reg 또는 proc nlin), 최근 컴퓨터 발달로 로지스틱 함수는 체장을 일정구간으로 나눌 필요 없이 최대우도법(Maximum Likelihood)으로 구할 수도 있다(SAS proc logistic).
③ L50 추정치와 그 표준오차가 이 두 방법에 따라 차이가 나는지 부트스트랩으로 검정한 결과 유의한 차이를 찾지 못했다.

[제3절] 분 석

① 이석 성장식의 경우 흔히 가랑이 체장(FL)과 나이의 관계를 VBGF로 구하는데 우리나라 기존연구에서는 연령이 0일 때 기대체장을 고려하지 않는 경우가 많아 초기생활사 성장에 큰 편차를 가져오고 있으므로 이 연구에서는 연령이 0일 때 체장은 산란된 알 지름으로 고정시켰다.

② 이석자료를 가지고 VBGF를 구할 때 FL은 흔히 이석전체반경(OR)과 가랑이체장(FL) 관계를 직선회귀로 구한 다음 각 Fraser-Lee 방법 또는 선형역산법으로 각 연륜 반경에 해당하는 FL을 구하는데, 이 연구에서는 OR과 FL의 비선형관계를 쓰는 비선형 역산법을 추가했다.

③ 역산된 연령별 FL자료는 SAS proc nlin으로 VBGF를 피팅할 수 있는데, 고등어 개체 FL들을 그대로 두고 피팅할 수도 있으며, 나이별로 FL을 평균한 다음 피팅할 수도 있다.

④ 이렇게 모두 3×2=6가지 방법으로 VBGF를 구하여 그 결과를 서로 비교하였다. 고등어 개체 FL들을 그대로 썼을 경우 위 3가지 역산방법에 따라 VBGF는 큰 차이를 보이지 않았다. 그러나 연령별로 FL을 평균하여 피팅했을 경우 Fraser-Lee와 비선형역산법이 선형역산법보다 실제 관찰된 고등어 최대체장을 더 잘 설명했다.

제 2 장 수 확

[제1절] 차가워진 바닷물에 제대로 못 자란 물고기

국립수산과학원 남서해안수산연구소에 따르면 이상저온이 지속되는 바람에 남해안 물고기들이 제대로 자라고 있지 못하다는 조사 결과를 내놓았다. 남해 연안에는 멸치나 전어 같은 고기가 주로 나는 데 이런 고기들 성숙도가 다른 해보다 낮은 것으로 나타났다.

[제2절] 바닷물 온도는 왜 낮아졌을까?

물고기 성숙도를 조사한 남해연안은 4월 깊이 10m 평균수온이 13.5℃로 예년과 비슷했지만, 남해안 물고기들이 겨울을 나려고 내려가 지내는 제주도 서쪽바다 수온이 크게 낮아진 탓이라고 한다. 그쪽 해역 표층수온이 평균적으로 예년에 비해 2~3℃ 낮았는데, 이런 겨울철 한파가 오랫동안 지속됐기 때문이라는 얘기이다. 겨울에 바다가 차가워지고 그것이 오래 계속되는 바람에 물고기가 알을 충분히 낳지 못했거나 알을 낳았다 해도 그것이 제대로 부화하지 못했기 때문이다. 결국 지구온난화로 겨울이 길어지고 혹독해지면서 바닷물도 덩달아 차가워진 탓이 물고기들 산란과 생장에 악영향을 끼친 셈이다. 지구온난화로 북반구 겨울이 길어지고 있다는 얘기는 지구가 더워지는 탓에 북극얼음이 녹는 바람에 그 차가운 영향이 북반구 전체에 영향을 미치기 때문이다.

[제3절] 북극얼음이 녹으면 남해안 물고기가 못 자란다?

지구온난화가 남해안 물고기에게까지 영향을 미쳐 물고기 성숙도가 낮아지는 것이다.

[제4절] 남해안 해양생태계 교란도 예상

바다에도 육지와 마찬가지로 먹이사슬이 존재하는 데, 바다 속 먹이사슬에서 1차 소비자가 멸치인데, 이 멸치를 잡아먹는 물고기로는 고등어가 대표적이다. 멸치가 줄어들면 고등어가 당연히 줄어들게 된다.

[제5절] 오염과 남획에 온도저하까지 겹친 수산업

이미 바다 속 어족자원은 많이 줄어들어 있는데, 여기에 엎친 데 덮친 격으로 바닷물 온도를 비롯한 해양생태계 변화가 밀어닥친 셈이고 잦은 오염물질로 바다가 더러워지고, 거기에 더해 탐지·어획 기술 발달로 지나치게 고기를 많이 잡은 탓이 크다. 그래서 이제는 우리 밥상에 국내산보다 수입산 물고기가 더 많이 올라오고 있는 실정이다. 수입산 수산물의 비중은 점차로 높아지고 있다. 2011년 35.7%, 2010년 37.8%보다 조금 떨어졌지만 30% 초반이었던 2008년과 2009년에 견주면 늘어나고 있다. 수협 공판장을 거치지 않고 시장으로 들어오는 것까지 치면 수입산 비중이 더욱 늘어날 것이다.

[제6절] 갈수록 늘어나는 수입 물고기

고등어는 중국과 노르웨이에서 수입하는데 비중이 21.3%로 낮다. 이밖에 50% 이하 수입 수산물은 아귀 26%, 게 35%, 가자미 45%, 참조기 39%였다. 나머지는 모두 절반을 웃돌았는데, 명태 81%, 새우 96%, 낙지 77%, 포장 바지락 86%, 쭈꾸미 70%, 갈치 53%, 새우살과 코다리 명태가 똑같이 99%, 임연수어 97%, 꽁치 78%, 명태포 92%, 바지락 64%, 홍어 51%였다.

제 3 장　수확 후 생리

[제1절] 호 흡

1. 호흡작용

① 살아있는 생명체로 수확된 수산물은 호흡작용은 계속 진행된다.
② 호흡은 살아있는 생물체에서 발생하는 주된 물질대사 과정으로 전분, 당, 탄수화물 및 유기산 등의 저장양분(기질)이 산화(분해)되는 과정으로 같은 세포 내에 존재하는 복합물질들을 이산화탄소나 물과 같은 단순물질로 변환시키고 이와 동시에 세포가 사용할 수 있는 여러 가지 분자와 에너지를 방출하는 일종의 산화적 분해과정이다. 생성된 에너지는 일부 생명유지에 필요한 대사작용에 소모되기도 하나 수확한 수산물의 경우는 대부분 호흡열로 체외로 방출된다.
③ 호흡하는 동안 발생하는 열을 호흡열이라 하고 이것은 저장과 저장고 건축 시 냉각용적 설계에 중요한 자료가 된다.
④ 수확 후 관리기술은 호흡열을 줄이기 위하여 외부환경요인을 조절한다.

2. 호흡과정

호흡의 과정은 다음과 같다.

포도당 + 산소 → 이산화탄소 + 수분 + 에너지(대사에너지 + 열)
(화학식) $C_6H_{12}O_6 + 6O_2 \rightarrow 6CO_2 + 6H_2O$ + 에너지

3. 호흡에 미치는 환경 요인

(1) 온도

① 수확 후 저장수명에 가장 크게 영향을 주는 요인은 온도이다. 온도는 대사과정에서 호흡 등 생물학적 반응에 크게 영향을 주기 때문이다. 대부분 수산물의 생리적인 반응을 근거로 온도상승은 호흡반응의 기하급수적인 상승을 유도한다.
② 생물학적 반응속도는 온도 10℃ 상승에 2~3배 상승한다. 온도 10℃ 간격에 대한 온도상수를 Q_{10}이라 부르는데 Q_{10}은 높은 온도에서의 호흡률을 10℃ 낮은 온도에서의 호흡률로 나눈 값으로 $Q_{10} = \dfrac{R_2}{R_1}$이라 한다.
③ Q_{10}은 다른 온도에서 알고 있는 값에서 어떤 온도에서의 호흡률을 계산하는데 이용되는 것이다. 보통 Q_{10}은 온도에 따라 다르게 변화하며 높은 온도일수록 낮은 온도에서보다 Q_{10} 값이 적게 나타난다.

④ Q_{10} 값은 여러 온도조건에서 호흡률이나 품질열화 그리고 상대적인 저장수명이 각각 다르게 나타난다. 20℃에서 13일간 저장수명이 유지되는 저장산물이 0℃에서 100일간 유지될 수 있고 반대로 40℃에서는 4일 밖에 유지되지 않는다.

(2) 대기조성

① 수산물은 충분한 산소조건에서 호기성 호흡을 한다. 대부분의 작물에서 산소농도가 21%에서 2~3%까지 떨어질 때 호흡률과 대사과정은 감소한다. 1% 이하의 산소농도는 저장온도가 최적일 때 저장수명을 연장하지만 저장온도가 높을 때는 ATP(아데노신3인산)에 의한 산소소모가 있기 때문에 혐기성 호흡으로 변하게 된다.
② 왁스처리, 표면코팅처리, 필름피막처리포장 등 수확 후 여러 취급과정을 선택하는 데는 충분한 산소농도가 필요하다. 예를 들어 포장 처리하는 동안 대기조성이 잘못될 경우 저장산물은 혐기성 호흡이 진행되어 이취가 발생하게 된다.
③ 저장산물 주변의 이산화탄소 농도가 증가하게 되면 호흡을 감소시키고 노화를 지연시키며 균의 생장을 지연시키지만 낮은 산소 조건에서 높은 이산화탄소 농도는 발효과정을 촉진시킬 수 있다.
④ 산소유무에 따른 호흡유형의 분류
  ㉠ 호기성 호흡
  ㉡ 혐기성 호흡
  ㉢ 미호기성 호흡
  ㉣ 통성혐기성 호흡

(3) 저온 스트레스와 고온 스트레스

① 수확 후 수산물이 받는 스트레스에 따라 호흡률이 크게 영향을 받는다. 일반적으로 수산물은 수확 후 0℃ 이상의 온도 범위에서는 저장온도가 낮을수록 호흡률은 떨어진다. 그러나 열대나 아열대산 원산지인 수산물은 수확 후 빙점온도(0℃) 이상에서 10~12℃ 이하의 온도에서는 저온에 의하여 저온 스트레스를 받게 되는데 이 때 호흡률은 Q_{10}의 공식에 따르지 않는다.
② 온도가 생리적인 범위를 넘으면 호흡상승률은 떨어진다. 이 상승률은 조직이 열괴사 상태에 이르면서 마이너스가 되고 대사과정은 불규칙하게 되면서 효소 단백질은 파괴된다. 많은 조직들은 단지 몇 분 동안 고온에서 견딜 수 있는데 이러한 특성을 기초로 몇몇 수산물에서는 과피의 포자를 죽이는데 이러한 특성을 이용하기도 한다.

(4) 물리적 스트레스

① 약간의 물리적 스트레스에도 호흡반응은 흐트러지고 심할 경우에는 에틸렌 발생 증가와 더불어 급격한 호흡증가를 유발한다. 물리적 스트레스에 의해 발생된 피해표시는

장해 조직으로부터 발생하기 시작하여 나중에는 인접한 피해 받지 않은 조직에까지 생리적 변화를 유발한다.
② 중요한 생리적 변화로는 호흡증가, 에틸렌 발생, 페놀물질의 대사과정 그리고 상처치유 등이다. 상처에 의해 유기된 호흡은 일시적이고 단지 몇 시간이나 며칠 동안 지속된다. 하지만 몇몇 조직에서의 상처는 숙성을 촉진하는 등의 발달과정의 변화를 촉진하여 지속적인 호흡증가를 유지하게 된다. 에틸렌은 호흡을 자극하는 반응 외 저장산물에 많은 생리적인 효과를 가져온다.

4. 호흡상승과 비호흡상승

① 호흡은 산소의 이용 유무에 따라 호기적 호흡과 혐기적 호흡으로 구분할 수 있다. 수산물의 호흡률은 조직의 대사활성을 나타내는 좋은 지표가 되며 따라서 수산물의 잠재적인 저장수명을 예상할 수 있게 한다.
② 수산물의 무게단위당 호흡률은 미숙상태일 때 가장 높게 나타나며 이후 지속적으로 감소한다. 어떠한 수산물은 숙성과 일치하여 호흡이 현저히 증가하는 현상을 보인다. 그러한 호흡현상을 나타내는 수산물을 호흡상승과라고 분류한다.
③ 호흡상승의 시작은 대략 수산물의 크기가 최대에 도달했을 때와 일치하며 숙성동안 발생하는 모든 특징적인 변화가 이 시기에 일어난다. 숙성과정의 완성뿐만 아니라 호흡상승도 작물이 모체에 달려 있을 때나 수확했을 때 모두 진행한다.
④ 또한 어떤 수산물들은 호흡상승을 나타내지 않으며 이러한 수산물들은 비호흡상승과로 분류한다. 비호흡상승과들은 호흡상승과에 비하여 느린 숙성과정을 보이는데 대부분의 수산물류는 비호흡상승과로 분류된다.
⑤ 수확 후의 호흡률은 일반적으로 낮아지는데 비호흡상승과와 저장기관에서는 천천히 낮아지고 영양조직과 미성숙 과일에서는 빠르게 낮아진다. 호흡반응에서의 중요한 예외는 수확 후 언젠가 호흡이 급격히 증가한다는 것인데 이러한 현상은 호흡상승과의 숙성 중 일어난다.
⑥ 수확한 수산물에서의 호흡은 숙성진행과 생명유지를 위해서는 필요하지만 신선도 유지 및 저장이라는 측면에서는 수확 후 품질변화에 나쁜 영향을 끼칠 수 있다. 따라서 수산물의 대사작용에 장해가 되지 않는 선에서 호흡작용을 억제하는 것이 신선도 유지에 효과적이다.

5. 호흡속도

(1) 호흡속도는 수산물의 저장력과 밀접한 관련이 있어 저장력의 지표로 사용된다. 호흡은 저장양분을 소모시키는 대사작용이므로 호흡속도를 알면 호흡으로 소모되는 기질의 양을 계산할 수 있다. 호흡속도는 일정 무게의 생물체가 단위시간당 발생하는 이

산화탄소의 무게나 부피의 변화로 표시한다.
(2) 수확 후 호흡속도는 수산물의 형태적 구조나 숙도에 따라 결정되며 생리적으로 미숙한 생물이나 표면적이 큰 엽채류는 호흡속도가 빠르고 저장기관이나 성숙한 생물은 호흡속도는 느리다. 호흡속도가 빠른 생물은 저장력이 약하다.
(3) 호흡속도가 낮은 수산물은 증산에 의한 중량감소가 잘 조절될 수 있으므로 장기간 저장이 가능하다. 체내의 호흡속도가 높은 수산물은 저장력이 매우 약하며 주위온도가 높아져 호흡속도가 상승하면 역시 저장기간이 단축된다.
(4) 수산물이 물리적, 생리적 장해를 받았을 경우 호흡속도가 상승한다. 따라서 호흡은 수산물의 온전성을 타진하는 수단으로도 이용할 수 있다. 이처럼 호흡의 측정은 수산물의 생리적 변화를 합리적으로 예측할 수 있게 해 준다.
(5) 일반적으로 호흡속도가 빠른 수산물은 수확 후 품질변화도 급속히 진행되는 특성을 보인다.

(6) 호흡속도의 특징
① 주변온도가 높아지면 빨라진다.
② 물리적 또는 생리적 장해의 발생 시 증가한다.
③ 저장가능기간에 영향을 주며 상승하면 저장기간이 단축된다.
④ 내부성분 변화에 영향을 준다.
⑤ 수산물의 온전성 타진의 수단이 되기도 한다.

6. 호흡조절
① 호흡상승과의 공통점은 익으면서 에틸렌의 생성이 증가하며 외부처리로부터 에틸렌 또는 유사한 물질(프로필렌, 아세틸렌 등)을 처리하면 수산물의 호흡이 증가한다.
② 미성숙산물은 에틸렌에 대한 감응능력이 발달되어 있지 않기 때문에 미성숙과 및 비호흡상승과는 에틸렌에 의해 호흡만 증가하고 에틸렌 생성은 촉진되지 않는다.

[제2절] 숙성과 노화

① 숙성과정은 수산물의 조직감과 풍미가 발달하는 단계로 생물체상에서 숙성이 완료되는 수산물은 성숙과 숙성단계의 구별이 모호한 경우가 많다.
② 숙성 다음에 오는 노화는 발육의 마지막 단계에서 일어나는 일련의 비가역적 변화로서 궁극적으로 세포의 붕괴와 죽음을 유발한다.
③ 수산물은 노화를 거치는 동안 연화 및 증산에 의해 상품성을 잃게 되고 병균의 침입으로 쉽게 부패한다.

[제3절] 증산작용

(1) 수산물에서 수분이 빠져 나가는 현상으로 생물의 성장에는 필수적인 대사작용이지만 수확한 산물에 있어서는 여러 가지 나쁜 영향을 미친다.

(2) 수분은 신선한 수산물의 경우 중량의 80~95%를 차지하는 가장 많은 성분이고 신선한 산물의 저장생리에서 매우 중요한 분야이다.

(3) 일반적으로 증산으로 인한 중량감소는 호흡으로 발생하는 중량감소의 10배 정도 크다.

(4) 증산에 따른 상품성의 변화
① 중량감소
② 조직에 변화를 일으켜 신선도 저하
③ 시듦현상으로 외양에 지대한 영향을 미친다. 일반적으로 수분이 5% 정도 소실되면 상품가치를 잃게 된다. 이는 수산물에서도 어류 탄력성이 상실되면 상품가치가 떨어진다.
④ 대부분 수산물은 수분함량이 90% 이상 되는데 온도가 높아지고 상대습도가 낮은 환경에서는 증산이 많아져 산물의 생체중이 5~10%까지 줄어들며 상품성이 크게 떨어지게 된다.
⑤ 수산물은 수분함량이 85~95%로 이루어져 있는데 수분이 5~8% 정도 증산되면 상품가치를 잃게 된다.

(5) 증산작용의 증가
① 온도가 높을수록 증산량은 증가한다.
② 상대습도가 낮을수록 증산량은 증가한다.
③ 공기유동량이 많을수록 증산량은 증가한다.
④ 부피에 비해 표면적이 넓을수록 증산량은 증가한다.
⑤ 큐티클층이 얇을수록 증가한다.
⑥ 표피조직에 상처나 절단된 경우 그 부위를 통하여 증산량이 증가한다.

[제4절] 에틸렌

1. 의 의

① 에틸렌은 기체상태의 식물 호르몬으로 climacteric 수산물의 과숙을 조절하는 작용에 관여한다.
② 대부분의 수산물은 수확 후 노화가 진행되는 동안 에틸렌이 생성되는데 에틸렌 가스는 노화를 촉진시키므로 노화호르몬이라고 부르기도 한다.
③ 에틸렌은 수산물의 연화현상, 숙성과 관련된 여러 가지 생리적 변화를 유발한다.

④ 수산물을 취급하는 과정에서 상처나 불리한 조건에 처하면 조직으로부터 에틸렌이 발생하는데 이는 산물의 품질을 나쁘게 변화시키는 요인으로 작용한다.
⑤ 에틸렌 발생 등을 고려하여 장기간 저장 시는 단일품종, 단일과종만을 저장하는 것이 유리하다.
⑥ 에세폰은 에틸렌을 발생하는 식물조절제로 이용되고 있는데 미국에서는 여러 가지 용도에 처리되고 있다.
⑦ 클로로필(chlorophyll : 엽록소)은 클로로필리드와 피톨로 분해된다.

2. 에틸렌의 특성

① 불포화탄화수소로 상온, 대기압에서 가스로 존재한다.
② 가연성이며 색깔은 없고 약간 단 냄새가 난다.
③ 0.1ppm의 낮은 농도에서도 생물학적 영향을 미친다.
④ 수확 후 관리에 있어 노화, 연화 및 부패를 촉진하여 상품 보존성을 저하시킨다.
⑤ 긍정적 영향으로는 성숙을 촉진시켜 식미를 높이거나 착색 등 외관을 좋게 하기도 한다.
⑥ 화학구조가 비슷한 프로필렌, 아세틸렌가스 등의 유사물질도 에틸렌과 같은 영향을 보이는 경우가 있다.

3. 에틸렌 발생

① 생물체의 대사반응 또는 화학반응에 의해 만들어진다.
② 동물에서는 정상적인 대사산물은 아니나 인간이 숨을 쉴 때에도 미량 발생한다.
③ 고등식물은 종에 따라 발생량의 편차가 크다. 특히 발육단계에 따라 발생량의 편차를 보이는 경우가 흔하다. 엽근채류는 에틸렌 발생이 매우 적지만 에틸렌에 의해서 쉽게 피해를 받아 품질이 나빠지게 된다.
④ 유기물질이 산화될 때 또는 태울 때도 발생하며 화석연료를 연소시킬 때, 특히 불완전 연소될 때 더 많은 양이 발생한다.
⑤ 수산물의 스트레스에 의한 발생
  ㉠ 생물학적 요인 : 병, 해충에 의한 스트레스로 발생
  ㉡ 저온에 의한 발생 : 저온에 약한 작물은 12~13℃ 이하의 온도에서 피해를 일으키는데 이런 피해에 수산물은 에틸렌 발생량이 많아지고 쉽게 부패한다.
  ㉢ 고온에 의한 발생 : 지나치게 높은 고온에 노출되어도 피해를 받으며 직사광선은 수산물의 온도를 높여 생리작용을 촉진하여 에틸렌 발생과 함께 노화를 촉진시킨다.

4. 에틸렌 제거

① 수산물에 따른 에틸렌 발생을 잘 숙지하여 에틸렌을 다량 발생하는 품목은 다른 품목

과 같은 장소에 저장하거나 운송되지 않도록 주의하여야 한다.
② 에틸렌의 제거방법에는 흡착식, 자외선 파괴식, 촉매분해식 등이 있으며 흡착제로는 과망간산칼륨($KMnO_4$), 목탄, 활성탄, 오존, 자외선 등이 이용되고 있다.
③ 1-MCP(1-Methylcyclopropene) : 새로운 생물생장조절제로서 생물체의 에틸렌 결합 부위를 차단하여 에틸렌의 작용을 무력화하는 특성을 지닌 물질이다. 따라서 생물의 노화 등을 감소시켜 수확 후 저장성을 향상시키는데 유용하게 쓰일 수 있다. 1,000ppb의 농도로 12~24시간 사용하여 호흡, 에틸렌 생성, 휘발성 물질 생성, 엽록소 소실, 색깔, 단백질, 세포막 붕괴, 연화 등에 영향을 미쳐 수확 후 저장성 및 품질을 향상시킨다.

5. 에틸렌의 영향

① 저장이나 수송하는 수산물의 후숙과 연화를 촉진시킨다.
② 저장이나 수송 중의 수산물을 탈색시키거나 연화를 촉진시킨다.
③ 신선한 수산물의 푸른색을 잃게 하거나 노화를 촉진시킨다.
④ 수확한 수산물의 연화를 촉진시킨다.
⑤ 수산물에서 생리적인 장해
⑥ 절화의 노화촉진
⑦ 엽록소 함유 엽채류에서 황화현상 및 탈리현상으로 인한 상품성 저하를 가져온다.
⑧ 대부분의 수산물 조직은 조기에 경도가 낮아져 품질저하를 가져온다.

6. 에틸렌의 농업적 이용

(1) 생물의 성숙 및 착색촉진제로 이용된다.
(2) 수확 후 미숙성 시 후숙처리(엽록소 분해, 착색 촉진, 연화 등의 상품가치 향상)를 위한 에틸렌 처리
① 처리조건
  ㉠ 온도 : 18~25℃
  ㉡ 습도 : 90~95%
  ㉢ 시간 : 24~72시간(수산물의 종류 및 숙기에 따라 결정)
  ㉣ 고르게 작물과 접촉할 수 있도록 공기순환이 필요하다.
  ㉤ 이산화탄소 가스의 축적이 심하게 발생할 수 있으며 이 경우 처리효율이 감소할 수 있으므로 환기가 필요하다.
② 농도
  ㉠ 일반적으로 10~100ppm으로 처리한다.
  ㉡ 밀폐도에 따라 농도를 조절할 수 있으며 100ppm 이상 농도에서는 더 이상의 효과

를 보지 못하므로 특별히 고농도 처리는 불필요하다.

(3) 발아촉진제로 사용된다.

7. 에틸렌 피해의 방지

① 피해의 방지를 위해서는 지속적으로 발생하는 에틸렌의 발생원을 제거하거나 축적된 에틸렌을 제거해 줘야 한다.
② 에틸렌의 제거는 에틸렌 감응도가 높은 수산물의 저장성을 향상시키며 절화류에서는 에틸렌 발생을 억제함으로써 선도를 유지할 수 있다.
③ 에틸렌의 민감도에 따라 혼합관리를 피해야 한다.

8. 에틸렌 발생원의 제거

저장고에 과도한 에틸렌의 축적을 방지하기 위해서 발생원을 미리 제거하여야 한다. 저장 작물 중 과숙, 부패 및 상처 받은 수산물은 미리 제거하고 부패성 미생물이 서식할 경우 미생물로부터 에틸렌이 발생하므로 저장고를 미리 소독하여야 한다.

(1) 환기

① 저장기간이 길어지거나 온도가 높을 경우 에틸렌이 축적될 수 있다.
② 에틸렌 축적이 예상될 경우 환기를 시켜 에틸렌 농도를 낮출 필요성이 있다.
③ 저장고와 외부 온도의 차이에 따라 저장고 온도의 급격한 변화가 생기지 않는 범위 내에서 환기하여야 한다.
④ 저장고 외부의 공기가 건조한 경우 저장고 내 습도가 낮아지므로 환기량, 환기 시 외기 온도 및 습도 관리에 주의하여야 한다.

(2) 혼합저장 회피

① 생리현상이나 에틸렌 감응도에 대한 고려 없이 혼합 저장하는 경우 에틸렌 감응도가 높은 수산물은 심각한 피해를 입을 수 있다.
② 저장 적온을 고려하지 않는 경우는 에틸렌뿐만 아니라 저온피해까지 받는 경우가 있다.
③ 작물의 특성을 모르는 경우 혼합저장을 피해야하며 혼합저장을 하는 경우는 저장 적온과 에틸렌 감응도를 고려하여 단기간 저장하여야 한다.
④ 에틸렌 다량 발생 품목과 에틸렌 감응도가 높은 품목을 함께 혼합저장 하는 것은 피해야 한다.

(3) 화학적 제거방법

저장고 내 에틸렌을 제거하면 숙성지연에 따른 품질유지, 부패 등 손실감소 및 엽록소

분해 억제를 통한 신선도 유지효과를 볼 수 있다.
① 과망간산칼리($KMnO_4$)
    ㉠ 에틸렌 산화에 효과적이며 다공성 지지체(벽돌, 질석 등)에 과망간산칼리를 흡수시켜 저장고에 넣어 두면 에틸렌이 흡착 제거되며 주기적으로 교환하여야 한다.
    ㉡ 에틸렌 제거효율이 우수하다.
    ㉢ 에틸렌 발생량이 많은 수산물에 효과적이다.
    ㉣ 과망간산칼리 용액과 작물이 접촉하는 경우 변색이 되므로 주의하여야 한다.
    ㉤ 중금속, 망간을 포함하고 있어 폐기 시 매우 주의하여야 한다.
② 활성탄
    ㉠ 흡착식이다.
    ㉡ 에틸렌 제거효율은 우수하며 포화되기 전에 교체하여야 한다.
    ㉢ 환경 친화적이며 저농도 에틸렌 발생에 유리하다.
    ㉣ 포화된 후에는 흡착된 에틸렌이 누출될 가능성이 있다.
    ㉤ 가열 건조할 경우 재생이 가능하다.
③ 브롬화 활성탄
    ㉠ 활성탄에 브롬을 도포하여 이용하며 저농도 에틸렌도 효과적으로 제거할 수 있다.
    ㉡ 제거효율은 우수하다.
    ㉢ 대량 에틸렌 발생 품목에 적합하다.
    ㉣ 누출된 브롬이나 인산이 수산물과 접촉할 경우 피해를 일으킬 수 있다.
    ㉤ 브롬이 독성화합물이므로 폐기 시 주의해야 한다.
④ 백금촉매처리
    ㉠ 에틸렌을 백금촉매와 고온처리 할 경우 산화되는 것을 이용하여 제거하는 방식이다.
    ㉡ 반영구적으로 사용할 수 있다.
    ㉢ 아세트알데히드와 물이 반응 후 생성된다.
    ㉣ 습도조건에 영향을 받지 않는다.
    ㉤ 고농도의 에틸렌제거에는 불리하다.
⑤ 이산화티타늄(TiO_2)
    ㉠ 이산화티타늄을 자외선과 반응시켜 에틸렌을 산화시키며 함께 살균기능도 추가된다.
    ㉡ 이산화탄소와 물이 반응물로 생성된다.
    ㉢ 저장고 내부에 미생물 살균효과를 같이 기대할 수 있는 이점이 있다.
    ㉣ 반응패널에 먼지가 낄 경우 효율이 떨어지는 단점이 있다.
⑥ 오존처리
    ㉠ 오존의 산화력을 이용하여 에틸렌을 제거하는 방식이다.
    ㉡ 살균효과를 동시에 기대할 수 있는 장점이 있다.
    ㉢ 이산화탄소, 일산화탄소, 포름알데히드 등이 반응물로 생성된다.

㉣ 너무 높은 농도의 오존이 창고내부에 축적되면 저장산물에 직접적인 피해를 줄 수 있으니 주의하여야 한다.

9. 혼합저장 시 고려해야 할 사항
① 저장온도
② 에틸렌 발생량
③ 에틸렌 감응도
④ 방향성 물질에 대한 특성
⑤ 위와 같은 사항을 고려했을지라도 장기보관은 바람직하지 않으며 임시저장 또는 단거리 수송에서만 사용하는 것이 바람직하다.

[제5절] 조직의 변화

1. 세포의 조성

(1) 세포는 세포외피와 그 안에 있는 막구조체의 소기관, 막구조체 사이에 흩어져 있는 기초질로 구성되어 있다.
① 세포외피 : 세포벽, 세포막
② 소기관 : 핵, 리보솜, 소포체, 골지체, 엽록체, 미토콘드리아, 액포
③ 기초질 : 세포골격(미세소관, 미세섬유), 세포질(전분, 단백질, 효소, 탄닌 등)

(2) 세포의 외피구조
① 세포벽의 외측은 일부의 하등식물을 제외하고 일반적으로 견고한 형태이다.
② 세포벽은 원섬유와 기질로 구성된 복합체이다.
　㉠ 원섬유 : 셀룰로오스 분자로 구성된다.
　㉡ 기질 : 헤미셀룰로오스, 펙틴, 리그닌 등의 다당류와 세포벽 단백질, 지질, 무기염류 등으로 구성된다.
③ 세포벽은 1차벽과 2차벽으로 구분되며, 두꺼운 벽에는 벽공과 원형질 연락사가 발달하여 인접한 세포와의 연결기능을 한다.
④ 세포와 세포사이에 중층과 세포간극이 있다.

(3) 세포벽의 기능
① 생물체를 지지하고 고유형태를 유지한다.
② 생물체를 보호하며, 세포의 기능을 지키고, 생물의 여러 가지 운동을 가능케 한다.
③ 조직을 견고하게 하며 외부환경의 영향을 완충하는 동시에 수분, 가스, 병원균 등의 출입을 제한한다.

(4) 세포막

① 세포막은 세포벽 안쪽에 위치하여 세포외피를 구성하며 원형질의 외표면을 직접 둘러싸는 막구조로 원형질막이라고도 한다.
② 구성성분은 인지질이 60~80%, 단백질이 20~40%이며, 이중인지질층으로서 유동 모자이크설로 설명한다.
③ 세포막은 외부와의 경계막으로 물질인식능력과 선택적 투과성을 가지고 있어 양수분의 투과를 조절하는 기능을 한다.

2. 세포벽의 분해

① 세포벽은 과실이 있는 동안 가수분해 효소가 생성되어 분해된다. 수산물에 따라 세포벽을 구성하는 물질의 구성비가 다르기 때문에 수산물의 연화에 작용하는 효소들의 종류도 다르다.
② 펙틴은 주성분인 폴리갈락투론산(polygalacturonic acid)에 의해 음이온 수지와 같은 특징을 갖고 있어 주변 pH와의 미세한 변화에 의해서도 구조가 변형된다.
③ 조개껍데기나 게껍데기에 풍부하게 함유되어 있는 칼슘은 세포벽에서 펙틴의 결합을 더욱 견고하게 만드는 작용을 하여 과육의 연화를 억제하고, 노화를 지연시키며, 수산물을 단단하게 유지하여 저장력을 향상시킨다.
④ 수산물에 Ca^{2+}를 처리하면 에틸렌의 발생지연, 세포막의 기능유지, 미생물에 대한 저항성 향상 및 노화 지연 등의 효과를 얻을 수 있다.

[제6절] 색상의 변화

1. 색상 변화의 개념

① 수산물의 색상은 카로티노이드, 안토시아닌, 엽록소, 리코펜(라이코펜) 등의 색소에 의해 결정된다.
② 색상은 성숙과 밀접하게 연관되어 있으며 품질을 결정하는 매우 중요한 요소이다.
③ 색상의 변화는 엽록소의 파괴와 카로티노이드나 안토시아닌의 합성이 동시에 일어나면서 진행된다.

2. 카로티노이드

① 카로티노이드는 엽록체에 들어 있으며 주로 황색에서 적색을 나타낸다.
② 수산물에서는 엽록소의 존재 때문에 카로티노이드색이 가려지는데 이것을 가면효과(masking effect)라고 한다.
③ 과피색은 성숙과 함께 엽록소가 분해되어야만 축적된 카로티노이드 색소가 발현되어

적황색을 띠게 된다.
④ 일부 수산물에서는 카로티노이드 합성과 엽록소 파괴가 동시에 일어난다.

3. 안토시아닌

① 안토시아닌은 생물세포의 액포 내에 존재하는 매우 다양한 종류의 색소이다.
② 파란색에서부터 빨간색까지 매우 다양한 색을 띠며 각 수산물마다 다양한 색소의 조합을 이룬다.
③ 안토시아닌은 색소배당체로 수용성이고 불안정하겨 쉽게 가수분해되어 안토시아니딘(anthocyanidin)으로 변한다. 즉, 안토시아닌에서 당이 분리되어 색소의 본체인 안토시아니딘을 형성한다.
④ 대표적으로 수산물의 과색을 나타내는 것이 안토시아닌이다.

4. 착 색

(1) 착색에 관여하는 요인
① 당의 축적
  ㉠ 안토시아닌은 구성 원료가 당이기 때문에 수산물 내에 일정량 이상의 당이 축적되어야 수산물 착색이 아름다워진다.
  ㉡ 병해충의 피해나 생리장해 등으로 수관이 복잡하여 광환경이 좋지 않은 수관하부는 가을철 성숙기에 도달하여도 수산물의 착색이 거의 이루어지지 않는다.
  ㉢ 수산물들은 착색에 요구되는 만큼의 충분한 당을 과실 내에 축적하고 있지 못하기 때문이다.
  ㉣ 당의 축적을 위해서는 수산물에 필요한 잎 수의 확보와 수관내부 광 환경 개선이 필수적이다.
② 광
  ㉠ 안토시아닌의 생성은 태양광선에 포함되어 있는 약350mm 파장의 자외선에 직접 노출되어야만 생성된다.
  ㉡ 수관 내에 햇빛의 투과(수광지수)가 좋아지면 과실비대가 양호해지고 당도가 높아져 수산물의 품질도 향상된다.
③ 온도
  ㉠ 안토시아닌의 생성 적온은 품종에 따라 다소 차이는 있으나 대부분 15~20℃의 범위이다. 그리고 10℃ 이하 또는 30℃ 이상의 온도에서는 안토시아닌 생성이 억제된다.
  ㉡ 여름철의 착색은 야간기온이 특히 영향을 미치는데, 야간의 온도가 17~18℃ 이하일 때 착색이 진행되게 한다.

ⓒ 만약 야간기온이 내려가지 않으면 저녁 무렵 미세살수를 이용해서 수산물의 온도를 떨어뜨리는 것도 한 방법이 될 수 있다.
④ 질소
ⓐ 질소성분의 비효가 지나치거나 과다한 여름전정을 하게 되면 수체 내 특히 잎의 질소 성분량이 많아져서 단백질의 생성이 왕성해지기 때문에 수산물의 적색발현에 지대한 영향을 미치는 안토시아닌 색소를 만들기 위한 중간산물이 다른 물질로 전환된다.
ⓑ 질소성분의 과다는 엽록소의 생성을 촉진시켜 착색기에 엽록소의 분해를 지연시키며, 신초의 생장을 왕성하게 하여 수관 내 일광이 줄어들어 착색이 불리한 조건을 만든다.

(2) 착색 증진 기술
① 도장지 제거
② 봉지 재배 시 봉지 벗기기
③ 반사필름 피복
④ 수분관리 및 표토관리

[제7절] 증산작용

1. 수산물의 형태와 증산

① 수확 후 수산물의 증산은 주로 기공이나 피목, 상처나 표피의 왁스질을 통하여 일어난다.
② 생물체의 대부분은 표피가 얇은 왁스질로 덮여 있어 증산작용이 어느 정도 저해되는데, 미숙한 것은 왁스질의 발달이 성숙한 것에 비해 부족하여 수분손실이 심하다.
③ 표면에 있는 털은 수증기의 포화를 유지하고, 표면을 지나는 공기속도를 감소시킴으로써 수분손실을 적게 한다.
④ 수확 후에 수분이 손실되는 속도는 표면적 대 부피의 비와 밀접한 관련이 있다. 부피에 비해 표면적이 큰 수산물은 원형의 수산물에 비해 같은 조건에서도 수분손실이 더 빠르고 심하게 일어난다.
⑤ 증산은 수확 후 유통과정에서 발생하는 기계적 상처를 통해서 심하게 일어나므로 수확, 선별, 포장, 수송 및 유통 중 수산물에 상처가 나지 않도록 조심해야 한다.
⑥ 증산작용은 수분이 많은 수산물의 중량을 감소시키며, 조직에 변화를 일으켜 신선도를 떨어뜨리고, 시들면서 외관에 지대한 영향을 미친다. 수확 후 관리를 소홀히 했을 때 문제될 수 있는 중량의 감소는 호흡 소모로부터 야기되는 것보다 오히려 증산작용에 의해 이루어지는 것이 많다.

⑦ 일반적으로 수산물은 85~95%가 수분으로 이루어져 있는데, 이 중에 수분이 5% 정도 소실되면 상품가치를 잃게 된다.

2. 주변 환경과 증산

① 증산속도는 대기의 수증기압과 수산물 자체의 수증기압의 차이가 클수록 증가한다.
② 수산물 내부는 수분으로 가득 차 있어 결국 대기의 수증기압과 포화 시의 수증기압 차이에 의해 증산속도가 결정되며 이 차이를 수증기압포차(vapor pressure deficit)라고 한다.
③ 습도가 일정한 상태에서 온도가 높아지면 포차가 커져 증산속도가 배로 증가한다. 대체로 온도가 10℃ 오르면 수증기압포차는 두 배로 되어 증산속도가 배로 증가한다.
④ 수산물의 내부는 수분으로 가득 차 있고 표면은 수증기의 얇은 막으로 싸여 있다고 볼수 있다. 따라서 공기가 유동하면 그들을 둘러싸고 있던 수증기 막을 제거하기 때문에 대기와 수산물의 수증기압포차가 커져서 증산작용을 촉진시키고 수분손실을 증가시킨다.
⑤ 수분의 증발속도는 대기압에 역비례하여 압력이 낮을수록 수분은 쉽게 증발한다.

3. 증산 억제방법

① 저장고를 밀봉하고 가습기로 습도를 높여 주며 저온을 유지하면 수증기압포차를 줄일 수 있다.
② 저장 초기에는 수산물을 신속히 냉각시키기 위해 차가운 공기의 유속을 빠르게 하고, 이후에는 저장고 내의 온도를 균일하게 분배하는 데 영향을 미치지 않는 한 공기의 유동을 적게 하는 것이 좋다.
③ 수산물을 플라스틱 필름으로 포장하면 기체의 확산은 어느 정도 자유롭지만 수분의 투과는 억제되어 작물을 신선하게 보존할 수 있다.
④ 수확 후 수산물의 표면에 손상이 일어나면 수분손실이 증가하므로 가급적 취급단계를 줄이고 조심스럽게 다루어야 한다.

제2편 기출 및 예상문제

01 유통마진에 대한 설명 중 옳지 않은 것은?
① 상품의 유통과정에서 수행되는 모든 경제활동에 수반되는 일체의 비용이다.
② 일반적으로 유통마진은 유통비용과 유통이윤으로 구성된다.
③ 유통비용에는 물류비, 인건비 등이 포함되나 감모비는 포함되지 않는다.
④ 상품의 유통마진은 소비자 지불가격과 생산자 수취가격의 차이이다.

유통비용의 구성
1. 직접비용 : 수송비, 포장비, 하역비, 저장비, 가공비 등과 같이 직접적으로 유통하는데 지불되는 비용
2. 간접비용 : 점포임대료, 자본이자, 통신비, 제세공과금, 감가상각비 등과 같이 수산물을 유통하는데 간접적으로 투입되는 비용

02 수산물 유통업체의 수평적 통합이란 무엇인가?
① 동종 라인 혹은 사업의 범주에 있는 생산물이나 회사의 결합
② 어떤 주어진 단계와 어부 혹은 공급원 사이에서 추가적인 단계의 포함을 의미
③ 어느 주어진 단계와 소비자 간의 유통단계의 포함을 의미
④ 같은 회사 안에서 여러 유통단계의 결합을 의미

② 수직적 통합 중 후방통합을 의미한다.
③ 수직적 통합 중 전방통합을 의미한다.
④ 수직적 통합을 의미한다.

03 수산물의 호흡속도의 특징에 대한 설명이 잘못된 것은?
① 주변온도가 높아지면 느려진다.
② 물리적 또는 생리적 장해의 발생 시 증가한다.
③ 수산물의 온전성 타진의 수단이 되기도 한다.
④ 내부성분 변화에 영향을 준다.

정답 01. ③ 02. ① 03. ①

수산물은 주변온도가 높아지면 빨라진다.

04 수산물의 생산과 소비 간의 시간적인 불일치를 조정하기 위한 유통의 기능은?
① 운송기능   ② 저장기능
③ 판매기능   ④ 가공기능

 저장기능은 수산물의 생산과 소비 간의 시간적 불일치를 조정하여 시간적 효용을 창조하는 기능을 수행한다.

05 상품을 구매한 후에 구매영수증을 비롯한 증명서를 제조업자에게 보내면 제조업자가 판매가격의 일정비율에 해당하는 현금을 반출해 주는 가격할인전략은 무엇인가?
① 현금할인   ② 거래할인
③ 리베이트   ④ 특별할인

 단골거래처와의 거래가 일정금액을 넘었을 경우 또는 특별한 판매활동을 하였거나, 판매 서비스를 하였을 경우 리베이트 지급이 적용되며, 리베이트(rebate)란 지불대금이나 이자의 일부 상당액을 지불인에게 되돌려주는 일 또는 그 돈을 말한다. 대금, 요금자체를 감액하는 것은 에누리할인이며, 리베이트는 대금의 지급 수령 후 별도로 이루어진다.

06 수산물의 수확 후 대사조절 방법과 효과가 옳지 않은 것은?
① 에테폰 처리 : 수산물의 착색억제
② 에탄올 처리 : 수산물의 탈삽촉진
③ 중온 처리 : 수산물의 갈변억제
④ UV 처리 : 수산물의 레스베라트롤 함량 증가

 에테폰은 에틸렌 발생을 통하여 착색을 촉진시키는 물질이다.

정답 04. ②   05. ③   06. ①

07 생산자가 협동조합 유통에 참여함으로써 얻게 되는 이득이 아닌 것은 무엇인가?
① 민간 유통업자의 시장지배력 견제
② 유통비용의 절감
③ 안정적인 시장 확보와 가격 안정화
④ 거래교섭력 제고를 통한 완전경쟁체제 구축

 거래교섭력 제고는 생산자의 이득에 해당이 되지만 ④의 완전경쟁체재를 구축하는 것은 이득이 아니다.

08 다음 보기 중 수산물 소매방법에 해당되지 않는 것은 무엇인가?
① 카탈로그 판매 ② 중도매인 판매
③ TV 홈쇼핑 판매 ④ 자동판매기 판매

 ② 중도매인 판매는 수산물의 도매방법에 해당한다.

09 생산자가 협동조합 유통에 참여함으로써 얻게 되는 이익이 아닌 것은 무엇인가?
① 순거래(net position) ② 마진 콜(margin calls)
③ 마진(margin) ④ 베이시스(basis)

 선물거래는 계약이행을 보장하기 위해 부담금(증거금) 제도를 운영하고 있으며, 이 부담금을 마진(margin)이라고 한다.

10 에틸렌을 제거하면 숙성지연에 따른 품질유지, 부패 등의 손실감소를 최소화하여 신선도 유지효과를 볼 수 있다. 다음 중 관련이 없는 것은?
① 과망간산칼리($KMnO_4$) ② 활성탄
③ 이산화티타늄(TiO_2) ④ 일산화탄소

 에틸렌 제거방법에는 ①, ②, ③ 외에도 브롬화 활성탄, 백금촉매처리, 오존처리가 있다.

11 동남아시아에서 생산되는 동결 연육의 주원료로 탄력형성능은 좋으나 되풀림이 쉬운 어종은? 2021년 기출
① 명태 ② 대구
③ 임연수어 ④ 실꼬리돔

 실꼬리돔은 수심 40~100m의 뻘 바닥에서 주로 서식하는 온대성 어류로 동남아시아에서 생산된다.

12 어패류에 함유되어 있는 색소가 아닌 것은? 2021년 기출
① 티라민 ② 멜라닌
③ 구아닌 ④ 미오글로빈

 어패류에 함유되어 있는 색소 : 멜라닌, 구아닌, 요산, 아스타잔틴, 미오글로빈 등

13 수송비를 절감할 수 있는 방법으로 옳지 않은 것은 무엇인가?
① 부패와 감모의 방지 ② 경쟁의 최소화
③ 수송 수용능력의 증대 ④ 수송기술혁신

 경쟁의 유지가 수송비를 절감한다.

14 패류독의 하나로 섭취 시 기억상실, 판별장해 등을 일으키는 것은?
① Amnesic Shellfish Poison ② Lethal dose
③ 입상 ④ Phosphate

 Amnesic Shellfish Poison(ASP)는 기억상실성패독이라고도 한다. Nitzchia pungens forma multiseries라는 규조류(플랑크톤)에 의해 Domoic acid가 생성되어 섭취 시 중독증상이 발병하게 된다. 증상으로는 복통, 설사, 기억상실 등이 있다.

정답 11. ④ 12. ① 13. ② 14. ①

15 해동경직에 대해 옳은 설명은?

① 사후경직이 오지 않은 어육을 동결저장한 뒤, 해동시킬 때 어육이 수축(shortening)되어 Drip이 발생되는 현상이다.
② 해동경직을 방지하기 위해서는 어육 내 ATP농도를 높게 해야 한다.
③ 냉동하지 않은 어육의 사후강직 후에 발생한다.
④ 해동경직과 해동강직은 서로 다른 용어이다.

 해동경직을 방지하기 위해서는 -2~-3℃의 낮은 온도에 며칠간 저장하여 ATP 농도를 적게 하거나, 사후경직이 이미 온 어육을 동결시키는 방법이 있다.

16 어류의 신선도를 유지하기 위하여 연장해야 할 사후변화 단계는? 2021년 기출

① 해경 ② 숙성
③ 사후경직 ④ 자가소화

 사후경직의 시작이 지연되고 지속시간이 길수록 선도 유지효과가 좋다.

17 수산물 또는 수산식품에서 검출된 화학물질이 100ppm인 경우, 이것은 몇 %인가?

① 0.01% ② 1.0%
③ 0.05% ④ 0.1%

 ppm(parts per million)은 100만분의 1을 나타내는 단위로 1g에서 100분의 1g, 물1t에서 1g을 뜻한다. 따라서 100ppm은 100/100만 만큼의 화학물질이 포함되어 있는 것을 말한다.
그렇기 때문에 %로 나타낼 경우 $\frac{100}{1,000,000} \times 100 = 0.01\%$이다.

18 수확한 어획물의 사후반응으로 옳은 것은?

① Freezing Denaturation이 일어난다.
② 글리코겐이 소모되면서 젖산생성이 증가한다.
③ ATP가 증가한다.
④ 산성도(pH)가 증가한다.

◎ 정답 15. ① 16. ③ 17. ① 18. ②

어획물의 사후에 발생되는 현상으로는 사후경직이 있다. 사후경직이란 생물의 사후에 근육이 뻣뻣해지는 상태를 말한다. 호흡이 정지되면서 산소의 공급이 중단되는데, 근육단백질이 변성됨에 따라 ATP가 고갈되고 pH가 급격히 감소되게 된다. 글리코겐과 ATP가 완전히 고갈되었을 때, 엑틴과 미오신의 결합이 더욱 강화되어 경직상태가 일어난다.
① 냉동변성(freezing denaturation)이 일어나지는 않는다.

19 냉동된 고기를 해동시킬 때 유출되는 액체는?
① Jelly meat
② Kippered
③ 드립
④ 동물성단백인자(APF)

 동결 또는 냉동식품을 해동시킬 때 식품내부의 수분이 원상태로 조직에 흡수되지 못하고 유출되는 것을 드립이라고 한다.

20 수산물의 이상수축현상 중 냉각수축의 주요 원인은?   2020년 기출
① pH 저하
② 근육 중 ATP 분해
③ 근육 중 글리코겐 분해
④ 근소포체나 미토콘드리아에서 칼슘이온의 방출

 수산물의 이상수축현상 중 냉각수축은 근소포체 또는 미토콘드리아의 칼슘 이온이 빠져나와 일어나는 현상이다.

21 어패류의 근육 단백질 중에서 함유량이 가장 많은 것은?   2021년 기출
① 액틴
② 미오신
③ 미오겐
④ 콜라겐

 미오신은 근육의 구조 단백질의 약 75%를 차지하고, 콜라겐은 근육조직의 1~2%를 차지한다.

제3편 품질구성과 평가

제 1 장 품질구성요소

[제1절] 품질구성요소

일반적으로 외관, 조직감, 풍미, 영양가치, 안전성 등 다섯 요소로 나눌 수 있다.

1. 외 관

(1) 양적 요인

① 외형을 결정하는 양적 요인으로 크기, 무게, 길이, 둘레, 직경, 부피 등이 포함되며 크기 선별로 객관적 구분이 가능하다.
② 무게, 길이, 크기 등을 계량기준으로 하여 각각의 구분표에서 무게, 길이, 크기가 다른 것의 혼입율로 전체 포장된 산물의 등급이 결정된다. 서로 다른 크기의 작물이 함께 포장되면 전체적인 품질이 떨어진 것으로 여긴다.

(2) 모양과 형태

① 모양이란 품종고유의 모양과 형태를 말한다. 표준규격의 등급판정에 있어 품종고유의 모양이 아니거나 모양이 심히 불량한 경우는 결점으로 분류된다.
② 수산물의 외형을 기술하는 또 다른 요인으로 전반적인 모양 또는 형태는 직경과 높이의 비율로 결정되며 동일한 종 또는 품종은 유사한 형태를 지니게 되므로 이들을 구분하는 수단으로 활용할 수 있다.
③ 정상적인 재배환경에서 자란 작물의 형태는 대체로 유사한 모습을 보이므로 이러한 외형에서 벗어난 작물은 기형으로 취급되며 내적 품질에 관계없이 형태적 측면에서 품질이 낮은 것으로 평가된다.

(3) 색상

① 색택은 소비자에게 가장 강하게 느껴지는 상품의 선택요인의 하나이다. 따라서 색택은 품위를 결정할 때 큰 영향을 주게 된다. 수산물이 지닌 색 자체가 내 품질에 기여하는 정도와는 상관관계를 보이지 않을 수 있다.

② 원예생산물의 기본색을 조절하는 식물색소는 플라보노이드(붉은색의 안토시아닌과 노란색의 플라본), 클로로필(녹색) 및 카로티노이드(노란색~오렌지색) 등이 있다.
③ 색소는 다른 파장에서 빛을 흡수함으로써 특징적인 색깔을 나타낸다. 색깔이나 광택은 수산물의 유전적인 특징이지만 작물의 청결상태나 표면수분에 의해서도 영향을 받는다.
④ 색의 평가
  ㉠ 주관적으로 평가하거나 객관적인 측정을 통하여 평가하고 있다. 주관적 평가는 특별한 장비 없이 육안에 의하여 평가하지만 사람 또는 빛의 상태에 따라 결과가 달라질 수 있어 객관성 또는 신뢰성이 떨어지는 단점이 있다. 객관적 평가는 고가의 장비를 필요로 하며 기계로 측정하여 수치화함으로 객관성과 신뢰성이 담보되는 합리적 평가방법이다.

〈표〉 주요 색소

	색소	색상
프라보노이드계	안토시아닌	pH에 따라 빨간색, 보라색, 파란색으로 나타남
	플라본	노란색
카로티노이드계	카로티노이드	노란색 ~ 오렌지색
	리코펜	주황색
클로로필		엽록소를 주성분으로 하며 녹색

  ㉡ 관능적 평가 : 농산물의 등급판정에 있어 품위 계측의 방법 중 하나로 사과, 감귤, 단감, 참외 등은 착색비율을 구하여 등급항목을 정하고 있다.
  ㉢ 색의 객관적 지표 : 표준색 또는 기기의 측정 수치로 표현하며 색의 3요소인 명도, 색상, 채도(순도)를 수치 또는 기호로 표시한다. 지표로는 칼라차트 또는 색체계가 이용된다.
  ㉣ 보편적으로 Munshell 색체계, CIE 색체계, Hunter 색도 등이 사용되며, Hunter 색도는 명도(L), 적녹색도(a), 황청색도(b)로 계산하여 수치와 색도 간 연관성을 명료하게 나타내 널리 사용된다.

〈표〉 Hunter 색차계

a값(적녹)	(+)적색 ← 0 → 녹색(-)
b값(황청)	(+)황색 ← 0 → 청색(-)
L값(명도)	색상의 밝기를 의미함. 100에 가까울수록 흰색을 나타낸다.

(4) 결점

① 모든 수산물은 완전한 품질을 지닐 것으로 기대할 수 없다. 다양한 원인으로 결점이 발생하여 상품가치를 저하시키거나 상품가치를 완전히 상실하게 된다.
　㉠ 등급판정에 있어 중결점, 경결점으로 분류하여 판정의 주요지표로 삼고 있다.
② 수산물의 결점은 다양한 원인에 의하여 발생하는데 환경적인 원인, 생리적인 원인, 생물학적인 원인, 기계적인 원인, 유전적인 원인, 생태적인 원인, 화학적인 원인, 부적절한 수확 후 관리에 의한 원인 등으로 구분할 수 있다.
　㉠ 환경적 원인 : 기후나 날씨, 토양상태, 관수 등 재배환경에 의하여 결점이 발생하는 경우
　㉡ 생리적 원인 : 영양소 결핍, 수확기의 부적절한 성숙 정도, 내부조직 갈변, 다양한 생리적 장해에 의해 결점이 발생하는 경우
　㉢ 생물학적인 원인 : 작물을 재배하는 과정이나 수확 후 관리하는 과정에서 병해 또는 충해를 입어 수산물이 손상을 받은 경우
　㉣ 기계적 원인(물리적 원인) : 작물을 수확·포장·수송·판매하는 과정에서 여러 가지 원인에 의해 물리적 손상(압상·자상·열상 등)이 발생하는 경우
　㉤ 유전적 원인 : 품종에 따라 특정 결점에 약한 경우로 동록·열과 등이 흔히 발생하여 품질이 떨어지는 경우
　㉥ 생태적 원인 : 수확한 수산물을 저장하거나 유통기간이 길어질 때 생장하여 품질이 낮아지는 경우가 있다.
　㉦ 화학적 원인 : 사용방법이나 시기를 지키지 않고 사용하는 약품 등으로 인한 약품 잔류물이 작물표면을 오염시키거나 또는 동록을 일으키는 경우 또는 작은 반점을 형성하여 품질을 저하시키는 경우

2. 질감 (조직감)

(1) 질감은 식미의 가치를 결정하는 중요한 요인으로 작용하며 수송력에도 많은 영향을 미친다. 수산물의 질감은 촉감인 단단한 정도, 연한정도, 즙액의 양 등과 이로 느낄 수 있는 단단함, 연함, 사각거림, 분질성, 씹힘, 점착성 등이 있고 혀와 입안에서 느낄 수 있는 다즙성, 섬유질, 입자, 점착성, 미끄러움 등 여러 요인에 의하여 결정된다.

(2) 질감은 촉감에 의해 느껴지는 물리적 특성이며 힘, 시간, 거리의 작용을 고려하여 객관적으로 측정할 수 있다.

(3) 질감에 궁극적으로 영향을 끼치는 구조적 요인으로는 세포벽 구성물(전분, 효소, 펙틴) 및 그것들과 결합된 다당류와 리그닌 등을 들 수 있다.

(4) 일반적으로 사용하는 수산물의 질감평가는 경도로서 표시할 수 있다. 대체적으로 신

선 수산물의 경우 가공식품과 달리 조직의 단단함 정도가 경도를 대표하며 이것이 전반적인 질감을 나타내는 대표적인 요인으로 간주될 수 있다.

(5) 수산물에 따른 조직감의 유형
① 숙성이 진행되며 경도가 감소하므로 씹는 느낌의 사각거림을 중요한 조직감의 요인으로 평가된다.
② 석세포가 씹히는 느낌과 다즙성으로 평가된다.
③ 수분함량과 관련하여 과즙의 양에 따라 조직감이 평가된다.
④ 쉽게 연화되는 특성이 있어 연화의 정도로 조직감을 평가한다.

3. 풍미 (맛과 향기)

(1) 풍미(맛과 향기)는 질감보다 정의하기 더욱 어려운 품질 구성 요인인데 대체적으로 풍미는 조직을 입에 넣어 씹을 때 종합적으로 느낄 수 있다. 이는 맛과 향의 화학적 반응에 의하여 입과 코로 인지할 수 있기 때문이다.

(2) 맛을 구성하는 네 가지 기본적인 기준은 단맛, 쓴맛, 신맛, 짠맛으로 나타낼 수 있다. 종종 떫은 맛도 평가기준에 포함되기도 한다. 또한 매운 맛은 정상적인 미각이 아니고 혀의 통각으로부터 느껴지나 고추의 품질평가에서는 중요한 요인이 되기도 한다.

① 단맛 : 조직이 함유하고 있는 당 함량에 의해 결정되며 일반적으로 굴절 당도계를 이용한 당도로 표시한다. 또한 당 함량은 비파괴선별기가 개발되어 주관적 품질을 객관적으로 표시하려는 추세이다.

② 신맛 : 수산물이 가지고 있는 유기산에 의하여 결정되며 작물별로 축적되는 유기산의 종류가 많으므로 산 함량을 조사한 다음 그 작물의 대표적인 유기산으로 환산하여 나타낸다. 단 맛과 신 맛은 상대적으로 당 함량이 높아도 산 함량이 높으면 단 맛을 제대로 느낄 수 없어 당도보다 산 함량이 더욱 중요한 지표로 작용할 수 있다. 또한 유통과정 또는 소비단계에서 단 맛의 증가는 당성분의 새로운 증가보다는 유기산의 소모로 신 맛이 감소하여 상대적으로 단 맛이 강하게 느껴지게 되기 때문이다. 가공식품에 있어서는 적정량의 염분이 첨가되면 단 맛이 강화되기도 한다.

③ 당산비 : 맛을 평가할 때 당과 산의 비율에 의해 결정되는 경우가 많으므로 당산비에 관하여 정확히 이해하여야 한다. 최근 당도도 높고, 동시에 산도가 풍부한 맛이 실제로 우수한 것으로 평가되고 있다.

④ 짠맛 : 소금을 기준으로 결정된다.

⑤ 쓴맛 : 주요한 맛의 결정요인은 아니지만 특정한 조건이나 생리적 장해가 발생했을 때 조직이 쓴맛을 나타내기도 한다. 당근이 에틸렌에 노출될 때 이소구아닌을 합성하여 쓴맛을 나타내는 경우도 있다.

⑥ 떫은 맛 : 성숙하지 않은 수산물에서 종종 나타나며 가용성 탄닌과 관련되어 있다. 떫은 감은 탈삽과정을 거쳐 탄닌이 불용화되거나 소멸되면 떫은 맛이 없게 된다.

(3) 수산물로부터 발산되는 냄새는 향기결정에 중요하지만 이를 구체적으로 결정하기란 쉽지 않다. 사람은 약 1만 종의 냄새를 구분하는데 냄새를 만드는 화학물질은 매우 낮은 농도에서도 독특한 향을 나타내므로 이를 검출하기 매우 어렵다.

4. 영양적 가치

(1) 수산물은 인간에게 필요한 여러 가지 영양물질을 공급해 주는 중요한 공급원이나 영양가치는 눈에 보이는 품질요인이 아니므로 소비자가 수산물을 선택할 때 큰 영향을 미치지 않는 경우가 흔하다.

(2) 수산물로부터 인간에게 필요한 영양물질의 공급은 무기원소, 탄수화물, 지방, 단백질, 비타민 등이 있다. 이러한 영양 물질 중 원예생산물은 섬유소, 무기원소(Na, K, Ca, Fe, P 등), 약간의 탄수화물과 비타민의 중요한 공급원이다.

5. 안전성

(1) 안전성에 영향을 주는 위해요소는 크게 물리적, 화학적, 생물학적 요소로 구분된다.
① 물리적 요소 : 흙이나 돌조각 같은 이물질
② 화학적 요소 : 잔류농약, 중금속 등 유독성 화학물질
③ 생물학적 요소 : 곰팡이, 박테리아, 바이러스와 같은 미생물 및 그들의 독소, 기생충 등

(2) 천연 독성물질
① 쿠쿠비타신(cucurbitacin)과 락투시린(lactucirin) 같은 배당체는 쓴맛을 내는 독성물질이다. 작물의 재배과정에서 환경조건이나 시비 조건이 맞지 않으면 고농도의 질산염과 아질산염이 작물에 축적되는데 이들도 바람직하지 않은 물질로 알려져 있다.
② 토양 내 중금속은 수산물에 축적될 수 는데 수은(Hg), 카드뮴(Cd), 납(Pb) 등의 중금속은 체내 과다축적 시 치명적인 중독증상을 나타내는 것으로 알려져 있다.
③ 재배과정이나 수확 시 환경조건이나 시비조건이 맞지 않으면 고농도의 질산염과 아질산염이 작물에 축적되는데 이들도 바람직하지 않은 물질이다.

(3) 미생물 오염
① 유기질 비료는 수산물에 이용되기 전에 소독처리 과정을 거쳐 신선 생산물이 살모넬라(salmonella)나 리스테리아(listeria) 등의 병균에 오염될 위험을 피해야 한다. 수확된 작물은 토양으로부터 쉽게 오염되므로 수확·선별과정에서 주의 깊게 취급하고 세

척하는 과정이 필요하다.
② 미생물에 대한 안전성 문제는 비위생적인 조건 하에서 수확 후 관리되거나 적정온도(대부분의 경우 0℃)보다 높은 온도에서 최소 가공된 과일 및 수산물에서 일어날 가능성이 더 높다.
③ 미생물 오염과 관련된 안전성 평가는 이미 법제화되어 있고 또한 안전성에 많은 연구가 국내외에서 지속적으로 수행되고 있다.

(4) 잔류농약

① 소비자의 식품안전에 대한 요구와 함께 수산물의 농약잔류에 대한 관심이 커지고 있다. 특히 국가 간 무역에 의한 수산물 수출입 시 검역과도 연관되어 수산물의 경우 농약의 잔류허용기준이 각국마다 정해져 있다. 대부분의 국가들은 수산물에 잔류된 농약을 안전성에 있어서 가장 중요한 요인으로 여기고 있다.
② 잔류 허용기준은 작물별, 농약 종류별로 다르므로 농약의 사용에 있어 반드시 사용지침에 따라 사용하여야 한다.
③ 농약잔류 허용량의 개념 : 농약으로 오염된 산물을 섭취하였을 때 잔류하여도 건강상 무방한 기준농도이다. 설정은 원칙적으로 세계보건기구(WHO), 세계식량농업기구(FAO), 농약전문가합동회의에서 정해진 방법에 따르며 한 가지 농약이라도 여러 작용에 사용되어 작물에 따라 잔류량이 모두 다를 때는 작물별 잔류허용량을 설정하여야 한다.
④ 농약잔류 허용량의 산출 : 특정식품의 1일 평균소비량과 식습관을 고려하며 농약허용 최대한계(permissible level)는 다음 공식에 따른다.

$$P(ppm) = \frac{ADI \times W}{F}$$

P : 농약허용 최대한계(mg/kg 식품)
W : 체중
F : 농약이 함유된 식품의 1일 평균소비량
ADI : 인체 허용 1일 섭취량(mg/kg 체중)

[제2절] 품질구성의 외적요인

시각적 요인, 촉각적 요인, 후각 및 미각적 요인

[제3절] 품질구성의 내적요인 : 영양적 가치, 독성, 안전성

품질을 구성하는 내적 요인으로는 영양적 가치, 독성 및 잔류 농약 등 안전성 문제를 들수 있다.

제 2 장 품질평가 일반

[제1절] 품질의 정의

① 수산물 품질의 우수성은 맛, 조직감, 모양, 형태뿐 아니라 향기, 영양적 가치 및 안전성에 의해 결정된다. 최근에는 영양적 가치나 안전성 및 기능성이 구성요소로 크게 부각되고 있으며 환경친화형 농업의 중요성이 확산되며 잔류농약 등 식품안전성에 관심이 커지고 있어 수산물의 품질평가에 있어 중요한 구성요소로 자리 잡고 있다.
② 체계적인 품질평가는 합리적 가격산정, 품질의 향상, 우수한 상품의 유통을 유도해 소비자의 신뢰도를 높이고 있다.

[제2절] 품질 평가 기준

① 상품성과 관련된 품질 평가는 지금까지 주로 품질의 크기, 부피, 모양, 색깔 등의 외적 요인을 기준으로 수행되어 왔다.
② 최근에는 색깔, 당도, 조직감, 안전성 등의 산물의 내적 요인을 기준으로 한 품질평가가 유통센터를 중심으로 이루어지고 있다.

[제3절] 평가방법

① 품질평가는 파괴적인 방법으로 오래 전부터 사용되어 온 관능검사법과 대형물류센터에서 많은 물량의 품질을 신속하게 판단할 수 있도록 정밀한 분석기기를 이용한 비파괴적 분석방법으로 구분된다.
② 최근까지 주로 크기를 기준으로 한 비파괴적 품질평가가 이루어졌으며 최근까지 당도, 과피색 등이 중심이 되어 이와 관련된 선별기가 개발되어 왔다.
③ 앞으로 농산물의 조직감을 측정할 수 있는 경도평가 방법 및 안전성과 관련한 품질평가방법 확립에 대한 연구가 진행 중이고 머지않아 이와 관련된 자동선별기의 산업화가 가능할 전망이다.

[제4절] 관능검사법

① 수산물의 품질을 한 가지로 통일시켜 객관화하여 측정하기는 불가능하다. 관능검사법은 검사인의 주관적인 판단에 의하여 결정되지만 여러 사람에 의하여 반복되고 훈련되어진 과정을 거쳐 주관적인 결과를 객관화시키는 방법이다. 따라서 숙련된 검사원이 필요하다.

② 상품성의 판단은 보통 맛(당도, 산도 등), 색깔, 질감, 크기와 모양 등을 종합하는데 이 중 당도는 일반적으로 굴절당도계, 질감은 경도계 또는 씹을 때 느낌 등에 의하여 판단하므로 관능검사법은 파괴적인 방법으로 분류한다.

[제5절] 비파괴 품질평가방법

(1) 비파괴 품질평가방법이란 선별과정에서 빠르게 지정한 품질요인 분석을 실시한 뒤 그 결과에 따라 선별하는 방식으로 진행된다. 어류의 비파괴적 방법에 의한 평가요인은 색, 모양, 크기 등의 외양, 질감과 향미 등이다.

(2) 지금까지 이용되고 있는 여러 비파괴 품질평가와 관련한 이용들은 어류의 원산지 판별에 이용되는 광학적 특성 이용방법, 동결의 자동선별장치와 자동선별기에 이용되는 X-ray 및 MRI 이용방법, 그 외 신호의 주파수와 진폭을 품질에 연계하여 해석하여 품질을 분석하는 방법인 음향 또는 초음파 기술 등이 있다.

(3) 비파괴검사법에 있어 파괴적평가방법의 대한 장점 및 단점
① 신속하고 정확하다.
② 사용한 시료를 반복 사용이 가능하다.
③ 숙련된 검사원을 필요로 하지 않아 인건비가 절약된다.
④ 시설의 대형화가 요구된다.
⑤ 시설에 대한 초기 투자비용이 크다.

제 3 장 수산물검사·감정의 표준계측 및 감정방법

[제1절] 목 적

이 고시는 농산물의 검사·검정에 필요한 계측방법 및 감정방법에 관하여 필요한 사항을 규정함을 목적으로 한다.

[제2절] 용어의 정의

① 검사 : 농산물의 상품적 가치를 평가하기 위하여 정해진 기준에 따라 검정 또는 감정하여 등급 또는 적·부로 판정하는 것을 말한다.
② 검정 : 농산물의 품위·성분 등을 기계기구 또는 약품 등을 사용하여 대상농산물을 측정·시험·분석하여 수치로 나타내는 것을 말한다.

③ 감정 : 농산물의 품위 등을 이화학적방법 등을 통하여 농산물의 가치를 판정하는 것을 말한다.
④ 측정 : 농산물의 품위 등을 일정한 시험방법에 따라 어떤 성질을 수량적으로 수치화 하는 것을 말한다.
⑤ 시험 : 일정기간의 실험을 통하여 농산물의 변화 등을 밝혀내는 것을 말한다.
⑥ 분석 : 농산물이 함유하고 있는 유기·무기성분 및 잔류농약 등을 정성·정량적으로 검출하는 것을 말한다.

[제3절] 시료축분 및 체별방법

1. 시료 축분법

시료 축분은 원칙적으로 균분기에 의한다. 다만, 균분기가 없을 경우 또는 균분기로 축분할 수 없는 시료에 대하여는 그 보조방법으로 4분법에 의하여 축분한다.

2. 체별법

시료의 체별은 원칙적으로 사동기에 의한다. 다만, 사동기가 없을 경우 또는 사동기로써 체별을 할 수 없는 시료에 대하여는 그 보조방법으로 체별한다.
* 체별법은 시료를 체로 쳐서 검정하는 방법이라고 생각하고 사동기는 체별하기 위한 일종의 기계장비라고 생각하면 된다.

[제4절] 수치 취급방법

① 계측에 있어서 측정치는 규격수치 단위 이하 1위까지 산출한다.
② 검정치는 규격수치 단위 이하 1위에서 4사5입한 수치로 한다.
③ 모든 계측표에는 측정치로 표시하여야 하며, 검사관계 증빙서류에는 검정치로 표시한다.

[제5절] 분 석

1. 수 분

수분은 105℃ 건조법에 의하여 측정함을 원칙으로 하되 이와 동등한 측정결과를 얻을 수 있는 130℃ 건조법, 적외선 조사식 수분계, 전기저항식 수분계, 전열건조식 수분계 등에 의한 측정을 보조방법으로 채택할 수 있다.

2. 당 도

(1) 측정범위가 Brix 32%이고, 허용오차가 Brix±0.2% 이상인 당도계를 사용한다.

(2) 공시료를 3등분하여 각 1회씩 측정하여 얻은 가중평균치를 측정값으로 한다.

(3) 측정순서
① 센서부분에 증류수를 넣는다.
② ZERO 버튼을 눌러 영점을 조절한다.
③ 측정하고자 하는 즙액을 채취하여 센서부위에 넣는다.
④ START 버튼을 눌러 당도를 측정한다.
⑤ 표시된 수치가 측정하고자 하는 과실의 당도이다.

제 4 장　수산물 검사 검역 시스템

[제1절] 수산물 검사시스템

1. 수출용검사

(1) 근거

농수산물품질관리법 제88조(수산물 등에 대한 검사) 및 제96조(재검사)

(2) 검사대상

외국과의 협약 또는 수출상대국의 요청에 의하여 검사가 필요한 경우로서 해양수산부 장관이 정하여 고시한 수산물·수산가공품

외국과의 협약에 의한 검사
① 미국 : 신선·냉장·냉동 이매패류 ② EU국가 : 수산물(이매패류, 극피류, 피낭류 및 해양복족류 포함) 및 수산제품 ③ 중국 : 원료수산동물, 단순가공품(식용소금을 제외한 첨가물이나 다른 원료를 사용하지 아니하고 원형을 알아 볼 수 있는 정도로 절단, 가열, 자숙, 건조 또는 염장, 염수장 등과 같이 가공한 수산동물) 및 활수생동물(이식용 종묘 및 난 포함) ④ 일본 : 생굴 및 피조개, 기타 이매패류, 처리복어, 활넙치, 뱀장어 ⑤ 베트남 : 식용원료수산물, 식품첨가물이나 다른 원료를 사용하지 아니하고 절단, 가열, 숙성, 건조 또는 염장, 염수장 등과 같이 가공한 수산동·식물 ⑥ 인도네시아 : 식용 어류, 갑각류, 연체동물 및 그 외 수생동물, 제품의 구성성분이 유지되고, 제품 외관상 원형상태를 알아볼 수 있도록 절단, 조리, 건조, 염장 또는 염수장, 훈연, 냉장 및 냉동 처리된 수산생물(식용소금 또는 생원료를 제외한 식품 첨가물 또는 다른 물질 사용이 없어야 함)

⑦ 태국 : 활수산동물을 포함한 원료수산동물, 절단·가열·자숙·건조 또는 염장·염수장·훈제·냉장·동결 등과 같이 가공한 수산동물(식용소금을 제외한 첨가물이나 다른 원료를 사용하지 않아야 함)
⑧ 러시아 : 식용 수산물 및 수산동·식물을 원료로 하는 수산가공품
⑨ 에콰도르: 식용 수산물 및 양식 제품에서 유래한 원재료 및 냉동, 껍질제거, 개별급속냉동, 절단, 건조, 염장 또는 염수장 등의 방식으로 가공된 수산 동식물
※ 위생관리기준에 적합한 생산·가공시설로 등록된 공장(EU, 중국 및 러시아는 선박 포함)에서 생산된 수산물 및 수산가공품에 한함
※ 미국 수출 이매패류(신선·냉장·냉동)는 해양수산부 장관이 정하여 고시한 지정해역에서 생산, 채취되어야 함
※ EU 수출 이매패류, 극피류, 피낭류 및 해양복족류는 EU 지역으로 수출 가능한 국가(우리나라 포함)의 정부에서 관리하는 지정해역에서 생산, 채취되어야 함
※ 수산제품의 포장에는 품명, 국가명, 생산·가공시설 명칭 및 등록번호 표시
※ 관련 규정
- 수산물의 생산·가공시설 및 해역의 위생관리기준(해양수산부고시 제2020-106호)
- 수출을 목적으로 하는 수산물·수산가공품위해요소중점관리기준(농림수산식품부고시 제2002-22호)
- 지정해역의 지정 고시(해양수산부고시 제2013-153호)
- 수출수산물·수산가공품검사대상품목지정(농림수산식품부고시 제2012-265호)

(3) 검사신청인 또는 수입국이 요청하는 기준·규격에 의한 검사

그 기준·규격이 명시된 서류 또는 검사생략에 관한 서류를 첨부하여 신청한다.

(4) 검사기준

수산물·수산가공품 검사기준에 관한 고시(국립수산물품질관리원 고시 제2013-6호)

2. 검 정

(1) 정의

수산물의 품질·규격·성분·잔류물질 또는 이식용 수산물의 병충해 감염 여부 등에 대한 검정

(2) 법적근거

농수산물품질관리법 제98조 및 동법 시행규칙 제125조

(3) 검정항목 및 수수료

〈표〉 검정항목 및 수수료(원)

구 분	검정항목 및 수수료
일반성분	수분, 회분 1항목 8,000 / 지방, 조섬유 1항목 26,000 단백질, 염분, 산가, 전분 1항목 6,000 토사, 휘발성염기질소 1항목 8,600 엑스분, 열탕불용해잔사물 1항목 8,600 젤리강도(한천), 수소이온농도(pH) 1항목 8,600 당도, 히스타민, 트리메틸아민 1항목 8,600 아미노질소, 전질소 1항목 26,000 / 비타민 A 1항목 74,900 이산화황(SO_2) 1항목 43,000 / 붕산 1항목 20,000 일산화탄소 1항목 6,000
식품첨가물	인공감미료 1점 22,000
중금속	수은 1점 33,000 / 카드뮴, 구리, 납 1점 76,700 아연 1점 46,000
방사능	방사능(세슘, 요오드) 1점 50,000
세균	생균수, 대장균군, 분변계대장균 1항목 13,000 장염비브리오, 살모넬라, 리스테리아, 황색포도상구균, 비브리오패혈증 1항목 15,000
항생물질	옥시테트라싸이클린(정성), 옥소린산(정성) 1항목 20,000(정성) 옥시테트라싸이클린(정량), 옥소린산(정량) 1항목 40,000(정량)
독소	복어독소, 패류독소 1항목 53,100
바이러스	노워크바이러스 1점 100,000
기타 (교부)	검정증명서 사본 1부 500

3. 안전성 조사

(1) 의의

① 수산물의 품질향상과 안전한 수산물을 생산·공급하기 위해 수산물에 잔류된 중금속·항생물질·식중독균·방사능 등의 유해물질을 총리령으로 정하는 허용기준 및 식품위생법 등의 관계법령에 따라 잔류허용기준을 넘는지 여부를 조사

② 수산물은 그 특성상 오염·부패가 쉬우므로 생산·출하 단계부터 안전성조사를 실시함으로써 불량수산물 유통근절로 안전한 수산물 생산체계를 구축하고 수산물의 사전 안전성이 확인된 수산물만 유통되도록 함으로써 국민보건 향상에 기여할 수 있다. 그러므로 관련 생산자, 저장자, 출하자는 좋은 품질의 수산물을 만들어 상품의 가치를 높이고, 소비자는 안전한 수산물을 섭취할 수 있게 될 것이다.

(2) 근거
① 농수산물품질관리법 제61조
② 수산물안전성조사업무처리요령(식품의약품안전처 고시 제2021-41호)

(3) 조사대상 및 검사항목
① 조사대상은 주로 연근해산, 원양산 수산물로 생산·저장·거래 전 단계의 수산물과 수산물의 생산을 위하여 사용 또는 이용하는 용수·어장·자재 등이다.
② 검사항목으로는 중금속, 항생물질, 식중독균(장염비브리오균), 패류독소, 복어독, 말라카이트그린 등

(4) 조사기관
① 생산·저장·거래전 단계 수산물은 국립수산물품질관리원 각 지원
② 생산단계 해역 패류독소 조사는 국립수산과학원

4. 부적합품 발생 시 조치
① 유해물질이 허용기준을 넘는 때에는 생산·저장 또는 출하하는 자에게 서면으로 기준 초과 사실을 통지, 생산단계인 경우는 용수·어장·자재 등의 개량명령과 이용·사용의 금지, 수산물의 출하연기·용도전환, 폐기명령과 처리방법을 지정
② 생산자, 저장자, 출하자는 이에 따른 필요조치를 취해야 한다.

5. 수산물의 방사능 오염 여부 검사

〈표〉 수산물에 대한 방사능 검사

국내산	연근해(주 1회)	*동해 : 가자미류, 대게, 청어, 오징어, 다시마 *남해 : 옥돔, 갈치, 고등어, 소라, 김, 미역, 굴 *서해 : 참조기, 굴
	원양산(주1회→2회)	명태, 다랑어, 상어, 꽁치
수입산	일본산(매건 검사)	*수입수산물 전체
	태평양 주요어류(주1회→2회)	명태, 고등어, 가자미, 다랑어, 상어, 꽁치
	그 외 국가 및 품종	*담수산 & 해수산 1회/6월

자료 : 국립수산물품질관리원 / 식품의약품안전처

(1) 수산물 안전 및 품질관리는 해양수산부 산하 국립수산물품질관리원(수품원)과 식품의 약품안전처(식약처)에서 실시하고 있다. 방사능 검사대상 수산물의 경우 국내산(연근해산, 원양산)은 수품원이, 수입산은 식약처가 담당하고 있다.

(2) 국내산 수산물의 방사능 안전성 조사는 국내산의 경우 주1회, 가자미류와 대게, 청어, 오징어, 다시마, 옥돔, 갈치, 고등어, 소라, 김, 미역, 참조기, 굴 총 13개 품목을 대상으로 실시하며, 원양산은 주2회 명태, 다랑어, 상어, 꽁치 총 4개 품목을 대상으로 검사를 진행한다.

(3) 검사는 실제 음식으로 섭취할 때처럼 전처리 과정을 거친 다음 방사능에 오염되었는지를 감마선 분광기로 정밀검사를 실시한다. 감마선 분광기는 수산물 내에 있는 방사성 물질과 그 종류를 식별할 수 있는 최신식 기계로, 방사능이 수산물에 포함되어 있는지, 어떤 종류의 핵종인지를 정확하게 식별할 수 있다.

(4) 방사능 오염여부 방법
시료 → 손질 및 절단 → 분쇄 → 결과해석 → 측정 → 충전

[제2절] 수산물 검역시스템

1. 수출입검역

(1) 근거
① 수산생물질병관리법 제22조(수출입 수산생물의 검역)
② 수산생물질병관리법 제23조(지정검역물)
③ 수산생물질병관리법 제27조(수입검역) 및 제31조(수출검역 등)

(2) 검역대상 지정검역물
① 이식용 수산동물(정액 또는 란을 포함)
② 식용, 관상용, 시험·연구조사용 수산생물 중 어류·패류·갑각류(정액 또는 란을 포함)
③ 수산생물제품 중 냉동, 냉장한 전복류 및 굴
④ 수산생물전염병의 병원체 및 이를 포함한 진단액류가 들어있는 물건

■ 수산생물(수산동물 + 수산식물)
살아있는 어류, 패류, 갑각류, 두족류, 성게류, 해삼류, 미색류, 갯지렁이류, 개불류, 양서류, 자라류, 고래류, 해조류, 해산종자식물

(3) 검역대상 전염병

〈표〉 검역대상 전염병

구분	전 염 병
어류 8종	유행성조혈기괴사증, 잉어봄바이러스병, 바이러스성출혈성패혈증, 전염성연어빈혈증, 참돔이리도바이러스병, 잉어허피스바이러스병, 유행성궤양증후군, 자이로닥틸루스증(자이로닥틸루스살라리스)
패류 5종	보나미아감염증(보나미아오스트래, 보나미아익시티오사), 마르테일리아감염증(마르테일리아레프리젠스), 퍼킨수스감염증(퍼킨수스마리누스), 제노할리오티스캘리포니엔시스감염증, 전복바이러스성폐사증
갑각류 7종	가재전염병, 전염성피하및조혈기괴사증, 노란머리병, 흰반점병, 타우라증후군, 전염성근괴사증, 흰꼬리병

(4) 검역시행장 외의 검역장소 지정

① 검역시행장(검역장소) : 국립수산물품질관리원장이 지정한 장소에서 검역을 실시
② 육상수조 보관시설, 육상수조(축제식을 포함) 양식시설, 수족관시설, 온도조절장치를 갖춘 창고시설, 해상가두리시설

(5) 검역방법

〈표〉 검역방법

구분	검역종류	처리기간	주 요 내 용
수출·수입	서류검사	2일	검역신청서 및 첨부서류의 적정성 여부를 검사
	임상검사	3일	지정검역물의 유영·행동, 외부소견 및 해부학적 소견을 종합하여 검사
	정밀검사	15일	병리조직학적·분자생물학적·혈청학적 및 생화학적 분석방법 등으로 검사

2. 파견검역

(1) 근거

① 수산생물질병관리법 제28조
② 수입수산생물 지정검역물의 수출국가 파견검역 세부절차에 관한 고시

(2) 파견검역대상

① 수산생물을 국내에 수입하려는 자가 그 수산생물을 수입하기 전에 수출국가에서 검역할 것을 요청할 시

② 수산생물 수출국가 정부가 그 수산생물을 수출하기 전에 수출국가에서 검역할 것을 요청할 시

(3) 파견검역 신청인
지정검역물 수입자 또는 수출국가

(4) 파견검역방법
현지에서 검역신청서 접수, 매건 서류・임상 및 정밀검사 실시
① 신청인이 국립수산물품질관리원에서 정밀검사를 희망하는 경우 현지에서 서류검사 및 임상검사를 실시하고 정밀검사용 시료는 지정된 수품원 지원에 송부
② 지정된 수품원 지원장은 송부 받은 시료에 대해 정밀검사를 실시하고 검역결과를 파견검역관에게 통보

(5) 증명서발급 및 검역물 관리
① 파견검역관은 검역결과 적합한 경우 검역증명서를 발급하고 반출시까지 지정검역물을 다른 곳으로 옮길 수 없도록 관리
② 증명서 발급일로부터 7일 이내 반출을 위한 선적 완료 지시 등

3. 유전자변형수산물(LMO) 관리

(1) 유전자변형수산물(LMO)
현대생명공학기술을 이용하여 새로운 유전물질(DNA조각)을 수산물에 주입하여 기존에 없는 유용한 형질(속성장, 질병내성 등)을 가지도록 만든 것을 말함.
※ LMO(Living modified organism, 살아 있는 것), GMO(Genetically modified organism, 일반적으로 식용을 말함)

(2) 정의(유전자변형생물체의 국가간 이동 등에 관한 법률)
① 유전자변형생물체 : 아래의 현대생명공학기술을 이용하여 얻어진 새롭게 조합된 유전물질을 포함하고 있는 생물체를 말함.
② 인위적으로 유전자를 재조합하거나 유전자를 구성하는 핵산을 세포 또는 새포내 소기관으로 직접 주입하는 기술
③ 분류학에 의한 과의 범위를 넘는 세포융합으로서 자연상태의 생리적 증식이나 재조합이 아니고 전통적인 교배나 선발에서 사용되지 아니하는 기술

(3) LMO 수산물 현황

① 국제적인 어업여건의 악화로 '잡는 어업'이 이미 한계에 도달하였고, '기르는 어업'도 해양환경 변화에 따라 한계를 드러내면서 새로운 환경과 여건에서 양식이 쉬운 새로운 수산물에 대한 수요가 증가하고 있으며, 이에 대한 대안으로 LMO 수산물 개발이 한창 진행 중.
② LMO 수산물에 관한 연구는 성장촉진, 질병내성 등의 분야에서 다양하게 진행되어 무지개송어, 연어, 틸라피아, 형광송사리 등 전 세계적으로 약 35종이 넘는 어류를 대상으로 유전자변형이 시도된 바 있으며,
③ 미국·캐나다 합작사인 아쿠아바운티사에서 속성장 대서양연어를 개발하여 미 FDA에 상품으로 승인 요청 중이며, 대만·미국은 관상용 형광물고기를 개발하여 자국 및 아시아 지역에 시판하고 있음.

[제3절] 수산물·수산가공품 검사기준

1. 목 적

이 고시는 농수산물품질관리법시행규칙에 의하여 수산물·수산물가공품의 검사기준에 대하여 규정함으로써 업무의 공정성과 객관성을 확보함을 목적으로 한다.

2. 용어의 정의

① 어·패류 : 어류·패류·갑각류 및 연체류 등의 수산동물을 말한다.
② 신선·냉장품 : 얼음 등을 이용하여 신선상태를 유지하거나 동결되지 아니 하도록 10℃ 이하로 냉장한 수산동·식물을 말한다.
③ 냉동품 : 수산동·식물을 원형·처리 또는 가공하여 동결시킨 제품을 말한다.
④ 건제품 : 수산동·식물의 수분을 감소시키기 위하여 건조하거나 단순히 삶거나, 굽거나, 염장하여 말린 제품을 말한다.
⑤ 염장품 : 수산동·식물을 식염 또는 식염수를 이용하여 절이거나 식염 또는 식염과 주정을 가하여 숙성시켜 만든 제품을 말한다.
⑥ 조미가공품 : 수산동·식물에 조미료를 첨가하여 조림·건조 또는 구워서 만든 제품 및 패류 자숙시 유출되는 액의 유효성분을 농축하여 만든 간장류(쥬스류) 등의 제품을 말한다.
⑦ 어간유·어유 : 수산동물의 간장에서 추출한 유지 또는 이를 원료로 하여 농축한 것(어간유)과 수산동물의 간장을 제외한 어체에서 추출한 유지(어유)를 말한다.
⑧ 어분·어비 : 어류 및 기타 수산동물을 자숙·압착·건조하여 분쇄한 것(어분)과 어류 및 기타 수산동물을 자숙·압착·건조하여 비료로 사용하는 것(어비)을 말한다.
⑨ 한천 : 홍조류중의 한천성분(다당류)을 물리적 또는 화학적 방법에 의하여 추출·응고

및 건조시켜 만든 제품을 말한다.
⑩ 어육연제품 : 어육에 소량의 소금 및 부재료를 넣고 갈아서 만든 고기풀을 가열·응고시켜 만든 탄성 있는 겔 상태의 가공품을 말한다.
⑪ 통·병조림품 : 수산동식물을 관 또는 병에 넣어 탈기·밀봉·살균·냉각 등의 가공공정을 거쳐 만든 제품을 말한다.

3. 수산물·수산가공품의 검사기준

다음의 어느 하나에 해당하는 수산물 및 수산가공품은 품질 및 규격이 맞는지와 유해물질이 섞여 들어오는지 등에 관하여 해양수산부장관의 검사를 받아야 한다.

(1) 정부에서 수매·비축하는 수산물 및 수산가공품

(2) 외국과의 협약이나 수출 상대국의 요청에 따라 검사가 필요한 경우로서 해양수산부장관이 정하여 고시하는 수산물 및 수산가공품

① 해양수산부장관은 (1) 외의 수산물 및 수산가공품에 대한 검사 신청이 있는 경우 검사를 하여야 한다. 다만, 검사기준이 없는 경우 등 해양수산부령으로 정하는 경우에는 그러하지 아니한다.
② 검사를 받은 수산물 또는 수산가공품의 포장·용기나 내용물을 바꾸려면 다시 해양수산부장관의 검사를 받아야 한다.
③ 해양수산부장관은 다음의 어느 하나에 해당하는 경우에는 검사의 일부를 생략할 수 있다.
　㉠ 지정해역에서 위생관리기준에 맞게 생산·가공된 수산물 및 수산가공품
　㉡ 등록한 생산·가공시설 등에서 위생관리기준 또는 위해요소중점관리기준에 맞게 생산·가공된 수산물 및 수산가공품
　㉢ 다음의 어느 하나에 해당하는 어선으로 해외수역에서 포획하거나 채취하여 현지에서 직접 수출하는 수산물 및 수산가공품
　　ⓐ 원양어업허가를 받은 어선
　　ⓑ 수산물가공업을 신고한 자가 직접 운영하는 어선

4. 수산물 등의 표시기준

① 수산물 등에는 제품명, 중량(또는 내용량), 업소명(제조업소명 또는 가공업소명), 원산지명 등을 표시하여야 한다. 다만, 외국과의 협약 또는 수입국에서 요구하는 표시기준이 있는 경우에는 그 기준에 따라 표시할 수 있다.
② 무포장 및 대형수산물 또는 수입국에서 요구할 경우에는 그 표시를 생략할 수 있다.

제3편 기출 및 예상문제

01 수산가공품의 묶음 단위로 옳지 않은 것은?   2020년 기출
① 마른 김 1첩 - 10장
② 마른 김 1속 - 100장
③ 굴비 1톳 - 20마리
④ 마른 오징어 1축 - 20마리

 굴비 1두릅 - 20마리

02 수산물을 건조할 때 감률 제1건조 단계에 관한 설명으로 옳지 않은 것은?   2021년 기출
① 표면 경화 현상이 생기기 시작한다.
② 항률 건조 단계에 비해 건조 속도가 느리다.
③ 한계 함수율에 도달하기 직전의 건조 단계이다.
④ 내부의 수분 확산에 의해 건조 속도가 영향을 받는다.

 한계 함수율에 도달하기 직전의 건조 단계는 감률 제3건조 단계이다.

03 기능성 수산가공품에는 고시형과 개별 인정형이 있다. 다음 중 개별 인정형에 해당하는 것은?   2019년 기출
① 리프리놀
② 글루코사민
③ 클로렐라
④ 키토산

- 개별 인정형 : 리프리놀
- 고시형 : 글루코사민, 클로렐라, 키토산

정답 01. ③   02. ③   03. ①

04 알긴산에 관한 설명으로 옳지 않은 것은? 2021년 기출

① 고분자 산성다당류이다.
② 2가 금속 이온에 의해 겔을 만든다.
③ 감태와 모자반 등이 원료로 사용된다.
④ 아가로즈와 아가로펙틴으로 구성되어 있다.

 한천의 주성분은 아가로즈와 아가로펙틴이다.

05 냉동 어패류의 프리저번 또는 갈변을 방지하기 위한 보호처리로 옳지 않은 것은?
2021년 기출

① 블랜칭 ② 급속동결
③ 글레이징 ④ 방습포장

 냉동 어패류의 프리저번 또는 갈변을 방지하기 위한 보호처리에는 블랜칭, 글레이징, 방습포장 등이 있다.

제4편 수확 후 처리

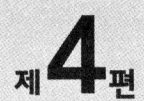

제 1 장 세 척

[제1절] 세척, 큐어링, 예냉 방법

1. 건식세척

① 비용은 저렴하게 드나 재오염의 가능성이 높은 단점이 있다.
② 체눈의 크기를 이용한 이물질의 제거
③ 바람에 의한 이물질의 제거
④ 자석에 의한 이물질의 제거
⑤ 원심력에 의한 이물질의 제거
⑥ 솔을 이용한 이물질의 제거
⑦ 정전기를 이용한 미세먼지 제거
⑧ X선에 의한 이물질의 제거

2. 습식세척

① 수법과 확산과 이동의 물리적 방법을 사용하여 제거하는 방법이다.
② 세척 후 습기제거가 수반되어야 한다.
③ 재오염이 되지 않도록 하고, 손상이나 변질이 없어야 한다.
④ 세척수를 이용한 담금에 의한 세척
⑤ 분문에 의한 세척
⑥ 부유에 의한 세척
⑦ 초음파를 이용한 세척

3. 자외선 살균

자외선을 이용하여 세균, 곰팡이 등을 죽여 살균효과를 높이며 주로 이용되는 자외선의 파장은 10~400nm인 것이 화학작용에 강하다.

4. 탈 수

세척 후 원예산물에 남아있는 수분을 제거하여야 한다. 부착수가 남은 경우 곰팡이, 미생물 등의 증식으로 인한 부패, 골판지상자의 강도저하요인 등이 될 수 있다.

[제2절] 큐어링

① 수확 시 수산물이 받은 상처에 상처 치료를 목적으로 유상조직을 발달시키는 처리과정을 말한다.
② 수확 시 입은 상처는 병균의 침입구가 되므로 빠른 시일 내에 치유가 되어야 수확 후 손실을 줄일 수 있다.

[제3절] 예 냉

(1) 수확 후 수산물에서 발생할 수 있는 품질악화의 기회를 감소시켜 소비할 때까지 신선한 상태로 유지할 수 있도록 하는 매우 중요한 수확 후 처리과정이다.

(2) 수확한 수산물은 본주로부터 더 이상 양분과 수분을 공급받지 못하지만 생리현상은 계속 진행되므로 축적된 양분과 수분을 이용하여 생명현상을 유지하여야 하는데 이러한 대사작용의 속도는 온도에 영향을 크게 받으므로 수확 후 온도관리는 가장 중요한 수확 후 관리기술이다.

(3) 수확한 수산물에 축적된 열을 포장열이라 하는데 수확기 온도가 높은 작물이 저장고에 입고되는 경우 저장고 온도가 잘 떨어지지 않는다. 예냉은 이러한 포장열을 수산물에 나쁜 영향을 주지 않는 적합한 수준으로 온도를 낮추어 주는 과정이다.

(4) 수확 직후의 수산물의 품질을 유지하기 위하여 수송 또는 저장하기 전의 전처리로 급속히 품온을 낮추는 것을 예냉이라 한다.

(5) 수산물을 저장하기 전에 동결점 근처까지 급속히 냉각시켜 호흡을 억제함으로서 저장양분의 소모를 감소시켜 품질열화를 방지하고 저장성과 수송성을 높이며 증산과 부패를 억제하여 신선도를 유지하기 위해 사용한다.

(6) 수산물 자체의 호흡량을 억제하는 냉각작업으로 저온유통체계를 활성화시킨다.

(7) 예냉의 효과
① 수산물의 온도를 낮추어 호흡 등 대사작용 속도를 지연시킨다.
② 에틸렌 생성억제
③ 병원성 미생물 및 부패성 미생물의 증식 억제

④ 노화에 따른 생리적 변화를 지연시켜 신선도 유지
⑤ 증산량 감소로 인한 수분손실 억제
⑥ 유통과정의 수산물을 예냉함으로 유통과정 중 수분손실 감소

(8) 예냉의 효과를 높이기 위한 방법
① 수확 후 바로 저온시설에 수송하기 어려운 경우 차광막 등 그늘에 둔다.
② 수산물에 적합한 냉각방식을 택하여 적용한다.
③ 예냉의 시기를 놓치지 않고 제때에 예냉한다.
④ 속도와 목표온도가 정확하여야 한다.
⑤ 예냉 후 처리가 적절하여야 한다.

(9) 예냉 적용 품목
① 호흡작용이 격심한 품목
② 기온이 높은 여름철에 주로 수확되는 품목
③ 인공적으로 높은 온도에서 수확된 수산물
④ 선도 저하가 빠르면서 부피에 비하여 가격이 비싼 품목
⑤ 에틸렌 발생량이 많은 품목
⑥ 증산량이 많은 품목
⑦ 세균, 미생물 및 곰팡이 발생률이 높은 품목과 부패율이 높은 품목

(10) 예냉방식
① 냉풍냉각식(Room Cooling)
  ㉠ 일반 저온저장고에 냉장기를 가동시켜 냉각하는 방식으로 냉각속도가 매우 느리며 냉각시간은 냉각공기와 접하는 상자 표면적과 산물 중량에 따라 좌우된다.
  ㉡ 냉각속도가 느리므로 급속 냉각이 요구되는 수산물에는 적용할 수 없지만 온도에 따른 품질저하가 적은 수산물 등에 주로 이용된다.
  ㉢ 저장고 면적에 비하여 적은 양의 수산물을 넣고 냉각시킬 경우 지나치게 건조하게 되어 품질이 떨어지기도 한다.
  ㉣ 장점
    ⓐ 일반저온저장고를 이용하므로 특별한 예냉시설이 필요하지 않다.
    ⓑ 예냉과 저장을 같은 장소에서 실시하므로 예냉 후 저장 산물을 이동시킬 필요가 없다.
    ⓒ 냉동기의 최대부하를 작게 할 수 있다.
  ㉤ 단점
    ⓐ 냉각속도가 느려 급속한 냉각이 요구되는 수산물에는 이용할 수 없으며 예냉

중 품질저하의 우려가 있다.
ⓑ 포장용기와 냉기사이에 접촉이 좋도록 적재하여야 하기 때문에 용기 사이에 공간을 두어야하므로 저장고 활용면적이 낮다.
ⓒ 냉각이 용기주변으로부터 내부로 진행되므로 내부의 공기가 외부로 이동하면서 외부쪽 수산물에 결로가 생길 우려가 있다.
ⓓ 적재위치에 따라 온도가 불균일하기 쉽다.

② 강제통풍식 예냉(Forced Air Cooling)
㉠ 공기를 냉각시키는 냉동장치와 찬공기를 적재물 사이로 통과시키는 공기순환장치로 구성하여 예냉고 내의 공기를 강제적으로 교반시키거나 산물에 직접 냉기를 불어 넣는 방법으로 냉풍냉각식 보다는 냉각속도가 빠르다.
㉡ 냉각 소요시간은 품목, 포장용기, 적재방법, 용기의 통기공, 냉각용량 등에 영향을 받는다.
㉢ 포장상자의 통기공이나 적재방법에 따라 냉각속도에 큰 차이가 있다. 적재상자와 상자 사이로 찬 공기가 흐르지 않고 상자의 통기공을 거쳐 산물과 직접 접촉하게 공기가 흐르도록 하여야 한다.
㉣ 수산물이 비를 맞았을 경우 냉각효과가 떨어지므로 입고량을 줄이고 풍량과 풍속을 증가시켜 냉각속도를 빠르게 하여야 한다.
㉤ 냉풍온도는 동결온도 보다 낮으면 동해를 입을 수 있으므로 산물의 빙결점보다 1℃ 정도 높은 온도로 하는 것이 안전하다. 또한 저온장해를 입기 쉬운 품목은 저온장해를 일으키지 않는 온도범위를 결정하여야 한다.
㉥ 장점
ⓐ 냉풍냉각식에 비하여 예냉 속도가 빠르다.
ⓑ 예냉실 위치별 온도가 비교적 균일하게 유지된다.
ⓒ 기존 저온저장고의 개조가 가능하므로 시설비가 저렴하다.
ⓓ 예냉 후 저장고로 사용이 가능하다.
㉦ 단점
ⓐ 냉기의 흐름과 방향에 따라 온도가 불균일해질 가능성이 있다.
ⓑ 냉각기 근처의 산물은 저온장해를 받기 쉽다.
ⓒ 차압통풍식에 비하여 예냉속도가 느리다.
ⓓ 가습장치가 없을 경우 과실의 수분손실을 가져올 수 있다.

③ 차압통풍식 예냉
㉠ 강제통풍식에 비하여 냉각속도가 빠르고 약간의 경비로 기존 저온저장고의 개조가 가능하다.
㉡ 포장용기 및 적재방법에 따라 냉각편차가 발생하기 쉽다.
㉢ 냉각속도는 강제통풍에 비해 빠르고 냉각 불균일은 비교적 적다.

ⓔ 골판지 상자에 통기구멍을 내야하고 차압 팬에 의해 흡기 및 배기된다.
　ⓜ 장점
　　　ⓐ 공기가 상류층에서 하류층으로 항상 흐르므로 냉풍냉각식과 같은 결로현상이 없다.
　　　ⓑ 냉각 중 변질이 적다.
　　　ⓒ 강제통풍식과 같이 거의 모든 작물의 예냉에 이용이 가능하다.
　　　ⓓ 냉각속도가 빨라 단위시간, 예냉고 체적당 냉각능력이 크고 예냉비용을 줄일 수 있다.
　ⓗ 단점
　　　ⓐ 상자의 적재 시간이 많이 걸린다.
　　　ⓑ 용기에 통기공을 뚫어야 하므로 골판지 상자의 경우 강도저하 요인이 된다.
　　　ⓒ 공기 통로가 필요하므로 적재효율이 나쁘다.
　　　ⓓ 적재량이 많거나 냉기 관통거리가 길어지면 상류와 하류의 온도가 균일하지 않을 수 있다.
　　　ⓔ 풍속이 빨라지면 중량감소가 많아질 수 있다.
④ 진공예냉식 예냉
　㉠ 수산물의 주변에 압력을 낮추어 산물로부터 수분증발을 촉진시켜 증발잠열을 빼앗는 원리를 이용하여 냉각한다. 물은 1기압(760mmHg)에서는 100℃에서 증발하나 압력이 저하되면 비등점도 낮아져 4.6mmHg에서는 0℃에서 끓기 시작하며 0℃의 물 1Kg이 증발할 때 597Kcal의 열을 빼앗긴다.
　㉡ 장치는 진공조, 진공장치(진공펌프 또는 이젝터), 콜드 트랩, 냉동기 및 제어장치 등으로 구성되어 있다.
　㉢ 냉각속도가 서로 다른 품목을 혼합하는 경우 위조현상이나 동해의 발생도 가능하므로 냉각시간이 같은 종류의 품목을 조합하여야 한다.
　㉣ 장점
　　　ⓐ 냉각속도가 빠르고 균일하다.
　　　ⓑ 출하용기에 포장 상태로 예냉이 가능하다.
　㉤ 단점
　　　ⓐ 시설비와 운영 경비가 많이 든다.
　　　ⓑ 품목에 따라서는 냉각이 잘 되지 않는 품목도 있다.
　　　ⓒ 수분의 증발에 따라 중량의 감모현상이 발생할 수 있다.
　　　ⓓ 조작에 따라 수산물의 기계적 장해가 생길 수 있다.
⑤ 냉수냉각식
　㉠ 냉각기 또는 얼음으로 물을 0~2℃로 냉각하여 매체로 사용하여 냉수와 산물의 열전달에 의하여 냉각하는 예냉방식이다.

ⓛ 접촉방식에 따른 유형
　　　ⓐ 스프레이식 : 압력으로 가압한 냉각수를 분무하여 냉각하는 방식
　　　ⓑ 침전식 : 냉각수가 들어 있는 수조에 침전시켜 냉각하는 방식
　　　ⓒ 벌크식 : 대량의 벌크 상태의 산물을 냉각전반은 침전식으로 후반은 컨베이어 벨트로 끌어 올려 살수하여 냉각하는 방식
　　ⓒ 냉각효율은 매우 좋으나 실용화를 위해서는 미생물 오염과 같은 여러 문제점을 해결하여야 한다.
　　ⓔ 청과물이 물에 젖게 되므로 작물에 따라 문제가 생기기도 한다.
　　ⓜ 장점
　　　ⓐ 냉각속도가 매우 빠르다.
　　　ⓑ 위조현상이 없고 오히려 작물에 따라 시듦현상이 회복될 수 있다.
　　　ⓒ 냉각 중 동해가 발생할 우려가 없다.
　　　ⓓ 시설비 운영경비가 다른 냉각법에 비하여 적게 든다.
　　ⓗ 단점
　　　ⓐ 포장재에 따라 흡습으로 무거워질 수 있다.
　　　ⓑ 골판지 상자를 포장재로 사용할 경우 강도가 저하된다.
　　　ⓒ 물에 젖게 되므로 품목에 따라서는 사용이 불가능하다.
　　　ⓓ 냉각수에 의해 미생물 등에 오염될 수 있다.
　　　ⓔ 부착수를 제거하여야 한다.
⑥ 빙냉식
　　ⓛ 잘게 부순 얼음을 수산물과 함께 포장하여 수송하므로 수송 중 냉각이 이루어진다.
　　ⓒ 얼음과 산물이 직접 접촉하므로 신속한 예냉이 이루어진다.
　　ⓔ 일반적으로 고온에 품질변화가 빠르고 물에 젖어도 변화가 적은 작물에 이용된다.
　　ⓖ 포장재가 젖게 되므로 내수성이 강한 재료를 사용하여야 한다.

(11) 예냉방식별 적용가능 품목
① 냉풍냉각식, 강제통풍식, 차압통풍식
② 냉수냉각식
③ 진공예냉식
④ 빙냉식

(12) 예냉효율의 의미와 요인
① 예냉효율은 산물의 온도저하 속도를 의미한다.
② 생산물의 품온과 냉매의 온도차이
③ 냉매의 이동속도

④ 냉매의 물리적 성상
⑤ 표면적의 기하학적 구조 등의 요인에 의해 결정된다.
⑥ Q_{10}값이 클수록 효율이 높다.

제 2 장 　 반감기

① 예냉효율의 지표가 되며 예냉효율은 온도가 절반으로 소요되는 시간을 의미하는 반감기 개념을 이용하여 표시한다.
② 방사성 물질의 반감기는 방사성 물질의 양이 반으로 줄어드는데 소요되는 시간을 의미하는 것과 같이 수산물의 온도를 목표하는 온도까지 절반으로 줄어드는데 소요되는 시간을 말한다.
③ 반감기가 짧을수록 예냉이 빠르게 이루어지는 것으로 해석할 수 있다.
④ 단감의 경우 품온 반감시간은 50분 정도이며 목표온도까지 떨어지는데 6~8시간이 소요된다.

제4편 기출 및 예상문제

01 수산물의 품질 고급화와 안전한 수산물 공급체계 구축에 대한 설명으로써 옳지 않은 것은?
① 신선 수산물 공급을 위한 Cold Chain System 구축
② 유통단계 소비단계의 안전성 조사에 중점
③ 유전자 변형 수산물(GMO) 표시제 도입
④ 친환경 수산물 표시제 도입

 생산단계 산지출하단계의 안전성 조사에 중점을 둔다.

02 신선편이 수산물의 가공공정 중에 이용되는 세척수의 온도로 적당한 것은?
① 3~5℃
② 13~15℃
③ 23~25℃
④ 온도는 상관이 없다.

1. 신선편이 수산물은 보통 3차례의 세척을 실시하는 데 이때 세척에 사용되는 물은 오염되지 않은 것으로 선도유지를 위하여 주로 3~5℃ 내외의 냉각수를 사용한다.
2. 1차 세척은 벌레나 이물질 등을 제거하고, 2차 세척은 보통 염소수를 사용하여 미생물을 제거하며, 3차 세척은 깨끗한 물로 헹군다.

03 중계시장 기구를 통하지 않고 생산자와 소비자 또는 판매점이 직결된 형태로 시장기능을 수직적으로 통합하는 시장 활동은 어떤 것인가?
① 시장외 거래
② 시장 거래
③ 수직적 시장
④ 수평적 시장

 중계시장 기구를 통하지 않고 생산자와 소비자 또는 판매점이 직결된 형태의 시장기능을 시장외 거래라고 한다.

정답 01. ② 02. ① 03. ①

04 수확 후 처리조건에 따른 수산물의 품질에 미치는 영향으로 알맞지 않은 것은?
① 수확 후 상온에 오랜 시간 방치하면 미생물이 번식하기 쉽다.
② 수확 후 상온에 오랜 시간 방치하면 조직감이나 풍미가 떨어지고 영양성이 감소한다.
③ 수확 후 상온에 오랜 시간 방치하면 수분손실이 일어난다.
④ 수확 후 저온에 의하여 비타민 C의 파괴가 많이 일어난다.

1. 수확 후 고온에 의하여 비타민 C의 파괴가 많이 일어난다.
2. 수확 당시 수산물의 상태와 주변온도, 특히 직사광선에 노출되었을 때 커다란 영향을 받는다.
3. 저온장해를 포함한 여러 가지 생리장해도 수산물의 영양성에 많은 영향을 미친다.

05 점점 소비자의 생활수준이 향상되고 식품소비 구조가 고급화·다양화되고 있는 추세인데, 이것이 수산물유통에 주는 의미 중 가장 알맞은 것은?
① 친환경 유기 농·수산물의 수요가 증가함에 따라 새로운 유통문제가 발생할 수 있다.
② 대형소매업체는 고품질 수산물을 대포장으로 판매하는 경향이 커진다.
③ 수산물 소비패턴의 고급화·다양화는 수산물유통 대상품목을 곡류 중심으로 집중시킨다.
④ 수요 및 공급의 가격탄력성이 낮은 품목은 시장가격의 변동이 상대적으로 작다.

식품소비 구조가 고급화·다양화됨에 따라 최근엔 고품질 농·수산물의 소포장화, 신선식품, 가공식품 및 편의식품에 대한 소비가 증가하고 있다.
④ 수요 및 공급의 가격탄력성이 낮은 품목은 시장가격의 변동이 상대적으로 크다.

06 수산물의 품질을 구성하는 요소가 아닌 것은 무엇인가?
① 영양가치 ② 안전성
③ 경제성   ④ 풍미

1. 품질은 평가체계에 따라서
   ㉠ 양적 요소 ㉡ 관능적 요소 ㉢ 영양·위생적 요소로 구분할 수 있다.
2. 품질을 평가할 때에 사용하는 요소
   ㉠ 외관 ㉡ 조직감 ㉢ 영양가치(기능성) ㉣ 안전성 ㉤ 풍미 등

정답 04. ④ 05. ① 06. ③

07 수산물의 품질관리를 위한 물리·화학적 및 관능적 항목에 해당하지 않는 것은?

2020년 기출

① 노로바이러스
② 히스타민
③ 2mm 이상의 금속성 이물
④ 고유의 색택과 이미·이취

 물리적 항목 : 2mm 이상의 금속성 이물, 화학적 항목 : 히스타민, 관능적 항목 : 고유의 색택과 이미·이취

08 다음 경매제도에 대한 설명 중 옳지 않은 것은 무엇인가?

① 판매인측이 먼저 최고가격을 제시한 다음 차차로 가격을 낮추면서 신입가격을 결정하여 경락이 결정되는 방법을 네덜란드식 경매방법이라고 한다.
② 우리나라에서는 경하식(네덜란드식) 경매방법을 사용하고 있다.
③ 경매결과에 대한 정보가 공개적이다.
④ 생산농가에게 균등한 판매기회를 줄 수 있게 된다.

 우리나라의 도매시장에서 쓰이는 방법은 경상식(영국식) 경매법이다.
영국식 경매방법이란 일반적으로 매수인측이 매매과정에 판매인측에게 지시된 순서에 따라 공개적으로 매수희망가격을 최저가격으로부터 점차 최고가격으로 신입하게 되며 최고가격에 이르렀을 때 경락되는 방법이다.

09 수산물 브랜드의 기능이 아닌 것은 무엇인가?

① 수급조절기능
② 상징기능
③ 광고기능
④ 품질보증기능

 1. 수산물 브랜드는 특정 수산물에 대한 상징기능을 수행하며, 일정수준의 품질에 대한 신뢰감을 줌으로써 품질보증기능, 광고기능 등을 수행한다.
2. 특정 수산물 브랜드와 수급조절기능은 아무런 상관이 없다.

정답 07. ① 08. ② 09. ①

10 수산물 유통에 참여하는 소비자의 목적이 아닌 것은 어느 것인가?
① 영양소 정보 제공
② 다양성 제공
③ 소비자의 취미와 선호 이해
④ 공급, 수요 그리고 가격에 대한 계속적인 정보의 추가

④ 공급, 수요 그리고 가격에 대한 정보의 추가는 소비자의 목적이 아닌 생산자의 목적이다.
소비자의 목적
1. 다양성 제공
2. 제조일자 공개
3. 영양소 정보 제공
4. 제품 안전성 보증
5. 시간절감 쇼핑 서비스
6. 노동절약적 기술혁신 제공
7. 소비자의 취미와 선호 이해
8. 단위가격과 비교가격의 정보

11 수산물 유통을 분석할 때 접근하는 방법으로 알맞지 않은 것은?
① 시스템 또는 제도적인 접근
② 개별상품 접근
③ 기능적인 접근
④ 경제적인 접근

1. 시스템 및 제도적인 접근 : 유통임무를 수행하는 기업체의 수 및 종류와 관련되어 어떤 방식으로 기업들이 상호 관련되어 있는지를 알아본다.
2. 개별상품 접근 : 개별산물의 관점에서 유통기능, 구조의 분석이 필요하다.
3. 기능적인 접근 : 수산물을 유통함에 있어 수행되어야 할 기본활동과 수산업생산에 들어가는 생산요소 마케팅을 본다.

12 수산물을 유통하는 기업의 일반적인 목표가 아닌 것은 무엇인가?
① 시장기술혁신
② 기업의 확장
③ 회사의 명시와 인정
④ 공급의 명시와 시장구분

④ 수요의 명시와 시장구분이다.
수산물을 유통하는 기업은 크게 산지수집상, 가공업자, 도매상인, 소매상인이 있다. 이들은 수요가 개인과 지역 간에 서로 다르기 때문에 어떻게, 그리고 누구에 의해서 수산물의 서로 다른 등급이 사용되어질 수 있는가를 알아야 한다.
① 시장기술혁신 : 효율적인 기술혁신은 유통하는 기업의 성공에 기여한다. 기술혁신으로 비용이 절감될 수 있다.
② 기업의 확장 : 유통하는 공급기업이 더 많은 볼륨을 운용할 수 있다면 그만큼 고객들에게 공급할 그의 성능이 더욱 커지고 나아가 기업체의 이윤도 커질 것이다.

③ 회사의 명시와 인정 : 기업체가 잘 알려지기를 원하고 매우 선호받기를 원하는데, 그 이유는 이윤이 수반되기 때문이다.

13 다음은 유통마진에 영향을 주는 요인들이다. 알맞지 않은 것은 무엇인가?
① 수송비용 ② 계절적 요인
③ 저장성 ④ 상품의 가격

 수산물의 유통마진에 영향을 주는 요인 : 저장성, 가공성, 부패성, 계절적 요인, 수송비용, 상품가치 대비 부피 등이 있다.

14 수산물의 상품적 특성으로 바르지 않은 것은 무엇인가?
① 용도의 다양성 ② 계절적 편재성
③ 질과 양의 균일 ④ 중량성

 수산물의 상품적 특성
1. 중량성 : 가치에 비해 용적과 중량의 차이로 인해 운송비, 보관비가 많이 든다.
2. 계절적 편재성 : 수확기가 일정하기 때문에 판매, 보관, 운송, 금융상 계절성이 강하다.
3. 부패성
4. 질과 양의 불균일
5. 용도의 다양성
6. 집하, 표준화, 저장이 필요하며 신속한 거래를 요한다.

15 현재 대한민국의 수산물 표준화에 대한 설명이 옳지 않은 것은?
① 포장 : 포장 치수, 재질, 강도, 포장 방법, 외부 표시 사항 등
② 하역 : 팔레트, 지게차, 컨베이어, 전동차 등
③ 운송 : 저장 시설 설치 기준, 하역 시설 등
④ 등급 : 크기, 품질

 1. 운송 : 트럭 등 수송 단위, 적재함의 높이 및 크기
2. 보관, 저장 : 저장 시설 설치 기준, 하역 시설 등

정답 13. ④ 14. ③ 15. ③

16 수산물의 예냉을 위한 냉각방식에 관한 설명으로 옳은 것은?
① 진공냉각방식은 과채류에 주로 이용된다.
② 냉풍냉각방식은 냉각속도가 늦다.
③ 냉수냉각방식은 미생물 오염에 안전하다.
④ 차압통풍냉각방식은 적재효율이 높다.

1. 진공냉각방식은 엽채류에서 냉각속도가 빠르기 때문에 효과적이다. 과채류는 냉각속도가 느려서 진공냉각에는 부적당하다.
2. 냉수냉각방식은 미생물의 오염, 포장재 강도저하 등의 단점이 있다.
3. 차압통풍방식은 적재효율이 낮은 단점이 있다.

17 수확 전 수산물 품질에 영향을 주는 요인으로 알맞지 않는 것은?
① 양식기술
② 품종선택
③ 기후조건
④ 수확 시 성숙도

수산물의 품질에 영향을 주는 요인
1. 수확 전 요인과 수확 후 요인으로 구분할 수 있다.
2. 수확 시 성숙도와 수확방법 및 수확 후 처리조건은 수확 후 요인에 해당한다.

18 수산물의 전처리 기술 중 세척에 관한 설명으로 옳지 않은 것은?
① 세척수는 음용수 기준 이상의 수질이어야 한다.
② 건식세척에는 체, 송풍, 자석, X선 등이 사용된다.
③ 오존수 사용 시 작업실에는 환기시설을 갖추어야 한다.
④ 분무세척법은 침지세척법에 비해 이물질 제거 효과가 낮다.

세척방법으로는 건식세척과 습식세척으로 구분할 수 있다.
습식세척에서 침지식은 오염이 심한 수산물의 이물질을 가라앉게 하여 오염물을 제거하는 방법이며 이후에 분무압력, 양, 온도, 수산물과의 거리 등을 통하여 표면의 오염물질 세척 및 살균기능까지 겸할 수 있도록 하는 방법이다.

정답 16. ② 17. ④ 18. ④

19 어육시료 25g(어육시료의 총 수분 함량 15g)을 취하여 원심분리방법에 의해 분리된 육즙의 양이 5mL이었다면 보수력은? (단, 육즙 중 수분비는 0.951로 계산한다.)

2020년 기출

① 53.3% ② 58.3%
③ 63.3% ④ 68.3%

보수력(%) = $\dfrac{총수분 - 유리수분}{총수분} \times 100 = \dfrac{15 - (5 \times 0.951)}{15} \times 100$
= 68.3%

20 포장된 신선편이 수산물의 이취발생과 관련이 없는 것은?
① 저산소 ② 에탄올
③ 저이산화탄소 ④ 아세트알데히드

신선편이 수산물의 이취발생은 수산물 보관 중에 발생하는 중요한 부분으로 플라스틱 필름이나 용기포장에 의하여 밀봉된 상태에서 산소의 농도는 낮아지고 이산화탄소의 농도는 높아져 호흡이 줄어들게 되는데, 이때 외부의 온도가 높으면 호흡이 증가하게 되고 포장 내부의 산소가 적기 때문에 알코올 발효가 일어난다. 여기서 생성된 물질인 아세트알데히드에 의하여 알코올취가 나는 것이다.

21 수산물 산지유통의 생산측면 환경변화와 가장 관련이 있는 것은?
① 산지유통시설은 표준규격화와 브랜드화를 촉진시키는 역할을 하고 있다.
② 생산의 전문화와 규모화 생산성을 저하시켜 출하물량을 감소시키고 품질의 상대적 다양성을 촉진시킨다.
③ 친환경 수산물의 수요는 증가하고 있으나, 생산량은 감소하고 있다.
④ WTO 규정 때문에 친환경 수산업에 대한 정부의 지원이 점차 감소되고 있다.

산지유통시설로서 수산물 산지유통센터(FPC)가 운영되어 표준규격화와 브랜드화를 촉진시키는 역할을 하고 있다.

22 다음 중 표준화의 장점으로 보기 힘든 것은?
① 품질에 따른 정확한 가격을 형성하여 공정한 거래를 촉진한다.
② 선별·포장출하로 소비지에서의 쓰레기 발생을 억제한다.
③ 수송·적재 등의 비용은 증가하지만 기타의 유통의 효율성을 높인다.
④ 신용도와 상품성을 향상시켜 어민소득을 증대시킬 수 있다.

 수송·적재 등의 비용을 절감시켜 유통의 효율성을 높인다.

23 품질을 평가하는 요소에 해당되지 않는 것은?
① 외관
② 브랜드
③ 안전성
④ 영양가치

 품질평가 요소는 외관, 조직감, 풍미, 영양가치 및 식품 안전성의 다섯 요소로 나눌 수 있다.
1. 외관은 색도와 크기, 모양으로 평가한다.
2. 조직감은 세포벽의 구성물질(펙틴질)과 경도에 의해 좌우된다.
3. 풍미는 단맛 또는 신맛 그리고 탄닌 등으로 평가한다.
4. 영양가치와 안전성을 분석적인 방법으로 평가한다.

24 도매거래와 소매거래의 특징이 잘못 연결된 것은 어느 것인가?

도매	소매
① 대량판매 위주	- 소량판매 위주
② 낮은 마진율	- 높은 마진율
③ 정찰제 보편화	- 다양한 할인정책
④ 적재의 효율성 중시	- 점포 내 진열 중시

• 도매거래 – 다양한 할인정책
• 소매거래 – 정찰제 보편화

25 수산물의 품질평가에 사용되는 여러 가지 방법 중 비파괴적 방법의 단점으로 맞는 것은?

① 화학적인 분석법에 비해 비교적 정확도가 낮다.
② 숙련된 기술자를 필요로 하지 않는다.
③ 동일한 시료를 반복해서 사용할 수 있다.
④ 빠르고 신속하게 평가할 수 있다.

 비파괴적 방법의 단점
1. 화학적인 분석법보다 정확도가 떨어진다.
2. 시료를 반복해서 사용하였을 때 측정할 때마다 동일한 결과가 나오지 않는다.

26 수산물 등급에 대한 설명으로 적당하지 않은 것은?

① 국내 수산물의 규격은 크게 등급규격과 포장규격으로 구성되며, 선별기준은 포장규격에 따른다.
② 선별기준은 소비자가 상품을 고를 때 기준이 되는 모든 요인을 품질요소라 하며, 이들 품질요소의 등급을 설정한다.
③ 각각의 품목에 따라 등급규격의 기준이 다르다.
④ 등급 세분화에 따른 유통손실을 막기 위해 크기와 기타 품질기준을 통합하여 설정된 기준이 표준등급 규격이다.

1. 국내 수산물의 규격은 크게 등급규격과 포장규격으로 구성된다.
2. 선별기준은 포장규격에 따르는 것이 아니라 등급규격에 따른다.
3. 각각의 품목에 따라 등급규격의 기준이 다르며, '특', '상', '보통'으로 분류할 수 있다.

27 수산물 표준규격에서 정하는 수산물 종류별 등급규격 중 냉동오징어의 '상' 등급규격에 해당하지 않는 것은? 2020년 기출

① 1마리의 무게가 270g 이상일 것
② 다른 크기의 것의 혼입률이 10% 이하일 것
③ 세균수가 1,000,000/g 이하일 것
④ 색택·선도가 양호할 것

 냉동오징어의 등급규격에는 세균수는 규정되어 있지 않다.

정답 25. ① 26. ① 27. ③

제5편 저 장

제 1 장 저장의 의의와 기능

[제1절] 저장의 의의

① 저장이란 식품의 품질이 변하지 않도록 하는 일이다.
② 품질은 영양학적인 가치와 기호적인 가치 및 위생학적인 가치를 들 수 있는데 소비자들은 기호적인 가치를 더 중요시하는 경향이 있다.
③ 식품의 기호적인 가치에 영향을 미치는 것은 화학성분, 물리적 성분 및 조직적 상태이며 이들의 성상이 변치 않도록 하는 수단이 저장의 궁극적인 목적이라 할 수 있다.
④ 저장의 가장 바람직한 환경은 온도, 공기순환, 상대습도, 대기조성이 조정될 수 있는 시설을 갖춤으로써 가능하다.

[제2절] 저장의 기능

① 수확 후 신선도 유지기능 : 생산된 수산물이 생산이후 소비될 때까지 신선도를 유지하도록 한다.
② 수급조절의 기능 : 수확 시기에 따른 홍수출하로 인한 가격폭락, 또는 흉작과 계절별 편재성에 따른 가격의 급등을 방지하며 유통량의 수급을 조절하는 기능을 가지고 있다.
③ 계절적 편재성이 높은 수산물을 장기적으로 저장함으로 소비자에게 연중공급이 가능하도록 한다.
④ 저장력이 높아지면서 장거리 수송이 가능해져 소비와 수요가 확대되는 기능을 가지고 있다.
⑤ 가공산업에 원료 수산물을 연중 지속적으로 공급이 가능해져 수산물 가공산업을 발전시킨다.

[제3절] 저장력에 영향을 미치는 요인

1. 저장 중 온도

① 저장 중 온도가 높으며 호흡량의 증가로 내부성분의 변화가 촉진된다.

② 온도가 높으면 세균, 미생물, 곰팡이 등의 증식이 활발해지므로 부패율이 증가한다.
③ 온도에 따른 증산량의 증가로 중량의 감모율이 증가한다.
④ 저온에 저장하는 것이 적당하지만 작물에 따라서는 저온장해를 받는 작물이 있으므로 작물의 저장 적온을 알고 저장하는 것이 중요하다.

2. 저장 중 습도

저장고의 습도가 너무 낮으면 증산량이 증가하여 중량의 감모현상이 나타나며 습도가 너무 높으면 부패 발생률이 증가한다.

3. 수분활성도(Aw : Water activity)

① 미생물의 생육에 필요한 물의 활성정도를 나타내는 지표이다.
② 0에서 1까지의 범위를 갖으며 1에 가까울수록 증식에 좋은 환경이며 0에 가까울수록 미생물 증식에 나쁜 환경을 의미한다.
③ 수분의 건조, 물의 온도 저하, 소금의 첨가 등은 Aw를 낮출 수 있다.

제 2 장 상온저장

[제1절] 상온저장

상온저장은 보통저장이라고도 하는데 외기의 온도변화에 따라 외기의 도입, 차단, 강제송풍처리, 보온, 단열, 밀폐처리 등으로 가온이나 저온처리장치 없이 저장하는 방법이다.

1. 도랑저장

가장 간단한 저장법으로서 주일반적인 방법이나 기온이 급격히 떨어지면 어는 경우가 있고, 미리 두껍게 덮어서 과온이 되기 쉬우므로 흙덮기에 주의해야 한다. 자재가 거의 들지 않고 무제한으로 대량저장이 가능하지만, 꺼내기가 불편하다.

2. 움저장

땅에 1~2m 깊이로 구덩이를 판 뒤 그 안에 수확한 수산물을 넣고 그 위에 왕겨나 짚을 덮고 다시 흙으로 덮어준다. 현재처럼 저장시설이 발달하지 못했던 때 많이 이용하던 방법으로 움의 온도는 10℃ 내외, 습도는 85%로 유지하는 것이 저장에 유리하다.

3. 지하저장고

여름에는 시원하고 겨울에는 따뜻하여 연중 수산물저장에 편리하다. 그러나 환기가 불량하면 과습하게 되기 쉽다.

4. 환기저장

환기는 수산물의 장기저장 시에는 필요하다. 청과물의 상온저장은 온도변화를 작게 하고 통풍설비가 완비된 시설에서 저장하는 것이 좋다.

[제2절] 피막제에 의한 저장

① 각종 왁스, 증산억제제 처리방법 등에 의한 저장방법이다.
② 식품위생상의 문제점이 있지만, 일부분에 이용되고 있다.

[제3절] 방사선을 이용한 저장

① 방사선 중에서도 감마선과 베타선이 이용되고 있다.
② 방사선의 조사는 일시적으로 호흡이 촉진된다.

제 3 장 저온저장

[제1절] 저온저장

① 냉각에 의해 일정한 온도까지 수산물의 온도를 내린 후(동결점 이상) 일정한 저온에서 저장하는 것을 말하며 일반적으로 냉장이라고 한다.
② 수산물에서 일어나는 생리적 반응들은 온도의 변화에 큰 영향을 받으며 온도가 낮을수록 반응속도는 느려진다. 또한 온도의 저하는 미생물의 활성도를 낮춤으로서 부패 발생률이 낮아진다.
③ 최근 저온저장고의 온도 및 습도를 인터넷으로 모니터링하고 필요 시 원격제어하는 기술이 개발되어 수산물 저온저장고 건축 시 이러한 시스템의 정착이 가능해졌다.
④ 실내온도를 균일하게 하기 위해 팬으로 공기를 순환시킨다.

[제2절] 저온저장고

저장고는 기능과 구조가 일반 건축물과는 다르므로 위치 및 건축자재 등의 선택에 달리 신경을 써야 한다. 단열자재의 선택, 건물 내부 및 외부의 청결상태 유지를 위한 구조설계 등이 요구된다.

1. 냉장원리
① 냉매가 기화되면서 주변 열을 흡수하므로 주변의 온도를 낮추는 원리를 이용한다.
② 냉매를 압축기에서 압축하고 응축기에서 액체상태로 이 액화된 냉매는 팽창밸브를 거치며 저압으로 변하여 증발기 내를 흐르며 기체로 변한다.

2. 냉장기기
① 압축기 ② 응축기 ③ 팽창밸브 ④ 냉각기(증발기) ⑤ 제상장치

3. 냉장용량
냉장용량은 저장고에서 발생하는 모든 열량을 합산하여 구하며 이를 냉장부하라하며 온도상승요인은 포장열, 호흡열, 전도열, 대류침투열, 장비열 등이 있고 포장열과 호흡열이 냉장부하의 대부분을 차지한다.

(1) 포장열
① 수확한 수산물이 지니고 있는 열을 의미한다.
② 포장열을 얼마나 빨리 제거하느냐가 저온저장의 효과가 달라진다.
③ 고온에서 수확하는 수산물은 품온이 높아 예냉하지 않은 상태로 입고하는 경우 포장열 제거에 필요한 냉장용량이 많이 차지하게 된다.

(2) 호흡열
① 산물의 호흡에 의해 방출되는 생리대사열을 호흡열이라 한다.
② 호흡열은 산물의 호흡에 의해 지속적으로 발생한다.
③ 산물의 온도가 낮아지면 호흡열도 동시에 감소한다.
④ 작물에 따라 상이하며 온도가 낮을수록 줄어들고 CA환경에서 더욱 감소한다.

(3) 전도열
① 저장고 외부에서 저장고 안으로 전도되는 열을 전도열이라 한다.
② 저장고 외부에서 내부로 전도되는 열은 저장고의 온도 상승을 유발하므로 지속적으로 제거되어야 한다.

③ 저장고 내·외부의 온도 차이와 단열재료에 따라 상이하다.
④ 실제 외부 온도에 따라 열의 유입과 열의 손실도 일어나지만 냉장용량의 계산 시에는 유입열량만 고려한다.

(4) 대류열
① 외부로부터 내부로 공기가 혼입되며 일어나는 대류현상으로 유입되는 열을 대류열이라 한다.
② 대류열의 유입은 문을 자주 여닫는 경우 심하며 저장고를 닫았을 때 최소화 된다.
③ 완전히 밀폐된 CA저장고의 경우 이론적으로 대류열은 0이 된다.

(5) 장비열
① 적재 시 사용되는 지게차, 조명등, 송풍기 등에서 발산되는 열을 장비열이라 한다.
② 저장고 내에서 작동하는 기계류 등에서 발생하는 열량도 냉장용량의 계산 시 고려하여야 한다. 특히 지속적으로 작동되는 기기의 열량은 추가되여야 한다.

(6) 냉장용량의 계산
① 저온저장고내 제거해야 할 열량은 각 원인에서 발생하는 열량의 합산으로 구한다.
② 제상시간을 고려하여야 한다.
③ 위의 5가지 요인에 의한 열량의 합산치에 1.2~1.3배가 냉장용량이 된다.

(7) 적정 냉장용량의 중요성
① 냉장용량의 설정은 저장산물의 품질에 미치는 영향은 매우 크다.
② 모든 작물은 온도가 빠르게 저하될수록 품질이 오래 유지된다.
③ 냉장용량의 결정은 저장실별로 저장 품목, 포장열, 1일 입고량, 호흡속도, 저장고 단열정도에 근거하여 계산 후 선정한다.

[제3절] 저온저장고의 관리

1. 온도관리

(1) 적재방법
① 온도가 균일하기 위해서는 냉각기의 찬 공기가 저장고 전체에 고르게 퍼져나가야 한다.
② 산물의 적재는 저장고 바닥, 포장재와 벽면 사이, 천정 사이에 공기의 통로가 확보되도록 적재하여야 한다.
③ 일반적으로 중앙통로 50cm, 팔레트와 벽면의 사이 및 팔레트와 팔레트 사이는 30cm, 천정과는 50cm 이상의 바람이 지날 수 있는 공간을 확보하여야 한다.

(2) 온도의 설정
① 저장고 내 온도는 산물의 호흡, 세균, 미생물, 곰팡이 등의 번식과 밀접한 관계가 있다.
② 노화에 의한 조직의 연화현상은 저장고 온도가 높을 때 빠르게 진행된다.
③ 저장고의 온도를 균일하게 맞추기 힘들므로 온도분포를 고려하여 안전범위가 되도록 설정하는 것이 좋다.

(3) 온도편차 범위
① 적정온도보다 낮은 온도는 저온장해 또는 동해를 일으킨다.
② 적정온도보다 높은 온도는 저장가능기간을 단축시킨다.
③ 설정온도에서 ±0.5도를 벗어나지 않는 선에서 조절되는 것이 바람직한 온도의 편차 범위이다.
④ 설비의 오류, 냉장용량의 부족, 공기통로의 부족, 온도관리의 부주의 등으로 온도편차가 커지면 상대습도의 변화도 커지며 저장력은 떨어진다.

2. 습도관리

(1) 의의
① 저장의 효과를 보기 위해서는 온도 다음으로 고려할 점으로 상대습도를 높게 유지하여야 한다.
② 일반적으로 고습도가 신선도 유지에 유리하다.
③ 산물에 따라 요구되는 습도와 상품성 유지를 위한 수분감량 허용치가 다르므로 종류나 저장온도 등을 고려하여 습도를 유지하여야 한다.

(2) 습도 변화의 원인
① 냉장기기의 작동주기
② 제상주기에 의한 온도변화
③ 냉각기에 생기는 결로
④ 결로현상은 냉매의 증발 온도가 낮을수록 증가한다.
⑤ 습도가 낮아지면 산물의 증산량이 많아져 결과적으로 신선도 저하와 중량감소가 일어난다.

(3) 습도유지 방법
① 구조 및 기기
  ㉠ 적합한 냉장기기와 방습벽의 설치
  ㉡ 송풍기 가동 시 공기유동 억제

ⓒ 환기는 가능한 극소화
ⓔ 결로현상을 줄이기 위해 저장고 온도와 냉각기 온도편차를 줄여야 한다.
② 수분의 보충
  ㉠ 저장고 바닥에 물을 충분히 뿌려 콘크리트 바닥의 수분흡수를 줄인다.
  ㉡ 가습기를 주기적으로 가동하여 수분을 보충한다.
  ㉢ 포장용기는 수분흡수가 적은 것을 사용한다.
  ㉣ 가습기 이용 시는 분무입자가 작아야 효율적이다.

(4) 습도측정
① 건습구온도계
  ㉠ 수분증발에 의한 온도차이를 상대습도로 환산하는 방식으로 젖은 천으로 온도계를 감싼 습구 온도계와 건구 온도계의 온도 차이로 습도를 환산한다.
  ㉡ 가격이 저렴하고 고장이 없다.
  ㉢ 온습도 도표를 이용하여 상대습도를 쉽게 측정할 수 있다.
  ㉣ 단점으로는 지속적인 측정 기록이 어렵다.
  ㉤ 0℃ 이하에서는 습구 온도계의 물이 얼어 습도의 측정이 어렵다.
  ㉥ 저온에서는 측정이 부정확하다.
② 전자식 습도계
  ㉠ 공기 중 수분 함량에 따른 전기저항성의 변화를 이용한다.
  ㉡ 2% 내외의 정확도가 있다.
  ㉢ 감지장치의 오염이나 수분이 응결된 경우 정확한 습도측정이 불가능하다.
③ 물리적 감지장치
  ㉠ 공기 중 수분 함량에 따라 길이와 부피가 변하는 물질을 이용하는 원리를 사용한다.
  ㉡ 물질의 습도에 따른 신축도에 따라 측정된다.
  ㉢ 상대습도가 높아지면 정확도가 떨어지는 단점이 있다.
  ㉣ 사용기간이 길어지면 신축성이 변하여 정확한 측정이 불가능하다.

3. 서리제거

① 냉각기에 결로가 생겨 얼음층으로 덮이면 열교환이 일어나지 않아 저장고 온도유지가 어려워지며 심하면 온도가 상승하게 된다.
② 고온가스 서리제거방식과 전열식 서리제거방법이 있다.
③ 서리제거의 주기와 시간은 서리의 양에 따라 결정하고 제거가 끝나면 바로 냉장에 들어가야 불필요한 에너지 소모와 저장고 내 온도의 상승을 막을 수 있다.

4. 에틸렌 제거

① 노화호르몬인 에틸렌이 축적되며 숙성이 촉진되어 신맛의 감소와 연화현상을 촉진해 저장기간의 단축과 품질저하가 초래된다.
② 에틸렌 농도가 일정치 이상으로 증가하면 자가촉매반응에 의해 급속히 증가하므로 저장 초기부터 제거하여 일정 수준치를 넘지 않도록 주의해야 한다.
③ 에틸렌의 제거는 환기로도 가능하나 저장고 온도 상승이 일어나므로 흡착제를 교환해 주거나 분해기를 작동시키는 장치가 필요하다.
④ 에틸렌작용 억제제인 1-MCP(1-methylcyclopropene) 처리기술을 활용하여 품질유지 효과를 거둘 수 있다. 1-MCP는 기체 상태이므로 밀폐된 상태에서만 효과를 볼 수 있다.

5. 저장고의 소독

① 저장고 안에 수산물로부터 전염된 세균, 곰팡이 및 미생물이 남아있을 수 있다.
② 오염된 저장고를 계속 사용하는 경우 저장 수산물에 오염되고 저장 중 문제가 생기지 않더라도 출하 후 부패 증상이 나타날 수 있다.
③ 저온에서도 활성이 있는 세균들도 있어 부패를 발생할 수 있으므로 저장 전 저장고를 소독하는 것이 바람직하다.
④ 세균과 곰팡이 중에는 에틸렌을 발생하는 종류도 있어 수산물의 숙성을 촉진시키거나 과피 얼룩 등의 장해를 일으키기도 한다.
⑤ 소독방법
   ⊙ 유황훈증
   ⓛ 포름알데히드, 차아염소나트륨 수용액, 제3인산나트륨 또는 벤레이트가 함유된 약제를 뿌려 소독
   ⓒ 친환경 저장고 소독법인 초산 훈증법

제 4 장 CA저장

[제1절] 의 의

① 온도, 습도, 대기조성 등을 조절함으로써 장기저장하는 가장 이상적인 방법이다.
② CA저장은 대기조성(대략 N_2 78%, O_2 21%, CO_2 0.03%)과는 다른 공기조성을 갖는 조건에서 저장하는 것을 말한다.

③ 산소농도는 대기보다 약 4~20배(O_2 : 8%) 낮추고 이산화탄소는 약 30~500배(CO_2 : 1~5%) 증가시키는 조건으로 조절하여 저장하는 방식이다.

[제2절] 원리 및 특징

① CA는 호흡이론에 근거를 두고 수산물 주변의 가스조성을 변화시켜 저장기간을 연장하는 방식이다.
② 호흡은 수산물 내 저장양분이 소모되면서 이산화탄소와 열을 발산하는 대사작용으로 산소가 필수적이므로 저장물질의 소모를 줄이려면 호흡작용을 억제하여야 하며 이를 위해서는 산소를 줄이고 이산화탄소를 증가시킴으로써 가능하다.
③ CA효과는 높은 농도의 이산화탄소와 낮은 농도의 산소조건에서 생리대사율을 저하시킴으로서 품질변화를 지연시킨다.

[제3절] 이산화탄소 농도 및 에틸렌 농도 제어

① CA저장고 내 이산화탄소의 농도는 일정수준까지 증가시키다가 장해가 발생하는 상한선에서는 제거해 주어야 한다.
② CA저장고의 효과를 높이려면 숙성호르몬으로 일컫는 에틸렌가스의 제거가 수반되어야 한다.
③ 에틸렌가스의 제거방식으로는 흡착인자를 이용하는 흡착식, 자외선 파괴식, 촉매분해식 등이 있는데 최근까지 개발방식으로는 촉매분해식이 경제적 타당성이 높다. 자외선 파괴식은 경제성이 뛰어나지만 현재로서는 실용화되지 못하고 있는 실정이다.

[제4절] CA저장의 유형

1. 급속 CA(Rapid CA)

일반적으로 입고 후 산소 농도를 원하는 농도까지 낮추는데 시간이 많이 소요되는데(1주일 이상) 질소 발생기를 이용하여 소요기간을 크게 단축하게 되었다. 산소 농도를 24시간 안에 신속하게 낮추어 저장하는 방법이 이용되는데 이를 급속 CA저장이라 하며 저장 초기의 신속한 산소농도의 저하는 저장기간의 연장에 효과가 크다.

2. 초저산소 CA(ULO-CA ; Ultra Low Oxygen CA)

① 산소농도를 한계농도인 1%까지 낮추어 저장하는 방식이다.
② 시설 및 기기의 성능과 밀접한 관련이 있으며 설비에 고도의 정밀도가 요구된다.
③ 산소농도를 한계점까지 낮추기 때문에 약간의 산소농도 저하에도 저산소에 의한 생산물의 심각한 피해를 받을 수 있다.

④ 이산화탄소의 농도는 일반적 CA저장보다는 낮게 유지하여야 한다.

3. 저에틸렌 CA (Low ethylene CA)
① 산소농도가 낮기 때문에 에틸렌 발생량이 많지 않으나 밀폐형 저장이기에 발생된 에틸렌의 축적은 불가피하다.
② 에틸렌 감응도가 높은 품목은 에틸레 농도를 낮추어야 한다.
③ 별도의 에틸렌 제거장치를 이용하여 에틸렌 농도를 낮추어 저장하는 방법을 저에틸렌 CA저장이라 한다.

4. 기타 방법
① 이산화탄소의 농도를 10~20%까지 높게 유지하는 고이산화탄소 CA저장이 이용되기도 하는데 이는 이산화탄소 장해에 강한 품목에 적용된다. 일반적으로는 단기보관 또는 수송 시 많이 이용되며 장기저장에 이용되는 경우는 드물다.
② CA장해에 매우 민감한 수산물의 경우는 장해의 발생을 방지하기 위하여 수확 후 일정기간 저온저장을 한 후 CA저장방식을 적용하는 경우가 있다.

[제5절] CA저장의 효과
① 호흡, 에틸렌 발생, 연화, 성분변화와 같은 생화학적, 생리적 변화와 연관된 작물의 노화를 방지한다.
② 에틸렌 작용에 대한 작물의 민감도를 감소시킨다.
③ 작물에 따라서 저온 장해와 같은 생리적 장해를 개선한다.
④ 조절된 대기가 병원균에 직접 혹은 간접으로 영향을 미침으로서 곰팡이의 발생률을 감소시킨다.

[제6절] CA저장의 위험요소
① 일부작물에서는 고르지 못한 숙성을 야기할 수 있다.
② 생리적 장해를 유발할 수 있다.
③ 낮은 산소 농도에서 혐기적 호흡의 결과로 이취를 유발할 수 있다.

[제7절] CA저장의 문제점
① 시설비와 유지비가 많이 든다.
② 공기조성이 부적절할 경우 장해를 일으킨다.

③ 저장고를 자주 열 수 없으므로 저장물의 상태를 파악하기 힘들다.

[제8절] CA저장고의 관리와 운영

1. 전제조건

(1) 밀폐도

저장고의 구조 적합성을 가장 고려하여야 하는데 특히 가스 밀폐가 잘 이루어져야만 원하는 CA환경을 유지할 수 있으며 따라서 장기간 산물의 품질 유지가 가능하다.

(2) 적정 조건 및 조성의 유지

① 품종에 따라 적정 공기조성의 범위를 유지하는 것이 CA저장에 중요한 요소가 된다.
② 저장 수산물이 CA환경에서 품질유지 효과와 공기조성에 따른 장해에 정확한 정보가 있어야 한다.
③ 품종에 따라 저산소, 고이산화탄소 장해에 따른 내성의 차이가 있다.
④ 수산물의 생리적 특성, 재배환경의 영향 등을 고려하여 산소농도는 저산소 장해의 한계점 이상, 이산화탄소 농도는 고이산화탄소 장해의 한계점 이하로 유지하는 관리기술이 필요하다.

2. 저장고 구조 및 기기

(1) 건물구조

① CA저장고는 일정한 산소와 이산화탄소의 농도가 유지되어야 하므로 저장고 내로 외부공기가 유입되지 않도록 밀폐가 유지되어야 한다.
② 냉장설비, 전선 등의 연결로 생기는 틈을 완전 밀봉하여야 하고 출입문 또한 특수한 구조를 이용하여 설치하여야 한다.
③ 온도변화 시 압력변화를 완화시킬 수 있는 압력조절장치가 필요하다.

(2) 기기

① 산소농도를 낮추기 위한 질소발생기
② 이산화탄소농도 유지를 위한 이산화탄소 흡착기
③ 에틸렌 제어를 위한 기기
④ 산소 및 이산화탄소 농도를 측정하는 분석기기 및 제어기기

3. 환경 조성 및 유지

(1) 환경 조성
① 질소를 불어넣어 저장고 내 산소를 밀어내어 치환한다.
② 저장고 산소농도가 5% 수준까지 떨어지면 질소공급을 멈추고 저장고를 밀폐한다.
③ 밀폐가 우수한 저장고는 저장산물의 호흡에 의해 산소농도는 감소하며 이산화탄소농도는 증가하여 적정수준에 도달한다.

(2) 환경 유지
① 가스순환 방식에 따라 밀폐순환식과 배출식이 있다.
② 밀폐순환식
　㉠ 질소 발생기와 이산화탄소 제거기를 부착하며 에틸렌 제거기를 별도로 부착하는 방식이다.
　㉡ 이산화탄소와 에틸렌의 농도가 높아지면 내부공기를 외부에 부착된 이산화탄소 흡착기나 에틸렌분해기로 강제 순환시키며 이산화탄소에 에틸렌을 제거한다.
　㉢ 산소농도가 지나치게 낮아지면 공기를 조금씩 넣어 농도를 조절한다.
③ 배출식
　㉠ 질소발생기만 이용하고 이산화탄소와 에틸렌 제거기는 별도로 부착하지 않는 방식이다.
　㉡ 질소발생기만 가지고 산소농도를 맞추며 이산화탄소 농도가 높아지면 질소를 불어넣어 질소에 의해 이산화탄소, 에틸렌 등은 배출되는 출구가 있어 배출되는 특징이 있다.
　㉢ 밀폐식에 비해 설비가 단순하고 유해가스 축적을 피하는 장점이 있다.
　㉣ 단점으로는 질소가스의 소모가 많아 질소발생기 작동을 많이 해야 하며, 고이산화탄소 환경을 요구하는 산물은 농도조절이 어렵다.

4. CA저장의 잠재적 위험
① 수산물은 품목 또는 품종별로 저산소와 고이산화탄소에 대한 내성이 서로 다르다.
② 지나친 저산소 또는 고이산화탄소 농도 조건에서는 변색, 조직의 붕괴, 이취발생 등 생리적 장해현상이 나타난다.
③ 특정 유형의 부패가 증가하기도 한다.
④ 품목과 품종별로 적정수준의 환경을 조성하여야 한다.

제 5 장　MA저장

[제1절] 원리 및 효과

① 필름이나 피막제를 이용하여 산물을 하나씩 또는 소량을 외부와 차단하여 호흡에 의한 산소농도의 저하와 이산화탄소농도의 증가에 의해 호흡을 줄임으로 품질변화를 억제하는 방법이다. MA처리는 압축된 CA저장이라 할 수 있다.
② 포장재의 개발과 함께 발달되었으며 유통기간의 연장수단으로 많이 사용되고 있다.
③ 각종 플라스틱필름 등으로 수산물을 포장하는 경우 필름의 기체투과성, 산물로부터 발생한 기체의 양과 종류에 의하여 포장내부의 기체조성은 대기와 현저하게 달라지기 때문에 이것에 의한 저장방법을 말한다.
④ MA저장은 적정한 가스의 농도가 산물의 종류에 따라 다르다.
⑤ MA저장에 사용되는 필름은 수분투과성, 이산화탄소나 산소 및 다른 공기의 투과성이 무엇보다도 중요하다.
⑥ 수증기의 이동을 억제하여 증산량이 감소한다.
⑦ 온도에 민감해 장해를 일으키는 작물의 장해발생 감소에 효과적이다.
⑧ 낱개 포장하는 경우 물리적 손상을 방지할 수 있다.
⑨ 필름과 피막처리는 CA효과를 볼 수 있으므로 과육연화현상과 노화현상을 지연시킬 수 있다.
⑩ 단감을 제외한 일반적인 수산물의 경우 포장, 저장 및 유통기술이므로 MAP(Modified Atmosphere Packaging : 가스치환포장방식)로 표현하는 것이 더욱 적절하다.

[제2절] 전제조건

(1) 포장 내 과습으로 인해 부패와 내부의 부적합한 가스조성에 따른 생리장해를 초래할 수 있으므로 다음 사항을 고려하여야 한다.

(2) 고려사항
① 작물의 종류
② 성숙도에 따른 호흡속도
③ 에틸렌 발생량 및 감응도
④ 필름의 두께
⑤ 종류에 따른 가스 투과성
⑥ 피막제 특성

(3) 필름 종류별 가스 투과성

저밀도폴리에틸렌(LDPE) > 폴리스틸렌(PS) > 폴리프로필렌(PP) > 폴리비닐클로라이드(PVC) > 폴리에스터(PET)

필름종류	가스투과성($ml/m^2 \cdot 0.025mm \cdot 1day$)		포장내부
	이산화탄소	산소	이산화탄소 : 산소
저밀도폴리에틸렌(LDPE)	7,700 ~ 77,000	3,900 ~ 13,000	2.0 ~ 5.9
폴리비닐클로라이드(PVC)	4,263 ~ 8,138	620 ~ 2,248	3.6 ~ 6.9
폴리프로필렌(PP)	7,700 ~ 21,000	1,300 ~ 6,400	3.3 ~ 5.9
폴리스티렌(PS)	10,000 ~ 26,000	2,600 ~ 2,700	3.4 ~ 5.8
폴리에스터(PET)	180 ~ 390	52 ~ 130	3.0 ~ 3.5

[제3절] MA저장의 이용

1. 필름포장

① 엽채류와 비급등형 작물은 주로 수분 손실억제와 생리적 장해 및 노화 지연에 목적을 두고 있다.
② 호흡 급등형에 속하는 작물은 포장 내 가스조성의 변화를 통한 저장효과에 목적을 둔다.
③ 흡착물질을 첨가하여 품질유지효과를 보기도 한다.
④ PE필름 저장 : 일반적으로 저밀도 PE필름 MA저장으로 4~5개월 장기저장이 가능하다.
⑤ 유의사항
　㉠ 지나친 차단성은 이산화탄소 축적에 따른 생리적 장해와 결로현상에 의한 미생물 증식의 위험성이 있다.
　㉡ 속포장에 플라스틱 필름을 사용하는 경우는 저산소 장해, 이산화탄소 장해, 과습에 따른 부패 등에 따른 포장재를 선택하거나 가스 투과성을 고려하여야 한다.

2. 피막제

① 왁스 및 동식물성 유지류 등이 산물의 저장, 수송, 유통 중 품질유지를 위하여 사용되고 있다.
② 피막제의 도포는 경도와 색택을 유지하고 산함량 감소를 방지하는 효과를 볼 수 있다.
③ 수산물의 색감 증가나 표면의 광택증진 등 외관을 향상시키는 왁스처리가 실용화되어 있다.
④ 부분적 위축과 상처 및 장해현상을 유기하기도 하므로 작물의 종류에 따라 적합한 피막제를 선택하여야 한다.

3. 기능성 포장재의 개발

① 품질유지를 위하여 여러 가지 물질을 첨가한 기능성 포장재가 개발되고 있다.
② 에틸렌 흡착 필름 : 제올라이트나 활성탄을 도포하여 포장 내 에틸렌 가스를 흡착하여 에틸렌에 의한 노화현상을 지연시킨다.
③ 방담 필름 : 식물성 유지를 도포하여 수증기 포화에 의한 포장 내부 및 표면에 결로현상을 억제한다.
④ 항균 필름 : 항생·항균성 물질 또는 키토산 등을 도포하여 포장 내 세균에 대한 항균작용으로 과습에 의한 부패를 감소시킨다.

[제4절] 수동적 MA저장

① 폴리에틸렌, 폴리플로필렌 필름 등을 이용하여 밀봉할 경우 밀봉된 포장 내에서 수산물의 호흡에 의한 산소소비와 이산화탄소의 방출로 포장 내에 적절한 대기가 조성되도록 하는 방법이다.
② 포장에 사용된 필름은 가스확산을 막을 수 있는 제한적인 투과성을 지니고 있다.

[제5절] 능동적 MA저장

① 포장 내부의 대기조성을 원하는 농도의 가스로 바꾸는 방법이다.
② 대부분의 능동적 MA저장은 포장재 표면에 계면활성제를 처리하여 결로현상을 방지하는 방담필름과 항균물을 첨가한 항균필름 등이 있다.
③ 최근 고분자필름 소재에 기능성 충전제를 충전시켜 포장하면 농산물들을 일반포장재로 포장하여 유통시킬 경우보다 신선도 유지기간을 획기적으로 연장시킬 수 있는 환경친화성 신선도 유지형 포장재가 완성되었다.

제 6 장 콜드체인시스템

[제1절] 의 의

① 수확 즉시 산물의 품온을 낮춰 수확에서부터 판매까지 적정 저온이 유지되도록 관리하는 체계를 콜드체인시스템 또는 저온유통체계라 한다.
② 수산물의 신선도 및 품질을 유지하기 위하여 산물에 알맞은 적정 저온으로 냉각시켜 저장·수송·판매에 걸쳐 적정온도를 일관성 있게 관리하는 것이다.

[제2절] 관리방법

(1) 산지

출하되기 전까지 적정 저온에 저장할 수 있는 저온저장고가 필요하다.

(2) 운송

냉장차량의 보급으로 저온을 유지하며 산지에서 소비지까지 운송되어야 한다.

(3) 판매

적정 저온을 유지할 수 있는 냉장시설을 판매대에도 설치되어야 한다.

[제3절] 저온유통체계의 장점

① 호흡억제
② 숙성 및 노화 억제
③ 연화억제
④ 증산량 감소
⑤ 미생물증식 억제
⑥ 부패억제

기출 및 예상문제

01 수산물의 수확 후 증산억제 방법으로 바르게 표현한 것은?
① 수확된 수산물은 플라스틱 필름으로 포장한다.
② 기계수확에 의한 상처가 발생하는 수산물은 최대한 빨리 저장고에 넣는다.
③ 저장초기에도 수산물을 천천히 냉각시킨다.
④ 저장고의 공기를 자주 환기시킨다.

증산억제 방법
1. 저장고를 밀봉하고 가습기로 습도를 높여주며 저온을 유지한다.
2. 저장초기에는 수산물을 신속히 냉각시키기 위해 찬 공기의 유속을 빠르게 하고, 이후에는 공기의 유속을 최소화 한다.
3. 수산물을 플라스틱 필름에 포장하면 기체의 확산은 어느 정도 자유롭지만 수분의 투과는 억제되어 증산억제에 효과가 있다.
4. 기계수확에 의해 상처받은 수산물은 큐어링을 통하여 상처부분을 치유한 후 저장한다.

02 수산물의 수확 후 저장성 향상 및 노화를 지연시키기 위하여 처리할 수 있는 성분은?
① 칼륨   ② 이산화황
③ 칼슘   ④ 질소

1. 수산물의 수확 후에 세포벽의 분해에 의하여 조직이 변화되는 생리현상을 극복하기 위하여 칼슘처리를 통하여 저장성 향상 및 노화를 지연시킬 수 있다.
2. 수확된 수산물에도 칼슘을 처리하면 효과가 있고, 생육기 중에는 칼슘이 토양으로부터 흡수가 잘 안되기 때문에 직접 살포해 주는 것이 효과적이다.

03 휘발성염기질소(VBN) 측정법으로 선도를 판정할 수 없는 수산물은?   2019년 기출
① 연어   ② 고등어
③ 상어   ④ 오징어

정답 01. ① 02. ③ 03. ③

휘발성염기질소(VBN) 측정법은 단백질, 아미노산, 요소 등이 세균과 효소에 의해 분해될 때 휘발성염기태 질소를 측정하는 방법으로 상어, 홍어의 경우는 이 방법으로 선도를 판정할 수 없다.

04 수산물 유통의 효율 평가와 이행의 4가지 방법에 속하지 않은 것은 무엇인가?
① 가격 모니터링
② 유통마진 모니터링
③ 시뮬레이션 모델
④ 제품차별화 모델

 효율의 평가와 이행의 4가지는 완전경쟁 모델, 시뮬레이션 모델, 가격 모니터링, 유통마진 모니터링이다.
1. 완전경쟁 모델 : 지배적인 방법, 수요곡선이 완전 수평을 이루어서 아무리 많은 양이 기업에 팔린다하더라도 시장은 그 기업에 의해 가격이 영향 받지 않는다는 전제아래 평가하는 것이다.
2. 유통마진 모니터링 : 마진이 증가할 때 그 변화의 원인을 밝히려는 목적으로 사용. 원료제품에 대하여 받은 것과 소비자들이 완제품에 대하여 지불하는 것 사이의 차액을 통해 효율을 평가하는 것이다.
3. 가격 모니터링 : 어부에게 지불된 가격, 도매가격, 소매가격을 대상으로 각 단계에서 계속해서 가격 움직임을 비교해보는 것이다.
4. 시뮬레이션 모델 : 적정 효율일 것이라고 믿게 되었던 것을 포함하여 모의 모델로서 현존 시스템을 비교해보는 것이다.

05 저장고 내의 환경관리 부분에서 환경조건에 가장 많은 영향을 미치는 요인이 아닌 것은?
① 에틸렌
② 온도
③ 습도
④ 광

 저장환경관리 부분 : 온도, 상대습도, 가스(에틸렌, 산소, 이산화탄소, 유해가스 등)의 관리가 가장 기본적이다.

06 수산물 저장의 중요성에 해당되지 않는 항목은?
① 수산물을 연중 지속적으로 공급함으로써 수출산업이나 가공산업 등을 발전시킨다.
② 계절성이 높은 수산물을 장기간 저장하여 연중 소비를 가능하게 해 준다.
③ 품목별 수확기에 홍수 출하에 의한 가격하락 방지와 유통량의 수급을 적절하게 조절할 수 있다.

정답 04. ④ 05. ④ 06. ④

④ 수확된 수산물이 유통되기 전까지 신선도를 잘 유지시킬 수 있다.

 수산물 저장은 수산물이 소비될 때까지 신선도를 유지하게 하며, 장거리 수송을 가능하게 하여 수요를 확대시킬 수 있다.

07 유통과정 중에 유통활동을 원만하게 하기 위해 필요한 자료의 수집, 분석 및 분배 활동을 한다. 어민들은 품종의 선택, 생산 계획 수립, 장기 투자 계획, 시장 판매 전략을 수립함에 있어 의사결정을 할 때 필요한 수산물 유통의 조성기능은?
① 위험부담 기능
② 표준화 기능
③ 시장정보 기능
④ 유통행정 기능

 시장정보 기능을 말한다.

08 추운 겨울철 외부 기온의 영향을 적게 받도록 지하에 수산물을 저장하고, 꺼내기 쉽게 만든 저장방법으로 맞는 것은?
① 감압저장
② CA저장
③ 움저장
④ 도랑저장

1. 감압저장 : 저장고 내의 대기압을 낮추어서 CA 저장과 같은 효과를 나타내는 방법으로, 에틸렌과 같은 휘발성 물질이 빠져나오기 때문에 여러 가지 생리장해를 피할 수 있다. 저온저장고에 감압장치를 겸해서 사용하는 경우가 대부분이다.
2. 도랑저장 : 보온저장법에 해당하지만 50cm 정도의 도랑을 만들어서 수산물을 저장하는 방법으로, 온도가 내려감에 따라 흙을 더욱 더 덮어서 보온하는 방법이다.

09 예냉의 효과에 대한 설명 중 알맞지 않은 것은?
① 에틸렌 생성 억제
② 수산물 및 유통과정에서 수분손실 억제
③ 호흡활성 촉진
④ 병원균 번식 억제

 수확된 수산물의 수분손실 억제와 유통과정에서의 수분손실 억제 효과, 호흡활성 억제 및 에틸렌 생성 억제, 병원균의 번식 억제 효과가 있다.

10 저장할 때 주의해야 할 점이 여러 가지 있다. 유의해야 할 사항이 아닌 것은?
① 저장고의 벽에 붙이지 말고 벽에서 약 20~30cm 정도 거리를 두고 쌓는다.
② 팔레트 하역을 고려하여 화물적재 높이의 한도를 적절히 고려하여야 한다.
③ 바닥에 직접 쌓지 말고 바람이 잘 통할 수 있도록 팔레트 위에 쌓는다.
④ 저장고 내의 온도를 적절하게 유지하고 있는지 문을 자주 개방하여 확인하여야 한다.

 저장고 내의 온도를 저온으로 낮추고 공기의 유동이 없도록 문의 개방을 줄이는 것이 저장성을 높이는 데 상당한 도움이 된다.

11 수산물의 등급기준을 설정하는데 있어서 고려되지 않아도 되는 것은 무엇인가?
① 이용자가 쉽게 인정할 수 있는 주요 특성을 포함해야 한다.
② 각 등급에 충분한 생산량이 골고루 포함되도록 해야 한다.
③ 생산자에게 의미가 있는 요소와 용어를 사용해야 한다.
④ 정확하고 통일하게 특정하고 설명할 수 있는 요인에 기초해야 한다.

 소비자에게 의미 있는 요소와 용어를 사용해야 한다.

12 저온저장고 내에 수산물의 입고 후 저장에 적합한 저온에 도달한 후의 공기순환 정도는 얼마로 하는 것이 가장 적당한가?
① 5~13m/min
② 25~33m/min
③ 15~23m/min
④ 공기의 순환은 없는 것이 가장 좋다.

1. 저온저장고의 온도관리
   초기 수산물 입고 시와 입고 후 공기순환은 다르게 관리되어야 한다. 즉, 수산물의 입고 초기에 목표로 설정한 온도에 이르기 위하여 공기순환을 강하게 하여야 하고, 입고 후 안정기에 도달하면 공기순환을 줄여서 호흡열의 제거와 저장고 내의 고른 온도분포가 유지되도록 한다.
2. 저장고 각 부위에 고른 온도를 유지하기 위하여 적재된 수산물의 주변으로 15~23m/min의 속도가 유지되도록 관리한다.

13 냉각기의 수증기가 증발코일에 얼어붙는 현상이 진행되면서 증발코일이 얼음층으로 덮이는 현상을 제어하는 것을 뜻하는 것은?
① 결로 ② 제상
③ 대류 ④ 소독

 제상이 되면 나타나는 현상 : 열교환이 일어나지 않아 저장고 온도유지에 어려움을 겪고 심해지면 온도가 상승한다.

14 수확한 수산물의 저장을 오래하기 위해서 에틸렌을 제거하여야 한다. 이때 사용되는 산화제로 알맞지 않은 것은?
① 과망간산칼륨 ② 1-MCP
③ 이산화황(SO_2) ④ 활성탄

1. 오래 저장하기 위해서는 에틸렌을 즉시 제거해 주어야 한다.
2. 가장 쉽게 사용하는 것은 환기방법이다.
3. 흡착제, 자외선 파괴식, 촉매분해식 등을 사용한다.
4. 또한 산화제인 과망간산칼륨, 목탄, 활성탄, 오존, 자외선, 1-MCP 등을 이용하기도 한다.
5. 이산화황(SO_2)은 수확 후 수산물의 포장상태에서 저장이나 유통 중 부패를 억제할 때 사용한다.

15 저장 중인 수산물의 증산작용을 억제하는 방법이 아닌 것은?
① 저장고 내에 생석회를 비치한다. ② 저장고 내 상대습도를 높인다.
③ 저장고 내 온도를 낮춘다. ④ 저장고 송풍기의 풍속을 낮춘다.

1. 저장고 내에 생석회를 비치하면 물과 반응하여 발열반응을 통하여 병원체를 죽이는 효과(소독)를 얻을 수 있다.
2. 수산물이 저장고에 있을 때에는 적합하지 않다.

16 수산물 시장구조에 영향을 끼치는 요인이라고 보기 어려운 것은?
① 수산물의 부패성 ② 수산물의 이동성
③ 수산물의 저장성 ④ 수산물의 수요성

 수산물의 수요는 생활필수품적인 성격이 강하고 비교적 안정적이어서 시장구조에 거의 영향을 끼치지 않는다.

정답 13. ② 14. ③ 15. ① 16. ④

17 수산물 수급의 장소적 조정을 담당하여 효용을 창출하는 기능을 고르시오.
① 운송기능 ② 경영적 기능
③ 저장기능 ④ 가공기능

 수산물 수급의 장소적 조정을 담당하여 효용을 창출하는 기능은 운송기능이다.

18 MA저장의 단점으로 적당하게 설명된 것은 무엇인가?
① 가스확산의 저지로 수산물의 호흡에 의하여 산소농도는 낮아지고, 이산화탄소 농도는 높아진다.
② 저온 또는 고온장해 발생 감소에 매우 효과적이다.
③ 포장 내 과습으로 인하여 수산물이 부패할 수 있다.
④ 수산물의 대사작용은 저하되고 품질변화는 억제된다.

 포장 내 과습으로 수산물이 부패할 수 있으며, 플라스틱 필름 포장 내부에 부적합한 가스조성에 의해 수산물이 생리장해를 초래할 가능성이 대단히 많다.

19 원산지표시방법에 대한 설명으로써 옳지 않은 것은?
① 수산가공품 – 가공품에 사용된 원료수산물의 함량순위에 따라 원료수산물의 원산지를 표시한다.
② 수입수산물 및 수입가공품 – '원산지 : 국명 또는 국명산, Made in 국명 또는 Product of 국명'으로 표시한다.
③ 국산수산물 – '원산지 : 국산 또는 생산한 시·도, 시·군·구명'을 표시한다.
④ 수산가공품 중 국산원료는 '국산'이라 표시하거나 그 원료가 생산된 '시·도·군·구명'으로 표시하며, 수입원료의 경우라 할지라도 대외무역법령에 의한 자국의 국가명을 표시한다.

 1. 수산가공품 중 국산원료는 '국산'이라 표시하거나 그 원료가 생산된 '시·도·군·구명'으로 표시한다.
2. 수입원료는 대외무역법령에 의한 원산지 국가명을 표시한다.

정답 17. ① 18. ③ 19. ④

20 수산물이 저장됨에 따라 효용이 증대된다. 이와 같은 시간이동으로 생기는 효용을 시간효용이라 하는데, 저장기능은 이 시간효용을 증대시키는 역할을 한다. 이 저장기능의 목적이 아닌 것은 무엇인가?

① 투기적 저장을 말한다.
② 계절적인 수산물 재고를 위한 저장을 말한다.
③ 효율적인 유통과정을 위해 필요한 운영재고를 유지하기 위한 저장을 말한다.
④ 비용절감을 위한 저장을 말한다.

1. 비용절감을 위한 것은 저장기능이라기보다는 가공기능이라고 볼 수 있다. 수산물은 부피가 크고 부패하기 쉬우므로, 저장비용이 많이 든다. 따라서 가공을 먼저 행한 후에 저장을 한다면 저장비용이 절감되는 효과가 있을 수 있다.
2. 투기적 저장 : 저장기간 중에 가격차이가 발생되어 이윤이 발생할 것을 기대하고 저장을 하는 형태를 말한다.
3. 계절적인 수산물 재고를 위한 저장 : 연중 안정적으로 수요에 충당할 수 있도록 수산물을 저장하려고 한다. 이렇게 저장한 수산물은 연중 소비된다. 수확기 중에 공급되는 수산물은 생산수산가와 중간상인들이 주로 저장을 하게 되고, 소비자들도 다음에 소비할 목적으로 얼마동안 저장하기도 한다.
4. 비축재고 저장 : 이 저장은 대개 정부에 의해 수행된다. 이 저장에는
   ㉠ 군수 및 기타 정부기관 수요충당을 위한 정부관리 수산물
   ㉡ 예기하지 못한 전쟁이나 기타 국가적 재앙에 대비하기 위한 비축수산물
   ㉢ 연중 계절가격안정을 위한 비축수산물
   ㉣ 장기간 공급과 가격안정을 위한 안보비축수산물 등이 있다.

21 수산물 도매시장의 중요성에 대한 설명 중 가장 알맞게 설명한 것은?

① 소량분산적인 물량을 대량화하여 신속하게 분산시킨다.
② 대규모 물량과 특정품목 위주의 전문화로 언제든지 거래가 가능하다.
③ 다양한 소매상의 존재로 유통효율성을 제고시킨다.
④ 수급을 반영한 적정가격이 형성되나, 공정가격이 아니기 때문에 중심가격이 되지 못한다.

도매시장을 통해 적고 분산적인 물량을 대량화하여 대량집하·대량분산을 통한 수급조절의 원활함과 신속한 거래를 할 수 있게 한다.

22 다음 도매시장 중 거래량 및 시장점유율의 크기가 맞는 것은?

① 공영도매시장 > 수산물공판장 > 법정도매시장 > 민영도매시장
② 민영도매시장 > 수산물공판장 > 법정도매시장 > 공영도매시장
③ 수산물공판장 > 공영도매시장 > 법정도매시장 > 민영도매시장
④ 공영도매시장 > 법정도매시장 > 수산물공판장 > 민영도매시장

 거래량 및 시장점유율의 크기는
민영도매시장 > 수산물공판장 > 법정도매시장 > 공영도매시장 순이다.

23 대형할인업체 등장 이후 그에 따른 영향에 대한 다음 설명 중 옳지 않은 것은?

① 업체간의 치열한 경쟁으로 소비자는 저가격 구입이 가능해졌다.
② 생산업자의 영향력이 이전보다 커졌다.
③ 수산물의 경우 대형할인업체의 산지 직구입 비율이 높아졌다.
④ 상품차별화에 대한 관심이 높아져 비가격 경쟁도 중요하게 되었다.

 대형할인업체 등장에 따라 생산업자의 영향력은 감소되었다.

24 다음 보기 중 옳지 않은 것은?

① 저장하는 동안 상하기 쉬운 수산물은 유통경로가 짧은 시장구조를 택한다.
② 수산물을 수요 측면에서 보면 비교적 안정적이라 할 수 있다.
③ 생산기간의 장기성으로 인해 수확기의 공급은 탄력적이다.
④ 수산물 가격은 계절변동이 심하기 때문에 시장이 불안정한 이유에 속한다.

 수산물은 생산기간의 장기성으로 인해 공급이 가격에 대응하여 제때 이루어지지 못하기 때문에 공급의 가격탄력성은 비탄력적이다.

25 다음 유통 경로 중 최근 거래점유율이 점점 커지고 있는 것은?

① 대형유통업체   ② 유사도매시장
③ 수산물공판장   ④ 공영도매시장

 최근 판매망 증설 및 소비자의 선호의 증가로 대형유통업체라고 볼 수 있는 종합유통센터, 대형할인점 등의 거래점유율이 급속히 커지고 있다.

정답 22. ② 23. ② 24. ③ 25. ①

26 유통경로에 대한 설명으로 맞지 않은 것은?

① 전체적인 수산물 유통의 효율성을 향상시킬 수 있는 소비지유통의 중심적 유통 기구로서의 역할을 수행함
② 도매시장, 대형유통업체 등에의 출하
③ 세척, 선별, 포장, 예냉, 저온저장, 브랜드화 등을 통한 상품성 향상
④ 생산조직이 개재하느냐 않느냐에 따라 직접 마케팅과 간접 마케팅으로 나누어 볼 수 있다.

 중간상인이 개재하느냐 않느냐에 따라 직접 마케팅과 간접 마케팅으로 나누어 볼 수 있다.

27 하이퍼마켓의 특징을 가장 올바르게 설명한 것은?

① 주택가에 입지하여 식료품, 세탁용품, 가정용품 등 생활필수품을 주로 취급하는 소매점이다.
② 점포의 규모가 구멍가게에 비해 크고 셀프서비스를 주로 한다.
③ 식품과 비식품을 한 점포에서 취급하는 유럽에서 발달된 할인점 형태이다.
④ 미국에서 발전된 형태로 기존 비식품위주의 할인점에 대형 슈퍼마켓이 추가된 개념이다.

 하이퍼마켓이란 넓은 주차장이 있는 교외의 대형 슈퍼마켓을 뜻하며, 미국보다는 주로 유럽에서 발달된 형태이다.

28 다음 보기에서 A는 무엇인가?

> 네토(Neto)라고도 하는 A는 어육연제품 등의 가공식품 저장 중에 발생하는 현상으로, 식품 표면에 물방울 모양의 점조성 물질이 생성되는 것을 말한다. A의 주성분은 미생물의 의한 당의 중합물의 일종인 덱스트란(dextran)이다.

① Negotiation   ② Slime
③ 디펙트   ④ Jelly point(젤리점)

 Slime(슬라임, 점액질)은 당이 포함된 어육제품에 발생되는 현상으로, 원인균으로는 포도상구균이나 녹농균이 있다.

29 보일드 통조림에 대해 옳은 설명은?

① boiled can이라고도 하며 원재료의 손질 후 살재임 한 뒤, 바로 동결한 통조림이다.
② 원재료를 삶거나 찐 후에 소량의 식염 또는 식염수를 넣어 밀봉·가열살균한 통조림이다.
③ 원재료를 손질한 후 토마토 액을 주입하여 제조하는 통조림이다.
④ 훈연한 재료를 손질한 후 식물유 또는 소스 등을 넣어 밀봉한 통조림이다.

 고등어, 정어리, 꽁치, 굴, 새우, 연어 등을 탕자 혹은 증자한 뒤 밀봉한 통조림을 말한다.

30 통조림용 기기인 이중밀봉기에서 캔 뚜껑의 컬을 몸통의 플랜지 밑으로 말아 넣는 역할을 하는 부위는?

2021년 기출

① 리프터
② 시이밍 척
③ 시이밍 제1롤
④ 시이밍 제2롤

 제1롤이 척 가까이로 수평 이동하여 컬을 압착하면서 관 주위를 회전하면 컬이 플랜지 밑으로 말려 들어가 제1단계의 밀봉이 이루어진다.

31 Vacuum storage에 대해 옳은 설명은?

① 저온저장법이라고도 하며 저장할 식품을 동결되지 않는 온도에 보관하여 저장하는 방법이다. 단점으로는 저장기간이 짧다.
② 진공저장법이라고도 하며 식품을 진공, 감압상태에서 저장하는 방법이다. 단점으로는 식품의 오염과 변질을 억제할 수 있다.
③ 진공저장법이라고도 하며 식품을 진공상태에서 저장하는 방법이다.
④ 저장고의 온도, 습도, 대기를 조정하여 저장하는 방법이다.

 ② 진공저장법이라고도 하며 식품을 진공, 감압상태에서 저장하는 방법이다. 장점으로는 식품의 오염과 변질을 억제할 수 있다.
④ CA 저장법

정답 29. ① 30. ③ 31. ③

32 다음 빈칸에 들어갈 단어는?

> 식품을 동결저장(Freeze storage)할 때, 식품 내 수분은 염류와 당류가 함유되어 있기 때문에 (   )현상이 발생하게 되어 0℃보다 낮은 온도에서 얼게 된다. 어류의 경우 -1 ~ -2에서 동결된다.

① 동결
② 브루셀라
③ 수직
④ 빙점강하

 빙점강하란 동결점이 내려가는 현상(어는점 내림)이다. 식품의 동결점은 수분에 함유된 염류와 당분에 의해 좌우된다.

33 다음 중 같은 뜻끼리 짝지어진 것은?

① 진공저장, 저습저장
② 동결저장, 냉동저장
③ 저온저장, 냉온저장, 냉동저장
④ MA저장, CA저장, 실온저장

 동결저장과 냉동저장(Freezing storage)은 식품을 동결시켜 저장하는 것을 말한다.

제6편 선별과 포장

제 1 장 표준규격

[제1절] 목 적

농림축산식품부장관 또는 해양수산부장관은 농수산물의 상품성을 높이고 유통 능률을 향상시키며 공정한 거래를 실현하기 위하여 농수산물의 포장규격과 등급규격을 정할 수 있다.

[제2절] 정 의

1. 표준규격품

① 포장규격 및 등급규격에 맞게 출하하는 수산물
② 등급규격이 제정되어 있지 아니한 품목은 포장규격에 맞게 출하하는 수산물

2. 등급규격

(1) 수산물의 품목 또는 품종별 특성에 따라

① 수량　　　　② 크기
③ 색택　　　　④ 신선도
⑤ 건조도　　　⑥ 결점
⑦ 성분함량　　⑧ 선별상태 등 품질구분에 필요한 항목을 설정

(2) 특, 상, 보통으로 정한 것

3. 포장규격

① 거래단위　　② 포장치수
③ 포장재료　　④ 포장방법
⑤ 포장설계　　⑥ 표시사항 등

제 2 장 품질규격

[제1절] 품질의 규격화

1. 의 의
① 품질의 규격화는 출하 전 상품성 부여를 위한 기본단계이다.
② 생산자는 수취가격에 대한 기대치를 결정한다.
③ 소비자는 구입 시 가격에 대한 의사결정 요인이 된다.

2. 목 적
① 좋은 상품에 대한 시장과 소비자의 요구 및 다양한 소비자 계층 요구의 충족을 위해 상품의 다양한 등급화가 이루어져야 한다.
② 시장 유통질서를 위해 거래 시 판단을 용이하게 한다.
③ 품질과 가격에 대한 거래 당사자 간 분쟁을 해결하여 공정한 거래를 실현시킨다.
④ 생산자는 자신의 상품과 다른 상품에 대한 품질차이를 인식함으로써 생산기술과 상품성을 향상시킨다.

3. 품질규격과 선별의 필요성
① 선별은 객관적인 등급규격에 맞게 생산물을 구분하는 작업이다.
② 선별의 결과에 따라 생산자, 유통업자, 소비자의 입장에서 품질평가의 만족도가 달라진다.
③ 선별이 잘된 상품은 신뢰도가 높아져 좋은 가격이 보장된다.

제 3 장 선 별

[제1절] 의 의

수산물의 선별은 불필요한 물질이나 변형, 부패된 산물을 분리, 제거하고 객관적인 품질평가기준에 따라 등급을 분류하고 분류된 등급에 상응하는 품질을 보증함으로써 농산물의 균일성으로 상품가치를 높이고 유통상의 상거래질서를 공정하게 유지하도록 한다.

[제2절] 선별방법

(1) 무게에 의한 선별

수산물을 개체 중량에 따라 분류하는 선과기로서 계측방법은 개체의 중량, 분동, 용수철의 장력 등에 의해 선별하는 기계식 중량선별기에서 중량센서를 계측중심부로 이용하는 전자식 중량 선별기로 나뉠 수 있다.

(2) 크기에 의한 선별

체질에 의한 선별과 크기 기준에 따른 선별로 드럼식 형상선별기 등이 사용된다.

(3) 모양에 의한 선별

생산물 고유의 모양에 의한 선별로 원판분리기 등이 사용된다.

(4) 색에 의한 선별

품종 고유의 색택에 의한 선별로 색체선별기, 광학선별기 등이 이용된다.

(5) 비파괴 선별

광의 투과, 반사 및 흡수특성을 이용하여 구성성분과 정성 및 정량을 분석하는 선별 방법으로 비파괴 측정기 등이 이에 해당한다.

제 4 장 포 장

[제1절] 의의와 기능

1. 포장의 의의

포장이란 수산물의 유통과정에 있어 그 보존성과 위생적 안전성을 높이고 편의성과 보호성을 부여하며 판매를 촉진하기 위하여 알맞은 재료나 용기를 사용하여 적절한 처리를 하는 기술을 의미한다.

2. 기 능

생산에서부터 소비까지 이르는 과정에 있어 수송 중의 물리적 충격의 방지와 미생물과 병충해에 의한 오염방지 및 빛, 온도, 수분 등에 의한 산물의 변질을 방지한다.

3. 목 적

(1) 편의성
상품의 수송, 하역, 보관과 유통상의 편의를 위해 필요성이 커지고 있다.

(2) 표준화 및 정보제공
상품의 품질, 등급 및 생산정보의 표시 수단이 된다.

(3) 소비자 구매욕구 증대
브랜드 개념을 도입한 다양한 디자인을 통하여 소비자의 구매욕을 증대시키는 목적도 큰 비중을 차지한다.

[제2절] 포장의 분류

1. 소비, 유통측면의 포장분류
① 겉포장 : 속포장한 수산물의 운반과 수송 및 취급을 목적으로 큰 단위로 포장하는 것
② 속포장 : 상품을 몇 개씩 용기에 담아 유통단위나 소비단위로 만드는 것을 속포장이라 한다.
③ 낱개포장 : 속포장의 일종이지만 특별히 상품을 하나씩 포장하는 방식이다.

2. 유통기능에 따른 분류
① 1차포장 : 제품을 직접 담는 용기 혹은 필름백
② 2차포장 : 안전성 향상을 위한 박스포장
③ 3차포장(직송포장) : 수송 및 저장의 안전성과 효율을 높이기 위한 대단위 포장

[제3절] 포장재의 기본요건

1. 겉포장재
① 외부의 충격방지
② 수송, 취급의 편리성
③ 부적절한 환경으로부터 내용물의 보호

2. 속포장재
① 상품이 서로 부딪혀 물리적 상처를 받지 않도록 한다.
② 적절한 공간확보와 충격의 흡수성

③ 유통 중 발생할 수 있는 부패 또는 오염의 확산을 막을 수 있는 재질

[제4절] 포장재의 구비조건

1. 위생성 및 안전성
① 속포장재의 경우 포장재질로부터 유해물질이 내용물에 전이되지 않아야 한다.
② 속포장재를 사용하지 않고 바로 겉포장을 하는 경우 겉포장재의 위생성 및 안전성이 확보되어야 한다.

2. 보존성, 보호성 및 차단성
(1) 내용물의 보존성과 보호성에 적합한 통기구를 가지고 있어야 하며 물리적 강도를 가져야 한다.

(2) 차단성
① 겉포장재는 물리적 강도유지를 위한 방습성, 방수성이 있어야 한다.
② 속포장재는 내용물의 품질을 보호하기 위해 냄새의 차단성이 필요로 한다. 유통과정에서의 오염물질, 휘발성 이취발생물질의 노출위험과 인쇄 잉크의 유기용매 냄새가 산물에 오염되는 경우도 있으므로 이러한 물질에 대한 차단성을 갖추어야 한다.

3. 작업성 (기계화)
① 겉포장재로는 접은 상태로 보관하여 공간점유면적이 최소화되도록 하여야 한다.
② 쉽게 펼쳐지고, 모양을 갖출 수 있어야 하며 봉합이 용이하도록 설계되어야 한다.
③ 속포장재는 일정한 경탄성, 미끄럼성, 열접착성이 있어야 하고 정전기가 발생하지 않도록 대전성이 없어야 한다.

4. 인쇄적정성 및 정보성
① 인쇄적정성, 광택, 투명성 등 외관은 물론 상품의 특성이 잘 나타나야 한다.
② 속포장 필름의 경우는 상품의 품질이 쉽게 확인될 수 있도록 투명해야 소비자의 신뢰도를 높일 수 있다.
③ 인증표시 등 소비자가 요구하는 정보가 제대로 표시되어야 한다.

5. 편리성
소비자 입장에서 해체구조 및 개봉이 편리해야 한다.

6. 경제성

① 포장재료의 생산비, 디자인 개발비 등은 모두 포장경비에 포함되므로 경제성을 갖추어야 한다.
② 소비자 욕구에 부응하고 물류효율화에 적합한 포장설계가 필요하다.

7. 환경친화성

① 분해성, 소각성이 좋아야 한다.
② 쓰레기 문제가 야기되지 않도록 재활용, 재사용 시스템을 갖추어야 한다.

8. 예냉과 내열성

포장 후 예냉하는 경우 빠른 예냉이 가능하고, 내열성을 갖추어야 한다.

[제5절] 포장재의 종류 및 특성

1. 골판지상자

(1) 장점

① 대량 생산품의 포장에 적합하다.
② 대량 주문요구를 수용할 수 있다.
③ 가볍고 체적이 작아 보관이 편리하므로 운송 및 물류비가 절감된다.
④ 작업이 용이하고 기계화와 생력화(省力化)가 가능하다.
⑤ 조건에 맞는 강도 및 형태의 제작이 용이하다.
⑥ 외부충격을 완충하여 내용물의 손상을 방지한다.

(2) 단점

① 습기에 약하고 수분에 의한 강도가 저하된다.
② 소단위 생산 시 단위당 비용이 많이 든다.
③ 취급 시 변형과 파손이 되기 쉽다.

(3) 수산물의 저장과 수확 후 관리 중 골판지 상자의 강도저하 요인

① 세척시 탈수과정에서 수분이 남았을 때 과습에 의한 저하
② 냉수냉각식 예냉에서 수분의 제거가 덜 된 경우
③ 산물이 저온저장고에서 상온으로 출고되었을 때 결로에 의한 강도 저하
④ 저온저장고 안에서 흡습으로 인한 강도저하
⑤ 차압통풍식 예냉에서 통기공에 의한 강도저하

⑥ 적재하중에 따른 강도저하

(4) 발수성의 표현
골판지의 방수특성은 발수도 R로 표현한다. 물을 흘려보낼 때 물이 스미는 정도를 나타내며 R 값이 클수록 방수성이 높은 것을 의미한다.
① R2 이상 : 건조된 수산물로 PE대 PP대 등으로 속포장하여 내용물의 수분이 영향을 거의 미치지 않는 수산물
② R4 이상 : 수분증발과 호흡작용이 대체로 적은 수산물과 수분과 호흡작용이 과다하나 겉포장을 보호하기 위해 PE대 등으로 속포장한 수산물
③ R6 이상 : 수분과 호흡작용이 과다하여 내용물의 수분이 상자에 영향을 미칠 우려가 있는 수산물과 PE대 등 속포장에도 불구하고 수분이 겉포장에 영향을 미칠 우려가 있는 수산물

2. 플라스틱 상자
① 폴리프로필렌 성형수지에 규정된 2종 05500급 이상 또는 폴리에틸렌 성형재료의 3종 3~4류를 사용한다.
② 낙하 충격 및 하중변형에 견디는 강도를 필요로 한다.

3. PE대 (폴리에틸렌대)
① 폴리에틸렌 필름 봉투형태의 겉포장재로 내용물의 중량에 따라 적정한 두께가 정해져 있다.
② 인장강도, 신장율, 인열강도 등은 KS M3509(포장용 폴리에틸렌 필름)에 따른다.

4. PP대 (직물제 포대)
포장용 폴리올레핀 연신사로 직조한 포대포장으로 인장강도, 직조 밀도 등을 규정한다.

5. 그물망
고밀도 폴리에틸렌 모노필라멘트계 원단을 사용해 메리야스상으로 직조한 그물로서 포장 단량에 따라 적당한 그물망의 강도를 무게로 정하고 있다.

6. PE, PP, PVC
① PE(polyethylene) : 일반적인 포장재료로 많이 이용되며 가스의 투과도가 높다.
② PP(polypropylene) : 방습성, 내열성, 내한성, 투명성이 높아 투명포장 및 채소류 수축포장에 많이 이용된다.

③ PVC(염화비닐; polyvinyl chloride) : 식품포장에 많이 이용되고 있다.

[제6절] 그 밖에 기능성 포장재

(1) 방담(防曇)필름
선도유지를 목적으로 한 기능성 포장재로 청과물의 수분의 증산을 억제하고 투습상태에 있어 결로를 방지하는 목적으로 이용된다.

(2) 항균필름
항균력 있는 물질을 코팅하여 곰팡이 및 유해 미생물에 대한 안전성을 확보하기 위한 포장재이다.

(3) 고차단성 필름
수분, 산소, 질소, 이산화탄소와 저장산물의 고유한 향을 내는 유기화합물 등의 차단성 높인 포장재를 고차단성 포장재라 한다.

(4) 키토산필름
키토산은 유해균의 성장을 억제하는 효과가 있으며 200ppm 정도의 농도에서 유해균에 대한 강력한 저해활성을 발휘한다. 이와 같은 항균물질을 필름제조 시 압축성형 및 코팅 처리한 필름을 키토산 필름 포장재라 한다.

(5) 미세공필름
포장재에 미세한 공기구멍이 있어 수증기의 투과도를 높여 포장 내부 습도를 유지시킨 필름이다.

[제7절] 포장규격

수산물 표준규격품에 있어 포장규격은 수산물품질관리법의 수산물표준규격에 의한 포장규격에 따른다.

1. 포장규격
① 거래단위 ② 포장치수 ③ 포장재료 ④ 포장방법 ⑤ 포장설계 ⑥ 표시사항 등

2. 거래단위

① 포장에 사용되는 각종 포장재, 용기 등의 무게를 제외한 실중량 또는 개수를 의미한다.
② 5kg 미만 표준거래 단위는 별도로 규정하지 않는다. 5kg 이상만 표준거래 단위를 두고 있다.

3. 포장치수

(1) 수산물의 포장치수는 한국산업규격(KSA1002)에서 정한 수송포장계열치수 69개 모듈과 골판지 상자, 지대, P.E대, P.P대, 그물망의 포장규격 및 T-11형 팔레트(1,100×1,100mm)의 평면 적재효율이 90% 이상인 것으로 하고, 높이는 해당 농산물의 포장이 가능한 적정 높이로 한다.

(2) 수산물 플라스틱상자와 다단식목재상자·금속재상자의 포장치수는 다음에서 정하는 길이, 너비, 높이로 한다.

제6편 기출 및 예상문제

01 수산물 유통의 단계 중 특별한 최종사용을 위해 주어진 상품의 상대적인 가치를 알 수 있게 해주는 것은?
① 가공
② 저장
③ 등급화와 분류
④ 포장

 수산물 유통의 제단계는 다음과 같다.
원료상품의 수집 → 수송 → 저장 → 등급화와 분류 → 추가가공 → 포장 → 분배 → 소매

02 수산물 유통기구 중에서 분산기구의 특징으로 옳은 것은?
① 분산적 소규모 생산이 이루어지는 경우에 발달하는 조직이다.
② 도매시장, 공판장이 여기에 속한다.
③ 주로 지방시장, 즉 산지중심으로 시장이 형성된다.
④ 중계시장을 거쳐서 이전된 상품을 최종 소비자나 이용자에게 전달시켜주는 분배의 기능을 수행한다.

 ①, ③은 수집기구에 대한 설명이고 ②의 소매기관은 분산기구로 보면 되고, 중계기구에 대한 설명이다.

03 도매상은 생산자 및 소매상을 위한 기능을 동시에 수행한다. 다음 보기 중 생산자를 위한 기능은 어떤 것인가?
① 시장확대기능(market coverage)
② 구색제공기능(offering assortment)
③ 소량분할기능(bulk breaking)
④ 상품공급기능(product availability)

 ① 시장확대기능은 생산자를 위한 기능이다.
도매상의 기능은 ②, ③, ④ 등이 해당한다.

정답 01. ③ 02. ④ 03. ①

04 다음 중 포장의 원칙에 대한 설명 중 틀린 것은?
① 소비자의 사용에 편리하도록 해야 한다.
② 포장비용에 구애되지 말고 포장은 화려하게 해야 한다.
③ 광고면에 나타낸 호소와 인상을 현물포장과 일치되도록 계획한다.
④ 소비자의 상품구매 관습, 지적수준, 환경 등을 고려하여야 한다.

 포장의 제작비용과 포장에 담는 데에 드는 노동비용 등의 비용효율성을 고려해야 한다.

05 다음 중 상표의 기능이 아닌 것은 무엇인가?
① 상징 기능 ② 광고 기능
③ 원산지 표시기능 ④ 품질보증기능

 상표는 식별(상징), 출처, 신용(품질보증)이라는 3대 기능과 광고, 선전기능을 가지지만, 원산지 표시기능을 반드시 지닌다고 보지는 않는다.

06 수산물이 수집되어 분배되는 과정으로, 생산지로부터 소비지로 가는 상품의 흐름을 무엇이라고 하는가?
① 유통기능 ② 수집과정
③ 유통경로 ④ 분배과정

 수산물이 수집되어 분배되는 과정으로, 생산지로부터 소비지로 가는 상품의 흐름을 유통 경로라고 한다.

07 수산물브랜드에 대한 설명으로 옳지 않은 것은?
① 시장에 정착시키는 과정에서 시간이 많이 소요된다.
② 다수의 다른 경쟁상품과의 식별을 가능하게 하고 그 책임소재를 분명히 한다.
③ 소비자에게 제공하는 가치를 증가시키거나 감소시킬 수 있다.
④ 공동브랜드를 통해 다품목 소량생산이라는 맞춤식 경쟁력을 보유할 수 있다.

 ④의 공동브랜드는 소품목 대량생산과 관련이 있다.

정답 04. ② 05. ③ 06. ③ 07. ④

08 수산물 산지유통 기능을 설명한 것들 중 알맞은 것은?

① 생산지에서 1차적 거래기능이 이루어지고 있으며, 거래방법은 획일화되고 있다.
② 생산된 물량은 즉시 출하되기 때문에 수급조절 기능이 있다.
③ 산지에서 다양한 물류기능으로 시간적·장소적·형태적 효용이 창출된다.
④ 산지유통 기능은 점차 위축되고 있으며, 특히 상품화 기능이 급격히 축소되고 있다.

① 거래방법으로서 포전거래, 계약거래, 정전거래 등이 있다.
② 생산된 물량은 판매지역, 판매시기 등의 수급조절기능이 나타나고 있다.
④ 산지유통의 경우 전체적인 수산물 유통의 효율성을 향상시킬 수 있는 산지유통의 중심적 유통기구로서의 역할을 수행하는 수산물 산지유통센터(FPC)가 운영되어 수산물을 체계적으로 생산 또는 수집하여 세계화된 상품을 유통시킴으로써 수산물의 부가가치를 높이고 있다.

09 수산물 포장에 일반적으로 사용되고 있는 PP(polypropylene) 필름의 특징이 아닌 것은?

① 연신 등 가공이 쉽다.
② 방습성이 높다.
③ 산소투과도가 낮다.
④ 광택 및 투명성이 높다.

1. PP 필름 중에서 CPP인 무연신 폴리프로필렌 필름으로 수산물의 포장에 사용하고 있다. PP 필름은 산소투과도가 높은 특징을 가지고 있다.
2. 플라스틱 필름 중에서 PE, PVC가 많이 이용되고 있는 이유 중의 하나가 산소투과도보다 이산화탄소 투과도가 높기 때문이다.

10 수산물의 선별이 필요한 이유에 대해 적당하지 않는 것은?

① 선별의 등급수가 적으면 소비자의 다양한 요구에 부응할 수 없기 때문에 선별 등급수를 늘려야 다양한 요구에 부응할 수 있다.
② 선별이 균일한 수산물은 신뢰도가 높아 어떠한 상황에서도 좋은 가격을 보장받을 수 있다.
③ 선별이 잘 되어진 수산물일수록 시장에서 인정을 받고 높은 가격을 받을 수 있다.
④ 출하시장에 상관없이 선별의 세분화는 필요하다. 백화점과 재래시장, 인터넷 또는 직거래에 동일한 수산물을 공급하기 위해서 선별의 등급 수는 동일하여야 한다.

정답 08. ③ 09. ③ 10. ④

출하시장에 따라서 선별의 세분화가 필요하다. 구매자의 상황에 따라서 선별의 등급 수 또는 세분화를 잘 조절하여야 한다.

11 수작물의 수확 후의 선별에 관한 설명으로 옳지 않은 것은 무엇인가?
① 수출할 경우 국립수산물품질관리의 수산물표준규격에 따라야 한다.
② X-ray를 이용하는 광학선별기는 내부결함을 판별할 수 있다.
③ 원통형 스크린 선별기는 감귤의 크기 선별에 유용하다.
④ 품질의 등급화와 균일화를 이룰 수 있어 원예산물의 상품화에 기여한다.

 국립수산물품질관리원의 수산물표준규격에 따르는 것은 국내에서 생산되어 신선한 상태로 유통되는 수산물에 적용하며, 가공용 또는 수출용에는 적용하지 않는다.

12 상표의 포장에 대한 설명 중 틀린 것은 무엇인가?
① 포장은 유통비용 증가로 수산물의 판매가격을 상승시킬 수 있기 때문에 수산물 유통에서 그 중요성이 점차로 낮아지고 있다.
② 상표명은 제품이나 기업의 이미지와 일치되고, 법적으로 보호받을 수 있어야 한다.
③ 상표 충성도란 소비자가 특정상표를 일관되게 선호하는 성향을 말한다.
④ 상표는 출처, 식별, 신용이라는 3대 기능을 지니기 때문에 기업은 품질에 대해 책임을 진다는 것이다.

 포장은 포장비가 가격에 반영되어 유통비용을 증가시킬 수 있지만 비용추가보다는 편익이 더 크게 인식되기 때문에 점차로 고급화·차별화되고 있다.

13 수산물의 신선도를 유지하기 위한 콜드체인 시스템의 관리방법으로 옳은 것은?
① 상온저장고의 구비
② 판매진열대의 실온유지
③ 냉장 컨테이너 차량의 보급
④ 방습도가 낮은 포장상자 구비

 저온유통(콜드체인) 시스템은 수확 후 예냉, 저온저장, 저온수송, 저온진열 및 판매를 통하여 수산물의 품질을 유지하고자 하는 시스템으로 예냉시설 완비, 저온저장고 구비, 냉장 컨테이너 차량의 보급, 판매진열대의 저온유지, 방습도가 높은 포장상자 구비 등으로 콜드체인 시스템을 완성시킬 수 있다.

정답 11. ① 12. ① 13. ③

14 수산물의 저장기간에 발생하는 비용이 아닌 것은?
① 저장한 수산물의 구입비용
② 저장기간 중 발생하는 품질저하의 손실
③ 소비자의 평가절하로 인한 손실
④ 저장시설의 유지와 이용을 위한 고정비용

 수산물의 저장기간에 발생하는 비용
1. 저장시설의 유지와 이용을 위한 고정비용
2. 소비자의 평가절하로 인한 손실
3. 저장기간 중 발생하는 품질저하의 손실
4. 저장 중인 재고에 투입된 투자액의 이자손실액
5. 갑작스런 상품가격의 하락

15 냉동어를 1~4℃ 물에 수초 동안 담근 후 어체 표면에 얼음옷을 입혀 공기를 차단 시킴으로써 제품의 건조 및 산화를 방지하는 방법은?   2020년 기출
① 글레이징
② 진공포장
③ 기체치환포장
④ 송풍식 냉동

 글레이징은 냉동식품에 찬물을 뿌리거나 찬물에 넣어 얇은 얼음막이 생기게 하는 것이다.

16 명태 필렛(fillet)을 다음의 조건 하에 저장하였을 때 시간-온도 허용한도(T.T.T.)에 의한 품질변화가 가장 많이 진행된 경우는? (단, 품질유지기한은 −30℃에서 250일, −22℃에서 140일, −20℃에서 120일, −18℃에서 90일로 계산한다.)   2020년 기출
① −30℃에서 125일
② −22℃에서 85일
③ −20℃에서 50일
④ −18℃에서 30일

② −22℃에서 85일=85/140=0.607
① −30℃에서 125일=125/250=0.5
③ −20℃에서 50일=50/120=0.416
④ −18℃에서 30일=30/90=0.333

정답 14. ① 15. ① 16. ②

17 수산 식품업계 B사는 −20℃에서 실용 저장기간(PSL)이 200일인 신선한 고등어를 구입하여 동일 온도의 냉동고에서 150일 동안 저장하였다. 이 냉동 고등어의 실용 저장기간과 품질 저하율에 관한 설명으로 옳은 것은? 2019년 기출

① 실용 저장기간이 25% 남아 있다.
② 실용 저장기간이 75% 남아 있다.
③ 품질 저하율이 25%이다.
④ 품질 저하율이 50%이다.

 실용 저장기간 = $\dfrac{200-150}{200} \times 100 = 25\%$
따라서 실용 저장기간은 25% 남아 있다.

18 CA 저장고와 감압 저장고의 공통적인 조건으로 적당한 것은?

① 이산화탄소 발생기
② 에틸렌의 제거 처리
③ 기본적인 저온 시설
④ 저장고 밀폐도

 1. CA저장은 산소의 농도를 낮추고 이산화탄소의 농도를 높여서 수산물의 호흡을 억제시키기 위해서 저장고의 밀폐가 중요하다.
2. 감압저장에서도 CA와 비슷한 효과를 얻게 되는데, 압력의 변화를 주기 위하여 튼튼한 밀폐도가 중요하다.

19 MA저장에서 사용되는 필름의 산소의 투과도가 가장 높은 것과 가장 낮은 것을 올바르게 연결한 것으로 적당한 것은?

① 저밀도 폴리에틸렌(LEPD) − 폴리에스터(PET)
② 폴리에스터(PET) − 폴리스티렌(PS)
③ 폴리프로필렌(PP) − 폴리비닐 클로라이드(PVC)
④ 폴리비닐 클로라이드(PVC) − 폴리스티렌(PS)

 1. 산소의 투과도는 LDPE > PP > PS > PVC > PET의 순서로 높다.
2. 플라스틱 필름은 산소의 투과도보다 이산화탄소의 투과도가 높아야 한다.

정답 17. ① 18. ④ 19. ①

20 포장의 목적이 주로 취급을 용이하게 하거나 상품을 보호하는 데에 있는 것은?

① 개별포장(primary package)
② 외부포장(secondary package)
③ 내부포장(inner package)
④ 환경친화적 포장(green package)

1. 외부포장(secondary package : 겉포장) : 이미 속포장을 한 상품이나 수산물 자체를 수송하기 위한 목적으로 한 포장이다.
2. 내부포장(inner package : 속포장) : 소비자가 구매하기 편리하도록 겉포장 속에 들어 있는 포장을 말한다.

21 신선편이 수산물의 포장으로 MA포장과 용기포장, 그리고 진공포장으로 구분할 수 있는데, 용기포장의 장점으로 알맞지 않는 것은?

① 소비자가 개봉 후 그릇으로 대용할 수 있다.
② 판매과정에서 쌓거나 세워 놓을 수 있고, 제품이 깨끗하게 보여 외관적으로 뛰어나다.
③ 플라스틱 필름에 비해 단가가 낮아 생산비가 감소된다.
④ 제품의 물리적 피해를 줄일 수 있다.

1. 플라스틱 필름에 비해 단가가 높아 생산비가 증가된다.
2. 뚜껑을 덮고 난 뒤 밀봉을 하지 않으면 새는 곳이 생겨 부패, 갈변 등의 문제가 생길 수 있다.

22 기체투과성이 낮고 열수축성과 밀착성이 좋아 수산 건제품 및 어육 연제품의 포장에 이용되는 플라스틱 필름은? 2021년 기출

① 셀로판
② 폴리스티렌
③ 폴리프로필렌
④ 폴리염화비닐리덴

④ 폴리염화비닐리덴 : 식품 포장용 필름 등 방습 · 방취(防臭) 제품과 천막 · 어망 등으로 사용된다.
① 셀로판 : 셀로판 테이프, 과자 비닐 포장지 등의 용도로 쓰인다.
② 폴리스티렌 : 각종 용기, 가정용품, 인테리어 장식품, 완구, 사무용품 등의 용도로 쓰인다.
③ 폴리프로필렌 : 포장, 섬유, 필름, 자동차 부품, 보관 용기, 의료용 제품 등 넓은 용도로 쓰인다.

정답 20. ② 21. ③ 22. ④

23 방수 골판지상자 중 장시간 침수된 경우에도 강도가 약해지지 않도록 가공한 것은?

2020년 기출

① 발수(拔水) 골판지상자
② 차수(遮水) 골판지상자
③ 강화(强化) 골판지상자
④ 내수(耐水) 골판지상자

 차수(遮水) 골판지상자는 장시간 물과 접촉하여도 물이 전혀 침투하지 않도록 특수가공된 골판지로 특수포장에만 사용된다.

24 수산물 유통 시 포장단위를 설정함에 있어서 고려하지 않아도 되는 것을 고르시오.

① 상자의 형태 및 강도
② 표준형 팔레트의 적재 효율
③ 수산물의 크기 등 상품특성
④ 규격의 다양화

 규격의 다양화가 아니고 규격의 단일화가 고려되어야 한다.

25 포장은 수산물유통의 관점에서 보았을 때 점차 중요성이 커지고 있고 비용도 증가하고 있는 추세이다. 포장의 장점으로 맞지 않는 것은?

① 포장은 가격을 전달하는 데 사용되며 판매부서의 노동력을 감소시켜 비용을 크게 감소시키는 역할을 한다.
② 포장은 습도를 유지시킴으로써 산물의 외형을 개선시키며 소매단계에서 부패를 늦추게 하는 역할도 한다.
③ 중·대규모 포장은 소비를 더 절약시킨다.
④ 포장은 상표, 내용물을 명시하여 제품을 광고하고 촉진하는 수단으로 이용되기도 한다.

 중·대규모 포장은 소비를 절약시키지 않고 더 많은 소비를 촉진시킨다.

정답 23. ② 24. ④ 25. ③

26 우리나라 수산물 유통의 특징이라고 보기 힘든 것은 무엇인가?
① 수산물은 표준규격화가 어려워 거래가 신속하게 이루어지지 못한다.
② 생산규모가 서구에 비해 영세하다.
③ 유통경로가 단순하다.
④ 수산물의 수요와 공급은 물론 가격이 불안정하다.

 우리나라 수산물은 유통경로가 복잡하여 유통비용이 많이 드는 편이다.

27 수산물 포장 표준화 대상이 아닌 것은?
① 상표   ② 포장단위의 크기
③ 포장재 종류   ④ 포장재의 질

 포장재의 질은 표준화 대상의 해당사항이 아니며 포장디자인이 고려되어진다.

28 포장된 식품의 선도유지를 위해 넣는 물질로, 얼음처럼 녹아 액체가 되지 않기 때문에 취급하기 쉽지만 맨손으로 만질 경우 동상을 입을 수 있는 물질은?
① Solid Carbon Dioxide(고체탄산)   ② 액화탄산가스
③ Drip   ④ 데시케이터

 고체탄산은 드라이아이스라고도 한다. 드라이아이스는 식품의 품온을 낮추고 선도유지를 위해 사용된다.

29 포장식품(Packaging food)에 대한 설명으로 틀린 것은?
① 식품의 저장성과 풍미유지를 위해 포장용기에 넣어 밀봉한 식품을 말한다.
② 식품포장용기로는 양철캔, 유리병, 합성수지피막 등이 있다.
③ 식품위생법이 정하는 기준에 따라 명칭, 가공연월일, 소재지 등을 꼭 표시할 필요는 없다.
④ 목적에 따라 식품을 수송할 수 있게끔 보호 포장해야 한다.

 식품위생법이 정하는 기준에 따라 명칭, 가공연월일, 가공회사명, 가공소재지 등을 꼭 표시해야 한다.

정답 26. ③ 27. ④ 28. ① 29. ③

30 식품 포장용 유리용기의 특성에 해당하지 않는 것은?   2019년 기출
① 산, 알칼리, 기름 등에 불안정하여 녹거나 침식이 발생할 수 있다.
② 빛이 투과되어 내용물이 변질되기 쉽다.
③ 충격 및 열에 약하다.
④ 포장 및 수송경비가 많이 든다.

 유리용기는 산, 알칼리, 기름 등에 안정하며 녹거나 침식이 발생하지 않는다.

31 마른 멸치를 포장할 때 탈산소제 봉입포장의 효과가 아닌 것은?   2021년 기출
① 갈변 방지
② 지방의 산화 방지
③ 식품 성분의 손실 방지
④ 혐기성 미생물의 생육 억제

 탈산소제 봉입포장의 효과 : 곰팡이 방지, 벌레방지, 호기성세균에 의한 부패방지, 지방과 색소의 산화방지, 향기와 맛의 보존, 비타민류의 보존 등

32 기체 조절을 통하여 수산식품의 저장기간을 연장하는 방법은?   2019년 기출
① 산화방지제 첨가
② 방사선조사
③ 무균포장
④ 탈산소제 첨가

 탈산소제 봉입포장의 효과 : 곰팡이 방지, 벌레방지, 호기성세균에 의한 부패방지, 지방과 색소의 산화방지, 향기와 맛의 보존, 비타민류의 보존 등

33 통조림의 뚜껑이나 바닥이 부풀어오른 현상을 일컫는 단어는?
① 팽창링
② 팽창관
③ 패널관
④ 팽창판

 팽창관이 발생하는 원인은 아래와 같다.
① 내용물을 과다하게 넣은 경우
② 부패로 인해 발생된 가스로 캔의 압력이 증가한 경우
③ 저온 밀봉한 캔을 고온에 방치한 경우
④ 팽창링(Expension ring)은 캔이 가열 팽창에 의하여 파손되는 것을 방지하기 위해 통조림 뚜껑을 울룩불룩하게 만든 것을 의미한다.

정답 30. ①   31. ④   32. ④   33. ②

34 Tray packing이라고도 하며, Tray에 식품을 넣어 투명한 필름으로 포장(Over Wrap)하는 방법은?
① 캔들링(Candling)
② 접시포장
③ Canned food 포장
④ 케이싱

 접시포장은 주로 물리적 상처 등에 취약해 포장기계에 넣어 포장하기 어렵거나 크기가 작은 상품을 접시(Tray)에 포장하는 것을 말한다. 접시용기의 재료로는 판지, 펄프, 발포폴리스티렌 등이 있다. 포장필름으로는 셀로판, 폴리에틸렌, 폴리프로필렌 등이 쓰인다.

35 수산식품의 포장에 이용되는 금속포장재는?
① 유리
② 폴리에스터
③ 알루미늄 포일
④ 폴리우레탄

 알루미늄 포일은 알루미늄 합금을 얇게 압연한 것이다. 주로 인스턴트식품이나 즉석요리, 냉동식품의 포장에 이용된다.

36 수산가공품의 품질검사 방법이 아닌 것은?   2021년 기출
① 관능검사
② 원산지 검사
③ 영양성분 검사
④ 위생안전성 검사

 수산가공품의 품질검사 방법 : 관능검사, 영양성분 검사, 위생안전성 검사

정답 34. ②   35. ③   36. ②

제7편 안정성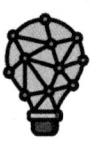

제1장 생리장해

[제1절] 온도에 의한 장해

1. 동해(凍害)

① 저장 중 빙점(0℃) 이하의 온도에서 일어나는 장해이다.
② 생물의 세포는 많은 영양물질을 가지고 있어 물의 빙점(0℃)보다는 약간 낮은 온도에서 결빙된다.
③ 수산물의 결빙온도는 수산물의 종류 등에 따라 다르나 약 -2℃ 이하에서 조직의 결빙으로 동해가 나타난다.
④ 동해를 입은 수산물은 호흡이 증가하고 병원균에 쉽게 감염되어 부패하기 쉽다.
⑤ 동해의 증상은 결빙 중보다는 해동 후에 나타난다.

2. 저온장해

① 수산물의 종류에 따라 빙점 이상의 온도에서 저온에 의한 생리적 장해를 입는 경우가 있다.
② 특이한 한계온도 이하의 저온에 노출될 때 영구적인 생리장해가 나타나는데 이를 저온장해라 한다.
③ 빙점 이하에서 조직의 결빙으로 나타나는 동해와는 구별된다.
④ 저온장해를 입는 한계온도는 수산물에 따라 다르게 나타나며 저장기간과는 관계없이 장해가 나타나기 시작하는 온도이다.
⑤ 저온장해 증상
  ㉠ 표피조직의 함몰과 변색
  ㉡ 곰팡이 등의 침입에 대한 민감도 증가
  ㉢ 세포의 손상으로 조직의 수침현상

3. 고온장해

① 대부분의 효소는 40~60℃의 고온에서 불활성화되며 이는 대사작용의 불균형이 나타난다.
② 조직이 치밀한 수산물의 경우 고온에 의한 왕성한 호흡작용으로 조직의 산소소모가 지나쳐 조직 내의 산소결핍현상이 일어난다.
③ 고온의 경우 증산량의 증가로 품질의 악화를 초래한다.

[제2절] 가스에 의한 장해

1. 이산화탄소 장해

① 일반적으로 이산화탄소 장해의 증상은 표피에 갈색 함몰 부분이 생기며 저산소, 미성숙 등의 영향을 받으며 이는 주로 저장초기에 나타난다.
② 외관으로 나타나지 않고 내부중심조직에 나타나는 경우도 있다.

2. 저산소 장해

① 정상적인 호흡이 곤란한 낮은 농도의 산소조건에서 수산물은 생리적 장해를 받는다.
② 세포막이 파괴되며 무기호흡의 결과로 알코올발효가 진행되어 독특한 냄새와 맛이 나타난다.
③ 표피에 진한 갈색의 수침형 부분이 생기며 표피 및 조직도 영향을 받는다. 심한 경우 과심 부분에도 갈색의 수침 부분이 생긴다.
④ 왁스처리를 한 경우 온도가 높거나 왁스층이 두꺼울 경우 발생하기 쉽다.

3. 에틸렌 장해

① 저장 중 에틸렌 농도가 높으면 노화촉진 등 장해가 발생한다.
② 에틸렌 농도나 온도가 높으면 껍질에 회갈색에서 자주빛이 나는 함몰형의 불규칙적인 반점이 생기며 심하면 이취가 발생한다.

[제3절] 영양장해

① 특정성분의 결핍 또는 과다는 영양성분의 불균형으로 인한 장해를 일으키기도 한다.
② 영양성분의 결핍은 다양한 갈변증상을 보이며 이는 재배 중 또는 수확 후 결핍된 성분을 처리함으로 어느 정도 억제가 가능하다.

제 2 장　기계적 장해

[제1절] 발생요인

① 수산물의 표피에 상처, 멍 등 물리적인 힘에 의해 받는 모든 장해를 포함한다.
② 마찰에 의한 장해 : 수산물과 수산물 또는 상자의 표면과 마찰에 의한 손실
③ 압축에 의한 장해 : 적재용기 내에 물리적 힘의 의해 발생하는 손실
④ 진동에 의한 장해 : 수송 중 진동에 의한 손실
⑤ 수산물의 포장 시 상자에 과하게 넣으면 멍이 들기 쉽고 상자 내에 공간이 여유가 너무 있으면 진동에 의한 물리적 장해를 받기 쉽다.

[제2절] 장해증상

① 과육 및 과피의 변생
② 상처부위를 통한 수분증발이 증가하여 수분손실이 많아진다.
③ 부패균의 침입이 용이하여 부패율이 높아진다.
④ 기계적 장해를 받은 수산물은 호흡속도의 증가, 에틸렌 발생량 증가되어 노화가 촉진되어 저장력을 잃고 쉽게 부패하게 된다.

제 3 장　병리적 장해

[제1절] 의 의

① 수산물이 생산 후 소비자에게 이르는 과정상에서 발생하는 병해에 의한 피해를 말한다.
② 수산물은 수분과 양분의 함량이 높아 미생물 등의 생장, 번식에 유리한 조건을 갖고 있다.

[제2절] 병해에 영향을 미치는 요인

① 성숙도 : 노화, 성숙이 진행될수록 균에 대한 감수성이 증가하여 발병이 쉬워지며 노화, 성숙을 억제하면 병해 또한 억제된다.
② 온도 : 저온은 성숙과 노화를 억제시켜 수산물의 균에 대한 저항성을 증가시키고 균의 생장을 억제시킬 수 있다.
③ 습도 : 높은 습도는 작물의 상처부위가 다습해져 균의 증식이 쉬워지므로 수확 후 건조시켜 상처부위를 아물게 하면 감염에 대한 저항성이 증가한다.

제 4 장　해면양식어류 질병 원인과 대책

[제1절] 어류의 질병

1. 질병 발생원인

(1) 어류는 변온동물로서 환경에 대한 적응력을 어느 정도 갖고 있지만 그 한계를 넘어버리면 생리적 장해를 일으키게 된다. 어류에 있어서 질병은 육상동물과 같이 내적·외적 환경에 대해 더 이상 건강상태를 유지할 수 없는 상태를 말한다.

(2) 질병은 숙주의 요인, 발병인자 및 환경과의 상관관계에 의한 결과로서 나타나는 현상으로 질병 발생요인 중 발병 인자만이 반드시 질병을 발생시키는 것은 아니며, 숙주와 환경의 상호작용에 의해 질병이 발생하거나 발생하지 않는다. 즉 발병인자와 숙주의 요인 그리고 해면양식어류 질병 원인과 대책 환경과의 균형이 잘 이루어진 상태에서는 질병이 발생하지 않으며 이들 균형이 깨어질 경우 발생하는데 대부분의 경우 질병의 발생은 환경조건에 크게 영향을 받는다고 볼 수 있다.

2. 병원체의 침입

어류의 체내에 병원체가 침입하는 경로는 피부, 아가미, 비강, 소화관 등으로 볼 수 있다. 이들 기관은 점액, 효소, 항균성 및 살균성 물질, 항체, 식세포 등의 분비 및 작용으로 보호되고 있으나 선별시에 입는 기계적인 손상 또는 기생충에 의한 상처, 사육관리의 부실 등에 의해 이들 보호물질이 손상을 입게되면 그곳을 통하여 병원체가 체내에 침입하게 되고 이어서 혈류를 타고 장기나 조직에 도달하여 병소를 형성하게 된다.

3. 질병을 악화시키는 요인

(1) 양식환경의 악화

과밀사육, 사료찌꺼기 및 배설물 등에 의해 양식장의 환경이 오염됨에 따라 병원체는 장기간 생존능력을 가져 항시 존재하게 되고 어류에 대한 기생 가능성을 가지게 된다.

(2) 보균어의 이동

어병은 일단 발생하면 빠른 속도로 전 양식장에 확산하는 경우가 많다. 병원체를 보균한 종묘가 다른 지역의 양식장에 공급될 경우 혹은 2년 사육을 위하여 1년어를 이동시키는 경우 등이 병을 일으키는 지역을 확대시키는 원인이 된다.

(3) 방어기능의 저하

저급사료의 투여에 의하여 피부점막이 약하게되며 외부로부터 병원균의 침입을 막지 못한다. 또한 가두리 및 수조내 밀도가 높게 해면양식어류 질병 원인과 대책되어도 점액분비가 적어 방어기능이 저하된다. 그외 기생충 감염 등에 의한 상처부위가 외부에서의 병원균의 침입을 쉽게 허용하게 된다.

[제2절] 질병의 분류

1. 전염성 질병

(1) 바이러스성 질병

① 바이러스는 입자의 크기가 20~300nm로서 전자현미경으로만 볼 수 있는 극히 작은 미생물이다. 바이러스성 질병은 바이러스 입자가 갖고 있는 핵산의 종류에 따라 DNA 바이러스와 RNA 바이러스 질병으로 나누어진다. 바이러스는 살아있는 숙주세포에 감염되어 증식하며 이때 숙주세포는 붕괴되어 공포화가 된다. 바이러스성 질병은 어체에 의한 수평감염 뿐 아니라 수정란에 의해서 수직적으로 감염될 수 있다.
② 바이러스성 질병은 한번 발생되면 일시에 대량 폐사를 일으키는 경우가 많으며 현재까지 약제에 의한 치료가 불가하기 때문에 예방차원의 방역조치가 중요하다.

(2) 세균성 질병

① 세균성질병은 병원성 세균에서부터 다른 원인에 의한 2차적인 감염으로 어류를 죽게 하는 조건적 병원체에 의해 발생한다. 양식장의 사육수에는 유기질이 많기 때문에 많은 세균이 번식할 수 있는 환경임으로 어류가 건강하지 못하거나 방어력이 약해졌을 때 질병을 일으킨다.
② 질병의 종류가 구분되며, 발생빈도가 높고 전염성이 강하며 일단 감염이 되면 누적 폐사량이 많기 때문에 양식장에서는 경제적 손실이 크게 된다.

(3) 기생충 감염증

어류에 기생하는 기생충은 그 종류가 많으나 양식어류에 큰 피해를 주는 기생충은 그 수가 한정적이며 양식어류에서 병원성기생충으로써 중요한 기생충은 원충류와 단생충류가 대부분이다. 이들 기생충은 어류의 아가미, 표피, 지느러미, 장관내 등에 침입하여 기생하면서 어체의 생리 및 면역학적 균형을 교란시켜 질병으로 발현하게 되며 감염 기생충의 종류에 따라 질병의 종류가 구분된다. 기생충성 질병의 대부분은 오염된 환경에서 많이 발생하므로 사육지 청결유지, 수용밀도를 낮추는 등 사육관리가 중요하다.

2. 비전염성 질병

(1) 영양성 질병

단백질, 비타민 또는 미량원소의 결핍으로 생기는 질병이다. 최근 들어 배합사료의 개발에 의해 이 질병은 감소 추세에 있으나 부패 및 산패된 사료를 투여하였을 때는 심각한 질병으로 나타나게 된다.

(2) 환경성 질병

양식장에 유입된 농약, 중금속 등에 의한 중독, 그리고 수질오염 등으로 인하여 기형어 또는 변형어가 생기고 심하면 대량폐사의 원인이 되기도 한다.

[제3절] 어류폐사 원인 진단

양식장에서 발생한 병어는 병리학적 검사 뿐 아니라 수질환경 및 사육관리 상황에 대해서도 같이 조사가 되어야 만이 정확한 진단이 된다고 볼 수 있다. 현재 나타난 질병 증상 및 병원체만으로 질병을 진단하는 것은 오진을 범할 수도 있기 때문에, 보다 정확한 진단을 하기 위해서는 다음과 같이 병리학적 검사, 수질 환경 및 사육관리 상태를 조사하여야 한다.

1. 병리학적 검사

(1) 세균성 질병진단

① 세균분리 배양법 : 시료어는 질병증상을 보이거나 빈사상태의 시료를 채집하여 환부 및 장기 부분을 적출하고, 미리 준비된 배지에 접종하여 냉수성 어류는 15~20℃, 온수성 어류는 25~30℃로 조절된 항온기에서 2~3일간 배양한다. 배지에 형성된 분리 균들에 대하여 집락형태 및 특징, 운동성, 그람염색성, Catalase, Oxidase, O/F, Nitrte 환원시험 등과 같은 생리·생화학적 특성을 조사하여 그 결과를 Bergey's manual에 의거 비교 동정한다.

② 면역학적 신속진단법 : 항원항체반응의 원리를 이용하여 질병을 진단하는 방법으로 특이항체를 이용하여 미지의 세균을 동정하거나, 항원을 이용하여 혈청내의 특이항체를 검출함으로서 세균감염을 간단하고 신속하게 진단할 수 있다. 여기에는 슬라이드 응집반응법, 형광항체법(FAT), 효소항체법(ELISA) 등이 있다.

③ 유전공학적 신속진단법 : 유전자증폭법(PCR)을 이용하여 병원체의 유전자를 PCR 또는 RT-PCR로 증폭함으로써 병원체에 감염된 병어를 신속하고 정확하게 진단하는 방법으로 조직을 적출하여 균질화 시킨 후 일련의 과정을 거쳐 유전자(DNA 혹은 RNA)를 합성한 후 PCR로 증폭하여 전기영동으로 증폭된 유전자 절편을 확인한다.

(2) 기생충성 질병진단

① 병어 취급 : 기생충은 형태로 분류한다. 따라서 병어를 취급할 때는 기생충의 기생부위가 체표나 지느러미 등 외부일 경우 충체가 건조하지 않도록 하여야 하며 외부 기

생충은 어류가 서식하고 있는 사육수와 동일한 삼투압의 물이에 수용하고 내부기생충은 생리식염수에 수용한다.
② 기생충 관찰 : 환부, 체표점액 또는 아가미조직은 슬라이드글라스에 도말하여 검경하고, 근육부위는 육안 관찰후 짧게 잘라 2장의 슬라이드글라스사이에 놓고 압착하여 현미경으로 검색한다.

(3) 바이러스성 질병진단

① 중화시험법 : 전형적으로 세포변성효과(CPE)를 나타낸 배양세포의 상층액을 희석한 후 대조형청과 특이혈청을 완충액으로 희석하여 반응시킨 후 매일 관찰하여 대조혈청으로 반응시킨 바이러스의 혼합액을 접종한 세포에는 세포변성효과가 관찰되나, 특이혈청으로 반응시킨 바이러스의 혼합액을 접종한 배양세포에서 세포변성효과가 나타나지 않으면 검사 시료어로부터 분리된 바이러스는 특이혈청의 제조용 바이러스와 동일한 바이러스로 동정할 수 있다.
② 면역학적 신속진단방법 : 세균성질병 진단과 같이 항원항체반응의 원리를 이용하여 질병을 간단 신속하게 진단하는 방법으로 여기에는 형광항체법(FAT), 효소항체법(ELISA) 등이 있다.
③ 유전공학적 진단법 : 세균의 경우 배양이 곤란하거나 장시간이 소요될 경우 사용하며, 병원체의 유전자를 PCR 또는 RT-PCR로 증폭함으로써 병원체에 감염된 병어를 신속하고 정확하게 진단하는 방법으로 조직을 적출하여 균질화 시킨 후 일련의 과정을 거쳐 유전자(DNA 혹은 RNA)를 합성한 후 PCR로 증폭하여 전기영동으로 증폭된 유전자 절편을 확인한다.

(4) 혈액학적 검사

① 형태학적 검사 : 혈액중 적혈구수의 산정, 헤모글로빈 농도 및 헤마토크릿치의 측정을 통하여 주로 어류의 빈혈 증상을 평가한다.
② 생화학적 검사 : 혈당, 지질류, 혈청 단백량, 빌리루빈 및 트란스미나아제 등을 측정하여 이들 혈청화학 성분의 변동으로부터 질병의 추이를 조사한다.

(5) 병리조직학적 검사

조직 표본제작 및 관찰 : 신선조직을 사용하여 조직체를 고정액에 고정시킨 후 세척과정을 거쳐 알코올로 탈수한다. 탈수된 시료를 파라핀으로 침투시키고 포매하여 굳으면 급냉 시킨 후 3~6μm 정도의 두께로 조직 절편을 만들어 슬라이드 글라스에 부착시킨다. 이어서 파리핀을 제거한 후 조직이나 세포의 성분에 따라 염색을 달리하여 조직표본을 제작함으로서 감염증, 기생충증, 중독증 등의 원인과 그들의 작용을 받는 어체와의 인과관계를 병리조직학적 방법에 의해 해석이 가능하다.

2. 수질 검사

양식현장에서 다량의 폐사어가 발생하였을 때 사육수의 수질을 검사하는 것은, 수질의 급변 또는 악화로 인해서 폐사가 일어날 수 있기 때문에 수질상황이 무엇보다 중요하다. 대부분 어류의 폐사를 질병으로만 생각하기 때문에 폐사당시 채수의 기회를 놓지는 경우가 많다. 그래서 폐사원인 규명을 위한 물증확보 측면에서도 수온, pH, DO, 질소화합물 등에 대한 조사자료를 확보하여야 한다.

3. 사육관리점검

양식장에서는 언제든지 사고가 일어날 수 있으므로 안전사고에 대비하여 항상 긴장상태에서, 매일 또는 수시로 점검하며 사육관리를 철저히 하여야 한다.
① 사료의 신선도, 보존방법 및 기간
② 폐사상황, 질병발생 및 경과, 투약상황 등 가능한 모든 정보수집
③ 환수량, 선별, 청소, 사육밀도 등
④ 사료투여량, 영양균형 및 변질사료 투여여부 등

4. 최종진단

이와 같이 병어발생과 관련된 사항, 즉 병리검사, 수질검사 및 사육관리 점검결과를 종합 분석하여 진단을 해야 만이 정확한 진단이 될 수 있으며 이를 근거로 하여 예방 및 치료 대책을 강구할 수 있을 것이다.

[제4절] 예방과 치료

1. 예방 대책

(1) 전염원 및 전염 경로차단
① 병어를 즉시 제거하거나 격리수용하여 별도의 관리를 한다.
② 병사어는 신속히 제거하여 소각 처리한다.
③ 종묘, 수정란, 친어 등의 이동시에는 사전에 병원체 검사 실시로 감염원의 유입을 차단한다.

(2) 어체 방어능력 증강
① 어류가 갖고 있는 방어능력과 면역을 획득하는 능력이 질병의 진행과 경과를 좌우함으로 양질의 사료투여, 사육환경 개선 및 과밀수용을 하지 않음으로서 항병력을 증가시킨다.
② 예방 백신투여에 의한 인위적 면역증강

③ 선발 육중과 유전자 조작 등에 의한 내병성 어종 품종 개발

2. 질병의 치료

(1) 투여방법

① 경구투여
   ㉠ 투약기준량 : 약제의 투약량 기준은 어류의 경우 체중에 의한 것이 가장 정확하며 양식장에서는 사육하고 있는 어류에 대한 평균체중 및 사육량을 항상 파악하고 있어야 한다. 투여량은 기준이 되는 단위 체중에 대한 약제의 량을 의미하며 실제 어류에 투여되는 투약량(투약기준량 × 사육총중량)과는 다르다. 투약기준량의 결정은 약제마다 치료에 필요한 약제의 체내 유효농도를 빠르게 상승시켜 유지될 수 있도록 필요한 양을 기준으로 하고 있다.
   ㉡ 투여량과 투여횟수 : 약제사료를 어류가 포식할 정도로 다량 투여하면 약제의 흡수가 나쁘게 된다. 또한 너무 적게 주면 전체가 고르게 먹지 못하여 치료효과를 거둘 수 없다. 일반적으로 약물의 체내농도는 치료효과에 비례함으로 치료효과를 높이기 위해서는 사료량은 통상 급이량의 50%가 좋으며, 급이횟수는 하루 1회로 하여 전량 투여하는 것이 좋다.
   ㉢ 투약 개시시기 : 발병이 확인되면 병원체를 확인하면서 섭이상황, 유영상태, 폐사어수 및 외관 증상을 보며 투약시기를 판단한다. 보통 하루의 폐사어수가 총 사육마리수의 0.1% 이상에 달하고 증상이 계속 나타나고 있을 경우에 투약을 개시한다.
   ㉣ 투약기간 : 약제의 치료효과가 나타날 때까지는 3~5일을 요하기 때문에 5~7일간의 투약기간이 필요하다. 특히 설파제나 항생물질과 같이 정균작용만 하는 약제는 연속 투여하여 체내농도를 떨어뜨리지 않는 것이 중요하다.

② 약욕 : 사육수중 혹은 용기에 약제를 녹여서 어체의 표면 등 외부에 기생하고 있는 병원체에 직접 작용하거나 환부와 아가미에 약제를 흡수하게 하는 것에 의해 체내의 병원체에 작용시키는 방법이다.
   ㉠ 수량의 측정 : 사육중인 어류를 대상으로 약욕치료를 하려면 우선 정확한 수량이 파악되어 있어야 한다. 수량이 결정되면 규정농도로 계산된 약제를 물에 녹여서 사육지에 고르게 산포하고 정해진 약욕시간을 지킨다.
   ㉡ 약의 농도 : 약제는 종류에 따라 사용농도가 결정되어 있으며 그 농도에서 사용하는 한 안전하지만 어류의 경우 수온에 따라 약제의 독성이 다르다. 일반적으로 수온이 증가하면 독성도 증가하기 때문에 수온이 양식적수온보다 높을 때는 농도를 낮추는 편이 안전하다.

3. 예방백신

예방백신은 병원체를 포르말린, 크로로포름, 가열, 초음파 등으로 해면양식어류 질병 원인과 대책 처리하여 증식능력을 소실시킨 것을 백신으로 사용하는 불활화 백신(inactivated vaccine)과 병원체를 무독화 혹은 약독화시킨 생백신(live vaccine)으로 나눌 수 있다.

(1) 불활화 백신

양식어류에 불활화 백신으로 사용되는 항원으로서는 균체를 단순히 불활화 시키는 방법이 많이 이용되고 있으나 균체나 균체의 생산물을 정제한 리포폴리사카라이드(LPS), 프로테아제, 균체 외 산물, 내독소 등을 정제하여 항원으로 실험적으로 사용되고 있는 것도 있다. 일반적으로 생백신에 비하여 효력 지속기간이 짧으며 면역능력의 형성시기가 늦다.

(2) 생 백신

병원체의 독성이 약한 균으로서 병원성이 없거나 사용가능한 정도의 양에서 면역반응을 일으키거나 또는 전혀 다른 균주로서 교차내성을 갖는 균주 등을 이용하여 어류를 면역시키는 방법으로써 면역지속성이 뛰어나고 면역능력이 빨리 되기 때문에 불활화 백신에 비해 효과가 좋은 것으로 알려져 있지만, 어류에서는 백신의 투여량, 안전성 등에 문제가 있어 실용화되기까지는 아직 많은 연구가 요구된다.

제 5 장 수산물 품질관리와 안전성

[제1절] 수산식품의 안전관리 중요성이 강조된 환경의 변화

1. 국내 환경의 변화

(1) 우리 국민의 수산물 소비증가로 인한 관심의 증가
① 공급량 증가
② 비브리오 패혈증 환자 증가
③ 식중독환자 증가

(2) 수입증가에 따라 불량 수산물 반입도 증가 추세

(3) 수요공급을 창출하는 소비자 중심 시대로 변화
① 소비자 인식의 급격한 발전 – 소비자 단체 활동 촉진제 역할
② 소비자가 충족하도록 생상→가공→유통과정의 공개 요구 점증(검사과정 민간 참관제)

2. 수산물 교역환경의 변화

① 수입 및 수출국의 필요에 의해서 수산물 교역 발생
② 국제적인 교역 자유화 추세로 통제 철폐 추진(GATT → WTO)
③ 비관세 조치 중 자국민의 안전보장을 위한 조치는 유지가능

[제2절] 수산물의 안전성 강화 조치

1. 당사국간 교역 수산물의 안전성 확보를 위한 협정의 운영

(1) 협정의 내용

① 수출국의 가공공장을 수입국에 등록(공장, 선박, 양식장)
② 수입국이 정기적으로 가공 공장 점검
③ 수출품에 수출국 정부가 인정하는 위생증명서 첨부
④ 수입품에 대한 모니터링 검사
⑤ 문제발생 등록 가공공장 제품의 잠정적 수출중단 조치
⑥ 생산제품의 실명제 추진(문제 발생 시 역추적 가능)
⑦ 생산해역 통제(일정수준 이상의 지정해역 운영)

(2) 우리나라와 협정을 맺은 국가

① 상대국의 요구에 의해서 : EU, 미국, 일본
② 우리나라의 요구에 의해서 : 중국, 베트남

(3) 수산물품질검사원의 품질 관리

① 가공공장 등록 관리
  ㉠ 국내공자의 위생관리 실태 정기점검 및 가공품 모니터링
  ㉡ 해외 가공공장의 정기 점검
② 지정해역의 관리(수산과학원 – 부적합 환경 발생 시 생산 중단 조치)
③ 수입수산물의 검사 강화(투명성 확보를 위해 민간 참여제도 도입, 운영)

2. 국내 수산물의 안전성 확보

① 생산해역 지정관리 – 지정 해역 운영, 전 해역 위생등급제 도입 추진 중
② 수산물의 안전성 조사 – 부적합 발생 시 출하중단 조치
③ 유통 중인 수산물 안전 확보를 위한 지도단속(안전 기준 마련, 식약청, 시·도)

3. 수산물 품질관리법 (해양수산부)

(1) 수산물에 대한 적정한 품질관리를 통하여 수산물의 상품성과 안전성을 높이고, 공정하고 투명한 거래를 유도함으로써 어업인의 소득 증대와 소비자 보호에 이바지하는 것을 목적으로 제정
(2) 수산물의 표준규격화 등 품질관리, 수산물 가공산업의 육성 및 관리, 지정 해역의 지정 및 생산, 가공시설의 등록 관리, 수산물 및 수산가공품의 검사, 이식용수산물의 검역, 수산물의 안전성조사들에 관하여 필요한 사항을 규정

4. 수산물의 품질관리

(1) 수산물품질관리심의회 설치

수산물 및 수산가공품의 품질관리 등에 관한 사항을 심의하기 위하여 해양수산부장관 소속하에 수산물품질관리심의회를 설치

심의내용
1. 표준규격 및 물류표준화에 관한 사항
2. 농산물우수관리·수산물품질인증 및 이력추적관리에 관한 사항
3. 지리적표시에 관한 사항
4. 유전자변형농수산물의 표시에 관한 사항
5. 농수산물(축산물은 제외한다)의 안전성조사 및 그 결과에 대한 조치에 관한 사항
6. 농수산물(축산물은 제외한다) 및 수산가공품의 검사에 관한 사항
7. 농수산물의 안전 및 품질관리에 관한 정보의 제공에 관하여 총리령, 농림축산식품부령 또는 해양수산부령으로 정하는 사항
8. 수산물의 생산·가공시설 및 해역의 위생관리기준에 관한 사항
9. 수산물 및 수산가공품의 위해요소중점관리기준에 관한 사항
10. 지정해역의 지정에 관한 사항
11. 다른 법령에서 심의회의 심의사항으로 정하고 있는 사항
12. 그 밖에 농수산물 및 수산가공품의 품질관리 등에 관하여 위원장이 심의에 부치는 사항

(2) 수산물의 표준규격화

① 해양수산부장관은 상품성을 높이고 유통능률을 향상시키며 공정한 거래의 실현을 위한 수산물의 표준규격을 정할 수 있음
② 수산물의 포장과 등급을 표준화하여 이에 적합한 경우 표준규격품임을 표시할 수 있도록 함으로써 유통능률의 향상과 공정거래질서 확립유도

제 6 장 품질인증제도 (수산물 및 수산특산물)

[제1절] 품질인증(수산물 및 수산특산물) 제도

수산물이나 수산특산물을 대상으로 정부가 품질, 위생, 안정성, 지역적 특성 등을 보증해 주는 제도로 수산업의 발전과 소비자를 보호하기 위한 품질의 안전성, 우수성, 산지의 유명도 등을 요건으로 하는 품질관리 제도다.

[제2절] 품질인증기준

품질인증 세부기준은 크게 품질기준과 공장심사 기준 2가지로 구분된다. 품목기준은 제품 유형에 공통적으로 적용되는 공통기준과 개별품목별로 적용되는 개별기준으로 나눠진다.

1. 품질기준 대상품목

(1) 수산물의 경우

건제품(15), 염장류(3), 해조류(9), 횟감용수산물(23), 냉동수산물(28) 등 78개 품목

(2) 수산특산물

조미가공품(9), 해조가공품(2) 등 11개 품목

(3) 각 수산물 유형과 세부품목마다 품질기준이 조금씩 다르지만 수산물, 수산특산물 모두 공통기준으로 원료는 국산이어야 한다. 특히 중금속 기준의 경우 총 수은 0.5mg/kg 이하, 납 2.0mg/kg 이하, 카드뮴 2.0mg/kg 이하를 유지해야 하고 장염비브리오, 살모넬라, 황색포도상구균 등 식중독균은 모두 음성이어야 한다. 또 세균 수는 1g당 10만 이하, 대장균 수는 1g당 10 이하로 규정하고 있다.

2. 수산물 품질인증 (78품목)

① 건제품(16품목) : 마른 오징어, 덜 마른 오징어, 마른 옥돔, 마른 멸치, 마른 한치, 마른 꽃새우, 황태, 황태포, 황태치, 굴비, 마른 홍합, 마른굴, 꽁치, 과메기, 마른 뱅어포, 덜 마른 한치
② 염장품(3품목) : 간다시마, 간미역, 간고등어
③ 해조류(9품목) : 마른 김, 마른 돌김, 마른 가닥미역, 마른 썬 미역, 마른 실미역, 마른 다시마, 마른 썬 다시마, 찐톳, 마른 김(자반용)
④ 횟감용수산물(23품목) : 신선, 냉장품(13) : 넙치, 조피볼락, 참돔, 방어, 삼치, 농어,

오징어, 붕장어, 우렁쉥이, 생굴, 홍어, 병어, 전어
⑤ 냉동품(10) : 새조개, 피조개, 새우, 북방대합, 한치, 참치, 학꽁치, 홍어, 빙어, 키조개
⑥ 냉동수산물(28품목) : 고등어, 갈치, 삼치, 뱀장어, 붕장어, 대구, 꽃게, 가자미, 참조기, 참돔, 눈볼대, 전갱이, 오징어, 문어, 꽁치, 청어, 새우, 옥돔, 굴, 병어, 민어, 홍어, 키조개(개아지살), 전복, 주꾸미, 명태, 붉은대게살(자숙, 각육), 붉은대게살(자숙, 붕육)

3. 수산특산물 품질인증 (11품목)

① 조미가공품(9품목) : 조미쥐치포, 조미개량조개, 조미오징어, 조미찢은오징어, 조미늘인오징어, 조미썬쥐치포, 조미늘인쥐치포, 송어(훈제), 산천어(훈제)
② 해조가공품(2품목) : 다시마환, 다시마과립

4. 수산전통식품 품질인증 (47종)

① 죽류(6품목) : 북어, 대구, 전복, 홍합, 대합, 굴
② 게장류(3품목) : 꽃게, 민꽃게, 참게
③ 건제품(2품목) : 굴비, 마른가닥미역
④ 기타(6품목) : 조미김, 재첩국, 고추장굴비, 양념장어, 부각류(해조류), 어간장

5. 대상품목선정

수산물, 수산특산물, 수산전통식품

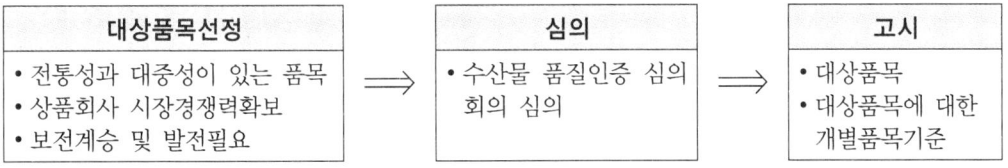

6. 공장심사 기준의 경우는 원료확보, 생산시설 및 자재, 작업장 환경 및 종사자의 위생관리, 생산자 자질 및 품질관리상태, 자제품질관리수준, 품질관리 열의도, 출하여건 및 판매처 확보, 대외 신용도와 같이 총 8개 항목에 대해 평가하고 있다. 평가는 수, 우, 미, 양 4개 등급으로 구분되는데 평가결과 전체항목 중 '수'로 평가된 항목은 5개 이상이어야 하고 '미'로 평가된 항목은 2개 이하, '양'으로 평가된 항목은 없어야 한다.

[제3절] 도입목적과 인증기관

농수산물품질관리법 제14조(품질인증)에 농림수산식품부장관은 수산물, 수산특산물 및 수산전통식품의 품질을 향상시키고 소비자를 보호하기 위해 품질인증제를 실시한다고 규정하고 있다. 또 품질인증의 기준, 절차, 표시방법 및 대상품목의 선정 등에 필요한 사항을 해양수산부령으로 정하고 있다.

1. 품질인증의 대상품목

식용을 목적으로 생산한 수산물로 한다.

2. 품질인증 기준

① 해당 수산물이 그 산지의 유명도가 높거나 상품으로서의 차별화가 인정되는 것일 것
② 해당 수산물의 품질 수준 확보 및 유지를 위한 생산기술과 시설·자재를 갖추고 있을 것
③ 해당 수산물의 생산·출하 과정에서의 자체 품질관리체제와 유통 과정에서의 사후관리체제를 갖추고 있을 것

[제4절] 품질인증 대상품목과 이에 관한 세부기준

(1) 품질인증 대상품목과 이에 관한 세부기준은 농림수산식품부 고시에 규정하고 있고 품질인증제도 운영과 관련한 세부사항에 대해서는 농림수산검역검사본부 고시에 근거해 시행되고 있다.

(2) 이 제도는 지난 93년 수산특산물 품질인증제에 따라 도입되었는데, 수산물의 수산특산물의 품질을 향상시키고 소비자를 보호하는 것이 도입목적이다. 인증기관인 농림수산검역검사본부는 인증대상품목(수산물 78개, 수산특산물 11개)에 대해 철저한 조사를 거쳐 품질인증을 등록하고 있다.

(3) 품질인증을 희망하는 품질인증 대상품목 생산자는 해양수산부장관에게 수산물·수산특산물 품질인증신청서와 품질인증품의 생산계획서, 신청품목의 제조공정 개요서 및 단계별 설명서 등의 신청서류를 제출해야 한다.

[제5절] 수산식품 정부인증제도의 구성요소

수산식품 정부인증제도의 구성요소는 산업적 특성, 수산물의 특성, 식품의 기능과 적합성, 국제기준과의 조화, 소비자의 접근 용이성, 제도의 효율성 및 차별성

제 7 장 위해요소중점관리기준
(HACCP : Hazard Analysis and Critical Control Point)

[제1절] 의 의

(1) 식품의 원재료 생산에서부터 제조, 가공, 보존, 유통단계를 거쳐 최종 소비자가 섭취하기 전까지의 각 단계에서 발생할 우려가 있는 위해요소를 규명하고, 이를 중점적으로 관리하기 위한 중요관리점을 결정하여 자주적이며 체계적이고 효율적인 관리로 식품의 안전성(safety)을 확보하기 위한 과학적인 위생관리체계라 할 수 있다.

(2) HACCP은 위해분석(HA)과 중요관리점(CCP)으로 구성되어 있는데, HA는 위해가능성이 있는 요소를 찾아 분석·평가하는 것이다.

(3) CCP는 해당 위해 요소를 방지·제거하고 안전성을 확보하기 위하여 중점적으로 다루어야 할 관리점을 말한다.

[제2절] HACCP의 원칙 (국제식품규격위원회-CODEX에서 설정)

① 위해분석(HA)을 실시한다.
② 중요관리점(CCP)를 결정한다.
③ 관리기준(CL)을 결정한다.
④ CCP에 대한 모니터링 방법을 설정한다.
⑤ 모니터링 결과 CCP가 관리상태의 위반시 개선조치(CA)를 설정한다.
⑥ HACCP가 효과적으로 시행되는지를 검증하는 방법을 설정한다.
⑦ 이들 원칙 및 그 적용에 대한 문서화와 기록유지방법을 설정한다.

[제3절] 중요성

① 수산물을 가공하고 포장하는 동안 물리적, 화학적 그리고 미생물 등의 오염을 예방하는 일은 안전한 농산물의 생산에 필수적인 것이다.
② HACCP은 자주적이고 체계적이며 효율적인 관리로 식품의 안전성을 확보하기 위한 과학적인 위생관리체계라 할 수 있다.

〈표〉 HACCP 적용업소(식품제조·가공업소 기준)의 선행요건 준수사항 요약

영업관리	• 작업장 : 독립된 건물, 식품취급 외 용도시설과 분리 • 바닥, 벽, 천장 : 내수성·내열성 재질 사용, 마른상태 유지 • 배수 및 배관 : 배수가 잘 되고, 역류가 안 되도록 관리 • 출입구 : 구역별 복장착용법 게시, 세척·건조·소독설비 구비 • 통로 : 이동경로 표시, 경로 내 물건 미적재, 타 용도 사용금지 • 창 : 파손 시 유리조각 관리 주의 • 채광 및 조명 : 육안확인 가능한 조도(540룩스) 유지 • 화장실, 탈의실 : 환기시설 구비, 탈의실은 외출복 및 위생복 교차오염 방지토록 구분·보관
위생관리	• 작업환경 관리 : 공정 간 오염방지, 온도·습도관리, 환기시설, 방충·방서 관리 • 개인위생 관리 : 위생복, 위생모, 위생화 항시 착용 • 폐기물관리 : 폐기시설은 작업장과 격리된 장소에 설치·운영 • 세척 또는 소독 : 기준 설정, 시설 및 장비 확보
제조 가공 조리시설 및 설비관리	• 공정 간, 취급시설·설비 간 오염발생 되지 않도록 적절히 배치 • 정기적으로 점검·정비, 그 결과를 보관
냉장 냉동시설 및 설비관리	• 냉장시설은 내부온도 10℃ 이하, 냉동시설은 −18℃ 이하 유지
용수관리	• 수돗물이나 먹는 물 수질기준에 적합한 지하수를 사용
보관·운송관리	• 구입 및 입고 : 입고기준 및 규격에 적합한 원부자재만 구입 • 운송 : 냉장차량은 10℃ 이하, 냉동차량은 −18℃ 이하 유지 • 보관 : 입고·출고상황의 관리·기록 철저
검사관리	• 냉장·냉동 및 가열처리시설 등은 연 1회 이상 검사
회수 프로그램 관리	• 부적합 또는 반품된 제품 회수 위한 프로그램 수립·운영

자료 : 식품의약품안전청, 「식품위해요소중점관리기준」

제 8 장 수산물이력추적관리제도

[제1절] 의 의

(1) 수산물이력추적관리제는 어장에서 식탁에 이르기까지 수산물의 이력 정보를 기록·관리하여 소비자에게 공개함으로써 수산물을 안심하고 선택할 수 있도록 관리하는 제도를 말한다.

(2) 생산에서 판매까지 수산물의 이력정보는 수산물이력제에서 상품에 표시된 이력번호를

입력해 확인할 수 있다.

[제2절] 수산물이력추적관리

이력추적관리는 수산물의 안전성 등에 문제가 발생할 경우 해당 수산물을 추적하여 원인을 규명하고 필요한 조치를 할 수 있도록 수산물의 생산단계부터 판매단계까지 각 단계별로 정보를 기록·관리하는 것을 말한다.

[제3절] 이력추적관리 수산물의 등록 및 유효기간

1. 등록

식용을 목적으로 생산하는 수산물을 생산·유통 또는 판매하는 사람 중 이력추적관리를 하려는 사람은 다음의 서류를 국립수산물품질관리원장에게 제출하여 대상품목을 등록해야 한다.
① 농수산물이력추적관리 등록(신규·갱신)신청서
② 이력추적관리 수산물의 관리계획서
③ 이상이 있는 수산물에 대한 회수조치 등 사후관리계획서

2. 등록사항

〈표〉 등록사항

구 분	등 록 사 항
생산자 (단순가공 하는 자 포함)	• 생산자의 성명, 주소 및 전화번호 • 이력추적관리 대상품목명 • 양식면적 • 생산계획량 • 양식장 위치(양식수산물만 해당함) 또는 산지 위판장 등의 주소(어획물만 해당)
유통자	• 유통자의 성명, 주소 및 전화번호 • 유통업체명 및 그 주소 • 수확 후 관리시설이 있는 경우 관리시설의 소재지
판매자	• 판매자의 성명, 주소 및 전화번호 • 판매업체명 및 그 주소

3. 등록의 갱신

이력추적관리 등록을 한 사람으로 유효기간이 끝난 후에도 계속해서 해당 수산물에 대해 이력추적관리는 하려는 사람은 다음의 서류를 해당 등록의 유효기간이 끝나기 1개월 전까지 등록기관의 장에게 제출해야 한다.

① 이력추적관리 등록(신규·갱신)신청서
② 변경사항이 있는 이력추적관리농수산물의 관리계획서
③ 변경사항이 있는 이상이 있는 농수산물에 대한 회수조치 등 사후관리계획서

4. 등록의 유효기간

이력추적관리 등록의 유효기간은 등록한 날부터 3년(양식수산물은 5년 이내)

5. 등록 유효기간의 연장

이력추적관리의 등록을 한 사람이 위의 유효기간 내에 해당 품목의 출하를 종료하지 못할 경우에는 해당등록의 유효기간이 끝나기 1개월 전까지 농수산물이력추적관리 등록 유효기간 연장신청서를 등록기관의 장에게 제출해야 한다.

6. 이력추적관리 수산물의 표시

이력추적관리의 등록을 한 사람은 해당 수산물에 이력추적관리의 표시를 할 수 있다.

[제4절] 이력추적관리 수산물의 표지 및 표시사항

1. 표시사항

① 표지
② 표시항목 : 이력추적관리번호

2. 표시방법

① 표지와 표시항목의 크기는 포장재의 크기에 따라 표지의 크기를 키우거나 줄일 수 있으나 표지형태 및 글자표기는 변형할 수 없다.
② 표지와 표시항목의 표시는 소비자가 쉽게 알아볼 수 있도록 포장재 옆면에 표지와 표시사항을 함께 표시하되, 옆면에 표시하기 어려울 경우에는 표시위치를 변경할 수 있다.
③ 표지와 표시항목은 인쇄하거나 스티커로 포장재에서 떨어지지 않도록 부착해야 한다. 다만, 포장하지 아니하고 낱개로 판매하는 경우나 소포장의 경우에는 표지만을 표시할 수 있다.
④ 수출용의 경우에는 해당 국가의 요구에 따라 표시할 수 있다.
⑤ 위의 표시항목 중 표준규격, 지리적표시 등 다른 규정에 따라 표시하고 있는 사항은 그 표시를 생략할 수 있다.

[제5절] 이력추적관리기준 준수의무

이력추적관리 수산물을 생산·유통 또는 판매하는 사람은 다음 중 어느 하나에 해당하는 사람을 제외하고는 이력추적관리에 필요한 입고·출고 및 관리 내용을 기록하여 보관하는 등 해양수산부장관이 정해 고시하는 기준을 지켜야 한다.
① 세금계산서를 발급하기 어렵거나 불필요한 노점이나 행상을 하는 사람
② 우편 등을 통하여 유통업체를 이용하지 않고 소비자에게 직접 판매하는 생산자

[제6절] 거짓표시 등의 금지

누구든지 다음의 행위를 해서는 안 된다.
① 이력추적관리 수산물이 아닌 수산물에 이력추적관리의 표시나 이와 비슷한 표시를 하는 행위
② 이력추적관리의 표시를 한 수산물에 이력추적관리의 등록을 하지 않은 수산물 또는 수산물 가공품을 혼합하여 판매하거나 혼합하여 판매할 목적으로 보관하거나 진열하는 행위를 한 자는 3년 이하의 징역 또는 3천만 원 이하의 벌금에 처해진다.

제 9 장 수산물 안전성조사업무 처리요령

[제1절] 목 적

이 규정은 「농수산물 품질관리법」에 따른 수산물의 안전성조사를 효율적으로 추진하기 위하여 "유전자변형농수산물의 표시 및 농수산물의 안전성조사 등에 관한 규칙"에 따라 안전성조사에 필요한 세부사항과 유해물질의 잔류허용기준을 정함을 목적으로 한다.

[제2절] 조사기관

① 안전성조사는 식품의약품안전처장의 권한을 위임받은 국립수산물품질관리원장·국립수산과학원장과 시·도지사가 각각 실시한다.
② 조사기관의 장은 안전성조사를 위한 시료 수거, 조사 또는 열람을 위하여 출입 등을 하는 관계공무원은 성명·출입시간·출입목적 등이 표시된 문서를 관계인에게 제시하여야 한다.

[제3절] 안전기준

안전기준은 식품위생법에서 정한 식품 또는 식품첨가물에 관한 기준 및 규격을 적용한다.

[제4절] 시료수거대상

① 조사기관의 장은 수산물 등의 생산량, 소비량 등을 감안하여 안전성조사용 시료수거 대상을 선정하여야 한다.
② 안전성조사 시료수거 시기는 품목별로 생산·유통량이 많거나 유해물질이 증가할 것으로 예상되는 시기 등을 감안하여 결정한다.

[제5절] 시료수거

① 안전성조사를 위한 시료수거는 조사공무원이 행하는 것을 원칙으로 하며, 안전성조사의 효율적인 업무추진을 위해 조사기관의 장이 필요하다고 인정되는 경우 관할 시·도 또는 시·군·구 등 관련기관 또는 단체의 장에게 담당직원의 입회를 요청할 수 있으며, 요청을 받은 기관·단체의 장은 안전성조사 대상지역에 담당직원을 동행토록 하여야 한다.
② 안전성조사를 위한 시료 수거량은 「식품위생법」에 따른 식품 등의 공전을 적용한다.
③ 시료는 무상으로 수거할 수 있으나, 해당 수산물의 생산자소유자 등이 시료대금지급을 요청하는 경우에는 실비로 지급할 수 있다. 다만, 이해관계인이 입회하지 않거나 시료대금 지급에 필요한 은행계좌 등 관련정보 등을 제시하지 않는 경우에는 무상으로 수거할 수 있다.
④ 시료수거 등 조사를 하는 조사공무원은 그 권한을 표시하는 증표 또는 공무원증 등을 이해관계인에게 제시하여야 한다. 다만, 긴급한 조사가 필요한 경우는 구두로 설명하거나 사후에 제시할 수 있다.

[제6절] 분석결과 조치

① 조사기관의 장은 안전성조사 시료에 대한 분석을 완료한 때에는 그 결과를 관할 시·도지사 또는 시장·군수·구청장 및 당해 수산물의 이해관계인에게 서면으로 신속히 통보하여야 하며 안전성조사대장을 작성·관리하여야 한다. 다만, 해역에서의 패류독소에 대한 안전성조사의 경우에는 당해 수산물의 이해관계인에 대한 통보를 생략할 수 있다.
② 안전성조사 결과 저장단계 및 출하되어 거래되기 이전단계의 잔류허용기준 또는 식품 등의 기준·규격에 부적합하여 국민보건위생을 크게 해할 우려가 있어 관계기관과의 협조체제 필요시 조사기관의 장은 지체 없이 해양수산부장관과 식품의약품안전처장

등 관계기관과 협의하여 필요한 조치를 취하여야 한다.

[제7절] 시료의 보관 및 폐기

① 안전성조사 결과 유해물질의 잔류허용기준 또는 식품 등의 기준·규격에 적합하지 아니한 시료는 용기 또는 시료수거용 봉투에 관리번호를 기재하여 분석이 완료된 날부터 30일간 부패·변질되지 않도록 보관하여야 한다. 다만, 다음의 어느 하나에 해당하는 경우에는 그 기간을 단축하거나 보관하지 아니할 수 있다.
　㉠ 해역에 서식하는 패류에 대한 패류독소 조사시료
　㉡ 용수·어장·자재 등 보관이 곤란한 시료
　㉢ 시료를 보관함으로써 안전성조사의 결과치가 변화 또는 변경되는 시료
② 보관한 시료가 보관기간이 만료된 때에는 해당 시료를 폐기하여야 한다.

[제8절] 부적합 수산물의 처리

① 조사기관의 장은 안전성조사결과 당해 수산물이 허용기준 또는 잔류허용기준을 초과하여 부적합한 때에는 다음의 조치를 하여야 한다.
　㉠ 부적합 사실을 해당 수산물의 이해관계인에게 통지
　㉡ 조사한 수산물이 소재하는 장소를 관할하는 시·도지사 또는 시장·군수·구청장에게 출하연기·용도전환 또는 폐기 등에 관하여 필요한 조치의견 통보
② 시·도지사 또는 시장·군수·구청장은 조사기관의 장으로부터 부적합 사실을 통보받은 때에는 출하연기·용도전환 또는 폐기 등의 조치를 하도록 해당 수산물의 이해관계인에게 서면으로 고지하여야 한다. 이 경우 신속한 조치를 위하여 구술·전화 또는 모사전송 등에 의하여 우선 고지할 수 있다.
③ 시장·군수 또는 구청장 또는 이해관계인은 출하연기 조치를 받은 해당 수산물을 그 기간이 종료되어 출하하고자 하는 때에는 부적합사실을 통보받은 조사기관의 장에게 안전성조사를 재요청하여야 한다.

[제9절] 어업인에 대한 계도

조사기관의 장으로부터 부적합 수산물의 발생통지를 받은 시·도지사 또는 시장·군수·구청장은 다음과 같이 해당 어업인에 대해 안전성계도를 실시하여야 한다.
① 부적합수산물 발생 지역 또는 양식어업인에 대한 현장점검·지도 등으로 원인분석 및 재발방지 계도. 단, 약품잔류로 인한 경우에는 6개월 이내 약품사용에 대한 교육을 2회 이상 실시하고 그 결과를 식품의약품안전처장과 해양수산부장관에게 보고
② 부적합 수산물에 대한 출하연기·용도전환 또는 폐기 등의 조치결과 확인 등으로 안

전한 수산물이 생산·공급될 수 있도록 안전성 계도

[제10절] 안전성조사 결과보고

① 조사기관의 장은 매분기말일을 기준으로 수산물안전성조사실적을 수산물안전성조사결과보고서에 의하여 매분기 익월 15일까지 식품의약품안전처장과 해양수산부장관에게 보고하여야 한다.
② 식품의약품안전처장은 필요한 경우 보고를 받은 정보를 관계기관에 제공하여 수산물 등의 안전관리 업무에 참고하도록 할 수 있다.

제7편 기출 및 예상문제

01 수산물 유통에서 생산자의 목적이 아닌 것은 무엇인가?

① 생산물의 특성과 질을 결정하는 만족할만한 등급 방법
② 제품 안정성 보증
③ 주문이 있을 때마다 추수된 산물을 구입할 현금시장에 접근할 준비
④ 공급, 수요 그리고 가격에 대한 계속적인 정보의 추가

② 제품 안정성 보증은 생산자의 목적이 아닌 소비자의 목적이다.

수산물 유통 시 생산자의 목적
1. 판매 시에 생산물에 대한 현금 지불
2. 공급, 수요 그리고 가격에 대한 계속적인 정보의 추가
3. 생산물의 특성과 질을 결정하는 만족할만한 등급 방법
4. 도매시장이나 다른 인도점포에서 생산물의 즉각적인 수취
5. 주문이 있을 때마다 생산된 산물을 구입할 현금시장에 접근할 준비
6. 추수이전 특별한 가격으로 미래 배당을 위한 곡물의 판매를 계약하는 능력

02 HACCP 7원칙에 포함되는 내용을 모두 고른 것은?   2021년 기출

㉠ 중요관리점 파악	㉡ 위해요소 분석
㉢ 검증절차 및 방법수립	㉣ 공정흐름도 작성

① ㉠, ㉡
② ㉠, ㉣
③ ㉠, ㉡, ㉢
④ ㉡, ㉢, ㉣

HACCP 7원칙
1. 위해요소 분석
2. 중점관리점 설정
3. 허용한계기준설정
4. 모니터링 설정
5. 개선조치 설정
6. 검증설정
7. 기록보관 및 문서화시스템 설정

정답 01. ②   02. ③

03 어묵 제조의 성형 공정에서 이물 불검출을 기준으로 설정하는 것은 HACCP의 7원칙 중 어느 단계에 해당하는가? 2020년 기출

① 중요관리점의 한계기준 결정
② 중요관리점별 모니터링 체계 확립
③ 잠재적 위해요소 분석
④ 공정 흐름도 현장 확인

 어묵 제조의 성형 공정에서 이물 불검출을 기준으로 설정하는 것은 한계기준을 결정하는 단계에 해당한다. 가열온도, 시간, ph, 이물 불검출 기준 등을 설정한다.

04 HACCP 7원칙 중 식품의 위해를 사전에 방지하고 확인된 위해요소를 제거할 수 있는 단계는? 2019년 기출

① 위해요소 분석
② 중점관리점 결정
③ 개선조치 방법 수립
④ 검정절차 및 방법 수립

 식품의 위해를 사전에 방지하고 확인된 위해요소를 제거할 수 있는 단계는 위해요소분석 중점관리점 결정단계이다.

05 HACCP 선행요건에서 위생표준 운영절차(SSOP)가 아닌 것은? 2021년 기출

① 독성물질 관리 보관
② 위해 허용 한도 설정
③ 위생약품 등의 혼입방지
④ 식품 접촉 표면의 청결유지

 위생표준 운영절차(SSOP) : 위생관리, 용수관리, 보관관리, 검사관리, 회수관리 등의 소프트웨어적인 운영절차

06 HACCP에 관한 설명으로 옳지 않은 것은? 2020년 기출

① 사전에 위해요소를 확인·평가하여 생산과정 등을 중점 관리하는 기준이다.
② 어육소시지는 HACCP 의무적용품목이다.
③ 정부주도형 사후 위생관리 제도이다.
④ 위해요소분석과 중요관리점으로 구성된다.

정답 03. ① 04. ② 05. ② 06. ③

HACCP는 식품의 원재료 생산에서부터 제조, 가공, 보존, 유통단계를 거쳐 최종 소비자가 섭취하기 전까지의 각 단계에서 발생할 우려가 있는 위해요소를 규명하고, 이를 중점적으로 관리하기 위한 중요관리점을 결정하여 자주적이며 체계적이고 효율적인 관리로 식품의 안전성(safety)을 확보하기 위한 과학적인 위생관리체계로 사전 위생관리 제도이다.

07 육상어류 양식장이 준수하여야 하는 HACCP 선행요건에 해당하는 것을 모두 고른 것은? 2020년 기출

| ㉠ 양식장 위생안전관리 | ㉡ 중요관리점 결정 |
| ㉢ 양식장 시설 및 설비관리 | ㉣ 동물용의약품 및 사료관리 |

① ㉠, ㉡ ② ㉡, ㉢
③ ㉠, ㉢, ㉣ ④ ㉡, ㉢, ㉣

 HACCP 선행요건은 위해가능성이 있는 요소를 찾아 분석·평가하는 것이고, 중요관리점은 위해 요소를 방지·제거하고 안전성을 확보하기 위하여 중점적으로 다루어야 할 관리점을 말한다.

08 HACCP 적용을 위한 식품제조가공업소의 주요 선행요건에 해당하지 않는 것은? 2019년 기출

① 위생관리 ② 용수관리
③ 유통관리 ④ 회수 프로그램관리

 HACCP 선행요건은 위해가능성이 있는 요소를 찾아 분석·평가하는 것이고, 중요관리점은 위해 요소를 방지·제거하고 안전성을 확보하기 위하여 중점적으로 다루어야 할 관리점을 말한다. 유통관리는 제외된다.

09 수산물에 함유되어 있는 성분 중 인체에 유해한 성분으로 맞는 것은?

① 플라보노이드(flavonoid) ② 탄닌(tannin)
③ 솔비톨(solbitol) ④ 솔라닌(solanine)

 천연 독성물질은 쿠쿠비타신, 락투시린, 글루코시놀레이트, 솔라닌, 이포메아마론 등이 있다.

정답 07. ③ 08. ③ 09. ④

10 식품공전 상 자연독에 의한 식중독의 기준치가 설정되어 있지 않는 것은?

2019년 기출

① 복어독(Tetrodotoxin) ② 설사성 패류독소(DSP)
③ 신경성 패류독소(NSP) ④ 마비성 패류독소(PSP)

 자연독 : 동물성 자연독에는 복어독, 마비성 조개독, 설사성 조개독, 시가테라 독 등이고 식물성 자연독에는 버섯독, 감자독, alkaloid나 시안화합물을 포함하는 유독종자 등이 있다.

11 50대 B씨는 복어전문점에서 까치복을 먹고 난 후 입술과 손끝이 약간 저리고 두통, 복통이 발생하여 복어독에 대한 의심을 갖게 되었다. 복어독의 특성에 관한 설명으로 옳지 않은 것은?

2019년 기출

① 독력은 청산나트륨(NaCN)보다 훨씬 치명적이다.
② 난소나 간에 많고 근육에는 없거나 미량 검출된다.
③ 근육마비 증상 등을 일으키며 심하면 사망한다.
④ 산에 불안정하며 알칼리에 안정하다.

 복어독의 수용액은 약산성에서 안정, 알칼리성에서 불안정하다.

12 멸치 액젓의 품질 기준 항목이 아닌 것은?

2021년 기출

① 수분 ② 염도
③ 총질소 ④ 유기산

 멸치 액젓의 품질 기준 항목 : 전질소, 염분, 수분

13 유해 중금속에 의한 식중독에 관한 설명으로 옳지 않은 것은?

2020년 기출

① 식품공전에는 수산물 중 연체류에 대해 수은, 납, 카드뮴 기준이 설정되어 있다.
② 수은 중독시 사지마비, 언어장애 등을 유발하며, 임산부의 경우 기형아 출산의 원인이 된다.
③ 납 중독시 신장 장애를 유발하며, "미나마타병"이라고도 한다.
④ 카드뮴 중독시 관절 통증을 유발하며, "이타이이타이병"이라고도 한다.

정답 10. ③ 11. ④ 12. ④ 13. ③

미나마타병은 수은중독으로 인해 발생하는 다양한 신경학적 증상과 징후를 특징으로 하는 증후군이다.

14 식품위생법에서 수산물 중 허용기준치가 설정되어 있지 않은 것은?　　2021년 기출
① 납
② 불소
③ 메틸수은
④ 카드뮴

 수산물 : 수은(0.5 이하), 카드뮴(0.1 이하), 납(0.5 이하), 메틸수은(1.0 이하)

15 독소보유생물과 독소의 연결이 옳지 않은 것은?　　2020년 기출
① 포도상구균 - enterotoxin
② 뱀장어 - saxitoxin
③ 보툴리누스균 - neurotoxin
④ 복어 - tetrodotoxin

 saxitoxin은 편모충이 분비하는 강한 신경독으로서 대합이나 홍합 등에 포함되어 있다.

16 마비성 패류 독소의 ㉠ 독성 성분과 ㉡ 허용 기준치로 옳은 것은?　　2021년 기출
① ㉠ : Domoic acid, ㉡ : 0.2mg/kg 이하
② ㉠ : Okadaic acid, ㉡ : 0.8mg/kg 이하
③ ㉠ : Venerupin, ㉡ : 0.2mg/kg 이하
④ ㉠ : Saxitoxin, ㉡ : 0.8mg/kg 이하

 마비성 페독으로서는 삭시톡신(saxitoxin)과 그의 유도체인 18성분이 알려져 있다. 허용 기준치는 0.8mg/kg 이하이다.

17 미생물 오염에 의해 발생한 곰팡이 독소를 총칭하는 말로 올바른 것은?
① 마이코톡신
② 솔비톨
③ 솔라닌
④ 사포닌

정답　14. ②　15. ②　16. ④　17. ①

1. 천연 오염물질로 곰팡이에 의해 생성되는 물질을 마이코톡신이라고 한다.
2. 다른 세균이나 바이러스에 의해서 발생되는 독성물질들도 작물에서 발생하며, 인축(사람, 가축)에 영향을 미친다.

18 황색포도상구균(Staphylococcus aureus) 식중독에 관한 설명으로 옳지 않은 것은?
2021년 기출

① 고열이 지속되는 감염형 식중독이다.
② 장독소(enterotoxin)를 생성한다.
③ 다른 세균성 식중독에 비해 잠복기가 짧은 편이다.
④ 신체에 화농이 있으면 식품을 취급해서는 안된다.

황색포도상구균(Staphylococcus aureus) 식중독의 증상은 구역, 구토, 복통, 설사 등이다.

19 노로바이러스 식중독에 관한 설명으로 옳지 않은 것은?
2021년 기출

① 겨울철에 많이 발생하고 전염력이 강하다.
② GⅠ, GⅡ의 유전자형이 주로 식중독을 유발한다.
③ DNA 유전체를 가진 독소형 식중독이다.
④ 열에 약하므로 식품조리시 익혀 먹어야 한다.

노로바이러스 전염은 식품, 식수, 사람 간에 발생할 수 있고, 해수가 오염되면 굴이나 조개, 생선과 같은 수산물이 오염되고, 지하수가 오염되면 과일, 채소 등이 오염될 가능성이 높다.

20 비교적 경제적인 냉각방식으로서 수산물을 저장할 때 냉각시킨 공기를 순환하여 작물을 냉각시키는 예냉방법으로 알맞은 것은?

① 공냉(air cooling)
② 감압냉법(vacuum cooling)
③ 빙냉(contact cooling)
④ 수냉(hydro cooling)

예냉방법
1. 빙냉법은 수확된 수산물 사이에 얼음 부스러기를 끼워 넣거나 위에 얼음을 놓아 냉각시키는 방법이다.
2. 공냉법은 저장고 안에서 공기를 순환시켜 작물을 냉각시키는 방법이다. 공기가 냉각매질이라 냉각속도가 빠른 편은 아니나 비교적 경제적이다.

정답 18. ① 19. ③ 20. ①

3. 수냉법은 찬물을 이용하여 수확물을 냉각시키며, 부패균의 오염을 막기 위하여 순환되는 물에 소독액을 처리하여 이용한다.
4. 감압냉법은 수확된 수산물 주의의 기압을 낮추면 수분이 쉽게 기화되면서 많은 기화열을 빼앗아 단시간 내에 작물의 체온을 떨어뜨리는 방법이다.

21 세척방법에 대한 설명 중 맞지 않은 것은?

① 신선편이 수산물을 세척할 때에는 세척효율을 높이고 이물질의 재오염이 되지 않도록 해야 한다.
② 제품이 손상 또는 변질되지 않도록 해야 한다.
③ 원료의 성질, 이물질의 종류 등을 고려하여 단일방법으로만 사용해야 한다.
④ 흡습으로 인한 부피의 무게 증가가 최소화되도록 해야 한다.

이물질을 제거하는 방법으로는 수산물의 종류에 따라 여러 가지 방법을 사용한다. 원료의 성질, 이물질의 종류 등을 고려하여 단일방법 또는 여러 가지 방법을 조합하여 사용할 수 있다.
1. 신선편이 수산물의 세척에는 1차 이물질 제거, 2차 소독, 3차 음용수로의 세척을 기본으로 하고 있다.
2. 2차 소독에서는 염소수를 많이 이용하고 있는데, 염소수의 잔류성에 의한 유해성에 대한 관심이 높아져 친환경적인 소독방법을 연구하고 있으며, 오존수와 전해수를 개발하여 실제 사용하고 있는 실정이다.
   여기에서도 오존수와 전해수의 처리로 발생하는 여러 가지 문제점들을 해결하기 위하여 열처리를 통한 소독방법도 연구되고 있다.
3. 각 품목별 적당한 온도와 시간만 잘 지켜준다면 안전한 소독방법으로 이용할 수 있을 것이다.

22 신선편이식품의 일반적인 이용을 위해서 먼저 선결되어야 할 체제로 맞는 것은?

① 예냉 시스템 ② 세척 시스템
③ 저장 시스템 ④ 저온유통 시스템

신선편이식품
1. 세척, 박피, 절단 등을 통하여 포장재만 개봉하면 곧바로 식용 또는 요리에 이용할 수 있도록 제조된 상태를 말한다.
2. 유통 및 판매 상태에서 저온을 유지하지 않으면 이취 등의 장해가 발생하기 쉬우므로 저온유통 시스템이 선결되어야 한다.

23 수산물 직거래에 대한 설명 중 가장 옳게 설명한 것은?
① 생산자와 소비자 간 정신적 유대관계를 바탕으로 한 직거래를 유통형태론적 직거래라고 한다.
② 거래규모가 최소효율규모(minimum efficient effect)일 경우, 시장유통에 비해 유통비용이 더 든다.
③ 도매시장에서 형성된 가격은 직거래 가격에도 영향을 미친다.
④ 직거래는 생산자와 소비자, 유통업자의 기능을 수평적으로 통합하는 것을 의미한다.

 도매시장에서 형성된 가격은 직거래 가격에 영향을 미치며, 도매시장에서 경락된 가격에서 제한 수수료를 제하고 약간의 이익을 더한 금액으로 결정하는 경우가 많다.

24 협동조합이 유통사업에 참여함으로써 얻게 되는 장점이 아닌 것은?
① 공동판매를 통하여 위험을 분산할 수 있다.
② 공동선별을 함으로써 조합원들의 단위 노동력당 비용을 절감할 수 있다.
③ 수산물 시장이 불완전경쟁일 경우 협동조합사업은 상인들의 초과이윤을 견제하게 된다.
④ 도매, 가공, 소매 등 상위단체와의 수평적 조정을 통해 시장력을 높일 수 있다.

 상위단체와의 수직적 조정을 통해 시장력을 높일 수 있다.

25 다음 보기들 중 주로 국가에 의해 수행되는 저장은 어떤 것인가?
① 운영재고 유지 저장   ② 투기목적 저장
③ 계절적 수산물 저장   ④ 비축재고 저장

 국가에 의해 수행되는 저장은 비축재고 저장이다.

26 다음 중 신선편이 수산물의 살균소독용 세척수가 아닌 것은?
① 증류수   ② 오존수
③ 전해수   ④ 염소수

신선편이 수산물의 가공 공정
1. 원료의 다듬기 및 절단 → 세척 및 소독 → 탈수 → 포장 후 유통
2. 세척에 사용되는 물은 염소수, 오존수, 전해수 등으로 소독 및 살균의 효과가 있다.

27 어패류의 선도가 떨어질 때 발생하는 냄새를 모두 고른 것은? 2021년 기출

┌───┐
│ ㉠ 암모니아   ㉡ 인돌   ㉢ 저급 아민 │
│ ㉣ 저급 지방산   ㉤ 히포크산틴   │
└───┘

① ㉠, ㉡, ㉢
② ㉠, ㉣, ㉤
③ ㉠, ㉡, ㉢, ㉣
④ ㉡, ㉢, ㉣, ㉤

 어패류의 선도가 떨어질 때 발생하는 냄새 : 암모니아, 아민류, 인돌, 황화수소, 메탄, 저급 지방산 등

28 유전자변형 수산물표시와 관련된 설명이다. 설명 중 가장 옳지 않은 것은?
① 유전자변형 수산물은 '유전자변형(수산물명)'으로 표시한다.
② 표시의무자는 표시대상품목의 유전자변형 수산물을 판매하는 자와 판매를 목적으로 하는 수입자 및 중간 판매자를 포함한다.
③ 표시대상품목은 수산물명으로 표시한다.
④ 유전자변형 수산물이 비의도적 혼입이 된 경우는 구분생산·유통관리증명서를 갖추고 3% 이하 포함된 경우 '3% 이하 포함' 또는 '3% 이하 포함 가능성'으로 표시한다.

 유전자변형 수산물이 비의도적 혼입이 된 경우는 구분생산·유통관리증명서를 갖추고 3% 이하 포함된 경우 '포함' 또는 '포함 가능성' 표시 면제한다.

29 수산물 저온저장고의 냉장용량 결정을 해야 한다. 이때, 고려할 사항이 아닌 것은 어느 것인가?
① 냉매 교체주기
② 저장고 단열 정도
③ 원예산물 품온
④ 저장할 품목

1. 냉매 교체주기는 냉장용량을 결정하는 데 영향을 미치지 않는다.
2. 저온저장고의 냉장용량을 결정할 때 고려할 사항 : 포장열, 호흡열, 전도 열량, 대류열, 장비열 등

30 수산물운송 중에서 가장 큰 비중을 차지한다고 볼 수 있는 운송은 무엇인가?
① 도로운송
② 해상운송
③ 항공운송
④ 철도운송

기동성과 접근성 및 도로망의 확충으로 도로운송의 비중은 점차 높아지고 있다.

31 비위생적인 식품이나 오염된 어패류에서 발생한 화학물질의 섭취로 인해 발생하는 증상으로 그 증상이 시간에 따라 급속히 일어나는 것은?
① 구사야(Kusaya)
② 동결
③ Acute communicable disease
④ Acute Poisoning

Acute Poisoning는 급성중독을 뜻하는 단어로, 복어독 중독과 세균성 식중독 등이 여기에 포함된다.
③은 급성전염병이다. 화학물질의 섭취로 인해 발생되는 급성중독과 달리 급성전염병은 전염병 바이러스와 세균 등과 같은 병원체로 인해 발생하는 질환이다.

32 새우를 빙장 또는 동결 저장할 때 새우 표면에 흑색 반점이 생기는 이유는?
2021년 기출

① 효소에 의한 색소 형성
② 황화수소에 의한 육 색소 변색
③ 껍질 색소의 공기 노출
④ 키틴의 산화 변색

어패류의 육단백질이 세균에 의해 분해되어 아미노산의 일종인 티로신이나 DOPA 화합물이 되고 이것이 산소와 자외선의 존재 하에서 산화 효소에 의해 멜라닌을 형성하여 멜라닌 색소는 흑색을 띠는 색소 이 색소에 의해 흑색이 된다.

정답 30. ① 31. ④ 32. ①

33 식품에 직접 사용할 수 있는 식품살균제끼리 가장 옳게 짝지어진 것은?
① 과산화수소, 다이옥신
② 차아염소산나트륨, 과산화수소
③ 하이포아염소산, 수소염화불화탄소
④ 하이포아염소산나트륨, 메테인

 식품살균제란 부패균 또는 병원균을 살균시켜 보존성을 높이기 위해 사용되는 첨가물이다. 직접 사용할 수 있는 첨가물은 과산화수소, 차아염소산나트륨, 하이포아염소산, 하이포아염소산나트륨, 표백분 등이 있다.

34 수산 식품에 사용되는 대표적인 보존료는? 2021년 기출
① 소르브산 칼륨
② 안식향산 나트륨
③ 프로피온산 칼륨
④ 디히드로초산 나트륨

 소르브산류가 가장 많은 식품(식육제품, 어육연제품, 땅콩버터, 된장, 고추장, 과일, 채소의 절임류, 잼, 케첩, 유산균음료, 팥앙금류 등)에 사용되고 있고 프로피온산류는 빵류에, 데히드로초산류는 주로 유제품에 사용이 되고 있다.

35 인체에 유해한 방사성 물질 중 반감기가 길고 칼슘과 유사해 뼈에 축적되기도 하는 것은?
① 스트론튬 90
② 바륨 140
③ 아이오딘 131
④ 코발트 60

③ 반감기가 짧은 편이다.
④ 간에 장애를 준다.

36 다음 빈칸에 들어갈 단어는?

> ( )는 환경호르몬 중 하나로, 섭취할 경우 내분비계의 교란과 혼란을 가중시키는 물질이다. 이러한 ( )는 식품포장캔, 병뚜껑 등과 같은 금속제품과 합성수지, 플라스틱 용기 등에 사용되는 중합체이다. 실온에서는 거의 용출되지 않지만, 식품의 멸균작업을 위해 고온의 온도에 노출될 때 용출될 가능성이 높다.

① 페놀
② 카드뮴(Cd)
③ Bisphenol - A(BPA)
④ 납(Pb)

비스페놀 A(BPA)에 관한 설명이다. 비스페놀 A는 환경호르몬으로 지정된 유해물질이다. 섭취 시 에스트로겐과 비슷한 작용을 하여 내분비계의 교란을 주게 되어 뇌기능 저하, 알레르기 등을 유발시키게 된다.

37 수산물의 가공공정 및 용수 중 위생 상태를 확인하는 오염지표 세균은? 2019년 기출
① 살모넬라균
② 대장균
③ 리스테리아균
④ 황색포도상구균

 대장균의 존재 여부는 분변에 의한 오염 유무가 지표가 되며, 수질검사 등에 종종 응용되는 수단으로 위생학상 중요하다.

38 수산물로부터 감염되는 기생충에 해당하지 않는 것은? 2020년 기출
① 간흡충(간디스토마)
② 폐흡충(폐디스토마)
③ 고래회충(아니사키스)
④ 무구조충(민촌충)

 무구조충은 조충과의 기생충으로 몸의 길이는 4~9m이고, 납작하며 흰 띠 모양이다. 머리에 갈고리가 없고 네 개의 빨판이 있다. 소를 중간 숙주로 하여 사람의 장 안에 기생한다.

39 장염비브리오균(Vibrio parahaemolyticus)에 관한 설명으로 옳지 않은 것은?
2020년 기출
① 독소형 식중독균으로 치사율이 높다.
② 어패류를 충분히 가열하지 않고 섭취하는 경우에 감염될 수 있다.
③ 주요 증상은 설사와 복통이며, 환자 중 일부는 발열·두통·오심이 나타난다.
④ 호염균으로 바닷가 연안의 해수, 해초, 플랑크톤 등에 분포한다.

 독소형 식중독균에는 포도상구균, 보툴리누스균 등이 있다.
장염비브리오균(Vibrio parahaemolyticus)은 감염형 식중독균이다.

정답 37. ② 38. ④ 39. ①

40 장염비브리오균에 관한 설명으로 옳지 않은 것은?   2019년 기출

① 호염성 해양세균이며 그람 음성균이다.
② 우리나라 겨울철에 채취한 패류에서 많이 검출된다.
③ 어패류를 취급하는 조리기구에 의해 교차오염이 가능하다.
④ 열에 약하므로 섭취 전 가열로 사멸이 가능하다.

 장염비브리오균은 바닷물에 존재하는 식중독균으로 해수온도가 15℃ 이상이 되면 증식하기 시작해서 20~37℃의 온도에서 매우 빠르게 증식하여 3~4시간 만에 100만 배로 증가하여 많은 어패류들에 서식(오염) 가능성이 증가한다.

41 세균성 식중독 중에서 독소형인 것은?   2019년 기출

① 장염비브리오균   ② 에르시니아균
③ 살모넬라균   ④ 보툴리누스균

 독소형 식중독균에는 포도상구균, 보툴리누스균 등이 있다. 장염비브리오균, 살모넬라속, 병원대장균, 프로테우스속, 장구균, 웰슈균 세레우스균 등은 감염형 식중독균이다.

42 주로 가열조리식품에 발생하는 식중독균으로, 포자 형성 시 가열·조리해도 사멸되지 않는 혐기성 세균은?

① 장염비브리오   ② 웰치균
③ 캠필로박터   ④ 탄저균

 웰치균은 혐기성세균에 속하는 것으로, 오염된 식품 섭취로 인해 발병하게 된다. 웰치균 자체는 열에 약하지만 포자를 형성하게 되면 100℃이상 온도에 가열해도 잘 사멸되지 않는다.

정답 40. ②   41. ④   42. ②

제8편 수산가공과 위생

제1장 수산가공과 위생

[제1절] 수산물의 성분과 영양

1. 수산가공 원료의 조건

① 어획량이 많을 것
② 값이 싸면서 대량으로 구입이 가능할 것
③ 육 조직의 가공성이 높을 것
④ 유효성분이 원료 중에 많이 함유되어 있을 것
⑤ 제품으로 가공했을 때 수익성이 높을 것

어패류의 제철			
봄	가자미, 삼치, 참돔, 청어	가을	갈치, 고등어, 꽁치, 전갱이, 전어
여름	송어, 다랑어, 장어, 전복, 멍게	겨울	방어, 복어, 대구, 굴, 해삼

2. 어패류의 주요성분

(1) 혈합육과 보통육

혈합육(적색육)	보통육(백색육)
암적색을 띤다. 적색육은 피하조직에 많다.	옅은 색을 띤다. 적색육은 간장, 내장에 많다.
붉은살 어류에 많다. 중성 지질(불포화)이 많다.	흰살 어류에 많다. 중성지질(불포화)이 적다.
고등어, 꽁치, 정어리에 많다.	대구, 명태, 조기, 돔 등에 많다.
회유성 어류(광역해역 이동)	정착성 어류

※ 불포화 지방산은 화학조성이 불안정하기 때문에 공기 중에서 쉽게 산화된다. 즉 같은 조건에서 보관 시 백색육이 더 신선하다.

(2) 주요 성분

성분	특성
수분	• 60~90% 정도로 축육보다 많이 함유(축육보다 저장성이 더 낮다)
단백질 15~20%	• 어패류의 주요 성분으로, 필수 아미노산이 다량 함유되어 있어 영양 가치가 큼 • 피부를 구성하는 기질 단백질(콜라겐)이 축육보다 적어 조직이 연하고 선도가 빨리 저하됨
지질 0.5~25%	• 피하 조직(근육 : 적색육 어류)과 내장(간장 : 백색육 어류)에 많이 분포 • 어유는 주로 불포화 지방산이 많아 산화되기 쉬움(육상 동물에 비해 산화되기 쉽다.) • DHA, EPA 등은 생리 기능성을 지님, 등보다는 복부 쪽에 지방질이 많음(복부에 특유의 감칠 맛) • 산란 전의 어체에는 지방질이 많아 맛이 좋음(봄 도다리, 가을 전어)
탄수화물 0.1~0.2%	• 굴과 조개류에 많고, 어류에는 적게 함유 • 글리코겐(다당류, 에너지를 공급하는 물질)의 형태로 함유

3. 해조류의 주요 성분과 이용

① 해조류의 주요 성분은 탄수화물과 무기질 그밖에 마그네슘, 요오드, 망간, 등이 다량 함유
② 과거에는 주로 식용, 호료(풀), 약용, 사료, 비료로 사용되어 왔음
③ 탄수화물의 주성분인 다당류에서 한천(우뭇가사리), 알긴산(다시마), 카라기난(진두발) 등을 추출하여 식품 가공용, 기능성 식품 소재 및 의약품 재료로 활용
  ㉠ 한천 : 홍조류인 우뭇가사리, 꼬시래기 등 홍조류에서 추출하여 과자, 젤리, 의약품 제조에 사용
  ㉡ 알긴산 : 다시마, 미역, 감태 등 갈조류로부터 추출한 점성이 있어, 아이스크림의 보형제, 음료 등 식품 소재로 이용
  ㉢ 카라기난 : 진두발, 돌가사리 등 홍조류에서 추출하며 식빵, 과자류 제조에 사용
  ㉣ 해조류에서 무기질의 대표적인 것은 요오드, 마른 김에는 단백질이 풍부하게 함유되어 있다.

4. 수산물의 영양

① 어패류에는 단백질이 가장 많이 들어 있고, 특히 부족하기 쉬운 필수 아미노산 함량이 높음
② 콜레스테롤의 축적을 저하시켜 성인병 예방 기능과 시력회복 및 혈압을 정상적으로 유지하는 역할을 하는 유리 아미노산 타우린은 새우, 오징어, 문어 등에 많이 함유 (타우린은 굴>문어>참치>가리비>방어>살오징어 순으로 많다.)

③ 어류에 많이 있는 고도의 불포화 지방산(n-3계 폴리엔산)인 EPA, DHA는 심장병, 뇌혈전을 예방하며, 뇌세포 기능을 개선시키는 효과가 있음
④ 해조류에 많이 있는 식이섬유는 난소화성 물질로 정장 효과, 비만 방지기능이 있음
⑤ 일반적인 식생활에서 부족하기 쉬운 칼슘, 철, 마그네슘, 요오드 등의 무기질이 많이 있음
⑥ 비타민 A, B_2, D 등도 다량 함유

[제2절] 수산물의 특성

생산 특성	• 어획 장소와 시기가 한정되어 있다. • 생산량의 변동이 심하다. → 안정적 공급 및 가격유지를 위하여 냉동시설이 이용된다. • 자연환경의 영향을 크게 받는다. • 계획생산이 어렵다.
원료 특성	• 종류가 다양하고 많다. → 수산물 가공에는 고도의 기술과 지식이 요구된다. • 가식부의 조직, 성분조성이 다르다.
품질 특성	• 어획 시 상처를 입어 부패, 변질되기 쉽다. → 그물로 어획된 어패류는 상처를 받기 쉽고 이곳으로 부패 세균이 침입하기 쉽다. • 불포화 지방산 함량이 많아 산화에 의한 변질이 일어나기 쉽다. • 내장과 함께 수송되므로 세균과 효소에 의한 변질이 촉진된다. • 어패류 부착 세균은 저온에서도 증식이 활발하므로 쉽게 변질된다.

어패류가 변질되기 쉬운 이유	
⊙ 세균 부착 기회가 많다.	⊙ 신체 조직이 연약하다.
⊙ 효소의 활성이 크다.	⊙ 수분 함유량이 많다.
⊙ 불포화 지방산의 함유량이 많다.	⊙ 어획 시 피로도가 크다.

[제3절] 수산물의 사후변화

어패류가 어획되고 죽은 후에 일어나는 변화로 복잡한 화학변화 현상이 진행된다.

해당 작용 ▶ 사후 경직 ▶ 해경 ▶ 자가소화 ▶ 부패

사후변화 단계	사후변화 현상
해당 작용	• 사후에는 산소의 공급이 끊기므로 혐기화되어 글리코겐이 분해되어 젖산 생성
사후 경직	• 어패류가 죽은 후 근육의 투명감이 떨어지고 수축하여 어체가 굳어지는 현상 • 어체의 종류, 연령, 성분 조성, 죽음 상태, 사후관리 및 환경 등에 따라 달라진다. • 사후 경직이 늦게 시작되고 오래 지속되면 저장성이 좋아진다. 낚시가 그물보다 유리(즉살시키는 것이 고생사 시키는 것보다 사후 경직 시간이 길다)하고 상품성이 높다.
해경	• 사후경직이 지난 뒤 수축된 근육이 풀리는 현상, 부패 초기 단계 • 해경단계는 극히 짧게 일어나며 바로 자가소화(자기소화) 단계로 들어간다.
자가소화	• 근육조직 내의 자가 효소 작용으로 근육 단백질의 변화가 발생하여 근육의 유연성이 증가하는 현상으로 화학적, 생물적 변화에 의한다. • 자가효소의 작용을 억제하면 자가소화 현상을 지연시킬 수 있다. • 근육의 주성분인 단백질, 지방질, 글리코겐이 근육 및 내장 중에 존재하는 효소의 작용 등으로 분자량이 적은 화합물로 되어서 근육조직에 변화가 일어나는 현상
부패	• 어패류 성분이 미생물의 작용에 의하여 유익하지 않은 물질로 분해되어 독성 물질이나 악취를 발생시키는 현상 • 요소, 인돌, 암모니아, TMA(트리메칠아민 생선비린내), 아민, H_2S 등이 발생

축육과 어패류의 자가 소화

◉ 축육은 자가 소화를 적당히 진행시킴으로써 육질을 적당하게 연화(숙성)시켜 풍미를 좋게 하는 반면, 어패류는 자가 소화단계부터 바로 변질이 시작된다.[자가 소화를 잘 이용하는 식품 : 젓갈, 식해, 액젓 등 수산 발효 식품]

[제4절] 어패류의 선도 판정

1. 어패류의 선도 판정

① 어패류의 선도 판정은 가공 원료의 품질, 가공 적합성, 위생적인 안전성 판정에서 매우 중요하다.
② 선도 판정은 되도록 간편하고 신속하게 그리고 정확도가 높아야 한다.

2. 어패류의 선도 판정법

① 선도 판정법에는 관능적 방법, 화학적 방법(TMA, VBN, 히스타민, PH, K값)양 측정, 물리적 방법(근육의 강도), 세균학적 방법 등의 있으나 정확한 선도 판정을 위해서는 여러 가지 판정법을 적용하여 종합적으로 선도를 판정하는 것이 좋다.
   ㉠ 선도 판정법 : H, K, P, T, V

ⓒ 세균학적 방법 : 생균수를 측정하여 선도를 판정, 일반적으로 $10^5 \sim 10^8$ 정도이면 초기 부패단계이다.
② 많이 이용되는 선도 판정법은 관능적 방법과 화학적 방법이다.
③ 관능적 판정방법 : 사람의 시각, 후각, 촉각에 의해 어패류의 선도를 판정하는 방법으로 신속하지만 판정 결과에 대하여 수치화가 곤란하며 객관성 및 재현성이 떨어진다.

항목	판정기준
피부	• 윤기가 있고 고유 색깔을 가질 것 • 비늘이 단단히 붙어 있을 것 • 점질물이 투명할 것
눈동자	• 눈은 맑고 정상 위치에 있을 것 • 혈액이 적을 것
아가미	• 단단하고 악취가 나지 않을 것 • 담적색(선홍색)이나 암적색을 띠어야 함
육질	• 근육이 단단하게 느껴져야 함 • 근육을 1~2초간 눌러 보아 자국이 금방 없어져야 함
복부	• 내장이 단단히 붙어 있고 손가락으로 눌렀을 때 단단해야 함 • 항문 부위에 내장이 나와 있지 않을 것
냄새	• 불쾌한 비린내(취기)가 없을 것

> **수산물의 선도 유지**
> ● 수산물의 선도를 유지시키기 위해서는 내장 및 아가미를 먼저 제거하고 표면의 점액을 씻어 낸 후에 저온에서 보관해야 한다.

[제5절] 어패류의 선도유지방법

1. 선도유지의 필요성

① 어패류는 그 특성상 변질, 부패되기 쉬우므로 식중독 발생의 우려가 있다.
② 식품위생의 안전을 위해 어획 후 선상에서의 처리, 저장 및 유통과정 중의 선도유지가 반드시 필요하다.

2. 선도유지방법

① 어패류의 선도유지에는 저온저장법이 사용되는데, 그 중에서도 냉각 저장법과 동결저장법이 주로 많이 쓰인다.
② 냉각저장법 : 동결점 이상의 온도에서 단기간 저장하는 선도유지법

냉각저장법	
빙장법(융해 잠열 이용)	냉각 해수 저장법
• 얼음을 사용하여 어체의 온도를 저하 • 어패류 체내의 수분을 얼리지 않은 상태에서 짧은 기간 동안 선도를 유지 • 선어의 저장과 수송에 널리 사용 • 청수빙(0℃ 융해)과 해수빙(-2℃ 융해)을 사용	• 어패류를 -1℃로 냉각시킨 해수에 침지, 냉장 • 단기간 선도 보존효과가 좋다 • 지방질 함량이 높은 어종에 주로 사용 • 빙장법을 대체할 수 있는 냉각저장법으로 앞으로 지속적인 연구 개발이 필요 • 일반적으로 지방질 함량이 높은 연어, 참치, 청어, 정어리, 고등어 등은 빙장법 대신에 이용 가능하다.

③ 동결저장법

  ㉠ 어패류를 급속 동결하여 -18℃ 또는 그 이하로 유지하여 동결상태로 어패류를 저장하는 방법

  ㉡ -18℃ 이하에서 저장하면 미생물 및 효소에 의한 변패 등이 억제되어 선도유지기간이 연장

  ㉢ 어종에 따라 다르지만 보통 6개월에서 1년 정도 선도유지가 가능

빙의(글레이즈)
- 동결법으로 어패류를 장기간 저장하면 얼음 결정이 증발하여 무게가 감소하거나 표면이 변색됨
- 이를 방지하기 위해 냉동 수산물을 0.5~2℃의 물에 5~10초 담갔다가 꺼내면 3~5mm 두께의 얇은 빙의(얼음 옷)가 생긴다. 부가가치가 높은 수산물에 주로 적용한다.
- 장기 저장하면 빙의가 없어지므로 1~2개월마다 다시 입힌다.

3. 식품의 저온저장법과 온도 범위

최대 빙결정 생성대
- 식품을 동결시킬 때 그 식품의 어는점까지 온도가 강하되는 부분
- 식품을 동결 중에 빙결정이 최대로 생성되는 온도대
- 이 때 생성되는 빙결정의 상태에 따라 제품의 품질이 결정
- 이 온도대를 빨리 통과하도록 급속동결을 하면 소립 다수의 빙결정이 생성되어 육질의 품질 저하를 최소화할 수 있다.

저장법	온도 범위	특 징
냉장	0~10℃	단기간 보존을 위해 얼리지 않은 상태에서 저온 저장
칠드(chilled)	-5~5℃	냉장과 어는점 부근의 온도대에서 식품을 저장
빙온	0℃~어는점	식품을 비동결 상태의 온도 영역(0~어는점 사이)에서 저장하는 방법으로 빙결정이 생성되지 않은 상태에서 보관
부분 동결	-3℃ 부근	최대 빙결정 생성대에 해당되는 온도 구간에서 식품을 저장하는 방법으로, 조직 중 일부가 빙결정인 상태

동결	-18℃ 이하	장기간 보존을 위해 식품을 완전히 얼려서 저장, 가장 일반적인 사용 방법

4. 동결식품

동결식품의 정의	동결식품의 특성
• 전처리 → 급속 동결(-40℃) → 포장 → -18℃ 이하에서 저장 및 유통의 단계를 거친다.	• 저장성 우수(1년 이상 유지) • 편의성 우수(즉석 조리 가능) • 안전성 우수(-18℃ 이하에서 처리)

제 2 장 주요 수산 가공품

[제1절] 수산물의 처리

1. 가공처리의 목적

① 저장성 부여   ② 부가가치 향상   ③ 유효성분을 이용   ④ 운반 및 조리의 용이

2. 어체의 처리형태

구분	처리 종류	처리 방법
어체	라운드(round)	머리와 내장이 온건한 전 어체
	세미드레스(semi-dress)	라운드에서 아가미와 내장을 제거한 어체
	드레스(dress)	아가미, 내장, 머리를 제거한 어체
	팬드레스(pan-dress)	머리, 아가미, 내장, 지느러미, 꼬리를 제거한 어체
어육	필릿(fillet)	드레스하여 3장을 뜨고 2장의 육편만 취한 것, 가장 많이 사용
	청크(chunk)	드레스한 것을 통째 썰기한 것
	스테이크(steak)	필릿을 약 2cm 두께로 자른 것
	다이스(dice)	육편을 2~3cm 각으로 자른 것
	찹(chop)	채육기에 걸어서 발라 낸 육

※ 필릿(fillet)해서 얻을 수 있는 부위는 등쪽과 복부육이다. 어체의 처리시 가장 많이 사용

[제2절] 주요 수산가공품

1. 동결 방법

① 저온의 생성방법 : 승화잠열 이용법, 기한제 이용법, 증발 잠열냉동법, 자연냉동법
② 자연냉동법 : 얼음이 녹을 때 융해 잠열을 이용하는 방법
③ 증발 잠열 이용 방법 : 액화질소와 액화 천연가스의 증발 잠열을 이용하는 방법
④ 승화 잠열 이용 방법 : 드라이아이스의 승화잠열을 이용하는 방법
⑤ 기한제 이용법 : 눈 또는 얼음과 염류 및 산류와의 혼합제를 기한제라 하며 이것들의 융해 잠열을 이용
⑥ 1Kg당 융해 잠열 순서 : 드라이아이스 137kcal > 액화천연가스 118kcal > 얼음 80kcal > 액화 질소 48kcal
⑦ 기계 냉동법(증기 압축식) : 암모니아(대형 냉동 냉장창고), 프레온 가스(가정용) 등이 냉매를 이용하여 물체의 열을 흡수한다.
⑧ 증기 압축식 냉동장치의 주요 구성 : 압축기, 응축기, 팽창밸브, 증발기, 수액기
⑨ 증기 압축식 냉동장치의 역할
　㉠ 압축기 : 냉매 - 고온 - 고압
　㉡ 응축기 : 증발 냉매 - 액체
　㉢ 팽창밸브 : 저온 저압
　㉣ 증발기 : 증발 - 냉각(냉장, 냉동실 역할)
　㉤ 수액기 : 증발기에 냉매 공급
⑩ 냉동 사이클 과정 : 압축기 → 응축기 → 팽창기 → 증발기 → 압축기 순환
⑪ 동결곡선 : 최대 빙결정 생성대라고도 한다. 식품 중의 수분함량이 약 80%가 빙결정으로 변하므로 가급적 빨리 동결곡선을 통과시키는 급속동결을 해야 한다. 급속동결을 하면 빙결정이 소립, 다수 발생하며 고품질의 제품이 된다. 빙결정의 최대 빙결정 온도(생성대)는 0~ -5℃이며 완만 동결곡선은 식품의 중심부며, 급속동결 곡선은 식품의 표면이다. 즉 식품의 동결은 표면에서 중심으로 향한다.
⑫ 동결곡선을 지난 식품은 -18℃ 이하의 저온 유지

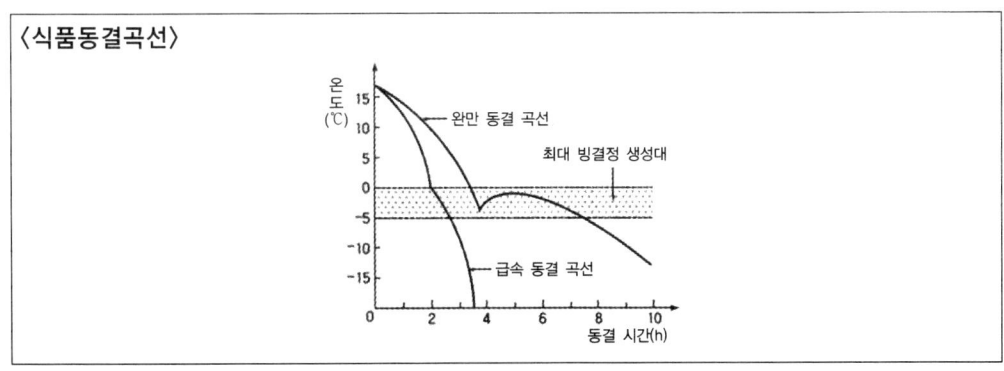

〈식품동결곡선〉

※ 동결방법 : 반송풍 동결, 송풍동결(일반 어류 동결), 브라인식, 접촉식(냉동 고기풀 제조), 액화 가스 동결(초급속 동결)
※ 기계 냉동법(증기 압축식) 원리 : 증발 기화한 냉매를 다시 회수 → 액화 → 증발(연속적으로 냉각작용 가능)

2. 동결제품

(1) 건제품

① 가공원리
  ㉠ 어패류, 해조류 등을 태양열 또는 인공열로 건조시켜 식품 중의 수분을 적게 하여 수분활성도를 낮춤으로써 미생물의 생육을 억제하여 저장성 향상 및 독특한 풍미와 조직감을 부여
  ㉡ 로 식품의 수분이 40% 이하면 거의 부패가 일어나지 않으며 미생물의 발육이나 식품의 저장성은 단순히 수분의 영향을 받기보다는 미생물이 이용할 수 있는 수분의 다소에 따라 결정된다. 이와 같은 의미에서 수분의 존재상태를 표시하는 것이 수분활성도이다.

> **수분 활성도(Aw)**
> ● 수분활성도는 미생물이 이용하는 자유수의 함유량을 나타낸다(Aw<1). 자유수는 건조 대상
> ● 수분 함유량(%)은 미생물이 이용하는 수분이 얼마인지 판정하기 힘들다. 결합수는 식품조직에 결합 제거가 되지 않는다.
> ● Aw가 낮으면 미생물이 이용하는 수분의 양이 줄어들어 저장성이 향상된다.
> ● 일반 세균의 최저 Aw는 0.90, 곰팡이는 0.80, 효모는 0.61이다.

② 건조방법 단가 순 : 천일 건조<열풍 건조<드럼 건조<분무 건조<진공 건조<진공 동결 건조

③ 건제품의 종류

건제품	건조 방법	종류
소건품	원료를 그대로 또는 간단히 전 처리하여 말린 것	마른 오징어, 마른 대구, 상어 지느러미, 김, 미역, 다시마
자건품	원료를 삶은 후에 말린 것	멸치, 해삼, 패주, 전복, 새우
염건품	소금에 절인 후에 말린 것(건제품 중 생산량이 최대) 최근 염분↓, 건조도 ↓ 제품 선호	굴비(원료 조기), 가자미, 민어, 고등어
동건품	얼렸다 녹였다를 반복해서 말린 것	과메기(청어, 꽁치), 한천, 황태(북어)
자배건품	원료를 삶은 후 배건 및 일건하여 말린 것, 발효식품으로도 분류	가쓰오부시(가다랑어=참치), 시바부시, 고등어, 정어리
훈건품	건조보다는 풍미 증진을 위해서 건조하는 방법	연어, 조미. 오징어, 굴

(2) 염장품

① 가공원리 : 식염에 의한 삼투압적 탈수작용, 소금의 삼투압을 이용하여 수분 활성도를 낮추어 저장성을 향상(소금의 농도는 15~20% 정도 사용)

② 염장방법 : 식염농도가 15% 이상 되면 부패가 억제되지만 20% 이하에서는 결국 부패한다.

건제품	마른 간법	물간법	개량 물간법
방법	식품에 소금을 직접 뿌려서 염장 (20~35%)	일정 농도의 소금물에 식품을 염지	마른 간을 하여 쌓은 뒤 누름돌을 얹어 가압
특성	• 염장 설비가 필요 없다. • 식염 침투가 빠르다. • 식염 침투가 불균일하다. • 공기 중에 노출되므로 지방 산화 용이	• 식염 침투가 균일하나 침투속도는 느리다. • 외관, 풍미, 수율이 좋다 • 용염량이 많다. • 염장중에 자주 교반해야 한다. • 염장 초기 부패 가능성이 있다.	• 마른간법과 물간법을 혼합하여 단점을 개량 • 외관과 수율이 좋다. • 식염의 침투가 균일하다.

③ 염장품의 종류

어류	어란	해조류
염장고등어(간고등어), 염장 연어, 염장 청어	명태알(명란), 연어알, 철갑상어알(캐비어), 청어알	염장 미역

(3) 훈제품

훈제품 가공순서 : 조리 → 염지 → 염제거 → 탈수 → 훈건

① 가공 원리
  ㉠ 목재(일반적으로 활엽수 사용)를 불완전 연소시켜 발생되는 연기(알데히드류, 케톤, 페놀류 함유)에 어패류를 쐬어 건조하면 미생물 살균과 독특한 풍미제공(보존성 보다는 풍미에 목적)
  ㉡ 페놀류 : 살균력이 있고, 항 산화성이 있다.

② 훈연 방법 : 훈연 온도에 따라 구분
  ㉠ 냉훈법 : 장기 보전이 목적, 풍미는 온훈법에 미치지 못한다.
  ㉡ 온훈법 : 보전보다 풍미 부여가 목적. 염분 5% 이하 수분이 50% 전후 연한 제품 저온에서 저장해야 한다.

훈연법	훈연 온도(℃)	훈연 기간	보존성	수분 함유량(%)	원료어
냉훈법	10~30	1~3주	좋다	낮다	연어, 송어, 청어, 방어, 뱀장어, 오징어
온훈법	30~80	3~5 시간	나쁘다	높다	
열훈법	100~120	2~4 시간	나쁘다	높다	
액훈법	식품을 훈연액(목초액)에 침지한 뒤 건조				

③ 액훈 방법 : 직접첨가법, 침지법, 도포법, 분무법

(4) 연제품(어묵)

어종이나 어체의 크기에 관계없이 원료의 사용 범위가 넓고 맛의 조절이 자유로우며, 소재의 범위가 다양하고, 외관 향미 및 물성이 어육과는 다르며, 바로 섭취할 수 있다.

① 가공원리
   ㉠ 어육에 소량의 소금(2~3%)을 넣고 고기갈이하면 점질성의 졸(sol 고체이나 액체 상태도 있음)이 되는데. 이 육을 가열하여 탄력 있는 겔(gel 튼튼한 조직) 상태로 만든 것
   ㉡ 어육+소금(2~3%) → 고기갈이 → 고기풀(졸) → 가열 → 어묵(겔)

② 원료 : 주로 냉동 고기풀 형태로 사용

냉동 고기풀(냉동 연육, 수리미)
◉ 북양에서 어획된 명태의 육만 발라내어 수세한 뒤 설탕, 솔비톨, 중합 인산염을 첨가하여 급속 동결시킨 연제품의 원료
◉ 육상 연육의 원료는 잡어, 선상 연육의 원료는 명태로 선상 연육의 품질이 우수함
◉ 불가식부가 일괄 처리되어 사용이 편리하고, 연제품 제조 공정을 단순화시킬 수 있다(이유 : 전처리 공정 생략)
◉ 장기 저장이 가능(-18℃ 이하에서 저장)
◉ 수송과 운반이 용이

③ 제조방법

   ㉠ 고기갈이 때에 녹말이나 소금이 첨가하는 이유는 육단백질(염용성 단백질 : 액토미오신) 용출을 위해 이용한다.
   ㉡ 액토미오신 : 연제품의 탄력 형성에 관여하는 단백질
   ㉢ 중합 인산염 : 냉동 고기풀을 만들 때 탄력 증진을 위한 탄력 보강재이다.

고기갈이 공정	가열 공정
◉ 연제품을 제조할 때 가장 중요한 공정 ◉ 2~3%의 소금을 넣고 고기갈이하여 육의 단백질을 용출시키고, 부원료를 골고루 혼합시키는 단계	◉ 가열에 의해 육단백질을 변성, 응고시켜 탄력이 있는 겔(gel) 형성 ◉ 연제품의 품질 결정 요소는 탄력

④ 가열 방법에 따른 연제품의 분류

가열 방법	가열 온도(℃)	가열 매체	제품 종류
증자법	80~90	수증기	판붙이 어묵, 찐 어묵
탕자법	80~95	물	마어묵, 어육 소시지
배소법	100~180	공기	구운 어묵(부들 어묵)
튀김법	170~200	식용유	튀김 어묵, 어단

※ 어육소시지 : 냉동 고기풀에 돼지기름, 녹말, 향신료 등을 배합, 기체 투과성이 없는 열수축성 포장재료를 채워 고압 살균하여 저장성을 가지도록 한 제품으로 생산량이 늘고 있다.

> **게맛 어묵(게맛살)**
> - 냉동 고기풀(명태)을 원료로 하여 연제품 제법으로 만든 것으로, 게살의 풍미와 조직감을 가지도록 한 인위적 모조 식품(copy food)
> - 고품질의 선상 냉동 고기풀을 원료로 사용

제 3 장 기타 수산 가공품

우리나라에서 통조림 제조 시작은 1892년 전남 완도에서 통조림 공장이 건설되면서부터이다. 1804년 프랑스 아페르 병조림 형태 통조림 발명, 1810년 영국 피터 듀란드 오늘날의 통조림 특허.

[제1절] 통조림 식품

공관에 식품을 넣고 탈기하고 밀봉한 후에 가열, 살균하여 장기 저장이 가능하도록 한 식품으로, 식품 주입 → 탈기 → 밀봉 → 가열 → 살균

1. 통조림 식품의 특징

① 보존성 : 미생물 침입 방지로 장기 저장 가능
② 위생성 : 미생물 증식이 어려움
③ 간편성 : 조리가 쉽고 휴대가 용이
④ 밀폐성 : 내용물 확인이 어려움

2. 통조림의 가공공정

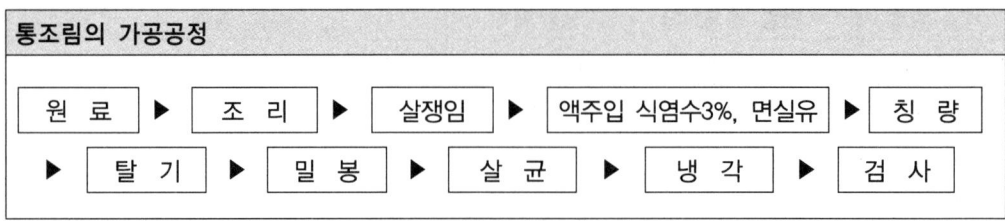

3. 통조림의 주요 가공공정

가공 공정		공정의 특징
가장 중요한 네 공정	탈기	공관에 식품을 넣고 그 속의 공기를 제거하는 작업으로 가열 탈기법과 기계적 탈기법(진공 시머)이 주로 사용
	밀봉	시머(이중 밀봉기)로 관의 몸통과 뚜껑을 봉하는 작업으로, 가장 중요한 제조 공정이며, 세미트로 시머(반자동)와 진공 시머(자동)를 주로 사용하여 밀봉
	살균	밀봉 후 pH에 따라 고온(100℃ 이상 대부분 적용)에서 또는 저온(100℃ 이하)에서 열처리하여 세균을 사멸하는 작업으로, 주로 고압 살균솥인 레토르트를 사용
	냉각	살균 후 40℃까지 빨리 냉각(급랭)해야 품질 변화 현상(호열성 세균 발육, 내용물 연화, 황화수소 발생, 스트루바이트 생성)을 방지

① 가열살균법이 가장 효과적이고 실용적인 방법이다. 살균은 115℃ 60~80 분간, 120℃에서 20~30분간 한다.
② 통조림에서 일반적으로 사용하는 탈기법 : 가열탈기법, 기계적 탈기법, 증기 분사법, 가스취입법 등이 있다.
③ 보통 가열 탈기법과 기계적 탈기법이 많이 사용되고 있으며, 가스취입법은 맥주, 청량음료, 분유, 녹차 등의 통조림에 이산화탄소 또는 질소가스를 사용하여 취입·밀봉한다.

통조림 식품의 상업적 살균과 살균기준 세균
- 상업적 살균 : 내용물을 부패시키는 세균을 사멸하되, 식품의 보존성 및 품질에 지장이 없을 정도의 최저한도의 가열 처리
- 살균기준 세균 : ph가 4.5 이상인 식품(100℃ 이하 살균)은 내열성이 가장 강한 식중독 세균인 클로스트리듐 보툴리누스의 치사 조건이 통조림의 살균 조건(pH가 4.5 이상인 식품은 반드시 고온살균)[pH 4.5 이하 저온 살균 가능]

4. 통조림의 외관 표시

위치	표기 내용
상단	원료의 품종명 및 조리 방법
중단	원료의 크기, 살쟁임 형태, 제조공장 허가번호
하단	제조 연월일

5. 통조림 제품의 종류

종류	제품의 특징	예
보일드통조림	원료에 소금을 넣어 간을 맞춰 밀봉, 살균한 제품	고등어, 꽁치, 바지락, 연어, 정어리
조미 통조림	원료를 간장, 설탕 등으로 조미하여 만든 제품	골뱅이, 정어리, 고등어
기름 담금 통조림	원료를 조미하고 식물성 기름(면실유)을 주입하여 만든 제품	가다랑어, 굴(훈제)

통조림의 품종과 조리 방법 표기
- 굴-OY, 고등어-MK, 꽁치-MP, 가다랑어-TS, 바지락-SN, 골뱅이-BT
- 보일드 통조림-BL, 조미 통조림-FD, 기름담금 통조림-OL, 훈제기름담금 통조림-SO
  M- B12(M크기 중간 B12제조공장명 및 허가 번호) 하단 021128(제조연월일), 2N15(2002. 11.15) 1~9달까지는 숫자로 표시 나머지는 알파벳으로 표시

[제2절] 레토르트 식품

1. 레토르트 식품의 특징

① 통조림 및 병조림 용기를 대신하여 고온, 고압에 견디는 알루미늄 호일이 함유된 파우치 필름 및 성형 용기에 내용물을 넣어서 진공 포장한 뒤 레토르트로 살균처리한 식품
② 고밀도 폴리에스테르와 알루미늄 포일, 폴리프로필렌을 3층으로 적층한 복합 내열성 필름(파우치 필름)을 주로 사용
  ※ 용기 : 불투명 파우치, 투명 파우치, 성형 용기 등이 있다.
③ 가열 접착에 의한 밀봉이어서 압력차에 의해 포장이 파열될 우려가 있으므로, 레토르트와 포장 내부의 압력을 평형으로 유지하기 위해 열수를 이용한 가압 평형식 레토르트 살균 방식이 이용
④ 가볍고 위생적이며, 휴대하기 편하고, 조리가 용이하여 최근 널리 사용되는 제품(전자

레인지에서도 사용 가능)
⑤ 레토르트 식품은 1950년대 후반 미국에서 통조림 및 병조림 용기를 대신하여 개발된 플라스틱 용기 때문에 계기가 되어 발달하였다.

2. 레토르트 식품의 제조 공정

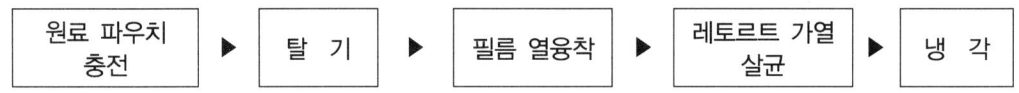

3. 레토르트 식품의 종류

카레, 수프(soup), 야채 조리, 참치 기름 담금 파우치 등

[제3절] 조미가공품

1. 조미가공품의 특징

어패류와 해조류를 진한 조미액(당류, 식염 첨가로 저장성 증가)에 담그고 가열 처리한 후 건조시켜 맛과 저장성을 부여한 것으로, 조미 오징어가 대표적인 제품

2. 조미가공품의 가공원리와 종류

조미 조림 제품(조미 자숙 품)	조미 건제품
• 간장, 설탕 등의 진한 조미액에 넣고 높은 온도에서 오래 끓여서 졸인 제품	• 진한 조미액에 넣은 뒤 꺼내 자연 또는 열풍 건조 • 육에 조미액을 바른 뒤 숯불, 적외선, 가스 등의 배소기로 구운 제품
오징어, 새우, 조개류, 다시마, 김 등	쥐치포, 꽃포, 명태포, 압연 오징어, 조미 배건 오징어 등
※ 고온에서 자숙, 배소하므로 미생물이 사멸하고, 조미액 속에 당류와 소금이 있어 수분활성도가 낮아져서 저장성이 높은 편임	

3. 수산 발효 식품

어패류의 근육 및 내장에 식염을 가하여 부패를 억제하면서 분해, 숙성 자가소화시켜서 독특한 풍미[작용 : 자가소화 효소, 세균, 효모, 밥, 쌀겨]를 가지게 한 우리 고유의 전통 식품으로 젓갈, 액젓, 식해가 있다.
① 젓갈 : 어패류의 육, 내장, 생식소 등의 원료에 고농도의 소금을 넣고 숙성시킨 것으로 일반 염장품은 염장 중에 육질의 분해가 억제 되어야 좋은 제품인 반면에 젓갈은 원료를 적당히 분해시켜서 독특한 풍미를 가지게 한 점이 다르다.

㉠ 젓갈의 종류

사용 원료에 따라	육을 원료	내장을 원료	생식소를 원료
	멸치젓, 오징어젓, 조기젓, 소라젓, 전복젓	창란젓(명태창자), 갈치 내장젓, 참치 내장젓, 해삼 창자젓	명란젓, 성게알젓, 청어알젓, 상어알젓

식염 농도에 따라	구분	전통 젓갈	저식염 젓갈(장염 비브리오 우려)
	식염 농도	20% 이상	4~8%
	숙성 기간	2~3개월	30일~50일 이내
	숙성 온도	상온	0~5℃
	정미 성분	자기소화에 의해 아미노산, 유기산 생성	조미료 첨가
	부패 방지	식염에 의해 부패 억제	솔비톨, 젖산, 에탄올 첨가
	보존성	높다(상온 저장)	낮다(냉장 보관)
	제품특성	보전 식품	기호 식품

㉡ 젓갈의 맛과 냄새 성분

맛 성분	냄새 성분
육중의 단백질, 핵산, 당질 등이 자기소화효소에 의해 분해되어 각종 아미노산(글루탐산), 유기산(이노신산, 숙신산 등) 등으로 변하면서 젓갈 특유의 맛을 생성	육중의 단백질, 핵산, 당질 등이 미생물이 지닌 효소로부터 분해되어 암모니아, 에스테르, 알코올 등으로 변하면서 젓갈 특유의 냄새를 생성

② 액젓 : 동물성 단백질에서 유래되는 아마노산을 많이 함유하기 때문에 주로 조미료로 사용되고 있다.

제조 방법	종류		용도
	국내	외국	
어패류를 고농도의 소금으로 염장하여 1년 이상 숙성하여 완전히 분해, 액화	멸치액젓, 새우액젓, 까나리액젓	일본(솟쓰루), 크메르(노욕만), 칠레(앤초비소스)	조미료

③ 식해 : 어패류를 주원료로 녹말(쌀밥)을 혼합하여 유산 발효시킨 보존식품

제조 방법	종류	비고
어패류의 육에 소금, 곡류(쌀밥), 향신료(고추가루, 엿기름)를 넣고 발효	오징어 식해, 명태 식해, 가자미 식해	저장성이 낮아 겨울철에 주로 제조

4. 해조 가공품

① 김

원 조	가공 공정	특 성
홍조류인 참김, 방사무늬김이 주요 양식종	원조채취-원조절단-김뜨기-탈수-건조(햇빛 또는 열풍)-결속-열처리	• 1~2월에 주로 채취 • 조미김 : 마른김에 조미액을 발라 구운 것

② 한천(agar-agar)
　㉠ 한천의 제조 : 겨울철에 주로 생산되는 동건품(자연 한천)으로 홍조류인 우뭇가사리, 개우무, 새발, 꼬시래기, 석묵, 비단풀 등을 열수로 추출하여 냉각시켜 겔화
　㉡ 한천의 성질 : 미생물에 의해 분해되지 않는다. 아가로스가 주성분으로 응고력이 강한 다당류로, 응고력이 강하고, 보수성, 점탄성, 식감 등이 우수
　　※ 아가로스 : 고분자의 친수성 다당류, 한천은 10~20%의 아가로펙틴과 80~90%의 아가로스로 구성, 겔화되는 성질이 강함
　㉢ 한천의 용도 : 보형제, 물성 유지제

식품가공용	우무 요리, 제과(양갱, 젤리, 잼), 유제품(아이스크림 요구르트 안정제), 양조용(맥주, 포도주, 청주, 식초 등의 불순물 제거를 위한 청징제) 저칼로리 건강식품
의약품용	완하제(설사 억제), 정장제, 외과 붕대, 치과 인상제
기타	미생물 배지, 분석 시약용, 겔 여과제, 조직 배양용

③ 알긴산(alginic acid) : 친수성이며 점질성 고분자 다당류 보수제 보형제, 기능성 음료

원 조	성 질	용 도
갈조류인 미역, 다시마, 감태, 모자반, 톳	• 친수성의 점질 다당류로 점성, 겔 형성력, 안정성이 우수 • 금속이온과 결합하면 침전 • 난소화성 물질로 장의 활동을 촉진	• 주스류의 증점제 • 아이스크림 안정제 • 다이어트 기능성 음료 • 직물용 호료, 폐수처리제(금속반응 침전) • 봉합사, 지혈제

④ 카라기난(carrageenan)

원 조	성 질	용 도
홍조류인 진두발, 돌가사리, 지누아리, 풀가사리	• 고분자의 점질성 다당류 • 한천에 비해 응고력은 약하나 점성이 크고 투명한 갤을 형성 • 점성, 겔 형성능, 유화 안정성, 결착성 등이 우수	• 아이스크림 안정제 • 침전 방지제 • 식빵, 과자의 조직 개량 및 보수제 • 화장품의 점도 증가제

[제4절] 어분과 어유

다획성 어류, 식품 가공에 부적합한 어류, 가공 부산물인 머리, 뼈, 내장 등의 불가식부의 대량 처리를 목적으로 어분과 어유를 가공

① 각종 어류 통조림 공장에서 나오는 가공 부산물, 일반 수산물 가공 공장에서 나오는 부산물, 어시장에서 나오는 부산물 등이 주요 원료 → 수산 가공 부산물의 처리
② 어분에는 우수한 단백질, 비타민 B군, 칼슘, 인 등의 무기물 함유량이 많음 → 동물의 성장을 촉진하는 영양분의 공급원으로 양어장 사료와 농축어분단백질인 추출하여 영양식이나 단백질 강화식으로 사용
③ 적색육 어류를 가공하여 만든 갈색 어분은 지질의 함유량이 많아 가공이나 저장 중에 산화변색 또는 갈변이 일어나기 쉬우므로 주의해야 함

어분(fish mill)	어유(fish oil)
전 어체 또는 가공 부산물을 삶고 압착하여 수분과 기름을 짜낸 뒤 고형물을 건조, 분쇄하여 가루로 만든 것	어분의 제조 공정에서 생기는 자숙액과 압출액, 오징어 내장 등에서 채취
• 백색어분, 갈색어분(산화 변색이 용이 지질)으로 구분 • 가축, 양어의 사료 및 비료로 사용 • 정제하여 가공 식품원료로 사용(농축어육 단백질)	• 어유, 간유(비타민 A, D 농축하여 영양제로 사용) 해수유로 분류 • 식용 : 경화유(마가린과 쇼트닝 재료), 계면활성제 • 비식용 : 도료, 내한성 윤활유, 비누 원료

스쿠알렌(squalene) $C_{30}H_{50}$
◉ 심해 상어의 간유 속에 들어 있는 고도의 불포화 탄화수소로서 윤활유와 화장품 원료로 사용되어 왔으나, 인체에 산소를 공급하고 노폐물을 제거하는 기능이 있어 건강식품의 소재로 많이 사용되고 있음

농축 어육 단백질(FPC)
◉ 어분 속에 들어 있는 단백질 외의 성분을 최대로 제거하여 정제한 고도의 단백질 농축물로 분말이나 페이스트(paste)상으로 만든 식용 어분의 일종
◉ 빵, 우유, 비스킷 등에 FPC를 섞어 단백질 강화식품 및 환자의 건강식으로 이용

[제5절] 수산 피혁

수산동물의 껍질을 가공 처리하여 만든 가죽 제품, 어료(부레풀)는 점착성 제품

가공 원리	가공 특성	가공 원료	제 품
어류 껍질의 주성분인 콜라겐을 추출하여 피혁으로 가공	육상동물 피혁보다 품질이 떨어지나 원료가 풍부하고 가격이 저렴하여 많이 이용	악어, 고래, 먹장어, 가오리, 상어, 연어	고급 핸드백, 벨트, 신발

[제6절] 수산 공예품

종류	특 징
조개단추	조가비 공예품 중 가장 생산량이 많으며, 생산 공정이 자동화되어 대량 생산 가능
나전칠기	진주나 전복 조가비를 갈아 만든 자개를 칠기에 붙여서 만든 것으로 수공업에 의존
진 주	• 천연 진주 : 진주조개, 전복 등의 조개류 외투막에서 분비되어 만들어진 구슬 • 양식 진주 : 진주조개의 외투막에 작은 구슬을 넣으면 모조개가 구슬의 표면에 진주 질을 분비하여 얻음 • 인조 진주 : 유리나 플라스틱으로 만든 구슬에 갈치비늘 성분(구아닌)을 발라서 진주와 비슷한 모양과 색택을 가지게 한 것

① 수산물의 그 밖의 가공품으로는 약용품으로 간유, 인슐린, 요오드 등이 있다.
② 어교 : 어류의 껍질, 뼈, 비늘 부레 등에는 콜라겐이 많이 들어 있다. 이들을 끓는 물로 가열하면 어교 또는 젤라틴이 얻어지는데 이들을 통틀어 어교라고 한다. 어교는 원료에 따라 뼈, 껍질, 비늘, 아이징글라스 등으로 나눈다. 아이징글라스는 부레로 만들 것이다.

[제7절] 수산물의 기능성 성분

1. 고도 불포화 지방산

① 어육에 포함된 지방산은 축육의 포화 지방산과는 달리 고도의 불포화지방산이 많음
② 생리 활성 기능이 있어 기능성 식품이나 의약품의 소재로 많이 이용
③ 등푸른 생선인 고등어, 참치, 정어리, 꽁치, 방어 등에 많이 함유
④ 공기와 접촉하면 유지의 변질과 이취(나쁜 냄새)의 원인으로 작용
⑤ 고도 불포화 지방산 중에서도 n-3계 지방산의 기능성이 가장 우수

n-3계 지방산

- 지방산의 메틸 말단기로부터 셋째 번의 탄소 위치에 이중 결합이 있는 지방산을 의미하며, ω(오메가)-3계 지방산이라고도 한다.
- EPA, DHA가 대표적인 n-3계 지방산으로, 순환계 질환 및 암을 예방하는 효과가 크다.
- 고도 불포화 지방산의 이용범위 확대를 위해서는 낮은 산화 안정성 및 냄새 문제 등이 해결되어야 한다.

기능성 불포화 지방산		
종류	EPA(eicosapentaenoic acid) C20:5	DHA(docosahexaenoic acid) C22:6
구조	• 탄소수 20개, 이중결합 5개인 고도불포화 지방산	• 탄소수 22개, 이중 결합 6개인 고도 불포화 지방산
기능성	• 혈중 중성 지질의 저하, 혈중 콜레스테롤 저하 • 혈소판 응집 억제 작용 • 고지혈증, 동맥 경화, 혈전증, 심근경색 예방 • 면역력 강화, 항암 효과	• 동맥 경화, 혈전증, 심근경색, 뇌경색 예방 • 뇌 기능 향상, 학습 능력 증진, 시력 향상 • 당뇨, 암 등의 성인병 예방
응용	• 동맥경화증, 고지혈증 약품 이용	• 우유·음료수·통조림 등 이용 분야 200종 이상

2. 다당류

구분	해조 다당류	키틴, 키토산
성질	• 해조 속에 들어 있는 점질성이 강한 고분자의 식이성 섬유질(난소화성 물질)로 생리적 효과가 큼 • 육상 식물에 비해 함유량이 높음 • 한천(자연한천은 동건품 홍조류), 알긴산(갈조류), 카라기난(홍조류)-식이 섬유질로 배변, 정장 기능 • 퓨코이단(다시마, 미역귀, 대황, 잎파래) : 수용성 식이섬유로 항종양, 혈액응고 저지 기능	• 키틴은 게, 새우 등의 갑각류 껍질과 오징어뼈, 곤충과 균류에 많이 분포하는 천연 생체 고분자 물질 • 불안정한 키틴을 탈아세틸화 → 키토산(안정된 화합물) • 인체 내에서 분해시킬 수 있는 효소가 없기 때문에 흡수되지 않는 식이성 섬유질
용도	식품 첨가물, 화장품, 의약품, 다이어트 식품 소재(수용성 식이 섬유 소재)	• 폐수처리 응집제(오니) • 항균제, 혈류 개선제, 의료용 재료(인공 뼈, 피부, 봉합사), 화장품보습제, 생분해성 플라스틱 필름 원료 기능성 소재 : 장내 세균 작용의 개선, 혈청 콜레스트롤의 저하

3. 기타 기능성 성분

성분	특 성	기 능 성
타우린	• 유리 아미노산으로 연체동물, 갑각류 등 많이 함유 • 마른 오징어나 문어 표면의 흰 가루 성분	• 당뇨병 예방, 시력증진, 혈압 정상 유지 • 콜레스테롤 수치 감소, 알코올에 의한 간장 장해 예방 • 혈류 개선, 강심 작용, 간장의 해독력 강화

콘드로이틴 황산	• 점질성 다당류로 세포 결합 조직 성분 • 상어, 고래, 오징어 등의 연골 등에 분포	• 노화 방지, 상처 치유 • 피부 보호, 요통 치료 • 관절 치유, 연골 보호 • 의약품, 화장품 소재, 혈액응고 억제 기능
글루코사민	• 관절 연골 성분으로, 포도당과 글루타민으로 구성, 조개에서 추출 • 체내에서 연골을 보호하고 생성하여 관절 기능을 향상	• 관절 기능 개선 • 연골 회복 기능 • 관절염 치료
콜라겐	• 어류 껍질에서 추출 단백질 • 뼈와 피부, 머리카락, 이 등을 구성하는 아미노산 성분 • 피부 진피의 주성분	• 화장품(피부 재생) • 식품 소재(소시지 케이싱) • 의약품(인공 장기) • 노화 억제 • 기능성 건강 음료
젤라틴	• 젤라틴을 열수처리하여 얻는 유도 단백질 • 실온에서 탄성있는 젤(gel)	• 화장품 소재(피부 미용) • 의약품 소재(캡슐, 정제, 파스, 지혈제) • 식품 소재(젤리)

※ 엑스 성분 : 엑스 성분에는 함질소 성분인 유리 아미노산, 펩티드, 핵산 관련 물질, 베타인 등이 있으며 무질소 성분에는 유리당, 유기산, 무기질 등이 있다.

제 4 장 수산가공 기계

[제1절] 원료 처리 기계 (일반 처리 기계)

① 노동력 절감을 위해 1970년대 수리미(surimi) 생산 때부터 본격적으로 도입
② 크기 선별에는 계량 측정 방법, 크기 측정방식, 선별 방식(대량처리 일반적 사용) 등

크기 선별기(roll 선별기)

특 징	작동 원리	적 용
• 어체 처리 또는 어상자에 담아 출하할 때 사용 • 어체를 크기별로 3~6단계로 구분 • 내구성, 위생성을 위해 스테인리스강을 사용	• 대량 처리에는 롤(roll)선별 방식을 많이 사용 • 한쌍의 롤을 경사지게 설치 → 롤 회전(반대 방향) → 롤 사이의 간격에 따라 작은 것부터 아래 컨베이어로 분리 • 롤 위쪽에서 물을 분사 → 어체가 잘 미끄러짐, 롤의 각도 5~20도	• 정어리, 고등어, 전갱이, 명태 등 선별에 사용

③ 냉동 고기풀(수리미) 과정에서 머리 및 내장 제거기를 주로 사용한다.
④ 어체처리 → 채육(살만 발라냄) → 수세 → 탈수 → 고기갈이(설탕, 방부제로 솔비톨, 젓산, 에탄올 첨가) → 탄력보강을 위해 중합인산염 첨가 → 패닝(급속 동결 -30℃~-40℃)

1. 선별기

가공 공정	머리 및 내장 제거기(필레, 필릿 제거기) 특징
머리 제거	2개의 회전 디스크 칼날로 두부를 V형으로 절단(1개 사용 때보다 수율 크게 향상)
할복	어체를 컨베이어면에 고정시키고 이동시키면서 회전 디스크 칼날로 복부를 절개
내장 제거	회전 척을 어체 머리 부분에 물리고 회전→내장이 뽑혀 나옴
흑막 제거	롤러 브러시로 흑막을 제거(흑막이 백색육에 혼입되면 품질을 저하)
절단	회전 디스크 칼날로 척추골의 한쪽면(육편이 2매) 또는 양쪽면(육편이 3매)을 절단

※ 필릿, 필레는 3겹 편뜨기라고도 함. 등쪽육, 복부육은 가공용으로 쓰고 뼈육은 버린다.
※ 수율 : 불가식부를 제외하고 원료로만 사용이 가능한 중량에 대한 백분율

2. 탈피기

어체 방향 정렬 방법 : 회전원판 이용(일반적 사용), 컨베이어 비늘 마찰

특 징	탈피기 작동 원리	적 용
• 어체의 껍질을 제거하는 기계 • 엔드리스(endress) 회전 밴드형 칼(탈피칼)사용	• 이송 컨베이어에 필릿을 놓고 육과 껍질 사이로 필릿의 길이 방향에 수직으로 고속 주행하는 밴드칼을 통과시켜 표피를 제거 • 밴드 칼날에 미세한 진동을 주어 마찰을 방지하면서 탈피	• 주로 청어나 대구 등의 필릿 탈피 작업에 사용

3. 기타 원료처리기계

기계 종류	특 징
어류 세척기	물탱크 내에서 교반 날개를 회전시켜 어류를 수세하는 기계
어체 방향 정렬기	어체의 대량 처리를 위해 어체를 일정한 방향으로 정렬해 주는 기계
탈각기	조개류나 갑각류의 껍질을 제거해 주는 기계로 바지락, 새우, 가리비에 사용
피시펌프 (fish pump)	수조나 가두리로부터 어류를 끌어올려 다른 곳으로 이송하는 기계, 제트펌프의 원리(고압 유체 분사 → 기압차로 밑의 어체 이동). 고가의 어종은 피시펌프를 사용하면 안 된다. 대량생산 되며 저가 일반적

[제2절] 건조기

1. 열풍건조기

① 식품을 선반이나 트레이(tray)에 담아 수레에 건조실에 넣은 후 열풍을 가하여 건조

열풍 건조기의 종류	
상자형 건조기	터널형 건조기
원료를 선반에 넣고 정지된 상태에서 열풍을 강제 순환시켜 건조	원료를 실은 수레(대차)를 터널 모양의 건조기 안에서 이동시키면서 열풍으로 건조
구조가 간단하고 취급이 용이, 비용이 적게 듦	일정한 건조 시설이 필요, 비용이 많이 듦
연속 작업 불가, 열손실이 많음	연속 작업 가능, 열손실이 적음
균일한 제품 얻기가 곤란	균일한 제품 얻기가 쉬움
열효율이 낮고 건조 속도가 느림	열효율이 높고 건조 속도가 **빠름**

② 터널형 건조기 중 향류식 : 터널 입구에서는 온도가 낮고 습도가 높은 열풍과 접촉하여 변질의 우려가 있지만 내부로 이동할수록 온도가 높고 습도가 낮아 건조효과가 높아짐, 식품과 열풍의 이동 방향이 반대

③ 터널형 건조기 중 병류식 : 식품의 이동 방향과 열풍 이동 방향이 서로 같음. 터널의 입구에서는 온도가 높고 습도가 낮은 열풍과 접촉, 하지만 터널 안으로 이동할수록 온도가 낮고 습도가 높아짐

④ 작업형 : 배치식(회분식)은 한 단계에서 작업이 종결, 연속식은 작업공정이 계속 이어져 작업능률이 높음.

2. 진공동결건조기

① 진공동결건조기는 가장 좋은 건조법이지만, 시설비 및 운전 경비가 가장 비싸다.

진공 동결 건조기의 특성		
건조 원리	구 조	특징 및 용도
• 식품을 $-30 \sim -40℃$ 정도에서 급속 동결시킨 후 이 때 만들어진 빙결정을 높은 진공($1 \sim 0.1$torr)에서 승화시켜 건조 (1torr=1mmHg)	• 급속 동결 장치 • 건조실-식품을 건조 • 가열 장치-얼음의 승화 잠열을 제공 • 응축기-승화 시 발생하는 수증기 응축 • 진공 펌프-건조실 내부를 진공 상태 유지	• 식품 조직의 외관이 양호함(다공성 조직[스펀지]으로 파손은 용이하다.) • 열에 의한 성분 변화가 없어 맛, 냄새, 영양가, 물성 등의 품질을 유지하나 건조 장시간 소요 • 북어, 맛살, 전통국 등 고가 제품의 건조에 사용

② 빙결정 1g이 0.1mm Hg의 진공하에서 건조실 내에 승화할 경우에 약 100,000L 부피의 수증기가 되는데 이 수증기를 응축시키기 위하여 응축기의 온도는 $-30 \sim -60℃$ 정도로 한다. 가열장치는 얼음의 승화잠열을 공급하기 위하여 필요하다.

③ torr 진공측정 단위 : 그 값이 낮을수록 진공도가 높다.

> **진공 동결 건조 식품의 특성 : 식품의 품질 변화를 최대한 줄일 수 있다.**
> - 승화를 이용하여 수분을 제거하므로 가열 건조에서 발생하는 수축이나 표면 경화 현상이 나타나지 않으나, 시설 및 운전 경비가 많이 들며 제품 가격이 비싸고, 건조 시간이 오래 소요
> - 다공성 구조를 가지므로 크기와 모양이 원 상태로 유지
> - 수분에 의한 복원성이 우수하고 식품의 풍미가 그대로 유지

④ 표면 경화 현상 : 식품이 딱딱해지는 현상으로 식품의 품질 저하 요인에 해당한다.
⑤ 식품과 열의 관계 : 단백질 변형, 맛 풍비 변형, 외관이 수축
⑥ 제습 건조기 건조 원리 : 가열기에서 공기를 건조 → 송풍으로 식품을 건조 → 흡수한 공기는 냉각기에서 냉각, 응축 → 배출[건조실 내의 온도와 습도가 자동적으로 조절됨]
  ㉠ 구조 : 냉각기, 가열기, 가습기(습도 일정 조정), 송풍기
  ㉡ 제습건조기 특징 및 용도 : 원적외선 방사 가열과 병용하면 더욱 효과적 최근 많이 사용되는 건조방법(부가가치가 높은 제품에 사용)

[제3절] 통조림용 기기

1. 이중 밀봉기(seamer, 시머)

(1) 컬(curl)과 플랜지(flange)

> **컬(curl)과 플랜지(flange)**
> - 컬 : 관 뚜껑의 가장 자리를 굽힌 부분으로, 내부에 컴파운드가 묻어 있어 기밀을 유지해 줌
> - 플랜지 : 관 몸통의 가장자리를 밖으로 구부린 부분

(2) 이중 밀봉기의 특성

이중 밀봉기의 특성

이중 밀봉의 원리	밀봉기 주요 4요소
• 뚜껑의 컬(curl)을 몸통의 플랜지(flange) 밑으로 말아 넣어서 압착 • 이 때 몸통과 뚜껑이 이중으로 밀봉됨	• 제1밀봉(시밍)롤(roll) : 뚜껑의 컬(curl)을 몸통의 플랜지(flange)밑으로 이중으로 겹쳐 말아 넣어 압착. 홈의 폭이 좁고, 깊다. • 제2밀봉(시밍)롤 : 제1롤이 압착한 것을 더욱 견고하게 눌러서 밀봉을 완성. 홈의 폭이 넓고 얕다. • 시밍척(chuck) : 밀봉 시 리프터와 관을 단단히 고정하고 받쳐 주는 장치 • 리프터(lifter) : 관을 들어 올려 시밍척에 고정시키고 밀봉 후 내려주는 장치로 관의 크기에 맞도록 홈이 파져 있음 ※ 밀봉기 주요 3요소 : 롤, 척, 리프터

(3) 이중 밀봉기의 종류

이중 밀봉기의 종류	
홈시머	수동식, 실험실 사용, 진공 안됨(탈기 필요), 1분에 2~3개 밀봉
세미트로(반자동) 시머	반자동식, 소규모 생산, 진공 안됨(탈기 필요), 탈기함(가열 → 캔 내부 공기수증기 → 제거 → 밀봉), 1분에 20~30개 밀봉
자동 진공 시머	자동식, 대규모 생산, 탈기와 밀봉이 동시 발생. 별도의 탈기 공정 필요 없음(진공 체임버가 부착)

2. 레토르트(retort)

(1) 원리와 특징

원 리	특 징
• 수증기의 기화 잠열을 이용하여 통조림을 가열 살균하는 밀폐식 고압 살균솥 • 100℃ 이상을 유지하기 위해 고압 증기 사용	• 가열 매체가 증기와 열수 포화 수증기-통조림 살균, 열수-유리병, 플라스틱 용기 제품 살균 • 고압, 고온에 견딜 수 있도록 내열성 내구성이 있는 강철판으로 견고하게 제작 • 원통형과 각형으로 구분 - 보통 원통의 수평형(횡형)이 널리 사용, 입형도 있음 • 정치식과 회전식 - 회전식이 열전달이 빨라 살균 시간을 단축 • 살균 후 품질 변화를 줄이기 위해 급랭 - 냉각수를 주입하여 40℃까지 가압 냉각

(2) 레토르트 형태 : 각형, 원통형

장 치	역 할
증기 공급관	수증기 공급 장치
급수구	냉각수를 공급 및 살수하는 장치
배수구	냉각수를 배출시키는 장치
블리더(밴드)	내부 공기를 제거하고 수증기를 순환시키기 위해 밴드는 작동 시 항상 개방 되어야 함
배기구(벤드)	내부 공기 및 수증기를 배출시키는 장치
안전 밸브	내부의 압력이 지나치게 높아지면 자동으로 열려서 수증기를 배출시키는 장치

※ 원통형 : 압력에 잘 견디고 제작이 쉬우나, 내부의 유효 공간이 적다. 각형은 원통형과 반대 출입문 쪽이 압력으로 위험하므로 작업자의 위치는 항상 측면에 있어야 한다.

[제4절] 연제품용 기기

1. 채육기

원 리	구조 및 특징
• 머리와 내장이 제거된 생선을 뼈와 껍질을 분리하여 살코기만 발라내는 기계 • 원료를 고무벨트와 채육망 사이에 넣고 압착 → 살코기는 채육망 안으로, 뼈와 껍질은 롤러 밖으로 분리	• 롤(roll)식과 스탬프(stamp)식이 있으며, 주로 롤식을 많이 사용 • 고무벨트와 채육망은 서로 반대 방향으로 회전 • 4개의 롤로 구성 • 냉동 고기풀 및 연제품 제조에 사용

2. 세절기(사이런트 커터, silent cutter)

고속 회전하는 연제품의 고기갈이 기계

사이런트 커터의 특성

원 리	특 징
• 살코기를 고속 회전하는 칼날로 잘게 부수고, 여러 가지 부원료를 혼합시키는 기계 • 살코기가 담긴 접시는 수평으로 회전 • 세절이 끝나면 배출 회전막이 작동하여 원료를 배출	• 칼날 : 3~4개로 구성, 수직으로 고속 회전 • 온도 감지기 : 마찰로 인한 육의 온도 상승을 감지 • 세절기 뚜껑 : 살코기 밖으로 유출되는 것을 방지 • 스톤 모르타르(stone mortar)보다 세절 능력이 우수 • 어육 소시지, 연제품, 냉동 고기풀 세절에 사용

스톤 모르타르(stone mortar)

- 돌로 만든 절구 안에서 2~4개의 스틱이 자전하면서 고기갈이와 혼합 등의 작용을 해주는 기계로, 최근에는 사이런트 커터가 많이 보급되어 그 역할을 대신하고 있음
- 근래에는 돌 대신 금속 절구가 많이 사용되며, 절구통을 냉각시키는 장치도 부착되어 있음
- 사이런트 커터와 같이 연제품의 대표적인 고기갈이 기계로 사용됨

마찰열에 의한 육의 온도 상승

- 고속 회전하는 칼날에 의해 육이 세절 → 마찰열 발생 → 단백질 변성
- 온도 감지 → 육의 온도가 10℃ 이상 → 얼음 사용하여 육의 온도를 조절
- 최근에는 냉각장치가 부착된 사이런트 커터를 많이 사용

3. 성형기

① 고기갈이를 마친 고기풀의 점착성을 이용(졸 상태)하여 적당한 모양으로 가공 처리하는 기계
② 제품의 종류에 따라 성형방법이 다르고 기계의 종류도 다양

③ 가공순서 : 고기풀을 호퍼에 공급 → 노즐을 통해 압출 → 모양판을 통과 → 성형 → 유탕기
④ 판붙이 어묵 성형기 : 어묵의 색에 따라 원료 투입구가 2개, 3개
⑤ 부들 어묵 성형기 : 고기풀이 압출 → 이동하는 꼬챙이 위로 입혀짐 → 컨베이어로 이동

[제5절] 동결장치

1. 접촉식 동결장치

원 리	특 징
• 냉각시킨 냉매나 염수(브라인)를 흘려 금속판(동결판)을 냉각(암모니아, 프레온, 염수) • 이 금속판 사이에 원료를 넣고 압력을 가하여 동결 • 냉동 고기풀 제조에 사용	• 금속판을 통해 냉매와 직접 접촉 → 동결 속도가 빠름(급속) • 금속판의 두께가 얇아야 접촉 효과가 큼(50~60mm), 면적이 작다. • 일정 모양을 갖춘 포장 식품인 경우 동결 효과 큼 • 해동 장치로도 사용 가능 - 금속판에 온수를 흘려 보내 냉동 고기풀을 해동

2. 송풍식 동결 장치

원 리	특 징
• 냉각기를 동결실 상부에 설치하고, 송풍기로 강한 냉풍을 강제로 순환시켜 식품을 동결시키는 장치	• 동결실, 냉각기, 송풍기로 구성 • 식품을 적재한 팰릿이나 대차를 냉풍으로 동결 • 동결 속도가 빠르고, 대용량을 단시간에 처리 가능한 것이 가장 큰 장점

제8편 기출 및 예상문제

01 수산가공 원료의 조건으로 적합하지 않은 것은?
① 육 조직의 가공성이 높을 것
② 어획량이 많을 것
③ 유효성분이 원료 중에 많이 함유되어 있을 것
④ 값이 비싸고 대량으로 구입이 어려울 것

 수산가공 원료의 조건
1. 어획량이 많을 것
2. 값이 싸면서 대량으로 구입이 가능할 것
3. 육 조직의 가공성이 높을 것
4. 유효성분이 원료 중에 많이 함유되어 있을 것
5. 제품으로 가공했을 때 수익성이 높을 것

02 망목(網目)모양으로 작은 구멍이 뚫려있는 회전원반 위에 어체를 얹고, 이 회전원반에 대해서 수직상하운동을 하는 압착반으로 어체를 압착하여 채육(採肉)하는 방식은? 2020년 기출
① 롤식
② 스탬프식
③ 스크루식
④ 플레이트식

 그물모양으로 작은 구멍이 뚫려있는 회전원반 위에 어체를 얹고, 이 회전원반에 대해서 수직상하운동을 하는 압착반으로 어체를 압착하여 채육하는 방식은 스탬프식이다.

03 혈합육에 관한 설명으로 옳지 않은 것은?
① 대구, 명태, 조기, 돔 등에 많다.
② 적색육은 피하조직에 많다.
③ 붉은살 어류에 많다.
④ 중성 지질(불포화)이 많다.

정답 01. ④ 02. ② 03. ①

혈합육은 고등어, 꽁치, 정어리에 많고, 백색육은 대구, 명태, 조기, 돔 등에 많다.

04 혈합육과 보통육의 비교에 관한 설명으로 옳지 않은 것은? 2020년 기출
① 혈합육은 보통육보다 미오글로빈이나 헤모글로빈 등 헴(heme)을 가지는 색소단백질이 많다.
② 혈합육은 보통육보다 조단백질 함량이 적다.
③ 혈합육은 보통육보다 지질 함량이 많다.
④ 혈합육은 보통육보다 철, 황, 구리의 함량이 적다.

 혈합육이 보통육보다 철, 황, 구리의 함량이 많다.

05 어류의 근육조직에서 적색육과 백색육을 비교하는 설명으로 옳은 것은? 2019년 기출
① 적색육은 백색육에 비하여 지방 함량이 적다.
② 백색육은 적색육에 비하여 단백질 함량이 많다.
③ 백색육은 적색육에 비하여 각종 효소의 활성이 강하다.
④ 적색육은 백색육에 비하여 선도 저하가 느리다.

 ① 적색육이 백색육에 비하여 지방 함량이 많다.
③ 적색육은 백색육에 비하여 각종 효소의 활성이 강하다.
④ 같은 조건에서 보관 시 백색육이 더 신선하다.

06 어패류의 주요 성분으로 옳지 않은 것은?
① 수분은 60~90% 정도로 축육보다 많이 함유되어 있다.
② 단백질은 15~20%로 필수 아미노산이 다량 함유되어 있어 영양 가치가 크다.
③ 지질은 0.5~25%로 산란 전의 어체에는 지방질이 많아 맛이 좋다.
④ 탄수화물은 0.1~0.2%로 어류에 많고, 굴과 조개류에는 적게 함유되어 있다.

 탄수화물은 0.1~0.2%로 굴과 조개류에 많고, 어류에는 적게 함유되어 있다.

07 우리나라 전통 젓갈과 저염 젓갈 차이점에 관한 설명으로 옳지 않은 것은?

2019년 기출

① 전통 젓갈의 제조원리는 식염의 방부작용과 자가소화 효소의 작용이다.
② 저염 젓갈은 첨가물을 사용하여 보존성을 부여한 기호성 위주의 제품이다.
③ 전통 젓갈은 20% 이상의 식염을 첨가하여 숙성 발효시킨다.
④ 저염 젓갈은 15%의 식염을 첨가하여 숙성 발효시킨다.

 전통 젓갈은 20% 이상의 식염을 첨가하여 숙성 발효시키고, 저염 젓갈은 4~8%의 식염을 첨가하여 숙성 발효시킨다.

08 해조류의 주요 성분과 이용에 관한 설명으로 옳지 않은 것은?

① 알긴산은 다시마, 미역, 감태 등 갈조류로부터 추출한다.
② 해조류의 주요 성분은 탄수화물과 무기질 그밖에 마그네슘, 요오드, 망간, 등이 다량 함유되어 있다.
③ 한천은 진두발, 돌가사리 등 홍조류에서 추출한다.
④ 마른 김에는 단백질이 풍부하게 함유되어 있다.

 한천은 홍조류인 우뭇가사리, 꼬시래기 등 홍조류에서 추출한다.

09 오징어, 새우 등 연체동물과 갑각류에 함유되어 단맛을 내는 염기성 물질은?

2019년 기출

① 요소
② 트리메틸아민옥시드
③ 베타인
④ 뉴클레오티드

 베타인은 무척추동물인 오징어, 문어, 새우 등의 근육에는 어류보다 많이 들어 있으며 메틸기를 세 개 가진 아미노산으로서 식품의 감칠맛 성분이다.

정답 07. ④ 08. ③ 09. ③

10 카라기난의 성질에 관한 설명으로 옳은 것을 모두 고른 것은? 2019년 기출

㉠ 갈락토스와 안히드로갈락토스가 결합된 고분자 다당류이다.
㉡ 단백질과 결합하여 단백질 겔을 형성한다.
㉢ 70℃ 이상의 물에 완전히 용해된다.
㉣ 2가의 금속 이온과 결합하여 겔을 만드는 성질을 가지고 있다.

① ㉠, ㉡
② ㉢, ㉣
③ ㉠, ㉡, ㉢
④ ㉡, ㉢, ㉣

 카라기난(carrageenan)

원 조	성 질	용 도
홍조류인 진두발, 돌가사리, 지누아리, 풀가사리	• 고분자의 점질성 다당류 • 한천에 비해 응고력은 약하나 점성이 크고 투명한 겔을 형성 • 점성, 겔 형성능, 유화 안정성, 결착성 등이 우수 • 찬물에는 녹지 않으나 70℃ 이상에서는 잘 용해	• 아이스크림 안정제 • 침전 방지제 • 식빵, 과자의 조직 개량 및 보수제 • 화장품의 점도 증가제

11 수산물의 영양에 관한 설명으로 옳지 않은 것은?

① 어패류에는 필수 아미노산 함량이 높다.
② 유리 아미노산 타우린은 다시마, 미역, 감태 등에 많이 함유되어 있다.
③ 해조류에 많이 있는 식이섬유는 난소화성 물질로 정장 효과, 비만 방지기능이 있다.
④ 어패류에는 단백질이 가장 많이 들어 있다.

 콜레스테롤의 축적을 저하시켜 성인병 예방 기능과 시력회복 및 혈압을 정상적으로 유지하는 역할을 하는 유리 아미노산 타우린은 새우, 오징어, 문어 등에 많이 함유되어 있다.

12 수산물의 특성에 관한 설명으로 옳지 않은 것은?

① 어획 장소와 시기가 한정되어 있다.
② 내장과 함께 수송되므로 세균과 효소에 의한 변질이 촉진된다.
③ 자연환경의 영향을 받지 않는다.
④ 수산물 가공에는 고도의 기술과 지식이 요구된다.

정답 10. ③ 11. ② 12. ③

수산물은 자연환경의 영향을 크게 받는다.

13 동결 저장 중에 발생하는 수산물의 변질현상에 해당하지 않는 것은?   2019년 기출
① 갈변(Browning)
② 허니콤(Honey comb)
③ 스펀지화(Sponge)
④ 스트루바이트(Struvite)

 스트루바이트(Struvite)는 통조림을 열었을 때 내용물 중에 생성한 무색 또는 약간 착색된 무독성의 유리모양의 결정이다.

14 어패류가 변질되기 쉬운 이유가 아닌 것은?
① 세균 부착 기회가 많다.
② 효소의 활성이 작다.
③ 불포화 지방산의 함유량이 많다.
④ 수분 함유량이 많다.

 어패류가 변질되기 쉬운 이유
1. 세균 부착 기회가 많다.
2. 신체 조직이 연약하다.
3. 효소의 활성이 크다.
4. 수분 함유량이 많다.
5. 불포화 지방산의 함유량이 많다.
6. 어획 시 피로도가 크다.

15 어패류가 육상동물육에 비해 변질되기 쉬운 원인으로 옳지 않은 것은?   2020년 기출
① 효소활성이 강하다.
② 지질 중 고도불포화지방산의 비율이 낮다.
③ 근육 조직이 약하다.
④ 어획시 상처 등으로 세균 오염의 기회가 많다.

 어육에 포함된 지방산은 축육의 포화 지방산과는 달리 고도의 불포화지방산이 많다.

정답 13. ④ 14. ② 15. ②

16 수산물의 사후변화에 관한 설명으로 옳지 않은 것은?
① 어패류는 죽은 후 근육의 투명감이 떨어진다.
② 해경단계는 극히 짧게 일어난다.
③ 자가효소의 작용을 억제하면 자가소화 현상을 억제할 수 있다.
④ 어패류 성분이 미생물의 작용에 의하여 유익하지 않은 물질로 분해된다.

 자가효소의 작용을 억제하면 자가소화 현상을 지연시킬 수 있다

17 양식 어류의 세균성 질병이 아닌 것은? 2021년 기출
① 비브리오병   ② 에드워드병
③ 에로모나스병   ④ 림포시스티스병

 림포시스티스병은 바이러스성 질병이다.

18 신선한 어패류로 볼 수 없는 것은?
① 피부 : 비늘이 단단히 붙어 있을 것
② 아가미 : 담적색(선홍색)이나 암적색을 띠어야 함
③ 냄새 : 불쾌한 비린내가 없을 것
④ 육질 : 근육을 1~2초간 눌러 보아 자국이 오랫동안 지속되어야 함

 육질 : 근육을 1~2초간 눌러 보아 자국이 금방 없어져야 함

19 어패류의 동결저장법에 관한 설명으로 옳지 않은 것은?
① 어패류를 서서히 동결한다.
② -18℃ 이하로 유지하여 동결상태로 어패류를 저장하는 방법이다.
③ -18℃ 이하에서 저장하면 선도유지기간이 연장할 수 있다.
④ 보통 6개월에서 1년 정도 선도유지가 가능하다.

 동결저장법은 어패류를 급속 동결하여 -18℃ 또는 그 이하로 유지하여 동결상태로 어패류를 저장하는 방법이다.

20 식품의 저온저장법과 온도 범위의 연결이 바르지 않은 것은?

① 칠드(chilled) : -5~5℃
② 냉장 : 0~10℃
③ 빙온 : 0℃~녹는점
④ 부분 동결 : -3℃ 부근

 빙온 : 식품을 비동결 상태의 온도 영역(0~어는점 사이)에서 저장하는 방법으로 빙결정이 생성되지 않은 상태에서 보관

21 수산 식품업체 B사는 상온에서 유통 가능한 신제품을 개발하고 있다. 가열 살균온도 110℃에서 클로스트리듐 보툴리늄(Clostridium botulinum) 포자의 사멸에 필요한 시간은 70분이었다. 살균온도를 120℃로 올릴 경우 사멸에 필요한 예상시간은?

2019년 기출

① 7분
② 14분
③ 35분
④ 60분

 클로스트리듐 보툴리늄(Clostridium botulinum) 포자는 100℃ 33분, 110℃ 32분, 120℃ 4~7분에 사멸한다.

22 어는점에 관한 설명으로 옳지 않은 것은?

2020년 기출

① 수산물의 어는점은 0℃보다 낮다.
② 냉장 굴비가 생조기보다 높다.
③ 명태 연육이 순수 명태 페이스트보다 낮다.
④ 얼기 시작하는 온도를 말한다.

 냉장 굴비는 냉장 상태이므로 생조기보다 어는점이 낮다.

23 수산물을 가공처리하는 목적이 아닌 것은?

① 저장성 부여
② 부피의 증가
③ 부가가치 향상
④ 유효성분을 이용

 가공처리의 목적
1. 저장성 부여 2. 부가가치 향상 3. 유효성분을 이용 4. 운반 및 조리의 용이

정답 20. ③   21. ①   22. ②   23. ②

24 원료를 그대로 또는 간단히 전 처리하여 말린 것은?
① 소건품 ② 자건품
③ 염건품 ④ 훈건품

 소건품 : 원료를 그대로 또는 간단히 전 처리하여 말린 것으로 마른 오징어, 마른 대구, 상어 지느러미, 김, 미역, 다시마 등이 있다.

25 동해안 특산물인 황태의 가공법으로 옳은 것은? **2019년 기출**
① 동건법 ② 자건법
③ 염건법 ④ 소건법

 동건품 : 얼렸다 녹였다를 반복해서 말린 것으로 과메기(청어, 꽁치), 한천, 황태(북어) 등이 있다.

26 염장법 중 마른 간법에 관한 설명으로 옳지 않은 것은?
① 식품에 소금을 직접 뿌려서 염장한다.
② 염장 설비가 필요 없다.
③ 식염 침투가 불균일하다.
④ 염장 초기 부패 가능성이 있다.

 염장 초기 부패 가능성이 있는 것은 물간법의 특징이다.

27 수산물의 염장법 중 개량물간법에 관한 설명으로 옳은 것은? **2019년 기출**
① 소금의 침투가 불균일하다.
② 제품의 외관과 수율이 양호하다.
③ 지방 산화가 일어나 변색될 우려가 있다.
④ 염장 초기에 부패하기 쉽다.

 개량물간법은 마른간법과 물간법을 혼합하여 단점을 개량한 것으로 외관과 수율이 좋으며 식염의 침투가 균일하다.

정답 24. ① 25. ① 26. ④ 27. ②

28 훈제품의 가공순서로 올바른 것은?

① 염지 → 조리 → 염제거 → 탈수 → 훈건
② 탈수 → 조리 → 염지 → 염제거 → 훈건
③ 조리 → 염지 → 염제거 → 탈수 → 훈건
④ 염제거 → 조리 → 염지 → 탈수 → 훈건

 훈제품 가공순서 : 조리 → 염지 → 염제거 → 탈수 → 훈건

29 동결 연육을 이용한 연제품의 가공공정을 옳게 나열한 것은? 2019년 기출

① 고기갈이 → 성형 → 가열 → 냉각 → 포장
② 고기갈이 → 가열 → 냉각 → 성형 → 포장
③ 고기갈이 → 가열 → 탈기 → 포장 → 냉각
④ 고기갈이 → 성형 → 가열 → 탈기 → 포장

 동결 연육을 이용한 연제품의 가공공정 : 고기갈이 → 성형 → 가열 → 냉각 → 포장

30 증기 압축식 냉동기가 냉동품을 제조하기 위하여 냉동사이클을 수행할 때 작동되는 순서가 옳게 나열된 것은? 2020년 기출

① 압축기 - 응축기 - 팽창밸브 - 증발기
② 압축기 - 팽창밸브 - 응축기 - 증발기
③ 팽창밸브 - 압축기 - 증발기 - 응축기
④ 응축기 - 증발기 - 압축기 - 팽창밸브

 냉동 사이클 과정 : 압축기 → 응축기 → 팽창기 → 증발기 → 압축기 순환

31 다음과 같이 처리하는 훈연방법은? 2020년 기출

> 훈연실에 전선을 배선하여 이 전선에 원료육을 고리에 걸어달고, 밑에서 연기를 발생시킨 후, 전선에 고전압의 전기를 흘려 코로나방전을 일으켜 연기성분이 원료육에 효율적으로 붙도록 하는 훈연방식

① 온훈법
② 냉훈법
③ 전훈법
④ 액훈법

정답 28. ③ 29. ① 30. ① 31. ③

전훈법은 액훈법과 더불어 훈연을 촉진시키는 방법으로 훈연실에 나란히 제품을 늘어놓고, 교대로 플러스 또는 마이너스의 전극에 연결하여 연기를 흘려보내면서 15~30kV의 전압을 걸어, 제품 그 자체를 전극으로서 코로나 방전을 하여, 연기의 입자를 급속히 제품에 흡착시키는 방법이다.

32 가열 방법과 연제품의 연결이 바르지 않은 것은?
① 증자법 : 판붙이 어묵, 찐 어묵
② 탕자법 : 게맛 어묵
③ 배소법 : 구운 어묵(부들 어묵)
④ 튀김법 : 튀김 어묵, 어단

 탕자법 : 마어묵, 어육 소시지

33 연제품의 탄력 보강제 또는 증량제로 사용되지 않는 것은? 2019년 기출
① 달걀흰자
② 글루탐산나트륨
③ 타피오카 녹말
④ 옥수수 전분

 연제품의 탄력 보강제 또는 증량제는 녹말, 달걀흰자 등이다.

34 고등어 보일드 통조림의 제조를 위해 사용되는 기계를 모두 고른 것은? 2020년 기출

| ㉠ 레토르트(retort) | ㉡ 탈기함(exhaust box) |
| ㉢ 시이머(seamer) | ㉣ 스크루 압착기(screw press) |

① ㉠, ㉡
② ㉢, ㉣
③ ㉠, ㉡, ㉢
④ ㉠, ㉡, ㉢, ㉣

 스크루 압착기(screw press)는 압착기에 어류를 넣어 기름을 짜내고 불순물을 여과하는 것이다.

정답 32. ② 33. ② 34. ③

35 다음은 어떤 수산물 가공기계를 설명하는 것인가? 2020년 기출

○ 어육페이스트 가공제품 등을 만들기 위해 미리 잘게 절단된 어육을 다시 세절시켜 다지는 기계이다.
○ 수평으로 되어 있는 둥근 접시가 회전하면서 어육을 커터 쪽으로 보내주고 커터는 저속 또는 고속으로 회전하면서 어육을 세절한다.
○ 어육과 커터와의 접촉열에 의한 육질변화를 최소화하기 위해 쇄빙이나 냉수를 첨가한다.

① 탈수기(dehydrator)
② 육만기(meat chopper)
③ 육정제기(meat refiner)
④ 사일런트 커터(silent cutter)

 사일런트 커터(silent cutter)

원 리	특 징
○ 살코기를 고속 회전하는 칼날로 잘게 부수고, 여러 가지 부원료를 혼합시키는 기계 ○ 살코기가 담긴 접시는 수평으로 회전 ○ 세절이 끝나면 배출 회전막이 작동하여 원료를 배출	○ 칼날 : 3~4개로 구성, 수직으로 고속 회전 ○ 온도 감지기 : 마찰로 인한 육의 온도 상승을 감지 ○ 세절기 뚜껑 : 살코기 밖으로 유출되는 것을 방지 ○ 스톤 모르타르(stone mortar)보다 세절 능력이 우수 ○ 어육 소시지, 연제품, 냉동 고기풀 세절에 사용

36 수산물 원료의 전처리를 위해 사용되는 기계가 아닌 것은? 2019년 기출

① 어체 선별기
② 필레 가공기
③ 탈피기
④ 사이런트 커터

 사이런트 커터(silent cutter)는 살코기를 고속 회전하는 칼날로 잘게 부수고, 여러 가지 부원료를 혼합시키는 기계로 후처리를 위한 기계이다.

37 통조림의 외관 표시방법 중 상단에 표시하여야 할 내용은?

① 제조 연월일
② 원료의 크기
③ 제조공장 허가번호
④ 원료의 품종명

통조림의 외관 표시

위치	표기 내용
상단	원료의 품종명 및 조리 방법
중단	원료의 크기, 살쟁임 형태, 제조공장 허가번호
하단	제조 연월일

38 통조림의 품질검사 중 일반검사 항목으로 옳은 것을 모두 고른 것은? 2019년 기출

> ㉠ 타관 검사 ㉡ 진공도 검사 ㉢ 밀봉부위 검사
> ㉣ 세균검사 ㉤ 가온검사

① ㉠, ㉣
② ㉠, ㉡, ㉤
③ ㉡, ㉢, ㉣
④ ㉠, ㉡, ㉢, ㉤

 통조림의 품질검사 중 일반검사 항목 : 타관검사, 진공도검사, 가온검사

39 적색육, 뼈, 껍질 등을 분리·제거하고 백색육을 주원료로 살쟁임하여 제조하는 어류통조림은? 2020년 기출

① 고등어 보일드 통조림
② 꽁치 보일드 통조림
③ 정어리 가미 통조림
④ 참치 기름담금 통조림

 참치 기름담금 통조림은 참치의 붉은살 부위는 비린내가 강해 사용하지 않고 백색육을 주원료로 살쟁임하여 제조한다.

40 레토르트 식품의 특징이 아닌 것은?

① 가볍다.
② 위생적이다.
③ 조리가 어렵다.
④ 휴대하기 편하다.

 레토르트 식품은 가볍고 위생적이며, 휴대하기 편하고, 조리가 용이하여 최근 널리 사용되는 제품이다.

41 참치통조림의 제조에서 원료 참치의 자숙을 위한 선별항목은?   2020년 기출

① 크기　　　　　　　　② 세균수
③ 맛　　　　　　　　　④ 색

 참치통조림의 제조에서 원료 참치의 자숙을 하려면 크기가 일정해야 한다.

42 마른멸치를 가공할 때 자숙의 기능에 해당하지 않는 것은?   2019년 기출

① 부착세균을 사멸시킨다.
② 단백질을 응고시켜 건조를 쉽게 한다.
③ 엑스성분의 유출을 방지한다.
④ 자가소화 효소를 불활성화시킨다.

 멸치를 자숙하면 멸치에 부착되어 있는 부착세균을 사멸시키고, 내장 중에 함유된 자가소화 효소를 불활성화시킨다. 가열하면 단백질을 응고시켜 건조를 쉽게 하여 부패를 지연시키나 엑스성분을 유출시킨다.

정답　41. ①　　42. ③

제  과목

수산물품질관리 관계법규

제1편	농수산물 품질관리법
제2편	농수산물의 원산지표시에 관한 법률
제3편	농수산물유통 및 가격안정에 관한 법률
제4편	친환경농어업 육성 및 유기식품 등의 관리·지원에 관한 법률
제5편	수산물 유통의 관리 및 지원에 관한 법률

제1편 농수산물 품질관리법

제1장 총칙

1. 목 적

농수산물 품질관리법은 농수산물의 적절한 품질관리를 통하여 농수산물의 안전성을 확보하고 상품성을 향상하며 공정하고 투명한 거래를 유도함으로써 농어업인의 소득 증대와 소비자 보호에 이바지하는 것을 목적으로 한다.

2. 용어의 정의

(1) 농수산물

① 농산물 : 농업활동으로 생산되는 산물
② 수산물 : 어업활동 및 양식업활동으로부터 생산되는 산물(소금은 제외한다)

(2) 생산자단체

생산자단체와 그 밖에 농림축산식품부령 또는 해양수산부령으로 정하는 단체를 말한다.

(3) 물류표준화

농수산물의 운송·보관·하역·포장 등 물류의 각 단계에서 사용되는 기기·용기·설비·정보 등을 규격화하여 호환성과 연계성을 원활히 하는 것을 말한다.

(4) 농산물우수관리

농산물의 안전성을 확보하고 농업환경을 보전하기 위하여 농산물의 생산, 수확 후 관리 및 유통의 각 단계에서 작물이 재배되는 농경지 및 농업용수 등의 농업환경과 농산물에 잔류할 수 있는 농약, 중금속, 잔류성 유기오염물질 또는 유해생물 등의 위해요소를 적절하게 관리하는 것을 말한다.

(5) 이력추적관리

농수산물의 안전성 등에 문제가 발생할 경우 해당 농수산물을 추적하여 원인을 규명하고 필요한 조치를 할 수 있도록 농수산물의 생산단계부터 판매단계까지 각 단계별로 정보를 기록·관리하는 것을 말한다.

(6) 지리적표시

농수산물 또는 제13호에 따른 농수산가공품의 명성·품질, 그 밖의 특징이 본질적으로 특정 지역의 지리적 특성에 기인하는 경우 해당 농수산물 또는 농수산가공품이 그 특정 지역에서 생산·제조 및 가공되었음을 나타내는 표시를 말한다.

(7) 동음이의어 지리적표시

동일한 품목에 대하여 지리적표시를 할 때 타인의 지리적표시와 발음은 같지만 해당 지역이 다른 지리적표시를 말한다.

(8) 지리적표시권

이 법에 따라 등록된 지리적표시(동음이의어 지리적표시를 포함)를 배타적으로 사용할 수 있는 지식재산권을 말한다.

(9) 유전자변형농수산물

인공적으로 유전자를 분리하거나 재조합하여 의도한 특성을 갖도록 한 농수산물을 말한다.

(10) 유해물질

농약, 중금속, 항생물질, 잔류성 유기오염물질, 병원성 미생물, 곰팡이 독소, 방사성물질, 유독성 물질 등 식품에 잔류하거나 오염되어 사람의 건강에 해를 끼칠 수 있는 물질로서 총리령으로 정하는 것을 말한다.

(11) 농수산가공품

① **농산가공품** : 농산물을 원료 또는 재료로 하여 가공한 제품
② **수산가공품** : 수산물을 대통령령으로 정하는 원료 또는 재료의 사용비율 또는 성분함량 등의 기준에 따라 가공한 제품

3. 농수산물품질관리심의회의 설치

(1) 설치

이 법에 따른 농수산물 및 수산가공품의 품질관리 등에 관한 사항을 심의하기 위하여 농림축산식품부장관 또는 해양수산부장관 소속으로 농수산물품질관리심의회를 둔다.

(2) 심의회의 구성

심의회는 위원장 및 부위원장 각 1명을 포함한 60명 이내의 위원으로 구성한다.

(3) 위원장

위원장은 위원 중에서 호선하고 부위원장은 위원장이 위원 중에서 지명하는 사람으로 한다.

(4) 위원

① 교육부, 산업통상자원부, 보건복지부, 환경부, 식품의약품안전처, 농촌진흥청, 산림청, 특허청, 공정거래위원회 소속 공무원 중 소속 기관의 장이 지명한 사람과 농림축산식품부 소속 공무원 중 농림축산식품부장관이 지명한 사람 또는 해양수산부 소속 공무원 중 해양수산부장관이 지명한 사람
② 다음의 단체 및 기관의 장이 소속 임원·직원 중에서 지명한 사람 : 농업협동조합중앙회, 산림조합중앙회, 수산업협동조합중앙회, 한국농수산식품유통공사, 한국식품산업협회, 한국농촌경제연구원, 한국해양수산개발원, 한국식품연구원, 한국보건산업진흥원, 한국소비자원
③ 시민단체에서 추천한 사람 중에서 농림축산식품부장관 또는 해양수산부장관이 위촉한 사람
④ 농수산물의 생산·가공·유통 또는 소비 분야에 전문적인 지식이나 경험이 풍부한 사람 중에서 농림축산식품부장관 또는 해양수산부장관이 위촉한 사람

(5) 위원의 임기

위원의 임기는 3년으로 한다.

(6) 분과위원회 설치

심의회에 농수산물 및 농수산가공품의 지리적표시 등록심의를 위한 지리적표시 등록심의 분과위원회를 둔다.

(7) 분야별 분과위원회 설치

심의회의 업무 중 특정한 분야의 사항을 효율적으로 심의하기 위하여 분야별 분과위원회를 둘 수 있다.

(8) 심의의 의제

지리적표시 등록심의 분과위원회 및 분야별 분과위원회에서 심의한 사항은 심의회에서 심의된 것으로 본다.

(9) 연구위원

농수산물 품질관리 등의 국제 동향을 조사·연구하게 하기 위하여 심의회에 연구위원을 둘 수 있다.

4. 심의회의 직무

① 표준규격 및 물류표준화에 관한 사항
② 농산물우수관리·수산물품질인증 및 이력추적관리에 관한 사항
③ 지리적표시에 관한 사항
④ 유전자변형농수산물의 표시에 관한 사항
⑤ 농수산물의 안전성조사 및 그 결과에 대한 조치에 관한 사항
⑥ 농수산물 및 수산가공품의 검사에 관한 사항
⑦ 농수산물의 안전 및 품질관리에 관한 정보의 제공에 관하여 총리령, 농림축산식품부령 또는 해양수산부령으로 정하는 사항
⑧ 수산물의 생산·가공시설 및 해역의 위생관리기준에 관한 사항
⑨ 수산물 및 수산가공품의 위해요소중점관리기준에 관한 사항
⑩ 지정해역의 지정에 관한 사항
⑪ 다른 법령에서 심의회의 심의사항으로 정하고 있는 사항
⑫ 그 밖에 농수산물 및 수산가공품의 품질관리 등에 관하여 위원장이 심의에 부치는 사항

제 2 장   농수산물의 표준규격 및 품질관리

1. 농수산물의 표준규격

(1) 표준규격

① 농림축산식품부장관 또는 해양수산부장관은 농수산물의 상품성을 높이고 유통 능률을 향상시키며 공정한 거래를 실현하기 위하여 농수산물의 포장규격과 등급규격을 정할 수 있다.
② 표준규격에 맞는 농수산물을 출하하는 자는 포장 겉면에 표준규격품의 표시를 할 수 있다.
③ 표준규격의 제정기준, 제정절차 및 표시방법 등에 필요한 사항은 농림축산식품부령 또는 해양수산부령으로 정한다.

(2) 권장품질표시

① 농림축산식품부장관은 포장재 또는 용기로 포장된 농산물의 상품성을 높이고 공정한 거래를 실현하기 위하여 표준규격품의 표시를 하지 아니한 농산물의 포장 겉면에 등급·당도 등 품질을 표시하는 기준을 따로 정할 수 있다.
② 농산물을 유통·판매하는 자는 표준규격품의 표시를 하지 아니한 경우 포장 겉면에

권장품질표시를 할 수 있다.
③ 권장품질표시의 기준 및 방법 등에 필요한 사항은 농림축산식품부령으로 정한다.

2. 농산물우수관리

(1) 농산물우수관리의 인증

① 농림축산식품부장관은 농산물우수관리의 기준을 정하여 고시하여야 한다.
② 우수관리기준에 따라 농산물을 생산·관리하는 자 또는 우수관리기준에 따라 생산·관리된 농산물을 포장하여 유통하는 자는 농산물우수관리인증기관으로부터 농산물우수관리의 인증을 받을 수 있다.
③ 우수관리인증을 받으려는 자는 우수관리인증기관에 우수관리인증의 신청을 하여야 한다. 다만, 다음의 어느 하나에 해당하는 자는 우수관리인증을 신청할 수 없다.
　㉠ 우수관리인증이 취소된 후 1년이 지나지 아니한 자
　㉡ 벌금 이상의 형이 확정된 후 1년이 지나지 아니한 자
④ 우수관리인증기관은 우수관리인증 신청을 받은 경우 우수관리인증의 기준에 맞는지를 심사하여 그 결과를 알려야 한다.
⑤ 우수관리인증기관은 우수관리인증을 한 경우 우수관리인증을 받은 자가 우수관리기준을 지키는지 조사·점검하여야 하며, 필요한 경우에는 자료제출 요청 등을 할 수 있다.
⑥ 우수관리인증을 받은 자는 우수관리기준에 따라 생산·관리한 농산물의 포장·용기·송장·거래명세표·간판·차량 등에 우수관리인증의 표시를 할 수 있다.
⑦ 우수관리인증의 기준·대상품목·절차 및 표시방법 등 우수관리인증에 필요한 세부사항은 농림축산식품부령으로 정한다.

(2) 우수관리인증의 유효기간 등

① 우수관리인증의 유효기간은 우수관리인증을 받은 날부터 2년으로 한다. 다만, 품목의 특성에 따라 달리 적용할 필요가 있는 경우에는 10년의 범위에서 농림축산식품부령으로 유효기간을 달리 정할 수 있다.
② 우수관리인증을 받은 자가 유효기간이 끝난 후에도 계속하여 우수관리인증을 유지하려는 경우에는 그 유효기간이 끝나기 전에 해당 우수관리인증기관의 심사를 받아 우수관리인증을 갱신하여야 한다.
③ 우수관리인증을 받은 자는 유효기간 내에 해당 품목의 출하가 종료되지 아니할 경우에는 해당 우수관리인증기관의 심사를 받아 우수관리인증의 유효기간을 연장할 수 있다.
④ 우수관리인증의 유효기간이 끝나기 전에 생산계획 등 중요 사항을 변경하려는 자는 미리 우수관리인증의 변경을 신청하여 해당 우수관리인증기관의 승인을 받아야 한다.
⑤ 우수관리인증의 갱신절차 및 유효기간 연장의 절차 등에 필요한 세부적인 사항은 농림축산식품부령으로 정한다.

(3) 우수관리인증의 취소 등

① 우수관리인증기관은 우수관리인증을 한 후 조사, 점검, 자료제출 요청 등의 과정에서 다음의 사항이 확인되면 우수관리인증을 취소하거나 3개월 이내의 기간을 정하여 그 우수관리인증의 표시정지를 명하거나 시정명령을 할 수 있다. 다만, ㉠ 또는 ㉢의 경우에는 우수관리인증을 취소하여야 한다.
  ㉠ 거짓이나 그 밖의 부정한 방법으로 우수관리인증을 받은 경우
  ㉡ 우수관리기준을 지키지 아니한 경우
  ㉢ 업종전환·폐업 등으로 우수관리인증농산물을 생산하기 어렵다고 판단되는 경우
  ㉣ 우수관리인증을 받은 자가 정당한 사유 없이 제6조제5항에 따른 조사·점검 또는 자료제출 요청에 따르지 아니한 경우
  ㉤ 우수관리인증을 받은 자가 우수관리인증의 표시방법을 위반한 경우
  ㉥ 우수관리인증의 변경승인을 받지 아니하고 중요 사항을 변경한 경우
  ㉦ 우수관리인증의 표시정지기간 중에 우수관리인증의 표시를 한 경우
② 우수관리인증기관은 우수관리인증을 취소하거나 그 표시를 정지한 경우 지체 없이 우수관리인증을 받은 자와 농림축산식품부장관에게 그 사실을 알려야 한다.
③ 우수관리인증 취소 등의 기준·절차 및 방법 등에 필요한 세부사항은 농림축산식품부령으로 정한다.

(4) 우수관리인증기관의 지정 등

① 농림축산식품부장관은 우수관리인증에 필요한 인력과 시설 등을 갖춘 자를 우수관리인증기관으로 지정하여 다음의 업무의 전부 또는 일부를 하도록 할 수 있다. 다만, 외국에서 수입되는 농산물에 대한 우수관리인증의 경우에는 농림축산식품부장관이 정한 기준을 갖춘 외국의 기관도 우수관리인증기관으로 지정할 수 있다.
  ㉠ 우수관리인증
  ㉡ 농산물우수관리시설의 지정
② 우수관리인증기관으로 지정을 받으려는 자는 농림축산식품부장관에게 인증기관 지정 신청을 하여야 하며, 우수관리인증기관으로 지정받은 후 중요사항이 변경되었을 때에는 변경신고를 하여야 한다. 다만, 우수관리인증기관 지정이 취소된 후 2년이 지나지 아니한 경우에는 신청을 할 수 없다.
③ 농림축산식품부장관은 변경신고를 받은 날부터 10일 이내에 신고수리 여부를 신고인에게 통지하여야 한다.
④ 농림축산식품부장관이 기간 내에 신고수리 여부 또는 민원 처리 관련 법령에 따른 처리기간의 연장을 신고인에게 통지하지 아니하면 그 기간이 끝난 날의 다음 날에 신고를 수리한 것으로 본다.
⑤ 우수관리인증기관 지정의 유효기간은 지정을 받은 날부터 5년으로 하고, 계속 우수관

리인증 또는 우수관리시설의 지정 업무를 수행하려면 유효기간이 끝나기 전에 그 지정을 갱신하여야 한다.
⑥ 농림축산식품부장관은 지정이 취소된 우수관리인증기관으로부터 우수관리인증 또는 우수관리시설의 지정을 받은 자에게 다른 우수관리인증기관으로부터 갱신, 유효기간 연장 또는 변경을 할 수 있도록 취소된 사항을 알려야 한다.
⑦ 우수관리인증기관의 지정기준, 지정절차 및 지정방법 등에 필요한 세부사항은 농림축산식품부령으로 정한다.

(5) 우수관리인증기관의 준수사항

① 우수관리인증 또는 우수관리시설의 지정 과정에서 얻은 정보와 자료를 우수관리인증 또는 우수관리시설의 지정 신청인의 서면동의 없이 공개하거나 제공하지 아니할 것. 다만, 이 법 또는 다른 법령에 따라 공개하거나 제공하는 경우는 제외한다.
② 우수관리인증 또는 우수관리시설의 지정의 신청, 심사 및 사후관리에 관한 자료를 농림축산식품부령으로 정하는 바에 따라 보관할 것
③ 우수관리인증 또는 우수관리시설의 지정 결과 및 사후관리 결과를 농림축산식품부령으로 정하는 바에 따라 농림축산식품부장관에게 보고할 것

(6) 우수관리인증기관의 지정 취소

① 농림축산식품부장관은 우수관리인증기관이 다음의 어느 하나에 해당하면 우수관리인증기관의 지정을 취소하거나 6개월 이내의 기간을 정하여 우수관리인증 및 우수관리시설의 지정 업무의 정지를 명할 수 있다. 다만, ㉠부터 ㉢까지의 규정 중 어느 하나에 해당하면 우수관리인증기관의 지정을 취소하여야 한다.
　㉠ 거짓이나 그 밖의 부정한 방법으로 지정을 받은 경우
　㉡ 업무정지 기간 중에 우수관리인증 또는 우수관리시설의 지정 업무를 한 경우
　㉢ 우수관리인증기관의 해산·부도로 인하여 우수관리인증 또는 우수관리시설의 지정 업무를 할 수 없는 경우
　㉣ 중요 사항에 대한 변경신고를 하지 아니하고 우수관리인증 또는 우수관리시설의 지정 업무를 계속한 경우
　㉤ 우수관리인증 또는 우수관리시설의 지정 업무와 관련하여 우수관리인증기관의 장 등 임원·직원에 대하여 벌금 이상의 형이 확정된 경우
　㉥ 제9조 제7항에 따른 지정기준을 갖추지 아니한 경우
　㉦ 제9조의2에 따른 준수사항을 지키지 아니한 경우
　㉧ 우수관리인증 또는 우수관리시설 지정의 기준을 잘못 적용하는 등 우수관리인증 또는 우수관리시설의 지정 업무를 잘못한 경우
　㉨ 정당한 사유 없이 1년 이상 우수관리인증 및 우수관리시설의 지정 실적이 없는 경우

ⓩ 농림축산식품부장관의 요구를 정당한 이유 없이 따르지 아니한 경우
② 지정 취소 등의 세부 기준은 농림축산식품부령으로 정한다.

(7) 농산물우수관리시설의 지정 등

① 농림축산식품부장관은 농산물의 수확 후 위생·안전 관리를 위하여 우수관리인증기관으로 하여금 다음의 시설 중 인력 및 설비 등이 농림축산식품부령으로 정하는 기준에 맞는 시설을 농산물우수관리시설로 지정하도록 할 수 있다.
  ㉠ 미곡종합처리장
  ㉡ 농수산물산지유통센터
  ㉢ 그 밖에 농산물의 수확 후 관리를 하는 시설로서 농림축산식품부장관이 정하여 고시하는 시설
② 우수관리시설로 지정받으려는 자는 관리하려는 농산물의 품목 등을 정하여 우수관리인증기관에 신청하여야 하며, 우수관리시설로 지정받은 후 농림축산식품부령으로 정하는 중요 사항이 변경되었을 때에는 해당 우수관리인증기관에 변경신고를 하여야 한다. 다만, 우수관리시설 지정이 취소된 후 1년이 지나지 아니하면 지정 신청을 할 수 없다.
③ 우수관리인증기관은 우수관리시설의 지정 신청 또는 변경신고를 받은 경우 우수관리시설의 지정 기준에 맞는지를 심사하여 지정결과 또는 변경신고의 수리여부를 통지하여야 한다. 이 경우 변경신고의 수리여부는 변경신고를 받은 날부터 10일 이내에 통지하여야 한다.
④ 우수관리인증기관이 기간 내에 신고수리 여부 또는 민원 처리 관련 법령에 따른 처리기간의 연장을 신고인에게 통지하지 아니하면 그 기간이 끝난 날의 다음 날에 신고를 수리한 것으로 본다.
⑤ 우수관리인증기관은 우수관리시설의 지정을 한 경우 우수관리시설의 지정을 받은 자가 우수관리시설의 지정 기준을 지키는지 조사·점검하여야 하며, 필요한 경우에는 자료제출 요청 등을 할 수 있다.
⑥ 우수관리시설을 운영하는 자는 우수관리인증 대상 농산물 또는 우수관리인증농산물을 우수관리기준에 따라 관리하여야 한다.
⑦ 우수관리시설의 지정 유효기간은 5년으로 하되, 우수관리시설 지정의 효력을 유지하기 위하여는 유효기간이 끝나기 전에 그 지정을 갱신하여야 한다.

(8) 우수관리시설의 지정 취소 등

① 우수관리인증기관은 우수관리시설이 다음의 어느 하나에 해당하면 그 지정을 취소하거나 6개월 이내의 기간을 정하여 우수관리인증 대상 농산물에 대한 농산물우수관리업무의 정지를 명하거나 시정명령을 할 수 있다. 다만, 제1호부터 제3호까지의 규정

중 어느 하나에 해당하면 지정을 취소하여야 한다.
㉠ 거짓이나 그 밖의 부정한 방법으로 지정을 받은 경우
㉡ 업무정지 기간 중에 농산물우수관리 업무를 한 경우
㉢ 우수관리시설을 운영하는 자가 해산·부도로 인하여 농산물우수관리 업무를 할 수 없는 경우
㉣ 지정기준을 갖추지 못하게 된 경우
㉤ 중요 사항에 대한 변경신고를 하지 아니하고 우수관리인증 대상 농산물을 취급한 경우
㉥ 농산물우수관리 업무와 관련하여 시설의 대표자 등 임원·직원에 대하여 벌금 이상의 형이 확정된 경우
㉦ 우수관리시설의 지정을 받은 자가 정당한 사유 없이 조사·점검 또는 자료제출 요청을 따르지 아니한 경우
㉧ 우수관리인증 대상 농산물 또는 우수관리인증농산물을 우수관리기준에 따라 관리하지 아니한 경우
② 지정 취소 및 업무정지의 기준·절차 등 세부적인 사항은 농림축산식품부령으로 정한다.

(9) 농산물우수관리 관련 교육·홍보 등

농림축산식품부장관은 농산물우수관리를 활성화하기 위하여 소비자, 우수관리인증을 받았거나 받으려는 자, 우수관리인증기관 등에게 교육·홍보, 컨설팅 지원 등의 사업을 수행할 수 있다.

(10) 농산물우수관리 관련 보고 및 점검 등

① 농림축산식품부장관은 농산물우수관리를 위하여 필요하다고 인정하면 우수관리인증기관, 우수관리시설을 운영하는 자 또는 우수관리인증을 받은 자로 하여금 그 업무에 관한 사항을 보고하게 하거나 자료를 제출하게 할 수 있으며, 관계 공무원에게 사무소 등을 출입하여 시설·장비 등을 점검하고 관계 장부나 서류를 조사하게 할 수 있다.
② 보고·자료제출·점검 또는 조사를 할 때 우수관리인증기관, 우수관리시설을 운영하는 자 및 우수관리인증을 받은 자는 정당한 사유 없이 이를 거부·방해하거나 기피하여서는 아니 된다.
③ 점검이나 조사를 할 때에는 미리 점검이나 조사의 일시, 목적, 대상 등을 점검 또는 조사 대상자에게 알려야 한다. 다만, 긴급한 경우나 미리 알리면 그 목적을 달성할 수 없다고 인정되는 경우에는 알리지 아니할 수 있다.
④ 점검이나 조사를 하는 관계 공무원은 그 권한을 표시하는 증표를 지니고 이를 관계인에게 보여주어야 하며, 성명·출입시간·출입목적 등이 표시된 문서를 관계인에게 내주어야 한다.

(11) 우수관리시설 점검·조사 등의 결과에 따른 조치 등

① 농림축산식품부장관은 점검·조사 등의 결과 우수관리시설이 지정취소의 어느 하나에 해당하면 해당 우수관리인증기관에 우수관리시설의 지정을 취소하거나 우수관리인증 대상 농산물에 대한 농산물우수관리 업무의 정지 또는 시정을 명하도록 요구하여야 한다.
② 우수관리인증기관은 지정취소의 요구가 있는 경우 지체 없이 이에 따라야 하며, 처분 후 그 내용을 농림축산식품부장관에게 보고하여야 한다.
③ 우수관리인증기관의 지정이 취소된 후 새로운 우수관리인증기관이 지정되지 아니하거나 해당 우수관리인증기관이 업무정지 중인 경우에는 농림축산식품부장관이 우수관리시설의 지정을 취소하거나 6개월 이내의 기간을 정하여 우수관리인증 대상 농산물에 대한 농산물우수관리 업무의 정지를 명하거나 시정명령을 할 수 있다.

3. 수산물에 대한 품질인증

(1) 수산물의 품질인증

① 해양수산부장관은 수산물의 품질을 향상시키고 소비자를 보호하기 위하여 품질인증제도를 실시한다.
② 품질인증을 받으려는 자는 해양수산부장관에게 신청하여야 한다. 다만, 다음의 어느 하나에 해당하는 자는 품질인증을 신청할 수 없다.
　㉠ 품질인증이 취소된 후 1년이 지나지 아니한 자
　㉡ 벌금 이상의 형이 확정된 후 1년이 지나지 아니한 자
③ 품질인증을 받은 자는 품질인증을 받은 수산물의 포장·용기 등에 품질인증품임을 표시할 수 있다.
④ 품질인증의 기준·절차·표시방법 및 대상품목의 선정 등에 필요한 사항은 해양수산부령으로 정한다.

(2) 품질인증의 유효기간 등

① 품질인증의 유효기간은 품질인증을 받은 날부터 2년으로 한다. 다만, 품목의 특성상 달리 적용할 필요가 있는 경우에는 4년의 범위에서 유효기간을 달리 정할 수 있다.
② 품질인증의 유효기간을 연장받으려는 자는 유효기간이 끝나기 전에 해양수산부장관에게 연장신청을 하여야 한다.
③ 해양수산부장관은 신청을 받은 경우 품질인증의 기준에 맞다고 인정되면 유효기간의 범위에서 유효기간을 연장할 수 있다.

(3) 품질인증의 취소

해양수산부장관은 품질인증을 받은 자가 다음의 어느 하나에 해당하면 품질인증을 취소할 수 있다. 다만, ①에 해당하면 품질인증을 취소하여야 한다.

① 거짓이나 그 밖의 부정한 방법으로 인증을 받은 경우
② 품질인증의 기준에 현저하게 맞지 아니한 경우
③ 정당한 사유 없이 품질인증품 표시의 시정명령, 해당 품목의 판매금지 또는 표시정지 조치에 따르지 아니한 경우
④ 업종전환·폐업 등으로 인하여 품질인증품을 생산하기 어렵다고 판단되는 경우

(4) 품질인증기관의 지정 등

① 해양수산부장관은 수산물의 생산조건, 품질 및 안전성에 대한 심사·인증을 업무로 하는 법인 또는 단체로서 해양수산부장관의 지정을 받은 자로 하여금 따른 품질인증에 관한 업무를 대행하게 할 수 있다.
② 해양수산부장관, 특별시장·광역시장·도지사·특별자치도지사 또는 시장·군수·구청장은 어업인 스스로 수산물의 품질을 향상시키고 체계적으로 품질관리를 할 수 있도록 하기 위하여 품질인증기관으로 지정받은 다음의 단체 등에 대하여 자금을 지원할 수 있다.
  ㉠ 수산물 생산자단체(어업인 단체만을 말한다)
  ㉡ 수산가공품을 생산하는 사업과 관련된 법인
③ 품질인증기관으로 지정을 받으려는 자는 품질인증 업무에 필요한 시설과 인력을 갖추어 해양수산부장관에게 신청하여야 하며, 품질인증기관으로 지정받은 후 중요 사항이 변경되었을 때에는 변경신고를 하여야 한다. 다만, 품질인증기관의 지정이 취소된 후 2년이 지나지 아니한 경우에는 신청할 수 없다.
④ 해양수산부장관은 변경신고를 받은 날부터 10일 이내에 신고수리 여부를 신고인에게 통지하여야 한다.
⑤ 해양수산부장관이 기간 내에 신고수리 여부 또는 민원 처리 관련 법령에 따른 처리기간의 연장을 신고인에게 통지하지 아니하면 그 기간이 끝난 날의 다음 날에 신고를 수리한 것으로 본다.
⑥ 품질인증기관의 지정 기준, 절차 및 품질인증 업무의 범위 등에 필요한 사항은 해양수산부령으로 정한다.

(5) 품질인증기관의 지정 취소 등

① 해양수산부장관은 품질인증기관이 다음의 어느 하나에 해당하면 그 지정을 취소하거나 6개월 이내의 기간을 정하여 품질인증 업무의 전부 또는 일부의 정지를 명할 수 있다. 다만, ㉠부터 ㉣까지 및 ㉥ 중 어느 하나에 해당하면 품질인증기관의 지정을 취소하여야 한다.

㉠ 거짓이나 그 밖의 부정한 방법으로 품질인증기관으로 지정받은 경우
㉡ 업무정지 기간 중 품질인증 업무를 한 경우
㉢ 최근 3년간 2회 이상 업무정지처분을 받은 경우
㉣ 품질인증기관의 폐업이나 해산·부도로 인하여 품질인증 업무를 할 수 없는 경우
㉤ 변경신고를 하지 아니하고 품질인증 업무를 계속한 경우
㉥ 지정기준에 미치지 못하여 시정을 명하였으나 그 명령을 받은 날부터 1개월 이내에 이행하지 아니한 경우
㉦ 업무범위를 위반하여 품질인증 업무를 한 경우
㉧ 다른 사람에게 자기의 성명이나 상호를 사용하여 품질인증 업무를 하게 하거나 품질인증기관지정서를 빌려준 경우
㉨ 품질인증 업무를 성실하게 수행하지 아니하여 공중에 위해를 끼치거나 품질인증을 위한 조사 결과를 조작한 경우
㉩ 정당한 사유 없이 1년 이상 품질인증 실적이 없는 경우
② 지정 취소 및 업무정지의 세부 기준은 해양수산부령으로 정한다.

(6) 품질인증 관련 보고 및 점검 등

해양수산부장관은 품질인증을 위하여 필요하다고 인정하면 품질인증기관 또는 품질인증을 받은 자에 대하여 그 업무에 관한 사항을 보고하게 하거나 자료를 제출하게 할 수 있으며 관계 공무원에게 사무소 등에 출입하여 시설·장비 등을 점검하고 관계 장부나 서류를 조사하게 할 수 있다.

4. 이력추적관리

(1) 이력추적관리

① 다음의 어느 하나에 해당하는 자 중 이력추적관리를 하려는 자는 농림축산식품부장관에게 등록하여야 한다.
   ㉠ 농산물을 생산하는 자
   ㉡ 농산물을 유통 또는 판매하는 자
② 농산물을 생산하거나 유통 또는 판매하는 자는 농림축산식품부장관에게 이력추적관리의 등록을 하여야 한다.
③ 이력추적관리의 등록을 한 자는 농림축산식품부령으로 정하는 등록사항이 변경된 경우 변경 사유가 발생한 날부터 1개월 이내에 농림축산식품부장관에게 신고하여야 한다.
④ 농림축산식품부장관은 변경신고를 받은 날부터 10일 이내에 신고수리 여부를 신고인에게 통지하여야 한다.
⑤ 농림축산식품부장관이 기간 내에 신고수리 여부 또는 민원 처리 관련 법령에 따른 처리기간의 연장을 신고인에게 통지하지 아니하면 그 기간이 끝난 날의 다음 날에 신고

를 수리한 것으로 본다.
⑥ 이력추적관리의 등록을 한 자는 해당 농산물에 이력추적관리의 표시를 할 수 있으며, 이력추적관리의 등록을 한 자는 해당 농산물에 이력추적관리의 표시를 하여야 한다.
⑦ 등록된 농산물 및 농산물을 생산하거나 유통 또는 판매하는 자는 이력추적관리에 필요한 입고·출고 및 관리 내용을 기록하여 보관하는 등 농림축산식품부장관이 정하여 고시하는 기준을 지켜야 한다. 다만, 이력추적관리농산물을 유통 또는 판매하는 자 중 행상·노점상 등 대통령령으로 정하는 자는 예외로 한다.
⑧ 농림축산식품부장관은 이력추적관리의 등록을 한 자에 대하여 이력추적관리에 필요한 비용의 전부 또는 일부를 지원할 수 있다.
⑨ 이력추적관리의 대상품목, 등록절차, 등록사항, 그 밖에 등록에 필요한 세부적인 사항은 농림축산식품부령으로 정한다.

(2) 이력추적관리 등록의 유효기간 등

① 이력추적관리 등록의 유효기간은 등록한 날부터 3년으로 한다. 다만, 품목의 특성상 달리 적용할 필요가 있는 경우에는 10년의 범위에서 유효기간을 달리 정할 수 있다.
② 다음의 어느 하나에 해당하는 자는 이력추적관리 등록의 유효기간이 끝나기 전에 이력추적관리의 등록을 갱신하여야 한다.
　㉠ 이력추적관리의 등록을 한 자로서 그 유효기간이 끝난 후에도 계속하여 해당 농산물에 대하여 이력추적관리를 하려는 자
　㉡ 이력추적관리의 등록을 한 자로서 그 유효기간이 끝난 후에도 계속하여 해당 농산물을 생산하거나 유통 또는 판매하려는 자
③ 이력추적관리의 등록을 한 자가 유효기간 내에 해당 품목의 출하를 종료하지 못할 경우에는 농림축산식품부장관의 심사를 받아 이력추적관리 등록의 유효기간을 연장할 수 있다.
④ 이력추적관리 등록의 갱신 및 유효기간 연장의 절차 등에 필요한 세부적인 사항은 농림축산식품부령으로 정한다.

(3) 이력추적관리 자료의 제출 등

① 농림축산식품부장관은 이력추적관리농산물을 생산하거나 유통 또는 판매하는 자에게 농산물의 생산, 입고·출고와 그 밖에 이력추적관리에 필요한 자료제출을 요구할 수 있다.
② 이력추적관리농산물을 생산하거나 유통 또는 판매하는 자는 자료제출을 요구받은 경우에는 정당한 사유가 없으면 이에 따라야 한다.
③ 자료제출의 범위, 방법, 절차 등에 필요한 사항은 농림축산식품부령으로 정한다.

(4) 이력추적관리 등록의 취소 등

① 농림축산식품부장관은 등록한 자가 다음의 어느 하나에 해당하면 그 등록을 취소하거나 6개월 이내의 기간을 정하여 이력추적관리 표시정지를 명하거나 시정명령을 할 수 있다. 다만, ㉠, ㉡ 또는 ㉾에 해당하면 등록을 취소하여야 한다.
  ㉠ 거짓이나 그 밖의 부정한 방법으로 등록을 받은 경우
  ㉡ 이력추적관리 표시정지 명령을 위반하여 계속 표시한 경우
  ㉢ 이력추적관리 등록변경신고를 하지 아니한 경우
  ㉣ 표시방법을 위반한 경우
  ㉤ 이력추적관리기준을 지키지 아니한 경우
  ㉥ 정당한 사유 없이 자료제출 요구를 거부한 경우
  ㉾ 업종전환·폐업 등으로 이력추적관리농산물을 생산, 유통 또는 판매하기 어렵다고 판단되는 경우
② 등록취소, 표시정지 및 시정명령의 기준, 절차 등 세부적인 사항은 농림축산식품부령으로 정한다.

5. 사후관리 등

(1) 지위의 승계 등

① 다음의 어느 하나에 해당하는 사유로 발생한 권리·의무를 가진 자가 사망하거나 그 권리·의무를 양도하는 경우 또는 법인이 합병한 경우에는 상속인, 양수인 또는 합병 후 존속하는 법인이나 합병으로 설립되는 법인이 그 지위를 승계할 수 있다.
  ㉠ 우수관리인증기관의 지정
  ㉡ 우수관리시설의 지정
  ㉢ 품질인증기관의 지정
② 지위를 승계하려는 자는 승계의 사유가 발생한 날부터 1개월 이내에 각각 지정을 받은 기관에 신고하여야 한다.

(2) 행정제재처분 효과의 승계

지위를 승계한 경우 종전의 우수관리인증기관, 우수관리시설 또는 품질인증기관에 행한 행정제재처분의 효과는 그 처분이 있은 날부터 1년간 그 지위를 승계한 자에게 승계되며, 행정제재처분의 절차가 진행 중인 때에는 그 지위를 승계한 자에 대하여 그 절차를 계속 진행할 수 있다. 다만, 지위를 승계한 자가 그 지위의 승계 시에 그 처분 또는 위반사실을 알지 못하였음을 증명하는 때에는 그러하지 아니하다.

(3) 거짓표시 등의 금지

① 누구든지 다음의 표시·광고 행위를 하여서는 아니 된다.
  ㉠ 표준규격품, 우수관리인증농산물, 품질인증품, 이력추적관리농산물이 아닌 농수산물 또는 농수산가공품에 우수표시품의 표시를 하거나 이와 비슷한 표시를 하는 행위
  ㉡ 우수표시품이 아닌 농수산물 또는 농수산가공품을 우수표시품으로 광고하거나 우수표시품으로 잘못 인식할 수 있도록 광고하는 행위

② 누구든지 다음의 행위를 하여서는 아니 된다.
  ㉠ 표준규격품의 표시를 한 농수산물에 표준규격품이 아닌 농수산물 또는 농수산가공품을 혼합하여 판매하거나 혼합하여 판매할 목적으로 보관하거나 진열하는 행위
  ㉡ 우수관리인증의 표시를 한 농산물에 우수관리인증농산물이 아닌 농산물 또는 농산가공품을 혼합하여 판매하거나 혼합하여 판매할 목적으로 보관하거나 진열하는 행위
  ㉢ 품질인증품의 표시를 한 수산물에 품질인증품이 아닌 수산물을 혼합하여 판매하거나 혼합하여 판매할 목적으로 보관 또는 진열하는 행위
  ㉣ 이력추적관리의 표시를 한 농산물에 이력추적관리의 등록을 하지 아니한 농산물 또는 농산가공품을 혼합하여 판매하거나 혼합하여 판매할 목적으로 보관하거나 진열하는 행위

(4) 우수표시품의 사후관리

농림축산식품부장관 또는 해양수산부장관은 우수표시품의 품질수준 유지와 소비자 보호를 위하여 필요한 경우에는 관계 공무원에게 다음의 조사 등을 하게 할 수 있다.

① 우수표시품의 해당 표시에 대한 규격·품질 또는 인증·등록 기준에의 적합성 등의 조사
② 해당 표시를 한 자의 관계 장부 또는 서류의 열람
③ 우수표시품의 시료 수거

(5) 권장품질표시의 사후관리

① 농림축산식품부장관은 권장품질표시의 정착과 건전한 유통질서 확립을 위하여 필요한 경우에는 관계 공무원에게 다음의 조사를 하게 할 수 있다.
  ㉠ 권장품질표시를 한 농산물의 권장품질표시 기준에의 적합성의 조사
  ㉡ 권장품질표시를 한 농산물의 시료 수거
② 농림축산식품부장관은 조사 결과 권장품질표시를 한 농산물이 권장품질표시 기준에 적합하지 아니한 경우 그 시정을 권고할 수 있다.
③ 농림축산식품부장관은 권장품질표시를 장려하기 위하여 이에 필요한 지원을 할 수 있다.

(6) 우수표시품에 대한 시정조치

① 농림축산식품부장관 또는 해양수산부장관은 표준규격품 또는 품질인증품이 다음의 어느 하나에 해당하면 그 시정을 명하거나 해당 품목의 판매금지 또는 표시정지의 조치를 할 수 있다.
　㉠ 표시된 규격 또는 해당 인증·등록 기준에 미치지 못하는 경우
　㉡ 업종전환·폐업 등으로 해당 품목을 생산하기 어렵다고 판단되는 경우
　㉢ 해당 표시방법을 위반한 경우
② 농림축산식품부장관은 조사 등의 결과 우수관리인증농산물이 우수관리기준에 미치지 못하거나 표시방법을 위반한 경우에는 우수관리인증농산물의 유통업자에게 해당 품목의 우수관리인증 표시의 제거·변경 또는 판매금지 조치를 명할 수 있고, 우수관리인증기관에 다음의 어느 하나에 해당하는 처분을 하도록 요구하여야 한다.
　㉠ 우수관리인증의 취소
　㉡ 우수관리인증의 표시정지
　㉢ 시정명령
③ 우수관리인증기관은 요구가 있는 경우 이에 따라야 하고, 처분 후 지체 없이 농림축산식품부장관에게 보고하여야 한다.
④ 우수관리인증기관의 지정이 취소된 후 새로운 우수관리인증기관이 지정되지 아니하거나 해당 우수관리인증기관이 업무정지 중인 경우에는 농림축산식품부장관이 ②의 어느 하나에 해당하는 처분을 할 수 있다.

제 3 장　지리적표시

1. 등 록

(1) 지리적표시의 등록

① 농림축산식품부장관 또는 해양수산부장관은 지리적 특성을 가진 농수산물 또는 농수산가공품의 품질 향상과 지역특화산업 육성 및 소비자 보호를 위하여 지리적표시의 등록 제도를 실시한다.
② 지리적표시의 등록은 특정지역에서 지리적 특성을 가진 농수산물 또는 농수산가공품을 생산하거나 제조·가공하는 자로 구성된 법인만 신청할 수 있다. 다만, 지리적 특성을 가진 농수산물 또는 농수산가공품의 생산자 또는 가공업자가 1인인 경우에는 법인이 아니라도 등록신청을 할 수 있다.
③ 지리적표시의 등록을 받으려는 자는 등록 신청서류 및 그 부속서류를 농림축산식품부

장관 또는 해양수산부장관에게 제출하여야 한다. 등록한 사항 중 중요 사항을 변경하려는 때에도 같다.
④ 농림축산식품부장관 또는 해양수산부장관은 등록 신청을 받으면 지리적표시 등록심의 분과위원회의 심의를 거쳐 등록거절 사유가 없는 경우 지리적표시 등록 신청 공고결정에 저촉되는지에 대하여 미리 특허청장의 의견을 들어야 한다.
⑤ 농림축산식품부장관 또는 해양수산부장관은 공고결정을 할 때에는 그 결정 내용을 관보와 인터넷 홈페이지에 공고하고, 공고일부터 2개월간 지리적표시 등록 신청서류 및 그 부속서류를 일반인이 열람할 수 있도록 하여야 한다.
⑥ 누구든지 공고일부터 2개월 이내에 이의 사유를 적은 서류와 증거를 첨부하여 농림축산식품부장관 또는 해양수산부장관에게 이의신청을 할 수 있다.
⑦ 농림축산식품부장관 또는 해양수산부장관은 다음의 경우에는 지리적표시의 등록을 결정하여 신청자에게 알려야 한다.
　㉠ 이의신청을 받았을 때에는 지리적표시 등록심의 분과위원회의 심의를 거쳐 등록을 거절할 정당한 사유가 없다고 판단되는 경우
　㉡ 이의신청이 없는 경우
⑧ 농림축산식품부장관 또는 해양수산부장관이 지리적표시의 등록을 한 때에는 지리적표시권자에게 지리적표시등록증을 교부하여야 한다.
⑨ 농림축산식품부장관 또는 해양수산부장관은 등록 신청된 지리적표시가 다음의 어느 하나에 해당하면 등록의 거절을 결정하여 신청자에게 알려야 한다.
　㉠ 먼저 등록 신청되었거나, 등록된 타인의 지리적표시와 같거나 비슷한 경우
　㉡ 먼저 출원되었거나 등록된 타인의 상표와 같거나 비슷한 경우
　㉢ 국내에서 널리 알려진 타인의 상표 또는 지리적표시와 같거나 비슷한 경우
　㉣ 일반명칭에 해당되는 경우
　㉤ 지리적표시 또는 동음이의어 지리적표시의 정의에 맞지 아니하는 경우
　㉥ 지리적표시의 등록을 신청한 자가 그 지리적표시를 사용할 수 있는 농수산물 또는 농수산가공품을 생산·제조 또는 가공하는 것을 업으로 하는 자에 대하여 단체의 가입을 금지하거나 가입조건을 어렵게 정하여 실질적으로 허용하지 아니한 경우
⑩ 지리적표시 등록 대상품목, 대상지역, 신청자격, 심의·공고의 절차, 이의신청 절차 및 등록거절 사유의 세부기준 등에 필요한 사항은 대통령령으로 정한다.

(2) 지리적표시 원부

① 농림축산식품부장관 또는 해양수산부장관은 지리적표시 원부에 지리적표시권의 설정·이전·변경·소멸·회복에 대한 사항을 등록·보관한다.
② 지리적표시 원부는 그 전부 또는 일부를 전자적으로 생산·관리할 수 있다.
③ 지리적표시 원부의 등록·보관 및 생산·관리에 필요한 세부사항은 농림축산식품부령

또는 해양수산부령으로 정한다.

(3) 지리적표시권
① 지리적표시 등록을 받은 자는 등록한 품목에 대하여 지리적표시권을 갖는다.
② 지리적표시권은 다음의 어느 하나에 해당하면 이해당사자 상호간에 대하여는 그 효력이 미치지 아니한다.
　㉠ 동음이의어 지리적표시. 다만, 해당 지리적표시가 특정지역의 상품을 표시하는 것이라고 수요자들이 뚜렷하게 인식하고 있어 해당 상품의 원산지와 다른 지역을 원산지인 것으로 혼동하게 하는 경우는 제외한다.
　㉡ 지리적표시 등록신청서 제출 전에 등록된 상표 또는 출원심사 중인 상표
　㉢ 지리적표시 등록신청서 제출 전에 등록된 품종 명칭 또는 출원심사 중인 품종 명칭
　㉣ 지리적표시 등록을 받은 농수산물 또는 농수산가공품과 동일한 품목에 사용하는 지리적 명칭으로서 등록 대상지역에서 생산되는 농수산물 또는 농수산가공품에 사용하는 지리적 명칭
③ 지리적표시권자는 지리적표시품에 지리적표시를 할 수 있다. 다만, 지리적표시품 중 인삼류의 경우에는 표시방법 외에 인삼류와 그 용기·포장 등에 "고려인삼", "고려수삼", "고려홍삼", "고려태극삼" 또는 "고려백삼" 등 "고려"가 들어가는 용어를 사용하여 지리적표시를 할 수 있다.

(4) 지리적표시권의 이전 및 승계
지리적표시권은 타인에게 이전하거나 승계할 수 없다. 다만, 다음의 어느 하나에 해당하면 농림축산식품부장관 또는 해양수산부장관의 사전 승인을 받아 이전하거나 승계할 수 있다.
① 법인 자격으로 등록한 지리적표시권자가 법인명을 개정하거나 합병하는 경우
② 개인 자격으로 등록한 지리적표시권자가 사망한 경우

(5) 권리침해의 금지 청구권 등
① 지리적표시권자는 자신의 권리를 침해한 자 또는 침해할 우려가 있는 자에게 그 침해의 금지 또는 예방을 청구할 수 있다.
② 다음의 어느 하나에 해당하는 행위는 지리적표시권을 침해하는 것으로 본다.
　㉠ 지리적표시권이 없는 자가 등록된 지리적표시와 같거나 비슷한 표시를 등록품목과 같거나 비슷한 품목의 제품·포장·용기·선전물 또는 관련 서류에 사용하는 행위
　㉡ 등록된 지리적표시를 위조하거나 모조하는 행위
　㉢ 등록된 지리적표시를 위조하거나 모조할 목적으로 교부·판매·소지하는 행위
　㉣ 그 밖에 지리적표시의 명성을 침해하면서 등록된 지리적표시품과 같거나 비슷한

품목에 직접 또는 간접적인 방법으로 상업적으로 이용하는 행위

(6) 손해배상청구권 등
지리적표시권자는 고의 또는 과실로 자신의 지리적표시에 관한 권리를 침해한 자에게 손해배상을 청구할 수 있다. 이 경우 지리적표시권자의 지리적표시권을 침해한 자에 대하여는 그 침해행위에 대하여 그 지리적표시가 이미 등록된 사실을 알았던 것으로 추정한다.

(7) 거짓표시 등의 금지
① 누구든지 지리적표시품이 아닌 농수산물 또는 농수산가공품의 포장·용기·선전물 및 관련 서류에 지리적표시나 이와 비슷한 표시를 하여서는 아니 된다.
② 누구든지 지리적표시품에 지리적표시품이 아닌 농수산물 또는 농수산가공품을 혼합하여 판매하거나 혼합하여 판매할 목적으로 보관 또는 진열하여서는 아니 된다.

(8) 지리적표시품의 사후관리
① 농림축산식품부장관 또는 해양수산부장관은 지리적표시품의 품질수준 유지와 소비자 보호를 위하여 관계 공무원에게 다음의 사항을 지시할 수 있다.
  ㉠ 지리적표시품의 등록기준에의 적합성 조사
  ㉡ 지리적표시품의 소유자·점유자 또는 관리인 등의 관계 장부 또는 서류의 열람
  ㉢ 지리적표시품의 시료를 수거하여 조사하거나 전문시험기관 등에 시험 의뢰
② 농림축산식품부장관 또는 해양수산부장관은 지리적표시의 등록 제도의 활성화를 위하여 다음의 사업을 할 수 있다.
  ㉠ 지리적표시의 등록 제도의 홍보 및 지리적표시품의 판로지원에 관한 사항
  ㉡ 지리적표시의 등록 제도의 운영에 필요한 교육·훈련에 관한 사항
  ㉢ 지리적표시 관련 실태조사에 관한 사항

(9) 지리적표시품의 표시 시정 등
농림축산식품부장관 또는 해양수산부장관은 지리적표시품이 다음의 어느 하나에 해당하면 시정을 명하거나 판매의 금지, 표시의 정지 또는 등록의 취소를 할 수 있다.

① 등록기준에 미치지 못하게 된 경우
② 표시방법을 위반한 경우
③ 해당 지리적표시품 생산량의 급감 등 지리적표시품 생산계획의 이행이 곤란하다고 인정되는 경우

2. 지리적표시의 심판

(1) 지리적표시심판위원회

① 농림축산식품부장관 또는 해양수산부장관은 다음의 사항을 심판하기 위하여 농림축산식품부장관 또는 해양수산부장관 소속으로 지리적표시심판위원를 둔다.
  ㉠ 지리적표시에 관한 심판 및 재심
  ㉡ 지리적표시 등록거절 또는 등록 취소에 대한 심판 및 재심
  ㉢ 그 밖에 지리적표시에 관한 사항 중 대통령령으로 정하는 사항
② 심판위원회는 위원장 1명을 포함한 10명 이내의 심판위원으로 구성한다.
③ 심판위원회의 위원장은 심판위원 중에서 농림축산식품부장관 또는 해양수산부장관이 정한다.
④ 심판위원은 관계 공무원과 지식재산권 분야나 지리적표시 분야의 학식과 경험이 풍부한 사람 중에서 농림축산식품부장관 또는 해양수산부장관이 위촉한다.
⑤ 심판위원의 임기는 3년으로 하며, 한 차례만 연임할 수 있다.
⑥ 심판위원회의 구성·운영에 관한 사항과 그 밖에 필요한 사항은 대통령령으로 정한다.

(2) 지리적표시의 무효심판

① 지리적표시에 관한 이해관계인 또는 지리적표시 등록심의 분과위원회는 지리적표시가 다음의 어느 하나에 해당하면 무효심판을 청구할 수 있다.
  ㉠ 등록거절 사유에 해당하는 경우에도 불구하고 등록된 경우
  ㉡ 지리적표시 등록이 된 후에 그 지리적표시가 원산지 국가에서 보호가 중단되거나 사용되지 아니하게 된 경우
② 심판은 청구의 이익이 있으면 언제든지 청구할 수 있다.
③ 지리적표시를 무효로 한다는 심결이 확정되면 그 지리적표시권은 처음부터 없었던 것으로 보고, 지리적표시를 무효로 한다는 심결이 확정되면 그 지리적표시권은 그 지리적표시가 중단되거나 사용되지 아니하게 된 경우에 해당하게 된 때부터 없었던 것으로 본다.
④ 심판위원회의 위원장은 제1항의 심판이 청구되면 그 취지를 해당 지리적표시권자에게 알려야 한다.

(3) 지리적표시의 취소심판

① 지리적표시가 다음의 어느 하나에 해당하면 그 지리적표시의 취소심판을 청구할 수 있다.
  ㉠ 지리적표시 등록을 한 후 지리적표시의 등록을 한 자가 그 지리적표시를 사용할 수 있는 농수산물 또는 농수산가공품을 생산 또는 제조·가공하는 것을 업으로 하는 자에 대하여 단체의 가입을 금지하거나 어려운 가입조건을 규정하는 등 단체의

　　　　가입을 실질적으로 허용하지 아니한 경우 또는 그 지리적표시를 사용할 수 없는
　　　　자에 대하여 등록 단체의 가입을 허용한 경우
　　ⓒ 지리적표시 등록 단체 또는 그 소속 단체원이 지리적표시를 잘못 사용함으로써 수
　　　요자로 하여금 상품의 품질에 대하여 오인하게 하거나 지리적 출처에 대하여 혼동
　　　하게 한 경우
② 취소심판은 취소 사유에 해당하는 사실이 없어진 날부터 3년이 지난 후에는 청구할
　수 없다.
③ 취소심판을 청구한 경우에는 청구 후 그 심판청구 사유에 해당하는 사실이 없어진 경
　우에도 취소 사유에 영향을 미치지 아니한다.
④ 취소심판은 누구든지 청구할 수 있다.
⑤ 지리적표시 등록을 취소한다는 심결이 확정된 때에는 그 지리적표시권은 그때부터 소
　멸된다.

(4) 등록거절 등에 대한 심판

지리적표시 등록의 거절을 통보받은 자 또는 등록이 취소된 자는 이의가 있으면 등록거절 또는 등록취소를 통보받은 날부터 30일 이내에 심판을 청구할 수 있다.

(5) 심판청구 방식

① 지리적표시의 무효심판·취소심판 또는 지리적표시 등록의 취소에 대한 심판을 청구
　하려는 자는 다음의 사항을 적은 심판청구서에 신청자료를 첨부하여 심판위원회의 위
　원장에게 제출하여야 한다.
　　㉠ 당사자의 성명과 주소(법인인 경우에는 그 명칭, 대표자의 성명 및 영업소 소재지)
　　ⓒ 대리인이 있는 경우에는 그 대리인의 성명 및 주소나 영업소 소재지
　　ⓒ 지리적표시 명칭
　　㉣ 지리적표시 등록일 및 등록번호
　　㉤ 등록취소 결정일(등록의 취소에 대한 심판청구만 해당한다)
　　㉥ 청구의 취지 및 그 이유
② 지리적표시 등록거절에 대한 심판을 청구하려는 자는 다음의 사항을 적은 심판청구서
　에 신청 자료를 첨부하여 심판위원회의 위원장에게 제출하여야 한다.
　　㉠ 당사자의 성명과 주소
　　ⓒ 대리인이 있는 경우에는 그 대리인의 성명 및 주소나 영업소 소재지
　　ⓒ 등록신청 날짜
　　㉣ 등록거절 결정일
　　㉤ 청구의 취지 및 그 이유
③ 제출된 심판청구서를 보정하는 경우에는 그 요지를 변경할 수 없다. 다만, 청구의 이

유는 변경할 수 있다.
④ 심판위원회의 위원장은 청구된 심판에 지리적표시 이의신청에 관한 사항이 포함되어 있으면 그 취지를 지리적표시의 이의신청자에게 알려야 한다.

(6) 심판의 방법 등
① 심판위원회의 위원장은 심판이 청구되면 심판하게 한다.
② 심판위원은 직무상 독립하여 심판한다.

(7) 심판위원의 지정 등
① 심판위원회의 위원장은 심판의 청구 건별로 합의체를 구성할 심판위원을 지정하여 심판하게 한다.
② 심판위원회의 위원장은 심판위원 중 심판의 공정성을 해칠 우려가 있는 사람이 있으면 다른 심판위원에게 심판하게 할 수 있다.
③ 심판위원회의 위원장은 지정된 심판위원 중에서 1명을 심판장으로 지정하여야 한다.
④ 지정된 심판장은 심판위원회의 위원장으로부터 지정받은 심판사건에 관한 사무를 총괄한다.

(8) 심판의 합의체
① 심판은 3명의 심판위원으로 구성되는 합의체가 한다.
② 합의체의 합의는 과반수의 찬성으로 결정한다.
③ 심판의 합의는 공개하지 아니한다.

3. 재심 및 소송

(1) 재심의 청구
심판의 당사자는 심판위원회에서 확정된 심결에 대하여 이의가 있으면 재심을 청구할 수 있다.

(2) 사해심결에 대한 불복청구
① 심판의 당사자가 공모하여 제3자의 권리 또는 이익을 침해할 목적으로 심결을 하게 한 경우에 그 제3자는 그 확정된 심결에 대하여 재심을 청구할 수 있다.
② 재심청구의 경우에는 심판의 당사자를 공동피청구인으로 한다.

(3) 재심에 의하여 회복된 지리적표시권의 효력제한
다음의 어느 하나에 해당하는 경우 지리적표시권의 효력은 해당 심결이 확정된 후 재심청구의 등록 전에 선의로 한 행위에는 미치지 아니한다.

① 지리적표시권이 무효로 된 후 재심에 의하여 그 효력이 회복된 경우
② 등록거절에 대한 심판청구가 받아들여지지 아니한다는 심결이 있었던 지리적표시 등록에 대하여 재심에 의하여 지리적표시권의 설정등록이 있는 경우

(4) 심결 등에 대한 소송

① 심결에 대한 소송은 특허법원의 전속관할로 한다.
② 소송은 당사자, 참가인 또는 해당 심판이나 재심에 참가신청을 하였으나 그 신청이 거부된 자만 제기할 수 있다.
③ 소송은 심결 또는 결정의 등본을 송달받은 날부터 60일 이내에 제기하여야 한다.
④ 기간은 불변기간으로 한다.
⑤ 심판을 청구할 수 있는 사항에 관한 소송은 심결에 대한 것이 아니면 제기할 수 없다.
⑥ 특허법원의 판결에 대하여는 대법원에 상고할 수 있다.

4. 유전자변형농수산물의 표시

(1) 유전자변형농수산물의 표시

① 유전자변형농수산물을 생산하여 출하하는 자, 판매하는 자, 또는 판매할 목적으로 보관·진열하는 자는 해당 농수산물에 유전자변형농수산물임을 표시하여야 한다.
② 유전자변형농수산물의 표시대상품목, 표시기준 및 표시방법 등에 필요한 사항은 대통령령으로 정한다.

(2) 거짓표시 등의 금지

유전자변형농수산물의 표시를 하여야 하는 자는 다음의 행위를 하여서는 아니 된다.
① 유전자변형농수산물의 표시를 거짓으로 하거나 이를 혼동하게 할 우려가 있는 표시를 하는 행위
② 유전자변형농수산물의 표시를 혼동하게 할 목적으로 그 표시를 손상·변경하는 행위
③ 유전자변형농수산물의 표시를 한 농수산물에 다른 농수산물을 혼합하여 판매하거나 혼합하여 판매할 목적으로 보관 또는 진열하는 행위

(3) 유전자변형농수산물 표시의 조사

식품의약품안전처장은 유전자변형농수산물의 표시 여부, 표시사항 및 표시방법 등의 적정성과 그 위반 여부를 확인하기 위하여 관계 공무원에게 유전자변형표시 대상 농수산물을 수거하거나 조사하게 하여야 한다. 다만, 농수산물의 유통량이 현저하게 증가하는 시기 등 필요할 때에는 수시로 수거하거나 조사하게 할 수 있다.

(4) 유전자변형농수산물의 표시 위반에 대한 처분

① 식품의약품안전처장은 유전자변형농수산물의 표시를 위반한 자에 대하여 다음의 어느 하나에 해당하는 처분을 할 수 있다.
  ㉠ 유전자변형농수산물 표시의 이행·변경·삭제 등 시정명령
  ㉡ 유전자변형 표시를 위반한 농수산물의 판매 등 거래행위의 금지
② 식품의약품안전처장은 유전자변형농수산물의 표시를 위반한 자에게 처분을 한 경우에는 처분을 받은 자에게 해당 처분을 받았다는 사실을 공표할 것을 명할 수 있다.
③ 식품의약품안전처장은 유전자변형농수산물 표시의무자가 유전자변형농수산물의 표시를 위반하여 처분이 확정된 경우 처분내용, 해당 영업소와 농수산물의 명칭 등 처분과 관련된 사항을 인터넷 홈페이지에 공표하여야 한다.
④ 처분과 공표명령 및 제인터넷 홈페이지 공표의 기준·방법 등에 필요한 사항은 대통령령으로 정한다.

5. 농수산물의 안전성조사 등

(1) 안전관리계획

① 식품의약품안전처장은 농수산물의 품질 향상과 안전한 농수산물의 생산·공급을 위한 안전관리계획을 매년 수립·시행하여야 한다.
② 시·도지사 및 시장·군수·구청장은 관할 지역에서 생산·유통되는 농수산물의 안전성을 확보하기 위한 세부추진계획을 수립·시행하여야 한다.
③ 안전관리계획 및 세부추진계획에는 안전성조사, 위험평가 및 잔류조사, 농어업인에 대한 교육, 그 밖에 총리령으로 정하는 사항을 포함하여야 한다.
④ 식품의약품안전처장은 시·도지사 및 시장·군수·구청장에게 세부추진계획 및 그 시행 결과를 보고하게 할 수 있다.

(2) 안전성조사

① 식품의약품안전처장이나 시·도지사는 농수산물의 안전관리를 위하여 농수산물 또는 농수산물의 생산에 이용·사용하는 농지·어장·용수·자재 등에 대하여 다음의 조사를 하여야 한다.
  ㉠ 농산물
    ⓐ 생산단계 : 안전기준에의 적합 여부
    ⓑ 유통·판매 단계 : 관계 법령에 따른 유해물질의 잔류허용기준 등의 초과 여부
  ㉡ 수산물
    ⓐ 생산단계 : 안전기준에의 적합 여부
    ⓑ 저장단계 및 출하되어 거래되기 이전 단계 : 관계 법령에 따른 잔류허용기준

등의 초과 여부
② 식품의약품안전처장은 생산단계 안전기준을 정할 때에는 관계 중앙행정기관의 장과 협의하여야 한다.
③ 안전성조사의 대상품목 선정, 대상지역 및 절차 등에 필요한 세부적인 사항은 총리령으로 정한다.

(3) 시료 수거 등

식품의약품안전처장이나 시·도지사는 안전성조사, 위험평가 또는 잔류조사를 위하여 필요하면 관계 공무원에게 다음의 시료 수거 및 조사 등을 하게 할 수 있다. 이 경우 무상으로 시료 수거를 하게 할 수 있다.
① 농수산물과 농수산물의 생산에 이용·사용되는 토양·용수·자재 등의 시료 수거 및 조사
② 해당 농수산물을 생산, 저장, 운반 또는 판매(농산물만 해당한다)하는 자의 관계 장부나 서류의 열람

(4) 안전성조사 결과에 따른 조치

① 식품의약품안전처장이나 시·도지사는 생산과정에 있는 농수산물 또는 농수산물의 생산을 위하여 이용·사용하는 농지·어장·용수·자재 등에 대하여 안전성조사를 한 결과 생산단계 안전기준을 위반한 경우에는 해당 농수산물을 생산한 자 또는 소유한 자에게 다음의 조치를 하게 할 수 있다.
   ㉠ 해당 농수산물의 폐기, 용도 전환, 출하 연기 등의 처리
   ㉡ 해당 농수산물의 생산에 이용·사용한 농지·어장·용수·자재 등의 개량 또는 이용·사용의 금지
   ㉢ 그 밖에 총리령으로 정하는 조치
② 식품의약품안전처장이나 시·도지사는 유통 또는 판매 중인 농산물 및 저장 중이거나 출하되어 거래되기 전의 수산물에 대하여 안전성조사를 한 결과 유해물질의 잔류허용기준 등을 위반한 사실이 확인될 경우 해당 행정기관에 그 사실을 알려 적절한 조치를 할 수 있도록 하여야 한다.

(5) 안전성검사기관의 지정 등

① 식품의약품안전처장은 안전성조사 업무의 일부와 시험분석 업무를 전문적·효율적으로 수행하기 위하여 안전성검사기관을 지정하고 안전성조사와 시험분석 업무를 대행하게 할 수 있다.
② 안전성검사기관으로 지정받으려는 자는 안전성조사와 시험분석에 필요한 시설과 인력을 갖추어 식품의약품안전처장에게 신청하여야 한다. 다만, 안전성검사기관 지정이

취소된 후 2년이 지나지 아니하면 안전성검사기관 지정을 신청할 수 없다.
③ 지정을 받은 안전성검사기관은 지정받은 사항 중 업무 범위의 변경 등 중요한 사항을 변경하고자 하는 때에는 미리 식품의약품안전처장의 승인을 받아야 한다. 다만, 경미한 사항을 변경할 때에는 변경사항 발생일부터 1개월 이내에 식품의약품안전처장에게 신고하여야 한다.
④ 안전성검사기관 지정의 유효기간은 지정받은 날부터 3년으로 한다. 다만, 식품의약품안전처장은 1년을 초과하지 아니하는 범위에서 한 차례만 유효기간을 연장할 수 있다.
⑤ 지정의 유효기간을 연장받으려는 자는 식품의약품안전처장에게 연장 신청을 하여야 한다.
⑥ 지정의 유효기간이 만료된 후에도 계속하여 해당 업무를 하려는 자는 유효기간이 만료되기 전까지 다시 지정을 받아야 한다.
⑦ 안전성검사기관의 지정 기준·절차, 업무 범위, 변경의 절차 및 재지정 기준·절차 등에 필요한 사항은 총리령으로 정한다.

(6) 안전성검사기관의 지정 취소 등
① 식품의약품안전처장은 안전성검사기관이 다음의 어느 하나에 해당하면 지정을 취소하거나 6개월 이내의 기간을 정하여 업무의 정지를 명할 수 있다. 다만, ㉠ 또는 ㉡에 해당하면 지정을 취소하여야 한다.
  ㉠ 거짓이나 그 밖의 부정한 방법으로 지정을 받은 경우
  ㉡ 업무의 정지명령을 위반하여 계속 안전성조사 및 시험분석 업무를 한 경우
  ㉢ 검사성적서를 거짓으로 내준 경우
  ㉣ 그 밖에 총리령으로 정하는 안전성검사에 관한 규정을 위반한 경우
② 지정 취소 등의 세부 기준은 총리령으로 정한다.

(7) 농수산물안전에 관한 교육 등
① 식품의약품안전처장이나 시·도지사는 안전한 농수산물의 생산과 건전한 소비활동을 위하여 필요한 사항을 생산자, 유통종사자, 소비자 및 관계 공무원 등에게 교육·홍보하여야 한다.
② 식품의약품안전처장은 생산자·유통종사자·소비자에 대한 교육·홍보를 단체·기관 및 시민단체에 위탁할 수 있다. 이 경우 교육·홍보에 필요한 경비를 예산의 범위에서 지원할 수 있다.

(8) 분석방법 등 기술의 연구개발 및 보급
식품의약품안전처장이나 시·도지사는 농수산물의 안전관리를 향상시키고 국내외에서 농수산물에 함유된 것으로 알려진 유해물질의 신속한 안전성조사를 위하여 안전성 분석방

법 등 기술의 연구개발과 보급에 관한 시책을 마련하여야 한다.

(9) 농수산물의 위험평가 등

① 식품의약품안전처장은 농수산물의 효율적인 안전관리를 위하여 다음의 식품안전 관련 기관에 농수산물 또는 농수산물의 생산에 이용·사용하는 농지·어장·용수·자재 등에 잔류하는 유해물질에 의한 위험을 평가하여 줄 것을 요청할 수 있다.
  ㉠ 농촌진흥청
  ㉡ 산림청
  ㉢ 국립수산과학원
  ㉣ 한국식품연구원
  ㉤ 한국보건산업진흥원
  ㉥ 대학의 연구기관
  ㉦ 그 밖에 식품의약품안전처장이 필요하다고 인정하는 연구기관
② 식품의약품안전처장은 위험평가의 요청 사실과 평가 결과를 공표하여야 한다.
③ 식품의약품안전처장은 농수산물의 과학적인 안전관리를 위하여 농수산물에 잔류하는 유해물질의 실태를 조사 할 수 있다.
④ 위험평가의 요청과 결과의 공표에 관한 사항은 대통령령으로 정하고, 잔류조사의 방법 및 절차 등 잔류조사에 관한 세부사항은 총리령으로 정한다.

6. 지정해역의 지정 및 생산·가공시설의 등록·관리

(1) 위생관리기준

① 해양수산부장관은 외국과의 협약을 이행하거나 외국의 일정한 위생관리기준을 지키도록 하기 위하여 수출을 목적으로 하는 수산물의 생산·가공시설 및 수산물을 생산하는 해역의 위생관리기준을 정하여 고시한다.
② 해양수산부장관은 국내에서 생산되어 소비되는 수산물의 품질 향상과 안전성 확보를 위하여 수산물의 생산·가공시설 및 수산물을 생산하는 해역의 위생관리기준을 정하여 고시한다.
③ 해양수산부장관, 시·도지사 및 시장·군수·구청장은 수산물의 생산·가공시설을 운영하는 자 등에게 위생관리기준의 준수를 권장할 수 있다.

(2) 위해요소중점관리기준

① 해양수산부장관은 외국과의 협약에 규정되어 있거나 수출 상대국에서 정하여 요청하는 경우에는 수출을 목적으로 하는 수산물 및 수산가공품에 유해물질이 섞여 들어오거나 남아 있는 것 또는 수산물 및 수산가공품이 오염되는 것을 방지하기 위하여 생산·가공 등 각 단계를 중점적으로 관리하는 위해요소중점관리기준을 정하여 고시한다.

② 해양수산부장관은 국내에서 생산되는 수산물의 품질 향상과 안전한 생산·공급을 위하여 생산단계, 저장단계 및 출하되어 거래되기 이전 단계의 과정에서 유해물질이 섞여 들어오거나 남아 있는 것 또는 수산물이 오염되는 것을 방지하는 것을 목적으로 하는 위해요소중점관리기준을 정하여 고시한다.
③ 해양수산부장관은 등록한 생산·가공시설등을 운영하는 자에게 위해요소중점관리기준을 준수하도록 할 수 있다.
④ 해양수산부장관은 위해요소중점관리기준을 이행하는 자에게 그 이행 사실을 증명하는 서류를 발급할 수 있다.
⑤ 해양수산부장관은 위해요소중점관리기준이 효과적으로 준수되도록 하기 위하여 등록을 한 자와 등록을 하려는 자에게 위해요소중점관리기준의 이행에 필요한 기술·정보를 제공하거나 교육훈련을 실시할 수 있다.

(3) 지정해역의 지정
해양수산부장관은 위생관리기준에 맞는 해역을 지정해역으로 지정하여 고시할 수 있다.

(4) 지정해역 위생관리종합대책
① 해양수산부장관은 지정해역의 보존·관리를 위한 지정해역 위생관리종합대책을 수립·시행하여야 한다.
② 종합대책에 포함되어야 할 사항
  ㉠ 지정해역의 보존 및 관리에 관한 기본방향
  ㉡ 지정해역의 보존 및 관리를 위한 구체적인 추진 대책
  ㉢ 그 밖에 해양수산부장관이 지정해역의 보존 및 관리에 필요하다고 인정하는 사항
③ 해양수산부장관은 종합대책을 수립하기 위하여 필요하면 다음의 자의 의견을 들을 수 있다. 이 경우 해양수산부장관은 관계 기관의 장에게 필요한 자료의 제출을 요청할 수 있다.
  ㉠ 해양수산부 소속 기관의 장
  ㉡ 지정해역을 관할하는 지방자치단체의 장
  ㉢ 수산업협동조합 및 중앙회의 장
④ 해양수산부장관은 종합대책이 수립되면 관계 기관의 장에게 통보하여야 한다.
⑤ 해양수산부장관은 통보한 종합대책을 시행하기 위하여 필요하다고 인정하면 관계 기관의 장에게 필요한 조치를 요청할 수 있다. 이 경우 관계 기관의 장은 특별한 사유가 없으면 그 요청에 따라야 한다.

(5) 지정해역 및 주변해역에서의 제한 또는 금지
① 누구든지 지정해역 및 지정해역으로부터 1킬로미터 이내에 있는 해역에서 다음의 어

느 하나에 해당하는 행위를 하여서는 아니 된다.
  ㉠ 오염물질을 배출하는 행위
  ㉡ 어류등양식업을 하기 위하여 설치한 양식어장의 시설에서 오염물질을 배출하는 행위
  ㉢ 양식업을 하기 위하여 설치한 양식시설에서 가축을 사육하는 행위
② 해양수산부장관은 지정해역에서 생산되는 수산물의 오염을 방지하기 위하여 양식업의 양식업권자가 지정해역 및 주변해역 안의 해당 양식시설에서 동물용 의약품을 사용하는 행위를 제한하거나 금지할 수 있다. 다만, 지정해역 및 주변해역에서 수산물의 질병 또는 전염병이 발생한 경우로서 수산질병관리사나 수의사의 진료에 따라 동물용 의약품을 사용하는 경우에는 예외로 한다.
③ 해양수산부장관은 동물용 의약품을 사용하는 행위를 제한하거나 금지하려면 지정해역에서 생산되는 수산물의 출하가 집중적으로 이루어지는 시기를 고려하여 3개월을 넘지 아니하는 범위에서 그 기간을 지정해역별로 정하여 고시하여야 한다.

(6) 생산·가공시설등의 등록 등
① 위생관리기준에 맞는 수산물의 생산·가공시설과 위해요소중점관리기준을 이행하는 시설을 운영하는 자는 생산·가공시설등을 해양수산부장관에게 등록할 수 있다.
② 등록을 한 자는 그 생산·가공시설등에서 생산·가공·출하하는 수산물·수산물가공품이나 그 포장에 위생관리기준에 맞는다는 사실 또는 위해요소중점관리기준을 이행한다는 사실을 표시하거나 그 사실을 광고할 수 있다.
③ 생산·가공업자등은 대통령령으로 정하는 사항을 변경하려면 해양수산부장관에게 신고하여야 한다.
④ 신고가 신고서의 기재사항 및 첨부서류에 흠이 없고, 법령 등에 규정된 형식상의 요건을 충족하는 경우에는 신고서가 접수기관에 도달된 때에 신고 의무가 이행된 것으로 본다.
⑤ 생산·가공시설등의 등록절차, 등록방법, 변경신고절차 등에 필요한 사항은 해양수산부령으로 정한다.

(7) 위생관리에 관한 사항 등의 보고
① 해양수산부장관은 생산·가공업자등으로 하여금 생산·가공시설등의 위생관리에 관한 사항을 보고하게 할 수 있다.
② 해양수산부장관은 권한을 위임받거나 위탁받은 기관의 장으로 하여금 지정해역의 위생조사에 관한 사항과 검사의 실시에 관한 사항을 보고하게 할 수 있다.
③ 보고의 절차 등에 필요한 사항은 해양수산부령으로 정한다.

(8) 조사·점검
① 해양수산부장관은 지정해역으로 지정하기 위한 해역과 지정해역으로 지정된 해역이

위생관리기준에 맞는지를 조사·점검하여야 한다.
② 해양수산부장관은 생산·가공시설등이 위생관리기준과 위해요소중점관리기준에 맞는지를 조사·점검하여야 한다. 이 경우 그 조사·점검의 주기는 대통령령으로 정한다.
③ 해양수산부장관은 생산·가공업자등이 관할 세무서장에게 휴업 또는 폐업 신고를 한 경우 조사·점검 대상에서 제외한다. 이 경우 해양수산부장관은 관할 세무서장에게 생산·가공업자등의 휴업 또는 폐업 여부에 관한 정보의 제공을 요청할 수 있으며, 요청을 받은 관할 세무서장은 생산·가공업자등의 휴업 또는 폐업 여부에 관한 정보를 제공하여야 한다.
④ 해양수산부장관은 다음의 어느 하나에 해당하는 사항을 위하여 필요한 경우에는 관계 공무원에게 해당 영업장소, 사무소, 창고, 선박, 양식시설 등에 출입하여 관계 장부 또는 서류의 열람, 시설·장비 등에 대한 점검을 하거나 필요한 최소량의 시료를 수거하게 할 수 있다.
  ㉠ 조사·점검
  ㉡ 오염물질의 배출, 가축의 사육행위 및 동물용 의약품의 사용 여부의 확인·조사
⑤ 해양수산부장관은 생산·가공시설등이 다음의 요건을 모두 갖춘 경우 생산·가공업자등의 요청에 따라 해당 관계 행정기관의 장에게 공동으로 조사·점검할 것을 요청할 수 있다.
  ㉠ 식품 관련 법령의 조사·점검 대상이 되는 경우
  ㉡ 유사한 목적으로 6개월 이내에 2회 이상 조사·점검의 대상이 되는 경우. 다만, 외국과의 협약사항 또는 시정조치의 이행 여부를 조사·점검하는 경우와 위법사항에 대한 신고·제보를 받거나 그에 대한 정보를 입수하여 조사·점검하는 경우는 제외한다.
⑥ 조사·점검의 절차와 방법 등에 필요한 사항은 해양수산부령으로 정하고, 공동 조사·점검의 요청방법 등에 필요한 사항은 대통령령으로 정한다.

(9) 지정해역에서의 생산제한 및 지정해제

해양수산부장관은 지정해역이 위생관리기준에 맞지 아니하게 되면 지정해역에서의 수산물 생산을 제한하거나 지정해역의 지정을 해제할 수 있다.

(10) 생산·가공의 중지 등

① 해양수산부장관은 생산·가공시설등이나 생산·가공업자등이 다음의 어느 하나에 해당하면 생산·가공·출하·운반의 시정·제한·중지 명령, 생산·가공시설등의 개선·보수 명령 또는 등록취소를 할 수 있다. 다만, ㉠에 해당하면 그 등록을 취소하여야 한다.
  ㉠ 거짓이나 그 밖의 부정한 방법으로 등록을 한 경우
  ㉡ 위생관리기준에 맞지 아니한 경우

ⓒ 위해요소중점관리기준을 이행하지 아니하거나 불성실하게 이행하는 경우
ⓔ 조사·점검 등을 거부·방해 또는 기피하는 경우
ⓜ 생산·가공시설등에서 생산된 수산물 및 수산가공품에서 유해물질이 검출된 경우
ⓗ 생산·가공·출하·운반의 시정·제한·중지 명령이나 생산·가공시설등의 개선·보수 명령을 받고 그 명령에 따르지 아니하는 경우
ⓢ 생산·가공업자등이 관할 세무서장에게 폐업 신고를 하거나 관할 세무서장이 사업자등록을 말소한 경우

② 해양수산부장관은 등록취소를 위하여 필요한 경우 관할 세무서장에게 생산·가공업자등의 폐업 또는 사업자등록 말소 여부에 대한 정보 제공을 요청할 수 있다. 이 경우 요청을 받은 관할 세무서장은 생산·가공업자등의 폐업 또는 사업자등록 말소 여부에 대한 정보를 제공하여야 한다.

제 4 장 농수산물 등의 검사 및 검정

1. 농산물의 검사

(1) 농산물의 검사

① 정부가 수매하거나 수출 또는 수입하는 농산물 등은 공정한 유통질서를 확립하고 소비자를 보호하기 위하여 농림축산식품부장관이 정하는 기준에 맞는지 등에 관하여 농림축산식품부장관의 검사를 받아야 한다. 다만, 누에씨 및 누에고치의 경우에는 시·도지사의 검사를 받아야 한다.

② 검사를 받은 농산물의 포장·용기나 내용물을 바꾸려면 다시 농림축산식품부장관의 검사를 받아야 한다.

③ 농산물 검사의 항목·기준·방법 및 신청절차 등에 필요한 사항은 농림축산식품부령으로 정한다.

(2) 농산물검사기관의 지정 등

① 농림축산식품부장관은 농산물의 생산자단체나 공공기관 또는 농업 관련 법인 등을 농산물검사기관으로 지정하여 검사를 대행하게 할 수 있다.

② 농산물검사기관으로 지정받으려는 자는 검사에 필요한 시설과 인력을 갖추어 농림축산식품부장관에게 신청하여야 한다.

③ 농산물검사기관의 지정기준, 지정절차 및 검사 업무의 범위 등에 필요한 사항은 농림축산식품부령으로 정한다.

(3) 농산물검사기관의 지정 취소 등

농림축산식품부장관은 농산물검사기관이 다음의 어느 하나에 해당하면 그 지정을 취소하거나 6개월 이내의 기간을 정하여 검사 업무의 전부 또는 일부의 정지를 명할 수 있다. 다만, ① 또는 ②에 해당하면 그 지정을 취소하여야 한다.

① 거짓이나 그 밖의 부정한 방법으로 지정을 받은 경우
② 업무정지 기간 중에 검사 업무를 한 경우
③ 지정기준에 맞지 아니하게 된 경우
④ 검사를 거짓으로 하거나 성실하게 하지 아니한 경우
⑤ 정당한 사유 없이 지정된 검사를 하지 아니한 경우

(4) 농산물검사관의 자격 등

① 검사나 재검사 업무를 담당하는 사람은 다음의 어느 하나에 해당하는 사람으로서 국립농산물품질관리원장이 실시하는 전형시험에 합격한 사람으로 한다. 다만, 농산물검사 관련 자격 또는 학위를 갖고 있는 사람에 대하여는 전형시험의 전부 또는 일부를 면제할 수 있다.
  ㉠ 농산물 검사 관련 업무에 6개월 이상 종사한 공무원
  ㉡ 농산물 검사 관련 업무에 1년 이상 종사한 사람
  ㉢ 농산물품질관리사 자격을 취득한 사람으로서 해당 자격을 취득한 후 1년 이상 농산물품질관리사의 직무를 수행한 사람
② 농산물검사관의 자격은 곡류, 특작·서류, 과실·채소류, 잠사류 등의 구분에 따라 부여한다.
③ 농산물검사관의 자격이 취소된 사람은 자격이 취소된 날부터 1년이 지나지 아니하면 전형시험에 응시하거나 농산물검사관의 자격을 취득할 수 없다.
④ 국립농산물품질관리원장은 농산물검사관의 검사기술과 자질을 향상시키기 위하여 교육을 실시할 수 있다.
⑤ 국립농산물품질관리원장은 전형시험의 출제 및 채점 등을 위하여 시험위원을 임명·위촉할 수 있다. 이 경우 시험위원에게는 예산의 범위에서 수당을 지급할 수 있다.
⑥ 농산물검사관의 전형시험의 구분·방법, 합격자의 결정, 농산물검사관의 교육 등에 필요한 세부사항은 농림축산식품부령으로 정한다.
⑦ 농산물검사관은 다른 사람에게 그 명의를 사용하게 하거나 다른 사람에게 그 자격증을 대여해서는 아니 된다.
⑧ 누구든지 농산물검사관의 자격을 취득하지 아니하고 그 명의를 사용하거나 자격증을 대여받아서는 아니 되며, 명의의 사용이나 자격증의 대여를 알선해서도 아니 된다.

(5) 농산물검사관의 자격취소 등

국립농산물품질관리원장은 농산물검사관에게 다음의 어느 하나에 해당하는 사유가 발생하면 그 자격을 취소하거나 6개월 이내의 기간을 정하여 자격의 정지를 명할 수 있다. 다만, ③ 및 ④의 경우에는 자격을 취소하여야 한다.

① 거짓이나 그 밖의 부정한 방법으로 검사나 재검사를 한 경우
② 이 법 또는 이 법에 따른 명령을 위반하여 현저히 부적격한 검사 또는 재검사를 하여 정부나 농산물검사기관의 공신력을 크게 떨어뜨린 경우
③ 다른 사람에게 그 명의를 사용하게 하거나 자격증을 대여한 경우
④ 농산물검사관 명의의 사용이나 자격증의 대여를 알선한 경우

(6) 검사증명서의 발급 등

농산물검사관이 검사를 하였을 때에는 해당 농산물의 포장·용기 등이나 꼬리표에 검사날짜, 등급 등의 검사 결과를 표시하거나 검사를 받은 자에게 검사증명서를 발급하여야 한다.

(7) 재검사 등

① 농산물의 검사 결과에 대하여 이의가 있는 자는 검사현장에서 검사를 실시한 농산물검사관에게 재검사를 요구할 수 있다. 이 경우 농산물검사관은 즉시 재검사를 하고 그 결과를 알려 주어야 한다.
② 재검사의 결과에 이의가 있는 자는 재검사일부터 7일 이내에 농산물검사관이 소속된 농산물검사기관의 장에게 이의신청을 할 수 있으며, 이의신청을 받은 기관의 장은 그 신청을 받은 날부터 5일 이내에 다시 검사하여 그 결과를 이의신청자에게 알려야 한다.
③ 재검사 결과가 검사 결과와 다른 경우에는 해당 검사결과의 표시를 교체하거나 검사증명서를 새로 발급하여야 한다.

(8) 검사판정의 실효

검사를 받은 농산물이 다음의 어느 하나에 해당하면 검사판정의 효력이 상실된다.

① 농림축산식품부령으로 정하는 검사 유효기간이 지난 경우
② 검사 결과의 표시가 없어지거나 명확하지 아니하게 된 경우

(9) 검사판정의 취소

농림축산식품부장관은 검사나 재검사를 받은 농산물이 다음의 어느 하나에 해당하면 검사판정을 취소할 수 있다. 다만, ①에 해당하면 검사판정을 취소하여야 한다.

① 거짓이나 그 밖의 부정한 방법으로 검사를 받은 사실이 확인된 경우
② 검사 또는 재검사 결과의 표시 또는 검사증명서를 위조하거나 변조한 사실이 확인된 경우

③ 검사 또는 재검사를 받은 농산물의 포장이나 내용물을 바꾼 사실이 확인된 경우

2. 수산물 및 수산가공품의 검사

(1) 수산물 등에 대한 검사

① 다음의 어느 하나에 해당하는 수산물 및 수산가공품은 품질 및 규격이 맞는지와 유해물질이 섞여 들어오는지 등에 관하여 해양수산부장관의 검사를 받아야 한다.
  ㉠ 정부에서 수매·비축하는 수산물 및 수산가공품
  ㉡ 외국과의 협약이나 수출 상대국의 요청에 따라 검사가 필요한 경우로서 해양수산부장관이 정하여 고시하는 수산물 및 수산가공품
② 해양수산부장관은 수산물 및 수산가공품에 대한 검사 신청이 있는 경우 검사를 하여야 한다. 다만, 검사기준이 없는 경우 등 해양수산부령으로 정하는 경우에는 그러하지 아니한다.
③ 검사를 받은 수산물 또는 수산가공품의 포장·용기나 내용물을 바꾸려면 다시 해양수산부장관의 검사를 받아야 한다.
④ 해양수산부장관은 다음의 어느 하나에 해당하는 경우에는 검사의 일부를 생략할 수 있다.
  ㉠ 지정해역에서 위생관리기준에 맞게 생산·가공된 수산물 및 수산가공품
  ㉡ 등록한 생산·가공시설등에서 위생관리기준 또는 위해요소중점관리기준에 맞게 생산·가공된 수산물 및 수산가공품
  ㉢ 다음의 어느 하나에 해당하는 어선으로 해외수역에서 포획하거나 채취하여 현지에서 직접 수출하는 수산물 및 수산가공품
    ⓐ 원양어업허가를 받은 어선
    ⓑ 수산물가공업을 신고한 자가 직접 운영하는 어선
  ㉣ 검사의 일부를 생략하여도 검사목적을 달성할 수 있는 경우로서 대통령령으로 정하는 경우

(2) 수산물검사기관의 지정 등

① 해양수산부장관은 검사 업무나 재검사 업무를 수행할 수 있는 생산자단체 또는 식품위생 관련 기관을 수산물검사기관으로 지정하여 검사 또는 재검사 업무를 대행하게 할 수 있다.
② 수산물검사기관으로 지정받으려는 자는 검사에 필요한 시설과 인력을 갖추어 해양수산부장관에게 신청하여야 한다.

(3) 수산물검사기관의 지정 취소 등

해양수산부장관은 수산물검사기관이 다음의 어느 하나에 해당하면 그 지정을 취소하거나

6개월 이내의 기간을 정하여 검사 업무의 전부 또는 일부의 정지를 명할 수 있다. 다만, ① 또는 ②에 해당하면 그 지정을 취소하여야 한다.

① 거짓이나 그 밖의 부정한 방법으로 지정받은 경우
② 업무정지 기간 중에 검사 업무를 한 경우
③ 지정기준에 미치지 못하게 된 경우
④ 검사를 거짓으로 하거나 성실하지 아니하게 한 경우
⑤ 정당한 사유 없이 지정된 검사를 하지 아니하는 경우

(4) 수산물검사관의 자격 등

① 수산물검사업무나 재검사 업무를 담당하는 사람은 다음의 어느 하나에 해당하는 사람으로서 국가검역·검사기관의 장이 실시하는 전형시험에 합격한 사람으로 한다. 다만, 수산물 검사 관련 자격 또는 학위를 갖고 있는 사람에 대하여는 전형시험의 전부 또는 일부를 면제할 수 있다.
   ㉠ 국가검역·검사기관에서 수산물 검사 관련 업무에 6개월 이상 종사한 공무원
   ㉡ 수산물 검사 관련 업무에 1년 이상 종사한 사람
② 수산물검사관의 자격이 취소된 사람은 자격이 취소된 날부터 1년이 지나지 아니하면 제1항에 따른 전형시험에 응시하거나 수산물검사관의 자격을 취득할 수 없다.
③ 국가검역·검사기관의 장은 수산물검사관의 검사기술과 자질을 향상시키기 위하여 교육을 실시할 수 있다.
④ 국가검역·검사기관의 장은 전형시험의 출제 및 채점 등을 위하여 시험위원을 임명·위촉할 수 있다. 이 경우 시험위원에게는 예산의 범위에서 수당을 지급할 수 있다.
⑤ 수산물검사관의 전형시험의 구분·방법, 합격자의 결정, 수산물검사관의 교육 등에 필요한 세부사항은 해양수산부령으로 정한다.

(5) 수산물검사관의 자격취소 등

① 국가검역·검사기관의 장은 수산물검사관에게 다음의 어느 하나에 해당하는 사유가 발생하면 그 자격을 취소하거나 6개월 이내의 기간을 정하여 자격의 정지를 명할 수 있다.
   ㉠ 거짓이나 그 밖의 부정한 방법으로 검사나 재검사를 한 경우
   ㉡ 이 법 또는 이 법에 따른 명령을 위반하여 현저히 부적격한 검사 또는 재검사를 하여 정부나 수산물검사기관의 공신력을 크게 떨어뜨린 경우
② 자격 취소 및 정지에 필요한 세부사항은 해양수산부령으로 정한다.

(6) 검사 결과의 표시

수산물검사관은 검사한 결과나 재검사한 결과 다음의 어느 하나에 해당하면 그 수산물

및 수산가공품에 검사 결과를 표시하여야 한다. 다만, 살아 있는 수산물 등 성질상 표시를 할 수 없는 경우에는 그러하지 아니하다.
① 검사를 신청한 자가 요청하는 경우
② 정부에서 수매·비축하는 수산물 및 수산가공품인 경우
③ 해양수산부장관이 검사 결과를 표시할 필요가 있다고 인정하는 경우
④ 검사에 불합격된 수산물 및 수산가공품으로서 관계 기관에 폐기 또는 판매금지 등의 처분을 요청하여야 하는 경우

(7) 검사증명서의 발급
해양수산부장관은 검사 결과나 재검사 결과 검사기준에 맞는 수산물 및 수산가공품과 수산물 및 수산가공품의 검사신청인에게 해양수산부령으로 정하는 바에 따라 그 사실을 증명하는 검사증명서를 발급할 수 있다.

(8) 폐기 또는 판매금지 등
① 해양수산부장관은 검사나 재검사에서 부적합 판정을 받은 수산물 및 수산가공품의 검사신청인에게 그 사실을 알려주어야 한다.
② 해양수산부장관은 관할 특별자치도지사·시장·군수·구청장에게 부적합 판정을 받은 수산물 및 수산가공품으로서 유해물질이 검출되어 인체에 해를 끼칠 수 있다고 인정되는 수산물 및 수산가공품에 대하여 폐기하거나 판매금지 등을 하도록 요청하여야 한다.

(9) 재검사
① 검사한 결과에 불복하는 자는 그 결과를 통지받은 날부터 14일 이내에 해양수산부장관에게 재검사를 신청할 수 있다.
② 재검사는 다음의 어느 하나에 해당하는 경우에만 할 수 있다. 이 경우 수산물검사관의 부족 등 부득이한 경우 외에는 처음에 검사한 수산물검사관이 아닌 다른 수산물검사관이 검사하게 하여야 한다.
　㉠ 수산물검사기관이 검사를 위한 시료 채취나 검사방법이 잘못되었다는 것을 인정하는 경우
　㉡ 전문기관(해양수산부장관이 정하여 고시한 식품위생 관련 전문기관을 말한다)이 검사하여 수산물검사기관의 검사 결과와 다른 검사 결과를 제출하는 경우
③ 재검사의 결과에 대하여는 같은 사유로 다시 재검사를 신청할 수 없다.

(10) 검사판정의 취소
해양수산부장관은 검사나 재검사를 받은 수산물 또는 수산가공품이 다음의 어느 하나에 해당하면 검사판정을 취소할 수 있다. 다만, ①에 해당하면 검사판정을 취소하여야 한다.

① 거짓이나 그 밖의 부정한 방법으로 검사를 받은 사실이 확인된 경우
② 검사 또는 재검사 결과의 표시 또는 검사증명서를 위조하거나 변조한 사실이 확인된 경우
③ 검사 또는 재검사를 받은 수산물 또는 수산가공품의 포장이나 내용물을 바꾼 사실이 확인된 경우

3. 검 정

(1) 검정

① 농림축산식품부장관 또는 해양수산부장관은 농수산물 및 농산가공품의 거래 및 수출·수입을 원활히 하기 위하여 다음의 검정을 실시할 수 있다. 다만, 종자에 대한 검정은 제외한다.
　㉠ 농산물 및 농산가공품의 품위·품종·성분 및 유해물질 등
　㉡ 수산물의 품질·규격·성분·잔류물질 등
　㉢ 농수산물의 생산에 이용·사용하는 농지·어장·용수·자재 등의 품위·성분 및 유해물질 등
② 농림축산식품부장관 또는 해양수산부장관은 검정신청을 받은 때에는 검정 인력이나 검정 장비의 부족 등 검정을 실시하기 곤란한 사유가 없으면 검정을 실시하고 신청인에게 그 결과를 통보하여야 한다.
③ 검정의 항목·신청절차 및 방법 등 필요한 사항은 농림축산식품부령 또는 해양수산부령으로 정한다.

(2) 검정결과에 따른 조치

① 농림축산식품부장관 또는 해양수산부장관은 검정을 실시한 결과 유해물질이 검출되어 인체에 해를 끼칠 수 있다고 인정되는 농수산물 및 농산가공품에 대하여 생산자 또는 소유자에게 폐기하거나 판매금지 등을 하도록 하여야 한다.
② 농림축산식품부장관 또는 해양수산부장관은 생산자 또는 소유자가 명령을 이행하지 아니하거나 농수산물 및 농산가공품의 위생에 위해가 발생한 경우 농림축산식품부령 또는 해양수산부령으로 정하는 바에 따라 검정결과를 공개하여야 한다.

(3) 검정기관의 지정 등

① 농림축산식품부장관 또는 해양수산부장관은 검정에 필요한 인력과 시설을 갖춘 기관을 지정하여 검정을 대행하게 할 수 있다.
② 검정기관으로 지정을 받으려는 자는 검정에 필요한 인력과 시설을 갖추어 농림축산식품부장관 또는 해양수산부장관에게 신청하여야 한다. 검정기관으로 지정받은 후 중요 사항이 변경되었을 때에는 변경신고를 하여야 한다.
③ 농림축산식품부장관 또는 해양수산부장관은 변경신고를 받은 날부터 20일 이내에 신

고수리 여부를 신고인에게 통지하여야 한다.
④ 농림축산식품부장관 또는 해양수산부장관이 기간 내에 신고수리 여부 또는 민원 처리 관련 법령에 따른 처리기간의 연장을 신고인에게 통지하지 아니하면 그 기간이 끝난 날의 다음 날에 신고를 수리한 것으로 본다.
⑤ 검정기관 지정의 유효기간은 지정을 받은 날부터 4년으로 하고, 유효기간이 만료된 후에도 계속하여 검정 업무를 하려는 자는 유효기간이 끝나기 3개월 전까지 농림축산식품부장관 또는 해양수산부장관에게 갱신을 신청하여야 한다.
⑥ 검정기관 지정이 취소된 후 1년이 지나지 아니하면 검정기관 지정을 신청할 수 없다.
⑦ 검정기관의 지정·갱신 기준 및 절차와 업무 범위 등에 필요한 사항은 농림축산식품부령 또는 해양수산부령으로 정한다.

(4) 검정기관의 지정 취소 등

농림축산식품부장관 또는 해양수산부장관은 검정기관이 다음의 어느 하나에 해당하면 지정을 취소하거나 6개월 이내의 기간을 정하여 해당 검정 업무의 정지를 명할 수 있다. 다만, ① 또는 ②에 해당하면 지정을 취소하여야 한다.

① 거짓이나 그 밖의 부정한 방법으로 지정을 받은 경우
② 업무정지 기간 중에 검정 업무를 한 경우
③ 검정 결과를 거짓으로 내준 경우
④ 변경신고를 하지 아니하고 검정 업무를 계속한 경우
⑤ 지정기준에 맞지 아니하게 된 경우
⑥ 그 밖에 검정에 관한 규정을 위반한 경우

4. 금지행위 및 확인·조사·점검 등

(1) 부정행위의 금지 등

누구든지 검사, 재검사 및 검정과 관련하여 다음의 행위를 하여서는 아니 된다.

① 거짓이나 그 밖의 부정한 방법으로 검사·재검사 또는 검정을 받는 행위
② 검사를 받아야 하는 농수산물 및 수산가공품에 대하여 검사를 받지 아니하는 행위
③ 검사 및 검정 결과의 표시, 검사증명서 및 검정증명서를 위조하거나 변조하는 행위
④ 검사를 받지 아니하고 포장·용기나 내용물을 바꾸어 해당 농수산물이나 수산가공품을 판매·수출하거나 판매·수출을 목적으로 보관 또는 진열하는 행위
⑤ 검정 결과에 대하여 거짓광고나 과대광고를 하는 행위

(2) 확인·조사·점검 등

농림축산식품부장관 또는 해양수산부장관은 정부가 수매하거나 수입한 농수산물 및 수산

가공품 등의 보관창고, 가공시설, 항공기, 선박, 그 밖에 필요한 장소에 관계 공무원을 출입하게 하여 확인·조사·점검 등에 필요한 최소한의 시료를 무상으로 수거하거나 관련 장부 또는 서류를 열람하게 할 수 있다.

제 5 장 보 칙

1. 정보제공 등

(1) 정보의 제공

농림축산식품부장관, 해양수산부장관 또는 식품의약품안전처장은 농수산물의 안전성조사 등 농수산물의 안전과 품질에 관련된 정보 중 국민이 알아야 할 필요가 있다고 인정되는 정보는 허용하는 범위에서 국민에게 제공하여야 한다.

(2) 정보시스템 구축·운영

농림축산식품부장관, 해양수산부장관 또는 식품의약품안전처장은 국민에게 정보를 제공하려는 경우 농수산물의 안전과 품질에 관련된 정보의 수집 및 관리를 위한 정보시스템을 구축·운영하여야 한다.

2. 농수산물 명예감시원

(1) 농수산물 명예감시원 위촉

농림축산식품부장관 또는 해양수산부장관이나 시·도지사는 농수산물의 공정한 유통질서를 확립하기 위하여 소비자단체 또는 생산자단체의 회원·직원 등을 농수산물 명예감시원으로 위촉하여 농수산물의 유통질서에 대한 감시·지도·계몽을 하게 할 수 있다.

(2) 경비지급

농림축산식품부장관 또는 해양수산부장관이나 시·도지사는 농수산물 명예감시원에게 예산의 범위에서 감시활동에 필요한 경비를 지급할 수 있다.

3. 농산물품질관리사 및 수산물품질관리사

농림축산식품부장관 또는 해양수산부장관은 농산물 및 수산물의 품질 향상과 유통의 효율화를 촉진하기 위하여 농산물품질관리사 및 수산물품질관리사 제도를 운영한다.

4. 농산물품질관리사 또는 수산물품질관리사의 직무

(1) 농산물품질관리사 직무
① 농산물의 등급 판정
② 농산물의 생산 및 수확 후 품질관리기술 지도
③ 농산물의 출하 시기 조절, 품질관리기술에 관한 조언
④ 그 밖에 농산물의 품질 향상과 유통 효율화에 필요한 업무로서 농림축산식품부령으로 정하는 업무

(2) 수산물품질관리사 수행
① 수산물의 등급 판정
② 수산물의 생산 및 수확 후 품질관리기술 지도
③ 수산물의 출하 시기 조절, 품질관리기술에 관한 조언
④ 그 밖에 수산물의 품질 향상과 유통 효율화에 필요한 업무로서 해양수산부령으로 정하는 업무

5. 농산물품질관리사 또는 수산물품질관리사의 시험·자격부여 등

(1) 자격시험의 합격
농산물품질관리사 또는 수산물품질관리사가 되려는 사람은 농림축산식품부장관 또는 해양수산부장관이 실시하는 농산물품질관리사 또는 수산물품질관리사 자격시험에 합격하여야 한다.

(2) 자격시험의 정지 또는 무효
농림축산식품부장관 또는 해양수산부장관은 농산물품질관리사 또는 수산물품질관리사 자격시험에서 다음의 어느 하나에 해당하는 사람에 대해서는 해당 시험을 정지 또는 무효로 하거나 합격 결정을 취소하여야 한다.
① 부정한 방법으로 시험에 응시한 사람
② 시험에서 부정한 행위를 한 사람

(3) 응시기회의 제한
다음의 어느 하나에 해당하는 사람은 그 처분이 있은 날부터 2년 동안 농산물품질관리사 또는 수산물품질관리사 자격시험에 응시하지 못한다.
① 시험의 정지·무효 또는 합격취소 처분을 받은 사람
② 농산물품질관리사 또는 수산물품질관리사의 자격이 취소된 사람

(4) 자격시험의 실시계획, 응시자격, 시험과목, 시험방법, 합격기준 및 자격증 발급 등

농산물품질관리사 또는 수산물품질관리사 자격시험의 실시계획, 응시자격, 시험과목, 시험방법, 합격기준 및 자격증 발급 등에 필요한 사항은 대통령령으로 정한다.

6. 농산물품질관리사 또는 수산물품질관리사의 교육

(1) 업무능력 및 자질향상을 위한 교육

농산물품질관리사 또는 수산물품질관리사는 업무 능력 및 자질의 향상을 위하여 필요한 교육을 받아야 한다.

(2) 교육의 방법 및 실시기관 등에 필요한 사항

교육의 방법 및 실시기관 등에 필요한 사항은 농림축산식품부령 또는 해양수산부령으로 정한다.

7. 농산물품질관리사 또는 수산물품질관리사의 준수사항

(1) 성실한 직무수행

농산물품질관리사 또는 수산물품질관리사는 농수산물의 품질 향상과 유통의 효율화를 촉진하여 생산자와 소비자 모두에게 이익이 될 수 있도록 신의와 성실로써 그 직무를 수행하여야 한다.

(2) 명의나 자격증 대여금지

농산물품질관리사 또는 수산물품질관리사는 다른 사람에게 그 명의를 사용하게 하거나 그 자격증을 빌려주어서는 아니 된다.

(3) 명의의 사용이나 자격증 대여의 알선금지

누구든지 농산물품질관리사 또는 수산물품질관리사의 자격을 취득하지 아니하고 그 명의를 사용하거나 자격증을 대여받아서는 아니 되며, 명의의 사용이나 자격증의 대여를 알선해서도 아니 된다.

8. 농산물품질관리사 또는 수산물품질관리사의 자격 취소

농림축산식품부장관 또는 해양수산부장관은 다음의 어느 하나에 해당하는 사람에 대하여 농산물품질관리사 또는 수산물품질관리사 자격을 취소하여야 한다.

① 농산물품질관리사 또는 수산물품질관리사의 자격을 거짓 또는 부정한 방법으로 취득한 사람

② 다른 사람에게 농산물품질관리사 또는 수산물품질관리사의 명의를 사용하게 하거나 자격증을 빌려준 사람
③ 명의의 사용이나 자격증의 대여를 알선한 사람

9. 자금 지원

정부는 농수산물의 품질 향상 또는 농수산물의 표준규격화 및 물류표준화의 촉진 등을 위하여 다음의 어느 하나에 해당하는 자에게 예산의 범위에서 포장자재, 시설 및 자동화장비 등의 매입 및 농산물품질관리사 또는 수산물품질관리사 운용 등에 필요한 자금을 지원할 수 있다.

① 농어업인
② 생산자단체
③ 우수관리인증을 받은 자, 우수관리인증기관, 농산물 수확 후 위생·안전 관리를 위한 시설의 사업자 또는 우수관리인증 교육을 실시하는 기관·단체
④ 이력추적관리 또는 지리적표시의 등록을 한 자
⑤ 농산물품질관리사 또는 수산물품질관리사를 고용하는 등 농수산물의 품질 향상을 위하여 노력하는 산지·소비지 유통시설의 사업자
⑥ 안전성검사기관 또는 위험평가 수행기관
⑦ 농수산물 검사 및 검정 기관
⑧ 그 밖에 농림축산식품부령 또는 해양수산부령으로 정하는 농수산물 유통 관련 사업자 또는 단체

10. 우선구매

(1) 우수표시품, 지리적표시품 등 우선 상장 및 거래

농림축산식품부장관 또는 해양수산부장관은 농수산물 및 수산가공품의 유통을 원활히 하고 품질 향상을 촉진하기 위하여 필요하면 우수표시품, 지리적표시품 등을 농수산물도매시장이나 농수산물공판장에서 우선적으로 상장하거나 거래하게 할 수 있다.

(2) 우수표시품, 지리적표시품 등 우선 구매

국가·지방자치단체나 공공기관은 농수산물 또는 농수산가공품을 구매할 때에는 우수표시품, 지리적표시품 등을 우선적으로 구매할 수 있다.

11. 포상금

식품의약품안전처장은 유전자변형농산물 또는 거짓표시를 위반한 자를 주무관청 또는 수사기관에 신고하거나 고발한 자 등에게는 예산의 범위에서 포상금을 지급할 수 있다.

12. 청문 등

(1) 청문의 대상
농림축산식품부장관, 해양수산부장관 또는 식품의약품안전처장은 다음의 어느 하나에 해당하는 처분을 하려면 청문을 하여야 한다.
① 우수관리인증기관의 지정 취소
② 우수관리시설의 지정 취소
③ 품질인증의 취소
④ 품질인증기관의 지정 취소 또는 품질인증 업무의 정지
⑤ 이력추적관리 등록의 취소
⑥ 표준규격품 또는 품질인증품의 판매금지나 표시정지, 우수관리인증농산물의 판매금지 또는 우수관리인증의 취소나 표시정지
⑦ 지리적표시품에 대한 판매의 금지, 표시의 정지 또는 등록의 취소
⑧ 안전성검사기관의 지정 취소
⑨ 생산·가공시설등이나 생산·가공업자등에 대한 생산·가공·출하·운반의 시정·제한·중지 명령, 생산·가공시설등의 개선·보수 명령 또는 등록의 취소
⑩ 농산물검사기관의 지정 취소
⑪ 검사판정의 취소
⑫ 수산물검사기관의 지정 취소 또는 검사업무의 정지
⑬ 검사판정의 취소
⑭ 검정기관의 지정 취소
⑮ 농산물품질관리사 또는 수산물품질관리사 자격의 취소

(2) 농산물검사관 자격의 취소와 청문
국립농산물품질관리원장은 농산물검사관 자격의 취소를 하려면 청문을 하여야 한다.

(3) 수산물검사관 자격의 취소와 청문
국가검역·검사기관의 장은 수산물검사관 자격의 취소를 하려면 청문을 하여야 한다.

(4) 의견 제출의 기회부여
① 우수관리인증기관은 우수관리인증을 취소하려면 우수관리인증을 받은 자에게 의견 제출의 기회를 주어야 한다.
② 우수관리인증기관은 우수관리시설의 지정을 취소하려면 우수관리시설의 지정을 받은 자에게 의견 제출의 기회를 주어야 한다.
③ 품질인증기관은 품질인증의 취소를 하려면 품질인증을 받은 자에게 의견 제출의 기회

를 주어야 한다.

13. 권한의 위임·위탁 등

(1) 소속 기관의 장, 농촌진흥청장, 산림청장, 시·도지사 또는 시장·군수·구청장에게 위임

이 법에 따른 농림축산식품부장관, 해양수산부장관 또는 식품의약품안전처장의 권한은 그 일부를 소속 기관의 장, 농촌진흥청장, 산림청장, 시·도지사 또는 시장·군수·구청장에게 위임할 수 있다.

(2) 생산자단체 등에 위탁

이 법에 따른 농림축산식품부장관, 해양수산부장관 또는 식품의약품안전처장의 업무는 그 일부를 다음의 자에게 위탁할 수 있다.

① 생산자단체
② 공공기관
③ 정부출연연구기관 또는 과학기술분야 정부출연연구기관
④ 영농조합법인 및 영어조합법인 등 농림 또는 수산 관련 법인이나 단체

14. 벌칙 적용 시의 공무원 의제

다음의 어느 하나에 해당하는 사람은 「형법」 공무상 비밀의 누설 및 수뢰와 사전수뢰부터 알선수뢰까지의 규정에 따른 벌칙을 적용할 때에는 공무원으로 본다.

① 심의회의 위원 중 공무원이 아닌 위원
② 우수관리인증 또는 우수관리시설의 지정 업무에 종사하는 우수관리인증기관의 임원·직원
③ 품질인증 업무에 종사하는 품질인증기관의 임원·직원
④ 심판위원 중 공무원이 아닌 심판위원
⑤ 안전성조사와 시험분석 업무에 종사하는 안전성검사기관의 임원·직원
⑥ 농산물 검사, 재검사 및 이의신청 업무에 종사하는 농산물검사기관의 임원·직원
⑦ 검사 및 재검사 업무에 종사하는 수산물검사기관의 임원·직원
⑧ 검정 업무에 종사하는 검정기관의 임원·직원
⑨ 위탁받은 업무에 종사하는 생산자단체 등의 임원·직원

제 6 장 벌 칙

1. 7년 이하의 징역 또는 1억원 이하의 벌금

① 유전자변형농수산물의 표시를 거짓으로 하거나 이를 혼동하게 할 우려가 있는 표시를 한 유전자변형농수산물 표시의무자
② 유전자변형농수산물의 표시를 혼동하게 할 목적으로 그 표시를 손상·변경한 유전자변형농수산물 표시의무자
③ 유전자변형농수산물의 표시를 한 농수산물에 다른 농수산물을 혼합하여 판매하거나 혼합하여 판매할 목적으로 보관 또는 진열한 유전자변형농수산물 표시의무자

2. 5년 이하의 징역 또는 5천만원 이하의 벌금

기름을 배출한 자

3. 3년 이하의 징역 또는 3천만원 이하의 벌금

① 우수표시품이 아닌 농수산물 또는 농수산가공품에 우수표시품의 표시를 하거나 이와 비슷한 표시를 한 자
② 우수표시품이 아닌 농수산물 또는 농수산가공품을 우수표시품으로 광고하거나 우수표시품으로 잘못 인식할 수 있도록 광고한 자
③ 표준규격품의 표시를 한 농수산물에 표준규격품이 아닌 농수산물 또는 농수산가공품을 혼합하여 판매하거나 혼합하여 판매할 목적으로 보관하거나 진열하는 행위
④ 우수관리인증의 표시를 한 농산물에 우수관리인증농산물이 아닌 농산물 또는 농산가공품을 혼합하여 판매하거나 혼합하여 판매할 목적으로 보관하거나 진열하는 행위
⑤ 품질인증품의 표시를 한 수산물에 품질인증품이 아닌 수산물을 혼합하여 판매하거나 혼합하여 판매할 목적으로 보관 또는 진열하는 행위
⑥ 이력추적관리의 표시를 한 농산물에 이력추적관리의 등록을 하지 아니한 농산물 또는 농산가공품을 혼합하여 판매하거나 혼합하여 판매할 목적으로 보관하거나 진열하는 행위
⑦ 지리적표시품이 아닌 농수산물 또는 농수산가공품의 포장·용기·선전물 및 관련 서류에 지리적표시나 이와 비슷한 표시를 한 자
⑧ 지리적표시품에 지리적표시품이 아닌 농수산물 또는 농수산가공품을 혼합하여 판매하거나 혼합하여 판매할 목적으로 보관 또는 진열한 자
⑨ 폐기물, 유해액체물질 또는 포장유해물질을 배출한 자
⑩ 거짓이나 그 밖의 부정한 방법으로 농산물의 검사, 농산물의 재검사, 수산물 및 수산

가공품의 검사, 수산물 및 수산가공품의 재검사 및 검정을 받은 자
⑪ 검사를 받아야 하는 수산물 및 수산가공품에 대하여 검사를 받지 아니한 자
⑫ 검사 및 검정 결과의 표시, 검사증명서 및 검정증명서를 위조하거나 변조한 자
⑬ 검정 결과에 대하여 거짓광고나 과대광고를 한 자

4. 1년 이하의 징역 또는 1천만원 이하의 벌금

① 이력추적관리의 등록을 하지 아니한 자
② 시정명령(표시방법에 대한 시정명령은 제외한다), 판매금지 또는 표시정지 처분에 따르지 아니한 자
③ 판매금지 조치에 따르지 아니한 자
④ 유전자변형농수산물의 표시 위반에 대한 처분을 이행하지 아니한 자
⑤ 유전자변형농수산물의 표시 위반 공표명령을 이행하지 아니한 자
⑥ 안전성조사 결과에 따른 조치를 이행하지 아니한 자
⑦ 동물용 의약품을 사용하는 행위를 제한하거나 금지하는 조치에 따르지 아니한 자
⑧ 지정해역에서 수산물의 생산제한 조치에 따르지 아니한 자
⑨ 생산·가공·출하 및 운반의 시정·제한·중지 명령을 위반하거나 생산·가공시설등의 개선·보수 명령을 이행하지 아니한 자
⑩ 검정결과에 따른 조치를 이행하지 아니한 자
⑪ 검사를 받아야 하는 농산물에 대하여 검사를 받지 아니한 자
⑫ 검사를 받지 아니하고 해당 농수산물이나 수산가공품을 판매·수출하거나 판매·수출을 목적으로 보관 또는 진열한 자
⑬ 다른 사람에게 농산물검사관, 농산물품질관리사 또는 수산물품질관리사의 명의를 사용하게 하거나 그 자격증을 빌려준 자
⑭ 농산물검사관, 농산물품질관리사 또는 수산물품질관리사의 명의를 사용하거나 그 자격증을 대여받은 자 또는 명의의 사용이나 자격증의 대여를 알선한 자

5. 과실범

과실로 기름을 배출한 자는 3년 이하의 징역 또는 3천만원 이하의 벌금에 처한다.

6. 양벌규정

법인의 대표자나 법인 또는 개인의 대리인, 사용인, 그 밖의 종업원이 그 법인 또는 개인의 업무에 관하여 벌칙의 어느 하나에 해당하는 위반행위를 하면 그 행위자를 벌하는 외에 그 법인 또는 개인에게도 해당 조문의 벌금형을 과한다. 다만, 법인 또는 개인이 그 위반행위를 방지하기 위하여 해당 업무에 관하여 상당한 주의와 감독을 게을리하지

아니한 경우에는 그러하지 아니하다.

7. 과태료

(1) 1천만원 이하의 과태료

① 수거·조사·열람 등을 거부·방해 또는 기피한 자
② 이적추적관리를 등록한 자로서 변경신고를 하지 아니한 자
③ 이적추적관리를 등록한 자로서 이력추적관리의 표시를 하지 아니한 자
④ 이적추적관리를 등록한 자로서 이력추적관리기준을 지키지 아니한 자
⑤ 우수표시품에 대한 시정조치, 지리적표시품의 표시 시정에 따른 표시방법에 대한 시정명령에 따르지 아니한 자
⑥ 유전자변형농수산물의 표시를 하지 아니한 자
⑦ 유전자변형농수산물의 표시방법을 위반한 자

(2) 100만원 이하의 과태료

① 양식시설에서 가축을 사육한 자
② 위생관리에 관한 사항 등의 보고를 하지 아니하거나 거짓으로 보고한 생산·가공업자등

(3) 부과·징수

과태료는 농림축산식품부장관, 해양수산부장관, 식품의약품안전처장 또는 시·도지사가 부과·징수한다.

제1편 기출 및 예상문제

01 다음은 농수산물품질관리법의 제정 목적이다. ( ) 안에 들어갈 내용을 순서대로 나열한 것은?

> 농수산물품질관리법은 농수산물의 적절한 ( )을(를) 통하여 농수산물의 ( )을(를) 확보하고 ( )을(를) 향상하며 공정하고 투명한 거래를 유도함으로써 농어업인의 소득증대와 ( )에 이바지함을 목적으로 한다.

① 품질관리, 안전성, 상품성, 소비자 보호
② 소비자 보호, 상품성, 안전성, 품질관리
③ 소비자 보호, 품질관리, 안전성, 상품성
④ 품질관리, 소비자 보호, 상품성, 안전성

 농수산물품질관리법은 농수산물의 적절한 품질관리를 통하여 농수산물의 안전성을 확보하고 상품성을 향상하며 공정하고 투명한 거래를 유도함으로써 농어업인의 소득 증대와 소비자 보호에 이바지하는 것을 목적으로 한다.

02 농수산물품질관리법령상 용어의 정의의 주요내용과 관련하여 옳지 않은 것은?
① "생산자단체"란 「농어업·농어촌 및 식품산업 기본법」 제3조 제4호의 생산자단체와 그 밖에 농림축산식품부령 또는 해양수산부령으로 정하는 단체를 말한다.
② "물류표준화"란 농수산물의 운송·보관·하역·포장 등 물류의 각 단계에서 사용되는 기기·용기·설비·정보 등을 규격화하여 호환성과 연계성을 원활히 하는 것을 말한다.
③ "농산물우수관리"란 농산물, 축산물의 안전성을 확보하고 농업환경을 보전하기 위하여 농산물의 생산, 수확 후 관리를 적절하게 관리하는 것을 말한다.
④ "이력추적관리"란 농수산물의 안전성 등에 문제가 발생할 경우 해당 농수산물을 추적하여 원인을 규명하고 필요한 조치를 할 수 있도록 농수산물의 생산단계부터 판매단계까지 각 단계별로 정보를 기록·관리하는 것을 말한다.

정답 01. ① 02. ③

농산물우수관리 : 농산물의 안전성을 확보하고 농업환경을 보전하기 위하여 농산물의 생산, 수확 후 관리 및 유통의 각 단계에서 작물이 재배되는 농경지 및 농업용수 등의 농업환경과 농산물에 잔류할 수 있는 농약, 중금속, 잔류성 유기오염물질 또는 유해생물 등의 위해요소를 적절하게 관리하는 것을 말한다.

03 농수산물 품질관리법 제2조(정의)의 일부 규정이다. ( )에 들어갈 내용이 순서대로 옳은 것은? 2020년 기출

> "지리적표시"란 농수산물 또는 제13호에 따른 농수산가공품의 ( )·( ), 그 밖의 특징이 본질적으로 특정 지역의 ( )에 기인하는 경우 해당 농수산물 또는 농수산 가공품이 그 특정 지역에서 생산·제조 및 가공되었음을 나타내는 표시를 말한다.

① 명성, 품질, 지리적 특성
② 명성, 품질, 생산자 인지도
③ 유명도, 안전성, 지리적 특성
④ 유명도, 안전성, 생산자 인지도

 지리적표시 : 농수산물 또는 농수산가공품의 명성·품질, 그 밖의 특징이 본질적으로 특정 지역의 지리적 특성에 기인하는 경우 해당 농수산물 또는 농수산가공품이 그 특정 지역에서 생산·제조 및 가공되었음을 나타내는 표시를 말한다.

04 농수산물 품질관리법상 이력추적관리 용어의 정의이다. ( )에 들어갈 내용을 순서대로 나열한 것은? 2019년 기출

> 수산물의 ( ) 등에 문제가 발생할 경우 해당 수산물을 추적하여 원인을 규명하고 필요한 조치를 할 수 있도록 수산물의 ( )단계부터 ( )단계까지 각 단계별로 정보를 기록·관리하는 것을 말한다.

① 경제성, 생산, 판매
② 경제성, 유통, 소비
③ 안전성, 생산, 판매
④ 안전성, 생산, 소비

 이력추적관리 : 농수산물의 안전성 등에 문제가 발생할 경우 해당 농수산물을 추적하여 원인을 규명하고 필요한 조치를 할 수 있도록 농수산물의 생산단계부터 판매단계까지 각 단계별로 정보를 기록·관리하는 것을 말한다.

정답 03. ① 04. ③

05 농수산물품질관리법령상 농수산물품질관리심의회의 심의 사항이 아닌 것은?

① 표준규격 및 물류표준화에 관한 사항
② 친환경농산물의 인증에 관한 사항
③ 지리적표시에 관한 사항
④ 농산물우수관리ㆍ수산물품질인증 및 이력추적관리에 관한 사항

농수산물품질관리심의회의 심의사항
1. 표준규격 및 물류표준화에 관한 사항
2. 농산물우수관리ㆍ수산물품질인증 및 이력추적관리에 관한 사항
3. 지리적표시에 관한 사항
4. 유전자변형농수산물의 표시에 관한 사항
5. 농수산물의 안전성조사 및 그 결과에 대한 조치에 관한 사항
6. 농수산물 및 수산가공품의 검사에 관한 사항
7. 농수산물의 안전 및 품질관리에 관한 정보의 제공에 관하여 총리령, 농림축산식품부령 또는 해양수산부령으로 정하는 사항
8. 수출을 목적으로 하는 수산물의 생산ㆍ가공시설 및 해역(海域)의 위생관리기준에 관한 사항
9. 수산물 및 수산가공품에 따른 위해요소 중점관리기준에 관한 사항
10. 지정해역의 지정에 관한 사항
11. 다른 법령에서 심의회의 심의사항으로 정하고 있는 사항
12. 그 밖에 농수산물 및 수산가공품의 품질관리 등에 관하여 위원장이 심의에 부치는 사항

06 농수산물 품질관리법상 농수산물품질관리심의회의 심의사항으로 명시되지 않은 것은?
2020년 기출

① 수산물품질인증에 관한 사항
② 수산물의 안전성조사에 관한 사항
③ 유기식품등의 인증에 관한 사항
④ 수산가공품의 검사에 관한 사항

농수산물품질관리심의회의 심의사항
1. 표준규격 및 물류표준화에 관한 사항
2. 농산물우수관리ㆍ수산물품질인증 및 이력추적관리에 관한 사항
3. 지리적표시에 관한 사항
4. 유전자변형농수산물의 표시에 관한 사항
5. 농수산물의 안전성조사 및 그 결과에 대한 조치에 관한 사항
6. 농수산물 및 수산가공품의 검사에 관한 사항
7. 농수산물의 안전 및 품질관리에 관한 정보의 제공에 관하여 총리령, 농림축산식품부령 또는 해양수산부령으로 정하는 사항
8. 수출을 목적으로 하는 수산물의 생산ㆍ가공시설 및 해역(海域)의 위생관리기준에 관한 사항
9. 수산물 및 수산가공품에 따른 위해요소 중점관리기준에 관한 사항

정답 05. ② 06. ③

10. 지정해역의 지정에 관한 사항
11. 다른 법령에서 심의회의 심의사항으로 정하고 있는 사항
12. 그 밖에 농수산물 및 수산가공품의 품질관리 등에 관하여 위원장이 심의에 부치는 사항

07 농수산물품질관리법령상 농수산물 품질관리심의회의 설치 및 운영에 관한 설명으로 틀린 것은?

① 국립농수산물품질관리원장 소속하에 농수산물품질관리심의회를 둔다.
② 심의회는 위원장 및 부위원장 각 1명을 포함한 60인 이내 위원으로 구성한다.
③ 위원의 임기는 3년으로 한다.
④ 심의회는 분과위원회를 둘 수 있으며, 분과위원회가 심의회에서 위임받아 심의한 사항은 심의회에서 의결된 것으로 본다.

농수산물 및 수산가공품의 품질관리 등에 관한 사항을 심의하기 위하여 농림축산식품부장관 또는 해양수산부장관 소속으로 농수산물품질관리심의회를 둔다.

08 농수산물 품질관리법령상 농수산물품질관리심의회 위원을 지명한 자가 그 지명을 철회할 수 있는 경우가 아닌 것은? 2021년 기출

① 해당 위원이 심신장애로 인하여 직무를 수행할 수 없게 된 경우
② 해당 위원이 직무와 관련된 비위사실이 있는 경우
③ 해당 위원이 직무태만으로 인하여 위원으로 적합하지 아니하다고 인정되는 경우
④ 위원이 해당 안건에 대하여 자문을 하여 스스로 해당 안건의 심의·의결에서 회피한 경우

지명철회할 수 있는 경우
1. 심신장애로 인하여 직무를 수행할 수 없게 된 경우
2. 직무와 관련된 비위사실이 있는 경우
3. 직무태만, 품위손상이나 그 밖의 사유로 인하여 위원으로 적합하지 아니하다고 인정되는 경우
4. 위원 스스로 직무를 수행하는 것이 곤란하다고 의사를 밝히는 경우
5. 회피사유에 해당하는 데에도 불구하고 회피하지 아니한 경우

정답 07. ① 08. ④

09 농수산물품질관리법령상 농수산물의 표준규격과 관련하여 옳지 않은 것은?

① 농림축산식품부장관 또는 해양수산부장관은 농수산물의 포장규격과 등급규격을 정할 수 있다.
② 표준규격에 맞는 농수산물을 출하하는 자는 포장 겉면에 표준규격품의 표시를 할 수 있다.
③ 표준규격의 제정기준, 제정절차 및 표시방법 등에 필요한 사항은 농수산물품질관리심의회에서 정한다.
④ 유통 능률을 향상시키며 공정한 거래를 실현하기 위하여 농수산물의 포장규격과 등급규격을 정할 수 있다.

 표준규격의 제정기준, 제정절차 및 표시방법 등에 필요한 사항은 농림축산식품부령 또는 해양수산부령으로 정한다.

10 농수산물 품질관리법령상 수산물에 대하여 표준규격품임을 표시하려는 경우 해당 물품의 포장 겉면에 "표준규격품"이라는 문구와 함께 표시하여야 하는 사항을 모두 고른 것은? 　　　　　　　　　　　　　2021년 기출

| ㉠ 품목 | ㉡ 산지 |
| ㉢ 생산 연도 | ㉣ 포장재 |

① ㉠, ㉡
② ㉠, ㉢
③ ㉡, ㉣
④ ㉢, ㉣

 표준규격품을 출하하는 자가 표준규격품임을 표시하려면 해당 물품의 포장 겉면에 "표준규격품"이라는 문구와 함께 다음의 사항을 표시하여야 한다.
1. 품목
2. 산지
3. 품종. 다만, 품종을 표시하기 어려운 품목은 국립농산물품질관리원장, 국립수산물품질관리원장 또는 산림청장이 정하여 고시하는 바에 따라 품종의 표시를 생략할 수 있다.
4. 생산 연도(곡류만 해당한다)
5. 등급
6. 무게. 다만, 품목 특성상 무게를 표시하기 어려운 품목은 국립농산물품질관리원장, 국립수산물품질관리원장 또는 산림청장이 정하여 고시하는 바에 따라 개수 등의 표시를 단일하게 할 수 있다.
7. 생산자 또는 생산자단체의 명칭 및 전화번호

정답 09. ③ 10. ①

11 농수산물품질관리법령상 우수관리인증의 유효기간 등에 관한 설명이다. 옳지 않은 것은?

① 우수관리인증의 유효기간은 우수관리인증을 받은 날부터 1년으로 한다. 다만, 품목의 특성에 따라 달리 적용할 필요가 있는 경우에는 5년의 범위에서 농림축산식품부령으로 유효기간을 달리 정할 수 있다.
② 우수관리인증을 받은 자가 유효기간이 끝난 후에도 계속하여 우수관리인증을 유지하려는 경우에는 그 유효기간이 끝나기 전에 해당 우수관리인증기관의 심사를 받아 우수관리인증을 갱신하여야 한다.
③ 우수관리인증을 받은 자는 유효기간 내에 해당 품목의 출하가 종료되지 아니할 경우에는 해당 우수관리인증기관의 심사를 받아 우수관리인증의 유효기간을 연장할 수 있다.
④ 우수관리인증의 유효기간이 끝나기 전에 생산계획 등 중요 사항을 변경하려는 자는 미리 우수관리인증의 변경을 신청하여 해당 우수관리인증기관의 승인을 받아야 한다.

 우수관리인증의 유효기간은 우수관리인증을 받은 날부터 2년으로 한다. 다만, 품목의 특성에 따라 달리 적용할 필요가 있는 경우에는 10년의 범위에서 농림축산식품부령으로 유효기간을 달리 정할 수 있다.

12 농수산물품질관리법령상 우수관리인증기관의 지정 등에 관한 설명이다. 옳지 않은 것은?

① 농림축산식품부장관은 우수관리인증에 필요한 인력과 시설 등을 갖춘 자를 우수관리인증기관으로 지정하여 우수관리인증을 하도록 할 수 있다.
② 우수관리인증기관으로 지정을 받으려는 자는 농림축산식품부장관에게 인증기관 지정 신청을 하여야 하며, 우수관리인증기관으로 지정받은 후 중요사항이 변경되었을 때에는 변경신고를 하여야 한다.
③ 우수관리인증기관 지정의 유효기간은 지정을 받은 날부터 3년으로 하고, 계속 우수관리인증 업무를 수행하려면 유효기간이 끝나기 전에 그 지정을 갱신하여야 한다.
④ 농림축산식품부장관은 지정이 취소된 우수관리인증기관으로부터 우수관리인증을 받은 자에게 다른 우수관리인증기관으로부터 갱신, 유효기간 연장 또는 변경을 할 수 있도록 취소된 사항을 알려야 한다.

정답 11. ① 12. ③

우수관리인증기관 지정의 유효기간은 지정을 받은 날부터 5년으로 하고, 계속 우수관리인증 업무를 수행하려면 유효기간이 끝나기 전에 그 지정을 갱신하여야 한다.

13 농수산물품질관리법령상 수산물에 대한 품질인증 등에 관한 설명이다. 옳지 않은 것은?

① 해양수산부장관은 수산물의 품질을 향상시키고 소비자를 보호하기 위하여 품질인증제도를 실시한다.
② 품질인증을 받으려는 자는 해양수산부장관에게 신청하여야 한다.
③ 품질인증을 받은 자는 품질인증을 받은 수산물과 수산특산물의 포장·용기 등에 품질인증품임을 표시할 수 있다.
④ 품질인증기관의 지정 기준, 절차 및 품질인증 업무의 범위 등에 필요한 사항은 해양수산부령 및 농림축산식품부령으로 정한다.

 품질인증기관의 지정 기준, 절차 및 품질인증 업무의 범위 등에 필요한 사항은 해양수산부령으로 정한다.

14 농수산물 품질관리법령상 수산물품질인증의 기준이 아닌 것은? 2020년 기출

① 해당 수산물의 생산·출하 과정에서의 자체 품질관리체제와 유통 과정에서의 사후관리체를 갖추고 있을 것
② 해당 수산물의 품질 수준 확보 및 유지를 위한 생산기술과 시설·자재를 갖추고 있을 것
③ 해당 수산물이 그 산지의 유명도가 높거나 상품으로서의 차별화가 인정되는 것일 것
④ 해당 수산물이 그 산지에 주소를 둔 사람이 생산하였을 것

 수산물품질인증의 기준
1. 해당 수산물이 그 산지의 유명도가 높거나 상품으로서의 차별화가 인정되는 것일 것
2. 해당 수산물의 품질 수준 확보 및 유지를 위한 생산기술과 시설·자재를 갖추고 있을 것
3. 해당 수산물의 생산·출하 과정에서의 자체 품질관리체제와 유통 과정에서의 사후관리체제를 갖추고 있을 것

15 농수산물 품질관리법령상 수산물 품질인증 표시의 제도법에 관한 내용으로 옳지 않은 것은?   2021년 기출

① 표지도형의 한글 및 영문 글자는 고딕체로 한다.
② 표지도형의 색상은 파란색을 기본색상으로 하고, 포장재의 색깔 등을 고려하여 녹색 또는 빨간색으로 할 수 있다.
③ 표지도형 내부의 "품질인증"의 글자 색상은 표지도형 색상과 동일하게 한다.
④ 표지도형의 위치는 포장재 주 표시면의 옆면에 표시하되, 포장재 구조상 옆면에 표시하기 어려울 경우에는 표시위치를 변경할 수 있다.

 표지도형의 색상은 녹색을 기본색상으로 하고 포장재의 색깔 등을 고려하여 파란색 또는 빨간색으로 할 수 있다.

16 농수산물 품질관리법상 수산물 품질인증기관의 지정 등에 관한 내용이다. ( )에 들어갈 내용으로 옳은 것은?   2020년 기출

> 품질인증기관으로 지정받은 A기관은 그 대표자가 변경되어 해양수산부장관에게 변경신고를 하였다. 이 때 해양수산부장관은 변경신고를 받은 날부터 ( ) 이내에 신고수리 여부를 A기관에게 통지하여야 한다.

① 10일 ② 14일
③ 15일 ④ 1개월

 해양수산부장관은 변경신고를 받은 날부터 10일 이내에 신고수리 여부를 신고인에게 통지하여야 한다.

17 농수산물 품질관리법령상 품질인증 유효기간 연장에 관한 내용이다. ( )에 들어갈 내용을 순서대로 옳게 나열한 것은?   2019년 기출

> 수산물 및 수산특산물의 품질인증 유효기간을 연장받으려는 자는 해당 품질인증을 한 기관의 장에게 한 품질인증 (연장)신청서에 ( )을 첨부하여 그 유효기간이 끝나기 ( )전까지 제출하여야 한다.

① 품질인증 지정서 원본, 1개월
② 품질인증서 원본, 1개월
③ 품질인증 지정서 사본, 2개월
④ 품질인증서 사본, 2개월

정답 15. ②   16. ①   17. ②

수산물의 품질인증 유효기간을 연장받으려는 자는 해당 품질인증을 한 기관의 장에게 별지 수산물 품질인증 (연장)신청서에 품질인증서 원본을 첨부하여 그 유효기간이 끝나기 1개월 전까지 제출하여야 한다.

18 농수산물품질관리법령상 해양수산부장관이 품질인증을 취소할 수 있는 경우가 아닌 것은?

① 거짓이나 그 밖의 부정한 방법으로 인증을 받은 경우
② 품질인증의 기준이 변경된 경우
③ 정당한 사유 없이 품질인증품 표시의 시정명령, 해당 품목의 판매금지 또는 표시정지 조치에 따르지 아니한 경우
④ 업종전환·폐업 등으로 인하여 품질인증품을 생산하기 어렵다고 판단되는 경우

 해양수산부장관은 품질인증을 받은 자가 다음의 어느 하나에 해당하면 품질인증을 취소할 수 있다. 다만, 1.에 해당하면 품질인증을 취소하여야 한다.
1. 거짓이나 그 밖의 부정한 방법으로 인증을 받은 경우
2. 품질인증의 기준에 현저하게 맞지 아니한 경우
3. 정당한 사유 없이 품질인증품 표시의 시정명령, 해당 품목의 판매금지 또는 표시정지 조치에 따르지 아니한 경우
4. 업종전환·폐업 등으로 인하여 품질인증품을 생산하기 어렵다고 판단되는 경우

19 농수산물품질관리법령상 이력추적관리에 관한 규정으로 옳지 않은 것은?

① 농수산물을 생산하는 자 중 이력추적관리를 하려는 자는 농림축산식품부장관 또는 해양수산부장관에게 등록하여야 한다.
② 농수산물을 생산하거나 유통 또는 판매하는 자는 농림축산식품부장관에게 이력추적관리의 등록을 하여야 한다.
③ 이력추적관리의 등록을 한 자는 농림축산식품부령으로 정하는 등록사항이 변경된 경우 변경 사유가 발생한 날부터 1개월 이내에 농림축산식품부장관에게 신고하여야 한다.
④ 이력추적관리의 등록을 한 자는 해당 농수산물에 이력추적관리의 표시를 할 수 있으며, 이력추적관리의 등록을 한 자는 해당 농수산물에 이력추적관리의 표시를 하여야 한다.

정답 18. ② 19. ①

다음의 어느 하나에 해당하는 자 중 이력추적관리를 하려는 자는 농림축산식품부장관에게 등록하여야 한다.
1. 농수산물을 생산하는 자
2. 농수산물을 유통 또는 판매하는 자

20 농수산물품질관리법령상 이력추적관리 등록의 유효기간 등에 관한 규정으로 옳지 않은 것은?

① 이력추적관리 등록의 유효기간은 등록한 날부터 5년으로 한다. 다만, 품목의 특성상 달리 적용할 필요가 있는 경우에는 10년의 범위에서 유효기간을 달리 정할 수 있다.
② 이력추적관리의 등록을 한 자로서 그 유효기간이 끝난 후에도 계속하여 해당 농수산물에 대하여 이력추적관리를 하려는 자는 이력추적관리 등록의 유효기간이 끝나기 전에 이력추적관리의 등록을 갱신하여야 한다.
③ 이력추적관리의 등록을 한 자가 유효기간 내에 해당 품목의 출하를 종료하지 못할 경우에는 농림축산식품부장관의 심사를 받아 이력추적관리 등록의 유효기간을 연장할 수 있다.
④ 이력추적관리 등록의 갱신 및 유효기간 연장의 절차 등에 필요한 세부적인 사항은 농림축산식품부령으로 정한다.

 이력추적관리 등록의 유효기간은 등록한 날부터 3년으로 한다. 다만, 품목의 특성상 달리 적용할 필요가 있는 경우에는 10년의 범위에서 유효기간을 달리 정할 수 있다.

21 농수산물품질관리법령상 이력추적관리에 관한 내용으로 옳지 않은 것은?

① 이력추적관리를 하려는 자는 농림축산식품부장관에게 등록하여야 한다.
② 농산물을 생산하거나 유통 또는 판매하는 자는 농림축산식품부장관에게 이력추적관리의 등록을 하여야 한다.
③ 이력추적관리의 등록을 한 자는 농림축산식품부령으로 정하는 등록사항이 변경된 경우 변경 사유가 발생한 날부터 1년 이내에 농림축산식품부장관에게 신고하여야 한다.
④ 농림축산식품부장관은 변경신고를 받은 날부터 10일 이내에 신고수리 여부를 신고인에게 통지하여야 한다.

정답 20. ① 21. ③

이력추적관리의 등록을 한 자는 농림축산식품부령으로 정하는 등록사항이 변경된 경우 변경 사유가 발생한 날부터 1개월 이내에 농림축산식품부장관에게 신고하여야 한다.

22 농수산물품질관리법령상 우수표시품에 대한 시정조치에 관한 내용으로 옳지 않은 것은?

① 농림축산식품부장관 또는 해양수산부장관은 표준규격품 또는 품질인증품이 기준에 미치지 못하면 그 시정을 명하거나 해당 품목의 판매금지 또는 표시정지의 조치를 할 수 있다.
② 농림축산식품부장관은 조사 등의 결과 우수관리인증농산물이 우수관리기준에 미치지 못하거나 표시방법을 위반한 경우에는 우수관리인증농산물의 유통업자에게 해당 품목의 우수관리인증 표시의 제거·변경 또는 판매금지 조치를 명할 수 있다.
③ 우수관리인증기관의 지정이 취소된 후 새로운 우수관리인증기관이 지정되지 아니하거나 해당 우수관리인증기관이 업무정지 중인 경우에는 농림축산식품부장관은 표지정지 등의 처분을 할 수 있다.
④ 우수관리인증기관은 요구가 있는 경우 이에 따라야 하고, 처분 후 6개월 이내에 농림축산식품부장관에게 보고하여야 한다.

 우수관리인증기관은 요구가 있는 경우 이에 따라야 하고, 처분 후 지체 없이 농림축산식품부장관에게 보고하여야 한다.

23 농수산물품질관리법령상 지리적 표시의 등록 등에 관한 규정으로 옳지 않은 것은?

① 농림축산식품부장관 또는 해양수산부장관은 지리적 특성을 가진 농수산물 또는 농수산가공품의 품질 향상과 지역특화산업 육성 및 소비자 보호를 위하여 지리적 표시의 등록 제도를 실시한다.
② 지리적 표시의 등록은 특정지역에서 지리적 특성을 가진 농수산물 또는 농수산가공품을 생산하거나 제조·가공하는 자로 구성된 법인만 신청할 수 있다.
③ 지리적표시의 등록을 받으려는 자는 등록 신청서류 및 그 부속서류를 농림축산식품부장관 또는 해양수산부장관에게 제출하여야 한다.
④ 농림축산식품부장관은 등록 신청을 받으면 지리적 표시 등록심의 분과위원회의 심의를 거쳐 등록거절 사유가 없는 경우 지리적 표시 등록 신청 공고결정을 하여야 한다.

농림축산식품부장관 또는 해양수산부장관은 이의신청을 받았을 때에는 지리적 표시 등록심의 분과위원회의 심의를 거쳐 등록을 거절할 정당한 사유가 없다고 판단되는 경우에는 지리적 표시의 등록을 결정하여 신청자에게 알려야 한다.

24 농수산물 품질관리법령상 농수산물 또는 농수산가공품에 대한 지리적표시 등록거절 사유의 세부기준에 해당하지 않는 경우는?   2021년 기출
① 해당 품목이 농수산물인 경우에는 지리적표시 대상지역에서만 생산된 것이 아닌 경우
② 해당 품목의 우수성이 국내 및 국외에서 모두 널리 알려지지 아니한 경우
③ 해당 품목이 농수산가공품인 경우에는 지리적표시 대상지역에서만 생산된 농수산물을 주원료로 하여 해당 지리적표시 대상지역에서 가공된 것이 아닌 경우
④ 해당 품목의 명성·품질 또는 그 밖의 특성이 본질적으로 특정지역의 생산환경적 요인에 기인하나 인적 요인에 기인하지 아니한 경우

 지리적표시의 등록거절 사유의 세부기준
1. 해당 품목이 농수산물인 경우에는 지리적표시 대상지역에서만 생산된 것이 아닌 경우
2. 해당 품목이 농수산가공품인 경우에는 지리적표시 대상지역에서만 생산된 농수산물을 주원료로 하여 해당 지리적표시 대상지역에서 가공된 것이 아닌 경우
3. 해당 품목의 우수성이 국내 및 국외에서 모두 널리 알려지지 아니한 경우
4. 해당 품목이 지리적표시 대상지역에서 생산된 역사가 깊지 않은 경우
5. 해당 품목의 명성·품질 또는 그 밖의 특성이 본질적으로 특정지역의 생산환경적 요인과 인적 요인 모두에 기인하지 아니한 경우
6. 그 밖에 농림축산식품부장관 또는 해양수산부장관이 지리적표시 등록에 필요하다고 인정하여 고시하는 기준에 적합하지 않은 경우

25 농수산물 품질관리법상 해양수산부장관이 지리적표시품의 품질수준 유지와 소비자 보호를 위하여 관계 공무원에게 지시할 수 있는 사항으로 명시되지 않은 것은?   2020년 기출

① 지리적표시품의 등록기준에의 적합성 조사
② 지리적표시품 판매계획서의 적합성 조사
③ 지리적표시품 소유자의 관계 장부의 열람
④ 지리적표시품의 시료를 수거하여 조사

정답 24. ④ 25. ②

농림축산식품부장관 또는 해양수산부장관은 지리적표시품의 품질수준 유지와 소비자 보호를 위하여 관계 공무원에게 다음의 사항을 지시할 수 있다.
1. 지리적표시품의 등록기준에의 적합성 조사
2. 지리적표시품의 소유자·점유자 또는 관리인 등의 관계 장부 또는 서류의 열람
3. 지리적표시품의 시료를 수거하여 조사하거나 전문시험기관 등에 시험 의뢰

26 농수산물 품질관리법령상 지리적표시품에 관한 내용이다. (   )에 들어갈 내용을 순서대로 옳게 나열한 것은? 2019년 기출

해양수산부장관이 지리적표시품의 사후관리와 관련하여 품질준수 유지와 소비자보호를 위하여 관계 공무원에게 다음 사항을 지시할 수 있다.
1. 지리적표시품의 (   )에의 적합성 조사
2. 지리적표시품의 (   )·점유자 또는 관리인 등의 관계 장부 또는 서류의 열람
3. 지리적표시품의 시료를 수거하여 조사하거나 전문시험기관 등에 시험의뢰

① 허가기준, 판매자 ② 등록기준, 소유자
③ 허가기준, 생산자 ④ 등록기준, 수입자

 농림축산식품부장관 또는 해양수산부장관은 지리적표시품의 품질수준 유지와 소비자 보호를 위하여 관계 공무원에게 다음의 사항을 지시할 수 있다.
1. 지리적표시품의 등록기준에의 적합성 조사
2. 지리적표시품의 소유자·점유자 또는 관리인 등의 관계 장부 또는 서류의 열람
3. 지리적표시품의 시료를 수거하여 조사하거나 전문시험기관 등에 시험 의뢰

27 농수산물품질관리법령상 지리적 표시심판위원회에 관한 규정으로 옳지 않은 것은?

① 농림축산식품부장관 또는 해양수산부장관은 지리적 표시에 관한 심판 및 재심 등의 사항을 심판하기 위하여 농림축산식품부장관 또는 해양수산부장관 소속으로 지리적 표시심판위원회를 둔다.
② 심판위원회는 위원장 1명을 포함한 30명 이내의 심판위원으로 구성한다.
③ 심판위원회의 위원장은 심판위원 중에서 농림축산식품부장관 또는 해양수산부장관이 정한다.
④ 심판위원은 관계 공무원과 지식재산권 분야나 지리적 표시 분야의 학식과 경험이 풍부한 사람 중에서 농림축산식품부장관 또는 해양수산부장관이 위촉한다.

 심판위원회는 위원장 1명을 포함한 10명 이내의 심판위원으로 구성한다.

28 농수산물품질관리법령상 안전관리계획에 관한 규정으로 옳지 않은 것은?
① 식품의약품안전처장은 농수산물의 품질 향상과 안전한 농수산물의 생산·공급을 위한 안전관리계획을 3년마다 수립·시행하여야 한다.
② 시·도지사 및 시장·군수·구청장은 관할 지역에서 생산·유통되는 농수산물의 안전성을 확보하기 위한 세부추진계획을 수립·시행하여야 한다.
③ 안전관리계획 및 세부추진계획에는 안전성조사, 위험평가 및 잔류조사, 농어업인에 대한 교육, 그 밖에 총리령으로 정하는 사항을 포함하여야 한다.
④ 식품의약품안전처장은 시·도지사 및 시장·군수·구청장에게 세부추진계획 및 그 시행 결과를 보고하게 할 수 있다.

식품의약품안전처장은 농수산물의 품질 향상과 안전한 농수산물의 생산·공급을 위한 안전관리계획을 매년 수립·시행하여야 한다.

29 농수산물 품질관리법상 식품의약품안전처장이 수산물의 품질 향상과 안전한 수산물의 생산·공급을 위해 수립하는 안전관리계획에 포함하여야 하는 사항으로 명시되지 않은 것은?   2020년 기출
① 위험평가
② 안전성조사
③ 어업인에 대한 교육
④ 수산물검사기관의 지정

안전관리계획 및 세부추진계획에는 안전성조사, 위험평가 및 잔류조사, 농어업인에 대한 교육, 그 밖에 총리령으로 정하는 사항을 포함하여야 한다.

30 농수산물 품질관리법상 안전성검사기관에 관한 설명으로 옳은 것은?   2021년 기출
① 안전성검사기관은 해양수산부장관이 지정한다.
② 거짓으로 지정을 받은 경우 지정취소 또는 6개월 이내의 업무정지 처분을 받을 수 있다.
③ 안전성검사기관 지정의 유효기간은 1년을 초과하지 아니하는 범위에서 한 차례만 연장될 수 있다.
④ 안전성검사기관 지정이 취소된 경우 취소된 후 3년이 지나지 아니하면 그 지정을 신청할 수 없다.

③ 안전성검사기관 지정의 유효기간은 지정받은 날부터 3년으로 한다. 다만, 식품의약품안전처장은 1년을 초과하지 아니하는 범위에서 한 차례만 유효기간을 연장할 수 있다.

① 식품의약품안전처장은 안전성조사 업무의 일부와 시험분석 업무를 전문적·효율적으로 수행하기 위하여 안전성검사기관을 지정하고 안전성조사와 시험분석 업무를 대행하게 할 수 있다.
② 거짓으로 지정을 받은 경우 지정을 취소하여야 한다.
④ 안전성검사기관 지정이 취소된 후 2년이 지나지 아니하면 안전성검사기관 지정을 신청할 수 없다.

31 농수산물 품질관리법상 생산단계 수산물 안전기준을 위반한 경우에 해당 수산물을 생산한 자에게 (A) 처분할 수 있는 사항과 그 (B) 권한을 가진 자로 옳은 것을 모두 고른 것은?   2019년 기출

| ㉠ 출하 연기 | ㉡ 용도 전환 |
| ㉢ 폐기 | ㉣ 수출금지 |

① A : ㉠, ㉡   B : 해양수산부장관
② A : ㉢, ㉣   B : 국립수산물품질관리원장
③ A : ㉠, ㉡, ㉢   B : 시·도지사
④ A : ㉡, ㉢, ㉣   B : 국립수산과학원장

 식품의약품안전처장이나 시·도지사는 생산과정에 있는 농수산물 또는 농수산물의 생산을 위하여 이용·사용하는 농지·어장·용수·자재 등에 대하여 안전성조사를 한 결과 생산단계 안전기준을 위반한 경우에는 해당 농수산물을 생산한 자 또는 소유한 자에게 다음의 조치를 하게 할 수 있다.
1. 해당 농수산물의 폐기, 용도 전환, 출하 연기 등의 처리
2. 해당 농수산물의 생산에 이용·사용한 농지·어장·용수·자재 등의 개량 또는 이용·사용의 금지
3. 그 밖에 총리령으로 정하는 조치

32 농수산물품질관리법령상 위해요소중점관리기준에 관한 규정으로 옳지 않은 것은?
① 해양수산부장관은 외국과의 협약에 규정되어 있거나 수출 상대국에서 정하여 요청하는 경우에는 각 단계를 중점적으로 관리하는 위해요소중점관리기준을 정하여 고시한다.
② 해양수산부장관은 등록한 생산·가공시설등을 운영하는 자에게 위해요소중점관리기준을 준수하도록 하여야 한다.
③ 해양수산부장관은 위해요소중점관리기준을 이행하는 자에게 그 이행 사실을 증명하는 서류를 발급할 수 있다.

정답 31. ③   32. ②

④ 해양수산부장관은 위해요소중점관리기준이 효과적으로 준수되도록 하기 위하여 등록을 한 자와 등록을 하려는 자에게 위해요소중점관리기준의 이행에 필요한 기술·정보를 제공하거나 교육훈련을 실시할 수 있다.

해양수산부장관은 등록한 생산·가공시설등을 운영하는 자에게 위해요소중점관리기준을 준수하도록 할 수 있다.

33 농수산물품질관리법령상 지정해역으로 지정된 해역으로부터 1킬로미터 이내에 있는 해역에서는 다음과 같은 행위를 할 수 없다. 지정해역에서 금지되는 행위에 관한 규정으로 옳지 않은 것은?

① 오염물질을 배출하는 행위
② 어류등양식업을 하기 위하여 설치한 양식어장의 시설에서 오염물질을 배출하는 행위
③ 양식업을 하기 위하여 설치한 양식시설에서 가축을 사육하거나 방치하는 행위
④ 세면, 목욕, 수영 등의 행위로 지정해역에 직·간접으로 오염시키는 행위

지정해역으로 지정된 해역으로부터 1킬로미터 이내에 있는 해역에서는 다음과 같은 행위를 할 수 없다.
1. 오염물질을 배출하는 행위
2. 어류 등의 양식어업을 하기 위하여 설치한 양식어장의 시설에서 오염물질을 배출하는 행위
3. 양식업을 하기 위하여 설치한 양식시설에서 가축을 사육하거나 방치하는 행위

34 농수산물 품질관리법령상 해양수산부장관이 지정해역에서 수산물의 생산을 제한할 수 있는 경우로 명시되지 않은 것은? 2021년 기출

① 선박의 좌초로 인하여 해양오염이 발생한 경우
② 인근에 위치한 폐기물처리시설의 장애로 인하여 해양오염이 발생한 경우
③ 지정해역이 일시적으로 위생관리기준에 적합하지 아니하게 된 경우
④ 지정해역에서 수산물의 생산량이 급격하게 감소한 경우

지정해역에서 수산물의 생산을 제한할 수 있는 경우
1. 선박의 좌초·충돌·침몰, 그 밖에 인근에 위치한 폐기물처리시설의 장애 등으로 인하여 해양오염이 발생한 경우
2. 지정해역이 일시적으로 위생관리기준에 적합하지 아니하게 된 경우
3. 강우량의 변화 등에 따른 영향으로 지정해역의 오염이 우려되어 해양수산부장관이 수산물의 생산제한이 필요하다고 인정하는 경우

정답 33. ④ 34. ④

35 농수산물 품질관리법령상 시·도지사가 지정해역을 지정받기 위해 해양수산부장관에게 요청하는 경우, 갖추어야 하는 서류를 모두 고른 것은? 2020년 기출

> ㉠ 지정받으려는 해역 및 그 부근의 도면
> ㉡ 지정받으려는 해역의 생산품종 및 생산계획서
> ㉢ 지정받으려는 해역의 오염 방지 및 수질 보존을 위한 지정해역 위생관리계획서
> ㉣ 지정받으려는 해역의 위생조사 결과서 및 지정해역 지정의 타당성에 대한 국립수산과학원장의 의견서

① ㉠, ㉡
② ㉡, ㉣
③ ㉠, ㉢, ㉣
④ ㉠, ㉡, ㉢, ㉣

시·도지사가 지정해역을 지정받기 위해 해양수산부장관에게 요청하는 경우, 갖추어야 하는 서류
1. 지정받으려는 해역 및 그 부근의 도면
2. 지정받으려는 해역의 위생조사 결과서 및 지정해역 지정의 타당성에 대한 국립수산과학원장의 의견서
3. 지정받으려는 해역의 오염 방지 및 수질 보존을 위한 지정해역 위생관리계획서

36 농수산물품질관리법령상 농산물검사관의 자격 등에 관한 규정으로 옳지 않은 것은?

① 검사나 재검사 업무를 담당하는 사람은 농산물 검사 관련 업무에 3년 이상 종사한 공무원으로 국립농산물품질관리원장이 실시하는 전형시험에 합격한 사람으로 한다.
② 농산물검사관의 자격은 곡류, 특작·서류, 과실·채소류, 종자류, 잠사류 등의 구분에 따라 부여한다.
③ 농산물검사관의 자격이 취소된 사람은 자격이 취소된 날부터 1년이 지나지 아니하면 전형시험에 응시하거나 농산물검사관의 자격을 취득할 수 없다.
④ 국립농산물품질관리원장은 농산물검사관의 검사기술과 자질을 향상시키기 위하여 교육을 실시할 수 있다.

검사나 재검사 업무를 담당하는 사람은 다음의 어느 하나에 해당하는 사람으로서 국립농산물품질관리원장이 실시하는 전형시험에 합격한 사람으로 한다. 다만, 농산물 검사 관련 자격 또는 학위를 갖고 있는 사람에 대하여는 전형시험의 전부 또는 일부를 면제할 수 있다.
1. 농산물 검사 관련 업무에 6개월 이상 종사한 공무원
2. 농산물 검사 관련 업무에 1년 이상 종사한 사람
3. 농산물품질관리사 자격을 취득한 사람으로서 해당 자격을 취득한 후 1년 이상 농산물품질관리사의 직무를 수행한 사람

정답 35. ③ 36. ①

37 농수산물 품질관리법령상 수산물 및 수산가공품의 검사에 관한 설명으로 옳지 않은 것은? 2021년 기출

① 수산물 및 수산가공품의 검사를 위한 필요한 최소량의 시료의 수거량 및 수거방법은 국립수산물품질관리원장이 정하여 고시한다.
② 정부에서 수매·비축하는 수산물 및 수산가공품은 품질 및 규격이 맞는지와 유해물질이 섞여 들어오는지 등에 관하여 해양수산부장관의 검사를 받아야 한다.
③ 외국과의 협약이나 수출 상대국의 요청에 따라 검사가 필요한 경우로서 해양수산부장관이 정하여 고시하는 수산물 및 수산가공품은 관세청장의 검사를 받아야 한다.
④ 검사를 받은 수산물의 포장·용기를 바꾸려면 다시 해양수산부장관의 검사를 받아야 한다.

 외국과의 협약이나 수출 상대국의 요청에 따라 검사가 필요한 경우로서 해양수산부장관이 정하여 고시하는 수산물 및 수산가공품은 해양수산부장관의 검사를 받아야 한다.

38 농수산물 품질관리법령상 양식시설이 아닌 수산물의 생산·가공시설을 등록신청하는 경우 등록신청서에 첨부하여야 하는 서류가 아닌 것은? 2021년 기출

① 생산·가공시설의 위생관리기준 이행계획서
② 생산·가공시설의 용수배관 배치도
③ 생산·가공시설의 구조 및 설비에 관한 도면
④ 생산·가공시설에서 생산·가공되는 제품의 제조공정도

 수산물의 생산·가공시설을 등록하려는 자는 생산·가공시설 등록신청서에 다음의 서류를 첨부하여 국립수산물품질관리원장에게 제출하여야 한다. 다만, 양식시설의 경우에는 7.의 서류만 제출한다.
1. 생산·가공시설의 구조 및 설비에 관한 도면
2. 생산·가공시설에서 생산·가공되는 제품의 제조공정도
3. 생산·가공시설의 용수배관 배치도
4. 위해요소중점관리기준의 이행계획서
5. 다음의 구분에 따른 생산·가공용수에 대한 수질검사성적서
   ㉠ 유럽연합에 등록하게 되는 생산·가공시설 : 수산물 생산·가공시설의 위생관리기준의 수질검사항목이 포함된 수질검사성적서
   ㉡ 그 밖의 생산·가공시설 : 수질검사성적서
6. 선박의 시설배치도
7. 어업의 면허·허가·신고, 수산물가공업의 등록·신고, 영업의 허가·신고, 공판장·도매시장 등의 개설 허가 등에 관한 증명서류

정답 37. ③ 38. ①

39 농수산물 품질관리법령상 수산물의 생산·가공시설의 등록을 하려는 자가 생산·가공시설 등록신청서를 제출하여야 하는 기관의 장은?   2019년 기출

① 해양수산부장관
② 국립수산물품질관리원장
③ 국립수산과학원장
④ 지방자치단체의 장

 수산물의 생산·가공시설을 등록하려는 자는 생산·가공시설 등록신청서에 관련 서류를 첨부하여 국립수산물품질관리원장에게 제출하여야 한다.

40 농수산물 품질관리법령상 지정해역에서 위생관리기준에 맞게 생산된 수산물 및 수산가공품에 대한 관능검사 및 정밀검사를 생략할 수 있는 경우 수산물·수산가공품 (재)검사신청서에 첨부하는 생산·가공일지에 적어야 하는 사항이 아닌 것은?   2021년 기출

① 어획기간
② 생산(가공)기간
③ 포장재
④ 품질관리자

 수산물·수산가공품 (재)검사신청서에 첨부하는 생산·가공일지에 적어야 하는 사항
1. 품명
2. 생산(가공)기간
3. 생산량 및 재고량
4. 품질관리자 및 포장재

41 농수산물 품질관리법상 지정해역의 보존·관리를 위한 지정해역 위생관리대책의 수립·시행권자는?   2019년 기출

① 해양수산부장관
② 국립수산과학원장
③ 식품의약품안전처장
④ 국립수산물품질관리원장

 해양수산부장관은 지정해역의 보존·관리를 위한 지정해역 위생관리종합대책을 수립·시행하여야 한다.

42 농수산물 품질관리법령상 수산물 및 수산가공품에 대한 검사 중 관능검사의 대상이 아닌 것은?   2020년 기출

① 정부에서 수매하는 수산물

정답 39. ② 40. ① 41. ① 42. ④

② 정부에서 비축하는 수산가공품
③ 국내에서 소비하는 수산가공품
④ 검사신청인이 위생증명서를 요구하는 비식용수산물

관능검사의 대상
1. 수산물 및 수산가공품으로서 외국요구기준을 이행했는지를 확인하기 위하여 품질·포장재·표시사항 또는 규격 등의 확인이 필요한 수산물·수산가공품
2. 검사신청인이 위생증명서를 요구하는 수산물·수산가공품
3. 정부에서 수매·비축하는 수산물·수산가공품
4. 국내에서 소비하는 수산물·수산가공품

43 농수산물 품질관리법상 수산물 및 수산가공품에 유해물질이 섞여 들여오는지 등에 대하여 해양수산부장관의 검사를 받아야 하는 것으로 옳지 않은 것은? 2019년 기출

① 수출 대상국에서 검사항목의 전부 생략을 요청하는 경우의 수산물
② 외국과의 협약에 따라 검사가 필요한 경우로서 해양수산부장관이 정하여 고시하는 수산물
③ 수출 상대국의 요청에 따라 검사가 필요한 경우로서 해양수산부장관이 정하여 고시하는 수산가공품
④ 정부에서 수매·비축하는 수산물

수산물 및 수산가공품에 유해물질이 섞여 들여오는지 등에 대하여 해양수산부장관의 검사를 받아야 하는 것
1. 정부에서 수매·비축하는 수산물 및 수산가공품
2. 외국과의 협약이나 수출 상대국의 요청에 따라 검사가 필요한 경우로서 해양수산부장관이 정하여 고시하는 수산물 및 수산가공품

44 농수산물 품질관리법상 검사나 재검사를 받은 수산물 또는 수산물가공품의 검사판정 취소에 관한 설명으로 옳지 않은 것은? 2019년 기출

① 검사증명서의 식별이 곤란할 정도로 훼손되었거나 분실된 경우 취소할 수 있다.
② 재검사 결과의 표시 또는 검사증명서를 위조한 사실이 확인된 경우 취소할 수 있다.
③ 검사를 받은 수산물의 포장이나 내용물을 바꾼 사실이 확인된 경우 취소할 수 있다.
④ 거짓이나 부정한 방법으로 검사를 받은 사실이 확인된 경우 취소할 수 있다.

정답 43. ① 44. ①

해양수산부장관은 검사나 재검사를 받은 수산물 또는 수산가공품이 다음의 어느 하나에 해당하면 검사판정을 취소할 수 있다.
1. 거짓이나 그 밖의 부정한 방법으로 검사를 받은 사실이 확인된 경우
2. 검사 또는 재검사 결과의 표시 또는 검사증명서를 위조하거나 변조한 사실이 확인된 경우
3. 검사 또는 재검사를 받은 수산물 또는 수산가공품의 포장이나 내용물을 바꾼 사실이 확인된 경우

45 농수산물 품질관리법령상 수산물품질관리사가 수행하는 직무로 명시되지 않은 것은? 2021년 기출
① 포장수산물의 표시사항 준수에 관한 지도
② 수산물의 생산 및 수확 후의 품질관리기술 지도
③ 수산물의 선별·저장 및 포장 시설 등의 운용·관리
④ 위판장에 상장한 수산물에 대한 정가·수의매매 등의 가격 협의

 수산물품질관리사가 수행하는 직무
1. 수산물의 등급 판정
2. 수산물의 생산 및 수확 후 품질관리기술 지도
3. 수산물의 출하 시기 조절, 품질관리기술에 관한 조언
4. 수산물의 생산 및 수확 후의 품질관리기술 지도
5. 수산물의 선별·저장 및 포장 시설 등의 운용·관리
6. 수산물의 선별·포장 및 브랜드 개발 등 상품성 향상 지도
7. 포장수산물의 표시사항 준수에 관한 지도
8. 수산물의 규격출하 지도

46 농수산물 품질관리법상 수산물품질관리사의 직무로 명시되지 않은 것은? 2020년 기출
① 수산물의 등급 판정
② 수산물우수관리인증시설의 위생 지도
③ 수산물의 생산 및 수확 후 품질관리기술 지도
④ 수산물의 출하 시기 조절, 품질관리기술에 관한 조언

 수산물품질관리사가 수행하는 직무
1. 수산물의 등급 판정
2. 수산물의 생산 및 수확 후 품질관리기술 지도
3. 수산물의 출하 시기 조절, 품질관리기술에 관한 조언
4. 수산물의 생산 및 수확 후의 품질관리기술 지도

정답 45. ④ 46. ②

5. 수산물의 선별·저장 및 포장 시설 등의 운용·관리
6. 수산물의 선별·포장 및 브랜드 개발 등 상품성 향상 지도
7. 포장수산물의 표시사항 준수에 관한 지도
8. 수산물의 규격출하 지도

47 농수산물 품질관리법령상 수산물품질관리사의 업무로 옳지 않은 것은? 2019년 기출

① 무항생제수산물 생산지도 및 인증
② 포장수산물의 표시사항 준수에 관한 지도
③ 수산물의 선별·저장 및 포장시설 등의 운용·관리
④ 수산물의 생산 및 수확 후의 품질관리기술 지도

수산물품질관리사가 수행하는 직무
1. 수산물의 등급 판정
2. 수산물의 생산 및 수확 후 품질관리기술 지도
3. 수산물의 출하 시기 조절, 품질관리기술에 관한 조언
4. 수산물의 생산 및 수확 후의 품질관리기술 지도
5. 수산물의 선별·저장 및 포장 시설 등의 운용·관리
6. 수산물의 선별·포장 및 브랜드 개발 등 상품성 향상 지도
7. 포장수산물의 표시사항 준수에 관한 지도
8. 수산물의 규격출하 지도

48 농수산물 품질관리법상 유전자변형수산물의 표시를 거짓으로 하거나 이를 혼동하게 할 우려가 있는 표시를 한 유전자변형수산물 표시의무자에 대한 벌칙기준은?
2019년 기출

① 1년 이하의 징역 또는 1천만원 이하의 벌금
② 3년 이하의 징역 또는 3천만원 이하의 벌금, 징역과 벌금 병과 가능
③ 5년 이하의 징역 또는 5천만원 이하의 벌금, 징역과 벌금 병과 가능
④ 7년 이하의 징역 또는 1억원 이하의 벌금, 징역과 벌금 병과 가능

유전자변형농수산물의 표시를 거짓으로 하거나 이를 혼동하게 할 우려가 있는 표시를 한 유전자변형농수산물 표시의무자는 7년 이하의 징역 또는 1억원 이하의 벌금에 처한다. 이 경우 징역과 벌금은 병과할 수 있다.

정답 47. ① 48. ④

49 농수산물품질관리법령상 1천만원 이하의 과태료부과 등에 관한 규정으로 옳지 않은 것은?

① 수거·조사·열람 등을 거부·방해 또는 기피한 자
② 이적추적관리를 등록한 자로서 변경신고를 하지 아니한 자
③ 이적추적관리를 등록한 자로서 이력추적관리의 표시를 하지 아니한 자
④ 「해양환경관리법」 제2조 제5호에 따른 기름을 배출한 자

 1천만원 이하의 과태료
1. 수거·조사·열람 등을 거부·방해 또는 기피한 자
2. 이적추적관리를 등록한 자로서 변경신고를 하지 아니한 자
3. 이적추적관리를 등록한 자로서 이력추적관리의 표시를 하지 아니한 자
4. 이적추적관리를 등록한 자로서 이력추적관리기준을 지키지 아니한 자
5. 우수표시품에 대한 시정조치, 지리적표시품의 표시 시정에 따른 표시방법에 대한 시정명령에 따르지 아니한 자
6. 유전자변형농수산물의 표시를 하지 아니한 자
7. 유전자변형농수산물의 표시방법을 위반한 자

50 농수산물 품질관리법상 벌칙 기준이 '3년 이하의 징역 또는 3천만원 이하의 벌금'에 해당하지 않는 자는? 2020년 기출

① 품질인증품의 표시를 한 수산물에 품질인증품이 아닌 수산물을 혼합하여 판매하는 행위를 한 자
② 지리적표시품이 아닌 수산물 또는 수산가공품의 포장·용기·선전물 및 관련 서류에 지적표시를 한 자
③ 수산물품질관리사의 명의를 사용하게 하거나 그 자격증을 빌려준 자
④ 검사를 받아야 하는 수산물 및 수산가공품에 대하여 검사를 받지 아니한 자

 농산물검사관, 농산물품질관리사 또는 수산물품질관리사의 명의를 사용하거나 그 자격증을 대여받은 자 또는 명의의 사용이나 자격증의 대여를 알선한 자는 1년 이하의 징역 또는 1천만원 이하의 벌금에 처한다.

정답 49. ④ 50. ③

제2편 농수산물의 원산지표시에 관한 법률

제1장 총칙

1. 목적
이 법은 농산물·수산물이나 그 가공품 등에 대하여 적정하고 합리적인 원산지 표시를 하도록 하여 소비자의 알권리를 보장하고, 공정한 거래를 유도함으로써 생산자와 소비자를 보호하는 것을 목적으로 한다.

2. 용어의 정의

(1) 농수산물

① 농산물 : 농업활동으로 생산되는 산물
② 수산물 : 어업활동 및 양식업활동으로부터 생산되는 산물(소금은 제외한다)
③ 농수산물 : 농산물과 수산물을 말한다.

(2) 원산지

농산물이나 수산물이 생산·채취·포획된 국가·지역이나 해역을 말한다.

(3) 식품접객업

「식품위생법」에 따른 식품접객업을 말한다.

(4) 집단급식소

「식품위생법」에 따른 집단급식소를 말한다.

(5) 통신판매

「전자상거래 등에서의 소비자보호에 관한 법률」에 따른 통신판매 중 대통령령으로 정하는 판매를 말한다.

3. 다른 법률과의 관계
이 법은 농수산물 또는 그 가공품의 원산지 표시에 대하여 다른 법률에 우선하여 적용한다.

4. 농수산물의 원산지 표시의 심의

이 법에 따른 농산물·수산물 및 그 가공품 또는 조리하여 판매하는 쌀·김치류, 축산물 및 수산물 등의 원산지 표시 등에 관한 사항은 농수산물품질관리심의회에서 심의한다.

제 2 장　원산지 표시 등

1. 원산지 표시

(1) 원산지 표시 대상물

농수산물 또는 그 가공품을 수입하는 자, 생산·가공하여 출하하거나 판매하는 자 또는 판매할 목적으로 보관·진열하는 자는 다음에 대하여 원산지를 표시하여야 한다.

① 농수산물
② 농수산물 가공품(국내에서 가공한 가공품은 제외한다)
③ 농수산물 가공품(국내에서 가공한 가공품에 한정한다)의 원료

(2) 원산지를 표시한 것으로 간주

① 표준규격품의 표시를 한 경우
② 우수관리인증의 표시, 품질인증품의 표시 또는 우수천일염인증의 표시를 한 경우
③ 천일염생산방식인증의 표시를 한 경우
④ 친환경천일염인증의 표시를 한 경우
⑤ 이력추적관리의 표시를 한 경우
⑥ 지리적표시를 한 경우
⑦ 원산지인증의 표시를 한 경우
⑧ 수출입 농수산물이나 수출입 농수산물 가공품의 원산지를 표시한 경우
⑨ 다른 법률에 따라 농수산물의 원산지 또는 농수산물 가공품의 원료의 원산지를 표시한 경우

(3) 영업소나 집단급식소의 원산지 표시

식품접객업 및 집단급식소 중 영업소나 집단급식소를 설치·운영하는 자는 다음의 어느하나에 해당하는 경우에 그 농수산물이나 그 가공품의 원료에 대하여 원산지를 표시하여야 한다. 다만, 원산지인증의 표시를 한 경우에는 원산지를 표시한 것으로 보며, 쇠고기의 경우에는 식육의 종류를 별도로 표시하여야 한다.

① 농수산물이나 그 가공품을 조리하여 판매·제공하는 경우

② 농수산물이나 그 가공품을 조리하여 판매·제공할 목적으로 보관하거나 진열하는 경우

(4) 표시대상, 표시를 하여야 할 자, 표시기준 등

표시대상, 표시를 하여야 할 자, 표시기준은 대통령령으로 정하고, 표시방법과 그 밖에 필요한 사항은 농림축산식품부와 해양수산부의 공동 부령으로 정한다.

2. 거짓 표시 등의 금지

(1) 모든 사람의 금지행위

① 원산지 표시를 거짓으로 하거나 이를 혼동하게 할 우려가 있는 표시를 하는 행위
② 원산지 표시를 혼동하게 할 목적으로 그 표시를 손상·변경하는 행위
③ 원산지를 위장하여 판매하거나, 원산지 표시를 한 농수산물이나 그 가공품에 다른 농수산물이나 가공품을 혼합하여 판매하거나 판매할 목적으로 보관이나 진열하는 행위

(2) 농수산물이나 그 가공품을 조리하여 판매·제공하는 자의 금지행위

① 원산지 표시를 거짓으로 하거나 이를 혼동하게 할 우려가 있는 표시를 하는 행위
② 원산지를 위장하여 조리·판매·제공하거나, 조리하여 판매·제공할 목적으로 농수산물이나 그 가공품의 원산지 표시를 손상·변경하여 보관·진열하는 행위
③ 원산지 표시를 한 농수산물이나 그 가공품에 원산지가 다른 동일 농수산물이나 그 가공품을 혼합하여 조리·판매·제공하는 행위

(3) 표시 및 위장판매의 범위 등

원산지를 혼동하게 할 우려가 있는 표시 및 위장판매의 범위 등 필요한 사항은 농림축산식품부와 해양수산부의 공동 부령으로 정한다.

(4) 대규모점포를 개설한 자의 금지행위

대규모점포를 개설한 자는 임대의 형태로 운영되는 점포의 임차인 등 운영자가 (1) 또는 (2)의 어느 하나에 해당하는 행위를 하도록 방치하여서는 아니 된다.

(5) 방송채널사용사업자의 금지행위

승인을 받고 상품소개와 판매에 관한 전문편성을 행하는 방송채널사용사업자는 해당 방송채널 등에 물건 판매중개를 의뢰하는 자가 (1) 또는 (2)의 어느 하나에 해당하는 행위를 하도록 방치하여서는 아니 된다.

3. 과징금

(1) 과징금 부과·징수

농림축산식품부장관, 해양수산부장관, 관세청장, 특별시장·광역시장·특별자치시장·도지사·특별자치도지사 또는 시장·군수·구청장은 거짓 표시 등의 금지를 2년 이내에 2회 이상 위반한 자에게 그 위반금액의 5배 이하에 해당하는 금액을 과징금으로 부과·징수할 수 있다. 이 경우 원산지 표시 위반한 횟수와 농수산물이나 그 가공품을 조리하여 판매·제공하는 자의 금지행위를 위반한 횟수는 합산한다.

(2) 위반금액

위반금액은 농수산물이나 그 가공품의 판매금액으로서 각 위반행위별 판매금액을 모두 더한 금액을 말한다. 다만, 통관단계의 위반금액은 원산지 표시를 위반한 농수산물이나 그 가공품의 수입 신고 금액으로서 각 위반행위별 수입 신고 금액을 모두 더한 금액을 말한다.

(3) 과징금 부과·징수의 세부기준, 절차 등

과징금 부과·징수의 세부기준, 절차, 그 밖에 필요한 사항은 대통령령으로 정한다.

(4) 과징금의 징수

농림축산식품부장관, 해양수산부장관, 관세청장, 시·도지사 또는 시장·군수·구청장은 과징금을 내야 하는 자가 납부기한까지 내지 아니하면 국세 또는 지방세 체납처분의 예에 따라 징수한다.

4. 원산지 표시 등의 조사

(1) 원산지 표시 등의 조사

농림축산식품부장관, 해양수산부장관, 관세청장, 시·도지사 또는 시장·군수·구청장은 원산지의 표시 여부·표시사항과 표시방법 등의 적정성을 확인하기 위하여 관계 공무원으로 하여금 원산지 표시대상 농수산물이나 그 가공품을 수거하거나 조사하게 하여야 한다. 이 경우 관세청장의 수거 또는 조사 업무는 원산지 표시 대상 중 수입하는 농수산물이나 농수산물 가공품에 한정한다.

(2) 장부 또는 서류의 열람

조사 시 필요한 경우 해당 영업장, 보관창고, 사무실 등에 출입하여 농수산물이나 그 가공품 등에 대하여 확인·조사 등을 할 수 있으며 영업과 관련된 장부나 서류의 열람을 할 수 있다.

(3) 수거・조사・열람의 거부・방해금지

수거・조사・열람을 하는 때에는 원산지의 표시대상 농수산물이나 그 가공품을 판매하거나 가공하는 자 또는 조리하여 판매・제공하는 자는 정당한 사유 없이 이를 거부・방해하거나 기피하여서는 아니 된다.

(4) 증표제시

수거 또는 조사를 하는 관계 공무원은 그 권한을 표시하는 증표를 지니고 이를 관계인에게 내보여야 하며, 출입 시 성명・출입시간・출입목적 등이 표시된 문서를 관계인에게 교부하여야 한다.

(5) 인력・재원 운영계획 수립 및 실시

농림축산식품부장관, 해양수산부장관, 관세청장이나 시・도지사는 수거・조사를 하는 경우 업종, 규모, 거래 품목 및 거래 형태 등을 고려하여 매년 인력・재원 운영계획을 포함한 자체 계획을 수립한 후 그에 따라 실시하여야 한다.

(6) 실시 결과의 반영

농림축산식품부장관, 해양수산부장관, 관세청장이나 시・도지사는 수거・조사를 실시한 경우 다음의 사항에 대하여 평가를 실시하여야 하며 그 결과를 자체 계획에 반영하여야 한다.
① 자체 계획에 따른 추진 실적
② 그 밖에 원산지 표시 등의 조사와 관련하여 평가가 필요한 사항

5. 영수증 등의 비치

원산지를 표시하여야 하는 자는 다른 법률에 따라 발급받은 원산지 등이 기재된 영수증이나 거래명세서 등을 매입일부터 6개월간 비치・보관하여야 한다.

6. 원산지 표시 등의 위반에 대한 처분 등

(1) 원산지 표시 등의 위반에 대한 처분

농림축산식품부장관, 해양수산부장관, 관세청장, 시・도지사 또는 시장・군수・구청장은 원산지 표시나 거짓표시를 위반한 자에 대하여 다음의 처분을 할 수 있다. 다만, 영업소나 집단급식소가 원산지 표시를 위반한 자에 대한 처분은 ①에 한정한다.
① 표시의 이행・변경・삭제 등 시정명령
② 위반 농수산물이나 그 가공품의 판매 등 거래행위 금지

(2) 원산지 표시 등의 위반에 대한 공표

농림축산식품부장관, 해양수산부장관, 관세청장, 시·도지사 또는 시장·군수·구청장은 다음의 자가 원산지 표시를 위반하여 2년 이내에 2회 이상 원산지를 표시하지 아니하거나, 거짓표시를 위반함에 따라 처분이 확정된 경우 처분과 관련된 사항을 공표하여야 한다. 다만, 농림축산식품부장관이나 해양수산부장관이 심의회의 심의를 거쳐 공표의 실효성이 없다고 인정하는 경우에는 처분과 관련된 사항을 공표하지 아니할 수 있다.

① 원산지의 표시를 하도록 한 농수산물이나 그 가공품을 생산·가공하여 출하하거나 판매 또는 판매할 목적으로 가공하는 자
② 음식물을 조리하여 판매·제공하는 자

(3) 공표를 하여야 하는 사항

① 처분 내용
② 해당 영업소의 명칭
③ 농수산물의 명칭
④ 처분을 받은 자가 입점하여 판매한 방송채널사용사업자 또는 통신판매중개업자의 명칭
⑤ 그 밖에 처분과 관련된 사항으로서 대통령령으로 정하는 사항

(4) 홈페이지에 공표하는 자

① 농림축산식품부
② 해양수산부
③ 관세청
④ 국립농산물품질관리원
⑤ 국가검역·검사기관
⑥ 특별시·광역시·특별자치시·도·특별자치도, 시·군·구
⑦ 한국소비자원
⑧ 그 밖에 주요 인터넷 정보제공 사업자

7. 원산지 표시 위반에 대한 교육

(1) 농수산물 원산지 표시제도 교육 이수명령

농림축산식품부장관, 해양수산부장관, 관세청장, 시·도지사 또는 시장·군수·구청장은 처분이 확정된 경우에는 농수산물 원산지 표시제도 교육을 이수하도록 명하여야 한다.

(2) 이수명령의 이행기간

이수명령의 이행기간은 교육 이수명령을 통지받은 날부터 최대 4개월 이내로 정한다.

(3) 교육시행지침 마련 및 시행

농림축산식품부장관과 해양수산부장관은 농수산물 원산지 표시제도 교육을 위하여 교육시행지침을 마련하여 시행하여야 한다.

8. 농수산물의 원산지 표시에 관한 정보제공

(1) 방사성물질이 유출된 국가 또는 지역 등 제공

농림축산식품부장관 또는 해양수산부장관은 농수산물의 원산지 표시와 관련된 정보 중 방사성물질이 유출된 국가 또는 지역 등 국민이 알아야 할 필요가 있다고 인정되는 정보에 대하여는 이를 국민에게 제공하도록 노력하여야 한다.

(2) 심의회의 심의

정보를 제공하는 경우 심의회의 심의를 거칠 수 있다.

(3) 농수산물안전정보시스템 이용

농림축산식품부장관 또는 해양수산부장관은 국민에게 정보를 제공하고자 하는 경우 농수산물안전정보시스템을 이용할 수 있다.

제 3 장   보 칙

1. 명예감시원

(1) 명예감시원 시고 등

농림축산식품부장관, 해양수산부장관, 시·도지사 또는 시장·군수·구청장은 농수산물 명예감시원에게 농수산물이나 그 가공품의 원산지 표시를 지도·홍보·계몽하거나 위반사항을 신고하게 할 수 있다.

(2) 경비지급

농림축산식품부장관, 해양수산부장관, 시·도지사 또는 시장·군수·구청장은 활동에 필요한 경비를 지급할 수 있다.

2. 포상금 지급 등

(1) 포상금 지급

농림축산식품부장관, 해양수산부장관, 관세청장, 시·도지사 또는 시장·군수·구청장은 원산지 표시 및 거짓표시를 위반한 자를 주무관청이나 수사기관에 신고하거나 고발한 자에 대하여 예산의 범위에서 포상금을 지급할 수 있다.

(2) 우수사례의 발굴 및 시상

농림축산식품부장관 또는 해양수산부장관은 농수산물 원산지 표시의 활성화를 모범적으로 시행하고 있는 지방자치단체, 개인, 기업 또는 단체에 대하여 우수사례로 발굴하거나 시상할 수 있다.

3. 권한의 위임 및 위탁

이 법에 따른 농림축산식품부장관, 해양수산부장관 또는 관세청장의 권한은 그 일부를 소속 기관의 장, 관계 행정기관의 장에게 위임 또는 위탁할 수 있다.

4. 행정기관 등의 업무협조

(1) 업무협조

국가 또는 지방자치단체, 그 밖에 법령 또는 조례에 따라 행정권한을 가지고 있거나 위임 또는 위탁받은 공공단체나 그 기관 또는 사인은 원산지 표시제의 효율적인 운영을 위하여 서로 협조하여야 한다.

(2) 행정기관 등의 업무협조

농림축산식품부장관, 해양수산부장관 또는 관세청장은 원산지 표시제의 효율적인 운영을 위하여 필요한 경우 국가 또는 지방자치단체의 전자정보처리 체계의 정보 이용 등에 대한 협조를 관계 중앙행정기관의 장, 시·도지사 또는 시장·군수·구청장에게 요청할 수 있다. 이 경우 협조를 요청받은 관계 중앙행정기관의 장, 시·도지사 또는 시장·군수·구청장은 특별한 사유가 없으면 이에 따라야 한다.

제 4 장   벌 칙

1. 벌 칙

(1) 7년 이하의 징역이나 1억원 이하의 벌금에 처하거나 이를 병과

① 원산지 표시를 거짓으로 하거나 이를 혼동하게 할 우려가 있는 표시를 하는 행위
② 원산지 표시를 혼동하게 할 목적으로 그 표시를 손상·변경하는 행위
③ 원산지를 위장하여 판매하거나, 원산지 표시를 한 농수산물이나 그 가공품에 다른 농

수산물이나 가공품을 혼합하여 판매하거나 판매할 목적으로 보관이나 진열하는 행위
④ 원산지 표시를 거짓으로 하거나 이를 혼동하게 할 우려가 있는 표시를 하는 행위
⑤ 원산지를 위장하여 조리·판매·제공하거나, 조리하여 판매·제공할 목적으로 농수산물이나 그 가공품의 원산지 표시를 손상·변경하여 보관·진열하는 행위
⑥ 원산지 표시를 한 농수산물이나 그 가공품에 원산지가 다른 동일 농수산물이나 그 가공품을 혼합하여 조리·판매·제공하는 행위

(2) 1년 이상 10년 이하의 징역 또는 500만원 이상 1억5천만원 이하의 벌금에 처하거나 이를 병과

(1)의 죄로 형을 선고받고 그 형이 확정된 후 5년 이내에 다시 (1)을 위반한 자

(3) 1년 이하의 징역이나 1천만원 이하의 벌금

원산지 표시 등의 위반에 대한 처분을 이행하지 아니한 자

(4) 자수자에 대한 특례

7년 이하의 징역이나 1억원 이하의 벌금에 위반한 자가 자신의 위반사실을 자수한 때에는 그 형을 감경하거나 면제한다. 이 경우 조사권한을 가진 자 또는 수사기관에 자신의 위반사실을 스스로 신고한 때를 자수한 때로 본다.

(5) 양벌규정

법인의 대표자나 법인 또는 개인의 대리인, 사용인, 그 밖의 종업원이 그 법인 또는 개인의 업무에 관하여 (1) 또는 (2)에 해당하는 위반행위를 하면 그 행위자를 벌하는 외에 그 법인이나 개인에게도 해당 조문의 벌금형을 과(科)한다. 다만, 법인 또는 개인이 그 위반행위를 방지하기 위하여 해당 업무에 관하여 상당한 주의와 감독을 게을리하지 아니한 경우에는 그러하지 아니하다.

2. 과태료

(1) 1천만원 이하의 과태료

① 원산지 표시를 하지 아니한 자
② 원산지의 표시방법을 위반한 자
③ 임대점포의 임차인 등 운영자가 거짓 표시 등의 금지에 해당하는 행위를 하는 것을 알았거나 알 수 있었음에도 방치한 자
④ 해당 방송채널 등에 물건 판매중개를 의뢰한 자가 거짓 표시 등의 금지에 해당하는 행위를 하는 것을 알았거나 알 수 있었음에도 방치한 자
⑤ 수거·조사·열람을 거부·방해하거나 기피한 자

⑥ 영수증이나 거래명세서 등을 비치·보관하지 아니한 자

(2) 500만원 이하의 과태료

교육을 이수하지 아니한 자

(3) 부과·징수

과태료는 대통령령으로 정하는 바에 따라 농림축산식품부장관, 해양수산부장관, 관세청장, 시·도지사 또는 시장·군수·구청장이 부과·징수한다.

제2편 기출 및 예상문제

01 농수산물의 원산지표시에 관한 법률의 목적으로 옳지 않은 것은?
① 소비자의 알권리 보장
② 공정한 거래 유도
③ 생산자와 소비자 보호
④ 농수산물의 수입제한

 이 법은 농산물·수산물이나 그 가공품 등에 대하여 적정하고 합리적인 원산지 표시를 하도록 하여 소비자의 알권리를 보장하고, 공정한 거래를 유도함으로써 생산자와 소비자를 보호하는 것을 목적으로 한다.

02 농수산물의 원산지 표시에 관한 법령상의 설명으로 밑줄 친 부분이 옳지 않은 것은 몇 개인가? 　　　　　　　　　　　　　　　　　2019년 기출

> 수산물이나 그 가공품 등에 대하여 적정하고 합리적인 원산지 표시를 하도록 하여 <u>생산자의 알권리</u>를 보장하고, 공정한 거래를 유도함으로써 생산자와 소비자를 보호하는 것을 목적으로 한다. <u>해양수산부장관</u>은 수산물 <u>명예감시원</u>에게 수산물이나 그 가공품의 원산지 표시를 지도·홍보·계몽과 <u>위반사항의 신고</u>를 하게 할 수 있다.

① 1개　　　　　　　　　　② 2개
③ 3개　　　　　　　　　　④ 4개

 농산물·수산물이나 그 가공품 등에 대하여 적정하고 합리적인 원산지 표시를 하도록 하여 소비자의 알권리를 보장하고, 공정한 거래를 유도함으로써 생산자와 소비자를 보호하는 것을 목적으로 한다.
농림축산식품부장관, 해양수산부장관, 시·도지사 또는 시장·군수·구청장은 농수산물 명예감시원에게 농수산물이나 그 가공품의 원산지 표시를 지도·홍보·계몽하거나 위반사항을 신고하게 할 수 있다.

정답 01. ④　02. ①

03 농수산물의 원산지표시에 관한 법률상 농수산물이 아닌 것은?

① 어업활동으로부터 생산되는 산물
② 양식업활동으로부터 생산되는 산물
③ 소금
④ 농업활동으로 생산되는 산물

 농수산물
1. 농산물 : 농업활동으로 생산되는 산물
2. 수산물 : 어업활동 및 양식업활동으로부터 생산되는 산물(소금은 제외한다)
3. 농수산물 : 농산물과 수산물을 말한다.

04 농수산물의 원산지표시에 관한 법률상 원산지를 표시하여야 할 자가 아닌 자는?

① 농수산물 또는 그 가공품을 수입하는 자
② 농산물을 소비하려고 구입하는 자
③ 생산·가공하여 출하하거나 판매하는 자
④ 판매할 목적으로 보관·진열하는 자

 농수산물 또는 그 가공품을 수입하는 자, 생산·가공하여 출하하거나 판매하는 자 또는 판매할 목적으로 보관·진열하는 자는 원산지를 표시하여야 한다.

05 농수산물의 원산지 표시에 관한 법령상 원산지 표시를 하여야 할 자가 아닌 것은?

2019년 기출

① 휴게음식점영업소 설치·운영자
② 위탁급식영업소 설치·운영자
③ 수산물가공단지 설치·운영자
④ 일반음식점영업소 설치·운영자

 원산지 표시를 하여야 할 자 : 휴게음식점영업, 일반음식점영업 또는 위탁급식영업을 하는 영업소나 집단급식소를 설치·운영하는 자를 말한다.

정답 03. ③ 04. ② 05. ③

06 농수산물의 원산지 표시에 관한 법령상 수산물가공업자 甲은 국내에서 S어육햄을 제조하여 판매하고자 한다. 이 경우 포장지에 표시하여야 할 원산지 표시는?

2021년 기출

〈S어육햄의 성분 구성〉
명태연육 : 85%, 가다랑어 : 10%, 고등어 : 3%, 전분 : 1.5%, 소금 : 0.5%
※ 명태연육은 러시아산, 가다랑어는 인도네시아산, 이외 모두 국산임

① 어육햄(명태연육 : 러시아산)
② 어육햄(명태연육 : 러시아산, 가다랑어 : 인도네시아산)
③ 어육햄(명태연육 : 러시아산, 가다랑어 : 인도네시아산, 고등어 : 국산)
④ 어육햄(명태연육 : 러시아산, 가다랑어 : 인도네시아산, 고등어 : 국산, 전분 : 국산)

 2개 이상의 품목을 포장한 수산물 : 서로 다른 2개 이상의 품목을 용기에 담아 포장한 경우에는 혼합 비율이 높은 2개까지의 품목을 대상으로 표시하고 국산 수산물을 함께 표시할 수 있다. 어육햄(명태연육 : 러시아산, 가다랑어 : 인도네시아산, 고등어 : 국산)

07 농수산물의 원산지 표시에 관한 법령상 국내에서 K어묵을 제조하여 대형할인마트에서 판매하고자 한다. 이 경우 포장지에 표시하여야 할 원산지 표시는? 2019년 기출

〈K어묵의 성분 구성〉
명태연육 : 51% 갈달어 : 47% 전분 : 1% 소금 : 0.8% MSG : 0.2%
※ 명태연육은 러시아산, 소금은 중국산, 이 외 모두 국산임

① 어묵(명태연육 : 러시아산)
② 어묵(갈달어 : 국산)
③ 어묵(명태연육 : 러시아산, 소금 : 중국산, MSG : 국산)
④ 어묵(명태연육 : 러시아산, 갈달어 : 국산)

 2개 이상의 품목을 포장한 수산물 : 서로 다른 2개 이상의 품목을 용기에 담아 포장한 경우에는 혼합 비율이 높은 2개까지의 품목을 대상으로 표시한다. 어묵(명태연육 : 러시아산, 갈달어 : 국산)

정답 06. ③ 07. ④

08 농수산물의 원산지 표시에 관한 법령상 대통령령으로 정하는 집단급식소를 설치·운영하는 자가 수산물을 조리하여 제공하는 경우, 그 원산지를 표시하여야 하는 것을 모두 고른 것은?   2020년 기출

| ㉠ 아귀 | ㉡ 북어 | ㉢ 꽃게 |
| ㉣ 주꾸미 | ㉤ 다랑어 | |

① ㉠, ㉡, ㉣
② ㉡, ㉢, ㉤
③ ㉠, ㉢, ㉣, ㉤
④ ㉡, ㉢, ㉣, ㉤

 넙치, 조피볼락, 참돔, 미꾸라지, 뱀장어, 낙지, 명태, 고등어, 갈치, 오징어, 꽃게, 참조기, 다랑어, 아귀 및 주꾸미의 원산지 표시방법 : 원산지는 국내산(국산), 원양산 및 외국산으로 구분하고, 구분에 따라 표시한다.

09 농수산물의 원산지 표시에 관한 법령상 식품접객업을 운영하는 자가 농수산물이나 그 가공품을 조리하여 판매·제공하는 경우로서 원산지를 표시하여야 하는 대상품목이 아닌 것은?   2019년 기출

① 참돔
② 넙치
③ 황태
④ 고등어

 넙치, 조피볼락, 참돔, 미꾸라지, 뱀장어, 낙지, 명태, 고등어, 갈치, 오징어, 꽃게, 참조기, 다랑어, 아귀 및 주꾸미의 원산지 표시방법 : 원산지는 국내산(국산), 원양산 및 외국산으로 구분하고, 구분에 따라 표시한다.

10 농수산물의 원산지 표시에 관한 법령상 포장재에 원산지를 표시할 수 있는 경우, 수산의 원산지 표시방법에 관한 내용으로 옳지 않은 것은?   2020년 기출

① 위치는 소비자가 쉽게 알아볼 수 있는 곳에 표시한다.
② 포장 표면적이 3,000cm^2 이상이면 글자 크기는 12포인트 이상으로 한다.
③ 글자색은 포장재의 바탕색 또는 내용물의 색깔과 다른 색깔로 선명하게 표시한다.
④ 문자는 한글로 하되, 필요한 경우에는 한글 옆에 한문 또는 영문 등으로 추가하여 표시할 수 있다.

 포장 표면적이 3,000cm^2 미만이면 글자 크기는 12포인트 이상으로 한다.

정답 08. ③   09. ③   10. ②

11 농수산물의 원산지 표시에 관한 법률 시행규칙의 농수산물 등의 원산지 표시방법이 옳지 않은 것은?

① 소비자가 쉽게 알아볼 수 있는 곳에 표시한다.
② 한글로 하되, 필요한 경우에는 한글 옆에 한문 또는 영문 등으로 추가하여 표시할 수 있다.
③ 포장 표면적이 3,000cm² 이상인 경우 : 20포인트 이상
④ 포장 표면적이 50cm² 이상 3,000cm² 미만인 경우 : 10포인트 이상

 포장 표면적이 50cm² 이상 3,000cm² 미만인 경우 : 12포인트 이상

12 농수산물의 원산지표시에 관한 법률상 원산지를 표시한 것으로 간주하는 경우가 아닌 것은?

① 표준규격품의 표시를 한 경우
② 우수관리인증의 표시, 품질인증품의 표시 또는 우수천일염인증의 표시를 한 경우
③ 유전자변형농산물의 표시를 한 경우
④ 친환경천일염인증의 표시를 한 경우

 원산지를 표시한 것으로 간주
1. 표준규격품의 표시를 한 경우
2. 우수관리인증의 표시, 품질인증품의 표시 또는 우수천일염인증의 표시를 한 경우
3. 천일염생산방식인증의 표시를 한 경우
4. 친환경천일염인증의 표시를 한 경우
5. 이력추적관리의 표시를 한 경우
6. 지리적표시를 한 경우
7. 원산지인증의 표시를 한 경우
8. 수출입 농수산물이나 수출입 농수산물 가공품의 원산지를 표시한 경우
9. 다른 법률에 따라 농수산물의 원산지 또는 농수산물 가공품의 원료의 원산지를 표시한 경우

13 농수산물의 원산지표시에 관한 법률상 농수산물이나 그 가공품을 조리하여 판매·제공하는 자의 금지행위로 옳지 않은 것은?

① 조리하여 판매·제공할 목적으로 농수산물이나 그 가공품을 보관·진열하는 행위
② 원산지 표시를 거짓으로 표시를 하는 행위
③ 원산지 표시를 혼동하게 할 우려가 있는 표시를 하는 행위

정답 11. ④ 12. ③ 13. ①

④ 원산지 표시를 한 농수산물이나 그 가공품에 원산지가 다른 동일 농수산물이나 그 가공품을 혼합하여 조리·판매·제공하는 행위

 농수산물이나 그 가공품을 조리하여 판매·제공하는 자의 금지행위
1. 원산지 표시를 거짓으로 하거나 이를 혼동하게 할 우려가 있는 표시를 하는 행위
2. 원산지를 위장하여 조리·판매·제공하거나, 조리하여 판매·제공할 목적으로 농수산물이나 그 가공품의 원산지 표시를 손상·변경하여 보관·진열하는 행위
3. 원산지 표시를 한 농수산물이나 그 가공품에 원산지가 다른 동일 농수산물이나 그 가공품을 혼합하여 조리·판매·제공하는 행위

14 농수산물의 원산지표시에 관한 법률상 과징금에 관한 설명으로 옳지 않은 것은?
① 원산지표시의 거짓 표시 등의 금지를 2년 이내에 2회 이상 위반한 자에게 그 위반금액의 5배 이하에 해당하는 금액을 과징금으로 부과·징수할 수 있다.
② 위반금액은 농수산물이나 그 가공품의 판매금액으로서 각 위반행위별 판매금액에 2배를 더한 금액을 말한다.
③ 농림축산식품부장관, 해양수산부장관, 관세청장, 시·도지사 또는 시장·군수·구청장은 과징금을 내야 하는 자가 납부기한까지 내지 아니하면 국세 또는 지방세 체납처분의 예에 따라 징수한다.
④ 과징금 부과·징수의 세부기준, 절차, 그 밖에 필요한 사항은 대통령령으로 정한다.

 위반금액은 농수산물이나 그 가공품의 판매금액으로서 각 위반행위별 판매금액을 모두 더한 금액을 말한다.

15 농수산물의 원산지 표시에 관한 법률상 수산물의 원산지 표시 위반에 대한 과징금의 부과 및 징수에 관한 내용이다. ( )에 들어갈 숫자가 순서대로 옳은 것은?

2020년 기출

> 해양수산부장관은 원산지 표시를 혼동하게 할 목적으로 그 표시를 손상·변경하는 행위를 (   )년 이내에 2회 이상 위반한 자에게 그 위반금액의 (   )배 이하에 해당하는 금액을 과징금으로 부과·징수할 수 있다.

① 2, 5
② 2, 10
③ 3, 20
④ 3, 30

정답 14. ② 15. ①

농림축산식품부장관, 해양수산부장관, 관세청장, 특별시장·광역시장·특별자치시장·도지사·특별자치도지사 또는 시장·군수·구청장은 원산지 표시를 혼동하게 할 목적으로 그 표시를 손상·변경하는 행위를 2년 이내에 2회 이상 위반한 자에게 그 위반금액의 5배 이하에 해당하는 금액을 과징금으로 부과·징수할 수 있다.

16 농수산물의 원산지표시에 관한 법률상 원산지 표시 등의 조사에 관한 설명으로 옳지 않은 것은?

① 시장·군수·구청장은 원산지의 표시 여부·표시사항과 표시방법 등의 적정성을 확인하기 위하여 관계 공무원으로 하여금 원산지 표시대상 농수산물이나 그 가공품을 수거하거나 조사하게 하여야 한다.
② 조사 시 필요한 경우 해당 영업장, 보관창고, 사무실 등에 출입하여 농수산물이나 그 가공품 등에 대하여 확인·조사 등을 할 수 있다.
③ 수거·조사·열람을 하는 때에는 원산지의 표시대상 농수산물이나 그 가공품을 판매하거나 가공하는 자 또는 조리하여 판매·제공하는 자는 정당한 사유 없이 이를 거부·방해하거나 기피하여서는 아니 된다.
④ 원산지를 표시하여야 하는 자는 다른 법률에 따라 발급받은 원산지 등이 기재된 영수증이나 거래명세서 등을 매입일부터 2년간 비치·보관하여야 한다.

 원산지를 표시하여야 하는 자는 다른 법률에 따라 발급받은 원산지 등이 기재된 영수증이나 거래명세서 등을 매입일부터 6개월간 비치·보관하여야 한다.

17 농수산물의 원산지표시에 관한 법률상 원산지 표시 등의 위반에 대한 처분에 관한 설명으로 옳지 않은 것은?

① 국립농산물품질관리원은 원산지 표시나 거짓표시를 위반한 자에 대하여 시정명령의 처분을 할 수 있다.
② 영업소나 집단급식소가 원산지 표시를 위반한 자에 대한 처분은 표시의 이행·변경·삭제 등 시정명령에 한정한다.
③ 농림축산식품부장관, 해양수산부장관, 관세청장, 시·도지사 또는 시장·군수·구청장은 다음의 자가 원산지 표시를 위반하여 2년 이내에 2회 이상 원산지를 표시하지 아니하거나, 거짓표시를 위반함에 따라 처분이 확정된 경우 처분과 관련된 사항을 공표하여야 한다.
④ 농림축산식품부 등은 홈페이지에 위반에 대한 처분을 공표하여야 한다.

👉 정답 16. ④ 17. ①

농림축산식품부장관, 해양수산부장관, 관세청장, 시·도지사 또는 시장·군수·구청장은 원산지 표시나 거짓표시를 위반한 자에 대하여 시정명령의 처분을 할 수 있다.

18 농수산물의 원산지 표시에 관한 법률상 원산지 표시를 거짓으로 한 자에 대하여 위반수산물의 판매 행위 금지의 처분을 할 수 있는 자에 해당하지 않는 것은?

2020년 기출

① 해양수산부장관　　　　② 관세청장
③ 국세청장　　　　　　　④ 시·도지사

 농림축산식품부장관, 해양수산부장관, 관세청장, 시·도지사 또는 시장·군수·구청장은 원산지표시나 원산지 표시를 거짓으로 한 자에 대하여 다음의 처분을 할 수 있다.
1. 표시의 이행·변경·삭제 등 시정명령
2. 위반 농수산물이나 그 가공품의 판매 등 거래행위 금지

19 농수산물의 원산지 표시에 관한 법령상 해양수산부장관이 "원산지통합관리시스템"의 구축·운영 권한을 위임하는 자는?

2021년 기출

① 국립수산물품질관리원장　　② 시·도지사
③ 시장·군수·구청장　　　　　④ 관세청장

 해양수산부장관은 수산물 및 그 가공품에 관한 원산지통합관리시스템의 구축·운영의 권한을 국립수산물품질관리원장에게 위임한다.

20 농수산물의 원산지표시에 관한 법률상 원산지를 위장하여 판매하거나, 원산지 표시를 한 농수산물이나 그 가공품에 다른 농수산물이나 가공품을 혼합하여 판매하거나 판매할 목적으로 보관이나 진열하는 행위에 대한 벌칙은?

① 1년 이하의 징역이나 1천만원 이하의 벌금
② 3년 이하의 징역이나 3천만원 이하의 벌금
③ 5년 이하의 징역이나 5천만원 이하의 벌금
④ 7년 이하의 징역이나 1억원 이하의 벌금

정답　18. ③　19. ①　20. ④

7년 이하의 징역이나 1억원 이하의 벌금에 처하거나 이를 병과
1. 원산지 표시를 거짓으로 하거나 이를 혼동하게 할 우려가 있는 표시를 하는 행위
2. 원산지 표시를 혼동하게 할 목적으로 그 표시를 손상·변경하는 행위
3. 원산지를 위장하여 판매하거나, 원산지 표시를 한 농수산물이나 그 가공품에 다른 농수산물이나 가공품을 혼합하여 판매하거나 판매할 목적으로 보관이나 진열하는 행위
4. 원산지 표시를 거짓으로 하거나 이를 혼동하게 할 우려가 있는 표시를 하는 행위
5. 원산지를 위장하여 조리·판매·제공하거나, 조리하여 판매·제공할 목적으로 농수산물이나 그 가공품의 원산지 표시를 손상·변경하여 보관·진열하는 행위
6. 원산지 표시를 한 농수산물이나 그 가공품에 원산지가 다른 동일 농수산물이나 그 가공품을 혼합하여 조리·판매·제공하는 행위

21 농수산물의 원산지 표시에 관한 법률을 위반하여 7년 이하의 징역이나 1억원 이하의 벌금에 해당하는 것을 모두 고른 것은? (단, 병과는 고려하지 않음) 2019년 기출

> ㉠ 원산지 표시를 거짓으로 하거나 이를 혼동하게 할 우려가 있는 표시를 하는 행위
> ㉡ 원산지 표시를 혼동하게 할 목적으로 그 표시를 손상·변경하는 행위
> ㉢ 원산지 표시를 한 농수산물이나 그 가공품에 원산지가 다른 동일 농수산물이나 그 가공품을 혼합하여 조리·판매·제공하는 행위

① ㉠, ㉡ ② ㉠, ㉢
③ ㉡, ㉢ ④ ㉠, ㉡, ㉢

 7년 이하의 징역이나 1억원 이하의 벌금(법 제142조 제1항)
1. 원산지 표시를 거짓으로 하거나 이를 혼동하게 할 우려가 있는 표시를 하는 행위
2. 원산지 표시를 혼동하게 할 목적으로 그 표시를 손상·변경하는 행위
3. 원산지를 위장하여 판매하거나, 원산지 표시를 한 농수산물이나 그 가공품에 다른 농수산물이나 가공품을 혼합하여 판매하거나 판매할 목적으로 보관이나 진열하는 행위
4. 원산지 표시를 거짓으로 하거나 이를 혼동하게 할 우려가 있는 표시를 하는 행위
5. 원산지를 위장하여 조리·판매·제공하거나, 조리하여 판매·제공할 목적으로 농수산물이나 그 가공품의 원산지 표시를 손상·변경하여 보관·진열하는 행위
6. 원산지 표시를 한 농수산물이나 그 가공품에 원산지가 다른 동일 농수산물이나 그 가공품을 혼합하여 조리·판매·제공하는 행위

정답 21. ④

22 농수산물의 원산지 표시에 관한 법령상 수산물도매업자 甲은 원산지표시를 하지 않고 중국산 뱀장어를 판매할 목적으로 저장고에 보관하던 중 단속 공무원 乙에게 적발되었다. 이 경우 처분권자가 甲에게 행할 수 없는 것은? 2021년 기출

① 표시의 이행명령
② 해당 뱀장어의 거래행위 금지
③ 과징금 부과
④ 과태료 부과

 농림축산식품부장관, 해양수산부장관, 관세청장, 특별시장·광역시장·특별자치시장·도지사·특별자치도지사 또는 시장·군수·구청장은 원산지표시를 2년 이내에 2회 이상 위반한 자에게 그 위반금액의 5배 이하에 해당하는 금액을 과징금으로 부과·징수할 수 있다.

23 농수산물의 원산지 표시에 관한 법령상 농수산물 원산지 표시제도 교육을 이수하지 않은 자에 대한 과태료 부과금액은? (단, 위반차수는 1차이며 감경사유는 고려하지 않음) 2021년 기출

① 15만원
② 20만원
③ 30만원
④ 60만원

 농수산물 원산지 표시제도 교육을 이수하지 않은 자에 대한 과태료 부과금액 : 1차 위반 30만원, 2차 위반 60만원, 3차 위반 100만원

24 농수산물의 원산지 표시에 관한 법령상 A업소에 부과될 과태료는? (단, 과태료의 감경사유는 고려하지 않음) 2020년 기출

> 단속공무원이 A업소에 대해 수산물 원산지 표시 이행 여부를 단속한 결과, 판매할 목적으로 수족관에 보관중인 활참돔 8마리의 원산지가 표시되어 있지 않았다. 단속에 적발된 활참돔 8마리의 당일 A업소의 판매가격은 1마리당 동일하게 5만원이었다.

① 30만원
② 40만원
③ 60만원
④ 100만원

 과태료 부과금액은 원산지 표시를 하지 않은 물량(판매를 목적으로 보관 또는 진열하고 있는 물량을 포함한다)에 적발 당일 해당 업소의 판매가격을 곱한 금액으로 한다.
8마리×5만원=40만원

정답 22. ③ 23. ③ 24. ②

25 농수산물의 원산지 표시에 관한 법령상 부과될 과태료는? (단, B업소는 1차 단속에 적발 및 감경사유를 고려하지 않음) 2019년 기출

> A단속공무원이 B업소의 원산지 표시를 하지 않은 냉동조기 10상자가 판매를 목적으로 진열되어 있는 것을 확인했고, B업소 내 저장고에 보관 중인 판매용 냉동조기 10상자에 대해 원산지 미표시 위반을 추가로 발견하였다. 이 중에서 당일 B업소에서 판매하다 적발된 냉동조기는 1상자에 10만원이었다.

① 100만원 ② 200만원
③ 500만원 ④ 1,000만원

 과태료 부과금액은 원산지 표시를 하지 않은 물량(판매를 목적으로 보관 또는 진열하고 있는 물량을 포함한다)에 적발 당일 해당 업소의 판매가격을 곱한 금액으로 한다.
20상자×10만원=200만원

정답 25. ②

제3편 농수산물유통 및 가격안정에 관한 법률

제1장 총칙

1. 목적
이 법은 농수산물의 유통을 원활하게 하고 적정한 가격을 유지하게 함으로써 생산자와 소비자의 이익을 보호하고 국민생활의 안정에 이바지함을 목적으로 한다.

2. 용어의 정의

(1) 농수산물

농산물·축산물·수산물 및 임산물 중 농림축산식품부령 또는 해양수산부령으로 정하는 것을 말한다.

(2) 농수산물도매시장

특별시·광역시·특별자치시·특별자치도 또는 시가 양곡류·청과류·화훼류·조수육류·어류·조개류·갑각류·해조류 및 임산물 등 대통령령으로 정하는 품목의 전부 또는 일부를 도매하게 하기 위하여 관할구역에 개설하는 시장을 말한다.

(3) 중앙도매시장

특별시·광역시·특별자치시 또는 특별자치도가 개설한 농수산물도매시장 중 해당 관할구역 및 그 인접지역에서 도매의 중심이 되는 농수산물도매시장으로서 농림축산식품부령 또는 해양수산부령으로 정하는 것을 말한다.

(4) 지방도매시장

중앙도매시장 외의 농수산물도매시장을 말한다.

(5) 농수산물공판장

지역농업협동조합, 지역축산업협동조합, 품목별·업종별협동조합, 조합공동사업법인, 품목조합연합회, 산림조합 및 수산업협동조합과 그 중앙회, 그 밖에 생산자 관련 단체와 공익상 필요하다고 인정되는 법인이 농수산물을 도매하기 위하여 특별시장·광역시장·특별자치시장 · 도지사 또는 특별자치도지사의 승인을 받아 개설 · 운영하는 사업장을 말한다.

(6) 민영농수산물도매시장

국가, 지방자치단체 및 농수산물공판장을 개설할 수 있는 자 외의 자가 농수산물을 도매하기 위하여 시 · 도지사의 허가를 받아 특별시 · 광역시 · 특별자치시 · 특별자치도 또는 시 지역에 개설하는 시장을 말한다.

(7) 도매시장법인

농수산물도매시장의 개설자로부터 지정을 받고 농수산물을 위탁받아 상장하여 도매하거나 이를 매수하여 도매하는 법인을 말한다.

(8) 시장도매인

농수산물도매시장 또는 민영농수산물도매시장의 개설자로부터 지정을 받고 농수산물을 매수 또는 위탁받아 도매하거나 매매를 중개하는 영업을 하는 법인을 말한다.

(9) 중도매인

농수산물도매시장 · 농수산물공판장 또는 민영농수산물도매시장의 개설자의 허가 또는 지정을 받아 다음의 영업을 하는 자를 말한다.
① 농수산물도매시장 · 농수산물공판장 또는 민영농수산물도매시장에 상장된 농수산물을 매수하여 도매하거나 매매를 중개하는 영업
② 농수산물도매시장 · 농수산물공판장 또는 민영농수산물도매시장의 개설자로부터 허가를 받은 비상장 농수산물을 매수 또는 위탁받아 도매하거나 매매를 중개하는 영업

(10) 매매참가인

농수산물도매시장 · 농수산물공판장 또는 민영농수산물도매시장의 개설자에게 신고를 하고, 농수산물도매시장 · 농수산물공판장 또는 민영농수산물도매시장에 상장된 농수산물을 직접 매수하는 자로서 중도매인이 아닌 가공업자 · 소매업자 · 수출업자 및 소비자단체 등 농수산물의 수요자를 말한다.

(11) 산지유통인

농수산물도매시장 · 농수산물공판장 또는 민영농수산물도매시장의 개설자에게 등록하고, 농수산물을 수집하여 농수산물도매시장 · 농수산물공판장 또는 민영농수산물도매시장에 출하하는 영업을 하는 자를 말한다.

(12) 농수산물종합유통센터

국가 또는 지방자치단체가 설치하거나 국가 또는 지방자치단체의 지원을 받아 설치된 것으로서 농수산물의 출하 경로를 다원화하고 물류비용을 절감하기 위하여 농수산물의 수집·포장·가공·보관·수송·판매 및 그 정보처리 등 농수산물의 물류활동에 필요한 시설과 이와 관련된 업무시설을 갖춘 사업장을 말한다.

(13) 경매사

도매시장법인의 임명을 받거나 농수산물공판장·민영농수산물도매시장 개설자의 임명을 받아, 상장된 농수산물의 가격 평가 및 경락자 결정 등의 업무를 수행하는 자를 말한다.

(14) 농수산물 전자거래

농수산물의 유통단계를 단축하고 유통비용을 절감하기 위하여 전자거래의 방식으로 농수산물을 거래하는 것을 말한다.

3. 다른 법률의 적용 배제

이 법에 따른 농수산물도매시장, 농수산물공판장, 민영농수산물도매시장 및 농수산물종합유통센터에 대하여는 유통산업발전법의 규정을 적용하지 아니한다.

제 2 장 농수산물의 생산조정 및 출하조절

1. 주산지의 지정 및 해제 등

(1) 주산지의 지정

시·도지사는 농수산물의 경쟁력 제고 또는 수급을 조절하기 위하여 생산 및 출하를 촉진 또는 조절할 필요가 있다고 인정할 때에는 주요 농수산물의 생산지역이나 생산수면을 지정하고 그 주산지에서 주요 농수산물을 생산하는 자에 대하여 생산자금의 융자 및 기술지도 등 필요한 지원을 할 수 있다.

(2) 품목지정

주요 농수산물은 국내 농수산물의 생산에서 차지하는 비중이 크거나 생산·출하의 조절이 필요한 것으로서 농림축산식품부장관 또는 해양수산부장관이 지정하는 품목으로 한다.

(3) 주산지의 지정요건

① 주요 농수산물의 재배면적 또는 양식면적이 농림축산식품부장관 또는 해양수산부장관이 고시하는 면적 이상일 것
② 주요 농수산물의 출하량이 농림축산식품부장관 또는 해양수산부장관이 고시하는 수량 이상일 것

(4) 지정변경 및 해제

시·도지사는 지정된 주산지가 지정요건에 적합하지 아니하게 되었을 때에는 그 지정을 변경하거나 해제할 수 있다.

2. 주산지협의체의 구성 등

(1) 주산지협의체 설치

지정된 주산지의 시·도지사는 주산지의 지정목적 달성 및 주요 농수산물 경영체 육성을 위하여 생산자 등으로 구성된 주산지협의체를 설치할 수 있다.

(2) 품목별 중앙주산지협의회 구성·운영

협의체는 주산지 간 정보 교환 및 농수산물 수급조절 과정에의 참여 등을 위하여 공동으로 품목별 중앙주산지협의회를 구성·운영할 수 있다.

(3) 협의체의 설치 및 중앙협의회의 구성·운영 등

협의체의 설치 및 중앙협의회의 구성·운영 등에 관하여 필요한 사항은 대통령령으로 정한다.

(4) 경비지원

국가 또는 지방자치단체는 협의체 및 중앙협의회의 원활한 운영을 위하여 필요한 경비의 일부를 지원할 수 있다.

3. 농림업관측

(1) 농림업관측 실시

농림축산식품부장관은 농산물의 수급안정을 위하여 가격의 등락 폭이 큰 주요 농산물에 대하여 매년 기상정보, 생산면적, 작황, 재고물량, 소비동향, 해외시장 정보 등을 조사하여 이를 분석하는 농림업관측을 실시하고 그 결과를 공표하여야 한다.

(2) 국제곡물관측 실시

농림업관측에도 불구하고 농림축산식품부장관은 주요 곡물의 수급안정을 위하여 농림축산식품부장관이 정하는 주요 곡물에 대한 상시 관측체계의 구축과 국제 곡물수급모형의 개발을 통하여 매년 주요 곡물 생산 및 수출 국가들의 작황 및 수급 상황 등을 조사·분석하는 국제곡물관측을 별도로 실시하고 그 결과를 공표하여야 한다.

(3) 농림업관측 또는 국제곡물관측 실시

농림축산식품부장관은 효율적인 농림업관측 또는 국제곡물관측을 위하여 필요하다고 인정하는 경우에는 품목을 지정하여 지역농업협동조합, 지역축산업협동조합, 품목별·업종별협동조합, 산림조합, 그 밖에 농림축산식품부령으로 정하는 자로 하여금 농림업관측 또는 국제곡물관측을 실시하게 할 수 있다.

(4) 출연금 또는 보조금 지급

농림축산식품부장관은 농림업관측업무 또는 국제곡물관측업무를 효율적으로 실시하기 위하여 농림업 관련 연구기관 또는 단체를 농림업관측 전담기관으로 지정하고, 그 운영에 필요한 경비를 충당하기 위하여 예산의 범위에서 출연금 또는 보조금을 지급할 수 있다.

4. 농수산물 유통 관련 통계작성 등

(1) 통계의 작성·관리

농림축산식품부장관 또는 해양수산부장관은 농수산물의 수급안정을 위하여 가격의 등락폭이 큰 주요 농수산물의 유통에 관한 통계를 작성·관리하고 공표하되, 필요한 경우 통계청장과 협의할 수 있다.

(2) 자료제공의 요청

농림축산식품부장관 또는 해양수산부장관은 통계 작성을 위하여 필요한 경우 관계 중앙행정기관의 장 또는 지방자치단체의 장 등에게 자료의 제공을 요청할 수 있다. 이 경우 자료제공을 요청받은 관계 중앙행정기관의 장 또는 지방자치단체의 장 등은 특별한 사유가 없으면 자료를 제공하여야 한다.

5. 종합정보시스템의 구축·운영

(1) 종합정보시스템 구축 및 운영

농림축산식품부장관 및 해양수산부장관은 농수산물의 원활한 수급과 적정한 가격 유지를 위하여 농수산물유통 종합정보시스템을 구축하여 운영할 수 있다.

(2) 종합정보시스템의 위탁

농림축산식품부장관 및 해양수산부장관은 농수산물유통 종합정보시스템의 구축·운영을 전문기관에 위탁할 수 있다.

6. 계약생산

(1) 계약생산 또는 계약출하

농림축산식품부장관은 주요 농산물의 원활한 수급과 적정한 가격 유지를 위하여 지역농업협동조합, 지역축산업협동조합, 품목별·업종별협동조합, 조합공동사업법인, 품목조합연합회, 산림조합과 그 중앙회나 그 밖에 대통령령으로 정하는 생산자 관련 단체 또는 농산물 수요자와 생산자 간에 계약생산 또는 계약출하를 하도록 장려할 수 있다.

(2) 계약금의 대출 등 지원

농림축산식품부장관은 생산계약 또는 출하계약을 체결하는 생산자단체 또는 농산물 수요자에 대하여 농산물가격안정기금으로 계약금의 대출 등 필요한 지원을 할 수 있다.

7. 가격 예시

(1) 하한가격 예시

농림축산식품부장관 또는 해양수산부장관은 주요 농수산물의 수급조절과 가격안정을 위하여 필요하다고 인정할 때에는 해당 농산물의 파종기 또는 수산물의 종자입식 시기 이전에 생산자를 보호하기 위한 하한가격을 예시할 수 있다.

(2) 생산량 및 예상 수급상황 등 고려

농림축산식품부장관 또는 해양수산부장관은 예시가격을 결정할 때에는 해당 농산물의 농림업관측, 주요 곡물의 국제곡물관측 또는 수산업관측 결과, 예상 경영비, 지역별 예상 생산량 및 예상 수급상황 등을 고려하여야 한다.

(3) 기획재정부장관과 협의

농림축산식품부장관 또는 해양수산부장관은 예시가격을 결정할 때에는 미리 기획재정부장관과 협의하여야 한다.

(4) 적절한 시책추진

농림축산식품부장관 또는 해양수산부장관은 가격을 예시한 경우에는 예시가격을 지지하기 위하여 다음의 사항 등을 연계하여 적절한 시책을 추진하여야 한다.

① 농림업관측·국제곡물관측 또는 수산업관측의 지속적 실시

② 계약생산 또는 계약출하의 장려
③ 수매 및 처분
④ 유통협약 및 유통조절명령
⑤ 비축사업

8. 과잉생산 시의 생산자 보호

(1) 농산물 수매

농림축산식품부장관은 채소류 등 저장성이 없는 농산물의 가격안정을 위하여 필요하다고 인정할 때에는 그 생산자 또는 생산자단체로부터 농산물가격안정기금으로 해당 농산물을 수매할 수 있다. 다만, 가격안정을 위하여 특히 필요하다고 인정할 때에는 도매시장 또는 공판장에서 해당 농산물을 수매할 수 있다.

(2) 농산물의 필요한 처분

수매한 농산물은 판매 또는 수출하거나 사회복지단체에 기증하거나 그 밖에 필요한 처분을 할 수 있다.

(3) 업무의 위탁

농림축산식품부장관은 수매 및 처분에 관한 업무를 농업협동조합중앙회・산림조합중앙회 또는 한국농수산식품유통공사에 위탁할 수 있다.

(4) 수급안정을 위한 사업추진

농림축산식품부장관은 채소류 등의 수급 안정을 위하여 생산・출하 안정 등 필요한 사업을 추진할 수 있다.

9. 몰수농산물등의 이관

(1) 몰수농산물의 이관

농림축산식품부장관은 국내 농산물 시장의 수급안정 및 거래질서 확립을 위하여 몰수되거나 국고에 귀속된 농산물을 이관받을 수 있다.

(2) 몰수농산물의 처분

농림축산식품부장관은 이관받은 몰수농산물등을 매각・공매・기부 또는 소각하거나 그 밖의 방법으로 처분할 수 있다.

(3) 농산물가격안정기금으로 지출 또는 납입

몰수농산물등의 처분으로 발생하는 비용 또는 매각·공매 대금은 농산물가격안정기금으로 지출 또는 납입하여야 한다.

(4) 처분업무의 대행

농림축산식품부장관은 몰수농산물등의 처분업무를 농업협동조합중앙회 또는 한국농수산식품유통공사 중에서 지정하여 대행하게 할 수 있다.

10. 유통협약 및 유통조절명령

(1) 유통협약 체결

주요 농수산물의 생산자, 산지유통인, 저장업자, 도매업자·소매업자 및 소비자 등의 대표는 해당 농수산물의 자율적인 수급조절과 품질향상을 위하여 생산조정 또는 출하조절을 위한 협약을 체결할 수 있다.

(2) 유통조절명령

농림축산식품부장관 또는 해양수산부장관은 부패하거나 변질되기 쉬운 농수산물로서 농림축산식품부령 또는 해양수산부령으로 정하는 농수산물에 대하여 현저한 수급 불안정을 해소하기 위하여 특히 필요하다고 인정되고 농림축산식품부령 또는 해양수산부령으로 정하는 생산자등 또는 생산자단체가 요청할 때에는 공정거래위원회와 협의를 거쳐 일정 기간 동안 일정 지역의 해당 농수산물의 생산자등에게 생산조정 또는 출하조절을 하도록 하는 유통조절명령을 할 수 있다.

(3) 유통명령을 하는 이유, 대상 품목, 대상자, 유통조절방법 등

유통명령에는 유통명령을 하는 이유, 대상 품목, 대상자, 유통조절방법 등 대통령령으로 정하는 사항이 포함되어야 한다.

(4) 유통명령을 요청하려는 경우의 절차

생산자등 또는 생산자단체가 유통명령을 요청하려는 경우에는 내용이 포함된 요청서를 작성하여 이해관계인·유통전문가의 의견수렴 절차를 거치고 해당 농수산물의 생산자등의 대표나 해당 생산자단체의 재적회원 3분의 2 이상의 찬성을 받아야 한다.

(5) 생산자등의 조직과 구성 및 운영방법 등

유통명령을 하기 위한 기준과 구체적 절차, 유통명령을 요청할 수 있는 생산자등의 조직과 구성 및 운영방법 등에 관하여 필요한 사항은 농림축산식품부령 또는 해양수산부령으로 정한다.

11. 유통명령의 집행

(1) 유통명령 위반자에 대한 제재 등
농림축산식품부장관 또는 해양수산부장관은 유통명령이 이행될 수 있도록 유통명령의 내용에 관한 홍보, 유통명령 위반자에 대한 제재 등 필요한 조치를 하여야 한다.

(2) 유통명령 집행업무의 일부 위탁
농림축산식품부장관 또는 해양수산부장관은 필요하다고 인정하는 경우에는 지방자치단체의 장, 해당 농수산물의 생산자등의 조직 또는 생산자단체로 하여금 유통명령 집행업무의 일부를 수행하게 할 수 있다.

12. 유통명령 이행자에 대한 지원 등

(1) 손실의 보전
농림축산식품부장관 또는 해양수산부장관은 유통협약 또는 유통명령을 이행한 생산자등이 그 유통협약이나 유통명령을 이행함에 따라 발생하는 손실에 대하여는 농산물가격안정기금 또는 수산발전기금으로 그 손실을 보전하게 할 수 있다.

(2) 생산자단체에 지원
농림축산식품부장관 또는 해양수산부장관은 유통명령 집행업무의 일부를 수행하는 생산자등의 조직이나 생산자단체에 필요한 지원을 할 수 있다.

13. 비축사업 등

(1) 농산물 비축
농림축산식품부장관은 농산물(쌀과 보리는 제외)의 수급조절과 가격안정을 위하여 필요하다고 인정할 때에는 농산물가격안정기금으로 농산물을 비축하거나 농산물의 출하를 약정하는 생산자에게 그 대금의 일부를 미리 지급하여 출하를 조절할 수 있다.

(2) 생산자 및 생산자단체로부터 수매
비축용 농산물은 생산자 및 생산자단체로부터 수매하여야 한다. 다만, 가격안정을 위하여 특히 필요하다고 인정할 때에는 도매시장 또는 공판장에서 수매하거나 수입할 수 있다.

(3) 선물거래
농림축산식품부장관은 비축용 농산물을 수입하는 경우 국제가격의 급격한 변동에 대비하여야 할 필요가 있다고 인정할 때에는 선물거래를 할 수 있다.

(4) 사업위탁

농림축산식품부장관은 사업을 농림협중앙회 또는 한국농수산식품유통공사에 위탁할 수 있다.

14. 과잉생산 시의 생산자 보호 등 사업의 손실처리

농림축산식품부장관은 수매와 비축사업의 시행에 따라 생기는 감모, 가격 하락, 판매·수출·기증과 그 밖의 처분으로 인한 원가 손실 및 수송·포장·방제 등 사업실시에 필요한 관리비를 그 사업의 비용으로 처리한다.

15. 농산물의 수입 추천 등

(1) 농림축산식품부장관의 추천

「세계무역기구 설립을 위한 마라케쉬협정」에 따른 대한민국 양허표상의 시장접근물량에 적용되는 양허세율로 수입하는 농산물 중 다른 법률에서 달리 정하지 아니한 농산물을 수입하려는 자는 농림축산식품부장관의 추천을 받아야 한다.

(2) 농산물의 수입 추천대행

농림축산식품부장관은 농산물의 수입에 대한 추천업무를 농림축산식품부장관이 지정하는 비영리법인으로 하여금 대행하게 할 수 있다. 이 경우 품목별 추천물량 및 추천기준과 그 밖에 필요한 사항은 농림축산식품부장관이 정한다.

(3) 수입 추천신청

농산물을 수입하려는 자는 사용용도와 그 밖에 사항을 적어 수입 추천신청을 하여야 한다.

(4) 생산자단체의 수입 및 판매

농림축산식품부장관은 필요하다고 인정할 때에는 추천 대상 농산물 중 농림축산식품부령으로 정하는 품목의 농산물을 비축용 농산물로 수입하거나 생산자단체를 지정하여 수입하여 판매하게 할 수 있다.

16. 수입이익금의 징수 등

(1) 수입이익금의 부과·징수

농림축산식품부장관은 추천을 받아 농산물을 수입하는 자 중 농림축산식품부령으로 정하는 품목의 농산물을 수입하는 자에 대하여 국내가격과 수입가격 간의 차액의 범위에서 수입이익금을 부과·징수할 수 있다.

(2) 수입이익금의 납입

수입이익금은 농산물가격안정기금에 납입하여야 한다.

(3) 수입이익금의 징수

수입이익금을 정하여진 기한까지 내지 아니하면 국세 체납처분의 예에 따라 징수할 수 있다.

(4) 과오납의 환급

농림축산식품부장관은 징수한 수입이익금이 과오납되는 등의 사유로 환급이 필요한 경우에는 농림축산식품부령으로 정하는 바에 따라 환급하여야 한다.

제 3 장　농수산물도매시장

1. 도매시장의 개설 등

(1) 도매시장의 개설

도매시장은 부류별로 또는 둘 이상의 부류를 종합하여 중앙도매시장의 경우에는 특별시·광역시·특별자치시 또는 특별자치도가 개설하고, 지방도매시장의 경우에는 특별시·광역시·특별자치시·특별자치도 또는 시가 개설한다. 다만, 시가 지방도매시장을 개설하려면 도지사의 허가를 받아야 한다.

(2) 관련서류의 제출

시가 지방도매시장의 개설허가를 받으려면 지방도매시장 개설허가 신청서에 업무규정과 운영관리계획서를 첨부하여 도지사에게 제출하여야 한다.

(3) 업무규정의 승인

특별시·광역시·특별자치시 또는 특별자치도가 도매시장을 개설하려면 미리 업무규정과 운영관리계획서를 작성하여야 하며, 중앙도매시장의 업무규정은 농림축산식품부장관 또는 해양수산부장관의 승인을 받아야 한다.

(4) 업무규정 변경의 승인

중앙도매시장의 개설자가 업무규정을 변경하는 때에는 농림축산식품부장관 또는 해양수산부장관의 승인을 받아야 하며, 지방도매시장의 개설자가 업무규정을 변경하는 때에는 도지사의 승인을 받아야 한다.

(5) 폐쇄의 허가
시가 지방도매시장을 폐쇄하려면 그 3개월 전에 도지사의 허가를 받아야 한다. 다만, 특별시·광역시·특별자치시 및 특별자치도가 도매시장을 폐쇄하는 경우에는 그 3개월 전에 이를 공고하여야 한다.

2. 개설구역

(1) 도매시장의 개설구역
도매시장의 개설구역은 도매시장이 개설되는 특별시·광역시·특별자치시·특별자치도 또는 시의 관할구역으로 한다.

(2) 도매시장의 개설구역으로 편입
농림축산식품부장관 또는 해양수산부장관은 해당 지역에서의 농수산물의 원활한 유통을 위하여 필요하다고 인정할 때에는 도매시장의 개설구역에 인접한 일정 구역을 그 도매시장의 개설구역으로 편입하게 할 수 있다. 다만, 시가 개설하는 지방도매시장의 개설구역에 인접한 구역으로서 그 지방도매시장이 속한 도의 일정 구역에 대하여는 해당 도지사가 그 지방도매시장의 개설구역으로 편입하게 할 수 있다.

3. 허가기준 등

(1) 허가요건
도지사는 허가신청의 내용이 다음의 요건을 갖춘 경우에는 이를 허가한다.
① 도매시장을 개설하려는 장소가 농수산물 거래의 중심지로서 적절한 위치에 있을 것
② 기준에 적합한 시설을 갖추고 있을 것
③ 운영관리계획서의 내용이 충실하고 그 실현이 확실하다고 인정되는 것일 것

(2) 조건부 개설허가
도지사는 요구되는 시설이 갖추어지지 아니한 경우에는 일정한 기간 내에 해당 시설을 갖출 것을 조건으로 개설허가를 할 수 있다.

(3) 시·도의 개설 요건
특별시·광역시·특별자치시 또는 특별자치도가 도매시장을 개설하려면 (1)의 요건을 모두 갖추어 개설하여야 한다.

4. 도매시장 개설자의 의무

(1) 도매시장 개설자의 이행사항
도매시장 개설자는 거래 관계자의 편익과 소비자 보호를 위하여 다음의 사항을 이행하여야 한다.
① 도매시장 시설의 정비·개선과 합리적인 관리
② 경쟁 촉진과 공정한 거래질서의 확립 및 환경 개선
③ 상품성 향상을 위한 규격화, 포장 개선 및 선도 유지의 촉진

(2) 투자계획 및 거래제도 개선방안 수립·시행
도매시장 개설자는 (1)의 사항을 효과적으로 이행하기 위하여 이에 대한 투자계획 및 거래제도 개선방안 등을 포함한 대책을 수립·시행하여야 한다.

5. 도매시장의 관리

(1) 시장관리자 지정
도매시장 개설자는 소속 공무원으로 구성된 도매시장 관리사무소를 두거나 지방공사, 공공출자법인 또는 한국농수산식품유통공사 중에서 시장관리자를 지정할 수 있다.

(2) 도매시장의 관리업무 수행
도매시장 개설자는 관리사무소 또는 시장관리자로 하여금 시설물관리, 거래질서 유지, 유통 종사자에 대한 지도·감독 등에 관한 업무 범위를 정하여 해당 도매시장 또는 그 개설구역에 있는 도매시장의 관리업무를 수행하게 할 수 있다.

6. 도매시장의 운영 등
도매시장 개설자는 도매시장에 그 시설규모·거래액 등을 고려하여 적정 수의 도매시장법인·시장도매인 또는 중도매인을 두어 이를 운영하게 하여야 한다. 다만, 중앙도매시장의 개설자는 농림축산식품부령 또는 해양수산부령으로 정하는 부류에 대하여는 도매시장법인을 두어야 한다.

7. 도매시장법인의 지정

(1) 도매시장법인의 지정
도매시장법인은 도매시장 개설자가 부류별로 지정하되, 중앙도매시장에 두는 도매시장법인의 경우에는 농림축산식품부장관 또는 해양수산부장관과 협의하여 지정한다. 이 경우 5년 이상 10년 이하의 범위에서 지정 유효기간을 설정할 수 있다.

(2) 주주 및 임직원의 경합업무 배제

도매시장법인의 주주 및 임직원은 해당 도매시장법인의 업무와 경합되는 도매업 또는 중도매업을 하여서는 아니 된다. 다만, 도매시장법인이 다른 도매시장법인의 주식 또는 지분을 과반수 이상 양수하고 양수법인의 주주 또는 임직원이 양도법인의 주주 또는 임직원의 지위를 겸하게 된 경우에는 그러하지 아니하다.

(3) 도매시장법인이 될 수 있는 자의 요건

도매시장법인이 될 수 있는 자는 다음의 요건을 갖춘 법인이어야 한다.
① 해당 부류의 도매업무를 효과적으로 수행할 수 있는 지식과 도매시장 또는 공판장 업무에 2년 이상 종사한 경험이 있는 업무집행 담당 임원이 2명 이상 있을 것
② 임원 중 이 법을 위반하여 금고 이상의 실형을 선고받고 그 형의 집행이 끝나거나 집행이 면제된 후 2년이 지나지 아니한 사람이 없을 것
③ 임원 중 파산선고를 받고 복권되지 아니한 사람이나 피성년후견인 또는 피한정후견인이 없을 것
④ 임원 중 도매시장법인의 지정취소처분의 원인이 되는 사항에 관련된 사람이 없을 것
⑤ 거래규모, 순자산액 비율 및 거래보증금 등 도매시장 개설자가 업무규정으로 정하는 일정 요건을 갖출 것

(4) 도매시장법인이 요건을 갖추어야 하는 기간

도매시장법인이 지정된 후 요건을 갖추지 아니하게 되었을 때에는 3개월 이내에 해당 요건을 갖추어야 한다.

(5) 임원의 해임

도매시장법인은 해당 임원이 요건을 갖추지 아니하게 되었을 때에는 그 임원을 지체 없이 해임하여야 한다.

8. 도매시장법인의 인수·합병

(1) 도매시장법인의 인수·합병

도매시장법인이 다른 도매시장법인을 인수하거나 합병하는 경우에는 해당 도매시장 개설자의 승인을 받아야 한다.

(2) 인수 또는 합병승인을 제외하는 경우

도매시장 개설자는 다음의 어느 하나에 해당하는 경우를 제외하고는 인수 또는 합병을 승인하여야 한다.

① 인수 또는 합병의 당사자인 도매시장법인이 요건을 갖추지 못한 경우
② 그 밖에 이 법 또는 다른 법령에 따른 제한에 위반되는 경우

(3) 도매시장법인의 지위승계

합병을 승인하는 경우 합병을 하는 도매시장법인은 합병이 되는 도매시장법인의 지위를 승계한다.

9. 공공출자법인

(1) 공공출자법인의 설립

도매시장 개설자는 도매시장을 효율적으로 관리·운영하기 위하여 필요하다고 인정하는 경우에는 도매시장법인을 갈음하여 그 업무를 수행하게 할 법인을 설립할 수 있다.

(2) 공공출자법인에 대한 출자자

공공출자법인에 대한 출자는 다음의 어느 하나에 해당하는 자로 한정한다. 이 경우 ①부터 ③까지에 해당하는 자에 의한 출자액의 합계가 총출자액의 100분의 50을 초과하여야 한다.

① 지방자치단체
② 관리공사
③ 농림수협등
④ 해당 도매시장 또는 그 도매시장으로 이전되는 시장에서 농수산물을 거래하는 상인과 그 상인단체
⑤ 도매시장법인
⑥ 그 밖에 도매시장 개설자가 도매시장의 관리·운영을 위하여 특히 필요하다고 인정하는 자

(3) 주식회사에 관한 규정준용

공공출자법인에 관하여 이 법에서 규정한 사항을 제외하고는 「상법」의 주식회사에 관한 규정을 적용한다.

(4) 지정의 의제

공공출자법인은 설립등기를 한 날에 도매시장법인의 지정을 받은 것으로 본다.

10. 중도매업의 허가

(1) 중도매업의 허가

중도매인의 업무를 하려는 자는 부류별로 해당 도매시장 개설자의 허가를 받아야 한다.

(2) 허가 및 갱신허가 제외사유

도매시장 개설자는 다음의 어느 하나에 해당하는 경우를 제외하고는 허가 및 갱신허가를 하여야 한다.

① (3)의 어느 하나에 해당하는 경우
② 그 밖에 이 법 또는 다른 법령에 따른 제한에 위반되는 경우

(3) 중도매업의 허가를 받을 수 없는 자

다음의 어느 하나에 해당하는 자는 중도매업의 허가를 받을 수 없다.

① 파산선고를 받고 복권되지 아니한 사람이나 피성년후견인
② 이 법을 위반하여 금고 이상의 실형을 선고받고 그 형의 집행이 끝나거나 면제되지 아니한 사람
③ 중도매업의 허가가 취소된 날부터 2년이 지나지 아니한 자
④ 도매시장법인의 주주 및 임직원으로서 해당 도매시장법인의 업무와 경합되는 중도매업을 하려는 자
⑤ 임원 중에 ①부터 ④까지의 어느 하나에 해당하는 사람이 있는 법인
⑥ 최저거래금액 및 거래대금의 지급보증을 위한 보증금 등 도매시장 개설자가 업무규정으로 정한 허가조건을 갖추지 못한 자

(4) 임원의 해임

법인인 중도매인은 임원이 결격사유에 해당하게 되었을 때에는 그 임원을 지체 없이 해임하여야 한다.

(5) 중도매인의 금지행위

① 다른 중도매인 또는 매매참가인의 거래 참가를 방해하는 행위를 하거나 집단적으로 농수산물의 경매 또는 입찰에 불참하는 행위
② 다른 사람에게 자기의 성명이나 상호를 사용하여 중도매업을 하게 하거나 그 허가증을 빌려 주는 행위

(6) 중도매업 유효기간

도매시장 개설자는 중도매업의 허가를 하는 경우 5년 이상 10년 이하의 범위에서 허가 유효기간을 설정할 수 있다. 다만, 법인이 아닌 중도매인은 3년 이상 10년 이하의 범위에서 허가 유효기간을 설정할 수 있다.

(7) 갱신허가

허가 유효기간이 만료된 후 계속하여 중도매업을 하려는 자는 갱신허가를 받아야 한다.

11. 매매참가인의 신고

매매참가인의 업무를 하려는 자는 도매시장·공판장 또는 민영도매시장의 개설자에게 매매참가인으로 신고하여야 한다.

12. 중도매인의 업무 범위 등의 특례

허가를 받은 중도매인은 도매시장에 설치된 공판장에서도 그 업무를 할 수 있다.

13. 경매사의 임면

(1) 경매사를 두어야 하는 도매시장

도매시장법인은 도매시장에서의 공정하고 신속한 거래를 위하여 일정 수 이상의 경매사를 두어야 한다.

(2) 경매사 자격

경매사는 경매사 자격시험에 합격한 사람으로서 다음의 어느 하나에 해당하지 아니한 사람 중에서 임명하여야 한다.

① 피성년후견인 또는 피한정후견인
② 이 법 또는 「형법」 수뢰 및 사전수뢰부터 알선수뢰까지의 죄 중 어느 하나에 해당하는 죄를 범하여 금고 이상의 실형을 선고받고 그 형의 집행이 끝나거나 집행이 면제된 후 2년이 지나지 아니한 사람
③ 이 법 또는 「형법」 수뢰 및 사전수뢰부터 알선수뢰까지의 죄 중 어느 하나에 해당하는 죄를 범하여 금고 이상의 형의 집행유예를 선고받거나 선고유예를 받고 그 유예기간 중에 있는 사람
④ 해당 도매시장의 시장도매인, 중도매인, 산지유통인 또는 그 임직원
⑤ 면직된 후 2년이 지나지 아니한 사람
⑥ 업무정지기간 중에 있는 사람

(3) 경매사 면직사유

도매시장법인은 경매사가 결격사유의 어느 하나에 해당하는 경우에는 그 경매사를 면직하여야 한다.

(4) 임면의 게시

도매시장법인이 경매사를 임면하였을 때에는 그 내용을 도매시장 개설자에게 신고하여야 하며, 도매시장 개설자는 농림축산식품부장관 또는 해양수산부장관이 지정하여 고시한 인터넷 홈페이지에 그 내용을 게시하여야 한다.

14. 경매사 자격시험

(1) 필기시험과 실기시험으로 구분실시
경매사 자격시험은 농림축산식품부장관 또는 해양수산부장관이 실시하되, 필기시험과 실기시험으로 구분하여 실시한다.

(2) 부정행위에 대한 처분
농림축산식품부장관 또는 해양수산부장관은 경매사 자격시험에서 부정행위를 한 사람에 대하여 해당 시험의 정지·무효 또는 합격 취소 처분을 한다. 이 경우 처분을 받은 사람에 대해서는 처분이 있은 날부터 3년간 경매사 자격시험의 응시자격을 정지한다.

(3) 소명기회 부여
농림축산식품부장관 또는 해양수산부장관은 처분을 하려는 때에는 미리 그 처분 내용과 사유를 당사자에게 통지하여 소명할 기회를 주어야 한다.

(4) 시험의 위탁
농림축산식품부장관 또는 해양수산부장관은 경매사 자격시험의 관리에 관한 업무를 시험 관리 능력이 있다고 인정하는 관계 전문기관에 위탁할 수 있다.

15. 경매사의 업무 등

(1) 수행업무
① 도매시장법인이 상장한 농수산물에 대한 경매 우선순위의 결정
② 도매시장법인이 상장한 농수산물에 대한 가격평가
③ 도매시장법인이 상장한 농수산물에 대한 경락자의 결정

(2) 공무원 의제
경매사는 「형법」 수뢰 및 사전수뢰부터 알선수뢰까지의 규정을 적용할 때에는 공무원으로 본다.

16. 산지유통인의 등록

(1) 산지유통인의 등록
농수산물을 수집하여 도매시장에 출하하려는 자는 부류별로 도매시장 개설자에게 등록하여야 한다. 다만, 다음의 어느 하나에 해당하는 경우에는 그러하지 아니하다.
① 생산자단체가 구성원의 생산물을 출하하는 경우

② 도매시장법인이 매수한 농수산물을 상장하는 경우
③ 중도매인이 비상장 농수산물을 매매하는 경우
④ 시장도매인이 매매하는 경우
⑤ 그 밖에 농림축산식품부령 또는 해양수산부령으로 정하는 경우

(2) 산지유통인의 업무를 해서는 안되는 사람

도매시장법인, 중도매인 및 이들의 주주 또는 임직원은 해당 도매시장에서 산지유통인의 업무를 하여서는 아니 된다.

(3) 등록제한 사유

도매시장 개설자는 이 법 또는 다른 법령에 따른 제한에 위반되는 경우를 제외하고는 등록을 하여주어야 한다.

(4) 산지유통인의 제외업무

산지유통인은 등록된 도매시장에서 농수산물의 출하업무 외의 판매·매수 또는 중개업무를 하여서는 아니 된다.

(5) 미등록자의 제한조치

도매시장 개설자는 등록을 하여야 하는 자가 등록을 하지 아니하고 산지유통인의 업무를 하는 경우에는 도매시장에의 출입을 금지·제한하거나 그 밖에 필요한 조치를 할 수 있다.

(6) 산지유통인에 대한 지원

국가나 지방자치단체는 산지유통인의 공정한 거래를 촉진하기 위하여 필요한 지원을 할 수 있다.

17. 출하자 신고

(1) 출하자 신고

도매시장에 농수산물을 출하하려는 생산자 및 생산자단체 등은 농수산물의 거래질서 확립과 수급안정을 위하여 해당 도매시장의 개설자에게 신고하여야 한다.

(2) 출하자에 대한 우대조치

도매시장 개설자, 도매시장법인 또는 시장도매인은 신고한 출하자가 출하 예약을 하고 농수산물을 출하하는 경우에는 위탁수수료의 인하 및 경매의 우선 실시 등 우대조치를 할 수 있다.

18. 수탁판매의 원칙

(1) 출하자로부터 위탁

도매시장에서 도매시장법인이 하는 도매는 출하자로부터 위탁을 받아 하여야 한다. 다만, 특별한 사유가 있는 경우에는 매수하여 도매할 수 있다.

(2) 상장한 농수산물 외 거래금지

중도매인은 도매시장법인이 상장한 농수산물 외의 농수산물은 거래할 수 없다. 다만, 도매시장법인이 상장하기에 적합하지 아니한 농수산물과 그 밖에 이에 준하는 농수산물로서 그 품목과 기간을 정하여 도매시장 개설자로부터 허가를 받은 농수산물의 경우에는 그러하지 아니하다.

(3) 도매시장으로 반입 제외

중도매인이 도매시장법인이 상장하기에 적합하지 아니한 물품을 농수산물 전자거래소에서 거래하는 경우에는 그 물품을 도매시장으로 반입하지 아니할 수 있다.

(4) 다른 중도매인과 농수산물 거래금지

중도매인은 도매시장법인이 상장한 농수산물을 농림축산식품부령 또는 해양수산부령으로 정하는 연간 거래액의 범위에서 해당 도매시장의 다른 중도매인과 거래하는 경우를 제외하고는 다른 중도매인과 농수산물을 거래할 수 없다.

(5) 최저거래금액 산정 시 미포함

중도매인 간 거래액은 최저거래금액 산정 시 포함하지 아니한다.

(6) 거래내역의 통보

다른 중도매인과 농수산물을 거래한 중도매인은 그 거래 내역을 도매시장 개설자에게 통보하여야 한다.

19. 매매방법

도매시장법인은 도매시장에서 농수산물을 경매·입찰·정가매매 또는 수의매매의 방법으로 매매하여야 한다. 다만, 출하자가 매매방법을 지정하여 요청하는 경우 등 농림축산식품부령 또는 해양수산부령으로 매매방법을 정한 경우에는 그에 따라 매매할 수 있다.

20. 경매 또는 입찰의 방법

(1) 최고가격 제시자에게 판매

도매시장법인은 도매시장에 상장한 농수산물을 수탁된 순위에 따라 경매 또는 입찰의 방법으로 판매하는 경우에는 최고가격 제시자에게 판매하여야 한다. 다만, 출하자가 서면으로 거래 성립 최저가격을 제시한 경우에는 그 가격 미만으로 판매하여서는 아니 된다.

(2) 우선판매

도매시장 개설자는 효율적인 유통을 위하여 필요한 경우에는 대량 입하품, 표준규격품, 예약 출하품 등을 우선적으로 판매하게 할 수 있다.

(3) 경매 또는 입찰방법

경매 또는 입찰의 방법은 전자식을 원칙으로 하되 필요한 경우 거수수지식, 기록식, 서면입찰식 등의 방법으로 할 수 있다. 이 경우 공개경매를 실현하기 위하여 필요한 경우 농림축산식품부장관, 해양수산부장관 또는 도매시장 개설자는 품목별·도매시장별로 경매방식을 제한할 수 있다.

21. 거래의 특례

도매시장 개설자는 입하량이 현저히 많아 정상적인 거래가 어려운 경우 등 특별한 사유가 있는 경우에는 그 사유가 발생한 날에 한정하여 도매시장법인의 경우에는 중도매인·매매참가인 외의 자에게, 시장도매인의 경우에는 도매시장법인·중도매인에게 판매할 수 있도록 할 수 있다.

22. 도매시장법인의 영업제한

(1) 도매시장 외의 장소에서 판매금지

도매시장법인은 도매시장 외의 장소에서 농수산물의 판매업무를 하지 못한다.

(2) 도매시장으로 반입하지 아니하는 경우

도매시장법인은 다음의 어느 하나에 해당하는 경우에는 해당 거래물품을 도매시장으로 반입하지 아니할 수 있다.
① 도매시장 개설자의 사전승인을 받아 전자거래 방식으로 하는 경우
② 농림축산식품부령 또는 해양수산부령으로 정하는 일정 기준 이상의 시설에 보관·저장 중인 거래 대상 농수산물의 견본을 도매시장에 반입하여 거래하는 것에 대하여 도매시장 개설자가 승인한 경우

(3) 전자거래 및 견본거래 방식 등

전자거래 및 견본거래 방식 등에 관하여 필요한 사항은 농림축산식품부령 또는 해양수산부령으로 정한다.

(4) 도매시장법인의 겸영금지

도매시장법인은 농수산물 판매업무 외의 사업을 겸영하지 못한다. 다만, 농수산물의 선별·포장·가공·제빙·보관·후숙·저장·수출입 등의 사업은 겸영할 수 있다.

(5) 겸영사업의 제한

도매시장 개설자는 산지 출하자와의 업무 경합 또는 과도한 겸영사업으로 인하여 도매시장법인의 도매업무가 약화될 우려가 있는 경우에는 겸영사업을 1년 이내의 범위에서 제한할 수 있다.

23. 도매시장법인 등의 공시

도매시장법인 또는 시장도매인은 출하자와 소비자의 권익보호를 위하여 거래물량, 가격정보 및 재무상황 등을 공시하여야 한다.

24. 시장도매인의 지정

(1) 시장도매인의 부류별로 지정

시장도매인은 도매시장 개설자가 부류별로 지정한다. 이 경우 5년 이상 10년 이하의 범위에서 지정 유효기간을 설정할 수 있다.

(2) 시장도매인이 될 수 있는 자의 요건

시장도매인이 될 수 있는 자는 다음의 요건을 갖춘 법인이어야 한다.
① 임원 중 이 법을 위반하여 금고 이상의 실형을 선고받고 그 형의 집행이 끝나거나(집행이 끝난 것으로 보는 경우를 포함한다) 집행이 면제된 후 2년이 지나지 아니한 사람이 없을 것
② 임원 중 해당 도매시장에서 시장도매인의 업무와 경합되는 도매업 또는 중도매업을 하는 사람이 없을 것
③ 임원 중 파산선고를 받고 복권되지 아니한 사람이나 피성년후견인 또는 피한정후견인이 없을 것
④ 임원 중 시장도매인의 지정취소처분의 원인이 되는 사항에 관련된 사람이 없을 것
⑤ 거래규모, 순자산액 비율 및 거래보증금 등 도매시장 개설자가 업무규정으로 정하는 일정 요건을 갖출 것

(3) 임원의 해임
시장도매인은 해당 임원이 결격사유에 해당하는 요건을 갖추지 아니하게 되었을 때에는 그 임원을 지체 없이 해임하여야 한다.

25. 시장도매인의 인수·합병
시장도매인의 인수·합병에 대하여는 도매시장법인의 인수에 관한 규정을 준용한다. 이 경우 "도매시장법인"은 "시장도매인"으로 본다.

26. 시장도매인의 영업

(1) 시장도매인의 매매중개
시장도매인은 도매시장에서 농수산물을 매수 또는 위탁받아 도매하거나 매매를 중개할 수 있다. 다만, 도매시장 개설자는 거래질서의 유지를 위하여 필요하다고 인정하는 경우 등 농림축산식품부령 또는 해양수산부령으로 정하는 경우에는 품목과 기간을 정하여 시장도매인이 농수산물을 위탁받아 도매하는 것을 제한 또는 금지할 수 있다.

(2) 도매시장법인·중도매인에게 농수산물 판매금지
시장도매인은 해당 도매시장의 도매시장법인·중도매인에게 농수산물을 판매하지 못한다.

27. 수탁의 거부금지 등
도매시장법인 또는 시장도매인은 그 업무를 수행할 때에 다음의 어느 하나에 해당하는 경우를 제외하고는 입하된 농수산물의 수탁을 거부·기피하거나 위탁받은 농수산물의 판매를 거부·기피하거나, 거래 관계인에게 부당한 차별대우를 하여서는 아니 된다.
① 유통명령을 위반하여 출하하는 경우
② 출하자 신고를 하지 아니하고 출하하는 경우
③ 안전성 검사 결과 그 기준에 미달되는 경우
④ 도매시장 개설자가 업무규정으로 정하는 최소출하량의 기준에 미달되는 경우
⑤ 그 밖에 환경 개선 및 규격출하 촉진 등을 위하여 대통령령으로 정하는 경우

28. 출하 농수산물의 안전성 검사

(1) 도매시장 개설자의 안전성 검사
도매시장 개설자는 해당 도매시장에 반입되는 농수산물에 대하여 유해물질의 잔류허용기준 등의 초과 여부에 관한 안전성 검사를 하여야 한다. 이 경우 도매시장 개설자 중 시는 해당 도매시장의 개설을 허가한 도지사 소속의 검사기관에 안전성 검사를 의뢰할 수 있다.

(2) 출하제한

도매시장 개설자는 안전성 검사 결과 그 기준에 못 미치는 농수산물을 출하하는 자에 대하여 1년 이내의 범위에서 해당 농수산물과 같은 품목의 농수산물을 해당 도매시장에 출하하는 것을 제한할 수 있다. 이 경우 다른 도매시장 개설자로부터 안전성 검사 결과 출하 제한을 받은 자에 대해서도 또한 같다.

29. 매매 농수산물의 인수 등

(1) 농수산물 인수

도매시장법인 또는 시장도매인으로부터 농수산물을 매수한 자는 매매가 성립한 즉시 그 농수산물을 인수하여야 한다.

(2) 매수한 농수산물의 인수를 거부한 경우

도매시장법인 또는 시장도매인은 매수인이 정당한 사유 없이 매수한 농수산물의 인수를 거부하거나 게을리하였을 때에는 그 매수인의 부담으로 해당 농수산물을 일정 기간 보관하거나, 그 이행을 최고하지 아니하고 그 매매를 해제하여 다시 매매할 수 있다.

(3) 차손금의 부담

차손금이 생겼을 때에는 당초의 매수인이 부담한다.

30. 하역업무

(1) 하역체제의 개선 및 노력

도매시장 개설자는 도매시장에서 하는 하역업무의 효율화를 위하여 하역체제의 개선 및 하역의 기계화 촉진에 노력하여야 하며, 하역비의 절감으로 출하자의 이익을 보호하기 위하여 필요한 시책을 수립·시행하여야 한다.

(2) 표준하역비 부담

도매시장 개설자가 업무규정으로 정하는 규격출하품에 대한 표준하역비는 도매시장법인 또는 시장도매인이 부담한다.

(3) 하역의 기계화와 규격출하의 촉진명령

농림축산식품부장관 또는 해양수산부장관은 하역체제의 개선 및 하역의 기계화와 규격출하의 촉진을 위하여 도매시장 개설자에게 필요한 조치를 명할 수 있다.

(4) 하역업무의 용역

도매시장법인 또는 시장도매인은 도매시장에서 하는 하역업무에 대하여 하역 전문업체 등과 용역계약을 체결할 수 있다.

31. 출하자에 대한 대금결제

(1) 출하대금의 즉시결제

도매시장법인 또는 시장도매인은 매수하거나 위탁받은 농수산물이 매매되었을 때에는 그 대금의 전부를 출하자에게 즉시 결제하여야 한다. 다만, 대금의 지급방법에 관하여 도매시장법인 또는 시장도매인과 출하자 사이에 특약이 있는 경우에는 그 특약에 따른다.

(2) 정산조직에 의한 대금지급

도매시장법인 또는 시장도매인은 출하자에게 대금을 결제하는 경우에는 표준송품장과 판매원표를 확인하여 작성한 표준정산서를 출하자와 정산 조직에 각각 발급하고, 정산 조직에 대금결제를 의뢰하여 정산 조직에서 출하자에게 대금을 지급하는 방법으로 하여야 한다. 다만, 도매시장 개설자가 인정하는 도매시장법인의 경우에는 출하자에게 대금을 직접 결제할 수 있다.

32. 대금정산조직 설립의 지원

도매시장 개설자는 도매시장법인·시장도매인·중도매인 등이 공동으로 다음의 대금의 정산을 위한 조합, 회사 등을 설립하는 경우 그에 대한 지원을 할 수 있다.

① 출하대금
② 도매시장법인과 중도매인 또는 매매참가인 간의 농수산물 거래에 따른 판매대금

33. 수수료 등의 징수제한

도매시장 개설자, 도매시장법인, 시장도매인, 중도매인 또는 대금정산조직은 해당 업무와 관련하여 징수 대상자에게 다음의 금액 외에는 어떠한 명목으로도 금전을 징수하여서는 아니 된다.

① 도매시장 개설자가 도매시장법인 또는 시장도매인으로부터 도매시장의 유지·관리에 필요한 최소한의 비용으로 징수하는 도매시장의 사용료
② 도매시장 개설자가 도매시장의 시설 중 농림축산식품부령 또는 해양수산부령으로 정하는 시설에 대하여 사용자로부터 징수하는 시설 사용료
③ 도매시장법인이나 시장도매인이 농수산물의 판매를 위탁한 출하자로부터 징수하는 거래액의 일정 비율 또는 일정액에 해당하는 위탁수수료

④ 시장도매인 또는 중도매인이 농수산물의 매매를 중개한 경우에 이를 매매한 자로부터 징수하는 거래액의 일정 비율에 해당하는 중개수수료
⑤ 거래대금을 정산하는 경우에 도매시장법인·시장도매인·중도매인·매매참가인 등이 대금정산조직에 납부하는 정산수수료

34. 지방도매시장의 운영 등에 관한 특례

지방도매시장의 개설자는 해당 도매시장의 규모 및 거래물량 등에 비추어 필요하다고 인정하는 경우 농림축산식품부령 또는 해양수산부령으로 정하는 사유와 다른 내용의 특례를 업무규정으로 정할 수 있다.

35. 과밀부담금의 면제

도매시장의 시설현대화 사업으로 건축하는 건축물에 대해서는 그 과밀부담금을 부과하지 아니한다.

제 4 장 농수산물공판장 및 민영농수산물도매시장 등

1. 공판장의 개설

(1) 공판장 개설의 승인

농림수협등, 생산자단체 또는 공익법인이 공판장을 개설하려면 시·도지사의 승인을 받아야 한다.

(2) 관련서류의 제출

농림수협등, 생산자단체 또는 공익법인이 공판장의 개설승인을 받으려면 공판장 개설승인 신청서에 업무규정과 운영관리계획서 등 승인에 필요한 서류를 첨부하여 시·도지사에게 제출하여야 한다.

(3) 도매시장의 개설에 관한 규정준용

공판장의 업무규정 및 운영관리계획서에 정할 사항에 관하여는 도매시장의 개설에 관한 규정을 준용한다.

(4) 승인제외 사유

시·도지사는 신청이 다음의 어느 하나에 해당하는 경우를 제외하고는 승인을 하여야 한다.

① 공판장을 개설하려는 장소가 교통체증을 유발할 수 있는 위치에 있는 경우
② 공판장의 시설이 기준에 적합하지 아니한 경우
③ 운영관리계획서의 내용이 실현 가능하지 아니한 경우
④ 그 밖에 이 법 또는 다른 법령에 따른 제한에 위반되는 경우

2. 공판장의 거래 관계자

(1) 공판장에 둘 수 있는 사람

공판장에는 중도매인, 매매참가인, 산지유통인 및 경매사를 둘 수 있다.

(2) 중도매업에 관한 규정준용

공판장의 중도매인은 공판장의 개설자가 지정한다. 이 경우 중도매인의 지정 등에 관하여는 중도매업에 관한 규정을 준용한다.

(3) 산지유통인으로 등록

농수산물을 수집하여 공판장에 출하하려는 자는 공판장의 개설자에게 산지유통인으로 등록하여야 한다.

(4) 경매사 임면

공판장의 경매사는 공판장의 개설자가 임면한다.

3. 공판장의 운영 등

공판장의 운영 및 거래방법 등에 관하여는 도매시장, 경매 등의 규정을 준용한다. 다만, 공판장의 규모·거래물량 등에 비추어 이를 준용하는 것이 적합하지 아니한 공판장의 경우에는 개설자가 합리적이라고 인정되는 범위에서 업무규정으로 정하는 바에 따라 운영 및 거래방법 등을 달리 정할 수 있다.

4. 도매시장공판장의 운영 등에 관한 특례

(1) 도매시장, 경매 등의 규정준용

도매시장공판장의 운영 및 거래방법 등에 관하여는 도매시장, 경매 등의 규정을 준용한다.

(2) 중도매인, 산지유통인, 경매사에 관한 규정준용

도매시장공판장의 중도매인, 산지유통인, 경매사에 관한 규정을 준용한다.

(3) 유통자회사로 운영

도매시장공판장은 농림수협등의 유통자회사로 하여금 운영하게 할 수 있다.

5. 민영도매시장의 개설

(1) 민영도매시장의 개설허가

민간인등이 특별시·광역시·특별자치시·특별자치도 또는 시 지역에 민영도매시장을 개설하려면 시·도지사의 허가를 받아야 한다.

(2) 관련서류의 제출

민간인등이 민영도매시장의 개설허가를 받으려면 민영도매시장 개설허가 신청서에 업무규정과 운영관리계획서를 첨부하여 시·도지사에게 제출하여야 한다.

(3) 도매시장 개설에 관한 규정준용

업무규정 및 운영관리계획서에 관하여는 도매시장 개설에 관한 규정을 준용한다.

(4) 민영도매시장의 허가제외사유

시·도지사는 다음의 어느 하나에 해당하는 경우를 제외하고는 허가하여야 한다.

① 민영도매시장을 개설하려는 장소가 교통체증을 유발할 수 있는 위치에 있는 경우
② 민영도매시장의 시설이 기준에 적합하지 아니한 경우
③ 운영관리계획서의 내용이 실현 가능하지 아니한 경우
④ 그 밖에 이 법 또는 다른 법령에 따른 제한에 위반되는 경우

(5) 허가여부 통보

시·도지사는 민영도매시장 개설허가의 신청을 받은 경우 신청서를 받은 날부터 30일 이내에 허가 여부 또는 허가처리 지연 사유를 신청인에게 통보하여야 한다. 이 경우 허가처리기간에 허가 여부 또는 허가처리 지연 사유를 통보하지 아니하면 허가 처리기간의 마지막 날의 다음 날에 허가를 한 것으로 본다.

(6) 허가 처리기간의 연장

시·도지사는 허가처리 지연 사유를 통보하는 경우에는 허가 처리기간을 10일 범위에서 한 번만 연장할 수 있다.

6. 민영도매시장의 운영 등

(1) 민영도매시장의 운영
민영도매시장의 개설자는 중도매인, 매매참가인, 산지유통인 및 경매사를 두어 직접 운영하거나 시장도매인을 두어 이를 운영하게 할 수 있다.

(2) 민영도매시장의 중도매인 지정
민영도매시장의 중도매인은 민영도매시장의 개설자가 지정한다.

(3) 산지유통인 등록
농수산물을 수집하여 민영도매시장에 출하하려는 자는 민영도매시장의 개설자에게 산지유통인으로 등록하여야 한다.

(4) 경매사 임면
민영도매시장의 경매사는 민영도매시장의 개설자가 임면한다.

(5) 시장도매인 지정
민영도매시장의 시장도매인은 민영도매시장의 개설자가 지정한다.

(6) 민영도매시장의 개설자가 직접 운영하는 경우
민영도매시장의 개설자가 중도매인, 매매참가인, 산지유통인 및 경매사를 두어 직접 운영하는 경우 그 운영 및 거래방법 등에 관하여는 수탁판매, 경매의 규정을 준용한다. 다만, 민영도매시장의 규모·거래물량 등에 비추어 해당 규정을 준용하는 것이 적합하지 아니한 민영도매시장의 경우에는 그 개설자가 합리적이라고 인정되는 범위에서 업무규정으로 정하는 바에 따라 그 운영 및 거래방법 등을 달리 정할 수 있다.

7. 산지판매제도의 확립

(1) 산지 유통대책의 수립·시행
농림수협등 또는 공익법인은 생산지에서 출하되는 주요 품목의 농수산물에 대하여 산지경매제를 실시하거나 계통출하를 확대하는 등 생산자 보호를 위한 판매대책 및 선별·포장·저장 시설의 확충 등 산지 유통대책을 수립·시행하여야 한다.

(2) 경매 또는 입찰의 방법
농림수협등 또는 공익법인은 경매 또는 입찰의 방법으로 창고경매, 포전경매 또는 선상경매 등을 할 수 있다.

8. 농수산물집하장의 설치·운영

(1) 농수산물집하장의 설치·운영

생산자단체 또는 공익법인은 농수산물을 대량 소비지에 직접 출하할 수 있는 유통체제를 확립하기 위하여 필요한 경우에는 농수산물집하장을 설치·운영할 수 있다.

(2) 국가와 지방자치단체의 협조

국가와 지방자치단체는 농수산물집하장의 효과적인 운영과 생산자의 출하편의를 도모할 수 있도록 그 입지 선정과 도로망의 개설에 협조하여야 한다.

(3) 집하장의 공판장으로 운영

생산자단체 또는 공익법인은 운영하고 있는 농수산물집하장 중 공판장의 시설기준을 갖춘 집하장을 시·도지사의 승인을 받아 공판장으로 운영할 수 있다.

9. 농수산물산지유통센터의 설치·운영 등

(1) 농수산물산지유통센터의 설치·운영

국가나 지방자치단체는 농수산물의 선별·포장·규격출하·가공·판매 등을 촉진하기 위하여 농수산물산지유통센터를 설치하여 운영하거나 이를 설치하려는 자에게 부지 확보 또는 시설물 설치 등에 필요한 지원을 할 수 있다.

(2) 농수산물산지유통센터의 위탁

국가나 지방자치단체는 농수산물산지유통센터의 운영을 생산자단체 또는 전문유통업체에 위탁할 수 있다.

10. 농수산물 유통시설의 편의제공

국가나 지방자치단체는 그가 설치한 농수산물 유통시설에 대하여 생산자단체, 농업협동조합중앙회, 산림조합중앙회, 수산업협동조합중앙회 또는 공익법인으로부터 이용 요청을 받으면 해당 시설의 이용, 면적 배정 등에서 우선적으로 편의를 제공하여야 한다.

11. 포전매매의 계약

(1) 포전매매의 계약

농림축산식품부장관이 정하는 채소류 등 저장성이 없는 농산물의 포전매매의 계약은 서면에 의한 방식으로 하여야 한다.

(2) 반출지연과 계약해제 간주

농산물의 포전매매의 계약은 특약이 없으면 매수인이 그 농산물을 계약서에 적힌 반출 약정일부터 10일 이내에 반출하지 아니한 경우에는 그 기간이 지난 날에 계약이 해제된 것으로 본다. 다만, 매수인이 반출 약정일이 지나기 전에 반출 지연 사유와 반출 예정일을 서면으로 통지한 경우에는 그러하지 아니하다.

(3) 표준계약서에 의한 계약

농림축산식품부장관은 포전매매의 계약에 필요한 표준계약서를 정하여 보급하고 그 사용을 권장할 수 있으며, 계약당사자는 표준계약서에 준하여 계약하여야 한다.

(4) 포전매매 계약의 내용신고

농림축산식품부장관과 지방자치단체의 장은 생산자 및 소비자의 보호나 농산물의 가격 및 수급의 안정을 위하여 특히 필요하다고 인정할 때에는 대상 품목, 대상 지역 및 신고 기간 등을 정하여 계약 당사자에게 포전매매 계약의 내용을 신고하도록 할 수 있다.

제 5 장 농산물가격안정기금

1. 기금의 설치

정부는 농산물의 원활한 수급과 가격안정을 도모하고 유통구조의 개선을 촉진하기 위한 재원을 확보하기 위하여 농산물가격안정기금을 설치한다.

2. 기금의 조성

(1) 기금의 재원

① 정부의 출연금
② 기금 운용에 따른 수익금
③ 몰수농산물의 처분금액, 수입이익금 및 다른 법률의 규정에 따라 납입되는 금액
④ 다른 기금으로부터의 출연금

(2) 자금의 차입

농림축산식품부장관은 기금의 운영에 필요하다고 인정할 때에는 기금의 부담으로 한국은행 또는 다른 기금으로부터 자금을 차입할 수 있다.

3. 기금의 운용·관리

(1) 기금의 운용·관리
기금은 국가회계원칙에 따라 농림축산식품부장관이 운용·관리한다.

(2) 업무의 위탁
기금의 운용·관리에 관한 농림축산식품부장관의 업무는 그 일부를 국립종자원장과 한국농수산식품유통공사의 장에게 위임 또는 위탁할 수 있다.

4. 기금의 용도

(1) 융자 또는 대출
기금은 다음의 사업을 위하여 필요한 경우에 융자 또는 대출할 수 있다.
① 농산물의 가격조절과 생산·출하의 장려 또는 조절
② 농산물의 수출 촉진
③ 농산물의 보관·관리 및 가공
④ 도매시장, 공판장, 민영도매시장 및 경매식 집하장의 출하촉진·거래대금정산·운영 및 시설설치
⑤ 농산물의 상품성 향상
⑥ 그 밖에 농림축산식품부장관이 농산물의 유통구조 개선, 가격안정 및 종자산업의 진흥을 위하여 필요하다고 인정하는 사업

(2) 기금의 지출사업
기금은 다음의 사업을 위하여 지출한다.
① 농수산자조금에 대한 출연 및 지원
② 생산자보호, 몰수농산물, 비축사업 및 품종목록 등재품종 등의 종자생산에 따른 사업 및 그 사업의 관리
③ 유통명령 이행자에 대한 지원
④ 기금이 관리하는 유통시설의 설치·취득 및 운영
⑤ 도매시장 시설현대화 사업 지원
⑥ 그 밖에 대통령령으로 정하는 농산물의 유통구조 개선 및 가격안정과 종자산업의 진흥을 위하여 필요한 사업

(3) 기금의 융자를 받을 수 있는 자 등
기금의 융자를 받을 수 있는 자는 농업협동조합중앙회, 산림조합중앙회 및 한국농수산식품유통공사로 하고, 대출을 받을 수 있는 자는 농림축산식품부장관이 (1)에 따른 사업을

효율적으로 시행할 수 있다고 인정하는 자로 한다.

(4) 기금의 대출에 관한 업무의 위탁
기금의 대출에 관한 농림축산식품부장관의 업무는 기금의 융자를 받을 수 있는 자에게 위탁할 수 있다.

(5) 융자금 또는 대출금의 사용용도
기금을 융자받거나 대출받은 자는 융자 또는 대출을 할 때에 지정한 목적 외의 목적에 그 융자금 또는 대출금을 사용할 수 없다.

5. 기금의 회계기관

(1) 기금의 수입과 지출에 관한 공무원 임명
농림축산식품부장관은 기금의 수입과 지출에 관한 사무를 수행하게 하기 위하여 소속 공무원 중에서 기금수입징수관·기금재무관·기금지출관 및 기금출납공무원을 임명한다.

(2) 기금의 운용·관리에 관한 업무의 일부를 위임 또는 위탁한 경우
농림축산식품부장관은 기금의 운용·관리에 관한 업무의 일부를 위임 또는 위탁한 경우, 위임 또는 위탁받은 기관의 소속 공무원 또는 임직원 중에서 위임 또는 위탁받은 업무를 수행하기 위한 기금수입징수관 또는 기금수입담당임원, 기금재무관 또는 기금지출원인행위담당임원, 기금지출관 또는 기금지출원 및 기금출납공무원 또는 기금출납원을 임명하여야 한다. 이 경우 기금수입담당임원은 기금수입징수관의 직무를, 기금지출원인행위담당임원은 기금재무관의 직무를, 기금지출원은 기금지출관의 직무를, 기금출납원은 기금출납공무원의 직무를 수행한다.

(3) 기금의 수입과 지출에 관한 공무원 임명과 통지
농림축산식품부장관은 기금수입징수관·기금재무관·기금지출관 및 기금출납공무원, 기금수입담당임원·기금지출원인행위담당임원·기금지출원 및 기금출납원을 임명하였을 때에는 감사원, 기획재정부장관 및 한국은행총재에게 그 사실을 통지하여야 한다.

6. 기금의 손비처리
농림축산식품부장관은 다음의 어느 하나에 해당하는 비용이 생기면 이를 기금에서 손비로 처리하여야 한다.
① 생산자보호, 몰수농산물, 비축사업 및 품종목록 등재품종 등의 종자생산에 따른 사업을 실시한 결과 생긴 결손금

② 차입금의 이자 및 기금의 운용에 필요한 경비

7. 기금의 운용계획

(1) 기금운용계획 수립

농림축산식품부장관은 회계연도마다 기금운용계획을 수립하여야 한다.

(2) 기금운용계획에 포함되어야 할 사항

① 기금의 수입·지출에 관한 사항
② 융자 또는 대출의 목적, 대상자, 금리 및 기간에 관한 사항
③ 그 밖에 기금의 운용에 필요한 사항

(3) 융자기간

융자기간은 1년 이내로 하여야 한다. 다만, 시설자금의 융자 등 자금의 사용 목적상 1년 이내로 하는 것이 적당하지 아니하다고 인정되는 경우에는 그러하지 아니하다.

8. 여유자금의 운용

농림축산식품부장관은 기금의 여유자금을 다음의 방법으로 운용할 수 있다.
① 은행에 예치
② 국채·공채, 그 밖에 증권의 매입

9. 결산보고

농림축산식품부장관은 회계연도마다 기금의 결산보고서를 작성하여 다음 연도 2월 말일까지 기획재정부장관에게 제출하여야 한다.

제 6 장 농수산물 유통기구의 정비 등

1. 정비 기본방침 등

농림축산식품부장관 또는 해양수산부장관은 농수산물의 원활한 수급과 유통질서를 확립하기 위하여 필요한 경우에는 다음의 사항을 포함한 농수산물 유통기구 정비기본방침을 수립하여 고시할 수 있다.
① 시설기준에 미달하거나 거래물량에 비하여 시설이 부족하다고 인정되는 도매시장·공

판장 및 민영도매시장의 시설 정비에 관한 사항
② 도매시장·공판장 및 민영도매시장 시설의 바꿈 및 이전에 관한 사항
③ 중도매인 및 경매사의 가격조작 방지에 관한 사항
④ 생산자와 소비자 보호를 위한 유통기구의 봉사 경쟁체제의 확립과 유통 경로의 단축에 관한 사항
⑤ 운영 실적이 부진하거나 휴업 중인 도매시장의 정비 및 도매시장법인이나 시장도매인의 교체에 관한 사항
⑥ 소매상의 시설 개선에 관한 사항

2. 지역별 정비계획

(1) 지역별 정비계획의 수립 및 시행

시·도지사는 기본방침이 고시되었을 때에는 그 기본방침에 따라 지역별 정비계획을 수립하고 농림축산식품부장관 또는 해양수산부장관의 승인을 받아 그 계획을 시행하여야 한다.

(2) 지역별 정비계획의 수정 또는 보완

농림축산식품부장관 또는 해양수산부장관은 지역별 정비계획의 내용이 기본방침에 부합되지 아니하거나 사정의 변경 등으로 실효성이 없다고 인정하는 경우에는 그 일부를 수정 또는 보완하여 승인할 수 있다.

3. 유사 도매시장의 정비

(1) 유사 도매시장구역의 지정

시·도지사는 농수산물의 공정거래질서 확립을 위하여 필요한 경우에는 농수산물도매시장과 유사한 형태의 시장을 정비하기 위하여 유사 도매시장구역을 지정하고, 그 구역의 농수산물도매업자의 거래방법 개선, 시설 개선, 이전대책 등에 관한 정비계획을 수립·시행할 수 있다.

(2) 도매시장법인 또는 시장도매인 지정

특별시·광역시·특별자치시·특별자치도 또는 시는 정비계획에 따라 유사 도매시장구역에 도매시장을 개설하고, 그 구역의 농수산물도매업자를 도매시장법인 또는 시장도매인으로 지정하여 운영하게 할 수 있다.

(3) 정비계획의 지원

농림축산식품부장관 또는 해양수산부장관은 시·도지사로 하여금 정비계획의 내용을 수

정 또는 보완하게 할 수 있으며, 정비계획의 추진에 필요한 지원을 할 수 있다.

4. 시장의 개설·정비 명령

(1) 도매시장·공판장 및 민영도매시장의 통합·이전 또는 폐쇄

농림축산식품부장관 또는 해양수산부장관은 기본방침을 효과적으로 수행하기 위하여 필요하다고 인정할 때에는 도매시장·공판장 및 민영도매시장의 개설자에 대하여 도매시장·공판장 및 민영도매시장의 통합·이전 또는 폐쇄를 명할 수 있다.

(2) 도매시장이나 공판장의 개설 및 제한권고

농림축산식품부장관 또는 해양수산부장관은 농수산물을 원활하게 수급하기 위하여 특정한 지역에 도매시장이나 공판장을 개설하거나 제한할 필요가 있다고 인정할 때에는 그 지역을 관할하는 특별시·광역시·특별자치시·특별자치도 또는 시나 농림수협등 또는 공익법인에 대하여 도매시장이나 공판장을 개설하거나 제한하도록 권고할 수 있다.

(3) 손실의 정당한 보상

정부는 명령으로 인하여 발생한 도매시장·공판장 및 민영도매시장의 개설자 또는 도매시장법인의 손실에 관하여는 정당한 보상을 하여야 한다.

5. 도매시장법인의 대행

(1) 도매시장법인 또는 도매시장공판장의 대행

도매시장 개설자는 도매시장법인이 판매업무를 할 수 없게 되었다고 인정되는 경우에는 기간을 정하여 그 업무를 대행하거나 관리공사, 다른 도매시장법인 또는 도매시장공판장의 개설자로 하여금 대행하게 할 수 있다.

(2) 업무처리기준

도매시장법인의 업무를 대행하는 자에 대한 업무처리기준과 그 밖에 대행에 관하여 필요한 사항은 도매시장 개설자가 정한다.

6. 유통시설의 개선 등

(1) 유통시설의 개선 및 정비명령

농림축산식품부장관 또는 해양수산부장관은 농수산물의 원활한 유통을 위하여 도매시장·공판장 및 민영도매시장의 개설자나 도매시장법인에 대하여 농수산물의 판매·수송·보관·저장 시설의 개선 및 정비를 명할 수 있다.

(2) 유통시설의 시설기준

도매시장·공판장 및 민영도매시장이 보유하여야 하는 시설의 기준은 부류별로 그 지역의 인구 및 거래물량 등을 고려하여 농림축산식품부령 또는 해양수산부령으로 정한다.

7. 농수산물 소매유통의 개선

(1) 유통 개선에 대한 시책의 수립·시행

농림축산식품부장관, 해양수산부장관 또는 지방자치단체의 장은 생산자와 소비자를 보호하고 상거래질서를 확립하기 위한 농수산물 소매단계의 합리적 유통 개선에 대한 시책을 수립·시행할 수 있다.

(2) 소매유통의 지원·육성

농림축산식품부장관 또는 해양수산부장관은 시책을 달성하기 위하여 농수산물의 중도매업·소매업, 생산자와 소비자의 직거래사업, 생산자단체 및 대통령령으로 정하는 단체가 운영하는 농수산물직판장, 소매시설의 현대화 등을 지원·육성한다.

(3) 이용편의 등을 지원

농림축산식품부장관, 해양수산부장관 또는 지방자치단체의 장은 농수산물소매업자 등이 농수산물의 유통 개선과 공동이익의 증진 등을 위하여 협동조합을 설립하는 경우에는 도매시장 또는 공판장의 이용편의 등을 지원할 수 있다.

8. 종합유통센터의 설치

(1) 종합유통센터의 설치 및 위탁

국가나 지방자치단체는 종합유통센터를 설치하여 생산자단체 또는 전문유통업체에 그 운영을 위탁할 수 있다.

(2) 종합유통센터의 지원

국가나 지방자치단체는 종합유통센터를 설치하려는 자에게 부지 확보 또는 시설물 설치 등에 필요한 지원을 할 수 있다.

(3) 서비스의 개선 또는 이용방법의 준수 등 권고

농림축산식품부장관, 해양수산부장관 또는 지방자치단체의 장은 종합유통센터가 효율적으로 그 기능을 수행할 수 있도록 종합유통센터를 운영하는 자 또는 이를 이용하는 자에게 그 운영방법 및 출하 농어가에 대한 서비스의 개선 또는 이용방법의 준수 등 필요한 권고를 할 수 있다.

(4) 서비스의 개선 등 조치

농림축산식품부장관, 해양수산부장관 또는 지방자치단체의 장은 종합유통센터를 운영하는 자 및 지원을 받아 종합유통센터를 운영하는 자가 권고를 이행하지 아니하는 경우에는 일정한 기간을 정하여 운영방법 및 출하 농어가에 대한 서비스의 개선 등 필요한 조치를 할 것을 명할 수 있다.

9. 유통자회사의 설립

(1) 유통자회사의 설립·운영

농림수협등은 농수산물 유통의 효율화를 도모하기 위하여 필요한 경우에는 종합유통센터·도매시장공판장을 운영하거나 그 밖의 유통사업을 수행하는 별도의 법인을 설립·운영할 수 있다.

(2) 유통자회사의 성질

유통자회사는 「상법」상의 회사이어야 한다.

(3) 유통자회사의 지원

국가나 지방자치단체는 유통자회사의 원활한 운영을 위하여 필요한 지원을 할 수 있다.

10. 농수산물 전자거래의 촉진 등

(1) 전자거래 전문기관이 업무수행

농림축산식품부장관 또는 해양수산부장관은 농수산물 전자거래를 촉진하기 위하여 한국농수산식품유통공사 및 농수산물 거래와 관련된 업무경험 및 전문성을 갖춘 기관으로서 대통령령으로 정하는 기관에 다음의 업무를 수행하게 할 수 있다.

① 농수산물 전자거래소의 설치 및 운영·관리
② 농수산물 전자거래 참여 판매자 및 구매자의 등록·심사 및 관리
③ 농수산물 전자거래 분쟁조정위원회에 대한 운영 지원
④ 대금결제 지원을 위한 정산소의 운영·관리
⑤ 농수산물 전자거래에 관한 유통정보 서비스 제공
⑥ 그 밖에 농수산물 전자거래에 필요한 업무

(2) 전자거래를 활성화를 위한 지원

농림축산식품부장관 또는 해양수산부장관은 농수산물 전자거래를 활성화하기 위하여 예산의 범위에서 필요한 지원을 할 수 있다.

(3) 거래품목, 거래수수료 및 결제방법 등

거래품목, 거래수수료 및 결제방법 등 농수산물 전자거래에 필요한 사항은 농림축산식품부령 또는 해양수산부령으로 정한다.

11. 농수산물 전자거래 분쟁조정위원회의 설치

(1) 농수산물 전자거래 분쟁조정위원회의 설치

농수산물 전자거래에 관한 분쟁을 조정하기 위하여 한국농수산식품유통공사와 농수산물 거래와 관련된 업무경험 및 전문성을 갖춘 기관에 농수산물 전자거래 분쟁조정위원회를 둔다.

(2) 분쟁조정위원회의 구성

분쟁조정위원회는 위원장 1명을 포함하여 9명 이내의 위원으로 구성하고, 위원은 농림축산식품부장관 또는 해양수산부장관이 임명하거나 위촉하며, 위원장은 위원 중에서 호선한다.

(3) 위원의 자격 및 임기, 위원의 제척·기피·회피 등

위원의 자격 및 임기, 위원의 제척·기피·회피 등 분쟁조정위원회의 구성·운영에 필요한 사항은 대통령령으로 정한다.

12. 유통 정보화의 촉진

(1) 농수산물 유통 정보화와 관련한 사업지원

농림축산식품부장관 또는 해양수산부장관은 유통 정보의 원활한 수집·처리 및 전파를 통하여 농수산물의 유통효율 향상에 이바지할 수 있도록 농수산물 유통 정보화와 관련한 사업을 지원하여야 한다.

(2) 정보화를 위한 교육 및 홍보사업 수행 및 지원

농림축산식품부장관 또는 해양수산부장관은 정보화사업을 추진하기 위하여 정보기반의 정비, 정보화를 위한 교육 및 홍보사업을 직접 수행하거나 이에 필요한 지원을 할 수 있다.

13. 재정 지원

정부는 농수산물 유통구조 개선과 유통기구의 육성을 위하여 도매시장·공판장 및 민영도매시장의 개설자에 대하여 예산의 범위에서 융자하거나 보조금을 지급할 수 있다.

14. 거래질서의 유지

(1) 거래질서의 유지를 위한 조치

누구든지 도매시장에서의 정상적인 거래와 도매시장 개설자가 정하여 고시하는 시설물의 사용기준을 위반하거나 적절한 위생·환경의 유지를 저해하여서는 아니 된다. 이 경우 도매시장 개설자는 도매시장에서의 거래질서가 유지되도록 필요한 조치를 하여야 한다.

(2) 법위반자의 단속

농림축산식품부장관, 해양수산부장관, 도지사 또는 도매시장 개설자는 소속 공무원으로 하여금 이 법을 위반하는 자를 단속하게 할 수 있다.

(3) 증표제시

단속을 하는 공무원은 그 권한을 표시하는 증표를 관계인에게 보여주어야 한다.

15. 교육훈련 등

(1) 유통 종사자에 대한 교육훈련

농림축산식품부장관 또는 해양수산부장관은 농수산물의 유통 개선을 촉진하기 위하여 경매사, 중도매인 등 농림축산식품부령 또는 해양수산부령으로 정하는 유통 종사자에 대하여 교육훈련을 실시할 수 있다.

(2) 교육훈련 이수

도매시장법인 또는 공판장의 개설자가 임명한 경매사는 농림축산식품부장관 또는 해양수산부장관이 실시하는 교육훈련을 이수하여야 한다.

(3) 교육훈련의 위탁

농림축산식품부장관 또는 해양수산부장관은 교육훈련을 농림축산식품부령 또는 해양수산부령으로 정하는 기관에 위탁하여 실시할 수 있다.

16. 실태조사 등

농림축산식품부장관 또는 해양수산부장관은 도매시장을 효율적으로 운영·관리하기 위하여 필요하다고 인정할 때에는 농림축산식품부령 또는 해양수산부령으로 정하는 법인 등으로 하여금 도매시장에 대한 실태조사를 하게 하거나 운영·관리의 지도를 하게 할 수 있다.

17. 평가의 실시

(1) 경영관리에 관한 평가실시
농림축산식품부장관 또는 해양수산부장관은 도매시장 개설자의 의견을 수렴하여 도매시장의 거래제도 및 물류체계 개선 등 운영·관리와 도매시장법인·도매시장공판장·시장도매인의 거래 실적, 재무 건전성 등 경영관리에 관한 평가를 실시하여야 한다. 이 경우 도매시장 개설자는 평가에 필요한 자료를 농림축산식품부장관 또는 해양수산부장관에게 제출하여야 한다.

(2) 도매시장 개설자의 경영관리평가
도매시장 개설자는 중도매인의 거래 실적, 재무 건전성 등 경영관리에 관한 평가를 실시할 수 있다.

(3) 평가 결과에 따른 조치
도매시장 개설자는 평가 결과와 시설규모, 거래액 등을 고려하여 도매시장법인, 시장도매인, 도매시장공판장의 개설자, 중도매인에 대하여 시설 사용면적의 조정, 차등 지원 등의 조치를 할 수 있다.

(4) 도매시장 개설자에 대한 명령이나 권고
농림축산식품부장관 또는 해양수산부장관은 평가 결과에 따라 도매시장 개설자에게 다음의 명령이나 권고를 할 수 있다.
① 부진한 사항에 대한 시정 명령
② 부진한 도매시장의 관리를 관리공사 또는 한국농수산식품유통공사에 위탁 권고
③ 도매시장법인, 시장도매인 또는 도매시장공판장에 대한 시설 사용면적의 조정, 차등 지원 등의 조치 명령

18. 시장관리운영위원회의 설치

(1) 시장관리운영위원회 설치
도매시장의 효율적인 운영·관리를 위하여 도매시장 개설자 소속으로 시장관리운영위원회를 둔다.

(2) 위원회의 심의사항
① 도매시장의 거래제도 및 거래방법의 선택에 관한 사항
② 수수료, 시장 사용료, 하역비 등 각종 비용의 결정에 관한 사항
③ 도매시장 출하품의 안전성 향상 및 규격화의 촉진에 관한 사항

④ 도매시장의 거래질서 확립에 관한 사항
⑤ 정가매매·수의매매 등 거래 농수산물의 매매방법 운용기준에 관한 사항
⑥ 최소출하량 기준의 결정에 관한 사항
⑦ 그 밖에 도매시장 개설자가 특히 필요하다고 인정하는 사항

19. 도매시장거래 분쟁조정위원회의 설치 등

(1) 도매시장거래 분쟁조정위원회의 설치

도매시장 내 농수산물의 거래 당사자 간의 분쟁에 관한 사항을 조정하기 위하여 도매시장 개설자 소속으로 도매시장거래 분쟁조정위원회를 둘 수 있다.

(2) 조정위원회의 심의·조정사항

조정위원회는 당사자의 한쪽 또는 양쪽의 신청에 의하여 다음의 분쟁을 심의·조정한다.

① 낙찰자 결정에 관한 분쟁
② 낙찰가격에 관한 분쟁
③ 거래대금의 지급에 관한 분쟁
④ 그 밖에 도매시장 개설자가 특히 필요하다고 인정하는 분쟁

제 7 장 보 칙

1. 보 고

(1) 도매시장·공판장 및 민영도매시장 개설자의 보고

농림축산식품부장관, 해양수산부장관 또는 시·도지사는 도매시장·공판장 및 민영도매시장의 개설자로 하여금 그 재산 및 업무집행 상황을 보고하게 할 수 있으며, 농수산물의 가격 및 수급 안정을 위하여 특히 필요하다고 인정할 때에는 도매시장법인·시장도매인 또는 도매시장공판장의 개설자로 하여금 그 재산 및 업무집행 상황을 보고하게 할 수 있다.

(2) 중도매인 또는 산지유통인의 보고

도매시장·공판장 및 민영도매시장의 개설자는 도매시장법인등으로 하여금 기장사항, 거래명세 등을 보고하게 할 수 있으며, 농수산물의 가격 및 수급 안정을 위하여 특히 필요하다고 인정할 때에는 중도매인 또는 산지유통인으로 하여금 업무집행 상황을 보고하게 할 수 있다.

2. 검 사

(1) 업무, 장부 및 재산상태 검사

농림축산식품부장관, 해양수산부장관, 도지사 또는 도매시장 개설자는 소속 공무원으로 하여금 도매시장·공판장·민영도매시장·도매시장법인·시장도매인 및 중도매인의 업무와 이에 관련된 장부 및 재산상태를 검사하게 할 수 있다.

(2) 도매시장법인, 시장도매인, 도매시장공판장의 개설자 및 중도매인의 장부 검사

도매시장 개설자는 필요하다고 인정하는 경우에는 시장관리자의 소속 직원으로 하여금 도매시장법인, 시장도매인, 도매시장공판장의 개설자 및 중도매인이 갖추어 두고 있는 장부를 검사하게 할 수 있다.

3. 명 령

(1) 업무규정의 변경, 업무처리의 개선 등 명령

농림축산식품부장관, 해양수산부장관 또는 시·도지사는 도매시장·공판장 및 민영도매시장의 적정한 운영을 위하여 필요하다고 인정할 때에는 도매시장·공판장 및 민영도매시장의 개설자에 대하여 업무규정의 변경, 업무처리의 개선, 그 밖에 필요한 조치를 명할 수 있다.

(2) 업무처리의 개선 및 시장질서 유지를 위한 조치

농림축산식품부장관, 해양수산부장관 또는 도매시장 개설자는 도매시장법인·시장도매인 및 도매시장공판장의 개설자에 대하여 업무처리의 개선 및 시장질서 유지를 위하여 필요한 조치를 명할 수 있다.

(3) 융자 또는 대출받은 자에 대한 조치

농림축산식품부장관은 기금에서 융자 또는 대출받은 자에 대하여 감독상 필요한 조치를 명할 수 있다.

4. 허가 취소 등

(1) 개설허가의 취소 및 폐쇄

시·도지사는 지방도매시장 개설자나 민영도매시장 개설자가 다음의 어느 하나에 해당하는 경우에는 개설허가를 취소하거나 해당 시설을 폐쇄하거나 그 밖에 필요한 조치를 할 수 있다.

① 허가나 승인 없이 지방도매시장 또는 민영도매시장을 개설하였거나 업무규정을 변경

한 경우
② 제출된 업무규정 및 운영관리계획서와 다르게 지방도매시장 또는 민영도매시장을 운영한 경우
③ 명령을 위반한 경우

(2) 업무정지, 지정 및 승인취소

농림축산식품부장관, 해양수산부장관, 시·도지사 또는 도매시장 개설자는 도매시장법인 등이 다음의 어느 하나에 해당하면 6개월 이내의 기간을 정하여 해당 업무의 정지를 명하거나 그 지정 또는 승인을 취소할 수 있다. 다만, ㉖에 해당하는 경우에는 그 지정 또는 승인을 취소하여야 한다.

① 지정조건 또는 승인조건을 위반하였을 때
② 등급판정을 받지 아니한 축산물을 상장하였을 때
③ 농수산물의 원산지 표시를 위반하였을 때
④ 경합되는 도매업 또는 중도매업을 하였을 때
⑤ 지정요건을 갖추지 못하거나 해당 임원을 해임하지 아니하였을 때
⑥ 일정 수 이상의 경매사를 두지 아니하거나 경매사가 아닌 사람으로 하여금 경매를 하도록 하였을 때
⑦ 해당 경매사를 면직하지 아니하였을 때
⑧ 산지유통인의 업무를 하였을 때
⑨ 매수하여 도매를 하였을 때
⑩ 경매 또는 입찰을 하였을 때
⑪ 지정된 자 외의 자에게 판매하였을 때
⑫ 도매시장 외의 장소에서 판매를 하거나 농수산물 판매업무 외의 사업을 겸영하였을 때
⑬ 공시하지 아니하거나 거짓된 사실을 공시하였을 때
⑭ 지정요건을 갖추지 못하거나 해당 임원을 해임하지 아니하였을 때
⑮ 제한 또는 금지된 행위를 하였을 때
⑯ 해당 도매시장의 도매시장법인·중도매인에게 판매를 하였을 때
⑰ 수탁 또는 판매를 거부·기피하거나 부당한 차별대우를 하였을 때
⑱ 표준하역비의 부담을 이행하지 아니하였을 때
⑲ 대금의 전부를 즉시 결제하지 아니하였을 때
⑳ 대금결제 방법을 위반하였을 때
㉑ 수수료 등을 징수하였을 때
㉒ 시설물의 사용기준을 위반하거나 개설자가 조치하는 사항을 이행하지 아니하였을 때
㉓ 정당한 사유 없이 검사에 응하지 아니하거나 이를 방해하였을 때
㉔ 도매시장 개설자의 조치명령을 이행하지 아니하였을 때

㉕ 농림축산식품부장관, 해양수산부장관 또는 도매시장 개설자의 명령을 위반하였을 때
㉖ 업무의 정지 처분을 받고 그 업무의 정지 기간 중에 업무를 하였을 때

(3) 도매시장공판장의 승인취소

평가 결과 운영 실적이 농림축산식품부령 또는 해양수산부령으로 정하는 기준 이하로 부진하여 출하자 보호에 심각한 지장을 초래할 우려가 있는 경우 도매시장 개설자는 도매시장법인 또는 시장도매인의 지정을 취소할 수 있으며, 시·도지사는 도매시장공판장의 승인을 취소할 수 있다.

(4) 경매사의 업무정지 또는 면직

농림축산식품부장관·해양수산부장관 또는 도매시장 개설자는 경매사가 다음의 어느 하나에 해당하는 경우에는 도매시장법인 또는 도매시장공판장의 개설자로 하여금 해당 경매사에 대하여 6개월 이내의 업무정지 또는 면직을 명하게 할 수 있다.

① 상장한 농수산물에 대한 경매 우선순위를 고의 또는 중대한 과실로 잘못 결정한 경우
② 상장한 농수산물에 대한 가격평가를 고의 또는 중대한 과실로 잘못한 경우
③ 상장한 농수산물에 대한 경락자를 고의 또는 중대한 과실로 잘못 결정한 경우

(5) 중도매업의 허가취소 또는 산지유통인의 등록취소

도매시장 개설자는 중도매인 또는 산지유통인이 다음의 어느 하나에 해당하면 6개월 이내의 기간을 정하여 해당 업무의 정지를 명하거나 중도매업의 허가 또는 산지유통인의 등록을 취소할 수 있다. 다만, ⑬에 해당하는 경우에는 그 허가 또는 등록을 취소하여야 한다.

① 허가조건을 갖추지 못하거나 해당 임원을 해임하지 아니하였을 때
② 다른 중도매인 또는 매매참가인의 거래 참가를 방해하거나 정당한 사유 없이 집단적으로 경매 또는 입찰에 불참하였을 때
③ 다른 사람에게 자기의 성명이나 상호를 사용하여 중도매업을 하게 하거나 그 허가증을 빌려 주었을 때
④ 해당 도매시장에서 산지유통인의 업무를 하였을 때
⑤ 판매·매수 또는 중개 업무를 하였을 때
⑥ 허가 없이 상장된 농수산물 외의 농수산물을 거래하였을 때
⑦ 중도매인이 도매시장 외의 장소에서 농수산물을 판매하는 등의 행위를 하였을 때
⑧ 다른 중도매인과 농수산물을 거래하였을 때
⑨ 수수료 등을 징수하였을 때
⑩ 시설물의 사용기준을 위반하거나 개설자가 조치하는 사항을 이행하지 아니하였을 때
⑪ 검사에 정당한 사유 없이 응하지 아니하거나 이를 방해하였을 때

⑫ 농수산물의 원산지 표시를 위반하였을 때
⑬ 업무의 정지 처분을 받고 그 업무의 정지 기간 중에 업무를 하였을 때

(6) 위반행위별 처분기준
위반행위별 처분기준은 농림축산식품부령 또는 해양수산부령으로 정한다.

(7) 중도매업의 허가 취소한 경우 게시
도매시장 개설자가 중도매업의 허가를 취소한 경우에는 농림축산식품부장관 또는 해양수산부장관이 지정하여 고시한 인터넷 홈페이지에 그 내용을 게시하여야 한다.

5. 과징금

(1) 과징금 부과
농림축산식품부장관, 해양수산부장관, 시·도지사 또는 도매시장 개설자는 도매시장법인 등이 허가취소에 해당하거나 중도매인이 업무정지에 해당하여 업무정지를 명하려는 경우, 그 업무의 정지가 해당 업무의 이용자 등에게 심한 불편을 주거나 공익을 해칠 우려가 있을 때에는 업무의 정지를 갈음하여 도매시장법인등에는 1억원 이하, 중도매인에게는 1천만원 이하의 과징금을 부과할 수 있다.

(2) 과징금을 부과하는 경우 고려하여야 하는 사항
① 위반행위의 내용 및 정도
② 위반행위의 기간 및 횟수
③ 위반행위로 취득한 이익의 규모

(3) 과징금의 부과기준
과징금의 부과기준은 대통령령으로 정한다.

(4) 과징금의 독촉
농림축산식품부장관, 해양수산부장관, 시·도지사 또는 도매시장 개설자는 과징금을 내야 할 자가 납부기한까지 내지 아니하면 납부기한이 지난 후 15일 이내에 10일 이상 15일 이내의 납부기한을 정하여 독촉장을 발부하여야 한다.

(5) 과징금 징수
농림축산식품부장관, 해양수산부장관, 시·도지사 또는 도매시장 개설자는 독촉을 받은 자가 그 납부기한까지 과징금을 내지 아니하면 과징금 부과처분을 취소하고 허가취소 또는 업무정지처분을 하거나 국세 체납처분의 예 또는 「지방행정제재·부과금의 징수 등에

관한 법률」에 따라 과징금을 징수한다.

6. 청문

농림축산식품부장관, 해양수산부장관, 시·도지사 또는 도매시장 개설자는 다음의 어느 하나에 해당하는 처분을 하려면 청문을 하여야 한다.
① 도매시장법인등의 지정취소 또는 승인취소
② 중도매업의 허가취소 또는 산지유통인의 등록취소

7. 권한의 위임 등

(1) 농림축산식품부장관 또는 해양수산부장관의 권한위임

이 법에 따른 농림축산식품부장관 또는 해양수산부장관의 권한은 그 일부를 산림청장, 시·도지사 또는 소속 기관의 장에게 위임할 수 있다.

(2) 도매시장 개설자의 권한위임

다음에 따른 도매시장 개설자의 권한은 시장관리자에게 위탁할 수 있다.
① 산지유통인의 등록과 도매시장에의 출입의 금지·제한 또는 그 밖에 필요한 조치
② 도매시장법인·시장도매인·중도매인 또는 산지유통인에 대한 보고명령

제 8 장 벌 칙

1. 2년 이하의 징역 또는 2천만원 이하의 벌금

① 수입 추천신청을 할 때에 정한 용도 외의 용도로 수입농산물을 사용한 자
② 도매시장의 개설구역이나 공판장 또는 민영도매시장이 개설된 특별시·광역시·특별자치시·특별자치도 또는 시의 관할구역에서 허가를 받지 아니하고 농수산물의 도매를 목적으로 지방도매시장 또는 민영도매시장을 개설한 자
③ 지정을 받지 아니하거나 지정 유효기간이 지난 후 도매시장법인의 업무를 한 자
④ 허가 또는 갱신허가를 받지 아니하고 중도매인의 업무를 한 자
⑤ 등록을 하지 아니하고 산지유통인의 업무를 한 자
⑥ 도매시장 외의 장소에서 농수산물의 판매업무를 하거나 농수산물 판매업무 외의 사업을 겸영한 자
⑦ 지정을 받지 아니하거나 지정 유효기간이 지난 후 도매시장 안에서 시장도매인의 업무를 한 자

⑧ 승인을 받지 아니하고 공판장을 개설한 자
⑨ 업무정지처분을 받고도 그 업을 계속한 자

2. 1년 이하의 징역 또는 1천만원 이하의 벌금

① 도매시장의 인수·합병을 위반하여 인수·합병을 한 자
② 다른 중도매인 또는 매매참가인의 거래 참가를 방해하거나 정당한 사유 없이 집단적으로 경매 또는 입찰에 불참한 자
③ 다른 사람에게 자기의 성명이나 상호를 사용하여 중도매업을 하게 하거나 그 허가증을 빌려 준 자
④ 경매사 임면을 위반하여 경매사를 임면한 자
⑤ 산지유통인 등록을 하지 아니하고 산지유통인의 업무를 한 자
⑥ 산지유통인 등록을 하지 아니하고 출하업무 외의 판매·매수 또는 중개 업무를 한 자
⑦ 수탁판매 규정을 위반하여 매수하거나 거짓으로 위탁받은 자 또는 상장된 농수산물 외의 농수산물을 거래한 자
⑧ 수탁판매 규정을 위반하여 다른 중도매인과 농수산물을 거래한 자
⑨ 시장도매인의 제한 또는 금지를 위반하여 농수산물을 위탁받아 거래한 자
⑩ 시장도매인의 제한 또는 금지를 위반하여 해당 도매시장의 도매시장법인 또는 중도매인에게 농수산물을 판매한 자
⑪ 표준하역비의 부담을 이행하지 아니한 자
⑫ 수수료 등 비용을 징수한 자
⑬ 종합유통센터에 대한 조치명령을 위반한 자

3. 양벌규정

법인의 대표자나 법인 또는 개인의 대리인, 사용인, 그 밖의 종업원이 그 법인 또는 개인의 업무에 관하여 벌칙의 어느 하나에 해당하는 위반행위를 하면 그 행위자를 벌하는 외에 그 법인 또는 개인에게도 해당 조문의 벌금형을 과한다. 다만, 법인 또는 개인이 그 위반행위를 방지하기 위하여 해당 업무에 관하여 상당한 주의와 감독을 게을리하지 아니한 경우에는 그러하지 아니하다.

4. 과태료

(1) 1천만원 이하의 과태료

① 유통명령을 위반한 자
② 표준계약서와 다른 계약서를 사용하면서 표준계약서로 거짓 표시하거나 농림축산식품부 또는 그 표식을 사용한 매수인

(2) 500만원 이하의 과태료

① 포전매매의 계약을 서면에 의한 방식으로 하지 아니한 매수인
② 단속을 기피한 자
③ 보고를 하지 아니하거나 거짓된 보고를 한 자

(3) 100만원 이하의 과태료

① 경매사 임면 신고를 하지 아니한 자
② 도매시장 또는 도매시장공판장의 출입제한 등의 조치를 거부하거나 방해한 자
③ 출하 제한을 위반하여 출하(타인명의로 출하하는 경우를 포함한다)한 자
④ 포전매매의 계약을 서면에 의한 방식으로 하지 아니한 매도인
⑤ 도매시장에서의 정상적인 거래와 시설물의 사용기준을 위반하거나 적절한 위생·환경의 유지를 저해한 자
⑥ 교육훈련을 이수하지 아니한 도매시장법인 또는 공판장의 개설자가 임명한 경매사
⑦ 보고(공판장 및 민영도매시장의 개설자에 대한 보고는 제외한다)를 하지 아니하거나 거짓된 보고를 한 자
⑧ 명령을 위반한 자

(4) 부과·징수

과태료는 농림축산식품부장관, 해양수산부장관, 시·도지사 또는 시장이 부과·징수한다.

제3편 기출 및 예상문제

01 농수산물유통 및 가격안정에 관한 법률의 목적으로 옳지 않은 것은?
① 농수산물 유통의 원활
② 농수산물 가격의 적정한 유지
③ 농수산물 공급의 확대
④ 생산자와 소비자의 이익보호

 농수산물의 유통을 원활하게 하고 적정한 가격을 유지하게 함으로써 생산자와 소비자의 이익을 보호하고 국민생활의 안정에 이바지함을 목적으로 한다.

02 농수산물유통 및 가격안정에 관한 법령상 국가, 지방자치단체 및 농수산물공판장을 개설할 수 있는 자 외의 자가 농수산물을 도매하기 위하여 시·도지사의 허가를 받아 특별시·광역시·특별자치시·특별자치도 또는 시 지역에 개설하는 시장은?
① 민영농수산물도매시장
② 농수산물공판장
③ 중앙도매시장
④ 도매시장법인

 민영농수산물도매시장 : 국가, 지방자치단체 및 농수산물공판장을 개설할 수 있는 자 외의 자가 농수산물을 도매하기 위하여 시·도지사의 허가를 받아 특별시·광역시·특별자치시·특별자치도 또는 시 지역에 개설하는 시장을 말한다.

03 농수산물 유통 및 가격안정에 관한 법률 제2조(정의)의 일부 규정이다. ( )에 들어갈 내용은?
2021년 기출

> "( )"이란 특별시·광역시·특별자치시 또는 특별자치도가 개설한 농수산물도매시장 중 해당 관할구역 및 그 인접지역에서 도매의 중심이 되는 농수산물도매시장으로서 농림축산식품부령 또는 해양수산부령으로 정하는 것을 말한다.

① 중앙도매시장
② 지방도매시장
③ 농수산물공판장
④ 민영농수산물도매시장

정답 01. ③ 02. ① 03. ①

중앙도매시장 : 특별시·광역시·특별자치시 또는 특별자치도가 개설한 농수산물도매시장 중 해당 관할구역 및 그 인접지역에서 도매의 중심이 되는 농수산물도매시장으로서 농림축산식품부령 또는 해양수산부령으로 정하는 것을 말한다.

04 농수산물 유통 및 가격안정에 관한 법령상 주요 농수산물의 생산지역이나 생산수면(이하 "주산지"라 한다)의 지정 및 해제 등에 관한 내용으로 옳지 않은 것은?

2020년 기출

① 시·도지사는 농수산물의 경쟁력 제고를 위해 주산지에서 주요 농수산물을 판매하는 자에게 자금의 융자 등 필요한 지원을 하여야 한다.
② 시·도지사는 주산지를 지정하였을 때에는 이를 고시하고 농림축산식품부장관 또는 해양수산부장관에게 통지하여야 한다.
③ 시·도지사는 지정된 주산지가 지정요건에 적합하지 아니하게 되었을 때에는 그 지정을 변경하거나 해제할 수 있다.
④ 주산지의 지정은 읍·면·동 또는 시·군·구 단위로 한다.

 시·도지사는 농수산물의 경쟁력 제고 또는 수급을 조절하기 위하여 생산 및 출하를 촉진 또는 조절할 필요가 있다고 인정할 때에는 주요 농수산물의 생산지역이나 생산수면(이하 "주산지"라 한다)을 지정하고 그 주산지에서 주요 농수산물을 생산하는 자에 대하여 생산자금의 융자 및 기술지도 등 필요한 지원을 할 수 있다.

05 농수산물 유통 및 가격안정에 관한 법령상 "생산자 관련 단체"에 해당하는 것은?

2021년 기출

① 도매시장법인
② 어업회사법인
③ 매매참가인
④ 산지유통인

 생산자 관련 단체
1. 영농조합법인 및 영어조합법인과 농업회사법인 및 어업회사법인
2. 농협경제지주회사의 자회사

06 농수산물 유통 및 가격안정에 관한 법률상 생산자 관련 단체에 해당하는 것은?

2019년 기출

① 영어조합법인
② 도매시장법인

정답 04. ① 05. ② 06. ①

③ 산지유통인 ④ 시장도매인

생산자 관련 단체
1. 영농조합법인 및 영어조합법인과 농업회사법인 및 어업회사법인
2. 농협경제지주회사의 자회사

07 농수산물유통 및 가격안정에 관한 법령상 주산지의 지정 및 해제 등에 관한 내용으로 옳지 않은 것은?
① 시·도지사는 농수산물의 경쟁력 제고 또는 수급을 조절하기 위하여 주산지를 지정할 수 있다.
② 시·도지사는 주산지에서 주요 농수산물을 생산하는 자에 대하여 생산자금의 융자 및 기술지도 등 필요한 지원을 할 수 있다.
③ 주산지는 주요 농수산물의 재배면적 또는 양식면적이 농림축산식품부장관 또는 해양수산부장관이 고시하는 면적 이상이어야 한다.
④ 시·도지사는 지정된 주산지를 해제할 경우 청문을 하여야 한다.

시·도지사는 지정된 주산지가 지정요건에 적합하지 아니하게 되었을 때에는 그 지정을 변경하거나 해제할 수 있다.

08 농수산물유통 및 가격안정에 관한 법령상 주산지협의체의 구성 등에 관한 내용으로 옳지 않은 것은?
① 지정된 주산지의 시·도지사는 주산지의 지정목적 달성 및 주요 농수산물 경영체 육성을 위하여 생산자 등으로 구성된 주산지협의체를 설치할 수 있다.
② 협의체는 주산지 간 정보 교환 및 농수산물 수급조절 과정에의 참여 등을 위하여 공동으로 품목별 중앙주산지협의회를 구성·운영할 수 있다.
③ 협의체의 설치 및 중앙협의회의 구성·운영 등에 관하여 필요한 사항은 농림축산식품부령으로 정한다.
④ 국가 또는 지방자치단체는 협의체 및 중앙협의회의 원활한 운영을 위하여 필요한 경비의 일부를 지원할 수 있다.

협의체의 설치 및 중앙협의회의 구성·운영 등에 관하여 필요한 사항은 대통령령으로 정한다.

정답 07. ④ 08. ③

09 농수산물유통 및 가격안정에 관한 법령상 가격예시에 관한 내용으로 옳지 않은 것은?

① 해양수산부장관은 주요 수산물의 수급조절과 가격안정을 위하여 필요하다고 인정할 때에는 해당 수산물의 종자입식 시기 이전에 생산자를 보호하기 위한 상한가격을 예시할 수 있다.
② 농림축산식품부장관은 예시가격을 결정할 때에는 해당 농산물의 농림업관측, 주요 곡물의 국제곡물관측 결과, 예상 경영비, 지역별 예상 생산량 및 예상 수급상황 등을 고려하여야 한다.
③ 농림축산식품부장관 또는 해양수산부장관은 예시가격을 결정할 때에는 미리 기획재정부장관과 협의하여야 한다.
④ 농림축산식품부장관 또는 해양수산부장관은 가격을 예시한 경우에는 예시가격을 지지하기 위하여 적절한 시책을 추진하여야 한다.

 농림축산식품부장관 또는 해양수산부장관은 주요 농수산물의 수급조절과 가격안정을 위하여 필요하다고 인정할 때에는 해당 농산물의 파종기 또는 수산물의 종자입식 시기 이전에 생산자를 보호하기 위한 하한가격을 예시할 수 있다.

10 농수산물유통 및 가격안정에 관한 법령상 과잉생산 시의 생산자 보호에 관한 내용으로 옳지 않은 것은?

① 농림축산식품부장관은 채소류 등 저장성이 없는 농산물의 가격안정을 위하여 필요하다고 인정할 때에는 그 생산자 또는 생산자단체로부터 농산물가격안정기금으로 해당 농산물을 수매할 수 있다.
② 수매한 농산물은 비축하거나 폐기처분을 할 수 있다.
③ 농림축산식품부장관은 수매 및 처분에 관한 업무를 농업협동조합중앙회·산림조합중앙회 또는 한국농수산식품유통공사에 위탁할 수 있다.
④ 농림축산식품부장관은 채소류 등의 수급 안정을 위하여 생산·출하 안정 등 필요한 사업을 추진할 수 있다.

 수매한 농산물은 판매 또는 수출하거나 사회복지단체에 기증하거나 그 밖에 필요한 처분을 할 수 있다.

정답 09. ① 10. ②

11 농수산물유통 및 가격안정에 관한 법령상 몰수농산물등의 이관에 관한 내용으로 옳지 않은 것은?

① 농림축산식품부장관은 국내 농산물 시장의 수급안정 및 거래질서 확립을 위하여 몰수되거나 국고에 귀속된 농산물을 이관받을 수 있다.
② 농림축산식품부장관은 이관받은 몰수농산물등을 매각·공매·기부할 수 있으나 소각할 수 없다.
③ 몰수농산물등의 처분으로 발생하는 비용 또는 매각·공매 대금은 농산물가격안정기금으로 지출 또는 납입하여야 한다.
④ 농림축산식품부장관은 몰수농산물등의 처분업무를 농업협동조합중앙회 또는 한국농수산식품유통공사 중에서 지정하여 대행하게 할 수 있다.

 농림축산식품부장관은 이관받은 몰수농산물등을 매각·공매·기부 또는 소각하거나 그 밖의 방법으로 처분할 수 있다.

12 농수산물유통 및 가격안정에 관한 법령상 비축사업 등에 관한 내용으로 옳지 않은 것은?

① 농림축산식품부장관은 쌀과 보리의 수급조절과 가격안정을 위하여 필요하다고 인정할 때에는 농산물가격안정기금으로 농산물을 비축하거나 농산물의 출하를 약정하는 생산자에게 그 대금의 일부를 미리 지급하여 출하를 조절할 수 있다.
② 비축용 농산물은 생산자 및 생산자단체로부터 수매하여야 한다.
③ 농림축산식품부장관은 비축용 농산물을 수입하는 경우 국제가격의 급격한 변동에 대비하여야 할 필요가 있다고 인정할 때에는 선물거래를 할 수 있다.
④ 농림축산식품부장관은 사업을 농림협중앙회 또는 한국농수산식품유통공사에 위탁할 수 있다.

 농림축산식품부장관은 농산물(쌀과 보리는 제외)의 수급조절과 가격안정을 위하여 필요하다고 인정할 때에는 농산물가격안정기금으로 농산물을 비축하거나 농산물의 출하를 약정하는 생산자에게 그 대금의 일부를 미리 지급하여 출하를 조절할 수 있다.

13 농수산물 유통 및 가격안정에 관한 법률상 유통조절명령에 관한 A수산물품질관리사의 판단은?   2019년 기출

> ㉠ 해양수산부장관은 부패하거나 변질되기 쉬운 수산물을 대상으로 생산자등 또는 생산자단체의 요청에 관계없이 유통조절명령을 할 수 있다.
> ㉡ 해양수산부장관은 유통명령을 이행한 생산자 등이 유통명령을 이행함에 따라 발생한 손실에 대하여 그 손실을 보전하게 할 수 있다.

① ㉠ : 옳음, ㉡ : 옳음
② ㉠ : 틀림, ㉡ : 옳음
③ ㉠ : 옳음, ㉡ : 틀림
④ ㉠ : 틀림, ㉡ : 틀림

㉠ 농림축산식품부장관 또는 해양수산부장관은 부패하거나 변질되기 쉬운 농수산물로서 농림축산식품부령 또는 해양수산부령으로 정하는 농수산물에 대하여 현저한 수급 불안정을 해소하기 위하여 특히 필요하다고 인정되고 생산자등 또는 생산자단체가 요청할 때에는 공정거래위원회와 협의를 거쳐 일정 기간 동안 일정 지역의 해당 농수산물의 생산자등에게 생산조정 또는 출하조절을 하도록 하는 유통조절명령을 할 수 있다.
㉡ 농림축산식품부장관 또는 해양수산부장관은 유통협약 또는 유통명령을 이행한 생산자등이 그 유통협약이나 유통명령을 이행함에 따라 발생하는 손실에 대하여는 농산물가격안정기금 또는 수산발전기금으로 그 손실을 보전하게 할 수 있다.

14 농수산물유통 및 가격안정에 관한 법령상 수입이익금의 징수 등에 관한 내용으로 옳지 않은 것은?

① 농림축산식품부장관은 추천을 받아 농산물을 수입하는 자 중 농림축산식품부령으로 정하는 품목의 농산물을 수입하는 자에 대하여 국내가격과 수입가격 간의 차액의 범위에서 수입이익금을 부과·징수할 수 있다.
② 수입이익금은 국고에 납입하여야 한다.
③ 수입이익금을 정하여진 기한까지 내지 아니하면 국세 체납처분의 예에 따라 징수할 수 있다.
④ 농림축산식품부장관은 징수한 수입이익금이 과오납되는 등의 사유로 환급이 필요한 경우에는 농림축산식품부령으로 정하는 바에 따라 환급하여야 한다.

수입이익금은 농산물가격안정기금에 납입하여야 한다.

정답 13. ②   14. ②

15 농수산물유통 및 가격안정에 관한 법령상 도매시장의 개설 등에 관한 내용으로 옳지 않은 것은?

① 중앙도매시장의 경우에는 특별시·광역시·특별자치시 또는 특별자치도가 개설한다.
② 시가 지방도매시장의 개설허가를 받으려면 지방도매시장 개설허가 신청서에 업무규정과 운영관리계획서를 첨부하여 도지사에게 제출하여야 한다.
③ 중앙도매시장의 업무규정은 농림축산식품부장관 또는 해양수산부장관의 승인을 받아야 한다.
④ 시가 지방도매시장을 폐쇄하려면 그 1년 전에 도지사의 허가를 받아야 한다.

시가 지방도매시장을 폐쇄하려면 그 3개월 전에 도지사의 허가를 받아야 한다. 다만, 특별시·광역시·특별자치시 및 특별자치도가 도매시장을 폐쇄하는 경우에는 그 3개월 전에 이를 공고하여야 한다.

16 농수산물 유통 및 가격안정에 관한 법령상 중앙도매시장이 아닌 것은? 2020년 기출

① 울산광역시 농수산물도매시장
② 대전광역시 오정 농수산물도매시장
③ 대구광역시 북부 농수산물도매시장
④ 서울특별시 강서 농수산물도매시장

중앙도매시장
1. 서울특별시 가락동 농수산물도매시장
2. 서울특별시 노량진 수산물도매시장
3. 부산광역시 엄궁동 농산물도매시장
4. 부산광역시 국제 수산물도매시장
5. 대구광역시 북부 농수산물도매시장
6. 인천광역시 구월동 농산물도매시장
7. 인천광역시 삼산 농산물도매시장
8. 광주광역시 각화동 농산물도매시장
9. 대전광역시 오정 농수산물도매시장
10. 대전광역시 노은 농산물도매시장
11. 울산광역시 농수산물도매시장

정답 15. ④ 16. ④

17 농수산물유통 및 가격안정에 관한 법령상 도매시장 개설자의 이행사항이 아닌 것은?

① 도매시장 시설의 정비·개선과 합리적인 관리
② 경쟁 촉진과 공정한 거래질서의 확립 및 환경 개선
③ 도매시장 종사자의 교육훈련 및 복지향상의 촉진
④ 상품성 향상을 위한 규격화, 포장 개선 및 선도 유지의 촉진

 도매시장 개설자의 이행사항
1. 도매시장 시설의 정비·개선과 합리적인 관리
2. 경쟁 촉진과 공정한 거래질서의 확립 및 환경 개선
3. 상품성 향상을 위한 규격화, 포장 개선 및 선도 유지의 촉진

18 농수산물 유통 및 가격안정에 관한 법률상 도매시장 개설자가 거래관계자의 편익과 소비자 보호를 위하여 이행하여야 하는 사항으로 명시되지 않은 것은? 2020년 기출

① 도매시장 시설의 정비·개선과 합리적인 관리
② 경쟁 촉진과 공정한 거래질서의 확립 및 환경 개선
③ 상품성 향상을 위한 규격화, 포장 개선 및 선도(鮮度) 유지의 촉진
④ 유통명령 위반자에 대한 제재 등 필요한 조치

 도매시장 개설자의 의무
1. 도매시장 시설의 정비·개선과 합리적인 관리
2. 경쟁 촉진과 공정한 거래질서의 확립 및 환경 개선
3. 상품성 향상을 위한 규격화, 포장 개선 및 선도(鮮度) 유지의 촉진

19 농수산물유통 및 가격안정에 관한 법령상 도매시장법인의 지정에 관한 내용으로 옳지 않은 것은?

① 도매시장법인은 도매시장 개설자가 부류별로 지정한다.
② 도매시장법인은 10년 이상 500년 이하의 범위에서 지정 유효기간을 설정할 수 있다.
③ 도매시장법인의 주주 및 임직원은 해당 도매시장법인의 업무와 경합되는 도매업 또는 중도매업을 하여서는 아니 된다.
④ 도매시장법인이 지정된 후 요건을 갖추지 아니하게 되었을 때에는 3개월 이내에 해당 요건을 갖추어야 한다.

정답 17. ③ 18. ④ 19. ②

도매시장법인은 도매시장 개설자가 부류별로 지정하되, 중앙도매시장에 두는 도매시장법인의 경우에는 농림축산식품부장관 또는 해양수산부장관과 협의하여 지정한다. 이 경우 5년 이상 10년 이하의 범위에서 지정 유효기간을 설정할 수 있다.

20 농수산물 유통 및 가격안정에 관한 법령상 '농수산물도매시장·공판장 및 민영도매시장의 시설기준'에서 필수시설이 아닌 것은?   2021년 기출
① 주차장
② 경비실
③ 경매장(유개[有蓋])
④ 쓰레기 처리장

 필수시설 : 경매장(유개[有蓋]), 주차장, 저온창고(농수산물 도매시장만 해당), 냉장실, 저빙실, 쓰레기 처리장, 위생시설, 사무실, 하주대기실, 출하상담실

21 농수산물유통 및 가격안정에 관한 법령상 중도매업의 허가에 관한 내용으로 옳지 않은 것은?
① 중도매인의 업무를 하려는 자는 부류별로 농림축산식품부장관 또는 해양수산부장관의 허가를 받아야 한다.
② 법인인 중도매인은 임원이 결격사유에 해당하게 되었을 때에는 그 임원을 지체없이 해임하여야 한다.
③ 도매시장 개설자는 중도매업의 허가를 하는 경우 5년 이상 10년 이하의 범위에서 허가 유효기간을 설정할 수 있다.
④ 허가 유효기간이 만료된 후 계속하여 중도매업을 하려는 자는 갱신허가를 받아야 한다.

 중도매인의 업무를 하려는 자는 부류별로 해당 도매시장 개설자의 허가를 받아야 한다.

22 농수산물유통 및 가격안정에 관한 법령상 경매사의 업무로 옳지 않은 것은?
① 도매시장법인이 상장한 농수산물에 대한 경매 우선순위의 결정
② 도매시장법인이 상장한 농수산물에 대한 가격평가
③ 도매시장법인이 상장한 농수산물에 대한 경락자의 결정
④ 도매시장법인이 상장한 농수산물의 매입

정답 20. ② 21. ① 22. ④

경매사의 업무
1. 도매시장법인이 상장한 농수산물에 대한 경매 우선순위의 결정
2. 도매시장법인이 상장한 농수산물에 대한 가격평가
3. 도매시장법인이 상장한 농수산물에 대한 경락자의 결정

23 농수산물유통 및 가격안정에 관한 법령상 산지유통인의 등록에 관한 내용으로 옳지 않은 것은?

① 농수산물을 수집하여 도매시장에 출하하려는 자는 부류별로 도매시장 개설자에게 등록하여야 한다.
② 도매시장법인, 중도매인 및 이들의 주주 또는 임직원은 해당 도매시장에서 산지유통인의 업무를 할 수 있다.
③ 도매시장 개설자는 이 법 또는 다른 법령에 따른 제한에 위반되는 경우를 제외하고는 등록을 하여주어야 한다.
④ 산지유통인은 등록된 도매시장에서 농수산물의 출하업무 외의 판매·매수 또는 중개업무를 하여서는 아니 된다.

 도매시장법인, 중도매인 및 이들의 주주 또는 임직원은 해당 도매시장에서 산지유통인의 업무를 하여서는 아니 된다.

24 농수산물유통 및 가격안정에 관한 법령상 도매시장에 관한 내용으로 옳지 않은 것은?

① 도매시장에서 도매시장법인이 하는 도매는 출하자로부터 위탁을 받아 하여야 한다.
② 중도매인은 도매시장법인이 상장한 농수산물 외의 농수산물은 거래할 수 없다.
③ 중도매인 간 거래액은 최저거래금액 산정 시 포함하지 아니한다.
④ 다른 중도매인과 농수산물을 거래한 중도매인은 그 거래 내역을 농림축산식품부장관 또는 해양수산부장관에게 통보하여야 한다.

 다른 중도매인과 농수산물을 거래한 중도매인은 그 거래 내역을 도매시장 개설자에게 통보하여야 한다.

25 농수산물유통 및 가격안정에 관한 법령상 도매시장법인의 영업제한에 관한 내용으로 옳지 않은 것은?
 ① 도매시장법인은 도매시장 외의 장소에서도 농수산물을 판매할 수 있다.
 ② 전자거래 및 견본거래 방식 등에 관하여 필요한 사항은 농림축산식품부령 또는 해양수산부령으로 정한다.
 ③ 도매시장법인은 농수산물 판매업무 외의 사업을 겸영하지 못한다.
 ④ 도매시장 개설자는 산지 출하자와의 업무 경합 또는 과도한 겸영사업으로 인하여 도매시장법인의 도매업무가 약화될 우려가 있는 경우에는 겸영사업을 1년 이내의 범위에서 제한할 수 있다.

 도매시장법인은 도매시장 외의 장소에서 농수산물의 판매업무를 하지 못한다.

26 농수산물유통 및 가격안정에 관한 법령상 공판장에 둘 수 있는 사람이 아닌 사람은?
 ① 중도매인
 ② 수산물품질관리사
 ③ 매매참가인
 ④ 산지유통인

 공판장에는 중도매인, 매매참가인, 산지유통인 및 경매사를 둘 수 있다.

27 농수산물 유통 및 가격안정에 관한 법률 제44조(공판장의 거래 관계자) 제1항 규정이다. ( )에 들어갈 내용으로 옳지 않은 것은? 2020년 기출

> 공판장에는 ( ), ( ), ( ) 및 경매사를 둘 수 있다.

 ① 산지유통인
 ② 시장도매인
 ③ 중도매인
 ④ 매매참가인

 공판장에는 중도매인, 매매참가인, 산지유통인 및 경매사를 둘 수 있다.

정답 25. ① 26. ② 27. ②

28 농수산물 유통 및 가격안정에 관한 법률상 다음 ( )에 들어갈 내용은? 2019년 기출

> ㉠ A영어조합법인이 공판장을 개설하려면 ( )의 허가를 받아야 한다.
> ㉡ 수산물을 수집하여 공판장에 출하하려는 A영어조합법인은 공판장의 개설자에게 ( )으로 등록하여야 한다.

① ㉠ : 시·도지사, ㉡ : 시장도매인
② ㉠ : 시·도지사, ㉡ : 산지유통인
③ ㉠ : 수협중앙회장, ㉡ : 도매시장법인
④ ㉠ : 수협중앙회장, ㉡ : 중도매인

㉠ 농림수협등, 생산자단체 또는 공익법인이 공판장을 개설하려면 시·도지사의 승인을 받아야 한다.
㉡ 농수산물을 수집하여 공판장에 출하하려는 자는 공판장의 개설자에게 산지유통인으로 등록하여야 한다.

29 농수산물유통 및 가격안정에 관한 법령상 민영도매시장의 개설에 관한 내용으로 옳지 않은 것은?

① 민간인등이 특별시·광역시·특별자치시·특별자치도 또는 시 지역에 민영도매시장을 개설하려면 시·도지사의 허가를 받아야 한다.
② 민간인등이 민영도매시장의 개설허가를 받으려면 민영도매시장 개설허가 신청서에 업무규정과 운영관리계획서를 첨부하여 시·도지사에게 제출하여야 한다.
③ 시·도지사는 민영도매시장 개설허가의 신청을 받은 경우 신청서를 받은 날부터 10일 이내에 허가 여부 또는 허가처리 지연 사유를 신청인에게 통보하여야 한다.
④ 운영관리계획서의 내용이 실현 가능하지 아니한 경우 허가하지 아니한다.

시·도지사는 민영도매시장 개설허가의 신청을 받은 경우 신청서를 받은 날부터 30일 이내에 허가 여부 또는 허가처리 지연 사유를 신청인에게 통보하여야 한다. 시·도지사는 허가처리 지연 사유를 통보하는 경우에는 허가 처리기간을 10일 범위에서 한 번만 연장할 수 있다.

30 농수산물 유통 및 가격안정에 관한 법률상 민영도매시장에 관한 설명으로 옳지 않은 것은?   2019년 기출

① 시·도지사는 민영도매시장 개설자가 승인 없이 민영도매시장의 업무규정을 변경한 경우에는 개설허가를 취소할 수 있다.
② 민영도매시장의 개설자는 중도매인, 매매참가인, 산지유통인 및 경매사를 두어 직접 운영하여야 하며 이외의 자를 두어 운영하게 할 수 없다.
③ 민영도매시장의 중도매인은 민영도매시장의 개설자가 지정한다.
④ 민영도매시장의 경매사는 민영도매시장의 개설자가 임면한다.

 민영도매시장의 개설자는 중도매인, 매매참가인, 산지유통인 및 경매사를 두어 직접 운영하거나 시장도매인을 두어 이를 운영하게 할 수 있다.

31 농수산물유통 및 가격안정에 관한 법령상 농산물가격안정기금의 용도로 옳지 않은 것은?

① 농산물의 수출 촉진을 위한 대출
② 유통명령 이행자에 대한 지원
③ 농산물의 보관·관리 및 가공을 위한 융자
④ 기금을 융자받거나 대출받은 자는 융자 또는 대출을 할 때에 지정한 목적 외의 목적으로 사용할 수 있다.

 기금을 융자받거나 대출받은 자는 융자 또는 대출을 할 때에 지정한 목적 외의 목적에 그 융자금 또는 대출금을 사용할 수 없다.

32 농수산물유통 및 가격안정에 관한 법령상 종합유통센터의 설치에 관한 내용으로 옳지 않은 것은?

① 농림수협등은 농수산물 유통의 효율화를 도모하기 위하여 필요한 경우에는 종합유통센터·도매시장공판장을 운영하거나 그 밖의 유통사업을 수행하는 별도의 법인을 설립·운영할 수 있다.
② 유통자회사는 「민법」상의 법인이어야 한다.
③ 지방자치단체는 종합유통센터를 설치하여 생산자단체에 그 운영을 위탁할 수 있다.
④ 국가는 종합유통센터를 설치하려는 자에게 부지 확보 또는 시설물 설치 등에 필요한 지원을 할 수 있다.

정답 30. ② 31. ④ 32. ②

유통자회사는 「상법」상의 회사이어야 한다.

33 농수산물 유통 및 가격안정에 관한 법령상 유통자회사가 유통의 효율화를 도모하기 위해 수행하는 "그 밖의 유통사업"의 범위에 해당하는 것을 모두 고른 것은?

2020년 기출

㉠ 농림수협등이 설치한 농수산물직판장 등 소비지유통사업
㉡ 농수산물의 상품화 촉진을 위한 규격화 및 포장 개선사업
㉢ 농수산물의 운송·저장사업 등 농수산물 유통의 효율화를 위한 사업

① ㉠, ㉡
② ㉠, ㉢
③ ㉡, ㉢
④ ㉠, ㉡, ㉢

 유통자회사의 사업범위
1. 농림수협등이 설치한 농수산물직판장 등 소비지유통사업
2. 농수산물의 상품화 촉진을 위한 규격화 및 포장 개선사업
3. 그 밖에 농수산물의 운송·저장사업 등 농수산물 유통의 효율화를 위한 사업

34 농수산물 유통 및 가격안정에 관한 법률상 시장관리운영위원회의 심의사항으로 명시되어 있는 것을 모두 고른 것은?

2021년 기출

㉠ 도매시장의 거래제도 및 거래방법의 선택에 관한 사항
㉡ 수수료, 시장 사용료, 하역비 등 각종 비용의 결정에 관한 사항
㉢ 최소출하량 기준의 결정에 관한 사항

① ㉠, ㉡
② ㉠, ㉢
③ ㉡, ㉢
④ ㉠, ㉡, ㉢

 시장관리운영위원회의 심의사항
1. 도매시장의 거래제도 및 거래방법의 선택에 관한 사항
2. 수수료, 시장 사용료, 하역비 등 각종 비용의 결정에 관한 사항
3. 도매시장 출하품의 안전성 향상 및 규격화의 촉진에 관한 사항
4. 도매시장의 거래질서 확립에 관한 사항
5. 정가매매·수의매매 등 거래 농수산물의 매매방법 운용기준에 관한 사항
6. 최소출하량 기준의 결정에 관한 사항
7. 그 밖에 도매시장 개설자가 특히 필요하다고 인정하는 사항

정답 33. ④ 34. ④

35 농수산물 유통 및 가격안정에 관한 법령상 과징금에 관한 설명으로 옳지 않은 것은? 2021년 기출

① 업무정지 1개월은 30일로 한다.
② 업무정지를 갈음한 과징금 부과의 기준이 되는 거래금액은 처분 대상자의 전년도 연간거래액을 기준으로 한다.
③ 도매시장의 개설자는 1일당 과징금 금액을 30퍼센트의 범위에서 가감하는 사항을 업무규정으로 정하여 시행할 수 있다.
④ 도매시장법인에 대해 부과하는 과징금은 5천만원을 초과할 수 없다.

농림축산식품부장관, 해양수산부장관, 시·도지사 또는 도매시장 개설자는 도매시장법인등이 승인취소에 해당하거나 중도매인이 등록취소에 해당하여 업무정지를 명하려는 경우, 그 업무의 정지가 해당 업무의 이용자 등에게 심한 불편을 주거나 공익을 해칠 우려가 있을 때에는 업무의 정지를 갈음하여 도매시장법인등에는 1억원 이하, 중도매인에게는 1천만원 이하의 과징금을 부과할 수 있다.

36 농수산물유통 및 가격안정에 관한 법령상 청문을 하여야 할 사유가 아닌 것은?

① 경매사의 임명취소
② 도매시장법인등의 지정취소
③ 중도매업의 허가취소
④ 산지유통인의 등록취소

청문을 하여야 할 사유
1. 도매시장법인등의 지정취소 또는 승인취소
2. 중도매업의 허가취소 또는 산지유통인의 등록취소

37 농수산물유통 및 가격안정에 관한 법령상 수입 추천신청을 할 때에 정한 용도 외의 용도로 수입농산물을 사용한 자에 대한 벌칙은?

① 1년 이하의 징역 또는 1천만원 이하의 벌금
② 2년 이하의 징역 또는 2천만원 이하의 벌금
③ 3년 이하의 징역 또는 3천만원 이하의 벌금
④ 5년 이하의 징역 또는 5천만원 이하의 벌금

수입 추천신청을 할 때에 정한 용도 외의 용도로 수입농산물을 사용한 자 : 2년 이하의 징역 또는 2천만원 이하의 벌금

정답 35. ④ 36. ① 37. ②

38 농수산물 유통 및 가격안정에 관한 법률상 과태료 부과 대상자는? 2019년 기출

① 도매시장법인의 지정 유효기간이 지난 후 도매시장법인의 업무를 한 자
② 정당한 사유 없이 집단적으로 경매 또는 입찰에 불참한 자
③ 도매시장의 출입제한 등의 조치를 거부하거나 방해한 자
④ 표준하역비의 부담을 이행하지 아니한 자

 도매시장의 출입제한 등의 조치를 거부하거나 방해한 자 : 100만원 이하의 과태료

정답 38. ③

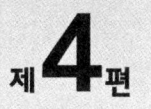 

제4편 친환경농어업 육성 및 유기식품 등의 관리·지원에 관한 법률

제1장 총칙

1. 목 적

이 법은 농어업의 환경보전기능을 증대시키고 농어업으로 인한 환경오염을 줄이며, 친환경농어업을 실천하는 농어업인을 육성하여 지속가능한 친환경농어업을 추구하고 이와 관련된 친환경농수산물과 유기식품 등을 관리하여 생산자와 소비자를 함께 보호하는 것을 목적으로 한다.

2. 용어의 정의

(1) 친환경농어업

생물의 다양성을 증진하고, 토양에서의 생물적 순환과 활동을 촉진하며, 농어업생태계를 건강하게 보전하기 위하여 합성농약, 화학비료, 항생제 및 항균제 등 화학자재를 사용하지 아니하거나 사용을 최소화한 건강한 환경에서 농산물·수산물·축산물·임산물을 생산하는 산업을 말한다.

(2) 친환경농수산물

① 유기농수산물
② 무농약농산물
③ 무항생제수산물 및 활성처리제 비사용 수산물

(3) 유기(Organic)

생물의 다양성을 증진하고, 토양의 비옥도를 유지하여 환경을 건강하게 보전하기 위하여 허용물질을 최소한으로 사용하고, 인증기준에 따라 유기식품 및 비식용유기가공품을 생산, 제조·가공 또는 취급하는 일련의 활동과 그 과정을 말한다.

(4) 유기식품

식품과 수산식품 중에서 유기적인 방법으로 생산된 유기농수산물과 유기가공식품을 말한다.

(5) 비식용유기가공품

사람이 직접 섭취하지 아니하는 방법으로 사용하거나 소비하기 위하여 유기농수산물을 원료 또는 재료로 사용하여 유기적인 방법으로 생산, 제조·가공 또는 취급되는 가공품을 말한다. 다만, 기구, 용기·포장, 의약외품 및 화장품은 제외한다.

(6) 무농약원료가공식품

무농약농산물을 원료 또는 재료로 하거나 유기식품과 무농약농산물을 혼합하여 제조·가공·유통되는 식품을 말한다.

(7) 유기농어업자재

유기농수산물을 생산, 제조·가공 또는 취급하는 과정에서 사용할 수 있는 허용물질을 원료 또는 재료로 하여 만든 제품을 말한다.

(8) 허용물질

유기식품등, 무농약농산물·무농약원료가공식품 및 무항생제수산물등 또는 유기농어업자재를 생산, 제조·가공 또는 취급하는 모든 과정에서 사용 가능한 것으로서 농림축산식품부령 또는 해양수산부령으로 정하는 물질을 말한다.

(9) 취급

농수산물, 식품, 비식용가공품 또는 농어업용자재를 저장, 포장, 운송, 수입 또는 판매하는 활동을 말한다.

(10) 사업자

친환경농수산물, 유기식품등·무농약원료가공식품 또는 유기농어업자재를 생산, 제조·가공하거나 취급하는 것을 업으로 하는 개인 또는 법인을 말한다.

3. 국가와 지방자치단체의 책무

(1) 종합적인 시책추진

국가는 친환경농어업·유기식품등·무농약농산물·무농약원료가공식품 및 무항생제수산물등에 관한 기본계획과 정책을 세우고 지방자치단체 및 농어업인 등의 자발적 참여를 촉진하는 등 친환경농어업·유기식품등·무농약농산물·무농약원료가공식품 및 무항생제수산물등을 진흥시키기 위한 종합적인 시책을 추진하여야 한다.

(2) 육성정책 추진

지방자치단체는 관할구역의 지역적 특성을 고려하여 친환경농어업·유기식품등·무농약농산물·무농약원료가공식품 및 무항생제수산물등에 관한 육성정책을 세우고 적극적으로 추진하여야 한다.

4. 사업자의 책무

사업자는 화학적으로 합성된 자재를 사용하지 아니하거나 그 사용을 최소화하는 등 환경친화적인 생산, 제조·가공 또는 취급 활동을 통하여 환경오염을 최소화하면서 환경보전과 지속가능한 농어업의 경영이 가능하도록 노력하고, 다양한 친환경농수산물, 유기식품등, 무농약원료가공식품 또는 유기농어업자재를 생산·공급할 수 있도록 노력하여야 한다.

5. 민간단체의 역할

친환경농어업 관련 기술연구와 친환경농수산물, 유기식품등, 무농약원료가공식품 또는 유기농어업자재 등의 생산·유통·소비를 촉진하기 위하여 구성된 민간단체는 국가와 지방자치단체의 친환경농어업·유기식품등·무농약농산물·무농약원료가공식품 및 무항생제수산물등에 관한 육성시책에 협조하고 그 회원들과 사업자 등에게 필요한 교육·훈련·기술개발·경영지도 등을 함으로써 친환경농어업·유기식품등·무농약농산물·무농약원료가공식품 및 무항생제수산물등의 발전을 위하여 노력하여야 한다.

6. 다른 법률과의 관계

이 법에서 정한 친환경농수산물, 유기식품등, 무농약원료가공식품 및 유기농어업자재의 표시와 관리에 관한 사항은 다른 법률에 우선하여 적용한다.

제 2 장 친환경농어업·유기식품등·무농약농산물·무농약원료가공식품 및 무항생제수산물등의 육성·지원

1. 친환경농어업 육성계획

(1) 친환경농어업 육성계획 수립

농림축산식품부장관 또는 해양수산부장관은 관계 중앙행정기관의 장과 협의하여 5년마다 친환경농어업 발전을 위한 친환경농업 육성계획 또는 친환경어업 육성계획을 세워야 한다. 이 경우 민간단체나 전문가 등의 의견을 수렴하여야 한다.

(2) 육성계획에 포함되어야 할 사항

① 농어업 분야의 환경보전을 위한 정책목표 및 기본방향
② 농어업의 환경오염 실태 및 개선대책
③ 합성농약, 화학비료 및 항생제·항균제 등 화학자재 사용량 감축 방안
④ 친환경 약제와 병충해 방제 대책
⑤ 친환경농어업 발전을 위한 각종 기술 등의 개발·보급·교육 및 지도 방안
⑥ 친환경농어업의 시범단지 육성 방안
⑦ 친환경농수산물과 그 가공품, 유기식품등 및 무농약원료가공식품의 생산·유통·수출 활성화와 연계강화 및 소비 촉진 방안
⑧ 친환경농어업의 공익적 기능 증대 방안
⑨ 친환경농어업 발전을 위한 국제협력 강화 방안
⑩ 육성계획 추진 재원의 조달 방안
⑪ 인증기관의 육성 방안
⑫ 그 밖에 친환경농어업의 발전을 위하여 농림축산식품부령 또는 해양수산부령으로 정하는 사항

(3) 육성계획 전파

농림축산식품부장관 또는 해양수산부장관은 세운 육성계획을 특별시장·광역시장·특별자치시장·도지사 또는 특별자치도지사에게 알려야 한다.

2. 친환경농어업 실천계획

(1) 실천계획 수립 및 시행

시·도지사는 육성계획에 따라 친환경농어업을 발전시키기 위한 특별시·광역시·특별자치시·도 또는 특별자치도 친환경농어업 실천계획을 세우고 시행하여야 한다. 이 경우 민간단체나 전문가 등의 의견을 수렴하여야 한다.

(2) 시장·군수 또는 자치구의 구청장에게 전파

시·도지사는 시·도 실천계획을 세웠을 때에는 농림축산식품부장관 또는 해양수산부장관에게 제출하고, 시장·군수 또는 자치구의 구청장에게 알려야 한다.

(3) 실천계획 추진

시장·군수·구청장은 시·도 실천계획에 따라 친환경농어업을 발전시키기 위한 시·군·자치구 실천계획을 세워 시·도지사에게 제출하고 적극적으로 추진하여야 한다.

3. 농어업으로 인한 환경오염 방지

국가와 지방자치단체는 농약, 비료, 가축분뇨, 폐농어업자재 및 폐수 등 농어업으로 인하여 발생하는 환경오염을 방지하기 위하여 농약의 안전사용기준 및 잔류허용기준 준수, 비료의 작물별 살포기준량 준수, 가축분뇨의 방류수 수질기준 준수, 폐농어업자재의 투기방지 및 폐수의 무단 방류 방지 등의 시책을 적극적으로 추진하여야 한다.

4. 농어업 자원 보전 및 환경 개선

국가와 지방자치단체는 농지, 농어업 용수, 대기 등 농어업 자원을 보전하고 토양 개량, 수질 개선 등 농어업 환경을 개선하기 위하여 농경지 개량, 농어업 용수 오염 방지, 온실가스 발생 최소화 등의 시책을 적극적으로 추진하여야 한다.

5. 농어업 자원·환경 및 친환경농어업 등에 관한 실태조사·평가

(1) 농어업 자원보전과 농어업 환경개선을 위한 조사·평가

농림축산식품부장관·해양수산부장관 또는 지방자치단체의 장은 농어업 자원보전과 농어업 환경개선을 위하여 다음의 사항을 주기적으로 조사·평가하여야 한다.

① 농경지의 비옥도, 중금속, 농약성분, 토양미생물 등의 변동사항
② 농어업 용수로 이용되는 지표수와 지하수의 수질
③ 농약·비료·항생제 등 농어업투입재의 사용 실태
④ 수자원 함양, 토양 보전 등 농어업의 공익적 기능 실태
⑤ 축산분뇨 퇴비화 등 해당 농어업 지역에서의 자체 자원 순환사용 실태
⑥ 친환경농어업 및 친환경농수산물의 유통·소비 등에 관한 실태
⑦ 그 밖에 농어업 자원 보전 및 농어업 환경 개선을 위하여 필요한 사항

(2) 관계인의 조사·평가

농림축산식품부장관 또는 해양수산부장관은 농림축산식품부 또는 해양수산부 소속 기관의 장 또는 그 밖에 농림축산식품부령 또는 해양수산부령으로 정하는 자에게 (1)의 사항을 조사·평가하게 할 수 있다.

(3) 국회 소관 상임위원회에 보고

농림축산식품부장관 및 해양수산부장관은 조사·평가를 실시한 후 그 결과를 지체 없이 국회 소관 상임위원회에 보고하여야 한다.

6. 사업장에 대한 조사

(1) 조사 시료채취

농림축산식품부장관·해양수산부장관 또는 지방자치단체의 장은 농어업 자원과 농어업 환경의 실태조사를 위하여 필요하면 관계 공무원에게 해당 지역 또는 그 지역에 잇닿은 다른 사업자의 사업장에 출입하게 하거나 조사 및 평가에 필요한 최소량의 조사 시료를 채취하게 할 수 있다.

(2) 조사행위의 거부·방해금지

조사 대상 사업장의 소유자·점유자 또는 관리인은 정당한 사유 없이 조사행위를 거부·방해하거나 기피하여서는 아니 된다.

(3) 증표제시

다른 사업자의 사업장에 출입하려는 사람은 그 권한을 표시하는 증표를 지니고 이를 관계인에게 보여주어야 한다.

7. 친환경농어업 기술 등의 개발 및 보급

(1) 시책마련

농림축산식품부장관·해양수산부장관 또는 지방자치단체의 장은 친환경농어업을 발전시키기 위하여 친환경농어업에 필요한 기술과 자재 등의 연구·개발과 보급 및 교육·지도에 필요한 시책을 마련하여야 한다.

(2) 비용지원

① 농림축산식품부장관·해양수산부장관 또는 지방자치단체의 장은 친환경농어업에 필요한 기술 및 자재를 연구·개발·보급하거나 교육·지도하는 자에게 필요한 비용을 지원할 수 있다.
② 농림축산식품부장관·해양수산부장관 또는 지방자치단체의 장은 친환경농어업에 필요한 자재를 사용하는 농어업인에게 비용을 지원할 수 있다.

8. 친환경농어업에 관한 교육·훈련

(1) 친환경농어업에 관한 교육·훈련

농림축산식품부장관·해양수산부장관 또는 지방자치단체의 장은 친환경농어업 발전을 위하여 농어업인, 친환경농수산물 소비자 및 관계 공무원에 대하여 교육·훈련을 할 수 있다.

(2) 교육훈련기관 지정

농림축산식품부장관 또는 해양수산부장관은 교육·훈련을 위하여 필요한 시설 및 인력 등을 갖춘 친환경농어업 관련 기관 또는 단체를 교육훈련기관으로 지정할 수 있다.

(3) 비용의 전부 또는 일부 지원

농림축산식품부장관 또는 해양수산부장관은 지정된 교육훈련기관에 대하여 예산의 범위에서 교육·훈련에 필요한 비용의 전부 또는 일부를 지원할 수 있다.

9. 교육훈련기관의 지정취소 등

농림축산식품부장관 또는 해양수산부장관은 교육훈련기관이 다음 의 어느 하나에 해당하는 경우에는 그 지정을 취소하거나 6개월 이내의 기간을 정하여 그 업무의 전부 또는 일부의 정지를 명할 수 있다. 다만, ①에 해당하는 경우에는 그 지정을 취소하여야 한다.
① 거짓이나 그 밖의 부정한 방법으로 지정을 받은 경우
② 정당한 사유 없이 1년 이상 계속하여 교육·훈련을 하지 아니한 경우
③ 지원 비용을 용도 외로 사용한 경우
④ 지정요건에 적합하지 아니하게 된 경우

10. 친환경농어업의 기술교류 및 홍보 등

(1) 친환경농어업 발전을 위한 노력

국가, 지방자치단체, 민간단체 및 사업자는 친환경농어업의 기술을 서로 교류함으로써 친환경농어업 발전을 위하여 노력하여야 한다.

(2) 우수사례의 발굴·홍보

농림축산식품부장관·해양수산부장관 또는 지방자치단체의 장은 친환경농어업 육성을 효율적으로 추진하기 위하여 우수사례를 발굴·홍보하여야 한다.

11. 친환경농수산물 등의 생산·유통·수출 지원

농림축산식품부장관·해양수산부장관 또는 지방자치단체의 장은 예산의 범위에서 다음의 물품의 생산자, 생산자단체, 유통업자, 수출업자 및 인증기관에 대하여 필요한 시설의 설치자금 등을 친환경농어업에 대한 기여도 및 평가 등급에 따라 차등하여 지원할 수 있다.
① 이 법에 따라 인증을 받은 유기식품등, 무농약원료가공식품 또는 친환경농수산물
② 이 법에 따라 공시를 받은 유기농어업자재

12. 국제협력

국가와 지방자치단체는 친환경농어업의 지속가능한 발전을 위하여 환경 관련 국제기구 및 관련 국가와의 국제협력을 통하여 친환경농어업 관련 정보 및 기술을 교환하고 인력교류, 공동조사, 연구·개발 등에서 서로 협력하며, 환경을 위해하는 농어업 활동이나 자재 교역을 억제하는 등 친환경농어업 발전을 위한 국제적 노력에 적극적으로 참여하여야 한다.

13. 국내 친환경농어업의 기준 및 목표 수립

국가와 지방자치단체는 국제 여건, 국내 자원, 환경 및 경제 여건 등을 고려하여 효과적인 국내 친환경농어업의 기준 및 목표를 세워야 한다.

제 3 장 유기식품등의 인증 및 관리

1. 유기식품등의 인증 및 인증절차 등

(1) 유기식품등의 인증

① 농림축산식품부장관 또는 해양수산부장관은 유기식품등의 산업 육성과 소비자 보호를 위하여 유기식품등에 대한 인증을 할 수 있다.
② 인증을 하기 위한 유기식품등의 인증대상과 유기식품등의 생산, 제조·가공 또는 취급에 필요한 인증기준 등은 농림축산식품부령 또는 해양수산부령으로 정한다.

(2) 유기식품등의 인증 신청 및 심사 등

① 유기식품등을 생산, 제조·가공 또는 취급하는 자는 유기식품등의 인증을 받으려면 해양수산부장관 또는 지정받은 인증기관에 농림축산식품부령 또는 해양수산부령으로 정하는 서류를 갖추어 신청하여야 한다. 다만, 인증을 받은 유기식품등을 다시 포장하지 아니하고 그대로 저장, 운송, 수입 또는 판매하는 자는 인증을 신청하지 아니할 수 있다.
② 다음의 어느 하나에 해당하는 자는 인증을 신청할 수 없다.
　㉠ 인증이 취소된 날부터 1년이 지나지 아니한 자. 다만, 최근 10년 동안 인증이 2회 취소된 경우에는 마지막으로 인증이 취소된 날부터 2년, 최근 10년 동안 인증이 3회 이상 취소된 경우에는 마지막으로 인증이 취소된 날부터 5년이 지나지 아니한 자로 한다.

㉡ 고의 또는 중대한 과실로 유기식품등에서 식품의약품안전처장이 고시한 농약 잔류 허용기준을 초과한 합성농약이 검출되어 인증이 취소된 자로서 그 인증이 취소된 날부터 5년이 지나지 아니한 자
㉢ 인증표시의 제거·정지 또는 시정조치 명령이나 명령을 받아서 그 처분기간 중에 있는 자
㉣ 벌금 이상의 형을 선고받고 형이 확정된 날부터 1년이 지나지 아니한 자
③ 해양수산부장관 또는 인증기관은 신청을 받은 경우 유기식품등의 인증기준에 맞는지를 심사한 후 그 결과를 신청인에게 알려주고 그 기준에 맞는 경우에는 인증을 해 주어야 한다. 이 경우 인증심사를 위하여 신청인의 사업장에 출입하는 사람은 그 권한을 표시하는 증표를 지니고 이를 신청인에게 보여주어야 한다.
④ 유기식품등의 인증을 받은 사업자는 동일한 인증기관으로부터 연속하여 2회를 초과하여 인증을 받을 수 없다. 다만, 인증기관 평가에서 농림축산식품부령 또는 해양수산부령으로 정하는 기준 이상을 받은 인증기관으로부터 인증을 받으려는 경우에는 그러하지 아니하다.
⑤ 인증심사 결과에 대하여 이의가 있는 자는 인증심사를 한 해양수산부장관 또는 인증기관에 재심사를 신청할 수 있다.
⑥ 재심사 신청을 받은 해양수산부장관 또는 인증기관은 재심사 여부를 결정하여 해당 신청인에게 통보하여야 한다.
⑦ 해양수산부장관 또는 인증기관은 재심사를 하기로 결정하였을 때에는 지체 없이 재심사를 하고 해당 신청인에게 그 재심사 결과를 통보하여야 한다.
⑧ 인증사업자는 인증받은 내용을 변경할 때에는 그 인증을 한 해양수산부장관 또는 인증기관으로부터 인증 변경승인을 받아야 한다.
⑨ 그 밖에 인증의 신청, 제한, 심사, 재심사 및 인증 변경승인 등에 필요한 구체적인 절차와 방법 등은 농림축산식품부령 또는 해양수산부령으로 정한다.

(3) 인증의 유효기간 등
① 인증의 유효기간은 인증을 받은 날부터 1년으로 한다.
② 인증사업자가 인증의 유효기간이 끝난 후에도 계속하여 인증을 받은 유기식품등의 인증을 유지하려면 그 유효기간이 끝나기 전까지 인증을 한 해양수산부장관 또는 인증기관에 갱신신청을 하여 그 인증을 갱신하여야 한다. 다만, 인증을 한 인증기관이 폐업, 업무정지 또는 그 밖의 부득이한 사유로 갱신신청이 불가능하게 된 경우에는 해양수산부장관 또는 다른 인증기관에 신청할 수 있다.
③ 인증 갱신을 하지 아니하려는 인증사업자가 인증의 유효기간 내에 출하를 종료하지 아니한 인증품이 있는 경우에는 해양수산부장관 또는 해당 인증기관의 승인을 받아 출하를 종료하지 아니한 인증품에 대하여만 그 유효기간을 1년의 범위에서 연장할 수

있다. 다만, 인증의 유효기간이 끝나기 전에 출하된 인증품은 그 제품의 유통기한이 끝날 때까지 그 인증표시를 유지할 수 있다.
④ 인증 갱신 및 유효기간 연장에 대한 심사결과에 이의가 있는 자는 심사를 한 해양수산부장관 또는 인증기관에 재심사를 신청할 수 있다.
⑤ 재심사 신청을 받은 해양수산부장관 또는 인증기관은 재심사 여부를 결정하여 해당 인증사업자에게 통보하여야 한다.
⑥ 해양수산부장관 또는 인증기관은 재심사를 하기로 결정하였을 때에는 지체 없이 재심사를 하고 해당 인증사업자에게 그 재심사 결과를 통보하여야 한다.

(4) 인증사업자의 준수사항

① 인증사업자는 인증품을 생산, 제조·가공 또는 취급하여 판매한 실적을 정기적으로 해양수산부장관 또는 해당 인증기관에 알려야 한다.
② 인증사업자는 농림축산식품부령 또는 해양수산부령으로 정하는 바에 따라 인증심사와 관련된 서류 등을 보관하여야 한다.

(5) 유기식품등의 표시 등

① 인증사업자는 생산, 제조·가공 또는 취급하는 인증품에 직접 또는 인증품의 포장, 용기, 납품서, 거래명세서, 보증서 등를 할 수 있다. 이 경우 포장을 하지 아니한 상태로 판매하거나 낱개로 판매하는 때에는 표시판 또는 푯말에 유기표시를 할 수 있다.
② 농림축산식품부장관 또는 해양수산부장관은 인증사업자에게 인증품의 생산방법과 사용자재 등에 관한 정보를 소비자가 쉽게 알아볼 수 있도록 표시할 것을 권고할 수 있다.
③ 농림축산식품부장관 또는 해양수산부장관은 유기농수산물을 원료 또는 재료로 사용하면서 인증을 받지 아니한 식품 및 비식용가공품에 대하여는 사용한 유기농수산물의 함량에 따라 제한적으로 유기표시를 허용할 수 있다.
④ 다음에 해당하는 유기식품등에 대해서는 외국의 유기표시 규정 또는 외국 구매자의 표시 요구사항에 따라 유기표시를 할 수 있다.
　㉠ 외화획득용 원료 또는 재료로 수입한 유기식품등
　㉡ 외국으로 수출하는 유기식품등
⑤ 유기표시에 필요한 도형이나 글자, 세부 표시사항 및 표시방법에 필요한 구체적인 사항은 농림축산식품부령 또는 해양수산부령으로 정한다.

(6) 수입 유기식품등의 신고

① 유기표시가 된 인증품 또는 동등성이 인정된 인증을 받은 유기가공식품을 판매나 영업에 사용할 목적으로 수입하려는 자는 해당 제품의 통관절차가 끝나기 전에 수입 품목, 수량 등을 농림축산식품부장관 또는 해양수산부장관에게 신고하여야 한다.

② 농림축산식품부장관 또는 해양수산부장관은 신고된 제품에 대하여 통관절차가 끝나기 전에 관계 공무원으로 하여금 유기식품등의 인증 및 표시 기준 적합성을 조사하게 하여야 한다.
③ 농림축산식품부장관 또는 해양수산부장관은 신고된 제품이 다음의 어느 하나에 해당하는 경우에는 조사의 전부 또는 일부를 생략할 수 있다.
  ㉠ 동등성이 인정된 인증을 시행하고 있는 외국의 정부 또는 인증기관이 발행한 인증서가 제출된 경우
  ㉡ 지정된 인증기관이 발행한 인증서가 제출된 경우
  ㉢ 농림축산식품부령 또는 해양수산부령으로 정하는 경우
④ 농림축산식품부장관 또는 해양수산부장관은 신고를 받은 경우 그 내용을 검토하여 이 법에 적합하면 신고를 수리하여야 한다.

(7) 인증의 취소 등

① 농림축산식품부장관·해양수산부장관 또는 인증기관은 인증사업자가 다음의 어느 하나에 해당하는 경우에는 그 인증을 취소하거나 인증표시의 제거·정지 또는 시정조치를 명할 수 있다. 다만, ㉠에 해당할 때에는 인증을 취소하여야 한다.
  ㉠ 거짓이나 그 밖의 부정한 방법으로 인증을 받은 경우
  ㉡ 인증기준에 맞지 아니한 경우
  ㉢ 정당한 사유 없이 명령에 따르지 아니한 경우
  ㉣ 전업, 폐업 등의 사유로 인증품을 생산하기 어렵다고 인정하는 경우
② 농림축산식품부장관·해양수산부장관 또는 인증기관은 인증을 취소한 경우 지체 없이 인증사업자에게 그 사실을 알려야 하고, 인증기관은 농림축산식품부장관 또는 해양수산부장관에게도 그 사실을 알려야 한다.

(8) 과징금

① 농림축산식품부장관 또는 해양수산부장관은 최근 3년 동안 2회 이상 다음의 어느 하나에 해당하는 위반행위를 한 자에게 해당 위반행위에 따른 판매금액의 100분의 50 이내의 범위에서 과징금을 부과할 수 있다.
  ㉠ 거짓이나 그 밖의 부정한 방법으로 인증을 받은 경우
  ㉡ 고의 또는 중대한 과실로 유기식품등에서 식품의약품안전처장이 고시한 농약 잔류 허용기준을 초과한 합성농약이 검출된 경우
② 농림축산식품부장관 또는 해양수산부장관은 과징금을 내야 할 자가 그 납부기한까지 내지 아니하면 국세 체납처분의 예에 따라 징수한다.
③ 위반행위의 내용과 위반정도에 따른 과징금의 금액, 판매금액 산정의 세부기준 및 그 밖에 필요한 사항은 대통령령으로 정한다.

(9) 동등성 인정

① 농림축산식품부장관 또는 해양수산부장관은 유기식품에 대한 인증을 시행하고 있는 외국의 정부 또는 인증기관이 우리나라와 같은 수준의 적합성을 보증할 수 있는 원칙과 기준을 적용함으로써 이 법에 따른 인증과 동등하거나 그 이상의 인증제도를 운영하고 있다고 인정하는 경우에는 그에 대한 검증을 거친 후 유기가공식품 인증에 대하여 우리나라의 유기가공식품 인증과 동등성을 인정할 수 있다. 이 경우 상호주의 원칙이 적용되어야 한다.
② 농림축산식품부장관 또는 해양수산부장관은 동등성을 인정할 때에는 그 사실을 지체 없이 농림축산식품부 또는 해양수산부의 인터넷 홈페이지에 게시하여야 한다.
③ 동등성 인정에 필요한 기준과 절차, 동등성을 인정할 수 있는 유기가공식품의 품목 범위, 동등성을 인정한 국가 또는 인증기관의 의무와 사후관리 방법, 유기가공식품의 표시방법, 그 밖에 필요한 사항은 농림축산식품부령 또는 해양수산부령으로 정한다.

2. 유기식품등의 인증기관

(1) 인증기관의 지정 등

① 농림축산식품부장관 또는 해양수산부장관은 유기식품등의 인증과 관련하여 인증심사원 등 필요한 인력·조직·시설 및 인증업무규정을 갖춘 기관 또는 단체를 인증기관으로 지정하여 유기식품등의 인증을 하게 할 수 있다.
② 인증기관으로 지정받으려는 기관 또는 단체는 농림축산식품부장관 또는 해양수산부장관에게 인증기관의 지정을 신청하여야 한다.
③ 인증기관 지정의 유효기간은 지정을 받은 날부터 5년으로 하고, 유효기간이 끝난 후에도 유기식품등의 인증업무를 계속하려는 인증기관은 유효기간이 끝나기 전에 그 지정을 갱신하여야 한다.
④ 농림축산식품부장관 또는 해양수산부장관은 인증기관 지정업무와 지정갱신업무의 효율적인 운영을 위하여 인증기관 지정 및 갱신 관련 평가업무를 대통령령으로 정하는 기관 또는 단체에 위임하거나 위탁할 수 있다.
⑤ 인증기관은 지정받은 내용이 변경된 경우에는 농림축산식품부장관 또는 해양수산부장관에게 변경신고를 하여야 한다. 다만, 중요 사항을 변경할 때에는 농림축산식품부장관 또는 해양수산부장관으로부터 승인을 받아야 한다.
⑥ 인증기관의 지정기준, 인증업무의 범위, 인증기관의 지정 및 갱신 관련 절차, 인증기관의 지정 및 갱신 관련 평가업무의 위탁과 인증기관의 변경신고에 필요한 구체적인 사항은 농림축산식품부령 또는 해양수산부령으로 정한다.

(2) 인증심사원

① 농림축산식품부장관 또는 해양수산부장관은 농림축산식품부령 또는 해양수산부령으로 정하는 기준에 적합한 자에게 인증심사, 재심사 및 인증 변경승인, 인증 갱신, 유효기간 연장 및 재심사, 인증사업자에 대한 조사 업무를 수행하는 심사원의 자격을 부여할 수 있다.
② 인증심사원의 자격을 부여받으려는 자는 농림축산식품부장관 또는 해양수산부장관이 실시하는 교육을 받은 후 농림축산식품부장관 또는 해양수산부장관에게 이를 신청하여야 한다.
③ 농림축산식품부장관 또는 해양수산부장관은 인증심사원이 다음의 어느 하나에 해당하는 때에는 그 자격을 취소하거나 6개월 이내의 기간을 정하여 자격을 정지하거나 시정조치를 명할 수 있다. 다만, ㉠부터 ㉢까지에 해당하는 경우에는 그 자격을 취소하여야 한다.
  ㉠ 거짓이나 그 밖의 부정한 방법으로 인증심사원의 자격을 부여받은 경우
  ㉡ 거짓이나 그 밖의 부정한 방법으로 인증심사 업무를 수행한 경우
  ㉢ 고의 또는 중대한 과실로 인증기준에 맞지 아니한 유기식품등을 인증한 경우
  ㉣ 경미한 과실로 인증기준에 맞지 아니한 유기식품등을 인증한 경우
  ㉤ 인증심사원의 자격 기준에 적합하지 아니하게 된 경우
  ㉥ 인증심사 업무와 관련하여 다른 사람에게 자기의 성명을 사용하게 하거나 인증심사원증을 빌려 준 경우
  ㉦ 교육을 받지 아니한 경우
  ㉧ 준수사항을 지키지 아니한 경우
  ㉨ 정당한 사유 없이 조사를 실시하기 위한 지시에 따르지 아니한 경우
④ 인증심사원 자격이 취소된 자는 취소된 날부터 3년이 지나지 아니하면 인증심사원 자격을 부여받을 수 없다.

(3) 인증기관 임직원의 결격사유

다음의 어느 하나에 해당하는 사람은 인증기관의 임원 또는 직원이 될 수 없다.

① 자격취소를 받은 날부터 3년이 지나지 아니한 사람
② 지정이 취소된 인증기관의 대표로서 인증기관의 지정이 취소된 날부터 3년이 지나지 아니한 사람
③ 인증심사업무와 관련된 죄를 범하여 100만원 이상의 벌금형 또는 금고 이상의 형을 선고받아 형이 확정된 날부터 3년이 지나지 아니한 사람

(4) 인증심사원의 교육

농림축산식품부령 또는 해양수산부령으로 정하는 인증심사원은 업무능력 및 직업윤리의

식 제고를 위하여 필요한 교육을 받아야 한다.

(5) 인증기관 등의 준수사항

① 해양수산부장관 또는 인증기관은 다음의 사항을 준수하여야 한다.
  ㉠ 인증과정에서 얻은 정보와 자료를 인증 신청인의 서면동의 없이 공개하거나 제공하지 아니할 것. 다만, 이 법 또는 다른 법률에 따라 공개하거나 제공하는 경우는 제외한다.
  ㉡ 인증기관은 농림축산식품부장관 또는 해양수산부장관이 요청하는 경우에는 인증기관의 사무소 및 시설에 대한 접근을 허용하거나 필요한 정보 및 자료를 제공할 것
  ㉢ 인증 신청, 인증심사 및 인증사업자에 관한 자료를 농림축산식품부령 또는 해양수산부령으로 정하는 바에 따라 보관할 것
  ㉣ 인증기관은 인증 결과 및 사후관리 결과 등을 농림축산식품부장관 또는 해양수산부장관에게 보고할 것
  ㉤ 인증사업자가 인증기준을 준수하도록 관리하기 위하여 인증사업자에 대하여 불시심사를 하고 그 결과를 기록·관리할 것
② 인증기관의 임직원은 다음의 사항을 준수하여야 한다.
  ㉠ 인증과정에서 얻은 정보와 자료를 인증 신청인의 서면동의 없이 공개하거나 제공하지 아니할 것. 다만, 이 법 또는 다른 법률에 따라 공개하거나 제공하는 경우는 제외한다.
  ㉡ 인증기관의 임원은 인증심사업무를 하지 아니할 것
  ㉢ 인증기관의 직원은 인증심사업무를 한 경우 그 결과를 기록할 것

(6) 인증업무의 휴업·폐업

인증기관이 인증업무의 전부 또는 일부를 휴업하거나 폐업하려는 경우에는 미리 농림축산식품부장관 또는 해양수산부장관에게 신고하고, 그 인증기관의 인증 유효기간이 끝나지 아니한 인증사업자에게 그 취지를 알려야 한다.

(7) 인증기관의 지정취소 등

① 농림축산식품부장관 또는 해양수산부장관은 인증기관이 다음의 어느 하나에 해당하는 경우에는 지정을 취소하거나 6개월 이내의 기간을 정하여 그 업무의 전부 또는 일부의 정지 또는 시정조치를 명할 수 있다. 다만, ㉠부터 ㉥까지 및 ㉫의 경우에는 그 지정을 취소하여야 한다.
  ㉠ 거짓이나 그 밖의 부정한 방법으로 지정을 받은 경우
  ㉡ 인증기관의 장이 인증심사업무와 관련된 죄를 범하여 100만원 이상의 벌금형 또는 금고 이상의 형을 선고받아 그 형이 확정된 경우

ⓒ 인증기관이 파산 또는 폐업 등으로 인하여 인증업무를 수행할 수 없는 경우
ⓔ 업무정지 명령을 위반하여 정지기간 중 인증을 한 경우
ⓜ 정당한 사유 없이 1년 이상 계속하여 인증을 하지 아니한 경우
ⓗ 고의 또는 중대한 과실로 인증기준에 맞지 아니한 유기식품등을 인증한 경우
ⓢ 고의 또는 중대한 과실로 인증심사 및 재심사의 처리 절차·방법 또는 인증 갱신 및 인증품의 유효기간 연장의 절차·방법 등을 지키지 아니한 경우
ⓞ 정당한 사유 없이 공표를 하지 아니한 경우
ⓩ 지정기준에 맞지 아니하게 된 경우
ⓒ 인증기관의 준수사항을 위반한 경우
ⓚ 시정조치 명령이나 처분에 따르지 아니한 경우
ⓔ 정당한 사유 없이 소속 공무원의 조사를 거부·방해하거나 기피하는 경우
ⓟ 인증기관 평가에서 최하위 등급을 연속하여 3회 받은 경우
② 농림축산식품부장관 또는 해양수산부장관은 지정취소 또는 업무정지 처분을 한 경우에는 그 사실을 농림축산식품부 또는 해양수산부의 인터넷 홈페이지에 게시하여야 한다.
③ 인증기관의 지정이 취소된 자는 취소된 날부터 3년이 지나지 아니하면 다시 인증기관으로 지정받을 수 없다. 다만, 지정이 취소된 경우는 제외한다.

3. 유기식품등, 인증사업자 및 인증기관의 사후관리

(1) 인증 등에 관한 부정행위의 금지

① 누구든지 다음의 어느 하나에 해당하는 행위를 하여서는 아니 된다.
   ㉠ 거짓이나 그 밖의 부정한 방법으로 인증심사, 재심사 및 인증 변경승인, 인증 갱신, 유효기간 연장 및 재심사 또는 인증기관의 지정·갱신을 받는 행위
   ㉡ 거짓이나 그 밖의 부정한 방법으로 인증심사, 재심사 및 인증 변경승인, 인증 갱신, 유효기간 연장 및 재심사를 하거나 받을 수 있도록 도와주는 행위
   ㉢ 거짓이나 그 밖의 부정한 방법으로 인증심사원의 자격을 부여받는 행위
   ㉣ 인증을 받지 아니한 제품과 제품을 판매하는 진열대에 유기표시, 무농약표시, 친환경 문구 표시 및 이와 유사한 표시를 하는 행위
   ㉤ 인증품에 인증받은 내용과 다르게 표시하는 행위
   ㉥ 인증 또는 인증 갱신을 신청하는 데 필요한 서류를 거짓으로 발급하여 주는 행위
   ㉦ 인증품에 인증을 받지 아니한 제품 등을 섞어서 판매하거나 섞어서 판매할 목적으로 보관, 운반 또는 진열하는 행위
   ㉧ ㉣ 또는 ㉤의 행위에 따른 제품임을 알고도 인증품으로 판매하거나 판매할 목적으로 보관, 운반 또는 진열하는 행위
   ㉨ 인증이 취소된 제품임을 알고도 인증품으로 판매하거나 판매할 목적으로 보관·운반 또는 진열하는 행위

ⓩ 인증을 받지 아니한 제품을 인증품으로 광고하거나 인증품으로 잘못 인식할 수 있도록 광고하는 행위 또는 인증품을 인증받은 내용과 다르게 광고하는 행위
② 친환경 문구와 유사한 표시의 세부기준은 농림축산식품부령 또는 해양수산부령으로 정한다.

(2) 인증품등 및 인증사업자등의 사후관리

① 농림축산식품부장관 또는 해양수산부장관은 소속 공무원 또는 인증기관으로 하여금 매년 다음의 조사를 하게 하여야 한다. 이 경우 시료를 무상으로 제공받아 검사하거나 자료 제출 등을 요구할 수 있다.
  ㉠ 판매·유통 중인 인증품 및 제한적으로 유기표시를 허용한 식품 및 비식용가공품에 대한 조사
  ㉡ 인증사업자의 사업장에서 인증품의 생산, 제조·가공 또는 취급 과정이 인증기준에 맞는지 여부 조사
② 조사를 할 때에는 미리 조사의 일시, 목적, 대상 등을 관계인에게 알려야 한다. 다만, 긴급한 경우나 미리 알리면 그 목적을 달성할 수 없다고 인정되는 경우에는 그러하지 아니하다.
③ 조사를 하거나 자료 제출을 요구하는 경우 인증사업자, 인증품을 판매·유통하는 사업자 또는 제한적으로 유기표시를 허용한 식품 및 비식용가공품을 생산, 제조·가공, 취급 또는 판매·유통하는 사업자는 정당한 사유 없이 이를 거부·방해하거나 기피하여서는 아니 된다. 이 경우 조사를 위하여 사업장에 출입하는 자는 그 권한을 표시하는 증표를 지니고 이를 관계인에게 보여주어야 한다.
④ 농림축산식품부장관·해양수산부장관 또는 인증기관은 조사를 한 경우에는 인증사업자등에게 조사 결과를 통지하여야 한다. 이 경우 조사 결과 중 제공한 시료의 검사 결과에 이의가 있는 인증사업자등은 시료의 재검사를 요청할 수 있다.
⑤ 재검사 요청을 받은 농림축산식품부장관·해양수산부장관 또는 인증기관은 재검사 여부를 결정하여 해당 인증사업자등에게 통보하여야 한다.
⑥ 농림축산식품부장관·해양수산부장관 또는 인증기관은 재검사를 하기로 결정하였을 때에는 지체 없이 재검사를 하고 해당 인증사업자등에게 그 재검사 결과를 통보하여야 한다.
⑦ 농림축산식품부장관·해양수산부장관 또는 인증기관은 조사를 한 결과 인증기준 또는 유기식품등의 표시사항 등을 위반하였다고 판단한 때에는 인증사업자등에게 다음의 조치를 명할 수 있다.
  ㉠ 인증취소, 인증표시의 제거·정지 또는 시정조치
  ㉡ 인증품등의 판매금지·판매정지·회수·폐기
  ㉢ 세부 표시사항 변경

⑧ 농림축산식품부장관 또는 해양수산부장관은 인증사업자등이 인증품등의 회수·폐기 명령을 이행하지 아니하는 경우에는 관계 공무원에게 해당 인증품등을 압류하게 할 수 있다. 이 경우 관계 공무원은 그 권한을 표시하는 증표를 지니고 이를 관계인에게 보여주어야 한다.
⑨ 농림축산식품부장관·해양수산부장관 또는 인증기관은 조치명령의 내용을 공표하여야 한다.
⑩ 조사 결과 통지 및 시료의 재검사 절차와 방법, 조치명령의 세부기준, 압류 및 공표에 필요한 사항은 농림축산식품부령 또는 해양수산부령으로 정한다.

(3) 인증기관에 대한 사후관리

① 농림축산식품부장관 또는 해양수산부장관은 소속 공무원으로 하여금 인증기관이 인증업무를 적절하게 수행하는지, 인증기관의 지정기준에 맞는지, 인증기관의 준수사항을 지키는지를 조사하게 할 수 있다.
② 농림축산식품부장관 또는 해양수산부장관은 조사 결과 인증기관이 다음의 어느 하나에 해당하는 경우에는 지정취소·업무정지 또는 시정조치 명령을 할 수 있다.
  ㉠ 인증업무를 적절하게 수행하지 아니하는 경우
  ㉡ 지정기준에 맞지 아니하는 경우
  ㉢ 인증기관 준수사항을 지키지 아니하는 경우
③ 조사를 하는 경우 인증기관의 임직원은 정당한 사유 없이 이를 거부·방해하거나 기피해서는 아니 된다.

(4) 인증기관의 평가 및 등급결정

① 농림축산식품부장관 또는 해양수산부장관은 인증업무의 수준을 향상시키고 우수한 인증기관을 육성하기 위하여 인증기관의 운영 및 업무수행 실태 등을 평가하여 등급을 결정하고 그 결과를 공표할 수 있다.
② 농림축산식품부장관 또는 해양수산부장관은 평가 및 등급결정 결과를 인증기관의 관리·지원·육성 등에 반영할 수 있다.
③ 인증기관의 평가와 등급결정의 기준·방법·절차 및 결과 공표 등에 필요한 사항은 농림축산식품부령 또는 해양수산부령으로 정한다.

(5) 인증기관 등의 승계

① 다음의 어느 하나에 해당하는 자는 인증사업자 또는 인증기관의 지위를 승계한다.
  ㉠ 인증사업자가 사망한 경우 그 제품 등을 계속하여 생산, 제조·가공 또는 취급하려는 상속인
  ㉡ 인증사업자나 인증기관이 그 사업을 양도한 경우 그 양수인

ⓒ 인증사업자나 인증기관이 합병한 경우 합병 후 존속하는 법인이나 합병으로 설립되는 법인
② 인증사업자의 지위를 승계한 자는 인증심사를 한 해양수산부장관 또는 인증기관에 그 사실을 신고하여야 하고, 인증기관의 지위를 승계한 자는 농림축산식품부장관 또는 해양수산부장관에게 그 사실을 신고하여야 한다.
③ 농림축산식품부장관·해양수산부장관 또는 인증기관은 신고를 받은 날부터 1개월 이내에 신고수리 여부를 신고인에게 통지하여야 한다.
④ 농림축산식품부장관·해양수산부장관 또는 인증기관이 기간 내에 신고수리 여부 또는 민원 처리 관련 법령에 따른 처리기간의 연장을 신고인에게 통지하지 아니하면 그 기간이 끝난 날의 다음 날에 신고를 수리한 것으로 본다.
⑤ 지위의 승계가 있을 때에는 종전의 인증사업자 또는 인증기관에 한 행정처분의 효과는 그 지위를 승계한 자에게 승계되며, 행정처분의 절차가 진행 중일 때에는 그 지위를 승계한 자에 대하여 그 절차를 계속 진행할 수 있다.

제 4 장 무농약농산물·무농약원료가공식품 및 무항생제수산물등의 인증

1. 무농약농산물·무농약원료가공식품 및 무항생제수산물등의 인증 등

(1) 인증

농림축산식품부장관 또는 해양수산부장관은 무농약농산물·무농약원료가공식품 및 무항생제수산물등에 대한 인증을 할 수 있다.

(2) 생산, 제조·가공 또는 취급의 인증기준 등

인증을 하기 위한 무농약농산물·무농약원료가공식품 및 무항생제수산물등의 인증대상과 무농약농산물·무농약원료가공식품 및 무항생제수산물등의 생산, 제조·가공 또는 취급에 필요한 인증기준 등은 농림축산식품부령 또는 해양수산부령으로 정한다.

(3) 인증신청

무농약농산물·무농약원료가공식품 또는 무항생제수산물등을 생산, 제조·가공 또는 취급하는 자는 무농약농산물·무농약원료가공식품 또는 무항생제수산물등의 인증을 받으려면 해양수산부장관 또는 지정받은 인증기관에 인증을 신청하여야 한다. 다만, 인증을 받은 무농약농산물·무농약원료가공식품 또는 무항생제수산물등을 다시 포장하지 아니하고 그대로 저장, 운송 또는 판매하는 자는 인증을 신청하지 아니할 수 있다.

2. 무농약농산물 · 무농약원료가공식품 및 무항생제수산물등의 인증기관 지정 등

농림축산식품부장관 또는 해양수산부장관은 무농약농산물·무농약원료가공식품 또는 무항생제수산물등의 인증과 관련하여 인증심사원 등 필요한 인력과 시설을 갖춘 자를 인증기관으로 지정하여 무농약농산물·무농약원료가공식품 또는 무항생제수산물등의 인증을 하게 할 수 있다.

3. 무농약농산물 · 무농약원료가공식품 및 무항생제수산물등의 표시기준 등

(1) 표시기준

인증을 받은 자는 생산, 제조·가공 또는 취급하는 무농약농산물·무농약원료가공식품 및 무항생제수산물등에 직접 또는 그 포장등에 무농약, 무항생제, 활성처리제 비사용 또는 이와 같은 의미의 도형이나 글자를 표시할 수 있다. 이 경우 포장을 하지 아니하고 판매하거나 낱개로 판매하는 때에는 표시판 또는 푯말에 표시할 수 있다.

(2) 무농약 표시의 허용

농림축산식품부장관은 무농약농산물을 원료 또는 재료로 사용하면서 인증을 받지 아니한 식품에 대해서는 사용한 무농약농산물의 함량에 따라 제한적으로 무농약 표시를 허용할 수 있다.

제 5 장 유기농어업자재의 공시

1. 유기농어업자재의 공시

(1) 정보공시

농림축산식품부장관 또는 해양수산부장관은 유기농어업자재가 허용물질을 사용하여 생산된 자재인지를 확인하여 그 자재의 명칭, 주성분명, 함량 및 사용방법 등에 관한 정보를 공시할 수 있다.

(2) 공시기준 준수

공시를 할 때에는 공시기준에 따라야 한다.

2. 유기농어업자재 공시의 신청 및 심사 등

(1) 공시의 신청

유기농어업자재를 생산하거나 수입하여 판매하려는 자가 공시를 받으려는 경우에는 지정된 공시기관에 시험연구기관으로 지정된 기관이 발급한 시험성적서 등 농림축산식품부령 또는 해양수산부령으로 정하는 서류를 갖추어 신청하여야 한다. 다만, 다음의 어느 하나에 해당하는 자는 공시를 신청할 수 없다.

① 공시가 취소된 날부터 1년이 지나지 아니한 자
② 판매금지 또는 시정조치 명령이나 명령을 받아서 그 처분기간 중에 있는 자
③ 벌금 이상의 형을 선고받고 그 형이 확정된 날부터 1년이 지나지 아니한 자

(2) 신청결과의 통지 및 공시

공시기관은 신청을 받은 경우 공시기준에 맞는지를 심사한 후 그 결과를 신청인에게 알려 주고 기준에 맞는 경우에는 공시를 해 주어야 한다.

(3) 재심사 신청

공시심사 결과에 대하여 이의가 있는 자는 그 공시심사를 한 공시기관에 재심사를 신청할 수 있다.

(4) 공시내용의 변경

공시를 받은 자가 공시를 받은 내용을 변경할 때에는 그 공시심사를 한 공시기관에 공시변경승인을 받아야 한다.

3. 공시의 유효기간 등

(1) 공시의 유효기간

공시의 유효기간은 공시를 받은 날부터 3년으로 한다.

(2) 공시의 갱신

공시사업자가 공시의 유효기간이 끝난 후에도 계속하여 공시를 유지하려는 경우에는 그 유효기간이 끝나기 전까지 공시를 한 공시기관에 갱신신청을 하여 그 공시를 갱신하여야 한다. 다만, 공시를 한 공시기관이 폐업, 업무정지 또는 그 밖의 부득이한 사유로 갱신신청이 불가능하게 된 경우에는 다른 공시기관에 신청할 수 있다.

4. 공시사업자의 준수사항

공시사업자는 공시를 받은 제품을 생산하거나 수입하여 판매한 실적을 정기적으로 그 공시심사를 한 공시기관에 알려야 한다.

5. 유기농어업자재 시험연구기관의 지정

(1) 시험연구기관 지정
농림축산식품부장관 또는 해양수산부장관은 대학 및 민간연구소 등을 유기농어업자재에 대한 시험을 수행할 수 있는 시험연구기관으로 지정할 수 있다.

(2) 시험연구기관의 지정신청
시험연구기관으로 지정받으려는 자는 농림축산식품부령 또는 해양수산부령으로 정하는 인력·시설·장비 및 시험관리규정을 갖추어 농림축산식품부장관 또는 해양수산부장관에게 신청하여야 한다.

(3) 시험연구기관의 갱신
시험연구기관 지정의 유효기간은 지정을 받은 날부터 4년으로 하고, 유효기간이 끝난 후에도 유기농어업자재에 대한 시험업무를 계속하려는 자는 유효기간이 끝나기 전에 그 지정을 갱신하여야 한다.

(4) 중요사항의 변경신청
시험연구기관으로 지정된 자가 농림축산식품부령 또는 해양수산부령으로 정하는 중요한 사항을 변경하려는 경우에는 농림축산식품부장관 또는 해양수산부장관에게 지정변경을 신청하여야 한다.

(5) 업무의 전부 또는 일부의 정지
농림축산식품부장관 또는 해양수산부장관은 지정된 시험연구기관이 다음의 어느 하나에 해당하는 경우에는 시험연구기관의 지정을 취소하거나 6개월 이내의 기간을 정하여 그 업무의 전부 또는 일부의 정지를 명할 수 있다. 다만, ①의 경우에는 그 지정을 취소하여야 한다.
① 거짓이나 그 밖의 부정한 방법으로 지정을 받은 경우
② 고의 또는 중대한 과실로 다음의 어느 하나에 해당하는 서류를 사실과 다르게 발급한 경우
　㉠ 시험성적서
　㉡ 원제의 이화학적 분석 및 독성 시험성적을 적은 서류
　㉢ 농약활용기자재의 이화학적 분석 등을 적은 서류
　㉣ 중금속 및 이화학적 분석 결과를 적은 서류
　㉤ 그 밖에 유기농어업자재에 대한 시험·분석과 관련된 서류
③ 시험연구기관의 지정기준에 맞지 아니하게 된 경우

④ 시험연구기관으로 지정받은 후 정당한 사유 없이 1년 이내에 지정받은 시험항목에 대한 시험업무를 시작하지 아니하거나 계속하여 2년 이상 업무 실적이 없는 경우
⑤ 업무정지 명령을 위반하여 업무를 한 경우
⑥ 시험연구기관의 준수사항을 지키지 아니한 경우

6. 유기농어업자재 시험연구기관의 준수사항

① 시험수행과정에서 얻은 정보와 자료를 신청인의 서면동의 없이 공개하거나 제공하지 아니할 것. 다만, 이 법 또는 다른 법률에 따라 공개하거나 제공하는 경우는 제외한다.
② 농림축산식품부장관 또는 해양수산부장관이 요청하는 경우에는 시험연구기관의 사무소 및 시설에 대한 접근을 허용하거나 필요한 정보와 자료를 제공할 것
③ 시험의 신청 및 수행에 관한 자료를 보관할 것

7. 유기농어업자재 시험연구기관의 사후관리

(1) 준수사항 조사

농림축산식품부장관 또는 해양수산부장관은 소속 공무원으로 하여금 시험연구기관이 시험연구기관 지정기준을 갖추었는지 여부 및 시험연구기관의 준수사항을 지키는지 여부를 조사하게 할 수 있다.

(2) 조사의 거부·방해금지

조사를 하는 경우 시험연구기관의 임직원은 정당한 사유 없이 이를 거부·방해하거나 기피해서는 아니 된다.

8. 공시의 표시 등

공시사업자는 공시를 받은 유기농어업자재의 포장등에 유기농어업자재 공시를 나타내는 도형 또는 글자를 표시할 수 있다. 이 경우 공시의 번호, 유기농어업자재의 명칭 및 사용방법 등의 관련 정보를 함께 표시하여야 하며, 공시기준에 따라 해당자재의 효능·효과를 표시할 수 있다.

9. 공시의 취소 등

(1) 공시취소 및 판매금지 또는 시정조치

농림축산식품부장관·해양수산부장관 또는 공시기관은 공시사업자가 다음의 어느 하나에 해당하는 경우에는 그 공시를 취소하거나 판매금지 또는 시정조치를 명할 수 있다. 다만, ①의 경우에는 그 공시를 취소하여야 한다.
① 거짓이나 그 밖의 부정한 방법으로 공시를 받은 경우

② 공시기준에 맞지 아니한 경우
③ 정당한 사유 없이 명령에 따르지 아니한 경우
④ 전업·폐업 등으로 인하여 유기농어업자재를 생산하기 어렵다고 인정되는 경우
⑤ 품질관리 지도 결과 공시의 제품으로 부적절하다고 인정되는 경우

(2) 공시취소의 통보

농림축산식품부장관·해양수산부장관 또는 공시기관은 공시를 취소한 경우 지체 없이 해당 공시사업자에게 그 사실을 알려야 하고, 공시기관은 농림축산식품부장관 또는 해양수산부장관에게도 그 사실을 알려야 한다.

(3) 품질관리 지도의 실시

공시기관은 직접 공시를 한 제품에 대하여 품질관리 지도를 실시하여야 한다.

10. 공시기관의 지정 등

(1) 공시기관의 지정

농림축산식품부장관 또는 해양수산부장관은 공시에 필요한 인력과 시설을 갖춘 자를 공시기관으로 지정하여 유기농어업자재의 공시를 하게 할 수 있다.

(2) 공시기관의 지정신청

공시기관으로 지정을 받으려는 자는 농림축산식품부장관 또는 해양수산부장관에게 공시기관의 지정을 신청하여야 한다.

(3) 공시기관 지정의 갱신

공시기관 지정의 유효기간은 지정을 받은 날부터 5년으로 하고, 유효기간이 끝난 후에도 유기농어업자재의 공시업무를 계속하려는 공시기관은 유효기간이 끝나기 전에 그 지정을 갱신하여야 한다.

(4) 변경사항 신고

공시기관은 지정받은 내용이 변경된 경우에는 농림축산식품부장관 또는 해양수산부장관에게 변경신고를 하여야 한다. 다만, 농림축산식품부령 또는 해양수산부령으로 정하는 중요 사항을 변경할 때에는 농림축산식품부장관 또는 해양수산부장관으로부터 승인을 받아야 한다.

11. 공시기관의 준수사항

① 공시 과정에서 얻은 정보와 자료를 공시의 신청인의 서면동의 없이 공개하거나 제공하지 아니할 것. 다만, 이 법률 또는 다른 법률에 따라 공개하거나 제공하는 경우는 제외한다.
② 농림축산식품부장관 또는 해양수산부장관이 요청하는 경우에는 공시기관의 사무소 및 시설에 대한 접근을 허용하거나 필요한 정보 및 자료를 제공할 것
③ 공시의 신청·심사, 공시의 취소, 판매금지 처분, 품질관리 지도 및 유기농어업자재의 거래에 관한 자료를 보관할 것
④ 공시 결과 및 사후관리 결과 등을 농림축산식품부장관 또는 해양수산부장관에게 보고할 것
⑤ 공시사업자가 공시기준을 준수하도록 관리하기 위하여 농림축산식품부령 또는 해양수산부령으로 정하는 바에 따라 공시사업자에 대하여 불시 심사를 하고 그 결과를 기록·관리할 것

12. 공시업무의 휴업·폐업

공시기관은 공시업무의 전부 또는 일부를 휴업하거나 폐업하려는 경우에는 미리 농림축산식품부장관 또는 해양수산부장관에게 신고하고, 그 공시기관이 공시를 하여 유효기간이 끝나지 아니한 공시사업자에게는 그 취지를 알려야 한다.

13. 공시기관의 지정취소 등

(1) 업무의 정지 또는 시정조치

농림축산식품부장관 또는 해양수산부장관은 공시기관이 다음의 어느 하나에 해당하는 경우에는 지정을 취소하거나 6개월 이내의 기간을 정하여 그 업무의 전부 또는 일부의 정지 또는 시정조치를 명할 수 있다. 다만, ①부터 ③까지의 경우에는 그 지정을 취소하여야 한다.

① 거짓이나 그 밖의 부정한 방법으로 지정을 받은 경우
② 공시기관이 파산, 폐업 등으로 인하여 공시업무를 수행할 수 없는 경우
③ 업무정지 명령을 위반하여 정지기간 중에 공시업무를 한 경우
④ 정당한 사유 없이 1년 이상 계속하여 공시업무를 하지 아니한 경우
⑤ 고의 또는 중대한 과실로 공시기준에 맞지 아니한 제품에 공시를 한 경우
⑥ 고의 또는 중대한 과실로 공시심사 및 재심사의 처리 절차·방법 또는 공시 갱신의 절차·방법 등을 지키지 아니한 경우
⑦ 정당한 사유 없이 처분, 명령 및 공표를 하지 아니한 경우
⑧ 공시기관의 지정기준에 맞지 아니하게 된 경우

⑨ 공시기관의 준수사항을 지키지 아니한 경우
⑩ 시정조치 명령이나 처분에 따르지 아니한 경우
⑪ 정당한 사유 없이 소속 공무원의 조사를 거부·방해하거나 기피하는 경우

(2) 지정취소 또는 업무정지 등의 게시

농림축산식품부장관 또는 해양수산부장관은 지정취소 또는 업무정지 등의 처분을 한 경우에는 그 사실을 농림축산식품부 또는 해양수산부의 인터넷 홈페이지에 게시하여야 한다.

(3) 재지정 받을 수 없는 기간

공시기관의 지정이 취소된 자는 취소된 날부터 2년이 지나지 아니하면 다시 공시기관으로 지정받을 수 없다. 다만, 공시기관이 파산, 폐업 등으로 인하여 공시업무를 수행할 수 없는 경우에 해당하여 지정이 취소된 경우에는 제외한다.

14. 공시에 관한 부정행위의 금지

누구든지 다음의 어느 하나에 해당하는 행위를 하여서는 아니 된다.
① 거짓이나 그 밖의 부정한 방법으로 공시, 재심사 및 공시 변경승인, 공시 갱신 또는 공시기관의 지정·갱신을 받는 행위
② 공시를 받지 아니한 자재에 유기농어업자재 공시를 나타내는 표시 또는 이와 유사한 표시를 하는 행위
③ 공시를 받은 유기농어업자재에 공시를 받은 내용과 다르게 표시하는 행위
④ 공시 또는 공시 갱신의 신청에 필요한 서류를 거짓으로 발급하여 주는 행위
⑤ ② 또는 ③의 행위에 따른 자재임을 알고도 그 자재를 판매하는 행위 또는 판매할 목적으로 보관·운반하거나 진열하는 행위
⑥ 공시가 취소된 자재임을 알고도 공시를 받은 유기농어업자재로 판매하거나 판매할 목적으로 보관·운반 또는 진열하는 행위
⑦ 공시를 받지 아니한 자재를 공시를 받은 유기농어업자재로 광고하거나 공시를 받은 유기농어업자재로 잘못 인식할 수 있도록 광고하는 행위 또는 공시를 받은 유기농어업자재를 공시를 받은 내용과 다르게 광고하는 행위
⑧ 허용물질이 아닌 물질 또는 공시기준에서 허용하지 아니한 물질 등을 유기농어업자재에 섞어 넣는 행위

15. 유기농어업자재 및 공시사업자등의 사후관리

(1) 유기농어업자재 등의 조사

농림축산식품부장관 또는 해양수산부장관은 소속 공무원 또는 공시기관으로 하여금 매년

다음의 조사를 하게 하여야 한다. 이 경우 시료를 무상으로 제공받아 검사하거나 자료 제출 등을 요구할 수 있다.
① 판매·유통 중인 공시 받은 유기농어업자재에 대한 조사
② 공시사업자의 사업장에서 유기농어업자재의 생산 과정을 확인하여 공시기준에 맞는지 여부 조사

(2) 조사의 통보

조사를 할 때에는 미리 조사의 일시, 목적, 대상 등을 관계인에게 알려야 한다. 다만, 긴급한 경우나 미리 알리면 그 목적을 달성할 수 없다고 인정되는 경우에는 그러하지 아니하다.

(3) 조사 및 자료제출의 거부·방해금지

조사를 하거나 자료 제출을 요구하는 경우 공시사업자 또는 공시 받은 유기농어업자재를 판매·유통하는 사업자는 정당한 사유 없이 거부·방해하거나 기피하여서는 아니 된다. 이 경우 제1항에 따른 조사를 위하여 사업장에 출입하는 자는 그 권한을 표시하는 증표를 지니고 이를 관계인에게 보여주어야 한다.

(4) 조사결과의 통지

농림축산식품부장관·해양수산부장관 또는 공시기관은 조사를 한 경우에는 공시사업자등에게 조사 결과를 통지하여야 한다. 이 경우 조사 결과 중 제공한 시료의 검사 결과에 이의가 있는 공시사업자등은 시료의 재검사를 요청할 수 있다.

(5) 재검사 여부 통보

재검사 요청을 받은 농림축산식품부장관·해양수산부장관 또는 공시기관은 재검사 여부를 결정하여 해당 공시사업자등에게 통보하여야 한다.

(6) 재검사 결과 통보

농림축산식품부장관·해양수산부장관 또는 공시기관은 재검사를 하기로 결정하였을 때에는 지체 없이 재검사를 하고 해당 공시사업자등에게 그 재검사 결과를 통보하여야 한다.

(7) 공시사업자등에 대한 조치

농림축산식품부장관·해양수산부장관 또는 공시기관은 조사를 한 결과 공시기준 또는 공시의 표시사항 등을 위반하였다고 판단한 때에는 공시사업자등에게 다음의 조치를 명할 수 있다.
① 공시취소, 판매금지 또는 시정조치

② 유기농어업자재의 회수·폐기
③ 공시표시의 제거·정지 또는 세부 표시사항 변경

(8) 유기농어업자재의 압류

농림축산식품부장관 또는 해양수산부장관은 공시사업자등이 회수·폐기 명령을 이행하지 아니하는 경우에는 관계 공무원에게 해당 유기농어업자재를 압류하게 할 수 있다. 이 경우 관계 공무원은 그 권한을 표시하는 증표를 지니고 이를 관계인에게 보여주어야 한다.

(9) 조치명령내용의 공표

농림축산식품부장관·해양수산부장관 또는 공시기관은 조치명령의 내용을 공표하여야 한다.

16. 공시기관의 사후관리

(1) 공시기관의 준수사항 조사

농림축산식품부장관 또는 해양수산부장관은 소속 공무원으로 하여금 공시기관이 공시업무를 적절하게 수행하는지, 공시기관의 지정기준에 맞는지, 공시기관의 준수사항을 지키는지를 조사하게 할 수 있다.

(2) 지정취소·업무정지 또는 시정조치 명령

농림축산식품부장관 또는 해양수산부장관은 조사결과 공시기관이 다음의 어느 하나에 해당하는 경우에는 지정취소·업무정지 또는 시정조치 명령을 할 수 있다.

① 공시업무를 적절하게 수행하지 아니하는 경우
② 지정기준에 맞지 아니하는 경우
③ 공시기관의 준수사항을 지키지 아니하는 경우

(3) 조사의 거부·방해금지

조사를 하는 경우 공시기관의 임직원은 정당한 사유 없이 이를 거부·방해하거나 기피해서는 아니 된다.

17. 공시기관 등의 승계

(1) 공시사업자 또는 공시기관의 지위승계

다음의 어느 하나에 해당하는 자는 공시사업자 또는 공시기관의 지위를 승계한다.

① 공시사업자가 사망한 경우 그 유기농어업자재를 계속하여 생산하거나 수입하여 판매하려는 상속인

② 공시사업자나 공시기관이 사업을 양도한 경우 그 양수인
③ 공시사업자나 공시기관이 합병한 경우 합병 후 존속하는 법인이나 합병으로 설립되는 법인

(2) 승계의 신고

공시사업자의 지위를 승계한 자는 공시심사를 한 공시기관에 그 사실을 신고하여야 하고, 공시기관의 지위를 승계한 자는 농림축산식품부장관 또는 해양수산부장관에게 그 사실을 신고하여야 한다.

(3) 신고수리 여부의 통지

농림축산식품부장관·해양수산부장관 또는 공시기관은 신고를 받은 날부터 1개월 이내에 신고수리 여부를 신고인에게 통지하여야 한다.

(4) 신고의 수리

농림축산식품부장관·해양수산부장관 또는 공시기관이 기간 내에 신고수리 여부 또는 민원 처리 관련 법령에 따른 처리기간의 연장을 신고인에게 통지하지 아니하면 그 기간이 끝난 날의 다음 날에 신고를 수리한 것으로 본다.

(5) 행정처분의 승계

지위의 승계가 있을 때에는 종전의 공시기관 또는 공시사업자에게 한 행정처분의 효과는 그 처분기간 내에 그 지위를 승계한 자에게 승계되며, 행정처분의 절차가 진행 중일 때에는 그 지위를 승계한 자에 대하여 그 절차를 계속 진행할 수 있다.

18. 농약관리법 등의 적용 배제

(1) 농약 및 비료의 등록 배제

공시를 받은 유기농어업자재에 대하여는 농약이나 비료로 등록하거나 신고하지 아니할 수 있다.

(2) 농약관리법 등의 적용 배제

유기농어업자재를 생산하거나 수입하여 판매하려는 자가 공시를 받았을 때에는 등록을 하지 아니할 수 있다.

제 6 장 보 칙

1. 친환경 인증관리 정보시스템의 구축·운영

농림축산식품부장관 또는 해양수산부장관은 다음의 업무를 수행하기 위하여 친환경 인증관리 정보시스템을 구축·운영할 수 있다.

① 인증기관 지정·등록, 인증 현황, 수입증명서 관리 등에 관한 업무
② 인증품 등에 관한 정보의 수집·분석 및 관리 업무
③ 인증품 등의 사업자 목록 및 생산, 제조·가공 또는 취급 관련 정보 제공
④ 인증받은 자의 성명, 연락처 등 소비자에게 인증품 등의 신뢰도를 높이기 위하여 필요한 정보 제공
⑤ 인증기준 위반품의 유통 차단을 위한 인증취소 등의 정보 공표

2. 유기농어업자재 정보시스템의 구축·운영

농림축산식품부장관 또는 해양수산부장관은 다음의 업무를 수행하기 위하여 유기농어업자재 정보시스템을 구축·운영할 수 있다.

① 공시기관 지정 현황, 공시 현황, 시험연구기관의 지정 현황 등의 관리에 관한 업무
② 공시에 관한 정보의 수집·분석 및 관리 업무
③ 공시사업자 목록 및 공시를 받은 제품의 생산, 제조, 수입 또는 취급 관련 정보 제공 업무
④ 공시사업자의 성명, 연락처 등 소비자에게 공시의 신뢰도를 높이기 위하여 필요한 정보 제공 업무
⑤ 공시기준 위반품의 유통 차단을 위한 공시의 취소 등 정보 공표 업무

3. 인증제도 활성화 지원

(1) 인증제도 활성화 추진

농림축산식품부장관 또는 해양수산부장관은 인증제도 활성화를 위하여 다음의 사항을 추진하여야 한다.

① 이 법에 따른 인증제도의 홍보에 관한 사항
② 인증제도 운영에 필요한 교육·훈련에 관한 사항
③ 이 법에 따른 인증품의 생산, 제조·가공 또는 취급 계획서의 견본문서 개발 및 보급에 관한 사항

(2) 품질관리체제 구축 또는 기술지원 및 교육·훈련 사업 등에 자금지원

농림축산식품부장관 또는 해양수산부장관은 다음의 하나에 해당하는 자에게 예산의 범위에서 품질관리체제 구축 또는 기술지원 및 교육·훈련 사업 등에 필요한 자금을 지원할 수 있다.

① 농어업인 또는 민간단체
② 제품 등의 인증사업자, 공시사업자, 인증기관 또는 공시기관
③ 인증제도 관련 교육과정 운영자
④ 인증품 등의 생산, 제조·가공 또는 취급 관련 표준모델 개발 및 기술지원 사업자

4. 명예감시원

농림축산식품부장관 또는 해양수산부장관은 농수산물 명예감시원에게 친환경농수산물, 유기식품등, 무농약원료가공식품 또는 유기농어업자재의 생산·유통에 대한 감시·지도·홍보를 하게 할 수 있다.

5. 우선구매

(1) 유기식품의 우선구매

국가와 지방자치단체는 농어업의 환경보전기능 증대와 친환경농어업의 지속가능한 발전을 위하여 친환경농수산물·무농약원료가공식품 또는 유기식품을 우선적으로 구매하도록 노력하여야 한다.

(2) 우선구매 등 요청

농림축산식품부장관·해양수산부장관 또는 지방자치단체의 장은 이 법에 따른 인증품의 구매를 촉진하기 위하여 다음의 어느 하나에 해당하는 기관 및 단체의 장에게 인증품의 우선구매 등 필요한 조치를 요청할 수 있다.

① 공공기관
② 각군 부대와 기관
③ 유치원, 학교
④ 농어업 관련 단체 등

(3) 우선 구매하는 기관 및 단체 등에 지원

국가 또는 지방자치단체는 이 법에 따른 인증품의 소비촉진을 위하여 우선구매를 하는 기관 및 단체 등에 예산의 범위에서 재정지원을 하는 등 필요한 지원을 할 수 있다.

6. 수수료

(1) 수수료의 인증기관 또는 공시기관에 납부

다음의 어느 하나에 해당하는 자는 수수료를 해양수산부장관이나 해당 인증기관 또는 공시기관에 납부하여야 한다.

① 유기식품의 인증을 받으려는 자
② 유기식품의 인증 변경승인을 받으려는 자
③ 유기식품의 인증을 갱신하려는 자
④ 유기식품의 인증의 유효기간을 연장받으려는 자
⑤ 유기농업자재의 공시를 받으려는 자
⑥ 유기농업자재의 공시를 갱신하려는 자

(2) 수수료의 농림축산식품부장관 또는 해양수산부장관에 납부

다음의 어느 하나에 해당하는 자는 수수료를 농림축산식품부장관 또는 해양수산부장관에게 납부하여야 한다.

① 동등성을 인정받으려는 외국의 정부 또는 인증기관
② 인증기관으로 지정받거나 인증기관 지정을 갱신하려는 자
③ 시험연구기관으로 지정받거나 시험연구기관 지정을 갱신하려는 자
④ 공시기관으로 지정받거나 공시기관 지정을 갱신하려는 자

7. 청문 등

(1) 청문의 대상

농림축산식품부장관 또는 해양수산부장관은 다음의 어느 하나에 해당하는 경우에는 청문을 하여야 한다.

① 교육훈련기관의 지정을 취소하는 경우
② 인증심사원의 자격을 취소하는 경우
③ 인증기관 또는 공시기관의 지정을 취소하는 경우

(2) 의견제출의 기회부여

인증기관 또는 공시기관이 인증이나 공시를 취소하려는 경우에는 해당 사업자에게 의견제출의 기회를 주어야 한다. 다만, 해당 사업자가 청문을 신청하는 경우에는 청문을 하여야 한다.

8. 권한의 위임 또는 위탁

(1) 권한의 위임 또는 위탁

이 법에 따른 농림축산식품부장관 또는 해양수산부장관의 권한 또는 업무는 그 일부를 농촌진흥청장, 산림청장, 시·도지사 또는 농림축산식품부 또는 해양수산부 소속 기관의 장에게 위임하거나, 식품의약품안전처장, 한국식품연구원의 원장 또는 민간단체의 장이나 학교의 장에게 위탁할 수 있다.

(2) 재위임 및 재위탁

위임 또는 위탁을 받은 농림축산식품부 또는 해양수산부 소속 기관의 장 또는 식품의약품안전처장, 농촌진흥청장은 그 위임 또는 위탁받은 권한의 일부 또는 전부를 소속 기관의 장에게 재위임하거나 민간단체에 재위탁할 수 있다.

9. 벌칙 적용 시의 공무원 의제 등

다음의 어느 하나에 해당하는 사람은 「형법」 수뢰, 사전수뢰부터 알선수뢰까지의 규정에 따른 벌칙을 적용할 때에는 공무원으로 본다.

① 인증업무에 종사하는 인증기관의 임직원
② 시험연구기관에서 유기농어업자재의 시험업무에 종사하는 임직원
③ 공시업무에 종사하는 공시기관의 임직원
④ 위탁받은 업무에 종사하는 기관, 단체, 법인 또는 학교의 임직원

제 7 장 벌칙 등

1. 5년 이하의 징역 또는 5천만원 이하의 벌금

인증과정, 시험수행과정 또는 공시 과정에서 얻은 정보와 자료를 신청인의 서면동의 없이 공개하거나 제공한 자

2. 3년 이하의 징역 또는 3천만원 이하의 벌금

① 인증기관의 지정을 받지 아니하고 인증업무를 하거나 공시기관의 지정을 받지 아니하고 공시업무를 한 자
② 인증기관 지정의 유효기간이 지났음에도 인증업무를 하였거나 공시기관 지정의 유효기간이 지났음에도 공시업무를 한 자

③ 인증기관의 지정취소 처분을 받았음에도 인증업무를 하거나 공시기관의 지정취소 처분을 받았음에도 공시업무를 한 자
④ 거짓이나 그 밖의 부정한 방법으로 인증심사, 재심사 및 인증 변경승인, 인증 갱신, 유효기간 연장 및 재심사 또는 인증기관의 지정·갱신을 받은 자
⑤ 거짓이나 그 밖의 부정한 방법으로 인증심사, 재심사 및 인증 변경승인, 인증 갱신, 유효기간 연장 및 재심사를 하거나 받을 수 있도록 도와준 자
⑥ 거짓이나 그 밖의 부정한 방법으로 인증심사원의 자격을 부여받은 자
⑦ 인증을 받지 아니한 제품과 제품을 판매하는 진열대에 유기표시, 무농약표시, 친환경 문구 표시 및 이와 유사한 표시를 한 자
⑧ 인증품 또는 공시를 받은 유기농어업자재에 인증 또는 공시를 받은 내용과 다르게 표시를 한 자
⑨ 인증, 인증 갱신 또는 공시, 공시 갱신의 신청에 필요한 서류를 거짓으로 발급한 자
⑩ 인증품에 인증을 받지 아니한 제품 등을 섞어서 판매하거나 섞어서 판매할 목적으로 보관, 운반 또는 진열한 자
⑪ 인증을 받지 아니한 제품에 인증표시나 이와 유사한 표시를 한 것임을 알거나 인증품에 인증을 받은 내용과 다르게 표시한 것임을 알고도 인증품으로 판매하거나 판매할 목적으로 보관, 운반 또는 진열한 자
⑫ 인증이 취소된 제품 또는 공시가 취소된 자재임을 알고도 인증품 또는 공시를 받은 유기농어업자재로 판매하거나 판매할 목적으로 보관·운반 또는 진열한 자
⑬ 인증을 받지 아니한 제품을 인증품으로 광고하거나 인증품으로 잘못 인식할 수 있도록 광고(유기, 무농약, 친환경 문구 또는 이와 같은 의미의 문구를 사용한 광고를 포함한다)하거나 인증품을 인증받은 내용과 다르게 광고한 자
⑭ 거짓이나 그 밖의 부정한 방법으로 공시, 재심사 및 공시 변경승인, 공시 갱신 또는 공시기관의 지정·갱신을 받은 자
⑮ 공시를 받지 아니한 자재에 공시의 표시 또는 이와 유사한 표시를 하거나 공시를 받은 유기농어업자재로 잘못 인식할 우려가 있는 표시 및 이와 관련된 외국어 또는 외래어 표시 등을 한 자
⑯ 공시를 받지 아니한 자재에 공시의 표시나 이와 유사한 표시를 한 것임을 알거나 공시를 받은 유기농어업자재에 공시를 받은 내용과 다르게 표시한 것임을 알고도 공시를 받은 유기농어업자재로 판매하거나 판매할 목적으로 보관, 운반 또는 진열한 자
⑰ 공시를 받지 아니한 자재를 공시를 받은 유기농어업자재로 광고하거나 공시를 받은 유기농어업자재로 잘못 인식할 수 있도록 광고하거나 공시를 받은 자재를 공시 받은 내용과 다르게 광고한 자
⑱ 허용물질이 아닌 물질이나 공시기준에서 허용하지 아니하는 물질 등을 유기농어업자재에 섞어 넣은 자

3. 1년 이하의 징역 또는 1천만원 이하의 벌금

① 수입한 제품을 신고하지 아니하고 판매하거나 영업에 사용한 자
② 인증심사업무 또는 공시업무의 정지기간 중에 인증심사업무 또는 공시업무를 한 자
③ 명령에 따르지 아니한 자

4. 벌금형의 분리 선고

인증심사업무와 관련된 죄와 다른 죄의 경합범에 대하여 벌금형을 선고하는 경우에는 이를 분리하여 선고하여야 한다.

5. 양벌규정

법인의 대표자나 법인 또는 개인의 대리인, 사용인, 그 밖의 종업원이 그 법인 또는 개인의 업무에 관하여 벌칙에 따른 위반행위를 하면 그 행위자를 벌하는 외에 그 법인 또는 개인에게도 해당 조문의 벌금형을 과한다. 다만, 법인 또는 개인이 그 위반행위를 방지하기 위하여 해당 업무에 관하여 상당한 주의와 감독을 게을리하지 아니한 경우에는 그러하지 아니한다.

6. 과태료

(1) 1천만원 이하의 과태료

정당한 사유 없이 조사를 거부·방해하거나 기피한 자

(2) 500만원 이하의 과태료

① 인증을 받지 아니한 사업자가 인증품의 포장을 해체하여 재포장한 후 표시를 한 자
② 제한적 표시기준을 위반한 자
③ 관련 서류·자료 등을 기록·관리하지 아니하거나 보관하지 아니한 자
④ 인증 결과 또는 공시 결과 및 사후관리 결과 등을 거짓으로 보고한 자
⑤ 임원이 인증심사업무를 한 자
⑥ 인증심사업무 결과를 기록하지 아니한 자
⑦ 인증업무 또는 공시업무의 전부 또는 일부를 휴업하거나 폐업한 자
⑧ 정당한 사유 없이 조사를 거부·방해하거나 기피한 자
⑨ 인증기관 또는 공시기관의 지위를 승계하고도 그 사실을 신고하지 아니한 자

(3) 300만원 이하의 과태료

① 인증기관 또는 공시기관으로부터 승인을 받지 아니하고 인증받은 내용 또는 공시를 받은 내용을 변경한 자

② 중요 사항을 승인받지 아니하고 변경한 자
③ 인증 결과 또는 공시 결과 및 사후관리 결과 등을 보고하지 아니한 자
④ 인증사업자 또는 공시사업자의 지위를 승계하고도 그 사실을 신고하지 아니한 자
⑤ 공시의 표시기준을 위반한 자

(4) 100만원 이하의 과태료

① 인증품 또는 공시를 받은 유기농어업자재의 생산, 제조·가공 또는 취급 실적을 농림축산식품부장관 또는 해양수산부장관, 해당 인증기관 또는 공시기관에 알리지 아니한 자
② 관련 서류 등을 보관하지 아니한 자
③ 유기식품 또는 무농약농산물에 따른 표시기준을 위반한 자
④ 변경사항을 신고하지 아니한 자

(5) 부과·징수

과태료는 농림축산식품부장관 또는 해양수산부장관이 부과·징수한다.

● 제4편 ●
기출 및 예상문제

01 친환경농어업 육성 및 유기식품 등의 관리·지원에 관한 법률의 목적으로 옳지 않은 것은?

① 농어업의 환경보전기능 증대
② 지속가능한 친환경농어업 추구
③ 유기농 관련 단체의 지원 및 육성
④ 생산자와 소비자 함께 보호

 이 법은 농어업의 환경보전기능을 증대시키고 농어업으로 인한 환경오염을 줄이며, 친환경농어업을 실천하는 농어업인을 육성하여 지속가능한 친환경농어업을 추구하고 이와 관련된 친환경농수산물과 유기식품 등을 관리하여 생산자와 소비자를 함께 보호하는 것을 목적으로 한다.

02 친환경농어업 육성 및 유기식품 등의 관리·지원에 관한 법령상 친환경농수산물이 아닌 것은?

① 유기농수산물
② 무농약농산물
③ 무항생제수산물 및 활성처리제 비사용 수산물
④ 무시비농산물

 친환경농수산물
1. 유기농수산물
2. 무농약농산물
3. 무항생제수산물 및 활성처리제 비사용 수산물

03 친환경농어업 육성 및 유기식품 등의 관리·지원에 관한 법령상 친환경농어업 육성계획에 관한 내용으로 옳지 않은 것은?

① 농림축산식품부장관은 관계 중앙행정기관의 장과 협의하여 매년 친환경농어업 발전을 위한 친환경농업 육성계획을 세워야 한다.
② 육성계획에는 농어업의 환경오염 실태 및 개선대책이 포함되어야 한다.

◉ 정답 01. ③ 02. ④ 03. ①

③ 친환경농어업 육성계획을 수립할 때에는 민간단체나 전문가 등의 의견을 수렴하여야 한다.
④ 농림축산식품부장관 또는 해양수산부장관은 세운 육성계획을 특별시장·광역시장·특별자치시장·도지사 또는 특별자치도지사에게 알려야 한다.

농림축산식품부장관 또는 해양수산부장관은 관계 중앙행정기관의 장과 협의하여 5년마다 친환경농어업 발전을 위한 친환경농업 육성계획 또는 친환경어업 육성계획을 세워야 한다.

04 친환경농어업 육성 및 유기식품 등의 관리·지원에 관한 법령상 해양수산부장관이 어업 자원·환경 및 친환경어업 등에 관한 실태조사·평가를 하게 할 수 있는 자를 모두 고른 것은?   2020년 기출

| ㉠ 국립환경과학원 | ㉡ 한국농어촌공사 | ㉢ 한국해양수산개발원 |

① ㉠, ㉡
② ㉠, ㉢
③ ㉡, ㉢
④ ㉠, ㉡, ㉢

실태조사·평가기관 : 국립환경과학원, 한국농어촌공사, 한국해양수산개발원, 한국어촌어항공단, 한국수산자원공단, 한국농촌경제연구원, 농업기술실용화재단, 그 밖에 농림축산식품부장관이 정하여 고시하는 친환경농업 관련 단체·연구기관 또는 조사전문업체, 그 밖에 해양수산부장관이 정하여 고시하는 친환경어업 관련 단체·연구기관 또는 조사전문업체

05 친환경농어업 육성 및 유기식품 등의 관리·지원에 관한 법령상 농어업 자원·환경 및 친환경농어업 등에 관한 실태조사·평가에 관한 내용으로 옳지 않은 것은?
① 농림축산식품부장관·해양수산부장관 또는 지방자치단체의 장은 농어업 자원보전과 농어업 환경개선을 위하여 농경지의 비옥도 등을 주기적으로 조사·평가하여야 한다.
② 농림축산식품부장관 또는 해양수산부장관은 농림축산식품부 또는 해양수산부 소속 기관의 장에게 농어업 환경 개선을 위하여 필요한 사항을 조사·평가하게 할 수 있다.
③ 농림축산식품부장관 및 해양수산부장관은 조사·평가를 실시한 후 그 결과를 지체 없이 관보와 홈페이지에 게시하여야 한다.
④ 국가와 지방자치단체는 농경지 개량, 농어업 용수 오염 방지, 온실가스 발생 최소화 등의 시책을 적극적으로 추진하여야 한다.

정답 04. ④ 05. ③

농림축산식품부장관 및 해양수산부장관은 조사·평가를 실시한 후 그 결과를 지체 없이 국회 소관 상임위원회에 보고하여야 한다.

06 친환경농어업 육성 및 유기식품 등의 관리·지원에 관한 법령상 유기식품의 인증 및 관리에 관한 설명으로 옳은 것은?   2021년 기출
① 인증기관은 인증 신청을 받았을 때에는 10일 이내에 인증심사계획을 세워 신청인에게 인증심사일정과 인증심사명단을 알리고 그 계획에 따라 인증심사를 해야 한다.
② 인증의 유효기간은 인증을 받은 날부터 2년으로 한다.
③ 인증대상은 유기가공식품을 제조·가공하는 자에 한정한다.
④ 인증심사 결과에 대하여 이의가 있는 자는 인증심사를 한 해양수산부장관 또는 인증기관에 재심사를 신청할 수 없다.

① 인증기관은 인증 신청을 받은 경우에는 10일 이내에 신청인에게 인증심사 일정과 인증심사원 명단을 알리고, 인증심사를 해야 한다.
② 인증의 유효기간은 인증을 받은 날부터 1년으로 한다.
③ 인증대상은 유기농축산물을 생산하는 자, 유기가공식품을 제조·가공하는 자, 비식용유기가공품을 제조·가공하는 자와 이에 해당하는 품목을 취급하는 자 등이다.
④ 인증심사 결과에 대하여 이의가 있는 자는 인증심사를 한 해양수산부장관 또는 인증기관에 재심사를 신청할 수 있다.

07 친환경농어업 육성 및 유기식품 등의 관리·지원에 관한 법령상 유기식품등의 유효기간 등에 관한 내용으로 옳지 않은 것은?
① 인증의 유효기간은 인증을 받은 날부터 1년으로 한다.
② 인증 갱신 및 유효기간 연장에 대한 심사결과에 이의가 있는 자는 심사를 한 농림축산식품부장관 또는 인증기관에 재심사를 신청할 수 있다.
③ 재심사 신청을 받은 해양수산부장관 또는 인증기관은 재심사 여부를 결정하여 해당 인증사업자에게 통보하여야 한다.
④ 해양수산부장관 또는 인증기관은 재심사를 하기로 결정하였을 때에는 지체 없이 재심사를 하고 해당 인증사업자에게 그 재심사 결과를 통보하여야 한다.

 인증심사 결과에 대하여 이의가 있는 자는 인증심사를 한 해양수산부장관 또는 인증기관에 재심사를 신청할 수 있다.

정답 06. ①   07. ②

08 친환경농어업 육성 및 유기식품 등의 관리·지원에 관한 법령상 거짓이나 그 밖의 부정한 방법으로 인증을 받은 경우 농림축산식품부장관 또는 해양수산부장관이 부과하는 과징금의 범위는?

① 판매금액의 100분의 10 이내
② 판매금액의 100분의 20 이내
③ 판매금액의 100분의 30 이내
④ 판매금액의 100분의 50 이내

 농림축산식품부장관 또는 해양수산부장관은 최근 3년 동안 2회 이상 거짓이나 그 밖의 부정한 방법으로 인증을 받은 경우에 해당하는 위반행위를 한 자에게 해당 위반행위에 따른 판매금액의 100분의 50 이내의 범위에서 과징금을 부과할 수 있다.

09 친환경농어업 육성 및 유기식품 등의 관리·지원에 관한 법령상 유기식품등의 인증기관의 지정 등에 관한 내용으로 옳지 않은 것은?

① 인증기관으로 지정받으려는 기관 또는 단체는 중앙행정기관의 장에게 인증기관의 지정을 신청하여야 한다.
② 인증기관 지정의 유효기간은 지정을 받은 날부터 5년으로 한다.
③ 유효기간이 끝난 후에도 유기식품등의 인증업무를 계속하려는 인증기관은 유효기간이 끝나기 전에 그 지정을 갱신하여야 한다.
④ 인증기관은 지정받은 내용이 변경된 경우에는 농림축산식품부장관 또는 해양수산부장관에게 변경신고를 하여야 한다.

 인증기관으로 지정받으려는 기관 또는 단체는 농림축산식품부장관 또는 해양수산부장관에게 인증기관의 지정을 신청하여야 한다.

10 친환경농어업 육성 및 유기식품 등의 관리·지원에 관한 법령상 유기식품 등의 인증기관의 지정 갱신은 유효기간 만료 몇 개월 전까지 신청서를 제출하여야 하는가?
                                                                2019년 기출

① 1개월
② 2개월
③ 3개월
④ 4개월

 인증 갱신신청을 하거나 같인증의 유효기간 연장승인을 신청하려는 인증사업자는 그 유효기간이 끝나기 2개월 전까지 인증신청서에 관련서류를 첨부하여 인증을 한 인증기관에 제출해야 한다.

정답 08. ④ 09. ① 10. ②

11 친환경농어업 육성 및 유기식품 등의 관리·지원에 관한 법령상 무항생제수산물등의 인증에 관한 내용으로 옳지 않은 것은?   2020년 기출

① 인증을 받으려는 자는 인증신청서에 필요 서류를 첨부하여 국립수산물품질관리원장 또는 지정받은 인증기관의 장에게 제출하여야 한다.
② 활성처리제 비사용 수산물을 생산하는 자는 인증대상에 포함되지 않는다.
③ 인증기준에 관한 세부 사항은 국립수산물품질관리원장이 정하여 고시한다.
④ 인증기관의 인증 종류에 따른 인증업무의 범위는 무항생제수산물등을 생산하는 자 및 취급하는 자에 대한 인증이다.

 인증을 받은 자는 생산, 제조·가공 또는 취급하는 무농약농산물·무농약원료가공식품 및 무항생제수산물등에 직접 또는 그 포장등에 무농약, 무항생제, 활성처리제 비사용 또는 이와 같은 의미의 도형이나 글자를 표시할 수 있다.

12 친환경농어업 육성 및 유기식품 등의 관리·지원에 관한 법령상 무항생제수산물 등의 인증을 할 수 있는 권한을 가진 자는?   2019년 기출

① 지방자치단체의 장
② 국립수산물품질관리원장
③ 국립수산물과학원장
④ 해양수산부장관

 농림축산식품부장관 또는 해양수산부장관은 무농약농산물·무농약원료가공식품 및 무항생제수산물등에 대한 인증을 할 수 있다.

13 친환경농어업 육성 및 유기식품 등의 관리·지원에 관한 법률상 공시기관의 지정을 취소하여야 하는 경우는?   2021년 기출

① 고의 또는 중대한 과실로 공시기준에 맞지 아니한 제품에 공시를 한 경우
② 업무정지 명령을 위반하여 정지기간 중에 공시업무를 한 경우
③ 정당한 사유 없이 1년 이상 계속하여 공시업무를 하지 아니한 경우
④ 공시기관의 지정기준에 맞지 아니하게 된 경우

 공시기관의 지정을 취소하여야 하는 경우
1. 거짓이나 그 밖의 부정한 방법으로 지정을 받은 경우
2. 공시기관이 파산, 폐업 등으로 인하여 공시업무를 수행할 수 없는 경우
3. 업무정지 명령을 위반하여 정지기간 중에 공시업무를 한 경우

정답 11. ② 12. ④ 13. ②

14 친환경농어업 육성 및 유기식품 등의 관리·지원에 관한 법령상 유기농어업자재 공시의 신청 및 심사 등에 관한 내용으로 옳지 않은 것은?

① 유기농어업자재를 판매하려는 자가 공시를 받으려는 경우에는 지정된 공시기관에 시험연구기관으로 지정된 기관이 발급한 시험성적서 등 농림축산식품부령 또는 해양수산부령으로 정하는 서류를 갖추어 신청하여야 한다.
② 공시기관은 신청을 받은 경우 공시기준에 맞는지를 심사한 후 그 결과를 신청인에게 알려 주고 기준에 맞는 경우에는 공시를 해 주어야 한다.
③ 공시가 취소된 날부터 10년이 지나지 아니한 자는 공시를 신청할 수 없다.
④ 공시심사 결과에 대하여 이의가 있는 자는 그 공시심사를 한 공시기관에 재심사를 신청할 수 있다.

다음의 어느 하나에 해당하는 자는 공시를 신청할 수 없다.
1. 공시가 취소된 날부터 1년이 지나지 아니한 자
2. 판매금지 또는 시정조치 명령이나 명령을 받아서 그 처분기간 중에 있는 자
3. 벌금 이상의 형을 선고받고 그 형이 확정된 날부터 1년이 지나지 아니한 자

15 친환경농어업 육성 및 유기식품 등의 관리·지원에 관한 법령상 우선구매에 관한 내용으로 옳지 않은 것은?

① 국가와 지방자치단체는 유기식품을 우선적으로 구매하도록 노력하여야 한다.
② 국가와 지방자치단체는 친환경농수산물·무농약원료가공식품품을 우선적으로 구매하여야 한다.
③ 농림축산식품부장관·해양수산부장관 또는 지방자치단체의 장은 이 법에 따른 인증품의 구매를 촉진하기 위하여 해당하는 기관 및 단체의 장에게 인증품의 우선구매 등 필요한 조치를 요청할 수 있다.
④ 국가 또는 지방자치단체는 이 법에 따른 인증품의 소비촉진을 위하여 우선구매를 하는 기관 및 단체 등에 예산의 범위에서 재정지원을 하는 등 필요한 지원을 할 수 있다.

국가와 지방자치단체는 농어업의 환경보전기능 증대와 친환경농어업의 지속가능한 발전을 위하여 친환경농수산물·무농약원료가공식품 또는 유기식품을 우선적으로 구매하도록 노력하여야 한다.

16 친환경농어업 육성 및 유기식품 등의 관리·지원에 관한 법령상 청문의 대상이 아닌 것은?

① 교육훈련기관의 지정을 취소하는 경우
② 인증심사원의 자격을 취소하는 경우
③ 인증기관 또는 공시기관의 지정을 취소하는 경우
④ 명예감시원의 임명을 취소하는 경우

청문의 대상
1. 교육훈련기관의 지정을 취소하는 경우
2. 인증심사원의 자격을 취소하는 경우
3. 인증기관 또는 공시기관의 지정을 취소하는 경우

17 친환경농어업 육성 및 유기식품 등의 관리·지원에 관한 법령상 인증기관의 지정을 받지 아니하고 인증업무를 하거나 공시기관의 지정을 받지 아니하고 공시업무를 한 자에 대한 벌칙은?

① 1년 이하의 징역 또는 1천만원 이하의 벌금
② 2년 이하의 징역 또는 2천만원 이하의 벌금
③ 3년 이하의 징역 또는 3천만원 이하의 벌금
④ 5년 이하의 징역 또는 5천만원 이하의 벌금

인증기관의 지정을 받지 아니하고 인증업무를 하거나 공시기관의 지정을 받지 아니하고 공시업무를 한 자 : 3년 이하의 징역 또는 3천만원 이하의 벌금

18 친환경농어업 육성 및 유기식품 등의 관리·지원에 관한 법률상 벌칙기준이 3년 이하의 징역 또는 3천만원 이하의 벌금에 해당하지 않는 자는? 2021년 기출

① 인증기관의 지정을 받지 아니하고 인증업무를 한 자
② 인증, 인증 갱신 또는 공시, 공시 갱신의 신청에 필요한 서류를 거짓으로 발급한 자
③ 인증품에 인증을 받지 아니한 제품 등을 섞어서 판매할 목적으로 보관, 운반 또는 진열한자
④ 인증과정에서 얻은 정보와 자료를 신청인의 서면동의 없이 공개하거나 제공한 자

인증과정에서 얻은 정보와 자료를 신청인의 서면동의 없이 공개하거나 제공한 자 : 5년 이하의 징역 또는 5천만원 이하의 벌금

정답 16. ④ 17. ③ 18. ④

제5편 수산물 유통의 관리 및 지원에 관한 법률

제1장 총칙

1. 목적
이 법은 수산물 유통체계의 효율화와 수산물유통산업의 경쟁력 강화에 관하여 규정함으로써 원활하고 안전한 수산물의 유통체계를 확립하여 생산자와 소비자를 보호하고 국민경제의 발전에 이바지함을 목적으로 한다.

2. 용어의 정의

(1) 수산물

수산업활동으로 생산되는 산물로서 대통령령으로 정하는 것을 말한다.

(2) 수산물유통산업

수산물의 도매·소매 및 이를 경영하기 위한 보관·배송·포장과 이와 관련된 정보·용역의 제공 등을 목적으로 하는 산업을 말한다.

(3) 수산물유통사업자

수산물유통산업을 영위하는 자 또는 그와의 계약에 따라 수산물유통산업을 수행하는 자를 말한다.

(4) 수산물산지위판장

지구별 수산업협동조합, 업종별 수산업협동조합 및 수산물가공 수산업협동조합, 수산업협동조합중앙회, 그 밖에 대통령령으로 정하는 생산자단체와 생산자가 수산물을 도매하기 위하여 개설하는 시설을 말한다.

(5) 산지중도매인

수산물산지위판장 개설자의 지정을 받아 다음의 영업을 하는 자를 말한다.
① 수산물산지위판장에 상장된 수산물을 매수하여 도매하거나 매매를 중개하는 영업

② 수산물산지위판장 개설자로부터 허가를 받은 비상장 수산물을 매수 또는 위탁받아 도매하거나 매매를 중개하는 영업

(6) 산지매매참가인

수산물산지위판장 개설자에게 신고를 하고 수산물산지위판장에 상장된 수산물을 직접 매수하는 자로서 산지중도매인이 아닌 가공업자·소매업자·수출업자 또는 소비자단체 등 수산물의 수요자를 말한다.

(7) 산지경매사

해양수산부장관이 실시하는 산지경매사 자격시험에 합격하고, 수산물산지위판장에 상장된 수산물의 가격 평가 및 경락자 결정 등의 업무를 수행하는 자를 말한다.

(8) 수산물전자거래

수산물을 전자거래의 방법으로 거래하는 것을 말한다.

3. 국가 및 지방자치단체의 책무

(1) 경쟁력 강화를 위한 시책추진

국가 및 지방자치단체는 수산물 유통체계의 효율화와 수산물유통산업의 경쟁력 강화를 위한 시책을 추진하여야 한다.

(2) 지역적 특성으로 고려한 시책추진

지방자치단체는 국가의 수산물유통시책과 조화를 이루면서 지역적 특성을 고려한 지역 수산물유통에 관한 시책을 추진하여야 한다.

4. 다른 법률과의 관계

이 법은 수산물 유통의 관리 및 지원에 관하여 다른 법률에 우선하여 적용한다.

제 2 장　수산물유통발전계획 등

1. 수산물 유통발전 기본계획의 수립·시행

(1) 수산물 유통발전 기본계획의 수립·시행

해양수산부장관은 수산물유통산업의 발전을 위하여 5년마다 수산물 유통발전 기본계획을

관계 중앙행정기관의 장과 협의를 거쳐 수립·시행하여야 한다.

(2) 기본계획에 포함되어야 할 사항
① 수산물유통산업 발전을 위한 정책의 기본방향
② 수산물유통산업의 여건 변화와 전망
③ 수산물 품질관리
④ 수산물 수급관리
⑤ 수산물 유통구조 개선 및 발전기반 조성
⑥ 수산물유통산업 관련 기술의 연구개발 및 보급
⑦ 수산물유통산업 관련 전문인력의 양성 및 정보화
⑧ 그 밖에 수산물유통산업의 발전을 촉진하기 위하여 해양수산부장관이 필요하다고 인정하는 사항

(3) 기본계획수립을 위한 자료요청
해양수산부장관은 기본계획을 수립하기 위하여 필요한 경우에는 관계 중앙행정기관의 장에게 필요한 자료를 요청할 수 있다. 이 경우 자료를 요청받은 관계 중앙행정기관의 장은 특별한 사정이 없으면 요청에 따라야 한다.

(4) 국회 소관 상임위원회에 제출
해양수산부장관은 기본계획을 수립하거나 변경한 때에는 이를 공표하여야 하며, 특별시장·광역시장·특별자치시장·도지사 또는 특별자치도지사에게 통보하고 지체 없이 국회 소관 상임위원회에 제출하여야 한다.

2. 시행계획의 수립·시행

(1) 수산물 유통발전 시행계획의 수립·시행
해양수산부장관은 기본계획에 따라 매년 수산물 유통발전 시행계획을 수립·시행하고 이에 필요한 재원을 확보하기 위하여 노력하여야 한다.

(2) 기본계획수립을 위한 자료요청
해양수산부장관은 연도별시행계획을 수립하기 위하여 필요한 경우에는 관계 중앙행정기관의 장에게 필요한 자료를 요청할 수 있다. 이 경우 자료를 요청받은 관계 중앙행정기관의 장은 특별한 사정이 없으면 요청에 협조하여야 한다.

(3) 국회 소관 상임위원회에 제출
해양수산부장관은 연도별시행계획을 수립하거나 변경한 때에는 이를 공표하여야 하며,

시·도지사에게 통보하고 지체 없이 국회 소관 상임위원회에 제출하여야 한다.

3. 지방자치단체의 사업 수립·시행 등

(1) 지역적 특성으로 고려한 시책추진
시·도지사는 기본계획 및 연도별시행계획에 따라 그 관할 지역의 특성을 고려하여 지역별 수산물유통발전 시행계획을 수립·추진하여야 한다.

(2) 연도별시행계획의 시행에 필요한 조치요청
해양수산부장관은 수산물유통산업의 발전을 위하여 필요한 경우에는 시·도지사 또는 시장·군수·구청장에게 연도별시행계획의 시행에 필요한 조치를 할 것을 요청할 수 있다.

4. 실태조사

(1) 실태조사
해양수산부장관은 기본계획 및 연도별시행계획 등을 효율적으로 수립·추진하기 위하여 수산물 생산 및 유통산업에 대한 실태조사를 할 수 있다.

(2) 필요한 자료요청
해양수산부장관은 실태조사를 위하여 필요하다고 인정하는 경우에는 관계 중앙행정기관의 장, 지방자치단체의 장, 공공기관의 장, 수산물유통사업자 및 관련 단체 등에 필요한 자료를 요청할 수 있다. 이 경우 자료를 요청받은 관계 중앙행정기관의 장 등은 특별한 사정이 없으면 요청에 협조하여야 한다.

5. 수산물유통발전위원회의 설치

(1) 수산물유통발전위원회 설치
해양수산부장관은 수산물유통산업 발전에 관한 주요 사항을 심의하기 위하여 수산물유통발전위원회를 둘 수 있다.

(2) 위원회의 심의사항
① 기본계획 및 연도별시행계획의 수립
② 수산물 유통체계의 효율화
③ 수산물유통산업의 발전을 위한 정책 사항
④ 수산물 수급관리
⑤ 그 밖에 수산물유통산업에 관한 중요한 사항으로서 해양수산부장관이 회의에 부치는 사항

(3) 분과위원회 설치

위원회의 효율적 운영을 위하여 위원회에 분야별로 분과위원회를 둘 수 있다.

제 3 장 수산물산지위판장

1. 수산물산지위판장의 개설 등

(1) 수산물산지위판장의 개설

수산물산지위판장은 지구별 수산업협동조합, 업종별 수산업협동조합 및 수산물가공 수산업협동조합, 수산업협동조합중앙회, 그 밖에 대통령령으로 정하는 생산자단체와 생산자가 시장·군수·구청장의 허가를 받아 개설한다.

(2) 위판장 개설허가신청서 제출

수협조합, 수협중앙회 또는 생산자단체등이 위판장을 개설하려면 위판장 개설허가신청서에 업무규정과 운영관리계획서를 첨부하여 시장·군수·구청장에게 제출하여야 한다.

(3) 위판장 업무규정의 변경허가

위판장개설자가 개설한 위판장의 업무규정을 변경할 때에는 시장·군수·구청장의 허가를 받아야 한다.

(4) 위판장 폐쇄의 공고

위판장개설자가 개설한 위판장을 폐쇄하려면 시장·군수·구청장의 허가를 받아 3개월 전에 이를 공고하여야 한다.

(5) 위판장의 위치, 기능 및 특성 등

위판장의 위치, 기능 및 특성 등에 따른 위판장의 종류, 위판장의 개설허가절차, 개설허가신청서, 업무규정 및 운영관리계획서 작성 및 제출, 위판장 폐쇄 등에 필요한 사항은 해양수산부령으로 정한다.

2. 위판장 개설구역

① 어항
② 항만
③ 그 밖에 어획물 양륙시설 또는 가공시설을 갖춘 지역으로서 해양수산부장관이 지정하

여 고시한 지역

3. 위판장 허가기준 등

(1) 위판장 허가기준

시장·군수·구청장은 허가신청의 내용이 다음의 요건을 갖춘 경우에는 이를 허가하여야 한다.
① 위판장을 개설하려는 구역이 수산물 양륙 및 산지유통의 중심지역일 것
② 위판장 운영에 적합한 시설을 갖추고 있을 것
③ 업무규정과 운영관리계획서의 내용이 명확하고 그 실현이 가능할 것

(2) 개설허가의 조건

시장·군수·구청장은 요구되는 시설이 갖추어지지 아니한 경우에는 일정한 기간 내에 해당 시설을 갖출 것을 조건으로 개설허가를 할 수 있다.

4. 위판장개설자의 의무

(1) 위판장개설자가 이행하여야 할 사항

위판장개설자는 수산물의 생산자와 거래관계자의 편익과 소비자 보호를 위하여 다음의 사항을 이행하여야 한다.
① 위판장 시설의 정비·개선과 위생적인 관리
② 공정한 거래질서의 확립
③ 수산물 품질 향상을 위한 규격화, 포장 개선 및 저온유통 등 선도 유지의 촉진
④ 산지중도매인의 거래 촉진 및 지원

(2) 투자계획 및 품질향상 대책의 수립·시행

위판장개설자는 (1)의 사항을 효과적으로 이행하기 위하여 이에 대한 투자계획 및 품질향상 등을 포함한 대책을 수립·시행하여야 한다.

(3) 산지중도매인의 배치

위판장개설자는 위판장의 시설규모 및 거래액 등을 고려하여 산지중도매인을 두어야 한다.

5. 수산물매매장소의 제한

거래 정보의 부족으로 가격교란이 심한 수산물은 위판장 외의 장소에서 매매 또는 거래하여서는 아니 된다.

6. 위판장 위생관리기준

해양수산부장관은 수산물의 위생관리를 통한 안전한 먹거리 확보를 위하여 위판장의 위생시설 확보 및 적정 온도 유지에 관한 내용이 포함된 위판장 위생관리기준을 식품의약품안전처장과 협의하여 고시한다.

7. 산지중도매인의 지정

(1) 산지중도매인의 지정

산지중도매인의 업무를 하려는 자는 위판장개설자의 지정을 받아야 한다.

(2) 산지중도매인의 지정받을 수 없는 사람

위판장개설자는 다음의 어느 하나에 해당하는 경우에는 산지중도매인으로 지정하여서는 아니 된다.
① 파산선고를 받고 복권되지 아니한 사람이나 피성년후견인
② 이 법을 위반하여 금고 이상의 실형을 선고받고 그 형의 집행이 끝나거나 면제되지 아니한 사람
③ 산지중도매인의 지정이 취소된 날부터 2년이 지나지 아니한 사람
④ 위판장개설자의 주주 및 임직원으로서 해당 위판장개설자의 업무와 경합되는 산지중도매업을 하려는 사람
⑤ 임원 중에 ①부터 ④까지의 어느 하나에 해당하는 사람이 있는 법인
⑥ 최저거래금액 및 거래대금의 지급보증을 위한 보증금 등 해양수산부령으로 정하는 산지중도매인 지정조건을 갖추지 못한 사람
⑦ 그 밖에 이 법 또는 다른 법령에 따른 제한에 위반되는 경우

(3) 임원의 해임

법인인 산지중도매인은 임원이 결격사유에 해당하게 되었을 때에는 그 임원을 지체 없이 해임하여야 한다.

(4) 산지중도매인의 금지행위

산지중도매인은 다른 산지중도매인 또는 산지매매참가인의 거래 참가를 방해하는 행위를 하거나 집단적으로 수산물의 경매 또는 입찰에 불참하는 행위를 하여서는 아니 된다.

(5) 지정 유효기간의 설정

위판장개설자는 산지중도매인을 지정하는 경우 5년 이상 10년 이하의 범위에서 지정 유효기간을 설정할 수 있다. 다만, 법인이 아닌 산지중도매인은 3년 이상 10년 이하의 범

위에서 지정 유효기간을 설정할 수 있다.

(6) 다른 위판장 업무 겸임
지정을 받은 산지중도매인은 다른 위판장개설자의 지정을 받은 경우에는 다른 위판장에서도 그 업무를 할 수 있다.

8. 산지매매참가인의 신고
산지매매참가인의 업무를 하려는 자는 해양수산부령으로 정하는 바에 따라 위판장개설자에게 산지매매참가인으로 신고하여야 한다.

9. 산지경매사의 임면 및 업무

(1) 산지경매사의 배치
위판장개설자는 위판장에서의 공정하고 신속한 거래를 위하여 해양수산부령으로 정하는 바에 따라 산지경매사를 두어야 한다.

(2) 산지경매사 임명
위판장개설자는 산지경매사 자격시험에 합격한 사람을 산지경매사로 임명하되, 다음의 어느 하나에 해당하는 사람은 임명하여서는 아니 된다.
① 피성년후견인 또는 피한정후견인
② 이 법 또는 「형법」 수뢰, 사전수뢰부터 알선수뢰까지의 죄 중 어느 하나에 해당하는 죄를 범하여 금고 이상의 실형을 선고받고 그 형의 집행이 끝나거나 집행이 면제된 후 2년이 지나지 아니한 사람
③ 이 법 또는 「형법」 수뢰, 사전수뢰부터 알선수뢰까지의 죄 중 어느 하나에 해당하는 죄를 범하여 금고 이상의 형의 집행유예를 선고받거나 선고유예를 받고 그 유예기간 중에 있는 사람
④ 해당 위판장의 산지중도매인 또는 그 임직원
⑤ 면직된 후 2년이 지나지 아니한 사람
⑥ 업무정지기간 중에 있는 사람

(3) 산지경매사 면직
위판장개설자는 산지경매사가 결격사유의 어느 하나에 해당하는 경우에는 그 산지경매사를 면직하여야 한다.

(4) 산지경매사의 수행업무

① 위판장에 상장한 수산물에 대한 경매 우선순위의 결정
② 위판장에 상장한 수산물에 대한 가격 평가
③ 위판장에 상장한 수산물에 대한 경락자의 결정
④ 위판장에 상장한 수산물에 대한 정가·수의매매 등의 가격 협의

(5) 공무원 의제

산지경매사는 「형법」 수뢰, 사전수뢰부터 알선수뢰까지의 규정을 적용할 때에는 공무원으로 본다.

10. 산지경매사 자격시험

(1) 실시

산지경매사의 자격시험은 해양수산부장관이 실시한다.

(2) 응시자격 등

산지경매사 자격시험의 응시자격, 시험과목, 시험의 일부 면제, 시험방법, 자격증 발급, 그 밖에 시험에 필요한 사항은 대통령령으로 정한다.

11. 위판장 수산물 수탁판매 등

(1) 출하자의 위탁

위판장개설자는 도매하는 수산물을 출하자로부터 위탁받아야 한다. 다만, 수산물의 가격안정 등 해양수산부령으로 정하는 특별한 사유가 있는 경우에는 매수하여 도매할 수 있다.

(2) 부당한 차별대우 금지

위판장개설자는 해양수산부령으로 정하는 경우를 제외하고는 입하된 수산물의 수탁과 위탁받은 수산물의 판매를 거부·기피하거나 거래 관계인에게 부당한 차별대우를 하여서는 아니 된다.

(3) 상장한 수산물 외 거래금지

산지중도매인은 위판장개설자가 상장한 수산물 외에는 거래할 수 없다. 다만, 위판장개설자가 상장하기에 적합하지 아니한 수입산이나 원양산 수산물 등 시장·군수·구청장으로부터 허가를 받은 수산물의 경우에는 그러하지 아니하다.

(4) 산지중도매인 간 거래금지

산지중도매인 간에는 거래할 수 없다. 다만, 과잉생산 수산물의 처리 등 시장·군수·구청장으로부터 허가를 받은 경우에는 그러하지 아니하다.

12. 위판장 수산물 매매방법 및 대금 결제

(1) 경매·입찰·정가매매 또는 수의매매

위판장개설자는 위판장에서 수산물을 경매·입찰·정가매매 또는 수의매매의 방법으로 매매하여야 한다. 다만, 출하자가 선취매매·선상경매·견본경매 등 해양수산부령으로 정하는 매매방법을 원하는 경우에는 그에 따를 수 있다.

(2) 최고가 판매

위판장개설자는 위판장에 상장한 수산물을 위탁된 순위에 따라 경매 또는 입찰의 방법으로 판매하는 경우에는 최고가격 제시자에게 판매하여야 한다. 다만, 출하자가 서면으로 거래 성립 최저가격을 제시한 경우에는 그 가격 미만으로 판매하여서는 아니 된다.

(3) 경매 또는 입찰의 방법

경매 또는 입찰의 방법은 전자식을 원칙으로 하되 필요한 경우 거수수지식, 기록식, 서면입찰식 등의 방법으로 할 수 있다.

(4) 출하자에게 즉시 결제

위판장개설자는 매수하거나 위탁받은 수산물이 매매되었을 때에는 그 대금의 전부를 출하자에게 즉시 결제하여야 한다. 다만, 대금의 지급방법에 관하여 위판장개설자와 출하자 사이에 특약이 있는 경우에는 그 특약에 따른다.

13. 위판장의 공시

위판장개설자는 출하자와 소비자의 권익보호를 위하여 거래물량, 가격정보, 재무상황, 산지경매사, 평가 결과 등을 공시하여야 한다.

14. 위판장의 평가

(1) 2년마다 평가

시장·군수·구청장은 해당 위판장의 운영·관리와 위판장개설자의 거래실적, 재무건전성 등 경영관리에 관한 평가를 2년마다 실시하여야 한다. 이 경우 위판장개설자는 평가에 필요한 자료를 시장·군수·구청장에게 제출하여야 한다.

(2) 경영관리에 관한 평가실시

위판장개설자는 산지중도매인의 거래실적, 재무건전성 등 경영관리에 관한 평가를 실시할 수 있다.

(3) 위판장개설자의 조치

위판장개설자는 평가 결과와 시설규모, 거래액 등을 고려하여 산지중도매인에 대하여 시설 사용면적의 조정, 차등 지원 등의 조치를 할 수 있다.

(4) 시장·군수·구청장의 명령 또는 권고

시장·군수·구청장은 평가 결과에 따라 위판장개설자에게 다음의 명령이나 권고를 할 수 있다.
① 부진한 사항에 대한 시정 명령
② 산지중도매인에 대한 시설 사용면적의 조정, 차등 지원 등의 조치 명령

15. 위판장의 개수·보수 등 지원

(1) 위판장의 개수·보수 등에 지원

국가 또는 지방자치단체는 산지의 수산물 공동출하 등을 촉진하기 위하여 위판장개설자에게 부지 확보, 시설물 설치를 위한 개수·보수 등에 필요한 지원을 할 수 있다.

(2) 입지선정과 도로망 개설 지원

국가와 지방자치단체는 위판장의 효율적인 운영과 생산자의 공동출하를 촉진할 수 있도록 항만 및 어항부지의 사용 등 입지선정과 도로망 개설을 지원하도록 노력하여야 한다.

16. 위판장의 현대화 지원 등

(1) 위판장 지원계획의 수립

국가 또는 지방자치단체는 위판장 시설의 현대화를 위하여 위판장의 수산물전자거래 확대, 위판장의 저온유통체계 확립 및 해양수산부령으로 정하는 내용이 포함된 지원계획을 세워야 한다.

(2) 위판장의 현대화 지원

국가 또는 지방자치단체는 지원계획에 따라 위판장개설자에게 지원할 수 있다.

17. 보고

(1) 재산 및 업무집행 상황의 보고
시장·군수·구청장은 위판장개설자로 하여금 그 재산 및 업무집행 상황을 보고하게 할 수 있다.

(2) 산지중도매인의 업무집행 상황의 보고
위판장개설자는 수산물의 가격 및 수급 안정을 위하여 특히 필요하다고 인정할 때에는 산지중도매인으로 하여금 업무집행 상황을 보고하게 할 수 있다.

18. 검사

(1) 장부 및 재산상태의 검사
시장·군수·구청장은 해양수산부령으로 정하는 바에 따라 소속 공무원으로 하여금 위판장개설자의 업무와 이에 관련된 장부 및 재산상태를 검사하게 할 수 있다.

(2) 증표제시
검사를 하는 공무원은 그 권한을 표시하는 증표를 관계인에게 보여주어야 한다.

19. 명령
시장·군수·구청장은 위판장의 적정한 운영을 위하여 필요하다고 인정할 때에는 위판장개설자에게 업무규정의 변경, 업무처리의 개선, 그 밖에 필요한 조치를 명할 수 있다.

20. 허가 등의 취소 등

(1) 허가 등의 조치
시장·군수·구청장은 위판장개설자가 다음의 어느 하나에 해당하는 경우에는 개설허가를 취소하거나 해당시설을 폐쇄하는 등 그 밖의 필요한 조치를 할 수 있다.
① 허가를 받지 아니하고 위판장을 개설한 경우
② 제출된 업무규정 및 운영관리계획서와 다르게 위판장을 운영한 경우
③ 허가를 받지 아니하고 위판장의 업무규정을 변경한 경우
④ 명령에 따르지 아니한 경우

(2) 업무 정지명령
시장·군수·구청장은 위판장개설자가 다음의 어느 하나에 해당하면 6개월 이내의 기간을 정하여 해당 업무의 정지를 명할 수 있다.

① 의무를 이행하지 아니하였을 때
② 산지중도매인을 지정하였을 때
③ 산지경매사를 두지 아니하거나 산지경매사가 아닌 사람으로 하여금 경매를 하도록 하였을 때
④ 산지경매사 결격사유인 산지경매사를 임명하였을 때
⑤ 해당 산지경매사를 면직하지 아니하였을 때
⑥ 출하자로부터 매수하여 도매하였을 때
⑦ 수탁 또는 판매를 거부·기피하거나 부당한 차별대우를 하였을 때
⑧ 가격미만으로 경매 또는 입찰을 하였을 때
⑨ 즉시 결제하지 아니하였을 때
⑩ 공시하지 아니하거나 거짓된 사실을 공시하였을 때
⑪ 평가 결과 운영 실적이 해양수산부령으로 정하는 기준 이하로 부진하여 출하자 보호에 심각한 지장을 초래할 우려가 있는 경우
⑫ 명령을 따르지 아니하였을 때
⑬ 검사에 정당한 사유 없이 응하지 아니하거나 이를 방해하였을 때

(3) 산지경매사의 업무정지 및 면직

위판장개설자는 산지경매사가 업무를 부당하게 수행하여 위판장의 거래질서를 문란하게 한 경우 6개월 이내의 기간을 정하여 업무의 정지를 명하거나 면직할 수 있다.

(4) 산지중도매인의 업무정지 및 지정취소

위판장개설자는 산지중도매인이 다음의 어느 하나에 해당하면 6개월 이내의 기간을 정하여 해당 업무의 정지를 명하거나 산지중도매인의 지정을 취소할 수 있다.

① 지정조건을 갖추지 못하였을 때
② 해당 임원을 해임하지 아니하였을 때
③ 다른 산지중도매인 또는 산지매매참가인의 거래 참가를 방해하거나 정당한 사유 없이 집단적으로 경매 또는 입찰에 불참하였을 때

(5) 산지중도매인의 지정을 취소한 경우 고시 및 게시

위판장개설자가 산지중도매인의 지정을 취소한 경우에는 해양수산부장관이 지정하여 고시한 인터넷 홈페이지에 그 내용을 게시하여야 한다.

제 4 장 수산물의 이력추적관리

1. 수산물 이력추적관리

(1) 이력추적관리의 등록

다음의 어느 하나에 해당하는 자 중 수산물의 생산·수입부터 판매까지 각 유통단계별로 정보를 기록·관리하는 이력추적관리를 받으려는 자는 해양수산부장관에게 등록하여야 한다.

① 수산물을 생산하는 자
② 수산물을 유통 또는 판매하는 자

(2) 대통령령으로 정하는 수산물의 이력추적관리 등록

대통령령으로 정하는 수산물을 생산하거나 유통 또는 판매하는 자는 해양수산부장관에게 이력추적관리의 등록을 하여야 한다.

(3) 변경사유의 신고

이력추적관리의 등록을 한 자는 해양수산부령으로 정하는 등록사항이 변경된 경우 변경사유가 발생한 날부터 1개월 이내에 해양수산부장관에게 신고하여야 한다.

(4) 이력추적관리의 표시

이력추적관리의 등록을 한 자는 해당 수산물에 해양수산부령으로 정하는 바에 따라 이력추적관리의 표시를 할 수 있으며, 이력추적관리의 등록을 한 자는 해당 수산물에 이력추적관리의 표시를 하여야 한다.

(5) 입고·출고 및 관리내용의 기록 및 보관

등록된 수산물을 생산하거나 유통 또는 판매하는 자는 해양수산부령으로 정하는 이력추적관리기준에 따라 이력추적관리에 필요한 입고·출고 및 관리 내용을 기록하여 보관하여야 한다. 다만, 이력추적관리수산물을 유통 또는 판매하는 자 중 행상·노점상 등 대통령령으로 정하는 자는 그러하지 아니하다.

(6) 이력추적관리의 비용지원

해양수산부장관은 이력추적관리의 등록을 한 자에 대하여 이력추적관리에 필요한 비용의 전부 또는 일부를 지원할 수 있다.

2. 이력추적관리 등록의 유효기간 등

(1) 이력추적관리 등록의 유효기간

이력추적관리 등록의 유효기간은 등록한 날부터 3년으로 한다. 다만, 품목의 특성상 달리 적용할 필요가 있는 경우에는 10년의 범위에서 해양수산부령으로 유효기간을 달리 정할 수 있다.

(2) 이력추적관리의 등록갱신

다음의 어느 하나에 해당하는 자는 이력추적관리 등록의 유효기간이 끝나기 전에 이력추적관리의 등록을 갱신하여야 한다.
① 이력추적관리의 등록을 한 자로서 그 유효기간이 끝난 후에도 계속하여 해당 수산물에 대하여 이력추적관리를 하려는 자
② 이력추적관리의 등록을 한 자로서 그 유효기간이 끝난 후에도 계속하여 해당 수산물을 생산하거나 유통 또는 판매하려는 자

(3) 등록 유효기간 연장

등록 갱신을 하지 아니하려는 자가 등록 유효기간 내에 출하를 종료하지 아니한 제품이 있는 경우에는 해양수산부장관의 승인을 받아 그 제품에 대한 등록 유효기간을 1년의 범위에서 연장할 수 있다. 다만, 등록의 유효기간이 끝나기 전에 출하된 제품은 그 제품의 유통기한이 끝날 때까지 그 등록 표시를 유지할 수 있다.

3. 이력추적관리 자료의 제출

(1) 이력추적관리에 필요한 자료제출

해양수산부장관은 이력추적관리수산물을 생산하거나 유통 또는 판매하는 자에게 수산물의 생산, 입고·출고와 그 밖에 이력추적관리에 필요한 자료제출을 요구할 수 있다.

(2) 자료제출 협조

이력추적관리수산물을 생산하거나 유통 또는 판매하는 자는 자료제출을 요구받은 경우에는 정당한 사유가 없으면 이에 따라야 한다.

4. 이력추적관리 등록의 취소 등

해양수산부장관은 등록한 자가 다음의 어느 하나에 해당하면 그 등록을 취소하거나 6개월 이내의 기간을 정하여 이력추적관리 표시의 금지를 명할 수 있다. 다만, ① 또는 ②에 해당하면 등록을 취소하여야 한다.

① 거짓이나 그 밖의 부정한 방법으로 등록을 받은 경우
② 이력추적관리 표시 금지명령을 위반하여 표시한 경우
③ 등록변경신고를 하지 아니한 경우
④ 표시방법을 위반한 경우
⑤ 입고·출고 및 관리 내용의 기록 및 보관을 하지 아니한 경우
⑥ 정당한 사유 없이 자료제출 요구를 거부한 경우

5. 수입수산물 유통이력 관리

(1) 유통단계별 거래명세 신고
외국 수산물을 수입하는 자와 수입수산물을 국내에서 거래하는 자는 국민보건을 해칠 우려가 있는 수산물로서 해양수산부장관이 지정하여 고시하는 수산물에 대한 유통단계별 거래명세를 해양수산부장관에게 신고하여야 한다.

(2) 수입유통이력 보관
수입유통이력 신고의 의무가 있는 자는 수입유통이력을 장부에 기록하고, 그 자료를 거래일부터 1년간 보관하여야 한다.

(3) 유통이력수입수산물의 지정협의
해양수산부장관은 유통이력수입수산물을 지정할 때 미리 관계 행정기관의 장과 협의하여야 한다.

(4) 부당한 차별금지
해양수산부장관은 유통이력수입수산물의 지정, 신고의무 존속기한 및 신고대상 범위 설정 등을 할 때 수입수산물을 국내수산물에 비하여 부당하게 차별하여서는 아니 되며, 이를 이행하는 수입유통이력신고의무자의 부담이 최소화 되도록 하여야 한다.

6. 거짓표시 등의 금지

누구든지 이력추적관리수산물 및 유통이력수입수산물에 다음의 행위를 하여서는 아니 된다.
① 이력표시수산물이 아닌 수산물에 이력표시수산물의 표시를 하거나 이와 비슷한 표시를 하는 행위
② 이력표시수산물에 이력추적관리의 등록을 하지 아니한 수산물이나 수입유통이력 신고를 하지 아니한 수산물을 혼합하여 판매하거나 혼합하여 판매할 목적으로 보관하거나 진열하는 행위

③ 이력표시수산물이 아닌 수산물을 이력표시수산물로 광고하거나 이력표시수산물로 잘못 인식할 수 있도록 광고하는 행위

7. 이력표시수산물의 사후관리

(1) 품질 제고와 소비자 보호를 위한 조사

해양수산부장관은 이력표시수산물의 품질 제고와 소비자 보호를 위하여 필요한 경우에는 관계 공무원에게 다음의 조사 등을 하게 할 수 있다.
① 이력표시수산물의 표시에 대한 등록 또는 신고 기준에의 적합성 등의 조사
② 해당 표시를 한 자의 관계 장부 또는 서류의 열람
③ 이력표시수산물의 시료 수거

(2) 조사·열람 또는 시료수거의 거부·방해금지

조사·열람 또는 시료 수거를 할 때 이력표시수산물을 생산하거나 유통 또는 판매하는 자는 정당한 사유 없이 거부·방해하거나 기피하여서는 아니 된다.

(3) 조사의 일시, 목적, 대상 등 통보

이력표시수산물을 조사·열람 또는 시료 수거를 할 때에는 미리 점검이나 조사의 일시, 목적, 대상 등을 점검 또는 조사 대상자에게 알려야 한다. 다만, 긴급한 경우나 미리 알리면 그 목적을 달성할 수 없다고 인정되는 경우에는 알리지 아니할 수 있다.

(4) 증표제시

조사·열람 또는 시료 수거를 하는 관계 공무원은 그 권한을 표시하는 증표를 지니고 이를 관계인에게 보여주어야 하며, 성명·출입시간·출입목적 등이 표시된 문서를 관계인에게 내어주어야 한다.

8. 이력표시수산물에 대한 시정조치

해양수산부장관은 이력표시수산물이 다음의 어느 하나에 해당하면 그 시정을 명하거나 해당 품목의 판매금지 조치를 할 수 있다.
① 등록 또는 신고 기준에 미치지 못하는 경우
② 해당 표시방법을 위반한 경우

제 5 장 수산물의 품질 및 위생 관리

1. 수산물 저온유통체계 등의 구축

(1) 저온유통체계의 구축 및 수립·시행

해양수산부장관은 수산물의 생산단계부터 판매단계까지의 모든 유통과정에서 저온유통체계 등의 구축을 위하여 다음의 사항이 포함된 시책을 수립·시행하여야 한다.

① 활어·선어·냉동수산물 등의 보존방식에 따른 유통 위생관리기준의 확립
② 저온유통 등을 위한 유통시설의 시설기준 마련 및 모니터링
③ 저온유통 등을 위한 운송 기준
④ 그 밖에 수산물 저온유통체계 등의 구축을 위하여 필요한 사항

(2) 수산물유통사업자에 대한 지원

해양수산부장관은 시책을 달성하기 위하여 수산물유통사업자에게 필요한 지원을 할 수 있다.

2. 수산물 어획 후 위생관리 지원

(1) 위생관리사업의 실시

해양수산부장관과 지방자치단체의 장은 어획된 수산물의 위생관리 및 선도유지 등을 위하여 어획 후 위생관리에 대한 다음의 사업을 실시하여야 한다.

① 어획 후 위생관리를 위한 어상자 등 기자재 및 시설의 개발·보급
② 위판장, 수산물산지거점유통센터 및 소비지분산물류센터, 도매시장·공판장 및 그 밖의 유통시설, 전통시장 등에서의 수산물의 품질관리 및 위생안전 시설 확보
③ 수산물 위생관리를 위한 교육 및 홍보
④ 그 밖에 수산물 어획 후 위생관리를 위하여 해양수산부장관 또는 지방자치단체의 장이 필요하다고 인정하는 사업

(2) 시설 및 장비의 확충권고 및 지원

해양수산부장관은 수산물 어획 후 위생관리를 위하여 필요한 시설 및 장비를 확충할 것을 수산물유통사업자에게 권고할 수 있으며, 이에 필요한 지원을 할 수 있다.

3. 불법 수산물의 유통금지 등

(1) 유통금지 수산물

누구든지 다음에 해당하는 수산물은 유통하여서는 아니 된다.

① 「원양산업발전법」의 규정을 위반하여 포획·채취한 수산물
② 그 밖에 방사능 오염 등으로 인하여 국민의 건강을 해칠 우려가 있어 대통령령으로 정하는 수산물

(2) 수산물 유통질서의 확립 및 위생관리를 위한 금지사항

해양수산부장관은 수산물 유통질서의 확립 및 위생관리를 위하여 필요하면 다음의 사항을 명할 수 있다.

① 양식한 어획물 및 그 가공품의 처리에 관한 제한이나 금지
② 수산물의 포장 및 용기의 제한이나 금지

제 6 장 수산물 수급관리

1. 수산업관측

(1) 수산업관측의 실시 및 결과공표

해양수산부장관은 수산물의 수급안정을 위하여 주요 수산물에 대하여 매년 기상정보, 생산면적, 작황, 재고물량, 소비동향, 해외시장 정보 등을 조사하여 이를 분석하는 수산업관측을 실시하고 그 결과를 공표하여야 한다.

(2) 수산업관측 전담기관의 지정

해양수산부장관은 수산업관측업무를 효율적으로 실시하기 위하여 수협중앙회, 수산업 관련 기관 또는 단체를 수산업관측 전담기관으로 지정할 수 있다.

(3) 출연금 또는 보조금 지급

해양수산부장관은 수산관측 전담기관에 품목을 지정하여 수산업관측을 실시하도록 할 수 있으며, 그 운영에 필요한 경비를 충당하기 위하여 예산의 범위에서 출연금 또는 보조금을 지급할 수 있다.

2. 계약생산

(1) 계약생산 또는 계약출하 장려

해양수산부장관은 주요 수산물의 원활한 수급과 적정한 가격 유지를 위하여 수협조합, 수협중앙회, 생산자단체 등과 수산물 생산자 간에 계약생산 또는 계약출하를 하도록 장려할 수 있다.

(2) 계약금의 대출 등 지원

해양수산부장관은 생산계약 또는 출하계약을 체결하는 자에 대하여 수산발전기금으로 계약금의 대출 등 필요한 지원을 할 수 있다.

3. 과잉생산 시의 생산자 보호

(1) 가격안정을 위한 수매

해양수산부장관은 수산물의 가격안정을 위하여 필요하다고 인정할 때에는 그 생산자 또는 생산자단체로부터 수산발전기금으로 해당 수산물을 수매할 수 있다. 다만, 가격안정을 위하여 특히 필요하다고 인정할 때에는 도매시장 또는 공판장에서 해당 수산물을 수매할 수 있다.

(2) 수매한 수산물의 처분

해양수산부장관은 수매한 수산물을 판매 또는 수출, 사회복지단체에 기증하거나 그 밖의 방법으로 처분할 수 있다.

(3) 판매대금의 납입

판매대금은 해양수산부령으로 정하는 바에 따라 수산발전기금으로 납입하여야 한다.

4. 비축사업 등

(1) 수산물의 비축 및 출하조절

해양수산부장관은 수산물의 수급조절과 가격안정을 위하여 필요한 경우에는 수산발전기금으로 수산물을 비축하거나 수산물의 출하를 약정하는 생산자에게 그 대금의 일부를 미리 지급하여 출하를 조절할 수 있다.

(2) 비축용 수산물의 수매

비축용 수산물은 생산자 및 생산자단체로부터 수매하거나 위판장에서 수매하여야 한다. 다만, 가격안정을 위하여 특히 필요하다고 인정할 때에는 도매시장 또는 공판장에서 수매하거나 외국으로부터 수입할 수 있다.

(3) 비축한 수산물의 처분

해양수산부장관은 비축한 수산물을 판매 또는 수출, 사회복지단체에 기증하거나 그 밖의 방법으로 처분할 수 있다.

(4) 비축용 수산물의 선물거래

해양수산부장관은 비축용 수산물을 수입하는 경우 국제가격의 급격한 변동에 대비하여야 할 필요가 있다고 인정할 때에는 선물거래를 할 수 있다.

(5) 판매대금의 납입

판매대금은 해양수산부령으로 정하는 바에 따라 수산발전기금으로 납입하여야 한다.

5. 수산물 민간수매사업 지원 및 방출명령

(1) 대금의 융자

해양수산부장관은 단기적인 수산물의 수급조절과 가격안정을 위하여 필요한 경우에는 수산발전기금으로 수산물유통사업자에게 그 대금의 일부를 미리 융자 지원할 수 있다.

(2) 수산물의 방출

해양수산부장관은 대금을 융자 지원받은 수산물유통사업자에게 수산물 수급조정과 가격안정을 위하여 필요한 경우 수산물유통사업자가 수매·보관하고 있는 수산물의 방출을 명할 수 있다.

(3) 명령의 준수 및 대금회수

명령을 받은 수산물유통사업자는 그 명령을 준수하여야 하며, 그 명령을 준수하지 아니하는 수산물유통사업자에 대하여는 지원된 대금의 전부 또는 일부를 회수할 수 있다.

6. 수매 및 비축사업의 손실처리

해양수산부장관은 수매와 비축사업의 시행에 따라 생기는 감모, 가격 하락, 판매·수출·기증과 그 밖의 처분으로 인한 원가 손실 및 수송·포장·방제 등 사업실시에 필요한 관리비를 그 사업의 비용으로 처리한다.

7. 수산물의 수입 추천 등

(1) 수산물의 수입 추천

할당관세를 적용하는 수산물을 수입하려는 자는 해양수산부장관의 추천을 받아야 한다.

(2) 수산물의 수입에 대한 추천업무 대행

해양수산부장관은 수산물의 수입에 대한 추천업무를 수협중앙회로 하여금 대행하게 할 수 있다. 이 경우 품목별 추천물량 및 추천기준과 그 밖에 필요한 사항은 해양수산부장관이 정한다.

(3) 사용용도 외의 용도로 사용금지

수산물을 수입하려는 자는 사용용도와 그 밖에 해양수산부령으로 정하는 사항을 적어 수입 추천신청을 하여야 하고, 사용용도 외의 용도로 수산물을 사용하여서는 아니 된다.

(4) 생산자단체의 지정과 수입·판매

해양수산부장관은 필요하다고 인정할 때에는 할당관세를 적용하는 수산물 중 해양수산부령으로 정하는 품목의 수산물을 비축용 수산물로 수입하거나 생산자단체를 지정하여 수입하여 판매하게 할 수 있다.

8. 수입이익금의 징수 등

(1) 수입이익금의 부과·징수

해양수산부장관은 추천을 받아 수산물을 수입하는 자 중 해양수산부령으로 정하는 품목의 수산물을 수입하는 자에 대하여 국내가격과 수입가격 간의 차액의 범위에서 수입이익금을 부과·징수할 수 있다.

(2) 수입이익금의 납입

수입이익금은 수산발전기금에 납입하여야 한다.

(3) 수입이익금의 징수

수입이익금을 정하여진 기한까지 내지 아니하면 국세 체납처분의 예에 따라 징수할 수 있다.

제 7 장　수산물 유통 기반의 조성 등

1. 수산물 규격화의 촉진

(1) 거래품목과 어상자 등

해양수산부장관은 수산물의 상품성 향상, 유통의 효율성 제고 및 공정한 거래형성을 위하여 거래품목과 어상자 등의 규격을 정할 수 있다.

(2) 유통시설 및 장비확충의 요청 및 권고

해양수산부장관은 수산물 규격화의 촉진을 위하여 수산물유통사업자에게 거래품목의 규격에 맞는 장비의 제조·사용, 규격에 맞는 포장, 이에 필요한 유통시설 및 장비의 확충을 요청하거나 권고할 수 있으며, 이에 필요한 지원을 할 수 있다.

(3) 수산정책자금의 우선 지원

해양수산부장관은 수산물 규격화의 촉진에 참여하는 자에게 수산정책자금의 우선 지원 등의 우대조치를 할 수 있다.

2. 수산물 직거래 활성화

(1) 유통의 효율화시책 수립·시행

해양수산부장관 또는 지방자치단체의 장은 수산물의 생산자와 소비자를 보호하고 유통의 효율화를 위하여 수산물 직거래에 대한 시책을 수립·시행하여야 한다.

(2) 산물직매장, 소매시설의 지원·육성

해양수산부장관은 시책을 달성하기 위하여 수산물의 중도매업·소매업, 생산자와 소비자의 직거래사업, 생산자단체 및 대통령령으로 정하는 단체가 운영하는 수산물직매장, 소매시설을 지원·육성하여야 하며, 그 운영에 필요한 자금을 수산발전기금으로 융자·지원할 수 있다.

(3) 직거래 촉진을 위한 협약 지원

해양수산부장관은 수산물 직거래의 활성화를 위하여 생산자단체와 대형마트 등 대규모 전문유통업체 또는 단체가 직거래 촉진을 위한 협약을 체결하는 경우 이를 지원할 수 있다.

(4) 수산물직거래촉진센터 설치

해양수산부장관은 수산물 직거래의 촉진과 지원을 위하여 수협중앙회에 수산물직거래촉진센터를 설치할 수 있으며, 이 경우 수산물직거래촉진센터의 운영에 필요한 경비를 지원할 수 있다.

3. 수산물소비지분산물류센터

국가나 지방자치단체는 유통비용을 절감하기 위하여 수산물을 수집하여 소비지로 직접 출하할 목적으로 보관·포장·가공·배송·판매 등 수산물의 유통 효율화에 필요한 시설을 갖추고 수산물소비지분산물류센터를 개설하려는 자에게 부지 확보 또는 시설물 설치 등에 필요한 지원을 할 수 있다.

4. 수산물산지거점유통센터의 설치

국가나 지방자치단체는 수산물의 처리물량을 규모화하고 상품의 부가가치를 높일 목적으로 수산물을 수집·가공하여 판매하기 위하여 수산물산지거점유통센터를 설치하려는 자에게 부지 확보 또는 시설물 설치 등에 필요한 지원을 할 수 있다.

5. 수산물 수요개발 및 소비촉진

(1) 수산물의 수요개발과 소비촉진을 위한 사업지원

해양수산부장관은 소비자의 수산물 선호도 변화에 따른 새로운 수산물의 수요 개발과 수산물의 소비촉진을 위하여 다음의 사업을 지원할 수 있다.

① 국민의 수산물 기호 변화 및 식생활 개선을 위한 새로운 수산물 수요개발
② 수산물 소비촉진을 위한 박람회, 시식회, 요리대회 등의 행사 개최
③ 수산물 소비촉진을 위한 홍보활동
④ 학교급식 및 단체급식에서 수산물 공급 확대를 위한 사업
⑤ 그 밖에 수산물 소비를 촉진하기 위하여 필요하다고 인정되는 사업

(2) 수산물유통사업자 또는 관련 단체에 대한 지원

해양수산부장관은 수산물유통사업자 또는 관련 단체가 (1)의 사업을 추진하는 경우에는 필요한 지원을 할 수 있다.

6. 수산물 유통 정보화 사업

(1) 유통 정보화 사업의 지원

해양수산부장관은 수산물 유통 정보의 원활한 수집·관리 및 제공을 통한 수산물의 유통 효율화 및 전자거래의 활성화를 위하여 수산물의 유통 정보화와 관련한 다음의 사업을 지원할 수 있다.

① 수산물 유통 체계의 정보화를 위한 시스템 구축 및 보급
② 위판장등 수산물 유통시설의 정보관리시스템 구축
③ 수산물 점포의 유통 효율화를 위한 입하·출하, 재고 및 매장 관리를 위한 시스템의 구축 및 보급
④ 수산물 유통 규격화를 위한 표준코드의 개발 및 보급
⑤ 수산물의 전자적 거래를 위한 수산물전자거래장터 등의 시스템의 구축 및 보급
⑥ 수산물 유통정보 또는 유통정보시스템의 규격화 촉진
⑦ 수산물 유통 정보화를 위한 교육 및 홍보사업의 수행
⑧ 그 밖에 수산물 유통정보화를 촉진하기 위하여 필요하다고 인정되는 사업

(2) 예산의 지원

해양수산부장관은 수산물유통사업자 또는 해양수산부령으로 정하는 수산물 관련 단체가 (1)의 사업을 추진하는 경우에는 예산의 범위에서 필요한 지원을 할 수 있다.

7. 수산물전자거래의 활성화

(1) 수산물전자거래의 활성화를 위한 사업추진

해양수산부장관은 수산물전자거래를 활성화하기 위하여 다음의 사업을 추진할 수 있다.

① 수산물전자거래장터의 설치 및 운영·관리
② 수산물전자거래에 참여하는 판매자 및 구매자의 등록·심사 및 관리
③ 대금결제 지원을 위한 정산소의 운영·관리
④ 수산물전자거래에 관한 유통정보 서비스의 제공
⑤ 그 밖에 수산물전자거래에 필요한 업무

(2) 예산의 지원

해양수산부장관은 수산물전자거래를 활성화하기 위하여 예산의 범위에서 필요한 지원을 할 수 있다.

8. 수산물 유통협회의 설립

(1) 수산물 유통협회의 설립

수산물유통사업자는 수산물유통산업의 건전한 발전과 공동의 이익을 도모하기 위하여 해양수산부장관의 인가를 받아 수산물 유통협회를 설립할 수 있다.

(2) 협회의 성립

협회는 설립인가를 받아 설립등기를 함으로써 성립한다.

(3) 협회의 성격

협회는 법인으로 한다.

(4) 사단법인 준용

협회에 관하여 이 법에서 규정한 것 외에는 「민법」 중 사단법인에 관한 규정을 준용한다.

(5) 협회의 수행사업

① 수산물유통사업자의 권익 보호 및 복리 증진
② 수산물 유통 관련 통계 조사

③ 수산물 품질 및 위생 관리
④ 수산물유통산업 종사자의 교육훈련
⑤ 수산물유통산업 발전을 위하여 국가 또는 지방자치단체가 위탁하거나 대행하게 하는 사업
⑥ 그 밖에 수산물유통산업의 발전을 위하여 대통령령으로 정하는 사업

(6) 협회에 대한 지원

해양수산부장관은 (5)에 따른 사업을 수행하거나 수산물유통산업의 발전을 위하여 필요한 경우 협회에 지원을 할 수 있다.

9. 수산물 유통관련단체의 설립 및 지원

(1) 수산물 유통관련단체의 설립

위판장등에서 해양수산부령으로 정하는 수산물 유통에 종사하는 자는 해양수산부장관의 인가를 받아 단체를 설립할 수 있다.

(2) 단체의 정관·운영·감독 등

단체는 법인으로 하며, 단체의 정관·운영·감독 등에 필요한 사항은 해양수산부령으로 정한다.

(3) 수산물 유통관련단체의 지원

해양수산부장관은 단체가 수산물유통산업의 발전을 위한 사업을 하려는 경우 그 사업의 타당성 및 공익성 등을 검토하여 필요한 지원을 할 수 있다.

(4) 사단법인에 관한 규정

단체에 관하여 이 법에 규정된 것을 제외하고는 「민법」 중 사단법인에 관한 규정을 준용한다.

10. 수산물 유통전문인력의 육성

(1) 수산물 유통전문인력의 육성

해양수산부장관은 수산물 유통전문인력을 육성하기 위하여 다음의 사업을 할 수 있다.
① 수산물유통산업에 종사하는 유통전문인력의 역량강화를 위한 교육훈련
② 수산물유통산업에 종사하려는 사람의 취업 또는 창업의 촉진을 위한 교육훈련
③ 수산물 유통체계의 효율화를 위한 선진 유통기법의 개발·보급
④ 수산물 유통시설의 운영과 유통장비의 조작을 담당하는 기능인력의 교육훈련

⑤ 그 밖에 수산물 유통전문인력을 육성하기 위하여 필요하다고 인정되는 사업

(2) 경비의 지원
해양수산부장관은 (1)의 사업을 위탁받아 수행하는 기관에 그 사업에 필요한 경비의 전부 또는 일부를 지원할 수 있다.

제 8 장 보 칙

1. 과징금

(1) 과징금의 부과
시장·군수·구청장은 위판장개설자가 업무정지를 명하려는 경우, 그 업무의 정지가 해당 업무의 이용자 등에게 심한 불편을 주거나 공익을 해칠 우려가 있을 때에는 업무의 정지를 갈음하여 1억원 이하의 과징금을 부과할 수 있다.

(2) 과징금을 부과하는 경우 고려할 사항
① 위반행위의 내용 및 정도
② 위반행위의 기간 및 횟수
③ 위반행위로 취득한 이익의 규모

(3) 과징금의 징수
시장·군수·구청장은 과징금을 내야 할 자가 납부기한까지 내지 아니하면 국세 체납처분의 예 또는 「지방행정제재·부과금의 징수 등에 관한 법률」에 따라 이를 징수한다.

(4) 과세정보의 제공요청
시장·군수·구청장은 과징금의 부과를 위하여 필요한 경우에는 다음의 사항을 적은 문서로 관할 세무관서의 장에게 과세정보의 제공을 요청할 수 있다.
① 납세자의 인적사항
② 과세정보의 사용 목적
③ 과징금의 부과 기준이 되는 매출액

2. 청 문
해양수산부장관, 시장·군수·구청장, 위판장개설자는 다음의 어느 하나에 해당하는 처분

을 하려면 청문을 하여야 한다.
① 개설허가 취소나 해당 시설 폐쇄, 그 밖의 조치
② 업무정지
③ 산지경매사의 면직
④ 산지중도매인의 지정 취소
⑤ 이력추적관리 등록의 취소
⑥ 이력표시수산물의 판매금지

3. 권한의 위임 등

(1) 소속 기관의 장 또는 시·도지사에게 위임

해양수산부장관은 이 법에서 정한 권한의 일부를 소속 기관의 장 또는 시·도지사에게 위임할 수 있다.

(2) 생산자단체 등에 위임

해양수산부장관은 이 법에서 정한 업무의 일부를 다음의 자에게 위탁할 수 있다.
① 수협조합, 수협중앙회 또는 생산자단체
② 공공기관
③ 정부출연연구기관 또는 과학기술분야 정부출연연구기관
④ 영어조합법인 등 수산 관련 법인이나 단체
⑤ 수산물 유통협회
⑥ 수산물 유통관련단체

제 9 장 　 벌 칙

1. 3년 이하의 징역 또는 3천만원 이하의 벌금

① 이력표시수산물이 아닌 수산물에 이력표시수산물의 표시를 하거나 이와 비슷한 표시를 한 자
② 이력추적관리의 등록을 하지 아니한 수산물이나 수입유통이력 신고를 하지 아니한 수산물을 혼합하여 판매하거나 혼합하여 판매할 목적으로 보관하거나 진열한 자
③ 이력표시수산물이 아닌 수산물을 이력표시수산물로 광고하거나 이력표시수산물로 잘못 인식할 수 있도록 광고한 자

2. 2년 이하의 징역 또는 2천만원 이하의 벌금

① 허가를 받지 아니하고 위판장을 개설한 자
② 위판장 외의 장소에서 수산물을 매매 또는 거래한 자
③ 위판장개설자의 지정을 받지 아니하고 산지중도매인의 업무를 한 자
④ 업무정지처분을 받고도 그 업을 계속한 자
⑤ 고의 또는 중대한 과실로 수산물을 유통한 자
⑥ 제한이나 금지에 따르지 아니한 자

3. 1년 이하의 징역 또는 1천만원 이하의 벌금

① 결격자를 산지중도매인으로 지정한 자
② 다른 산지중도매인 또는 산지매매참가인의 거래 참가를 방해하거나 정당한 사유 없이 집단적으로 경매 또는 입찰에 불참한 자
③ 결격자를 산지경매사로 임명한 자
④ 면직사유인 산지경매사를 면직하지 아니한 자
⑤ 위탁수산물을 매수하거나 거짓으로 위탁받은 자
⑥ 수산물의 수탁을 거부·기피하거나 위탁받은 수산물의 판매를 거부·기피한 자
⑦ 상장된 수산물 외의 수산물을 거래한 자
⑧ 허가 없이 산지중도매인 간 거래를 한 자
⑨ 이력추적관리의 등록을 하지 아니한 자
⑩ 시정명령이나 판매금지 조치에 따르지 아니한 자
⑪ 수입 추천신청을 할 때에 정한 용도 외의 용도로 수입수산물을 사용한 자

4. 양벌규정

법인의 대표자나 법인 또는 개인의 대리인, 사용인, 그 밖의 종업원이 그 법인 또는 개인의 업무에 관하여 벌칙에 해당하는 위반행위를 하면 그 행위자를 벌하는 외에 그 법인 또는 개인에게도 해당 조문의 벌금형을 과한다. 다만, 법인 또는 개인이 그 위반행위를 방지하기 위하여 해당 업무에 관하여 상당한 주의와 감독을 게을리하지 아니한 경우에는 그러하지 아니하다.

5. 과태료

(1) 1천만원 이하의 과태료

① 수산물 이력추적관리에 등록한 자로서 변경신고를 하지 아니한 자
② 수산물 이력추적관리에 등록한 자로서 이력추적관리의 표시를 하지 아니한 자
③ 수산물 이력추적관리에 등록한 자로서 이력추적관리기준에 따른 입고·출고 및 관리

내용을 기록·보관하지 아니한 자
④ 수산물 이력추적관리에 따른 조사·열람·수거 등을 거부·방해 또는 기피한 자

(2) 500만원 이하의 과태료

① 보고를 하지 아니하거나 거짓된 보고를 한 자
② 명령에 따르지 아니한 자
③ 수입유통이력을 신고하지 아니하거나 거짓으로 신고한 자
④ 장부기록 자료를 보관하지 아니한 자

(3) 부과·징수

과태료는 해양수산부장관 또는 시장·군수·구청장이 부과·징수한다.

기출 및 예상문제

01 수산물 유통의 관리 및 지원에 관한 법률의 목적으로 옳지 않은 것은?
① 수산물 유통체계의 효율화와 수산물유통산업의 경쟁력 강화
② 원활하고 안전한 수산물의 유통체계 확립
③ 유통관련 관련 제도의 정비
④ 생산자와 소비자 보호

 이 법은 수산물 유통체계의 효율화와 수산물유통산업의 경쟁력 강화에 관하여 규정함으로써 원활하고 안전한 수산물의 유통체계를 확립하여 생산자와 소비자를 보호하고 국민경제의 발전에 이바지함을 목적으로 한다.

02 수산물 유통의 관리 및 지원에 관한 법령상 수산물산지위판장에 상장된 수산물의 가격 평가 및 경락자 결정 등의 업무를 수행하는 자는?
① 산지중도매인
② 산지경매사
③ 수산물유통사업자
④ 산지매매참가인

 산지경매사 : 해양수산부장관이 실시하는 산지경매사 자격시험에 합격하고, 수산물산지위판장에 상장된 수산물의 가격 평가 및 경락자 결정 등의 업무를 수행하는 자를 말한다.

03 수산물 유통의 관리 및 지원에 관한 법령상 수산물 유통발전 기본계획에 포함되어야 할 사항이 아닌 것은?
① 수산물유통산업의 여건 변화와 전망
② 수산물 유통구조 개선 및 발전기반 조성
③ 수산물 수급관리
④ 수산물 발전기금의 조성

 기본계획에 포함되어야 할 사항
1. 수산물유통산업 발전을 위한 정책의 기본방향

정답 01. ③ 02. ② 03. ④

2. 수산물유통산업의 여건 변화와 전망
3. 수산물 품질관리
4. 수산물 수급관리
5. 수산물 유통구조 개선 및 발전기반 조성
6. 수산물유통산업 관련 기술의 연구개발 및 보급
7. 수산물유통산업 관련 전문인력의 양성 및 정보화
8. 그 밖에 수산물유통산업의 발전을 촉진하기 위하여 해양수산부장관이 필요하다고 인정하는 사항

04 친환경농어업 육성 및 유기식품 등의 관리·지원에 관한 법률상 수산물유통발전 기본계획에 포함되지 않는 것은?   2019년 기출
① 수산물 수급관리에 관한 사항
② 수산물 품질·검역 관리에 관한 사항
③ 수산물 유통구조 개선 및 반전기반 조성에 관한 사항
④ 수산물유통산업 관련 전문인력의 양성 및 정보화에 관한 사항

 수산물유통발전 기본계획에 포함되어야 할 사항
1. 수산물유통산업 발전을 위한 정책의 기본방향
2. 수산물유통산업의 여건 변화와 전망
3. 수산물 품질관리
4. 수산물 수급관리
5. 수산물 유통구조 개선 및 발전기반 조성
6. 수산물유통산업 관련 기술의 연구개발 및 보급
7. 수산물유통산업 관련 전문인력의 양성 및 정보화
8. 그 밖에 수산물유통산업의 발전을 촉진하기 위하여 해양수산부장관이 필요하다고 인정하는 사항

05 수산물 유통의 관리 및 지원에 관한 법령상 시행계획의 수립·시행에 관한 내용으로 옳지 않은 것은?
① 해양수산부장관은 기본계획에 따라 5년마다 수산물 유통발전 시행계획을 수립·시행한다.
② 해양수산부장관은 연도별시행계획을 수립하기 위하여 필요한 경우에는 관계 중앙행정기관의 장에게 필요한 자료를 요청할 수 있다.
③ 해양수산부장관은 연도별시행계획을 수립하거나 변경한 때에는 이를 공표하여야 한다.
④ 해양수산부장관은 연도별시행계획을 수립하거나 변경한 때에는 국회 소관 상임

정답 04. ② 05. ①

위원회에 제출하여야 한다.

 해양수산부장관은 기본계획에 따라 매년 수산물 유통발전 시행계획을 수립·시행하고 이에 필요한 재원을 확보하기 위하여 노력하여야 한다.

06 수산물 유통의 관리 및 지원에 관한 법령상 수산물산지위판장의 개설 등에 관한 내용으로 옳지 않은 것은?

① 수협조합, 수협중앙회 또는 생산자단체등이 위판장을 개설하려면 위판장 개설허가신청서에 업무규정과 운영관리계획서를 첨부하여 시장·군수·구청장에게 제출하여야 한다.
② 위판장개설자가 개설한 위판장의 업무규정을 변경할 때에는 시장·군수·구청장의 허가를 받아야 한다.
③ 위판장개설자가 개설한 위판장을 폐쇄하려면 시장·군수·구청장의 허가를 받아 3개월 전에 이를 공고하여야 한다.
④ 위판장 개설은 어항에만 가능하다.

 위판장 개설구역
1. 어항
2. 항만
3. 그 밖에 어획물 양륙시설 또는 가공시설을 갖춘 지역으로서 해양수산부장관이 지정하여 고시한 지역

07 수산물 유통의 관리 및 지원에 관한 법령상 위판장개설자의 의무에 관한 내용으로 옳지 않은 것은?

① 위판장개설자는 수산물의 생산자와 거래관계자의 편익과 소비자 보호를 위하여 위생적인 관리를 이행하여야 한다.
② 위판장개설자는 이행하여야 할 사항을 효과적으로 이행하기 위하여 이에 대한 투자계획 및 품질향상 등을 포함한 대책을 수립·시행하여야 한다.
③ 위판장개설자는 위판장의 시설규모 및 거래액 등을 고려하여 경매사를 두어야 한다.
④ 거래 정보의 부족으로 가격교란이 심한 수산물은 위판장 외의 장소에서 매매 또는 거래하여서는 아니 된다.

 위판장개설자는 위판장의 시설규모 및 거래액 등을 고려하여 산지중도매인을 두어야 한다.

정답 06. ④ 07. ③

08 수산물 유통의 관리 및 지원에 관한 법령상 산지중도매인의 지정에 관한 내용으로 옳지 않은 것은?
① 법인인 산지중도매인은 임원이 결격사유에 해당하게 되었을 때에는 그 임원을 6개월 이내에 해임하여야 한다.
② 위판장개설자는 산지중도매인을 지정하는 경우 5년 이상 10년 이하의 범위에서 지정 유효기간을 설정할 수 있다.
③ 산지중도매인의 업무를 하려는 자는 위판장개설자의 지정을 받아야 한다.
④ 지정을 받은 산지중도매인은 다른 위판장개설자의 지정을 받은 경우에는 다른 위판장에서도 그 업무를 할 수 있다.

법인인 산지중도매인은 임원이 결격사유에 해당하게 되었을 때에는 그 임원을 지체 없이 해임하여야 한다.

09 수산물 유통의 관리 및 지원에 관한 법령상 산지경매사의 수행업무가 아닌 것은?
① 위판장에 상장한 수산물에 대한 경매 우선순위의 결정
② 위판장에 상장한 수산물에 대한 가격 결정
③ 위판장에 상장한 수산물에 대한 경락자의 결정
④ 위판장에 상장한 수산물에 대한 정가·수의매매 등의 가격 협의

산지경매사의 수행업무
1. 위판장에 상장한 수산물에 대한 경매 우선순위의 결정
2. 위판장에 상장한 수산물에 대한 가격 평가
3. 위판장에 상장한 수산물에 대한 경락자의 결정
4. 위판장에 상장한 수산물에 대한 정가·수의매매 등의 가격 협의

10 수산물 유통의 관리 및 지원에 관한 법령상 위판장 수산물 수탁판매 등에 관한 내용으로 옳지 않은 것은?
① 위판장개설자는 도매하는 수산물을 출하자로부터 위탁받아야 한다.
② 위판장개설자는 해양수산부령으로 정하는 경우를 제외하고는 입하된 수산물의 수탁과 위탁받은 수산물의 판매를 거부·기피하거나 거래 관계인에게 부당한 차별대우를 하여서는 아니 된다.
③ 산지중도매인은 위판장개설자가 상장한 수산물 외에도 거래할 수 있다.
④ 산지중도매인 간에는 거래할 수 없다.

정답 08. ① 09. ② 10. ③

산지중도매인은 위판장개설자가 상장한 수산물 외에는 거래할 수 없다. 다만, 위판장개설자가 상장하기에 적합하지 아니한 수입산이나 원양산 수산물 등 시장·군수·구청장으로부터 허가를 받은 수산물의 경우에는 그러하지 아니하다.

11 수산물 유통의 관리 및 지원에 관한 법령상 위판장 수산물 매매방법 및 대금 결제에 관한 내용으로 옳지 않은 것은?

① 위판장개설자는 위판장에서 수산물을 경매·입찰·정가매매 또는 수의매매의 방법으로 매매하여야 한다.
② 위판장개설자는 위판장에 상장한 수산물을 위탁된 순위에 따라 경매 또는 입찰의 방법으로 판매하는 경우에는 최고가격 제시자에게 판매하여야 한다.
③ 경매 또는 입찰의 방법은 전자식을 원칙으로 하되 필요한 경우 거수수지식, 기록식, 서면입찰식 등의 방법으로 할 수 있다.
④ 위판장개설자는 매수하거나 위탁받은 수산물이 매매되었을 때에는 그 대금의 전부를 출하자에게 월말에 일괄 결제하여야 한다.

 위판장개설자는 매수하거나 위탁받은 수산물이 매매되었을 때에는 그 대금의 전부를 출하자에게 즉시 결제하여야 한다. 다만, 대금의 지급방법에 관하여 위판장개설자와 출하자 사이에 특약이 있는 경우에는 그 특약에 따른다.

12 수산물 유통의 관리 및 지원에 관한 법률상 위판장의 수산물 매매방법 및 대금 결제에 관한 내용으로 옳은 것은? 2020년 기출

① 대금의 지급방법에 관하여 위판장개설자와 출하자 사이에 특약이 있는 경우에는 그 특약에 따른다.
② 출하자가 서면으로 거래 성립 최저가격을 제시한 경우, 위판장개설자의 동의를 얻어 그 가격 미만으로 판매할 수 있다.
③ 경매 또는 입찰의 방법은 거수수지식을 원칙으로 한다.
④ 대금결제에 관한 구체적인 절차와 방법, 수수료 징수에 관하여 필요한 사항은 대통령령로 정한다.

 ① 위판장개설자는 위판장에서 수산물을 경매·입찰·정가매매 또는 수의매매의 방법으로 매매하여야 한다. 다만, 출하자가 선취매매·선상경매·견본경매 등 해양수산부령으로 정하는 매매방법을 원하는 경우에는 그에 따를 수 있다.

② 출하자가 서면으로 거래 성립 최저가격을 제시한 경우에는 그 가격 미만으로 판매하여서는 아니 된다.
③ 경매 또는 입찰의 방법은 전자식을 원칙으로 하되 필요한 경우 거수수지식, 기록식, 서면입찰식 등의 방법으로 할 수 있다.
④ 대금결제에 관한 구체적인 절차와 방법, 수수료 징수 등에 관하여 필요한 사항은 해양수산부령으로 정한다.

13 수산물 유통의 관리 및 지원에 관한 법령상 수산물 이력추적관리에 관한 내용으로 옳지 않은 것은?
① 이력추적관리를 받으려는 자는 해양수산부장관에게 등록하여야 한다.
② 대통령령으로 정하는 수산물을 생산하거나 유통 또는 판매하는 자는 해양수산부장관에게 이력추적관리의 등록을 하여야 한다.
③ 이력추적관리의 등록을 한 자는 해양수산부령으로 정하는 등록사항이 변경된 경우 변경 사유가 발생한 날부터 6개월 이내에 해양수산부장관에게 신고하여야 한다.
④ 이력추적관리의 등록을 한 자는 해당 수산물에 이력추적관리의 표시를 할 수 있다.

이력추적관리의 등록을 한 자는 해양수산부령으로 정하는 등록사항이 변경된 경우 변경 사유가 발생한 날부터 1개월 이내에 해양수산부장관에게 신고하여야 한다.

14 수산물 유통의 관리 및 지원에 관한 법령상 수산물의 이력추적관리를 받으려는 생산자가 등록하여야 하는 사항으로 명시되지 않은 것은? 2021년 기출
① 이력추적관리 대상품목명
② 양식수산물의 경우 양식장 면적
③ 판매계획
④ 천일염의 경우 염전의 위치

수산물의 이력추적관리를 받으려는 생산자가 등록하여야 하는 사항
1. 생산자의 성명, 주소 및 전화번호
2. 이력추적관리 대상품목명
3. 양식수산물의 경우 양식장 면적, 천일염의 경우 염전 면적
4. 생산계획량
5. 양식수산물 및 천일염의 경우 양식장 및 염전의 위치, 그 밖의 어획물의 경우 위판장의 주소 또는 어획장소

15 수산물 유통의 관리 및 지원에 관한 법령상 이력추적관리 등록의 유효기간 등에 관한 내용으로 옳지 않은 것은?

① 이력추적관리 등록의 유효기간은 등록한 날부터 10년으로 한다.
② 품목의 특성상 달리 적용할 필요가 있는 경우에는 10년의 범위에서 유효기간을 달리 정할 수 있다.
③ 등록 갱신을 하지 아니하려는 자가 등록 유효기간 내에 출하를 종료하지 아니한 제품이 있는 경우에는 해양수산부장관의 승인을 받아 그 제품에 대한 등록 유효기간을 1년의 범위에서 연장할 수 있다.
④ 등록의 유효기간이 끝나기 전에 출하된 제품은 그 제품의 유통기한이 끝날 때까지 그 등록 표시를 유지할 수 있다.

 이력추적관리 등록의 유효기간은 등록한 날부터 3년으로 한다. 다만, 품목의 특성상 달리 적용할 필요가 있는 경우에는 10년의 범위에서 해양수산부령으로 유효기간을 달리 정할 수 있다.

16 수산물 유통의 관리 및 지원에 관한 법령상 수입수산물 유통이력 관리에 관한 내용으로 옳지 않은 것은?

① 수입유통이력 신고의 의무가 있는 자는 수입유통이력을 장부에 기록하고, 그 자료를 거래일부터 1년간 보관하여야 한다.
② 해양수산부장관은 유통이력수입수산물을 지정할 때 미리 기획재정부장관과 협의하여야 한다.
③ 해양수산부장관은 유통이력수입수산물의 지정, 신고의무 존속기한 및 신고대상 범위 설정 등을 할 때 수입수산물을 국내수산물에 비하여 부당하게 차별하여서는 아니 된다.
④ 수입수산물을 국내에서 거래하는 자는 국민보건을 해칠 우려가 있는 수산물에 대한 유통단계별 거래명세를 해양수산부장관에게 신고하여야 한다.

 해양수산부장관은 유통이력수입수산물을 지정할 때 미리 관계 행정기관의 장과 협의하여야 한다.

정답 15. ① 16. ②

17 수산물 유통의 관리 및 지원에 관한 법령상 과잉생산 시의 생산자 보호에 관한 내용으로 옳지 않은 것은?

① 해양수산부장관은 수산물의 가격안정을 위하여 필요하다고 인정할 때에는 그 생산자 또는 생산자단체로부터 수산발전기금으로 해당 수산물을 수매할 수 있다.
② 해양수산부장관은 수매한 수산물을 판매 또는 수출, 사회복지단체에 기증하거나 그 밖의 방법으로 처분할 수 있다.
③ 판매대금은 국고로 납입하여야 한다.
④ 해양수산부장관은 가격안정을 위하여 특히 필요하다고 인정할 때에는 도매시장 또는 공판장에서 해당 수산물을 수매할 수 있다.

 판매대금은 해양수산부령으로 정하는 바에 따라 수산발전기금으로 납입하여야 한다.

18 수산물 유통의 관리 및 지원에 관한 법률상 해양수산부장관이 수산물의 가격안정을 위하여 필요하다고 인정하여 그 생산자 또는 생산자단체로부터 해당 수산물을 수매하는 경우 그 재원은? 2021년 기출

① 수산정책기금
② 수산발전기금
③ 수산물가격안정기금
④ 재난지원기금

 해양수산부장관은 수산물의 가격안정을 위하여 필요하다고 인정할 때에는 그 생산자 또는 생산자단체로부터 수산발전기금으로 해당 수산물을 수매할 수 있다.

19 수산물 유통의 관리 및 지원에 관한 법령상 비축사업 등에 관한 내용으로 옳지 않은 것은?

① 비축용 수산물은 도매시장, 공판장, 위판장에서 수매하여야 한다.
② 해양수산부장관은 비축한 수산물을 판매 또는 수출, 사회복지단체에 기증하거나 그 밖의 방법으로 처분할 수 있다.
③ 해양수산부장관은 비축용 수산물을 수입하는 경우 국제가격의 급격한 변동에 대비하여야 할 필요가 있다고 인정할 때에는 선물거래를 할 수 있다.
④ 가격안정을 위하여 특히 필요하다고 인정할 때에는 도매시장 또는 공판장에서 수매하거나 외국으로부터 수입할 수 있다.

정답 17. ③ 18. ② 19. ①

비축용 수산물은 생산자 및 생산자단체로부터 수매하거나 위판장에서 수매하여야 한다. 다만, 가격안정을 위하여 특히 필요하다고 인정할 때에는 도매시장 또는 공판장에서 수매하거나 외국으로부터 수입할 수 있다.

20 수산물 유통의 관리 및 지원에 관한 법률 제41조(비축사업 등) 제1항 규정이다. ( )에 들어갈 내용이 순서대로 옳은 것은?   2020년 기출

> 해양수산부장관은 수산물의 ( )과 ( )을 위하여 필요한 경우에는 수산발전기금으로 수산물을 비축하거나 수산물의 출하를 약정하는 생산자에게 그 대금의 일부를 미리 지급하여 출하를 조절할 수 있다.

① 수급조절, 가격안정
② 수급조절, 소비촉진
③ 품질향상, 가격안정
④ 품질향상, 소비촉진

 해양수산부장관은 수산물의 수급조절과 가격안정을 위하여 필요한 경우에는 수산발전기금으로 수산물을 비축하거나 수산물의 출하를 약정하는 생산자에게 그 대금의 일부를 미리 지급하여 출하를 조절할 수 있다.

21 친환경농어업 육성 및 유기식품 등의 관리·지원에 관한 법률상 수산물의 처리물량을 규모화하고 상품의 부가가치를 높일 목적으로 수산물을 수집·가공하여 판매하기 위한 수산물 유통시설은?   2019년 기출

① 수산물직거래촉진센터
② 수산물소비자분산물류센터
③ 수산물산지거점유통센터
④ 수산물유통가공협회

 국가나 지방자치단체는 수산물의 처리물량을 규모화하고 상품의 부가가치를 높일 목적으로 수산물을 수집·가공하여 판매하기 위하여 수산물산지거점유통센터를 설치하려는 자에게 부지 확보 또는 시설물 설치 등에 필요한 지원을 할 수 있다.

22 수산물 유통의 관리 및 지원에 관한 법령상 수산물 유통협회가 수행하는 사업으로 명시되지 않은 것은?   2021년 기출

① 수산물유통산업의 육성·발전에 필요한 기술의 연구·개발
② 수산물 유통발전 기본계획 수립
③ 수산물유통사업자의 경영개선에 관한 상담 및 지도
④ 수산물유통산업의 발전을 위한 해외협력의 촉진

정답   20. ①   21. ③   22. ②

수산물 유통협회가 수행하는 사업
1. 수산물유통사업자의 권익 보호 및 복리 증진
2. 수산물 유통 관련 통계 조사
3. 수산물 품질 및 위생 관리
4. 수산물유통산업 종사자의 교육훈련
5. 수산물유통산업 발전을 위하여 국가 또는 지방자치단체가 위탁하거나 대행하게 하는 사업
6. 수산물유통산업의 육성·발전에 필요한 기술의 연구·개발과 외국자료의 수집·조사·연구 사업
7. 수산물유통사업자의 경영개선에 관한 상담 및 지도
8. 수산물유통산업의 발전을 위한 해외협력의 촉진
9. 수산물과 수산물유통산업의 홍보
10. 그 밖에 협회의 정관으로 정하는 사업

23 허가를 받지 아니하고 위판장을 개설한 자에 대한 벌칙은?
① 1년 이하의 징역 또는 1천만원 이하의 벌금
② 2년 이하의 징역 또는 2천만원 이하의 벌금
③ 3년 이하의 징역 또는 3천만원 이하의 벌금
④ 7년 이하의 징역 또는 5천만원 이하의 벌금

 허가를 받지 아니하고 위판장을 개설한 자 : 2년 이하의 징역 또는 2천만원 이하의 벌금

개정판
수산물품질관리사 1차 종합예상문제집

2015년 5월 11일 인 쇄
2015년 5월 15일 발 행
2022년 1월 10일 개정판 발행

편 저 (재)한국산업교육원 해양수산연구회
발행인 이 종 의

발행처 도서출판 **범 론 사**
주 소 서울시 영등포구 대림로27가길 12-1
전 화 02)847-3507
팩 스 02)845-9079
등 록 1979년 4월 3일 제1-181호
http://www.ekoin.co.kr

□ 본서의 무단 인용·전재·복제를 금합니다.
□ 파본은 교환해 드립니다.

정가 35,000원